Programme
(Extraits)

Travaux géométriques

Les objectifs des travaux géométriques demeurent ceux des classes antérieures du collège : représentation d'objets usuels du plan et de l'espace ainsi que leur caractérisation, calcul de grandeurs attachées à ces objets, poursuite du développement des capacités de découverte et de démonstration, mises en œuvre en particulier dans des situations non calculatoires. Les configurations usuelles déjà étudiées sont complétées par les polygones réguliers pour le plan, et par la sphère pour l'espace ; de même les transformations du plan sont complétées par la rotation. Les travaux sur les configurations et les solides permettent de mobiliser largement les résultats des classes antérieures ; ceux-ci sont enrichis en particulier de la réciproque du théorème de Thalès et de l'étude de l'angle inscrit. On favorise ainsi le développement des capacités d'initiative des élèves sans exigence prématurée d'autonomie lors des évaluations. L'introduction de la notation vectorielle et de l'addition des vecteurs, qui constitue une initiation au calcul vectoriel, est l'un des aboutissements du travail effectué au cycle central sur le parallélogramme et la translation.

Travaux numériques

Comme dans les classes antérieures, la résolution de problèmes (issus de la géométrie, de la gestion de données, des autres disciplines, de la vie courante) constituent objectif de cette partie du programme ; elle nourrit les activités, tant dans le domaine numérique que dans le domaine littéral. S'y ajoutent certains problèmes numériques purs, qui jouent un rôle dans l'appropriation de concepts importants, tels que ceux de racine carrée ou de fractions irréductible. Ce sont ces études qu'il convient de privilégier et non pas la technicité.
La pratique du calcul exact ou approché sous différente formes complémentaires (calcul mental, calcul à la main, calcul à la machine ou avec un ordinateur) a les mêmes objectifs que dans les classes antérieures :
- maîtrise des règles opératoires de base ;
- acquisition de savoir-faire dans la comparaison de nombres ;
- réflexion et initiative dans le choix de l'écriture appropriée d'un nombre selon la situation.

Pour le calcul littéral, un des objectifs à viser est qu'il s'intègre aux moyens d'expression des élèves, à côté de la langue usuelle, de l'emploi des nombres ou des représentations graphiques. C'est en développant notamment des activités où le calcul littéral reste simple à effectuer et où il présente du sens, que le professeur permettra au plus grand nombre de recourir spontanément à l'écriture algébrique lorsque celle-ci est pertinente.

Organisation et gestion des données – fonctions

L'un des objectifs est de faire émerger progressivement, sur des exemples très simples, la notion de fonction en tant que processus faisant correspondre un nombre à un autre nombre. Les exemples mettant en jeu des fonctions peuvent être issus de situations concrètes ou de thèmes interdisciplinaires. L'utilisation des expressions « est fonction de » ou « varie en fonction de », déjà amorcée dans les classes précédentes, est poursuivie et sera associée à l'introduction prudente de la notation $f(x)$, où x a une valeur numérique donnée. L'équation générale d'une droite sous la forme $ax + by + c = 0$ n'est pas au programme du collège.
Pour les séries statistiques, le programme conduit à poursuivre l'étude des paramètres de position et à aborder l'étude de la dispersion. L'éducation mathématique rejoint ici l'éducation du citoyen : prendre l'habitude de s'interroger sur la signification des nombres utilisés, sur l'information apportée par un résumé statistique et donc sur la perte d'information, sur les possibilités de généralisation, sur les risques d'erreurs d'interprétation et sur leurs conséquences possibles.

Maths 3^e

Sous la direction de Jacqueline BORRÉANI

Guillemette LE HIR - JOMIER
IUFM, Rouen - Collège Jean de la Fontaine, Bourgtheroulde

Fabienne LANATA
Collège Pablo Picasso, Harfleur

Sophie HUVEY
Collège Albert Schweitzer, Neufchâtel en Bray

Dorothée DELIEZ-GEFFROY
Collège Albert Schweitzer, Neufchâtel en Bray

ISBN : 2-210-21010-0
Éditions Magnard
20 rue Berbier du Mets
75013 Paris

MAGNARD
www.magnard.fr

SOMMAIRE

TRAVAUX GÉOMÉTRIQUES

ANNEXES

TRAVAUX NUMÉRIQUES, GESTION DE DONNÉES, FONCTIONS

Comment utiliser le

Les pages ***Pour démarrer*** :

- Réactiver les connaissances de 4e nécessaires pour aborder le chapitre en cours.

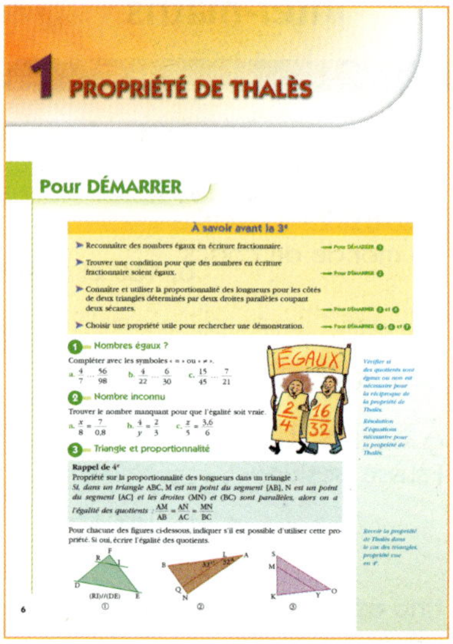

Les pages ***Activités*** :

- Faire le lien avec les années précédentes et découvrir de nouvelles notions.
- Des activités pour rendre l'élève acteur de son apprentissage.

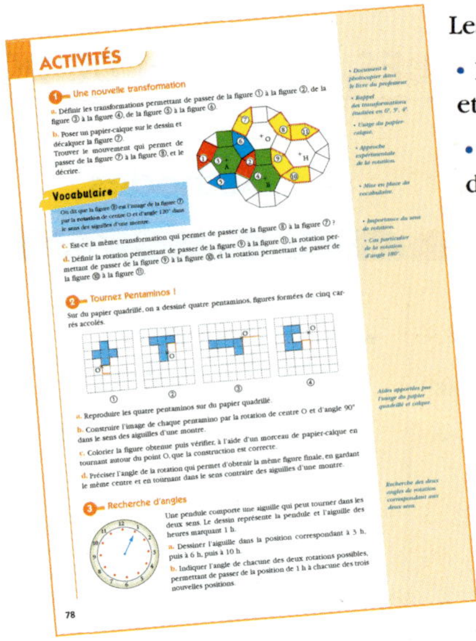

L'essentiel du cours :

- Une présentation simple et concise de ce qui est à apprendre et retenir.

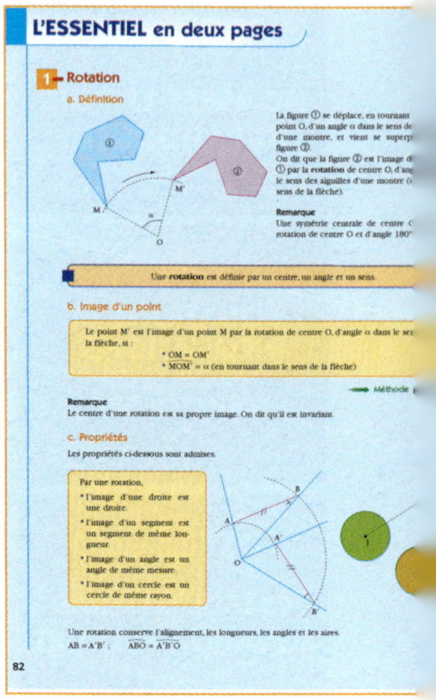

Vocabulaire

met l'accent sur la compréhension et la précision du langage en mathématiques

Exercices : méthodes et exercices résolus

- De nombreux exercices, classés par thèmes, permettent de s'entraîner et de résoudre des problèmes.
- Des points ***méthodes*** : des techniques à apprendre.

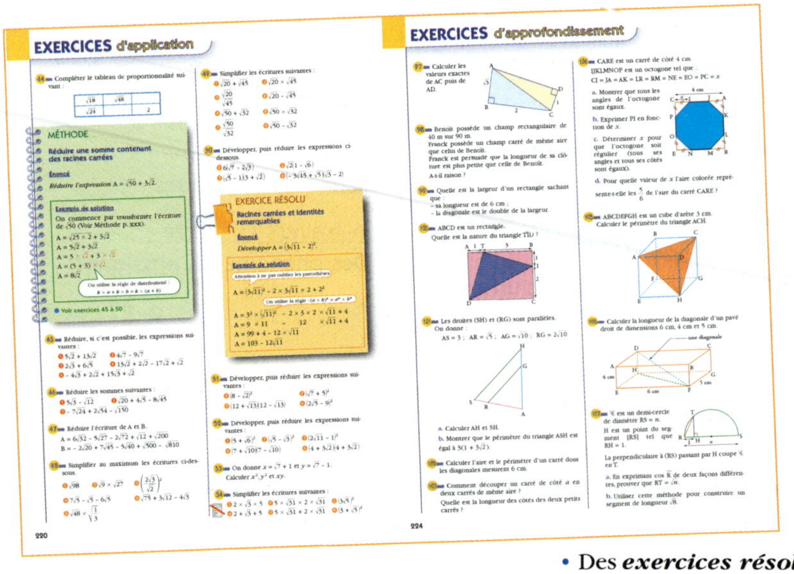

- Des ***exercices résolus*** : des exemples de solution et de rédaction.

« ***Cap sur le brevet*** » : un recueil d'exercices issus du brevet, pour préparer cette épreuve de manière efficace.

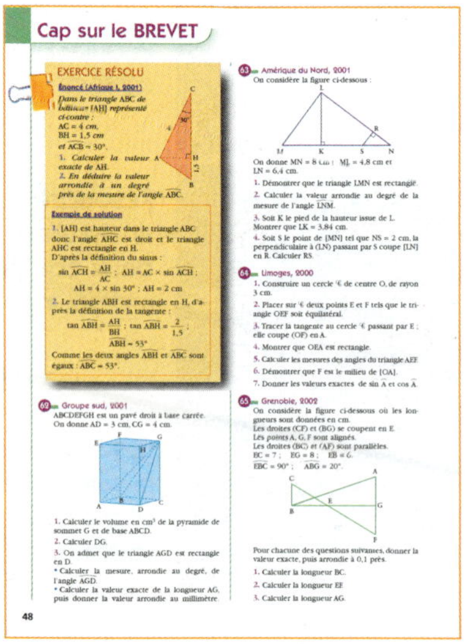

manuel de Maths 3e

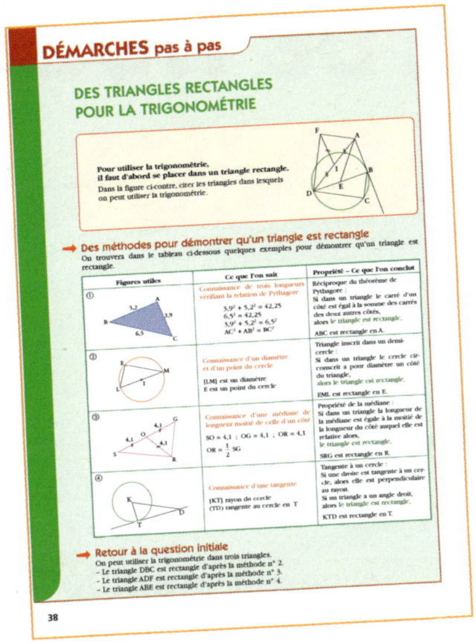

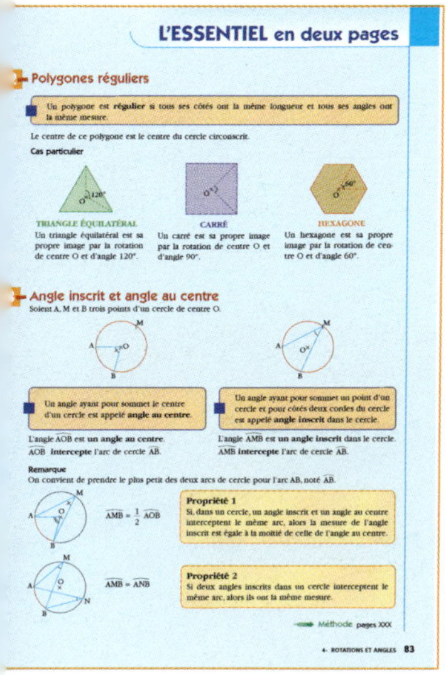

Les pages « ***Démarches pas à pas*** » :

- Faire le point sur les différentes méthodes de démonstration et sur les outils généraux permettant de choisir la méthode appropriée pour résoudre un problème.

Des logos balisent les exercices

indique que la calculatrice est à utiliser

indique que la calculatrice est interdite

EN CHIMIE *indique des exercices à caractère interdisciplinaire ou issus de l'histoire des mathématiques*

signale des exercices réalisés à l'aide de logiciels de constructions géométriques pour aider à conjecturer.

Ce que je dois savoir et je m'évalue

- Les savoirs et savoir-faire du programme sont associés à un test permettant de vérifier ses connaissances.

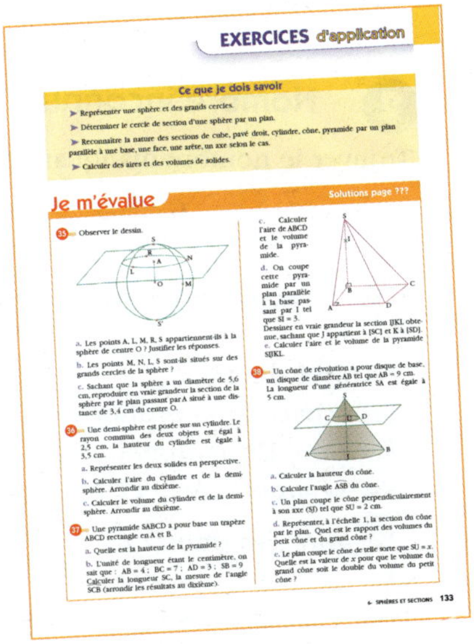

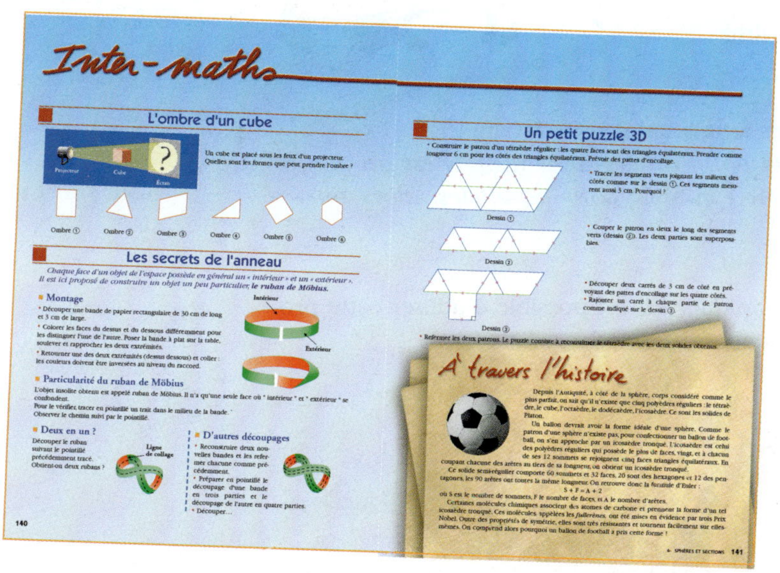

Les pages ***Intermaths*** :

- Des aspects des mathématiques à travers d'autres disciplines ou à caractère plus ludique.
- Présentation de connaissances sur l'histoire des mathématiques.

1 PROPRIÉTÉ DE THALÈS

Pour DÉMARRER

À savoir avant la 3e

- Reconnaître des nombres égaux en écriture fractionnaire. → Pour DÉMARRER 1
- Trouver une condition pour que des nombres en écriture fractionnaire soient égaux. → Pour DÉMARRER 2
- Connaître et utiliser la proportionnalité des longueurs pour les côtés de deux triangles déterminés par deux droites parallèles coupant deux sécantes. → Pour DÉMARRER 3 et 4
- Choisir une propriété utile pour rechercher une démonstration. → Pour DÉMARRER 5, 6 et 7

1 Nombres égaux ?

Compléter avec les symboles « = » ou « ≠ ».

a. $\frac{4}{7} \ldots \frac{56}{98}$ **b.** $\frac{4}{22} \ldots \frac{6}{30}$ **c.** $\frac{15}{45} \ldots \frac{7}{21}$

Vérifier si des quotients sont égaux ou non est nécessaire pour la réciproque de la propriété de Thalès.

2 Nombre inconnu

Trouver le nombre manquant pour que l'égalité soit vraie.

a. $\frac{x}{8} = \frac{7}{0,8}$ **b.** $\frac{4}{y} = \frac{2}{3}$ **c.** $\frac{z}{5} = \frac{3,6}{6}$

Résolution d'équations nécessaire pour la propriété de Thalès.

3 Triangle et proportionnalité

Rappel de 4e

Propriété sur la proportionnalité des longueurs dans un triangle :

Si, dans un triangle ABC, M *est un point du segment* [AB], N *est un point du segment* [AC] *et les droites* (MN) *et* (BC) *sont parallèles, alors on a l'égalité des quotients :* $\frac{AM}{AB} = \frac{AN}{AC} = \frac{MN}{BC}$

Pour chacune des figures ci-dessous, indiquer s'il est possible d'utiliser cette propriété. Si oui, écrire l'égalité des quotients.

Revoir la propriété de Thalès dans le cas des triangles, propriété vue en 4e.

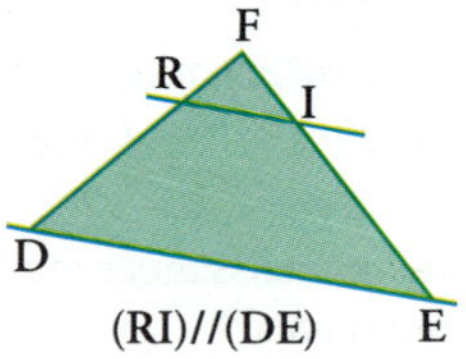

(RI)//(DE)

①

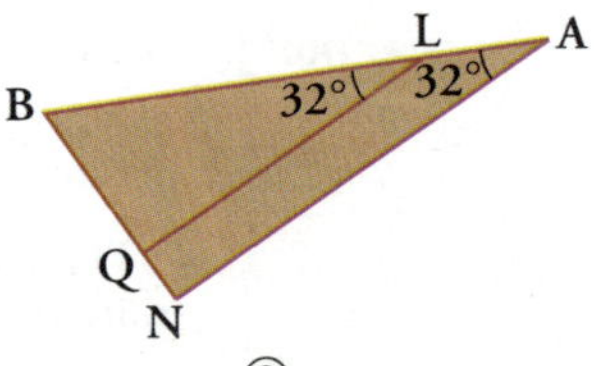

②

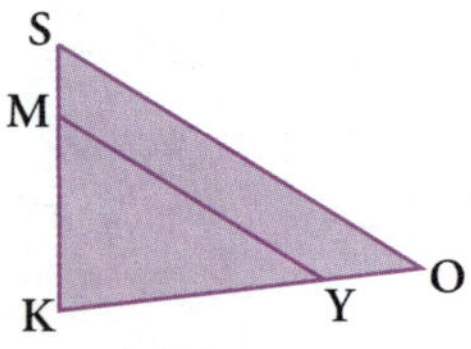

③

Plusieurs propriétés permettent de calculer des longueurs.

4 Déterminer une longueur

Dans chaque cas, déterminer la longueur DA en précisant la propriété utilisée.

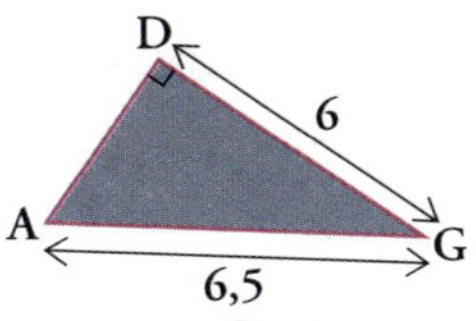

①

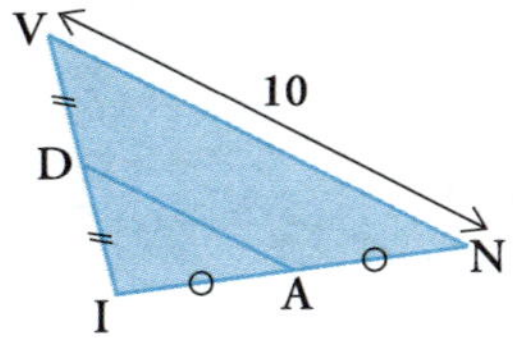

②

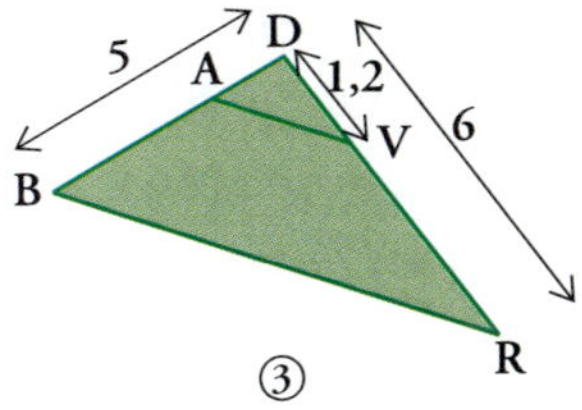

③

• Se souvenir de figures clés utiles dans une démonstration.

• Associer une propriété et sa figure correspondante.

• Distinguer hypothèse (ce que l'on sait) et conclusion.

5 Figures clés

Énoncer la propriété associée à chacune des figures ci-dessous.
Pour chacune des propriétés, indiquer les données indispensables et les conclusions.

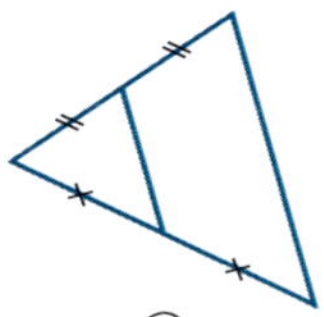
①

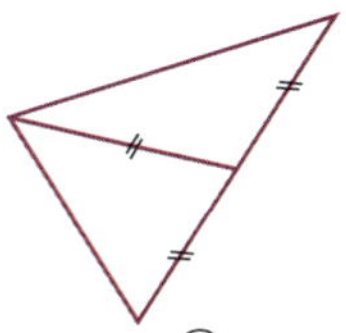
②

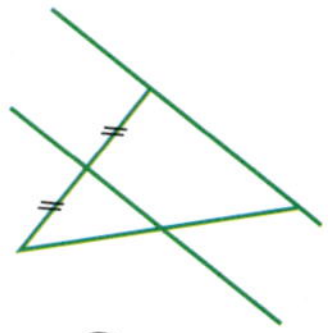
③

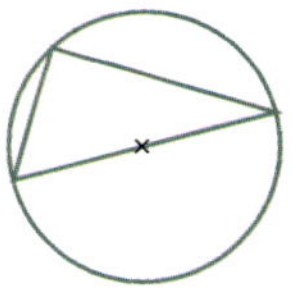
④

• Utiliser un outil de recherche de démonstration faisant apparaître les différentes étapes : données, propriétés, conclusions.

• À ce propos, on peut travailler sur le changement de statut, une conclusion devenant une hypothèse.

6 Un tableau utile

Le texte d'origine d'un exercice a été malencontreusement effacé.
À partir des données rassemblées dans le tableau ci-dessous, reconstituer l'énoncé et la démonstration.

Ce que l'on sait	Ce que l'on utilise	Ce que l'on conclut	Figure
(AM) coupe le cercle de diamètre [AB] en E.	Si, dans un cercle ……	Le triangle AEB est …….	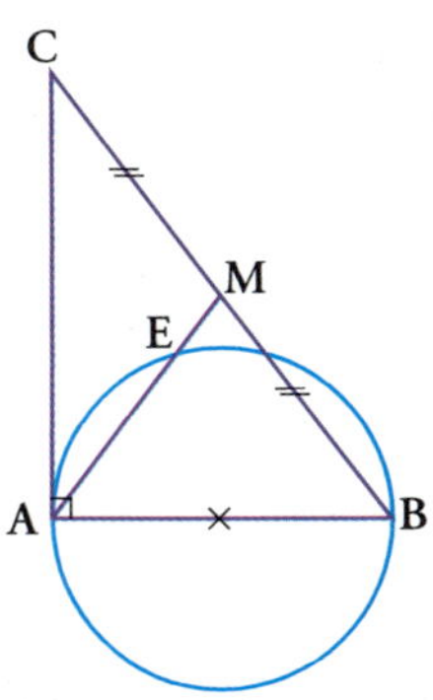
F est le symétrique de E par rapport à M.	……		
• ……………. • …………….	Si un quadrilatère a ses diagonales qui ont le même milieu, alors c'est un parallélogramme.		
…………….	…………….	(BE) est parallèle à (CF).	
• ……………. • …………….	Si deux droites sont parallèles, alors toute droite perpendiculaire à l'une est perpendiculaire à l'autre.	(AF) est ……	

On pourra effectuer la recherche à l'aide d'un tableau comme l'indique l'activité précédente.

7 Recherche d'une démonstration

Tracer un cercle $\mathscr{C}$ de centre O et de diamètre [AB] et placer un point M sur ce cercle.

a. Quelle est la nature du triangle AMB ? Justifier la réponse.

b. Le point H est le milieu de [MB].
Démontrer que la droite (OH) est la médiatrice de [MB].

c. Démontrer par deux méthodes différentes que la droite (OH) est parallèle à (AM).

d. La droite (OH) coupe le cercle $\mathscr{C}$ en R.
Quelle est la nature du triangle BMR ? Justifier la réponse.

ACTIVITÉS

1 Propriété de Thalès : une observation

Les mots en *couleur* correspondent à des commandes du logiciel Cabri-Géomètre®.

a. • Tracer deux *droites* sécantes en A.

• Placer un *point* B *sur* une des deux droites et un *point* C *sur* l'autre droite.

• Tracer la *droite* (BC).

• Placer un *point* M *sur* la droite (AB).

• Tracer la *droite parallèle* à la droite (BC) passant par M. Elle coupe (AC) en N.

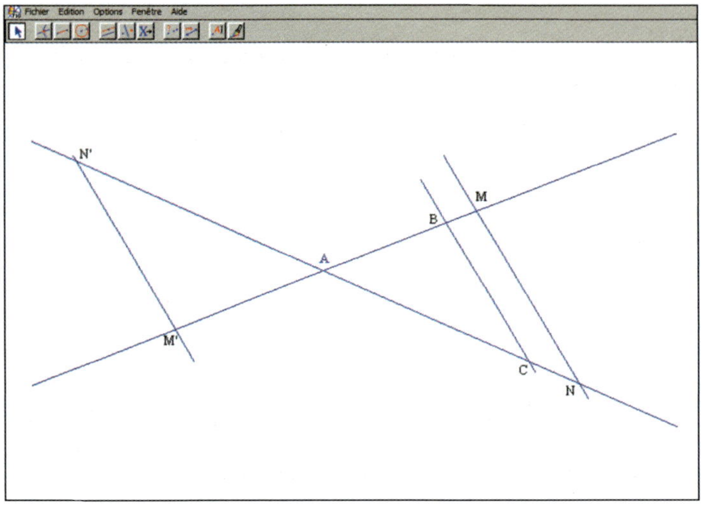

b. *Mesurer* les longueurs AB, AM, AC, AN, BC et MN.

Calculer les quotients $\frac{AB}{AM}$, $\frac{AC}{AN}$ et $\frac{BC}{MN}$.
Les faire afficher à l'écran ou les noter.

c. Faire varier la position du point M sur le segment [AB].

Que peut-on dire des quotients $\frac{AB}{AM}$, $\frac{AC}{AN}$ et $\frac{BC}{MN}$? Peut-on le prouver ?

d. Faire varier la position du point M sur la droite (AB).
Quelle conjecture peut-on faire ?

2 Propriété de Thalès : une démonstration

a. Reproduire la figure ci-contre avec (BC) parallèle à (NM).

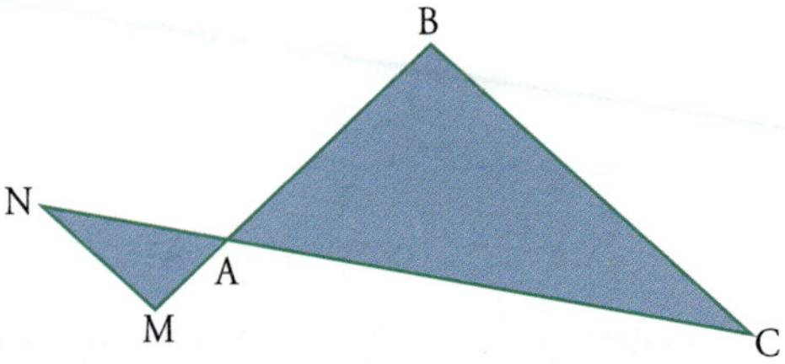

b. Placer le point N′ symétrique de N par rapport à A et le point M′ symétrique de M par rapport à A.

c. Démontrer que les droites (NM) et (N′M′) sont parallèles et en déduire que les droites (N′M′) et (BC) sont parallèles.

d. Prouver que : AN = AN′, AM = AM′ et NM = N′M′.

e. En utilisant la propriété sur la proportionnalité des longueurs dans le triangle ABC, écrire des égalités de quotients.

f. En déduire que $\frac{AB}{AM} = \frac{AC}{AN} = \frac{BC}{MN}$.

• L'utilisation d'un logiciel de constructions géométriques facilite et multiplie le nombre de constructions.

• Les conjectures sont plus rapidement émises.

• Plusieurs cas sont à distinguer selon l'emplacement de M, d'où l'usage du segment ou de la droite.

• Utilisation des propriétés de la symétrie centrale.

• Retour sur la proportionnalité des longueurs des côtés de deux triangles.

3 Vers la propriété réciproque

Utiliser un logiciel de constructions géométriques ou, à défaut, faire des constructions « papier-crayon. »

• Constructions de divers cas de figure.

a. Choisir les *commandes appropriées* et tracer un dessin correspondant à la situation :
- (AB) et (AC) sont deux droites sécantes en A.
- On sait que M est sur (AB) et N sur (AC).

b. Choisir la commande *distance* et *longueur* et afficher les *mesures* AM, AB, AN, AC.

c. Utiliser la *calculatrice*, et effectuer les calculs $\frac{AM}{AB}$ et $\frac{AN}{AC}$.

d. Déplacer le point M. Noter divers résultats obtenus pour AM, AB, $\frac{AM}{AB}$, AN, AC, $\frac{AN}{AC}$ dans plusieurs cas de figure.

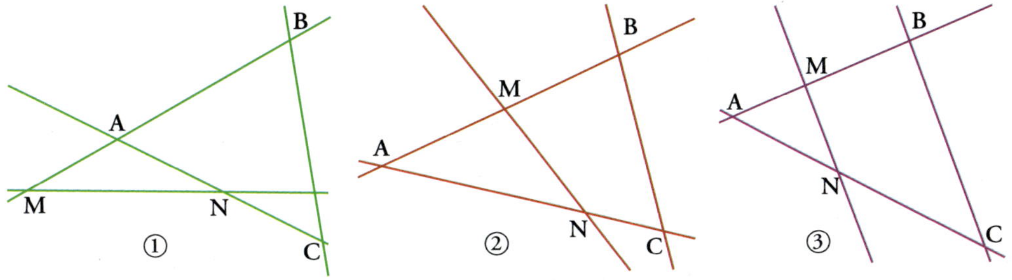

• Recherche d'une nouvelle condition pour obtenir des droites parallèles.

• Usage de contre-exemple.

• Approche de l'énoncé de la réciproque.

e. Déplacer M sur (AB) jusqu'à ce que les quotients $\frac{AM}{AB}$ et $\frac{AN}{AC}$ s'affichent avec des valeurs égales. Écrire des remarques sur la position des droites.

f. Renaud, un élève, a écrit :

Si $M \in (AB)$, $N \in (AC)$ et $\frac{AM}{AB} = \frac{AN}{AC}$ alors $(BC) // (MN)$.

Une autre élève, Myriam, a écrit :

J'ai trouvé un contre-exemple grâce à la figure ①.

Qui a raison ? Comment énoncer alors une propriété réciproque de la propriété de Thalès ?

4 Étude de cas

Dans chacun des cas suivants, les unités de longueurs sont en centimètres et l'alignement des points est lu sur la figure.
Justifier les réponses pour dire si les droites indiquées sont parallèles.

• Application de la réciproque de la propriété de Thalès.

1. KN = 3
GN = 7
NA = 4,2
NO = 5

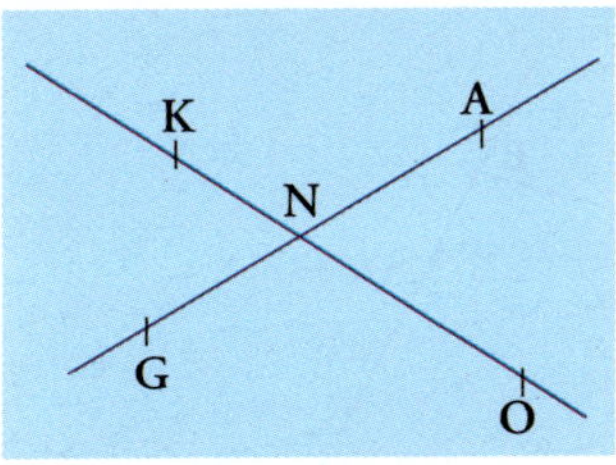

Les droites (KA) et (GO) sont-elles parallèles ?

2. MS = $\frac{1}{3}$
SE = $\frac{5}{3}$
ML = 4,5
LR = 22

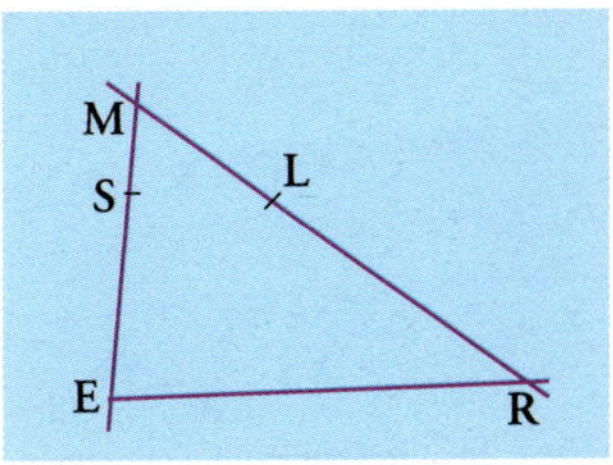

Les droites (SL) et (ER) sont-elles parallèles ?

• Souligner l'importance de l'alignement des points dans le même ordre.

3. a. Dans la figure ci-contre, calculer BC et DE.

b. Montrer que $\frac{AB}{AD} = \frac{AC}{AE} = \frac{BC}{DE}$.

c. (BC) et (DE) sont-elles parallèles ? Pourquoi ?

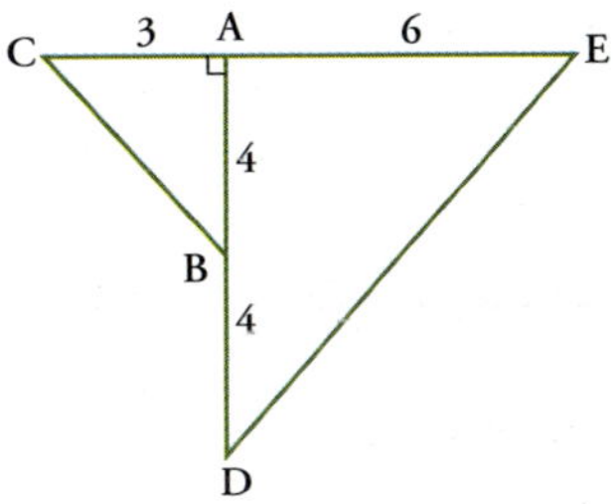

ACTIVITÉS

5 Calculs de longueurs ou parallélisme ?

Dans les cas de figure ci-dessous, l'alignement des points est lu sur le dessin.

- Lorsque c'est possible, calculer les longueurs manquantes ou indiquer quelles droites sont parallèles.
- Justifier les réponses et indiquer les propriétés utilisées.

• Choisir la « bonne » propriété.

• Donner toutes les conditions d'utilisation de ces propriétés.

AR = 9
AB = 6
AC = 7
(BC) // (RS)

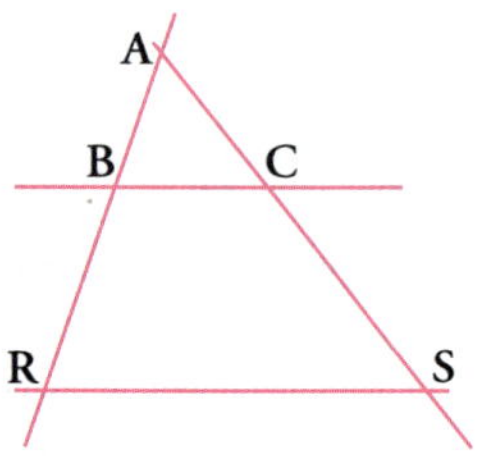

KN = 3
GN = 7
NA = 4,2
NO = 5,2

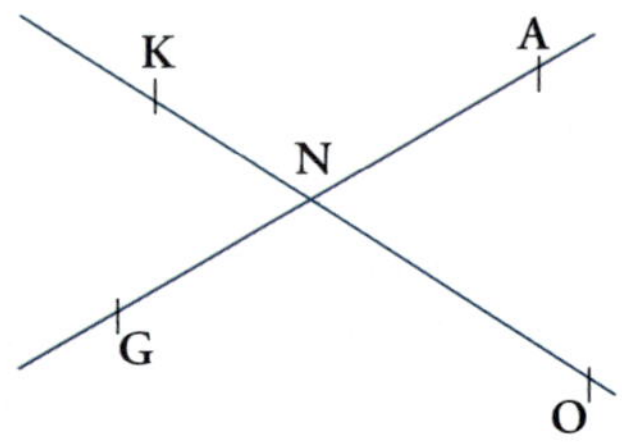

DS = 6
SL = 4
DE = 4,2
EG = 2,8
GL = 5

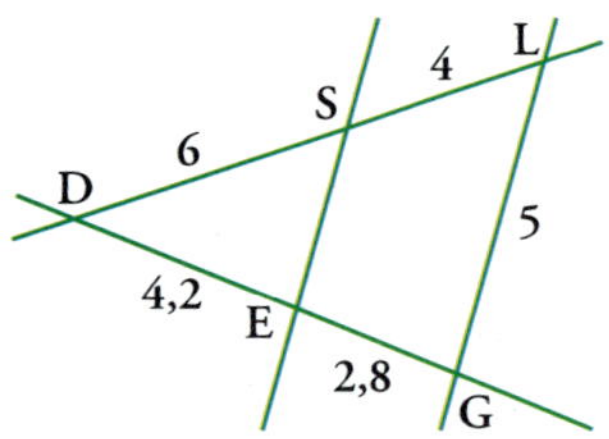

OZ = 5,2
OJ = 12
ON = 2,4
OF = 26

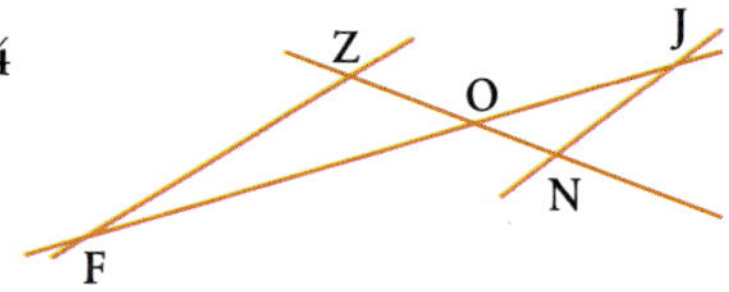

6 Partage d'un segment

Application au placement de points sur une demi-droite.

On veut construire, sans règle graduée, sur la demi-droite [AB) le point D tel que :

$$AD = \frac{3}{7}AB$$

a. Programme de construction

① On trace une demi-droite [Ax).
② On choisit une longueur unité quelconque.
③ On porte 7 fois cette longueur sur [Ax).
On appelle J et K les points tels que AJ = 3 et AK = 7.
④ On trace la droite (KB).
⑤ On trace la parallèle à (KB) passant par J. Elle coupe [AB) en D.

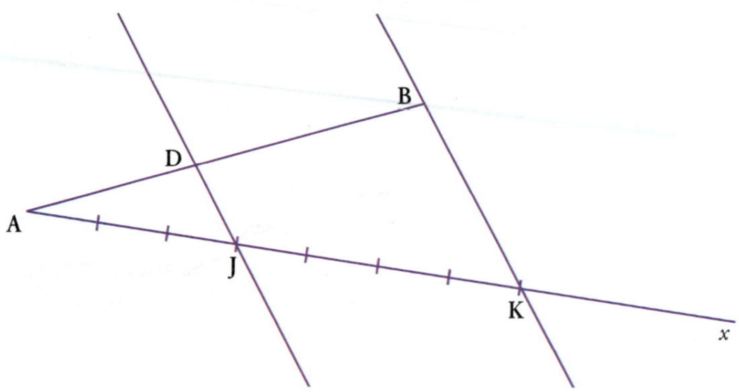

b. Preuve

- Utiliser le théorème de Thalès pour démontrer que $\frac{AD}{AB} = \frac{AJ}{AK}$.
- En déduire que $\frac{AD}{AB} = \frac{3}{7}$ et que $AD = \frac{3}{7}AB$.

Application de l'activité précédente et des propriétés de Thalès au placement de points sur une droite à partir d'un rapport donné.

7 Placer des points particuliers sur une droite

On veut construire, sans règle graduée, les points C de la droite (AB) tels que $CA = \frac{3}{7}CB$.

Expliquer pour quelles raisons les figures suivantes permettent de résoudre le problème de construction posé :

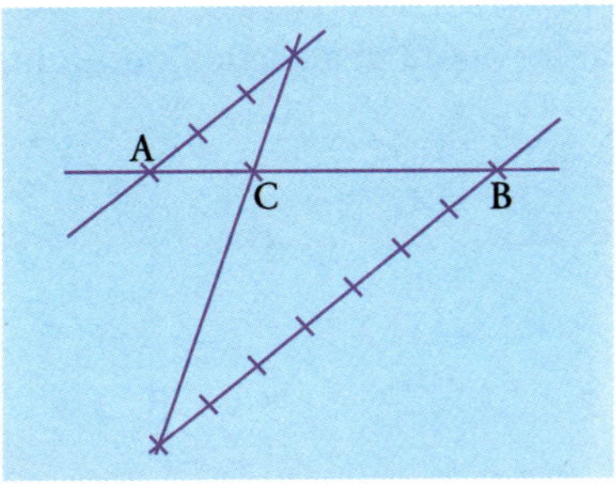

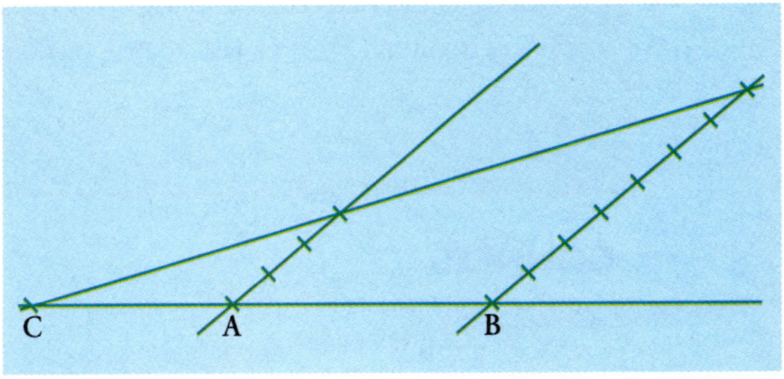

• Utilisation des propriétés de 4e, droite des milieux et point de concours des médianes.

• Utilisation de la longueur du segment joignant les milieux de deux côtés.

8 Triangles incomplets

a. Le sommet C d'un triangle ABC ne figure pas sur la feuille de papier ci-contre.
On appelle I, J et K les milieux respectifs de [AB], [AC] et [BC].
• Indiquer comment construire la médiane [CI] issue de C.
• Connaissant la mesure IJ, comment calculer la mesure BC ?

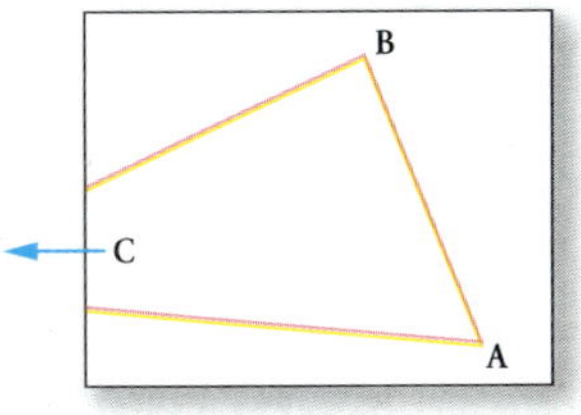

b. Les sommets A, B et C d'un triangle ABC ne figurent pas sur la feuille de papier ci-contre. Le point I est le milieu de [AB].
Indiquer comment calculer le périmètre du triangle ABC.

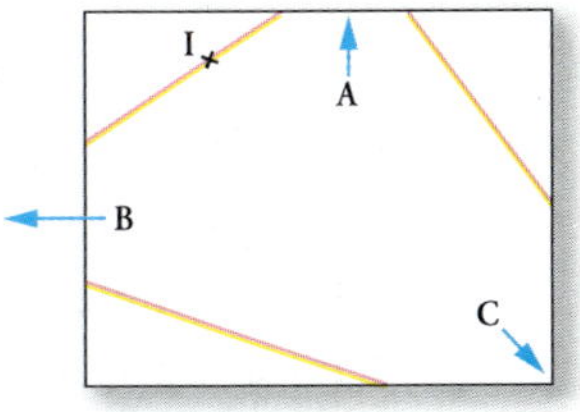

Les constructions et la recherche suivantes sont facilitées en utilisant un logiciel de constructions géométriques.

9 Distance minimale

ABC est un triangle rectangle en A, le point M est placé sur l'hypoténuse [BC].
Tracer les perpendiculaires à (AB) et (AC) passant par M.
Elles coupent respectivement [AB] en R et [AC] en S. (Les figures sont réalisées à l'aide du logiciel Déclic téléchargeable gratuitement à l'adresse :
http://home.nordnet.fr/~eostenne/declic.htm.)

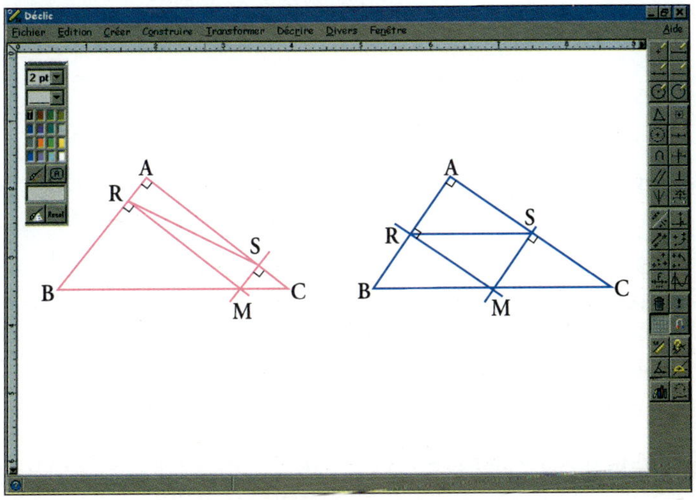

a. Où placer le point M pour que la distance RS soit la plus petite possible ? Justifier.
b. Où placer le point M pour que la droite (RS) soit parallèle à (BC) ? Justifier.

L'ESSENTIEL en deux pages

1 – Propriété de Thalès

Soient deux droites (d) et (d') sécantes en A.
Soient B et M deux points de (d) distincts de A.
Soient C et N deux points de (d') distincts de A.
Si les droites (MN) et (BC) sont parallèles, alors on a l'égalité des quotients :

$$\frac{AM}{AB} = \frac{AN}{AC} = \frac{MN}{BC}$$

DONNÉES

- A, B, M alignés
- A, N, C alignés
- (BC) // (MN)

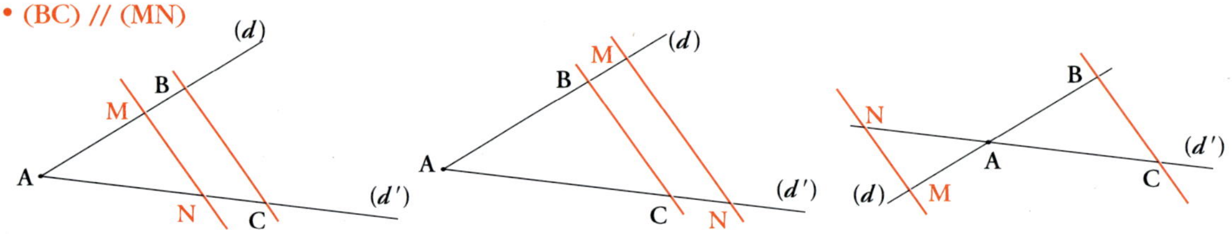

CONCLUSION

$$\frac{AM}{AB} = \frac{AN}{AC} = \frac{MN}{BC}$$

Remarques

- La propriété de Thalès est une propriété permettant de calculer des longueurs.
- Pour utiliser la propriété de Thalès, il faut connaître :
  - l'alignement de deux séries de points ;
  - deux droites parallèles.

	Points alignés		Droites parallèles
	A, B, M	A, C, N	(MN) et (BC)
Triangles	Longueurs des côtés		
ABC	AB	AC	BC
AMN	AM	AN	MN

- Les longueurs des côtés des deux triangles sont proportionnelles :

$$\frac{AM}{AB} = \frac{AN}{AC} = \frac{MN}{BC} \quad \text{ou} \quad \frac{AB}{AM} = \frac{AC}{AN} = \frac{BC}{MN}$$

Conséquences
Soient deux droites (d) et (d') sécantes en A.
Soient B et M deux points de (d) distincts de A.
Soient C et N deux points de (d') distincts de A.
Si deux des quotients $\frac{AM}{AB}$, $\frac{AN}{AC}$ ou $\frac{MN}{BC}$ ne sont pas égaux, alors les droites (MN) et (BC) ne sont pas parallèles.

2- Réciproque de la propriété de Thalès

Cette propriété est admise.

Soient deux droites (*d*) et (*d'*) sécantes en A.
Soient B et M deux points de (*d*) distincts de A.
Soient C et N deux points de (*d'*) distincts de A.
Si les points A, B, M et A, C, N sont alignés dans le même ordre et $\frac{AM}{AB} = \frac{AN}{AC}$, alors les droites (MN) et (BC) sont parallèles.

DONNÉES

- A, B, M alignés
- A, C, N alignés, dans le même ordre
- $\frac{AM}{AB} = \frac{AN}{AC}$

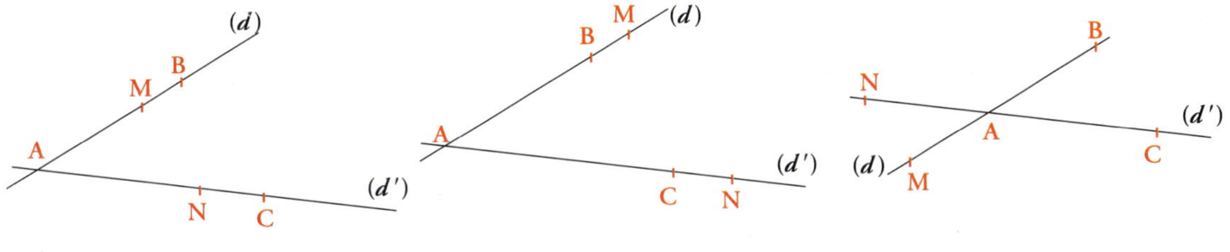

CONCLUSION

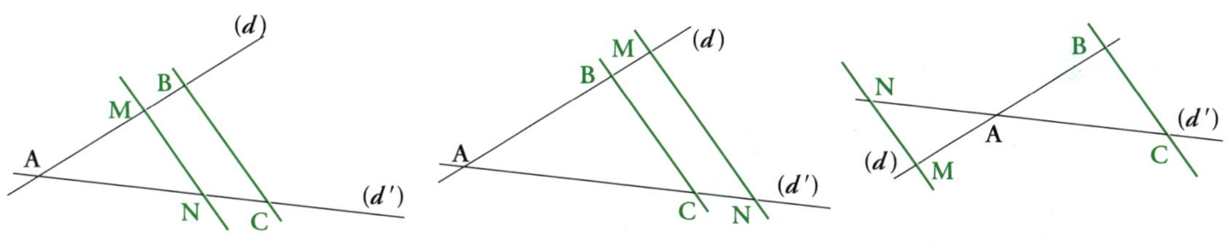

(BC) // (MN)

Remarques

- La réciproque de la propriété de Thalès est une propriété permettant de démontrer que deux droites sont parallèles.
- Il est important de vérifier l'alignement des points dans le même ordre pour appliquer la réciproque de la propriété de Thalès.

3- Programme de construction

a. Énoncé

Construire deux points sur la droite (AB) *tels que :* $\frac{CA}{CB} = \frac{3}{7}$

b. Solution

- Tracer deux parallèles passant par A et par B.
- Graduer régulièrement à partir de A et de B.
- Relier les points correspondant à 3 et 7 dans les deux cas de figure.

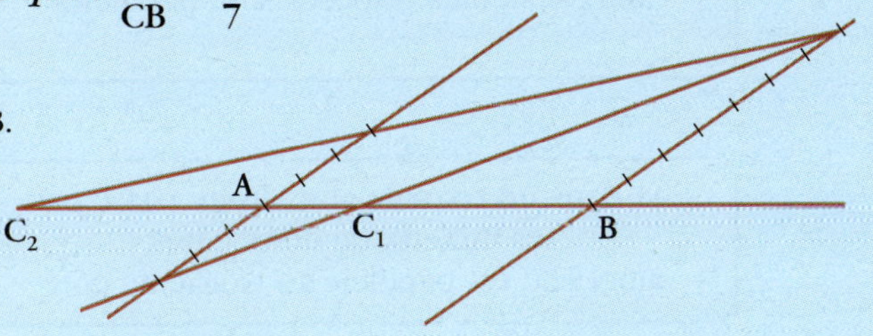

DÉMONTRER QUE DES DROITES SONT OU NE SONT PAS PARALLÈLES

Un premier exemple

a. Énoncé

ADC *est un triangle rectangle tel que* : DC = 6 cm *et* AC = 5 cm.
B *est le milieu de* [DC]. *On trace le triangle* AEF *tel que* AF = 15 cm *et* AE = 3 AB (*les points* E *et* F *sont respectivement sur* [AB] *et* [AC]).
M *est le milieu de* [BE].

1. *Démontrer que les droites* (AD) *et* (MC) *sont parallèles.*

2. *Démontrer que les droites* (BC) et (EF) *sont parallèles.*

b. Recherche de sous-figures utiles

On fait apparaître des sous-figures utiles.

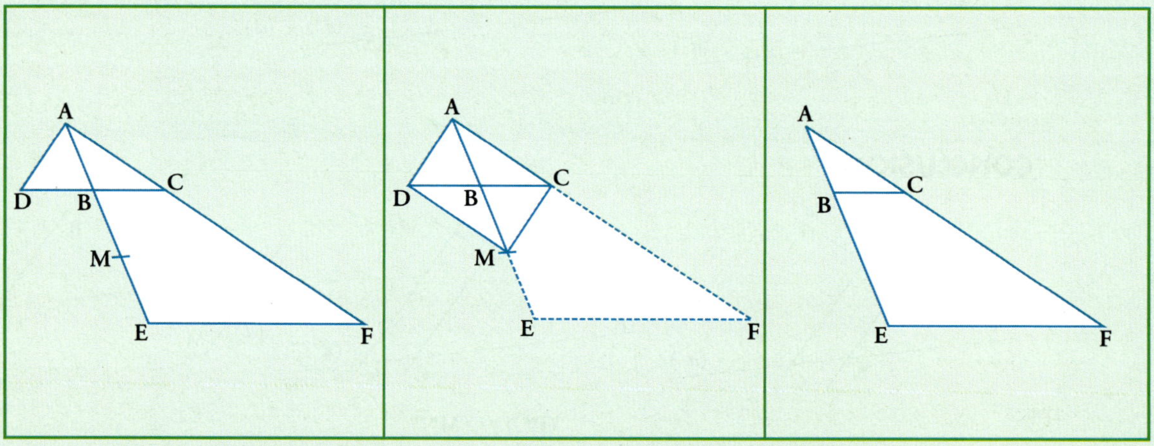

c. Recherche de propriétés utiles

On cherche des propriétés dont la conclusion est « les droites sont parallèles ».

Si on a les conditions de la réciproque de la propriété de Thalès (points alignés dans le même ordre et des quotients égaux), alors on en déduit des droites parallèles.

Si un quadrilatère est un parallélogramme, alors ses côtés opposés sont parallèles.

Si deux droites coupées par une sécante forment des angles alternes-internes ou correspondants égaux, alors les droites sont parallèles.

Si, dans un triangle, une droite passe par les milieux de deux côtés, alors elle est parallèle au troisième côté.

Si deux droites sont perpendiculaires à une même troisième, alors ces droites sont parallèles.

d. Recherche de la démonstration

1. Un tableau de recherche

Ce que l'on sait	Ce que l'on utilise	Ce que l'on conclut
ADC triangle rectangle en A.	Un triangle rectangle a deux côtés perpendiculaires.	(AD) est perpendiculaire à (AC).
ADC triangle rectangle en A.	Si un triangle est rectangle, alors la longueur de la médiane issue de l'angle droit est égale à la moitié de la longueur de son hypoténuse.	AB = BC = DB = 3 cm
M milieu de [BE]	Définition	BM = ME
BM = ME ; AE = 3 AB	Propriété de l'égalité	AB = BM = 3 cm
AB = BM = 3 cm BC = DB = 3 cm	Si les diagonales d'un quadrilatère ont le même milieu et sont de même longueur, alors c'est un rectangle.	ACMD est un rectangle.
ACMD est un rectangle.	Un rectangle a quatre angles droits.	(AC) est perpendiculaire à (MC).
(AD) est perpendiculaire à (AC). (AC) est perpendiculaire à (MC).	Si deux droites sont perpendiculaires à une même troisième, alors ces droites sont parallèles.	Les droites (AD) et (MC) sont parallèles.

2. Un exemple de rédaction

Concernant les droites (BC) et (EF), on considère les droites (AE) et (AF) sécantes en A.
A, B et E sont alignés, A, C et F sont alignés dans le même ordre.

Calculons $\frac{AB}{AE}$ et $\frac{AC}{AF}$:

$\frac{AB}{AE} = \frac{AB}{3AB}$, donc $\frac{AB}{AE} = \frac{1}{3}$. $\frac{AC}{AF} = \frac{5}{15}$, donc $\frac{AC}{AF} = \frac{1}{3}$.

$\frac{AB}{AE}$ et $\frac{AC}{AF}$ ont même valeur numérique, donc sont égaux : $\frac{AB}{AE} = \frac{AC}{AF}$.

Les points A, B, E sont alignés dans le même ordre que A, C, F et les quotients $\frac{AB}{AE}$ et $\frac{AC}{AF}$ sont égaux.

D'après la réciproque de la propriété de Thalès, les droites (BC) et (EF) sont parallèles.

Un deuxième exemple

a. Énoncé

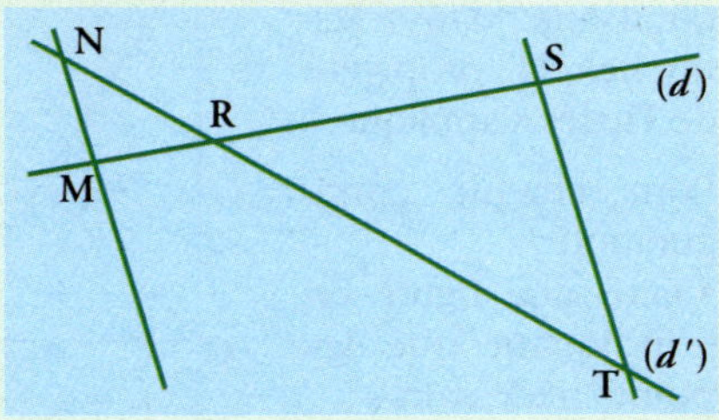

Sur une droite (*d*), *on a placé des points* M, R et S. *Sur une droite* (*d'*) *sécante à* (*d*) *en* R, *on a placé des points* N *et* T.
On connaît des longueurs :
NR = 3,6 ; RT = 4,8 ; MR = 2,2 ; RS = 2,9
Les droites (MN) *et* (ST) *sont-elles parallèles* ?

b. Exemple de solution

On reconnaît une configuration de la propriété de Thalès.
On cherche les conditions connues : points alignés et quotients égaux ou non.
Les droites (*d*) et (*d′*) sont sécantes en R.
Les points R, M et S sont alignés, les points R, N, T sont alignés dans le même ordre.
Calculons les quotients :

$\frac{RM}{RS} = \frac{2,2}{2,9}$; $\frac{RM}{RS} \approx 0,759$ (arrondi au 1/1 000)

$\frac{RN}{RT} = \frac{3,6}{4,8}$; $\frac{RN}{RT} = 0,75$

• On obtient $\frac{RM}{RS} \neq \frac{RN}{RT}$. On conclut que les droites (MN) et (ST) ne sont pas parallèles. (En effet si les droites étaient parallèles alors les quotients seraient égaux ; comme les quotients ne sont pas égaux, alors les droites ne sont pas parallèles.)

PROPRIÉTÉ DE THALÈS

1 Dans chaque cas, préciser s'il est possible d'appliquer la propriété de Thalès.

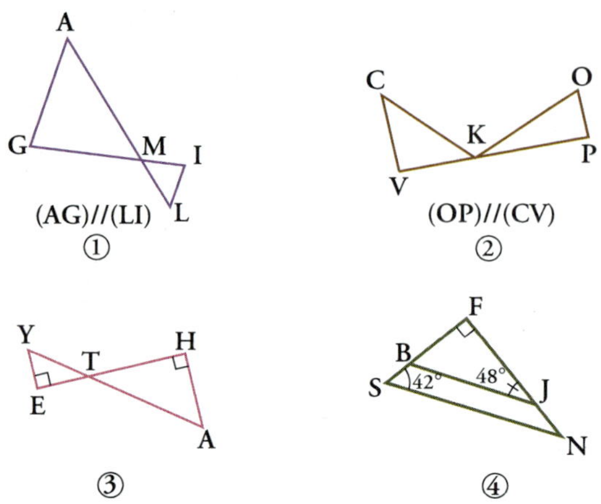

2 Les figures ci-dessous vérifient les conditions de la propriété de Thalès.
Écrire, dans chaque cas, les égalités de quotients.

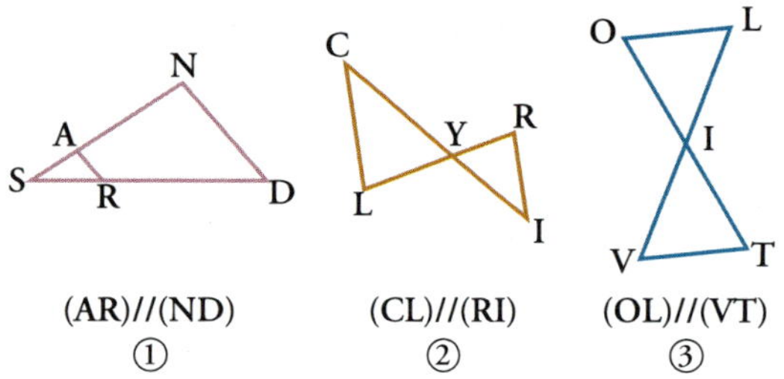

3 TRCG est un rectangle.
Trouver quatre configurations dans lesquelles la propriété de Thalès s'applique.

Pour chaque configuration :
- faire une figure en n'indiquant que les points nécessaires ;
- énoncer les conditions d'utilisation de la propriété et montrer qu'elles s'appliquent à la figure ;
- en déduire les égalités de quotients.

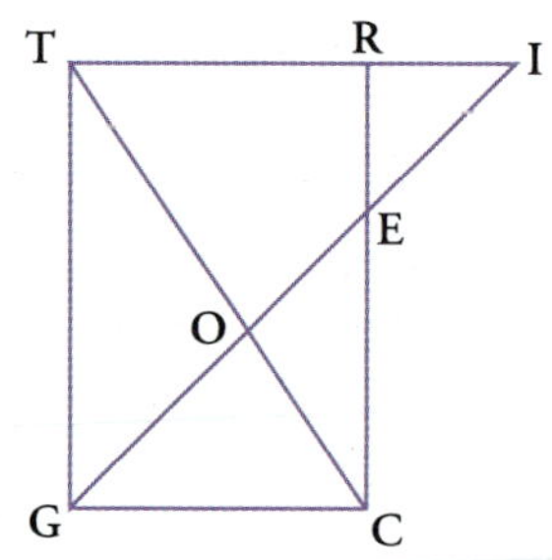

4 Les droites (TS) et (LI) sont parallèles.
Compléter avec les symboles « = » ou « ≠ ».

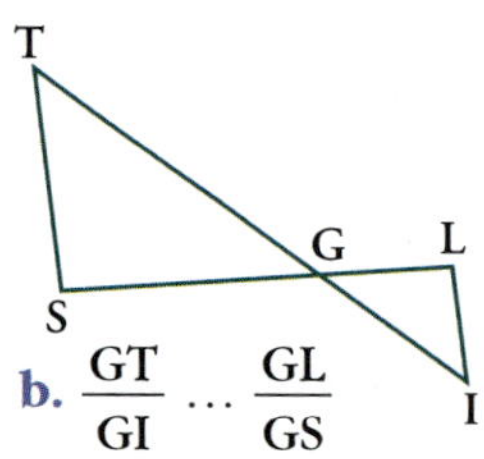

a. $\frac{GL}{GS} \dots \frac{GI}{GT}$ **b.** $\frac{GT}{GI} \dots \frac{GL}{GS}$

c. $\frac{TS}{LI} \dots \frac{TG}{GI}$ **d.** $\frac{TG}{TI} \dots \frac{TS}{LI}$

5 x désigne un nombre positif.
Les « droites rouges » sont parallèles. Associer chaque figure $\mathcal{F}$ à une égalité E.

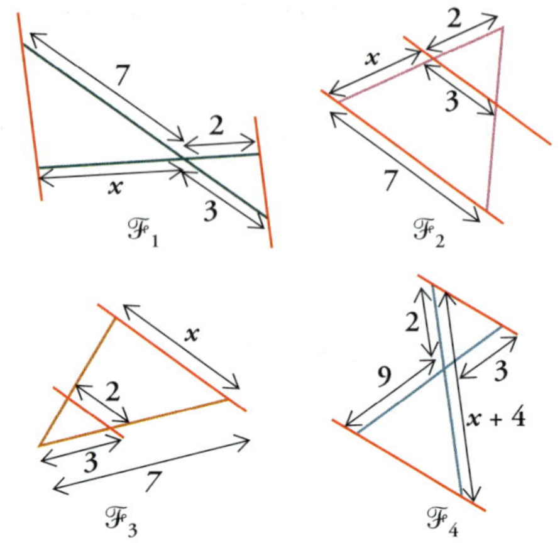

$E_1 : \frac{2}{x} = \frac{3}{7}$ $E_2 : \frac{2}{2+x} = \frac{3}{7}$

MÉTHODE

Comment calculer une longueur

Énoncé

Les droites (SG) *et* (TU) *sont parallèles.*

Prouver que AG = 7,5.

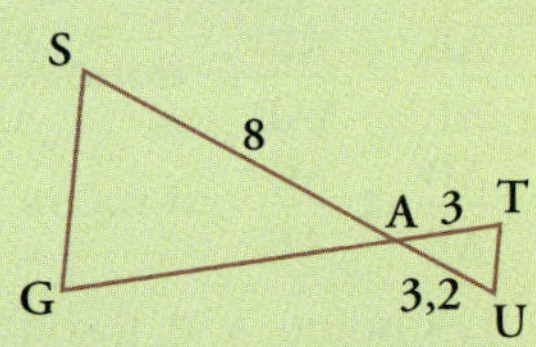

Exemple de solution

On est dans la configuration de la propriété de Thalès.
Les points A, G et T d'une part, A, S et U d'autre part sont alignés sur deux droites sécantes en A.
Les droites (SG) et (TU) sont parallèles.
D'après la propriété de Thalès, on peut écrire des quotients égaux :

$$\frac{AT}{AG} = \frac{AU}{AS}$$

En remplaçant par les valeurs numériques, on obtient :

$$\frac{3}{AG} = \frac{3,2}{8}$$

Les quotients étant égaux, on en déduit que $3,2 \times AG = 3 \times 8$, donc $AG = \frac{24}{3,2}$.
D'où AG = 7,5.

● Voir exercices 6 à 16

6 Les droites (LI) et (NO) sont parallèles.
Prouver que LI = 2,5.

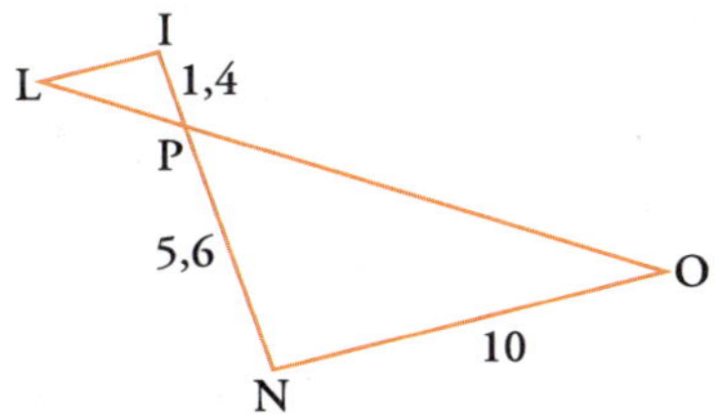

7 Les droites (OH) et (NC) sont parallèles.
On donne : OB = 7 ; ON = 1 ; BH = 5,6

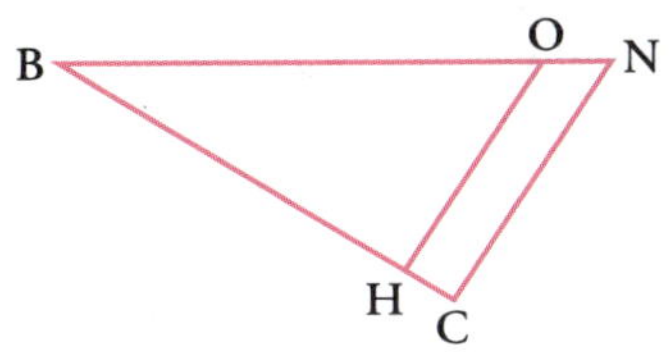

Calculer BC.

8 Les droites (AN) et (RE) sont parallèles.
On donne :
PA = 6
NA = 7,2
RE = 3
Calculer AR.

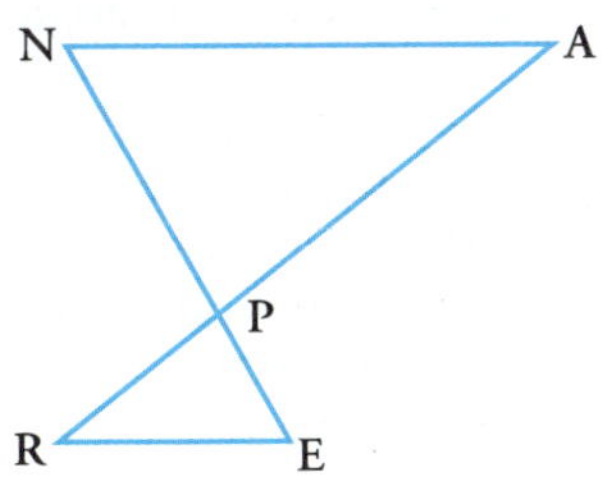

9 Les droites (HG) et (RL) sont parallèles.
On donne :
PG = 4,5 cm
PR = 3 cm
PL = 7,8 cm
RL = 6 cm

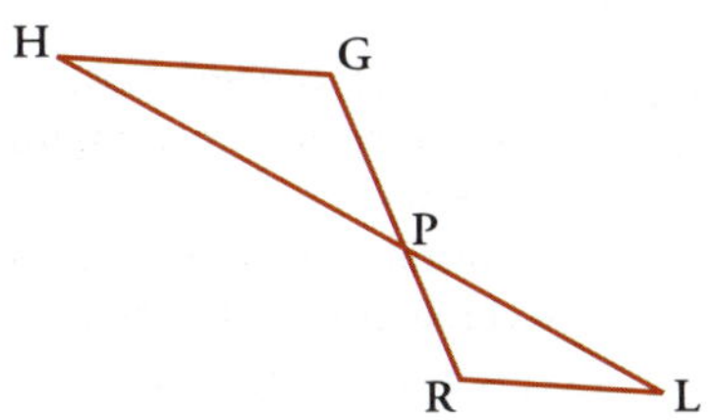

Calculer, en centimètres, le périmètre du triangle HGP.

10 **Hauteur d'un arbre (1)**

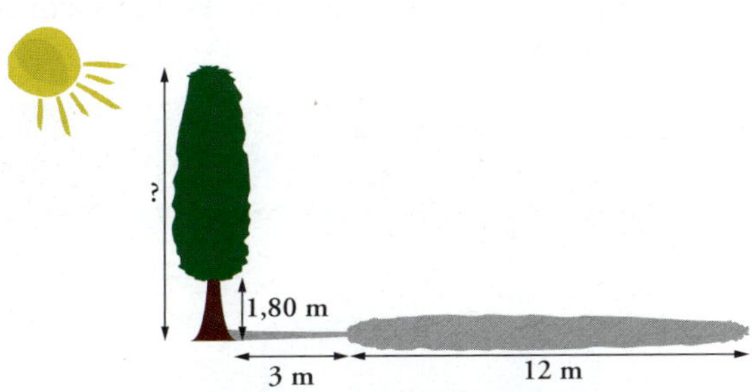

Quelle est la hauteur de cet arbre dont l'ombre est projetée au sol par le soleil ?

11 **Hauteur d'un arbre (2)**
Un bâton [ES] de 1,50 m a été planté verticalement à 12 m du pied d'un arbre.

Un observateur, dont l'œil est placé au point O, voit le sommet de l'arbre et le sommet du bâton alignés.

Calculer la hauteur de l'arbre.

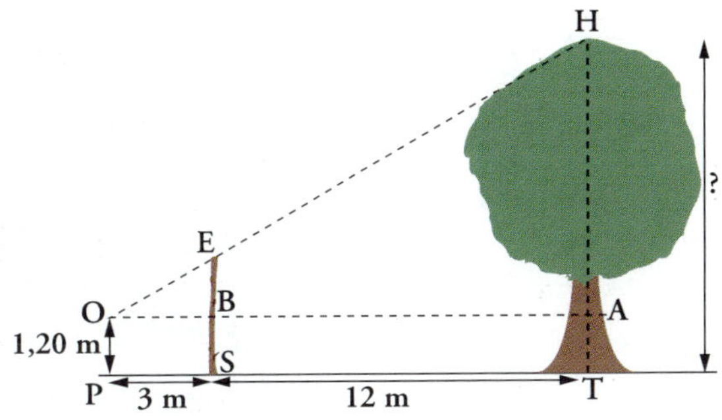

12 **Hauteur d'un arbre (3)**

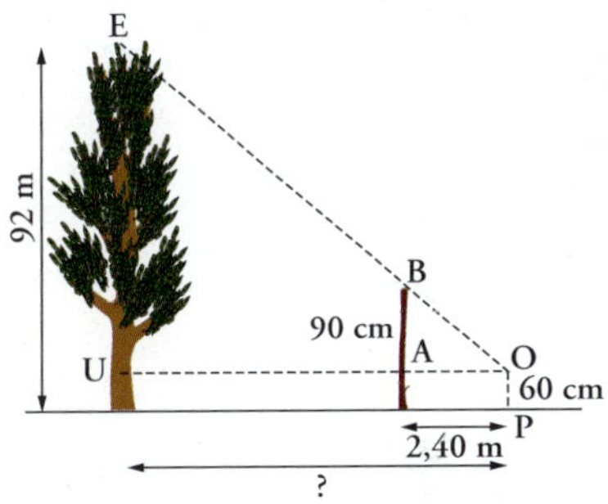

Au Portugal, un eucalyptus a atteint la hauteur de 92 m.

L'œil d'un observateur est situé au point O à 60 cm du sol et à 2,40 m du bâton. La partie [BA] du bâton mesure 90 cm.

À quelle distance du pied de l'arbre l'observateur doit-il se placer pour vérifier sa hauteur ?

13 **Paire de ciseaux**
Les droites (AE) et (CD) restent parallèles quelle que soit l'ouverture des lames.

En écartant les doigts de telle façon que AE soit égale à 8 cm, quel écartement obtient-on entre les deux extrémités des lames ?

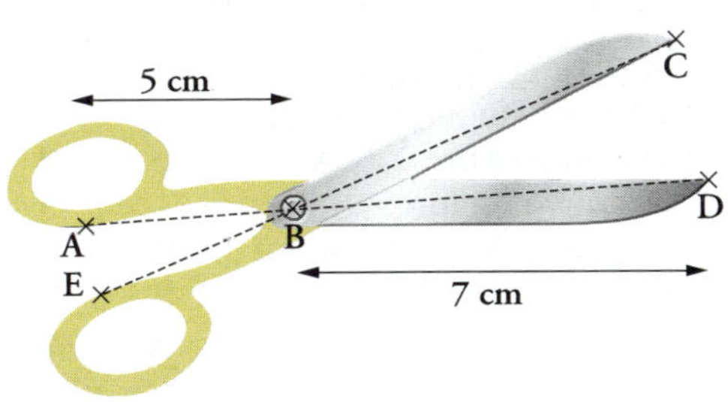

14 PHOTOGRAPHIE

L'image du personnage se forme à l'envers sur la pellicule, la lentille de l'objectif est convergente. L'image du personnage mesure 8 mm sur la pellicule et la distance OP est égale à 7 cm.

À quelle distance du centre optique O se situe le personnage ?

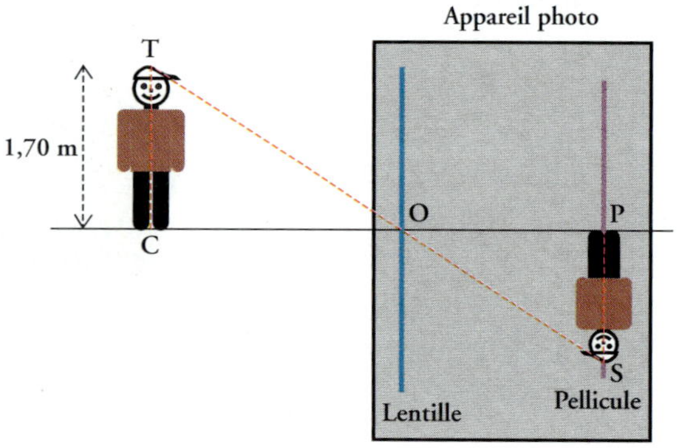

15 Le dessin ci-dessous schématise le trajet de la lumière jusqu'à atteindre la rétine au fond de l'œil.

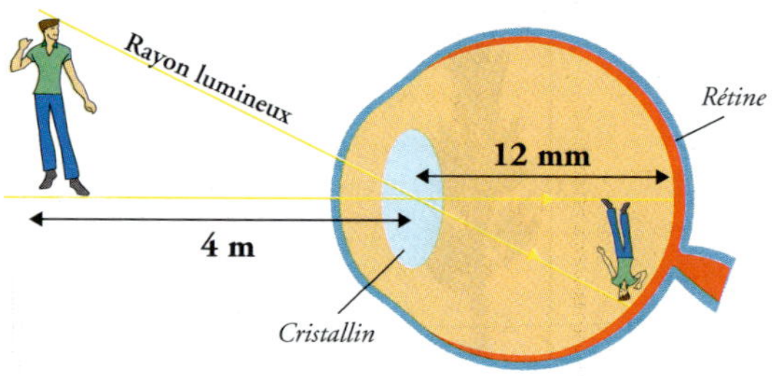

Quelle est la taille de l'image d'un homme d'1,80 m ?

16 Diapositive

La lentille du projecteur de diapositives est convergente, l'image est inversée sur l'écran (haut et bas, gauche et droite).

La diapositive [DA] mesure 2,5 cm et elle est placée à 9 cm de la lentille (OI = 9 cm).

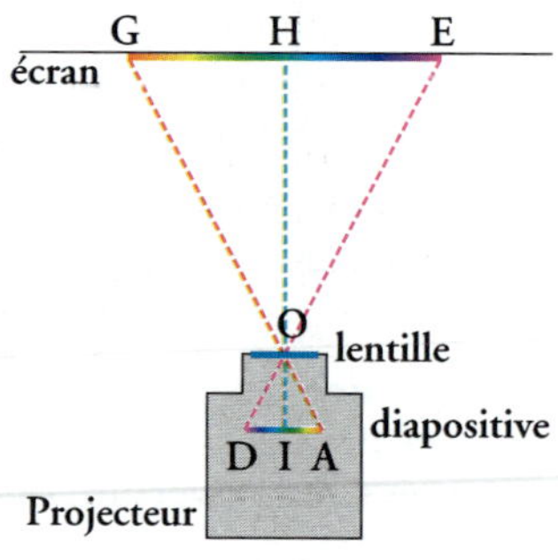

À quelle distance de la lentille doit-on placer l'écran pour que l'image [GE] mesure 1,10 m ?

17 OAB est un triangle rectangle en A tel que

OA = 12 cm et AB = 5 cm.

[MN] est un segment de 3 cm perpendiculaire à (OA) comme l'indique la figure.

Où placer le point M sur [AO] pour que les points O, N et B soient alignés ?

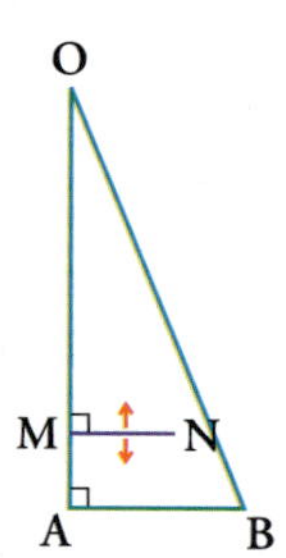

D'après *Autour de Thalès* - Bulletin Inter-Irem.

18 Sur la figure ci-dessous, les droites (FG) et (RI) sont parallèles.

- Démontrer que le triangle TRI est isocèle.
- Trouver plusieurs méthodes.

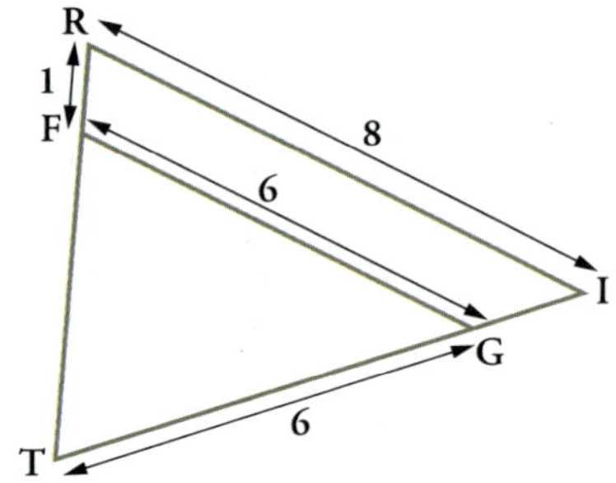

19 Les droites (EI) et (SF) sont parallèles.

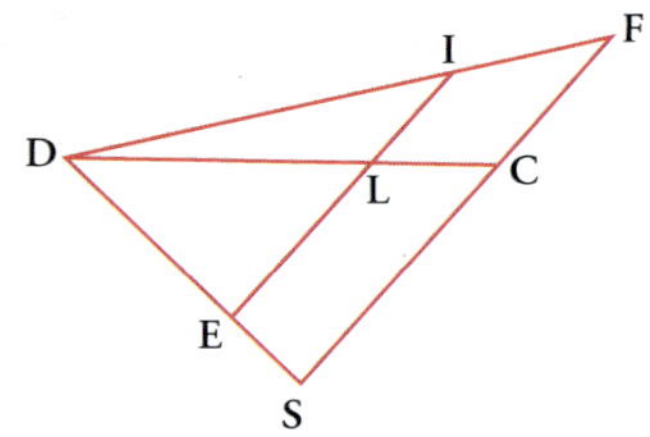

Montrer que : EL × CF = LI × SC.

20 ABC est un triangle rectangle en B tel que :

AB = 3 cm ; BC = 4 cm ; AC = 5 cm

Sur [AC], placer un point M tel que MA = 2 cm.

Construire les perpendiculaires (MR) et (MN) respectivement à (AB) et (BC).

Le quadrilatère MRBN semble être un carré.

Est-ce vrai ?

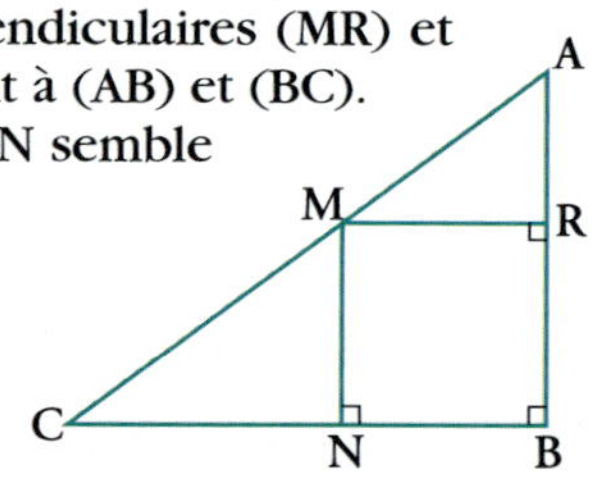

21 L'ANGLE MORT DANS UNE VOITURE

Le dessin représente l'habitacle d'une voiture vu du dessus.

Le montant arrière de la carrosserie soutenant le toit, le segment [AE] sur le dessin, constitue un écran à une visibilité correcte. L'angle $\widehat{BCD}$ s'appelle un « angle mort ».

Avec les données indiquées, calculer la mesure du segment [BD] que le conducteur C ne peut pas voir lorsqu'il tourne la tête lors d'un dépassement.

Comparer le résultat avec la longueur d'un deux-roues.

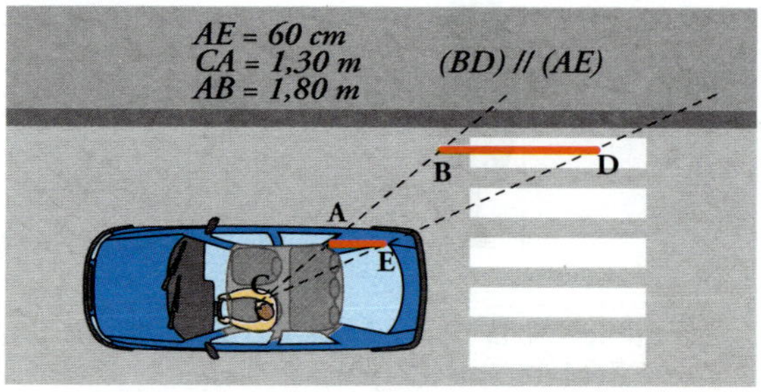

22 **Feux de croisement**

Les ampoules des feux de croisement de cette voiture sont à 65 cm du sol.

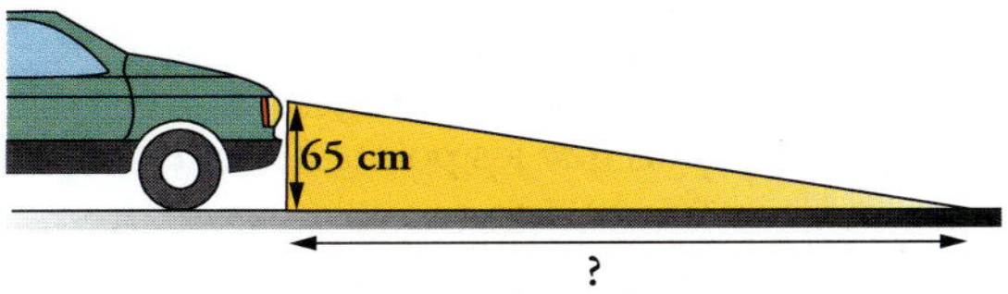

La voiture stationne à 2 m de la porte du garage.
Elle éclaire la porte du garage sur une hauteur de 61 cm.
Calculer la mesure de la portée des feux.

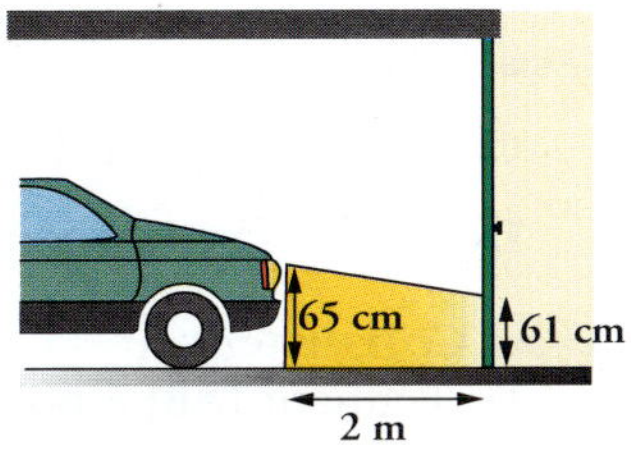

DROITES PARALLÈLES OU NON ?

23 On donne : FA = 5 ; FG = 7,5 ; FR = 6 ; FS = 9.
Démontrer que les droites (AR) et (GS) sont parallèles.

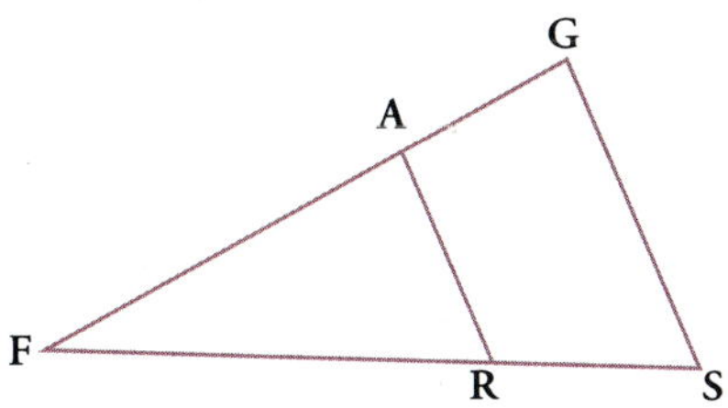

24 On donne :

HB = 1,8 ; HE = 1,2
HP = 1,6 ; HM = 2,4

Démontrer que les droites (BE) et (PM) sont parallèles.

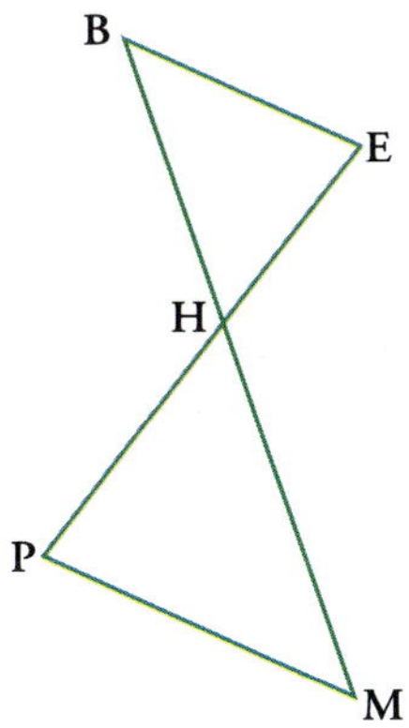

25 **De l'ordre !**

a. Les quotients $\frac{OF}{OG}$ et $\frac{OI}{OJ}$ sont-ils égaux ?

b. Les droites (FI) et (GJ) sont-elles parallèles ? Justifier.

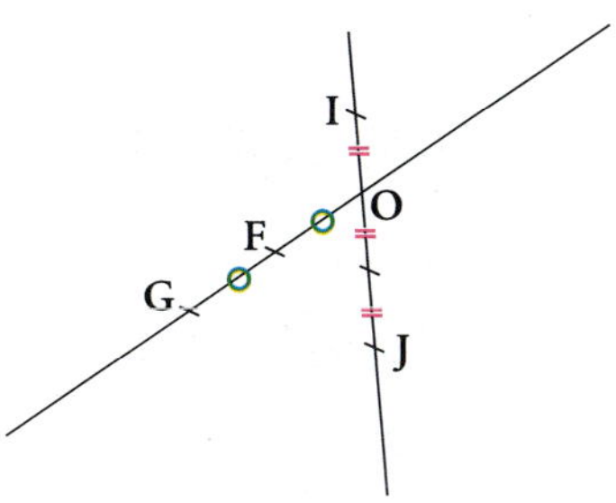

EXERCICE RÉSOLU

Énoncé

Le quadrilatère ABCD est-il un trapèze ?

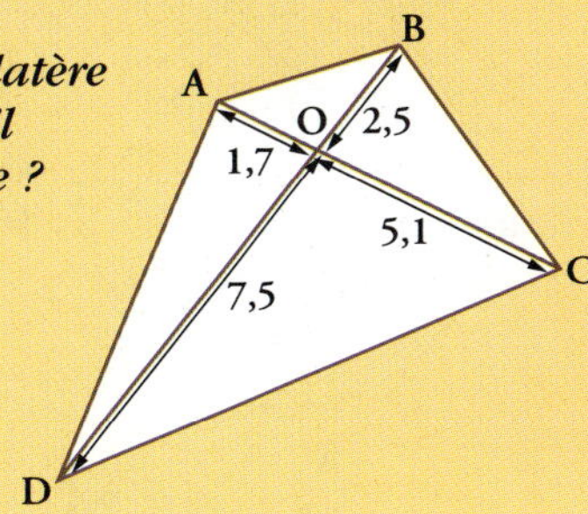

Exemple de solution

On cherche à démontrer que les droites (AB) et (DC) sont parallèles.

Comparons les quotients $\frac{OB}{OD}$ et $\frac{OA}{OC}$.

$\frac{OB}{OD} = \frac{2,5}{7,5}$ $\quad \frac{OA}{OC} = \frac{1,7}{5,1}$

$\frac{OB}{OD} = \frac{1}{3}$ $\quad \frac{OA}{OC} = \frac{1}{3}$

Les deux quotients ont même valeur numérique, donc ils sont égaux :

$$\frac{OB}{OD} = \frac{OA}{OC}$$

Les points O, B et D sont alignés et les points O, A et C sont alignés dans le même ordre sur deux droites sécantes en O.
D'après la réciproque de Thalès, les droites (AB) et (DC) sont parallèles.
Le quadrilatère ABCD a deux côtés parallèles, c'est donc un trapèze.

26 On donne :
AD = 3 ; AV = 5
DJ = 2,4 ; JI = 4
Les droites (AJ) et (VI) sont-elles parallèles ?

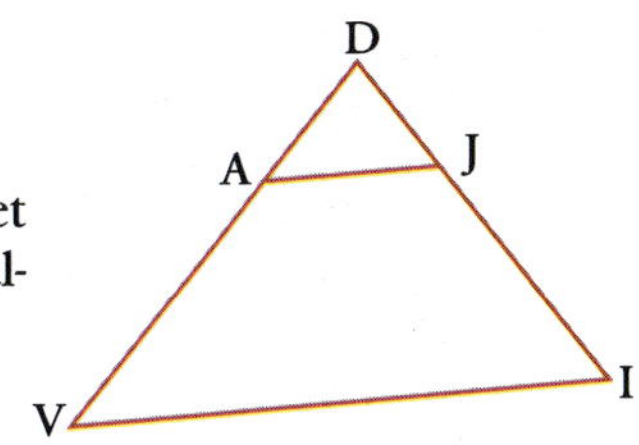

27 Une table à repasser est constituée d'une planche et de deux pieds articulés [AS] et [BT] qui se croisent en O.
On place la table sur le sol avec les mesures suivantes :

OA = 50 cm ; OB = 38 cm
OS = 80 cm ; OT = 60,8 cm

La table est-elle bien parallèle au sol ?

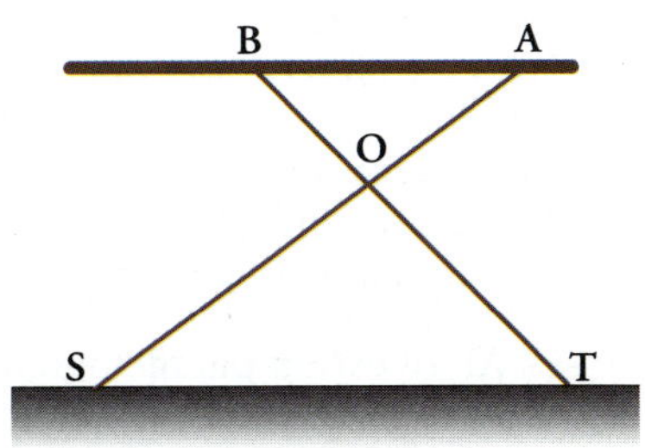

EXERCICES d'application

28 Dans chaque cas, prouver que les droites (AL) et (BS) sont parallèles.

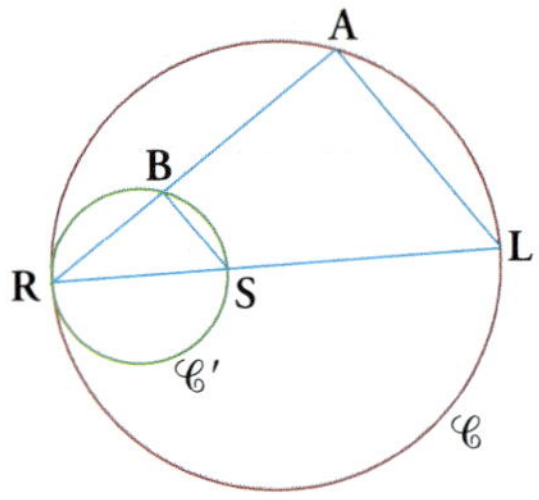

𝒞 cercle de diamètre [RL]
𝒞' cercle de diamètre [RS]

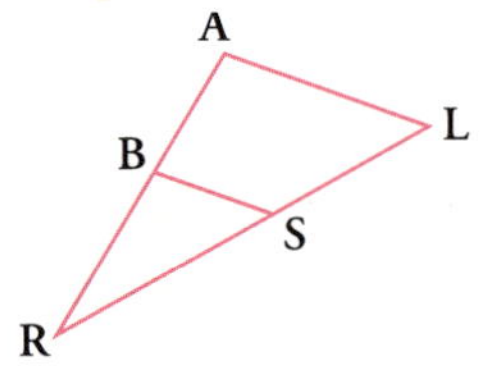

RS = 6 ; RL = 10,8
RB = 4,5 ; RA = 8,1

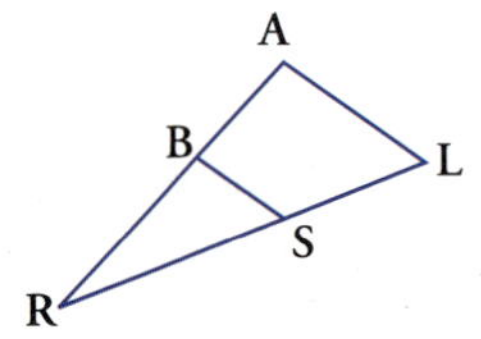

$\widehat{RAL} = 97°$; $\widehat{BRS} = 23°$
$\widehat{RSB} = 60°$

29 BIL est un triangle tel que :
BI = 5 cm, BL = 6 cm et IL = 8 cm
S est le milieu de [IL].
E est le point de [IL] tel que IE = 2,4 cm.
F est le point de [IB] tel que BF = 2 cm.

a. Faire une figure.

b. Que peut-on dire des droites (FE) et (BS) ? Justifier la réponse.

30 On considère la figure ci-contre. Cette figure n'est pas en vraie grandeur et n'est pas à reproduire. Elle est fournie pour préciser la position des points. L'unité est le centimètre.
On donne :
CN = 10 608 ; CM = 24 375 ;
CB = 24 752 ; CA = 56 875

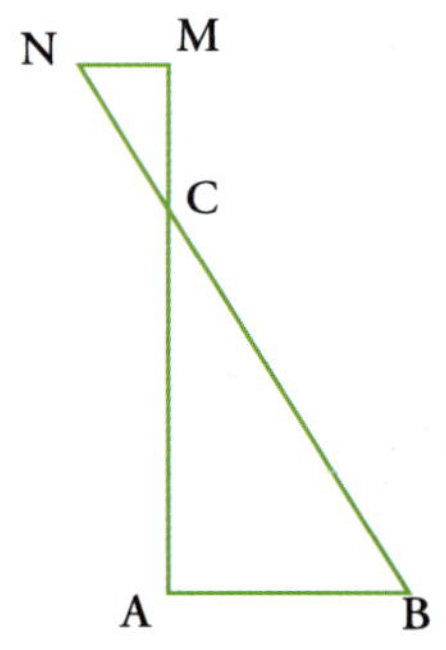

Les droites (NM) et (AB) sont-elles parallèles ? Bien détailler tous les calculs.

31 Sur la figure ci-contre, les droites (AB) et (DF) sont parallèles et
FC = 2,5 cm ;
SF = 21 cm ; DF = 7 cm ;
BF = 7,5 cm.
Démontrer que le quadrilatère ABCD est un parallélogramme.

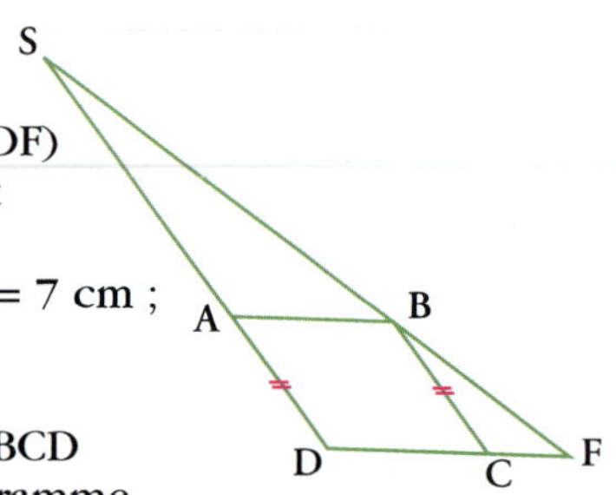

32 AIME est un parallélogramme tel que AE = 4,2 cm et AM = 7 cm.
R est le point de [AE] tel que AR = 1,8 cm.
S est le point de [AM] tel que AS = 3 cm.
T est le point de [MI] tel que MT = 2,4 cm.
Le but de cet exercice est de prouver que les points R, S et T sont alignés.

a. Montrer que les droites (RS) et (EM) sont parallèles.

b. Montrer que les droites (ST) et (AI) sont parallèles, puis que les droites (ST) et (EM) sont parallèles.

c. En déduire que les droites (RS) et (ST) sont parallèles, puis que les points R, S et T sont alignés.

PARTAGE D'UN SEGMENT

33 Tracer un segment [AB] de 10 cm.
Construire le point T sur [AB] tel que $\frac{AT}{AB} = \frac{4}{7}$.
Décrire et justifier cette construction.

34 Construction
Le segment [AB] a pour longueur 11 cm.
Construire un point M sur [AB] tel que $\frac{MA}{MB} = \frac{3}{7}$.

35 Voici le travail de Maëlle qui souhaitait partager le segment [RS] en cinq parts égales.
Expliquer et justifier la méthode utilisée.

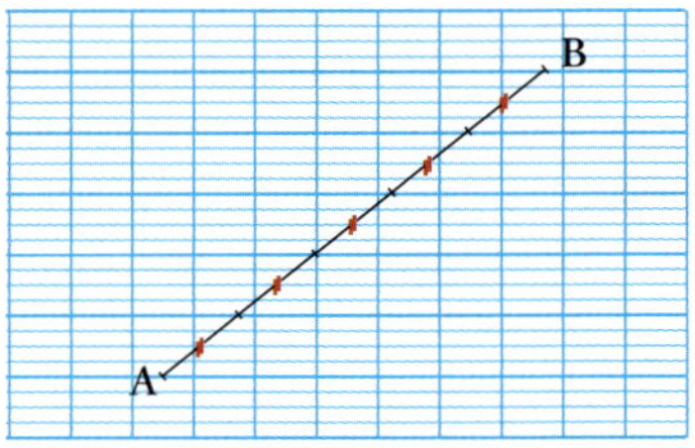

36 Placer sur le quadrillage les points M, R et S
tels que : $\frac{AM}{AB} = \frac{5}{7}$

$\frac{AR}{AC} = \frac{7}{10}$;

$\frac{CS}{CA} = \frac{2}{3}$

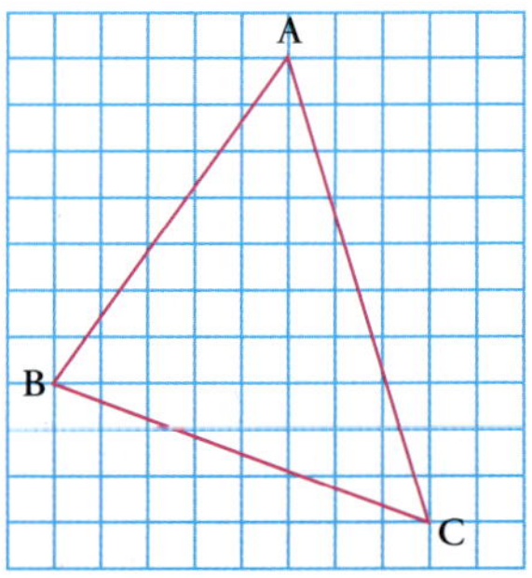

37 Dans tout le problème, l'unité est le centimètre.

a. On considère un segment [AB] tel que AB = 8.
Construire le point C de ce segment tel que :

$$AC = \frac{3}{7}AB$$

b. Construire le point E tel que AE = 10,5 et BE = 7.
Placer le point F du segment [AE] tel que EF = 6.

c. Calculer $\frac{AF}{AE}$.

d. Montrer que les droites (CF) et (BE) sont parallèles.

e. Soit G le symétrique du point F dans la symétrie de centre A.
La droite (CG) coupe la droite (BE) en D.
Calculer $\frac{GC}{GD}$.

Ce que je dois savoir

- Utiliser la propriété de Thalès pour :
  - trouver des quotients égaux, à partir des configurations ;
  - calculer des longueurs.
- Utiliser la réciproque de la propriété de Thalès : à partir de quotients égaux, trouver des droites parallèles.

Je m'évalue

Solutions page 294

38 Les segments de couleur verte sont portés par des droites parallèles.
Écrire, dans chaque cas de figure, cinq rapports égaux à $\frac{FE}{GC}$.

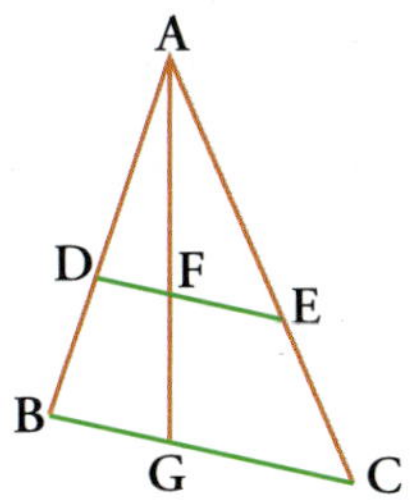

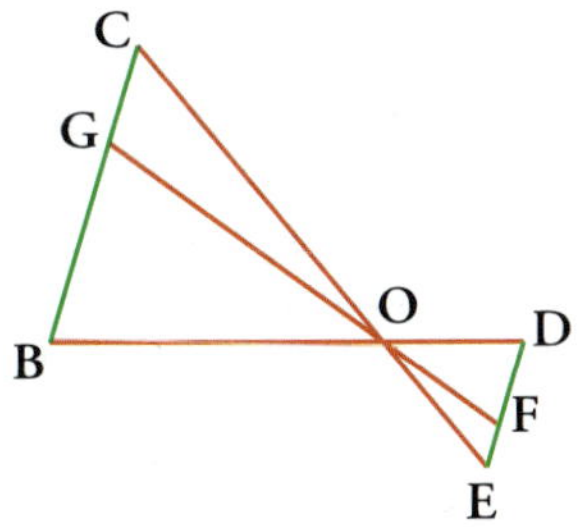

39 **a.** Dans les conditions suivantes, calculer EF :
EI = 40 ; EL = 13
EJ = 25 ; (FL) // (IJ)

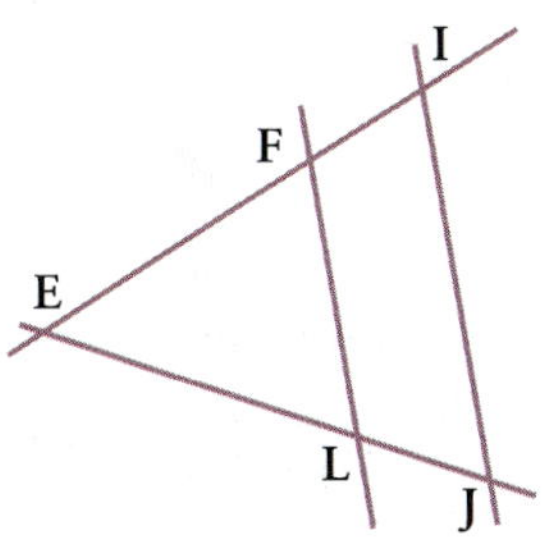

b. Dans les conditions suivantes, calculer GD :

$GU = \frac{3}{5}$; $UP = \frac{7}{3}$

$MP = \frac{21}{10}$; (GD) // (MP)

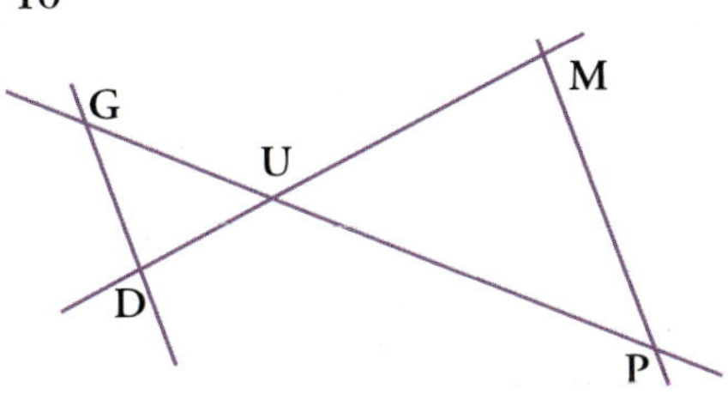

40 **a.** On sait que :
MS = 3 ; SE = 9
ML = 4,5 ; LR = 13,5

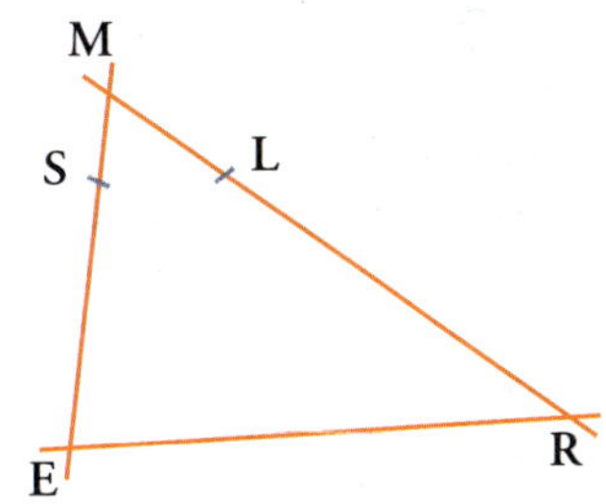

Les droites (SL) et (ER) sont-elles parallèles ?

b. On sait que :
UL = 2 ; UK = 5
UH = 7 ; ZU = 17

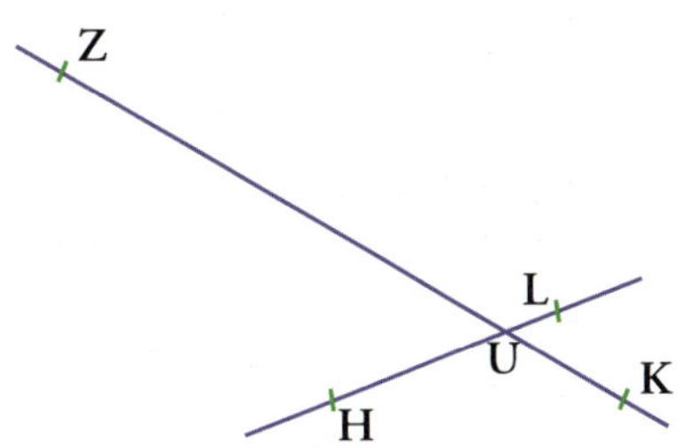

Les droites (LK) et (ZH) sont-elles parallèles ?

41 Soit un triangle ABC tel que AB = 6, AC = 9, BC = 10.
Soit E le point du segment [AB] tel que AE = 2 et soit F le point du segment [AC] tel que AF = 3.

a. Montrer que (EF) et (BC) sont parallèles.

b. La parallèle à (AC) passant par E coupe (BC) en G et la parallèle à (AB) passant par F coupe (BC) en H.
Démontrer que CG = GH = HB.

UTILISER SES CONNAISSANCES

42 En observant la figure ci-dessous et sachant que (AB) est parallèle à (CD), écrire tous les quotients égaux.

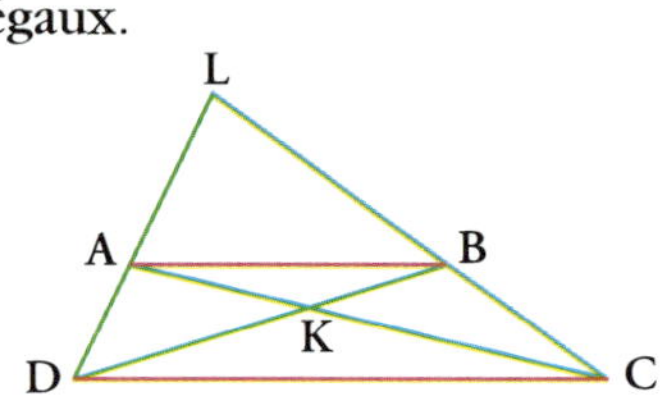

43 Sur le dessin ci-dessous, on a :
(IE) // (OL)
(IO) // (EL)
$GI = \frac{2}{3}GL$
Montrer que
$IE = \frac{1}{3}GR$.

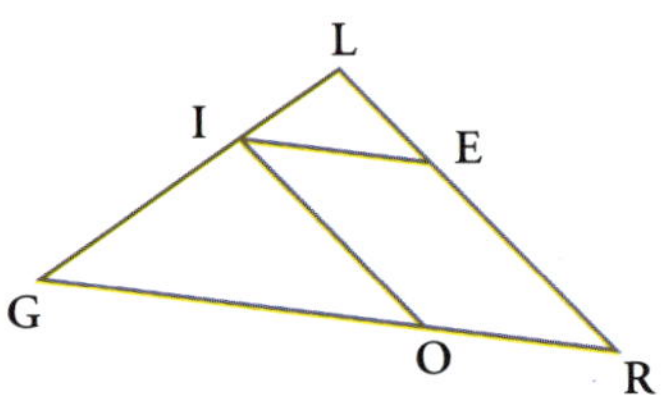

44 [AB] est un segment de 8 cm.
O est le milieu de [AB] et G le milieu de [AO].
$\mathscr{C}$ est le cercle de diamètre [AB] et $\mathscr{C}'$ le cercle de diamètre [AG].
R est un point de $\mathscr{C}$ distinct de A et B.
$\mathscr{C}'$ et [AR] se coupent en P.

a. Faire une figure.

b. Montrer que le point P est situé au quart du segment [AR].

45 On sait que (AC) // (BD) et (EC) // (FD).

a. Déterminer x.

b. Démontrer que (AE) // (BF).

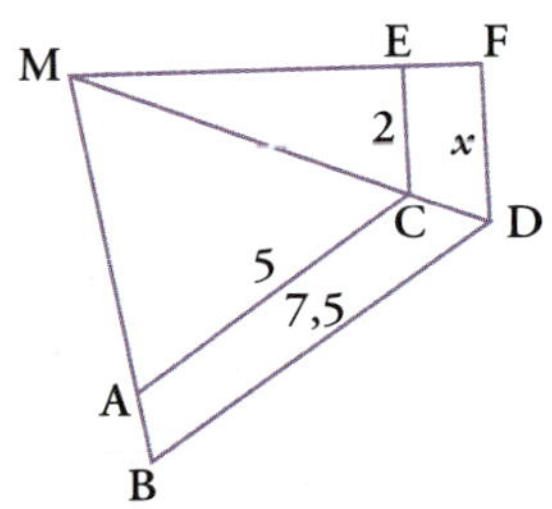

46 L'unité est le centimètre.
EFG est un triangle tel que FG = 7 et [EG] mesure 5 cm de plus que [EF]. On pose EF = x.
Lorsque l'on prolonge [EF] de 1 cm, on obtient M.
Lorsque l'on prolonge [EG] de 3 cm, on obtient N et les droites (FG) et (MN) sont parallèles.

a. Construire la la figure en vraie grandeur après avoir justifié toutes les étapes.

b. Le triangle EFG est-il rectangle ? Pourquoi ?

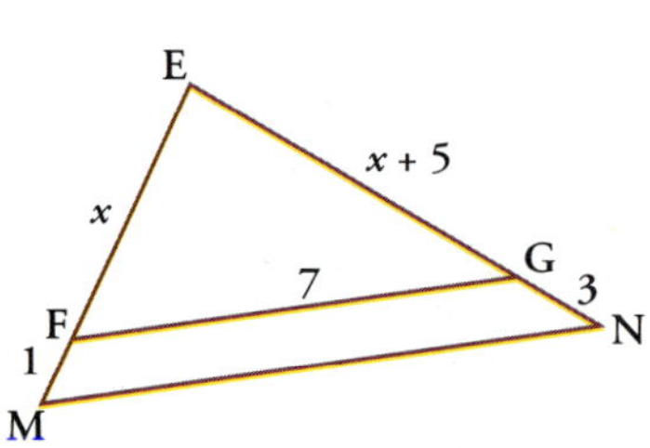

MÉTHODE

Montrer qu'un point est le milieu d'un segment

Énoncé

ABCD *est un carré.* M *est le milieu de* [BC].
La droite (AM) *coupe* (DC) *en* R.
Montrer que M *est le milieu de* [AR] *et* C *le milieu de* [DR].

Exemple de solution

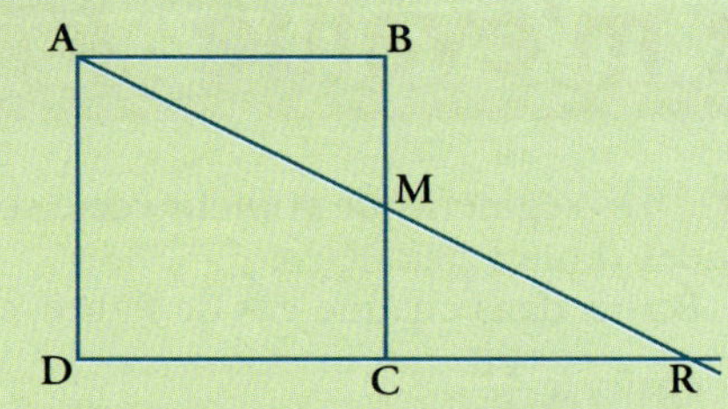

• Les points A, M et R sont alignés et les points B, M et C sont alignés sur deux droites sécantes en M.
Comme ABCD est un carré, les droites (AB) et (DC) sont parallèles.
D'après la propriété de Thalès, on a trois quotients égaux :

$$\frac{MB}{MC} = \frac{MA}{MR} = \frac{AB}{CR}$$

Or M est le milieu de [BC] donc MB = MC et on en déduit que :

$$\frac{MB}{MC} = \frac{MA}{MR} = 1$$

D'où MA = MR, et comme les points M, A et R sont alignés, alors M est le milieu de [AR].

• Comme $\frac{MB}{MC} = \frac{AB}{CR} = 1$, alors AB = CR.
Or ABCD est un carré, donc AB = DC.
Des deux égalités, on déduit que DC = CR.
Comme les points D, C et R sont alignés et que DC = CR, alors C est le milieu de [DR].

● Voir exercices 44 à 46

47 La droite (OA) est parallèle à (YT) et la droite (OT) est parallèle à la droite (YE).
Sachant que RA = 4 cm et AT = 6 cm, calculer la longueur TE.

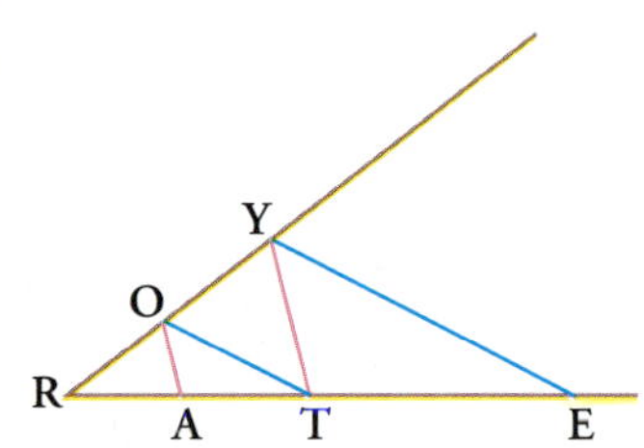

48 On sait que (BF) // (CG) et (IB) // (JC).
Démontrer que les droites (IF) et (JG) sont parallèles.

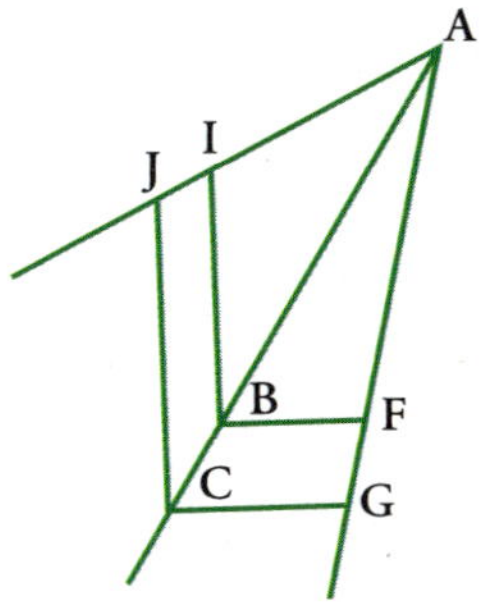

49 $\mathscr{C}_1$ et $\mathscr{C}_2$ sont deux cercles de centre O.
A_1 et B_1 sont deux points de $\mathscr{C}_1$ (A_1 et B_1 ne sont pas confondus).
Les droites (OA_1) et (OB_1) coupent respectivement $\mathscr{C}_2$ en A_2 et B_2.
Démontrer que les droites (A_1B_1) et (A_2B_2) sont parallèles.

50 **Le trimino**

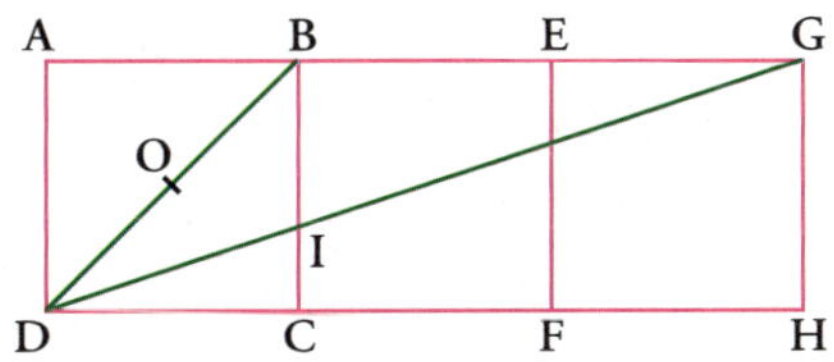

ABCD, BEFC et EGHF sont trois carrés.
O est le centre du carré ABCD.
Les droites (DG) et (BC) se coupent en I.

a. En utilisant la propriété de Thalès, montrer que $\dfrac{BI}{AD} = \dfrac{2}{3}$.

b. En déduire la position de I sur [BC].

c. Que représente le point I pour le triangle BDF ?

d. En conclure que les points O, I et F sont alignés.

51 ABCD est un carré. M est un point du côté [CD].
La parallèle à (MA) passant par C coupe (DA) en E.
G est le point tel que EDMG soit un rectangle.
Prouver que les quadrilatères ABCD et EDMG ont la même aire.

52 TRAP est un trapèze de bases [TR] et [PA].
Ses deux diagonales se coupent en O.
I est le milieu de [TR].
La droite (OI) coupe (PA) en J.
Prouver que J est le milieu de [PA].

53 Dans un triangle SEO, on considère M le point du segment [SE] tel que SM = $\dfrac{2}{3}$ SO et le point N du segment [OS] tel que NO = 2 NS.
Démontrer que (MN) et (EO) sont parallèles.

54 ABCD et EFCG sont deux carrés comme l'indique la figure. F est placé au tiers de [BC].
Les diagonales [BD] et [FG] des deux carrés sont-elles parallèles ?

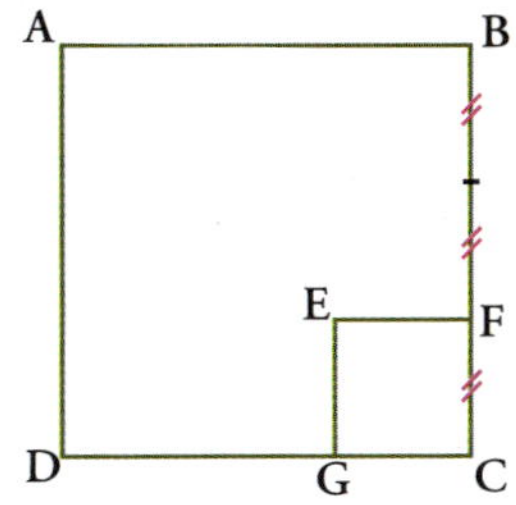

55 ABC et ADC sont deux triangles quelconques.
I est le milieu de [AC], G le centre de gravité du triangle ABC et G' le centre de gravité du triangle ADC.
Démontrer que les droites (BD) et (GG') sont parallèles.

56 ABCDEFGH est un cube.

T est le point de [DA] tel que DT = $\dfrac{1}{3}$DA.

R est le point de [DC] tel que DR = $\dfrac{1}{3}$DC.

I est le point de [DH] tel que DI = $\dfrac{1}{3}$DH.

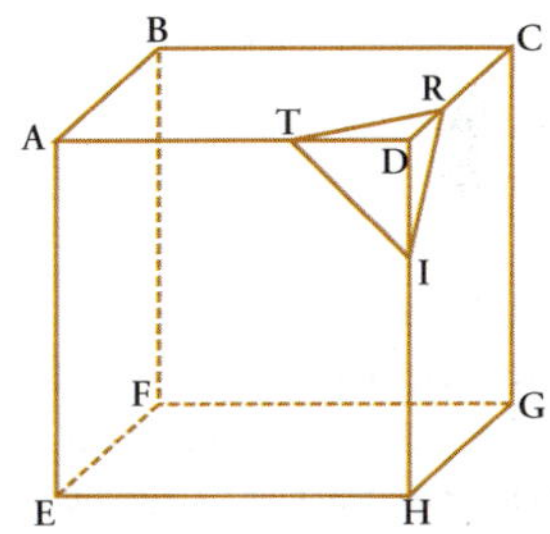

Prouver que TRI est un triangle équilatéral.

57 TRAP est un trapèze rectangle de bases [TR] et [PA].

On donne :
TR = 6 cm
TP = 4 cm
PA = 3 cm

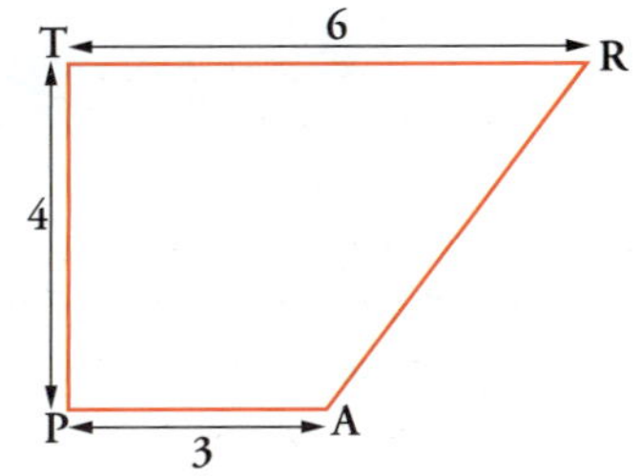

a. Les diagonales du trapèze se coupent en O.
Montrer que $\dfrac{OA}{OT} = \dfrac{OP}{OR} = \dfrac{1}{2}$.

b. Les droites (TP) et (RA) se coupent en F.
Montrer que P est le milieu de [TF] et A le milieu de [RF].

c. La droite (OF) coupe [TR] en I.
Montrer que I est le milieu de [TR].

58 BLEU est un rectangle. Les droites (EB) et (RI) sont parallèles.
Le triangle UIR est-il rectangle ? Justifier la réponse.

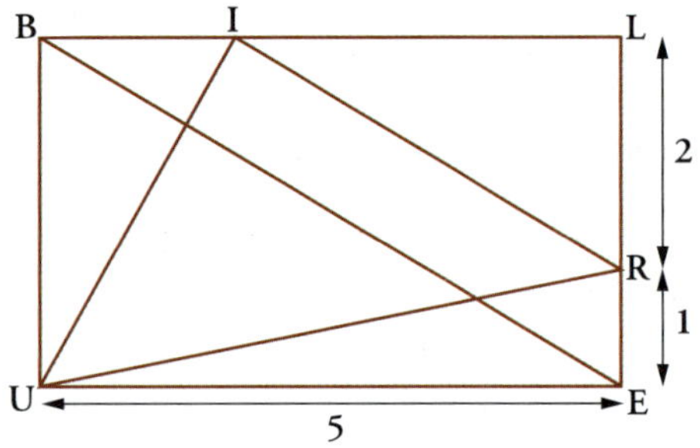

D'après l'IREM de Poitiers.

POUR ALLER PLUS LOIN

59 Les droites (FL) et (IM) sont parallèles.
Calculer AF.

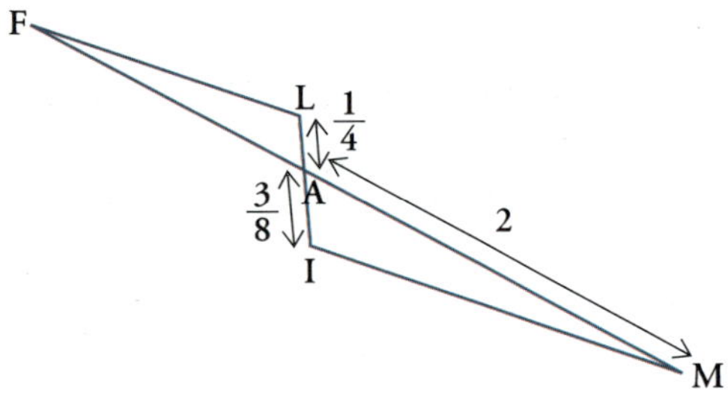

60 **Largeur de la rivière**
L'observateur a planté un bâton sur la rive. Il se positionne dans l'alignement de l'extrémité supérieure du bâton et de la rive opposée.
Calculer la largeur de la rivière en utilisant les données du dessin.

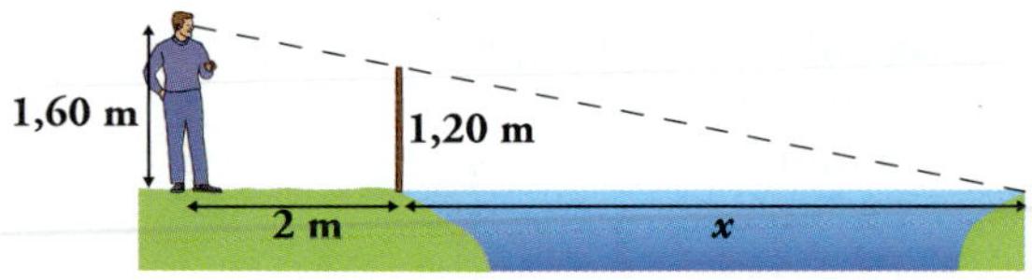

61 a est un nombre positif.
La droite (AN) est parallèle à la droite (ET).
Déterminer a.

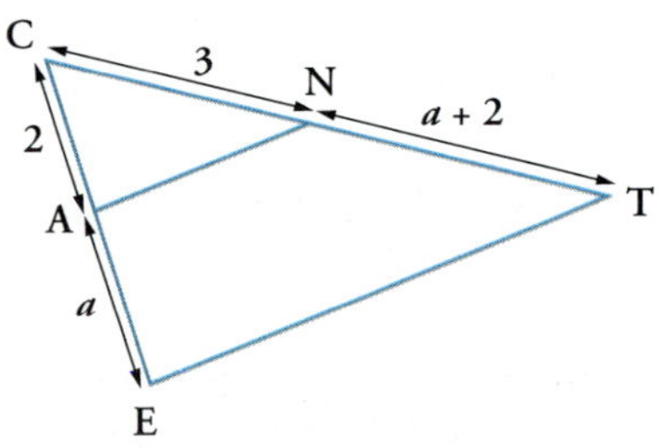

62 ABC est un triangle tel que AB = 8 et AC = 10.
On pose BC = a.

a. Le point E sur le segment [AC] est tel que AE = 6.
La parallèle à la droite (BC) passant par E coupe la droite (AB) en F.
La parallèle à la droite (AB) passant par E coupe la droite (BC) en H.

Calculer CE et EH, puis montrer que $CH = \frac{2}{5}a$.

b. Quelle est la nature du quadrilatère EHBF ?

c. En déduire BF et exprimer BH en fonction de a.

d. Calculer la valeur de a pour que EHBF soit un losange.

63 **Origami**
Au Japon, l'*origami* est l'art de plier du papier.
Pour obtenir un triangle équilatéral, on plie une feuille de papier rectangulaire de la façon suivante :

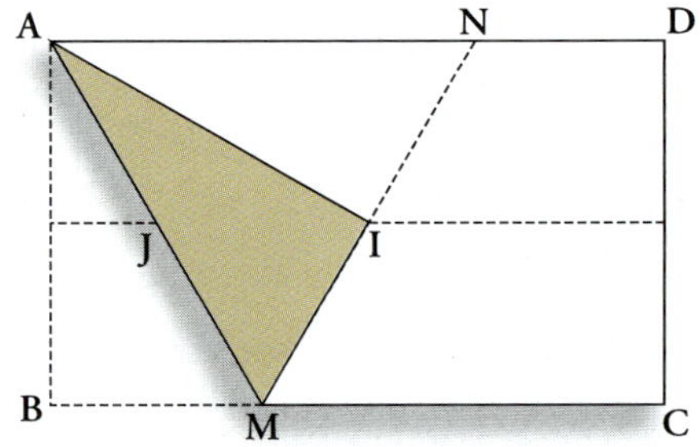

a. En utilisant l'axe de symétrie du rectangle, démontrer que I est le milieu de [MN].

b. Démontrer que le triangle AMN est isocèle de sommet A, en déduire que AM = AN.

c. Démontrer que JBMI est un losange.

d. Expliquer pour quelle raison $IJ = \frac{1}{2}AN$.
Démontrer que AN = MN.
En déduire que le triangle AMN est équilatéral.

e. Retrouver la longueur du côté du triangle équilatéral, si l'on part d'une feuille de papier de largeur 21 cm.

64 **Rapport d'aires**

a. ABC est un triangle et M est un point quelconque de [BC].
Démontrer que le quotient des aires des triangles ABM et AMC est égal au quotient des longueurs BM et MC.

b. Les diagonales d'un quadrilatère ABEC se coupent en M.
Les aires des triangles ABM, AMC et EMC sont respectivement égales à 150, 200, 480.
Calculer l'aire de BME.

65 Les droites (NS) et (EA) sont parallèles.
On donne :
JE = 1
AS = 6
NJ = 2,5

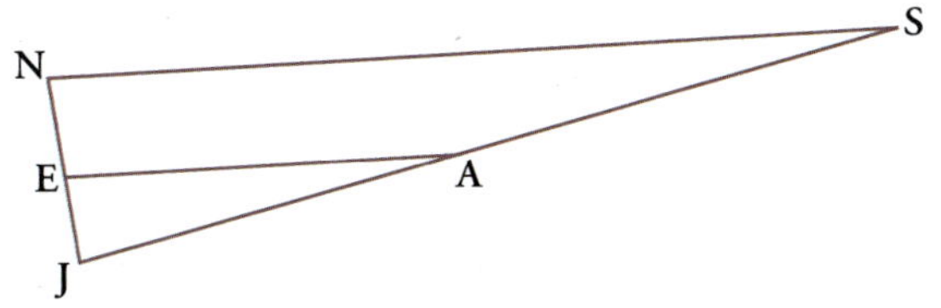

Calculer JA.

66 a est un nombre strictement supérieur à 2.
Sur la figure ci-dessous, les droites (RE) et (IL) sont parallèles.

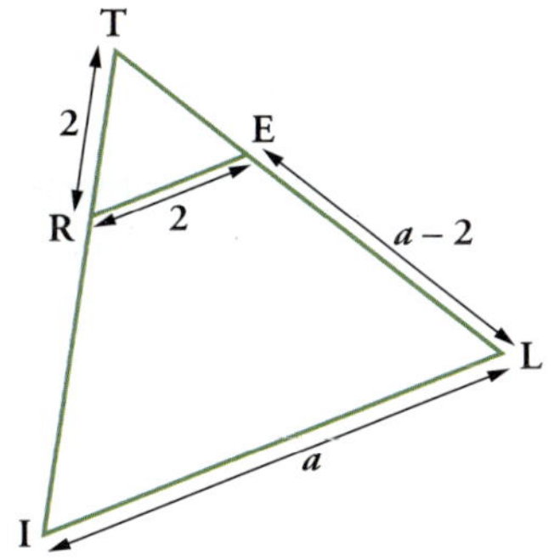

Montrer que, quel que soit le nombre a, le triangle TIL est équilatéral.

67 **Hauteur d'un bâtiment**

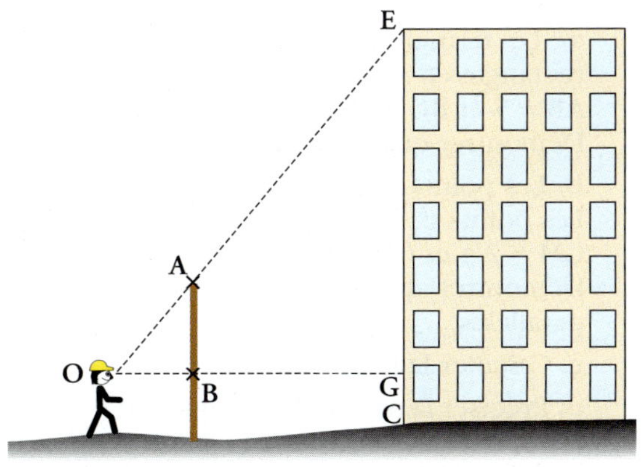

Quels segments faut-il mesurer pour obtenir la hauteur du bâtiment ?

Cet exercice peut faire l'objet d'une expérience sur le terrain pour déterminer la hauteur du collège, d'un immeuble ou d'une maison…

Il faut alors se munir d'un bâton assez haut, d'un niveau de maçon pour vérifier l'horizontalité du segment [OG] et la verticalité du bâton et d'un décamètre.

68 **Ménélaüs**
Mathématicien grec du Ier siècle après J.-C., Ménélaüs a établi le résultat suivant :

ABC *étant un triangle quelconque, une droite* (Δ) *coupe les côtés* (AB), (AC) *et* (BC) *respectivement en* I, J *et* K.

Alors on a $\frac{KB}{KC} \times \frac{JC}{JA} \times \frac{IA}{IB} = 1$.

Le but de cette exercice est de démontrer cette propriété.

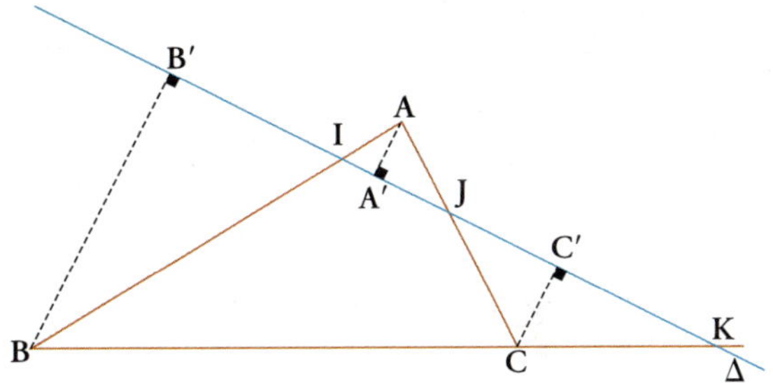

a. La perpendiculaire en A à la droite (Δ) coupe (Δ) en A′.

La perpendiculaire en B à la droite (Δ) coupe (Δ) en B′.

La perpendiculaire en C à la droite (Δ) coupe (Δ) en C′.

Prouver que les droites (AA′), (BB′) et (CC′) sont parallèles.

b. Montrer que $\frac{KB}{KC} = \frac{BB'}{CC'}$.

c. Montrer que $\frac{JC}{JA} = \frac{CC'}{AA'}$.

d. Montrer que $\frac{IA}{IB} = \frac{AA'}{BB'}$.

e. Conclure.

69 EFGH est un parallélogramme. M est un point du segment [FG].
Les droites (HM) et (EF) se coupent en K.
Les droites (HM) et (EG) se coupent en L.

a. Faire une figure.

b. Montrer que $\frac{KF}{KE} = \frac{FM}{EH}$.

c. Montrer que $\frac{LG}{LE} = \frac{MG}{EH}$.

d. En déduire que $\frac{KF}{KE} + \frac{LG}{LE}$ est constant et vaut 1.

EXERCICE RÉSOLU

Énoncé (Guadeloupe, 2002)

Sur cette figure, on a les longueurs suivantes :

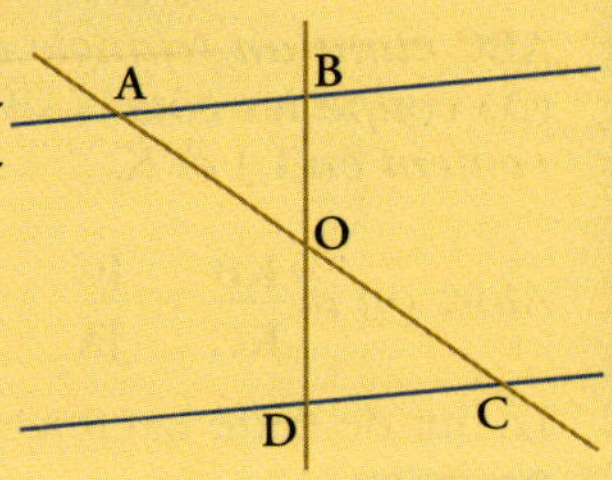

OA = 7,5 cm
OB = 4 cm
OC = 3 cm
OD = 1,6 cm

a. *Montrer que les droites* (DC) *et* (AB) *sont parallèles.*

b. *Sachant que* DC = 5 cm, *calculer* AB.

Exemple de solution

a. Calculons les quotients $\frac{OA}{OC}$ et $\frac{OB}{OD}$.

Remplaçons par les valeurs numériques :

$$\frac{OA}{OC} = \frac{7,5}{3} = 2,5 \text{ et } \frac{OB}{OD} = \frac{4}{1,6} = 2,5$$

On en déduit que $\frac{OA}{OC} = \frac{OB}{OD}$.

Les points O, A, C sont alignés et les points O, B, D sont alignés dans le même ordre sur deux droites sécantes en O et les quotients $\frac{OA}{OC}$ et $\frac{OB}{OD}$ sont égaux.

D'après la réciproque de la propriété de Thalès, les droites (AB) et (CD) sont parallèles.

b. Les droites (AC) et (BD) sont sécantes en O et les droites (AB) et (CD) sont parallèles, d'après la propriété de Thalès :

$$\frac{OA}{OC} = \frac{OB}{OD} = \frac{AB}{CD}, \text{ donc } \frac{AB}{CD} = 2,5.$$

On en déduit : AB = 2,5 × CD ;
AB = 2,5 × 5 ; AB = 12,5 cm.

70 Nancy-Metz, 2000

L'unité est le centimètre. La figure ci-dessous n'est pas à l'échelle.

On ne demande pas de refaire la figure.

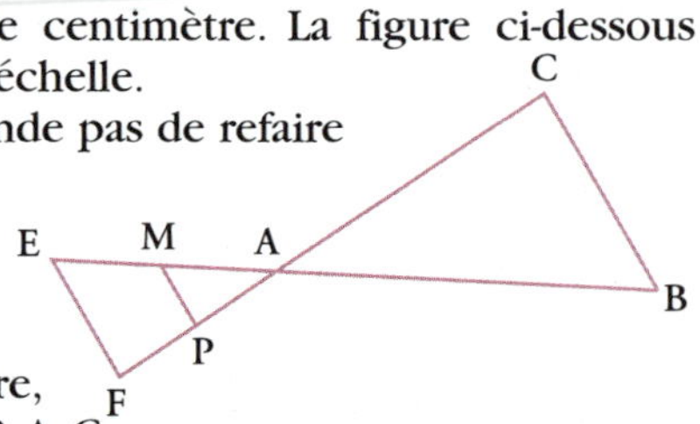

Les points E, M, A, B sont alignés dans cet ordre, les points F, P, A, C sont alignés dans cet ordre.

Les droites (EF) et (MP) sont parallèles.

AM = 6 ; MP = 4,8 ; AP = 3,6
EF = 6 ; AC = 4,5 ; AB = 7,5

a. Démontrer que le triangle AMP est un triangle rectangle.

b. Calculer AE et en déduire la longueur ME (on justifiera les calculs).

c. Démontrer que les droites (MP) et (BC) sont parallèles.

d. Démontrer que les angles $\widehat{CBA}$ et $\widehat{AMP}$ sont égaux.

71 Afrique II, 2002

Pour consolider un bâtiment, on a construit un contrefort en bois (dessin ci-contre).

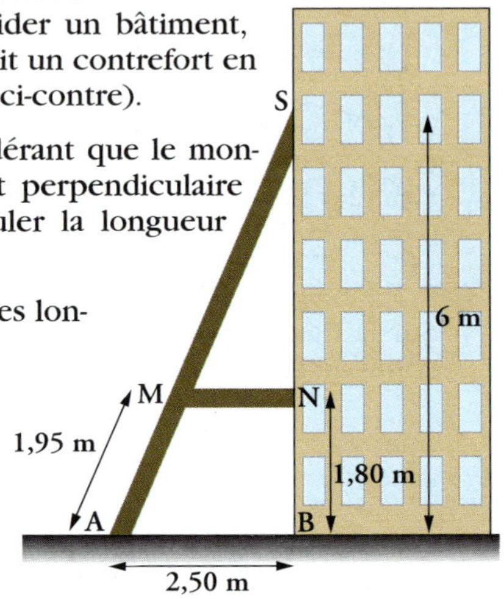

a. En considérant que le montant [BS] est perpendiculaire au sol, calculer la longueur AS.

b. Calculer les longueurs SM et SN.

c. Démontrer que la traverse [MN] est bien parallèle au sol.

72 Groupe Sud, 2002

On considère la figure ci-contre.

Cette figure n'est pas en vraie grandeur et n'est pas à reproduire.

Elle est fournie pour préciser la position des points. L'unité est le centimètre.

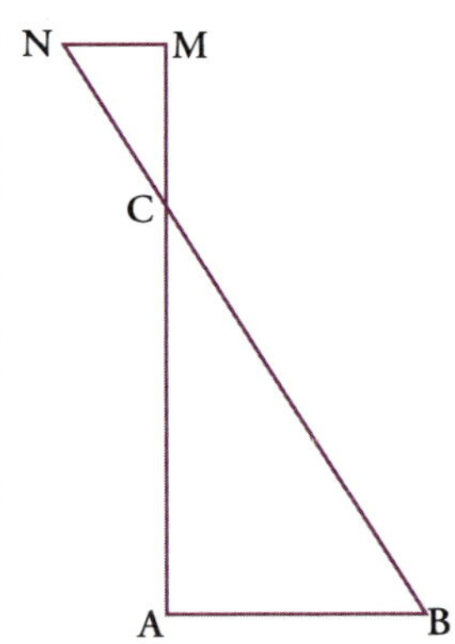

a. Le triangle ABC est rectangle en A.
AB = 5 et BC = 13.
Démontrer que AC = 12.

b. Les points A, C, M sont alignés.
Les points B, C, N sont alignés.
CM = 2,4 et CN = 2,6.
Démontrer que les droites (AB) et (MN) sont parallèles.

c. Calculer la longueur MN.

d. Préciser la nature du triangle CMN ; justifier la réponse sans effectuer de calcul.

73 Paris, 2000

ABCD est un parallélogramme.
AB = 8 cm ;
AD = 4,5 cm

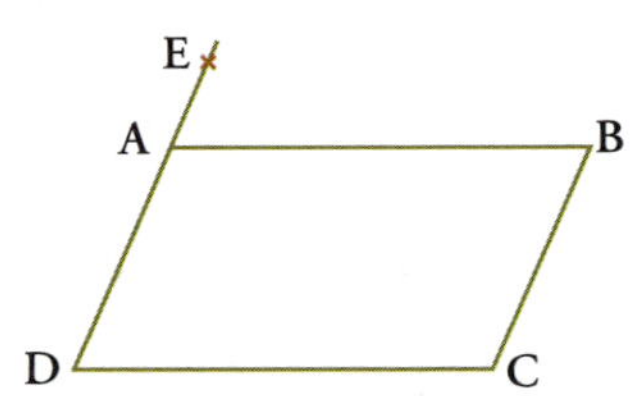

E est le point de la droite (AD) tel que AE = 1,5 cm et E n'est pas sur le segment [AD].

La droite (EC) coupe le segment [AB] en M.

a. Calculer AM.

b. Placer le point N sur le segment [DC] tel que $DN = \frac{3}{4} DC$.
Démontrer que les droites (AN) et (EC) sont parallèles.

74 Groupe Est, 2002

On considère la figure ci-dessous où les longueurs sont données en centimètres.

- Les droites (CF) et (BG) se coupent en E.
- Les points A, G, F sont alignés.
- Les droites (BC) et (AF) sont parallèles.
- EC = 7 ; EG = 8 ; EB = 6
- $\widehat{EBC} = 90°$; $\widehat{ABG} = 20°$

Pour chacune des questions suivantes, donner la valeur exacte, puis arrondie à 0,1.

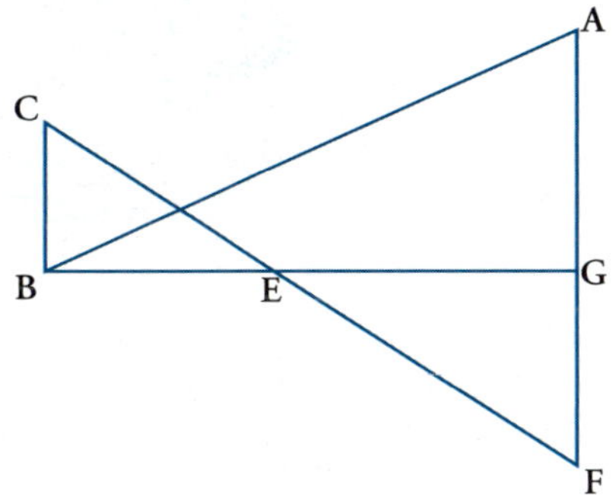

a. Calculer la longueur BC.

b. Calculer la longueur EF.

c. Calculer la longueur AB.

75 Amérique du Nord, 2002

Sur ce dessin les dimensions ne sont pas respectées.

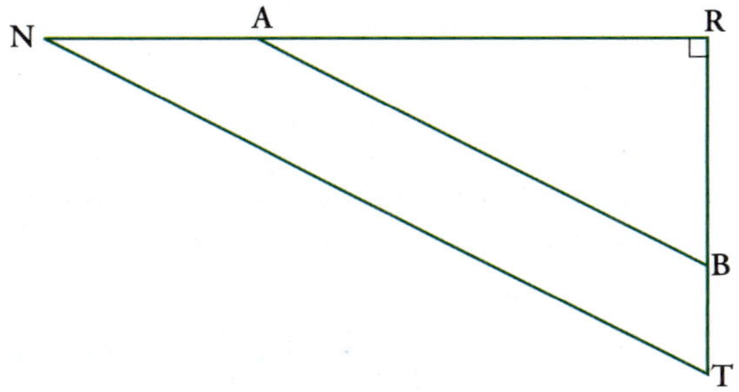

On considère un triangle RTN rectangle en R tel que :
NR = 9 cm ; AR = 6 cm ; NT = 10,2 cm
BT = 1,6 cm

a. Calculer la valeur de [RT].

b. En considérant que RT = 4,8 cm, démontrer que les droites (AB) et (NT) sont parallèles.

c. Calculer la mesure de l'angle $\widehat{RNT}$; en donner la valeur arrondie au degré.

76 Groupe Nord, 2002

La figure ci-contre est donnée à titre indicatif pour préciser la position des points A, B, C, D et E. Les longueurs représentées ne sont pas exactes.

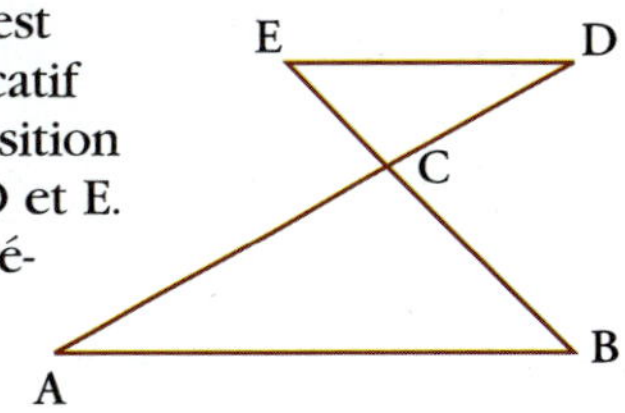

On donne :
CE = 5 ; CD = 12 ; CA = 18
CB = 7,5 ; AB = 19,5

a. Montrer que les droites (ED) et (AB) sont parallèles.

b. Montrer que ED = 13.

c. Montrer que le triangle CED est un triangle rectangle.

d. Calculer une valeur approchée au degré de la mesure de l'angle $\widehat{DEC}$.

77 Inde, 2002

a. Tracer un demi-cercle $\mathscr{C}$ de centre O, de diamètre [AB] tel que AB = 6 cm.
Placer M sur $\mathscr{C}$ tel que BM = 3,6 cm.

b. Justifier la nature du triangle AMB, puis calculer AM.

c. Calculer la mesure de $\widehat{MBA}$ arrondie au degré.

d. P est le point de [AB] tel que PA = 4,5 cm.
La parallèle à (MB) passant par P coupe [AM] en R. Calculer AR et RP.

e. K est le point de [BM] tel que BK = 0,9 cm.
Montrer que les droites (PK) et (AM) sont parallèles.

78 Bordeaux, 1998

L'unité de longueur est le centimètre.
Soit un triangle ADB rectangle en D, tel que DA = 12 et DB = 16.

1. Construire le triangle ADB. Calculer AB.

2. Placer le point C du segment [BA] tel que BC = 8. Tracer le cercle ($\mathscr{C}$) de diamètre [BC]. Ce cercle recoupe la droite (BD) en E.

a. Démontrer que le triangle BEC est rectangle en E. En déduire que les droites (AD) et (CE) sont parallèles.

b. Calculer EC et BE.

3. On note M le milieu de [AB] et H le point d'intersection des droites (EC) et (DM).
Calculer MC, puis CH.

4. La droite passant par B et perpendiculaire à la droite (DM) en L coupe la droite (EH) en F.

a. Que représente le point H pour le triangle BDF ?

b. En déduire que les droites (BH) et (DF) sont perpendiculaires.

5. Démontrer que les points H, E, B, L sont sur un même cercle dont le centre et le diamètre sont à préciser.

Images en 3D

On peut créer des images stéréoscopiques pour que l'œil envoie au cerveau un message trompeur.

Comment fonctionne la vision ?

• Dans la vision habituelle, la convergence du regard des deux yeux donne au cerveau l'information sur les profondeurs de champ (le *relief*).
Dans le cas de l'image ci-dessous, le cerveau perçoit les deux lettres sur un rectangle de papier.

• Dans le cas d'une image 3D, il faut d'abord forcer les deux yeux à voir en parallèle, c'est-à-dire à ne pas converger sur l'image comme d'habitude. Alors, la vision dissocie les éléments de l'image et les points de convergence se dédoublent.
Le cerveau est trompé par les informations qui lui sont envoyées et il nous fait percevoir une image en trois dimensions, c'est-à-dire que certains éléments nous semblent plus lointains que d'autres.

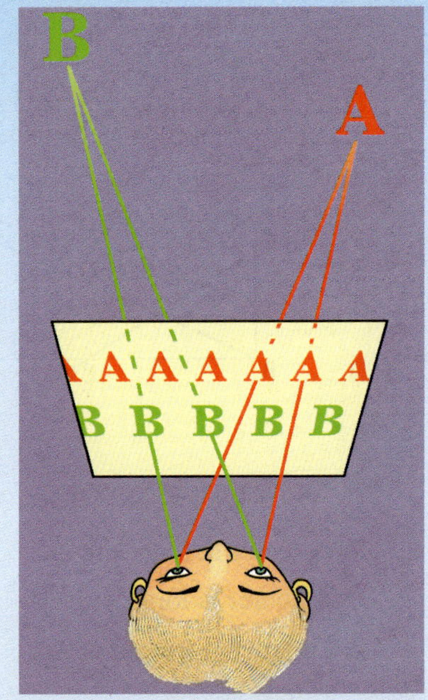

• Un petit « truc » pour obliger les yeux à voir en parallèle : placer l'image tout proche du visage, chaque œil regardant devant lui. Éloigner très doucement l'image en se concentrant pour garder le regard parallèle. Il faut atteindre la position d'accommodation correcte, c'est-à-dire voir l'image nette…
Il ne reste plus qu'à tester sur l'exemple ci-dessous ! ! ! !

Créer une image en trois dimensions

L'exemple proposé ici a été obtenu à partir de caractères spéciaux d'un logiciel de traitement de texte. Certaines lignes semblent plus lointaines que d'autres. L'essentiel est de bien placer les caractères à des intervalles différents sur chaque ligne.

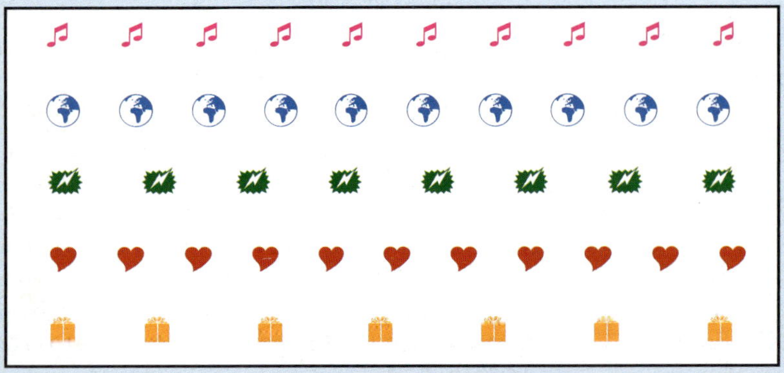

Des motifs plus esthétiques

On peut scanner des motifs de différentes natures : dessins personnels, éléments de photographies… On les implante ensuite sur un document en les positionnant à des intervalles différents suivant le motif. Ce travail peut aussi être mené à partir de photocopies.

Vision « stéréo » garantie, sauf pour une petite minorité de personnes dont les yeux sont rebelles à cette gymnastique.

Construire une chambre noire

La chambre noire est l'ancêtre de l'appareil photo.

Schéma de fonctionnement

Matériel

Il faut se munir d'une boite de carton en bon état qui pourra être facilement rendue très opaque (une boite à chaussures peut convenir). Un petit trou formant l'objectif est percé sur l'une des faces avec une pointe de compas.

Pour observer l'image, il faut évider la face opposée à l'objectif : centrer et découper une petite fenêtre carrée de 5 cm de côté.

Rendre opaque cette fenêtre en collant une feuille de papier fine (papier à lettre « par avion », papier-calque…).

Refermer la boite avec du papier adhésif.

Utilisation

Diriger l'objectif vers un sujet fortement éclairé. L'image du sujet apparaît alors sur le papier fin de la fenêtre.

Avec du papier photosensible et une manipulation précise, on peut obtenir une photographie avec cette boite. Dans ce cas, il ne faut pas découper la fenêtre.

Éclipse du Soleil

Le Soleil peut être observé sans danger en utilisant un cache percé d'un petit trou. Derrière ce cache est placé un écran sur lequel se projette l'image inversée du Soleil.

Une éclipse, et même des taches solaires, sont facilement observables avec ce procédé.

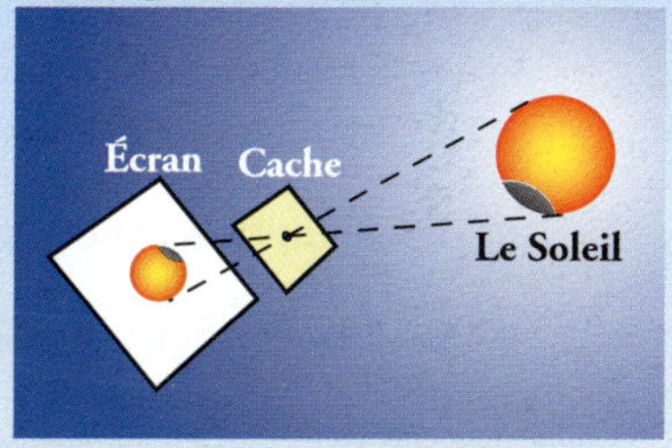

À travers l'histoire

Démonstrations, propriétés et théorèmes doivent beaucoup aux mathématiques de la Grèce antique. Pourquoi démontrer ? Et pourquoi l'apparition des textes démonstratifs vers le Ve siècle avant J.-C. ?

La démonstration se développe dans le cadre de l'apparition de la démocratie. Sur la place publique, les affaires de la Cité se discutent dans des discours argumentés, afin de convaincre les autres citoyens. De plus, la démonstration naît en même temps que s'étend la philosophie, aussi cela va de pair avec une conception idéale des objets mathématiques. Plus tard, au XVIIe siècle, il ne s'agira plus seulement de convaincre mais également d'éclairer et d'expliquer.

Deux types de problèmes sont abordés en géométrie : la construction de figures, de formes et de grandeurs données et la section de figures en deux parties égales ou proportionnelles. Dans ce dernier cas, on trouve la propriété connue en France sous le nom de Thalès, qui fait l'objet de ce chapitre. C'est Euclide qui a établi dans le Livre VI des *Éléments* une démonstration en appliquant la théorie des proportions d'Eudoxe.

Thalès fut un des fondateurs de la rationalité grecque. Mathématicien, astronome, il vécut au VIe siècle avant J.-C. et fonda une école de philosophie à Milet, cité située auprès de la mer Égée. On lui attribue les propriétés suivantes : « Un triangle isocèle a deux angles égaux » ; « Tout diamètre partage le cercle en deux parties égales » ; « L'angle inscrit dans un demi-cercle est droit ».

2 TRIGONOMÉTRIE

Pour DÉMARRER

À savoir avant la 3^e

- Propriétés du triangle rectangle : Pythagore et sa réciproque, cercle circonscrit. → Pour DÉMARRER 1 et 4
- Définition du cosinus d'un angle aigu dans un triangle rectangle. → Pour DÉMARRER 4, 5 et 6
- Déterminer, à l'aide d'une calculatrice, des valeurs approchées du cosinus d'un angle aigu ou d'un angle aigu dont on connaît le cosinus. → Pour DÉMARRER 2 et 3

1 Triangles sous chapiteau

Apppropriation du vocabulaire.

Observer les triangles et répondre, si possible, aux questions :

a. Dans le triangle HBD, quel est le côté opposé à l'angle $\widehat{BHD}$?

b. Dans le triangle BCD, quel est le côté adjacent à l'angle $\widehat{BCD}$?

c. Dans le triangle AGH, quelle est l'hypoténuse ?

Vocabulaire

Dans le triangle ABC rectangle en C,
[AB] est l'**hypoténuse**,
[AC] est le **côté adjacent** à l'angle $\widehat{A}$,
[BC] est le **côté opposé** à l'angle $\widehat{A}$.

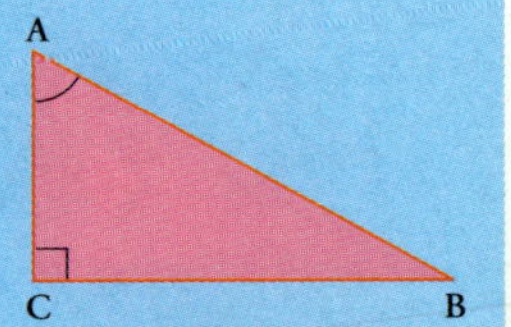

d. Dans le triangle DEH, quelle est l'hypoténuse ?

e. Dans le triangle GHE, quel est le côté adjacent à l'angle $\widehat{GEH}$?

f. Dans le triangle EFG, quel est le côté opposé à l'angle $\widehat{EGF}$?

Utiliser la calculatrice.

2 Revoir les arrondis

a. Arrondir à l'unité : $\frac{9}{5}$; $\cos 65°$; $\frac{45}{100}$

b. Arrondir au dixième : $\cos 13°$; $\frac{5}{9}$; $\frac{13}{9}$

c. Arrondir au centième : $\frac{15}{7}$; $\frac{53}{57}$; $\cos 74°$

Rappel
Selon les modèles de calculatrices, on utilise les touches :

[cos] [6] [5] [=]

ou [6] [5] [cos]

Utiliser la calculatrice.

3 Qui suis-je ?

Résoudre les équations suivantes :

$$\cos x = \frac{7}{8} \ ; \qquad \cos 57° = \frac{a}{4} \ ; \qquad \cos 42° = \frac{27}{b}$$

Revoir :

• Triangle inscrit dans un demi-cercle.

• Utilisation du cosinus pour trouver une longueur.

4 Cosinus et calcul de longueur

$\mathscr{C}$ est un cercle de centre O et de rayon 3 cm,
[AB] est un diamètre de $\mathscr{C}$,
C est un point du cercle tel que $\widehat{CAB} = 55°$.

a. Quelle est la nature du triangle ABC ? Justifier.

b. Calculer AC (arrondir au dixième de centimètre).

c. Calculer CB en utilisant le théorème de Pythagore (arrondir au dixième de centimètre).

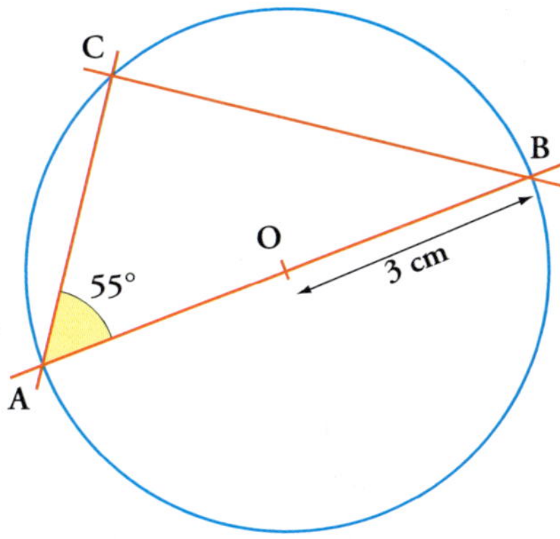

• Réciproque de la propriété de Pythagore.

• Utilisation du cosinus pour trouver un angle.

5 Cosinus et calcul d'angle

a. Tracer un triangle IJK tel que IJ = 6 cm, IK = 4,5 cm et JK = 7,5 cm.

b. Montrer que IJK est un triangle rectangle.

c. Calculer la mesure de l'angle $\widehat{IJK}$ (arrondir au degré).

On pourra refaire l'exercice dès que la définition du sinus sera connue.

6 Choisir le bon angle

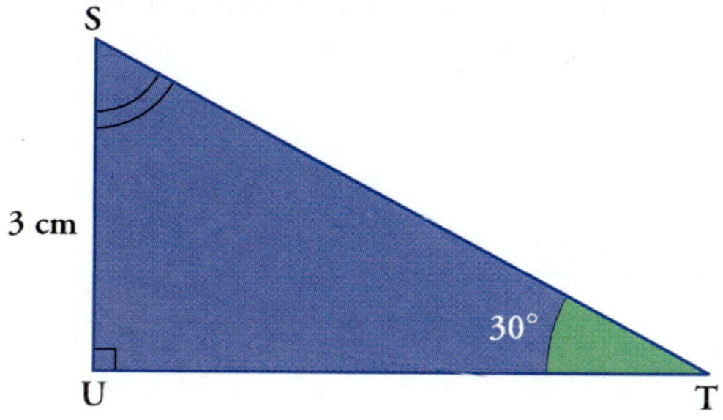

a. Exprimer $\cos \widehat{STU}$, puis $\cos \widehat{UST}$ en fonction des longueurs des côtés du triangle.

b. Laquelle des deux expressions faut-il utiliser pour pouvoir calculer ST ?
Calculer ST.

ACTIVITÉS

1 Rapports de longueurs

a. Construire un triangle FER tel que FR = 6,5 cm, FE = 5,2 cm et RE = 3,9 cm.
Montrer que ce triangle est rectangle en E.

b. On peut calculer, par exemple, le rapport des longueurs FE et FR ; on obtient :

$$\frac{FE}{FR} = \frac{5,2}{6,5} = 0,8 \quad \text{ou} \quad \frac{FR}{FE} = \frac{6,5}{5,2} = 1,25$$

Former tous les autres quotients possibles et les arrondir au millième.

c. Mesurer précisément l'angle $\widehat{FRE}$, puis avec la calculatrice, donner les valeurs arrondies au millième de cos $\widehat{FRE}$, sin $\widehat{FRE}$, tan $\widehat{FRE}$.

d. Comparer les résultats des questions **b.** et **c.**.
Quelles égalités semblent pouvoir être établies ?

• *Rappel : réciproque de Pythagore.*

• *Calculs exacts et approchés.*

• *Usage de la calculatrice et relation probable entre un quotient et les lignes trigonométriques.*

2 Avec d'autres triangles

Reprendre les questions **b.** et **c.** de l'activité 1 pour les triangles ci-dessous.
Peut-on établir des égalités analogues ? Conclure.

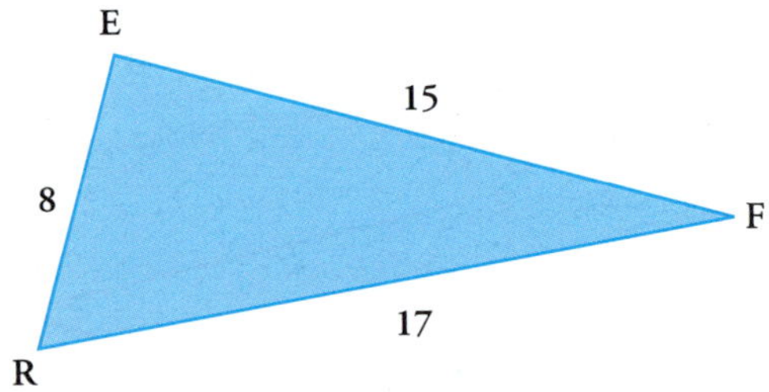

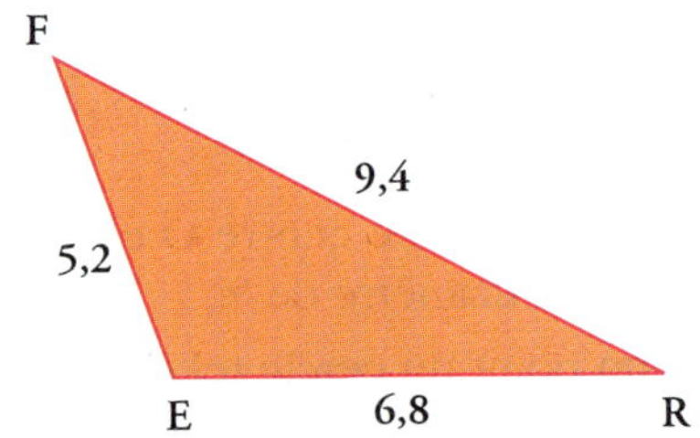

• *Contre exemple.*

• *Importance du triangle rectangle pour appliquer les lignes trigonométriques.*

3 Un angle aigu en commun

À l'aide d'un logiciel, construire deux demi-droites [Ax) et [Ay). Placer un point B sur [Ax), puis construire le point C sur [Ay) tel que le triangle ABC soit rectangle en C.
Afficher les mesures des côtés du triangle et de l'angle $\widehat{xAy}$.

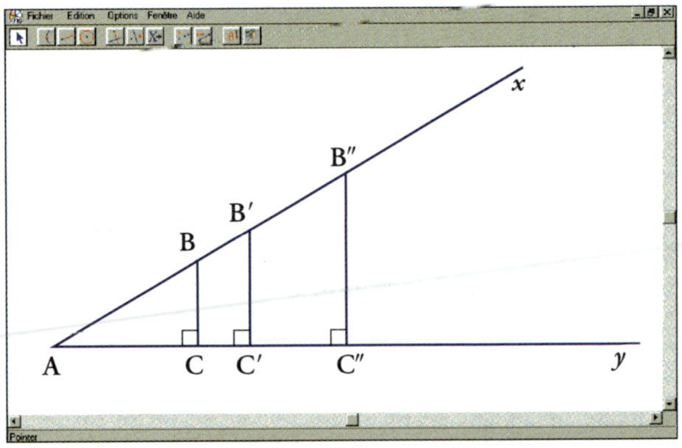

Garder la même mesure d'angle et déplacer le point B. Noter les nouvelles mesures et compléter le tableau suivant pour plusieurs positions de B.
Que constate-t-on ?

AB	AC	BC	$\frac{AC}{AB}$	$\frac{BC}{AB}$	$\frac{BC}{AC}$

• *L'activité peut être également réalisée avec règle, équerre et rapporteur.*

• *Rapports constants et approche de la définition d'un sinus et d'une tangente.*

• *En conclusion, on pourra insister sur l'approximation des mesures et la nécessité d'une démonstration.*

4 Des angles et des côtés dans un triangle rectangle

• Pour un angle donné, les rapports des longueurs sont constants, ils ne dépendent pas du triangle rectangle.

• Les rapports dépendent de l'angle.

a. Choisir une autre valeur pour l'angle $\widehat{xAy}$ et refaire les mêmes constructions et les mêmes mesures que dans l'activité précédente.

Noter les nouvelles mesures et compléter le tableau suivant pour plusieurs positions de B :

AB	AC	BC	$\frac{AC}{AB}$	$\frac{BC}{AB}$	$\frac{BC}{AC}$

Que constate-t-on ?

b. Choisir une autre valeur pour l'angle $\widehat{xAy}$ et répondre aux mêmes questions qu'en **a.**.

5 De nouvelles notions pour un angle aigu

On se propose de démontrer les résultats obtenus dans les activités 3 et 4.
On a construit deux triangles ayant un angle aigu $\widehat{A}$ en commun, le triangle ABC est rectangle en C et le triangle AB′C′ est rectangle en C′.

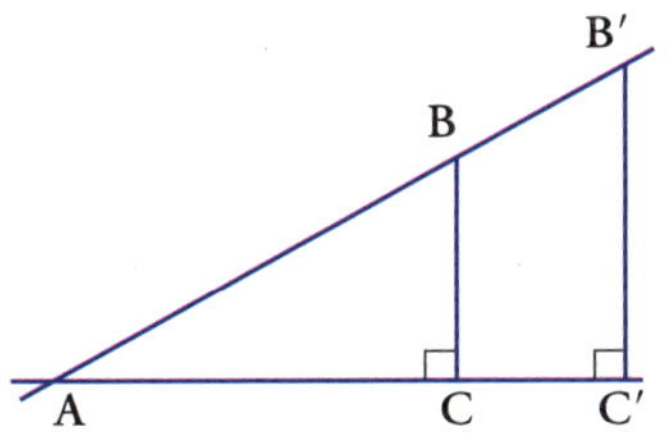

• Rappel du cosinus.

• Définir le sinus d'un angle aigu.

a. Démontrer que $\frac{AB}{AB'} = \frac{BC}{B'C'}$.

En déduire que $\frac{BC}{AB} = \frac{B'C'}{AB'}$.

Le rapport $\frac{BC}{AB}$ ne dépend pas de la position de B sur la demi-droite [Ax).

• Définir la tangente d'un angle aigu.

b. Démontrer que : $\frac{AC}{AC'} = \frac{BC}{B'C'}$.

En déduire que $\frac{BC}{AC} = \frac{B'C'}{AC'}$.

Le rapport $\frac{BC}{AC}$ ne dépend pas de la position de B sur la demi-droite [Ax).

Vocabulaire

• Le rapport $\dfrac{\text{côté adjacent à l'angle } \widehat{BAC}}{\text{hypoténuse}}$ s'appelle **cosinus** de l'angle $\widehat{BAC}$.

• Le rapport $\dfrac{\text{côté opposé à l'angle } \widehat{BAC}}{\text{hypoténuse}}$ s'appelle **sinus** de l'angle $\widehat{BAC}$.

• Le rapport $\dfrac{\text{côté opposé à l'angle } \widehat{BAC}}{\text{côté adjacent à l'angle } \widehat{BAC}}$ s'appelle **tangente** de l'angle $\widehat{BAC}$.

6 Trigonométrie et calculatrices

a. Détermination du cosinus, du sinus, de la tangente d'un angle aigu
Pour déterminer le cosinus de 50°, selon le modèle de calculatrice,

on utilise les touches [cos] [5] [0] [=] ou [5] [0] [cos].

La calculatrice affiche [0,642787609]. On écrit $\cos 50° \approx 0{,}643$.

De la même manière, pour le sinus ou la tangente, en utilisant les touches [sin] ou [tan], on obtient $\sin 50° \approx 0{,}766$; $\tan 50° \approx 1{,}192$.

• À l'aide de la calculatrice, donner une valeur arrondie à 10^{-3} de :

$\sin 25°$; $\cos 62°$; $\tan 5°$; $\cos 20°$: $\tan 85°$; $\sin 84°$

b. Calcul d'un angle connaissant son cosinus, son sinus ou sa tangente
Pour déterminer un angle connaissant son sinus, on utilise la seconde fonction de la touche [sin] notée [$\sin^{-1}$] ou [Asn].

Sur d'autres calculatrices, on cherche cette fonction [$\sin^{-1}$] dans le menu.

Pour déterminer l'angle $\widehat{\alpha}$ dont le sinus est égal à 0,7, on utilise la séquence
[0] [,] [7] [$\sin^{-1}$]

La calculatrice affiche [44,427004]. On écrit $\widehat{\alpha} \approx 44°$.

• À l'aide de la calculatrice, donner un arrondi au degré près des angles $\widehat{A}$, $\widehat{B}$, $\widehat{C}$, $\widehat{D}$, $\widehat{E}$ sachant que :

$\tan \widehat{A} = 10$; $\cos \widehat{B} = 0{,}7$; $\sin \widehat{C} = 0{,}25$; $\tan \widehat{D} = 1{,}7$; $\sin \widehat{E} = 0{,}33$

7 Relations trigonométriques

a. Recherche
Recopier et compléter les tableaux ci-dessous en choisissant trois angles aigus quelconques.

Angle $\widehat{A}$	$\cos \widehat{A}$	$\sin \widehat{A}$	$\dfrac{\sin \widehat{A}}{\cos \widehat{A}}$	$\tan \widehat{A}$

Angle $\widehat{A}$	$(\cos \widehat{A})^2$	$(\sin \widehat{A})^2$	$(\cos \widehat{A})^2 + (\sin \widehat{A})^2$

Quelles conjectures peut-on faire ?

b. Démonstration
• Recopier et compléter en utilisant les lettres de la figure ci-contre :

$\cos \widehat{BAC} = \dfrac{\dots}{\dots}$; $\sin \widehat{BAC} = \dfrac{\dots}{\dots}$; $\tan \widehat{BAC} = \dfrac{\dots}{\dots}$

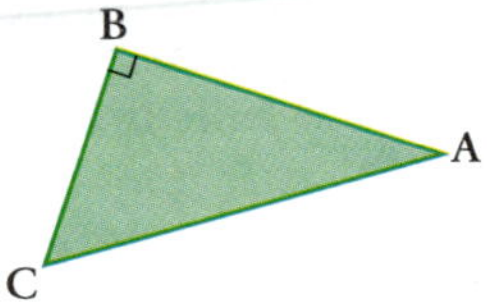

Il est d'usage de simplifier l'écriture $(\cos \widehat{A})^2$ par $\cos^2 \widehat{A}$.

• Recopier et compléter :

• $\dfrac{\sin \widehat{BAC}}{\cos \widehat{BAC}} = \dfrac{\frac{\dots}{\dots}}{\frac{\dots}{\dots}} = \dfrac{\dots}{\dots} \times \dfrac{\dots}{\dots} = \dfrac{\dots}{\dots} = \dots$

• $\cos^2 \widehat{BAC} + \sin^2 \widehat{BAC} = \left(\dfrac{\dots}{\dots}\right)^2 + \left(\dfrac{\dots}{\dots}\right)^2 = \dfrac{\dots^2}{\dots^2} + \dfrac{\dots^2}{\dots^2} = \dfrac{\dots + \dots}{\dots}$

Or, d'après ....,

Donc, $\cos^2 \widehat{BAC} + \sin^2 \widehat{BAC} = \dfrac{\dots}{\dots} = \dots$

• Insister sur la mise en mode degré.

• Utiliser différents modèles de calculatrices pour calculer :

– une valeur approchée du sinus, du cosinus et de la tangente d'un angle aigu ;

– une valeur approchée d'un angle aigu connaissant le sinus, le cosinus ou la tangente.

• Recherche de relations entre le sinus, le cosinus et la tangente d'un angle aigu.

• Établir les démonstrations des relations conjecturées.

• Utilisation des propriétés des calculs de quotients.

• Utilisation du théorème de Pythagore.

• Utiliser la calculatrice pour calculer des valeurs approchées.

8 De la méthode

On veut calculer les éléments manquants, marqués d'un x ou d'un y, dans les triangles dessinés ci-dessous, avec les longueurs à 0,1 cm près et les angles à 1° près.

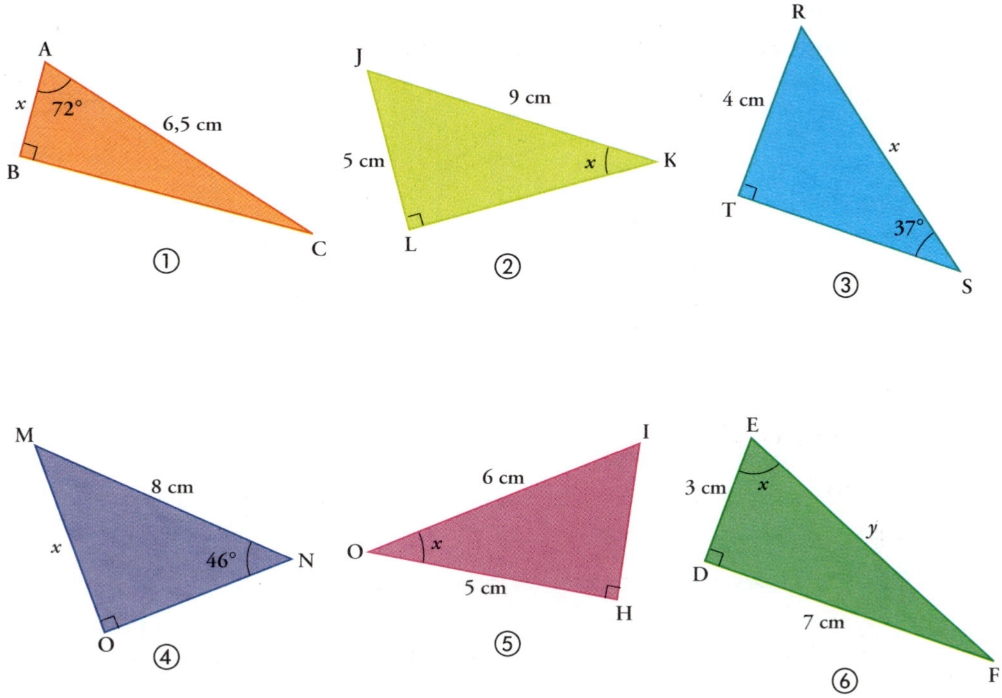

• Apprendre à distinguer hypothèse (ce que l'on sait) et conclusion (ce que l'on cherche).

• Apprendre à rechercher les éléments utiles.

a. Concernant chaque figure, indiquer les éléments connus :

Côté opposé — Côté adjacent — Hypoténuse — Angle

Exemple : Dans la figure ①, on connaît l'angle $\widehat{A}$ et l'hypoténuse.

b. Concernant chaque figure, indiquer les éléments cherchés :

Côté opposé — Côté adjacent — Hypoténuse — Angle

Exemple : Dans la figure ①, on cherche le côté adjacent à l'angle $\widehat{A}$.

c. Concernant chaque figure, écrire les quotients correspondants aux définitions des sinus, cosinus et tangente de l'angle connu ou à chercher. Conserver le ou les quotients pour lesquels l'égalité contient deux quantités connues. Indiquer la touche de la calculatrice utile pour le calcul, puis l'effectuer.

cos — sin — tan — $\cos^{-1}$ — $\sin^{-1}$ — $\tan^{-1}$

• Utiliser la calculatrice.

• Résoudre des équations avec des quotients.

Exemple : Dans la figure ①, on écrit :

$$\sin \widehat{A} = \frac{BC}{AC} \; ; \qquad \cos \widehat{A} = \frac{AB}{AC} \; ; \qquad \tan \widehat{A} = \frac{BC}{AB}$$

$$\sin 72° = \frac{BC}{AC} \; ; \qquad \cos 72° = \frac{AB}{6,5} \; ; \qquad \tan 72° = \frac{BC}{AB}$$

On connaît l'angle et l'hypoténuse, on cherche le côté adjacent donc on garde le cosinus et on utilise la touche cos.

$AB = 6,5 \times \cos 72°$; $AB \approx 2$ cm.

1 – Vocabulaire

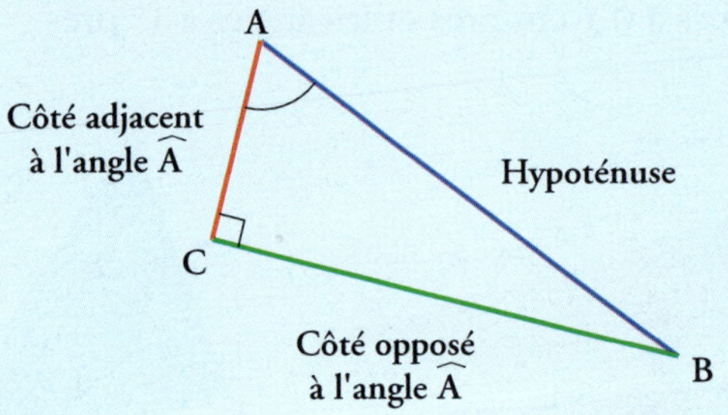

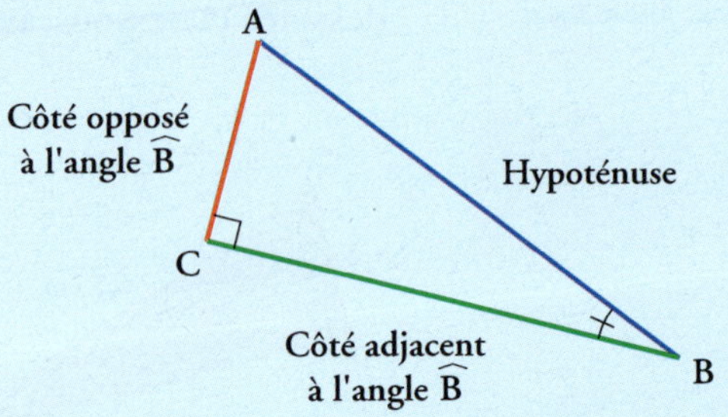

2 – Cosinus, sinus et tangente d'un angle aigu

Dans un triangle rectangle,

- le **cosinus** d'un angle aigu est égal au quotient :

$$\frac{\text{Longueur du côté adjacent à cet angle}}{\text{Longueur de l'hypoténuse}}$$

- le **sinus** d'un angle aigu est égal au quotient :

$$\frac{\text{Longueur du côté opposé à cet angle}}{\text{Longueur de l'hypoténuse}}$$

- la **tangente** d'un angle aigu est égale au quotient :

$$\frac{\text{Longueur du côté opposé à cet angle}}{\text{Longueur du côté adjacent à cet angle}}$$

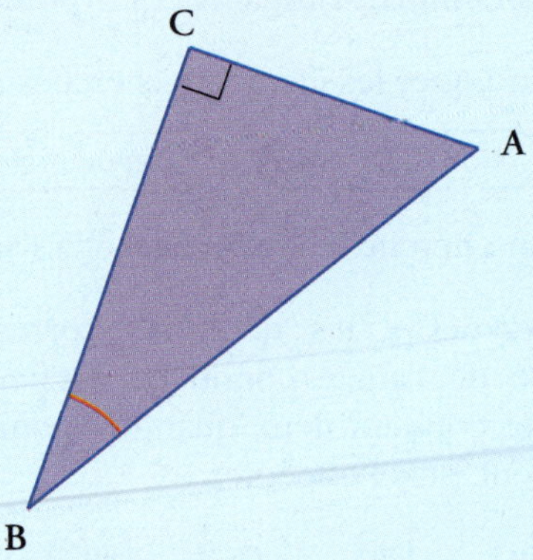

$$\cos \widehat{B} = \frac{BC}{AB}$$

$$\sin \widehat{B} = \frac{AC}{AB}$$

$$\tan \widehat{B} = \frac{AC}{BC}$$

Remarque

L'hypoténuse [AB] étant le côté le plus long du triangle rectangle, les quotients $\frac{AC}{AB}$ et $\frac{BC}{AB}$ sont toujours inférieurs à 1.

Ces quotients sont des quotients de longueurs donc sont tous positifs.

- Le cosinus et le sinus d'un angle aigu sont des nombres toujours compris entre 0 et 1.
- La tangente d'un angle aigu est un nombre positif.

3- Utilisation de la calculatrice

⚠ La calculatrice doit être mise en mode degrés.

MÉTHODE 1

Calculer une longueur dans un triangle rectangle

Énoncé

Considérer le triangle ABC.
Calculer AC, *arrondir à* 10^{-1}.

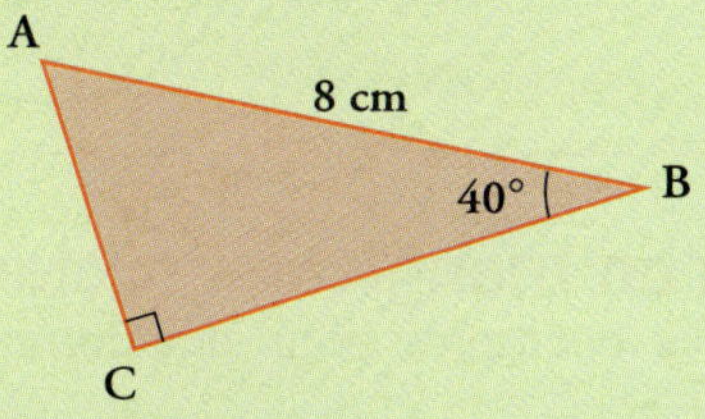

Exemple de solution

Le triangle ABC est rectangle en C, on peut appliquer les définitions de trigonométrie.
On connaît la longueur de l'hypoténuse et on cherche la longueur du côté opposé à l'angle $\widehat{B}$, on va utiliser le sinus.

$\sin \widehat{B} = \frac{AC}{AB}$

$\sin 40° = \frac{AC}{8}$

AC = 8 × sin 40° ; AC ≈ 5,1 cm.

MÉTHODE 2

Calculer un angle dans un triangle rectangle

Énoncé

Considérer le triangle ABC.
Calculer l'angle $\widehat{A}$, *arrondir au degré.*

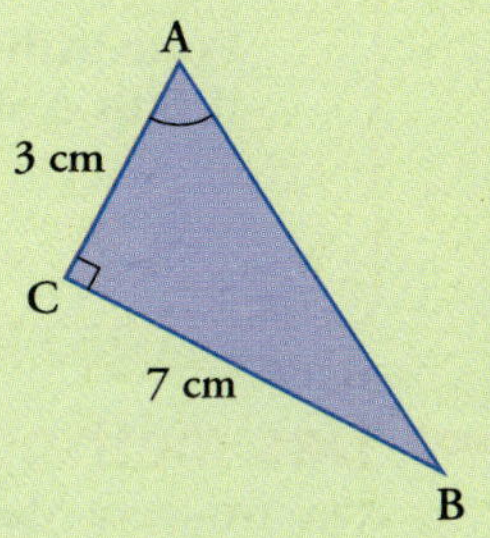

Exemple de solution

Le triangle ABC est rectangle en C, on peut appliquer les définitions de trigonométrie.
On connaît les longueurs des côtés opposé et adjacent à l'angle $\widehat{A}$, on va utiliser la tangente.

$\tan \widehat{A} = \frac{BC}{AC}$; $\tan \widehat{A} = \frac{7}{3}$

On tape sur la calculatrice

[$\tan^{-1}$] [(] [7] [÷] [3] [)] [=]

(ou la séquence appropriée).

$\widehat{A} \approx 67°$.

4- Relations trigonométriques

Pour les démonstrations, voir l'activité 7 page 34.

Si x est un angle aigu, alors on a les relations suivantes :

$$\cos^2 x + \sin^2 x = 1 \qquad \tan x = \frac{\sin x}{\cos x}$$

Remarque

On peut écrire aussi : $(\cos x)^2 + (\sin x)^2 = 1$

Exemples

$\cos^2 57° + \sin^2 57° = 1$; $\tan 36° = \frac{\sin 36°}{\cos 36°}$

Si deux angles sont complémentaires, alors le sinus de l'un est égal au cosinus de l'autre.

52 + 38 = 90 donc sin 52° = cos 38° et sin 38° = cos 52° .

DES TRIANGLES RECTANGLES POUR LA TRIGONOMÉTRIE

Problème

Dans la figure ci-contre, citer les triangles dans lesquels on peut utiliser la trigonométrie.

Pour utiliser la trigonométrie, il faut d'abord se placer dans un triangle rectangle.

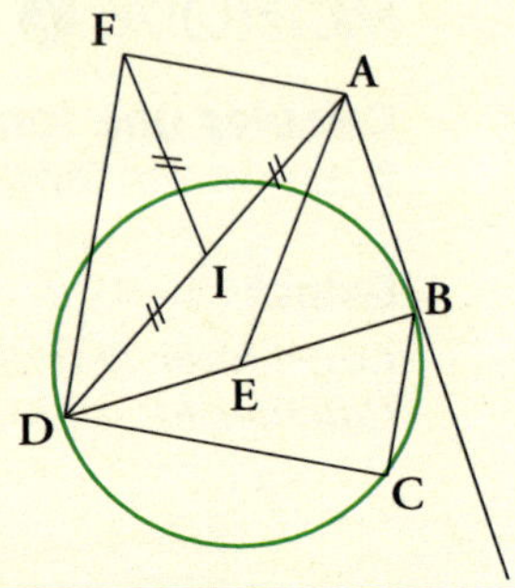

Des méthodes pour démontrer qu'un triangle est rectangle

On trouvera dans le tableau ci-dessous quelques exemples pour démontrer qu'un triangle est rectangle.

Figures utiles	Ce que l'on sait	Propriété – Ce que l'on conclut
① 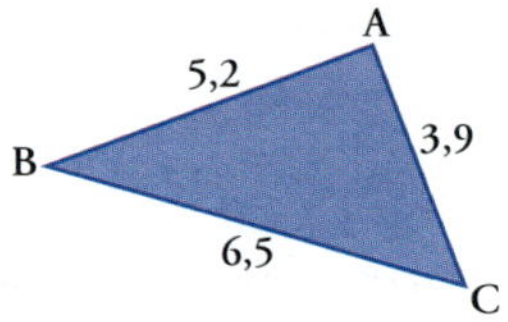	Connaissance de trois longueurs vérifiant la relation de Pythagore $3{,}9^2 + 5{,}2^2 = 42{,}25$ $6{,}5^2 = 42{,}25$ $3{,}9^2 + 5{,}2^2 = 6{,}5^2$ $AC^2 + AB^2 = BC^2$	Réciproque du théorème de Pythagore : Si dans un triangle le carré d'un côté est égal à la somme des carrés des deux autres côtés, alors le triangle est rectangle. ABC est rectangle en A.
② 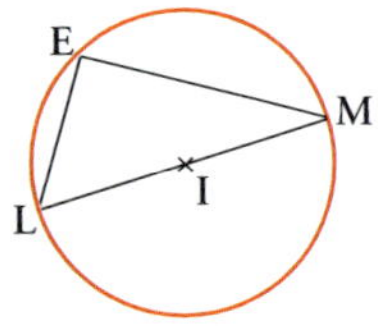	Connaissance d'un diamètre et d'un point du cercle [LM] est un diamètre E est un point du cercle	Triangle inscrit dans un demi-cercle : Si dans un triangle le cercle circonscrit a pour diamètre un côté du triangle, alors le triangle est rectangle. EML est rectangle en E.
③ 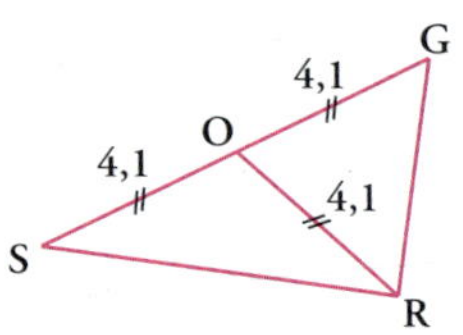	Connaissance d'une médiane de longueur moitié de celle d'un côté SO = 4,1 ; OG = 4,1 ; OR = 4,1 $OR = \frac{1}{2}$ SG	Propriété de la médiane : Si dans un triangle la longueur de la médiane est égale à la moitié de la longueur du côté auquel elle est relative alors, le triangle est rectangle. SRG est rectangle en R.
④ 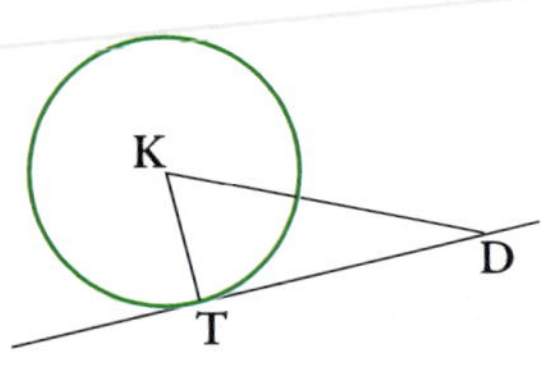	Connaissance d'une tangente [KT] rayon du cercle (TD) tangente au cercle en T	Tangente à un cercle : Si une droite est tangente à un cercle, alors elle est perpendiculaire au rayon. Si un triangle a un angle droit, alors le triangle est rectangle. KTD est rectangle en T.

Retour à la question initiale

On peut utiliser la trigonométrie dans trois triangles.
- Le triangle DBC est rectangle d'après la méthode n° 2.
- Le triangle ADF est rectangle d'après la méthode n° 3.
- Le triangle ABE est rectangle d'après la méthode n° 4.

VOCABULAIRE – DÉFINITION

1

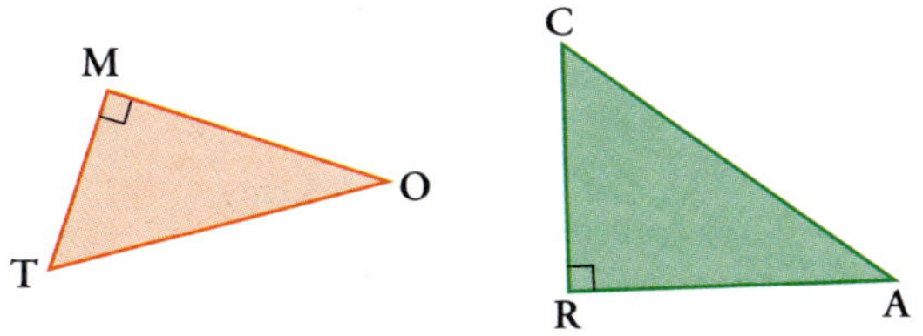

Pour chacun des triangles rectangles ci-dessus, préciser l'hypoténuse, puis préciser le côté adjacent et le côté opposé des angles non droits.

2 • Citer tous les triangles rectangles de la figure ci-contre.
• Pour chacun d'eux, préciser l'hypoténuse, puis préciser le côté adjacent et le côté opposé des angles non droits.

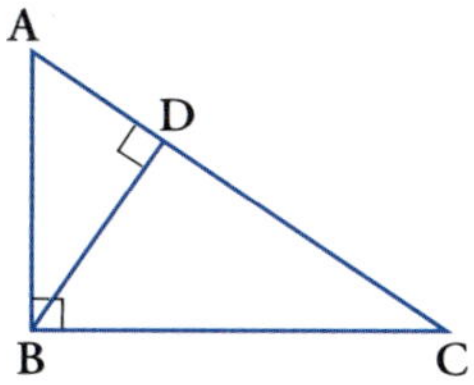

3 Recopier et compléter les phrases suivantes :

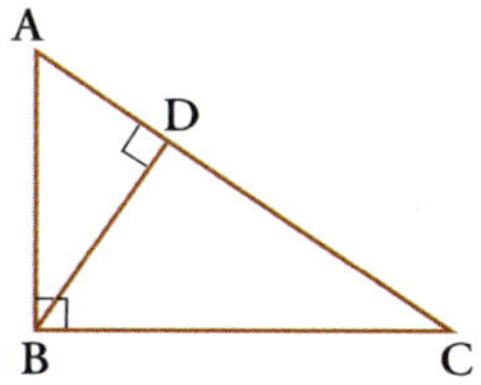

- [AB] est …….. du triangle ADB.
- [AD] est le côté opposé à l'angle ….. dans le triangle …… rectangle en ….. .
- …… est le côté adjacent à l'angle $\widehat{DBC}$ dans le triangle …… rectangle en ….
- …… est l'hypoténuse du triangle ABC.
- [BC] est le côté opposé à l'angle ….. dans le triangle …. rectangle en …..

4 Le triangle BUS est rectangle en U.
Sans tracer la figure, identifier :

a. son hypothénuse ;

b. le côté adjacent à l'angle $\widehat{S}$;

c. le côté opposé à l'angle $\widehat{B}$.

5 Le triangle EGF est rectangle en E.

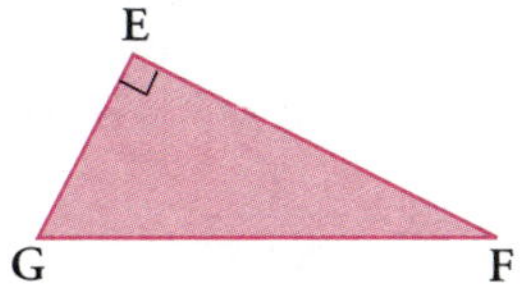

a. Exprimer le sinus, le cosinus, et la tangente de l'angle $\widehat{EGF}$.

b. Même question pour l'angle $\widehat{EFG}$.

c. Que peut-on remarquer ?

6 GAF est un triangle rectangle tel que :

$$\sin \widehat{GAF} = \frac{GF}{GA}$$

a. En quel point le triangle GAF est-il rectangle ?

b. Quelle est son hypoténuse ?

7 BOL est un triangle rectangle tel que :

$$\tan \widehat{BOL} = \frac{BL}{BO}$$

a. En quel point le triangle BOL est-il rectangle ?

b. Quelle est son hypoténuse ?

8

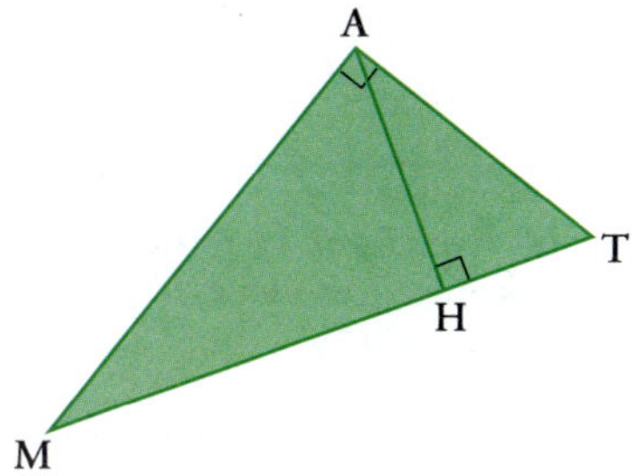

Recopier et compléter les phrases suivantes :

- Dans le triangle … rectangle en …,
$$\sin \ldots = \frac{MH}{AM}$$
- Dans le triangle ATH rectangle en …,
$$\tan \widehat{HAT} = \frac{\ldots}{\ldots}$$
- Dans le triangle … rectangle en …,
$$\tan \ldots = \frac{AH}{MH}$$
- Dans le triangle … rectangle en …,
$$\cos \ldots = \frac{AM}{MT}$$
- Dans le triangle … rectangle en …,
$$\sin \ldots = \frac{AM}{MT}$$

UTILISATION DE LA CALCULATRICE

9 Recopier et compléter (donner un arrondi à 10^{-3}) :

a. $\sin 5° \approx \ldots$	**d.** $\tan 80° \approx \ldots$
b. $\sin 20° \approx \ldots$	**e.** $\tan 35° \approx \ldots$
c. $\sin 53° \approx \ldots$	**f.** $\tan 17° \approx \ldots$

10 Recopier et compléter (donner un arrondi au degré) :

a. $\cos \widehat{A} = 0{,}5$; $\widehat{A} = \ldots$

b. $\cos \widehat{B} = 0{,}245$; $\widehat{B} \approx \ldots$

c. $\sin \widehat{C} = 0{,}734$; $\widehat{C} \approx \ldots$

d. $\sin \widehat{D} = 0{,}462$; $\widehat{D} \approx \ldots$

e. $\tan \widehat{E} = 0{,}15$; $\widehat{E} \approx \ldots$

f. $\tan \widehat{F} = 2{,}43$; $\widehat{F} \approx \ldots$

11 Recopier et compléter le tableau suivant :

$\widehat{A}$	30°	73°	21°	7°				
$\sin \widehat{A}$					0	0,97	0,75	0,2

12 Recopier et compléter le tableau suivant :

$\widehat{A}$	45°	75°	22°	10°				
$\tan \widehat{A}$					0,75	2,33	1	5

Les exercices 13 à 16 utilisent l'une ou l'autre des méthodes de « L'essentiel en deux pages » (page 37).

13 Dans chacun des cas ci-dessous, calculer l'angle demandé au degré près (les figures ne sont pas en vraie grandeur).

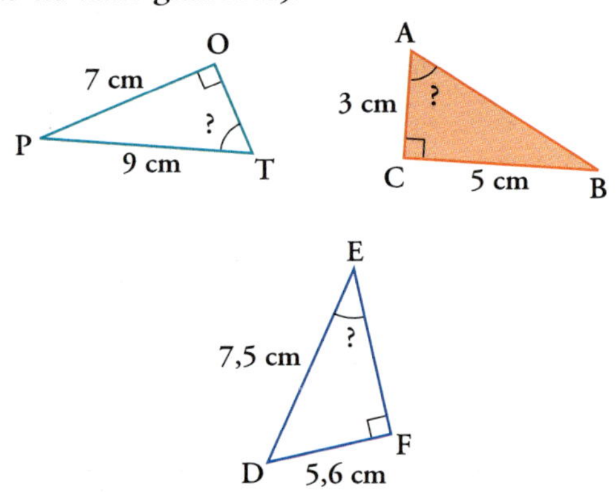

14 Dans chacun des cas ci-dessous, calculer la longueur demandée au millimètre près (les figures ne sont pas en vraie grandeur).

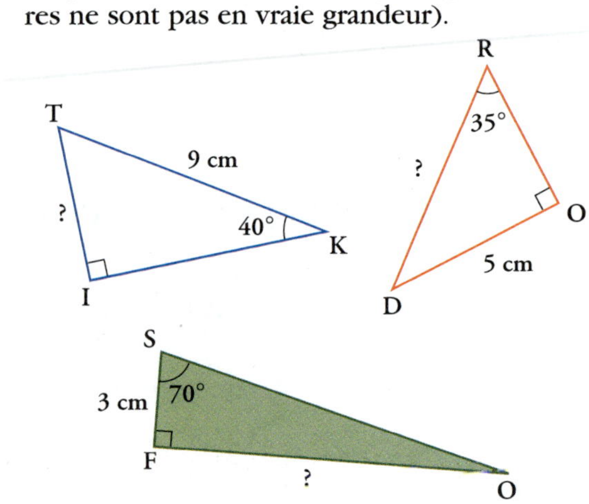

15 Dans chacun des cas ci-dessous, calculer la valeur demandée (au millimètre près pour les longueurs et au degré près pour les angles).

a.

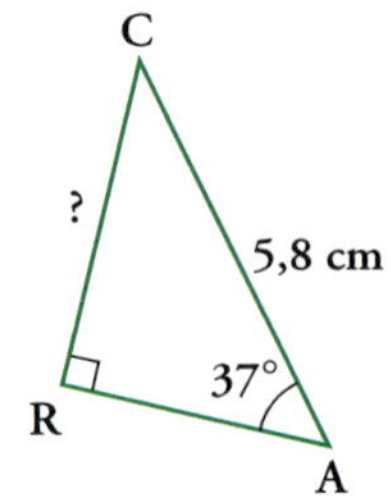

b.

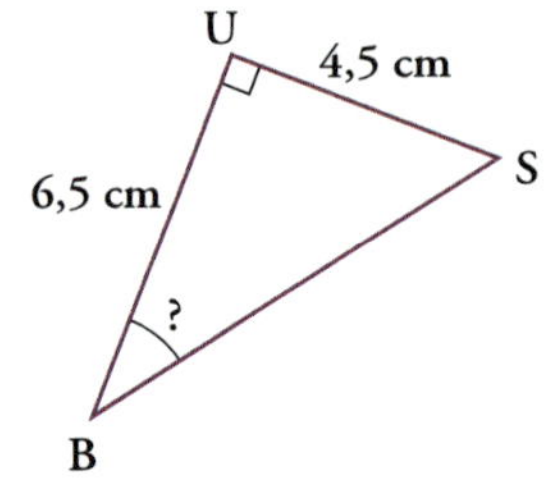

16 Dans chacun des cas ci-dessous, calculer la valeur demandée (au mm près pour les longueurs et au degré près pour les angles).

a.

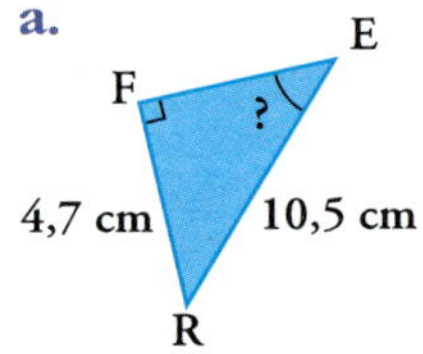

b.

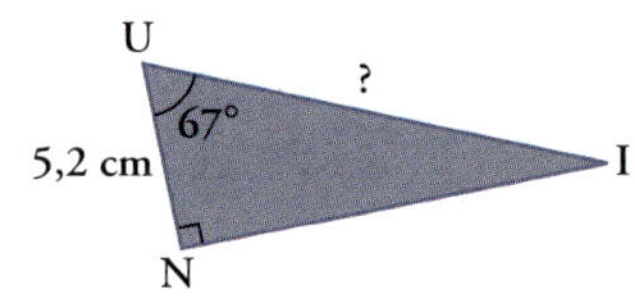

RELATIONS TRIGONOMÉTRIQUES

17 Sachant que $\cos \widehat{A} = 0{,}8$, calculer $\sin \widehat{A}$, puis $\tan \widehat{A}$.

18 Sachant que $\sin x = 0{,}766$, calculer un arrondi au millième de $\cos x$ et $\tan x$.

19 Sachant que $\sin x = 0{,}521$, calculer une troncature au millième de $\cos x$ et $\tan x$.

20 La mesure d'un angle aigu est égale à x, démontrer les égalités suivantes :

$\sin(90° - x) = \cos x$; $\cos(90° - x) = \sin x$

$$\tan(90° - x) = \frac{1}{\tan x}$$

21 La mesure d'un angle aigu est égale à x, démontrer les égalités suivantes :

$$1 + \tan^2 x = \frac{1}{\cos^2 x} \ ; \quad 1 + \frac{1}{\tan^2 x} = \frac{1}{\sin^2 x}$$

APPLICATION DE LA TRIGONOMÉTRIE

EXERCICE RÉSOLU

Énoncé

Deux points O et A sont distants de 5 cm. Tracer un cercle 𝒞 de centre O et de rayon 2 cm.

a. *Construire la droite (AT) tangente en T au cercle 𝒞.*

b. *Calculer l'arrondi au degré de la mesure de l'angle $\widehat{AOT}$.*

Exemple de solution

a. La construction a été étudiée en 4e.

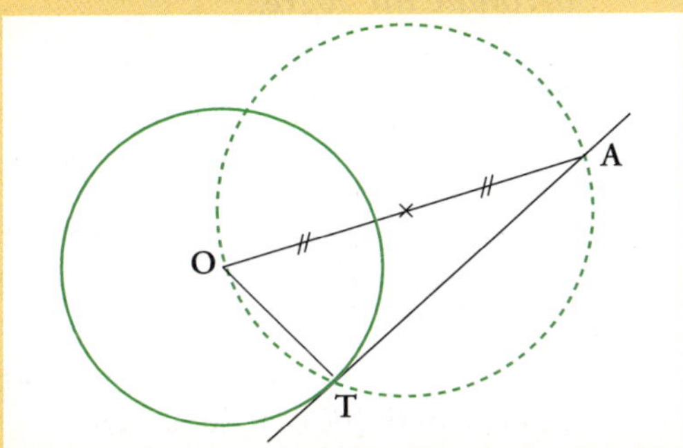

b. (AT) est tangente au cercle donc est perpendiculaire au rayon en T.
Le triangle AOT est rectangle en T, on peut appliquer les définitions de trigonométrie.

$\cos \widehat{AOT} = \dfrac{OT}{OA}$; $\cos \widehat{AOT} = \dfrac{2}{5}$

En utilisant les touches « secondes fonctions » de la calculatrice, on trouve :

$\widehat{AOT} \approx 66°$.

22 Tracer le triangle ABC tel que AB = 4,5 cm ; AC = 6 cm et BC = 7,5 cm.

a. Démontrer que le triangle ABC est rectangle.

b. Calculer l'angle $\widehat{ABC}$ au degré près.
En déduire l'angle $\widehat{ACB}$.

23 **Sur quadrillage**

Utiliser les carreaux du quadrillage pour calculer un arrondi des angles $\widehat{CAB}$ et $\widehat{ABC}$.

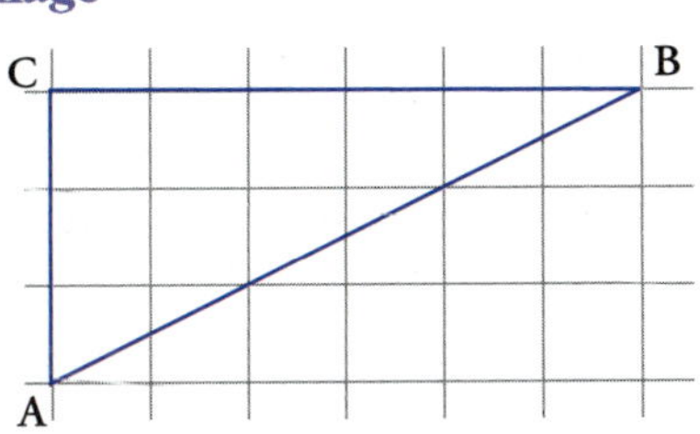

24 La calculatrice et le rapporteur sont interdits. Tracer deux demi-droites [Ax) et [Bu), puis construire deux demi-droites [Ay) et [Bv) telles que :

$$\tan \widehat{xAy} = \frac{7}{3} \ ; \qquad \cos \widehat{uBv} = \frac{3}{7}$$

25 La figure ci-dessous concerne un cercle 𝒞 de centre O, un point A extérieur au cercle et la droite (AT) tangente au cercle en T.

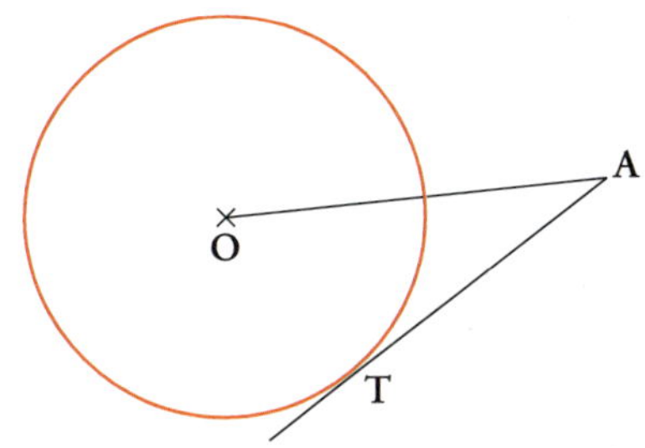

On sait que : OA = 8 cm ; $\widehat{OAT} = 35°$
Calculer le rayon du cercle et en donner une valeur arrondie au millimètre.

26 Calculer la longueur OT (arrondir au millimètre).

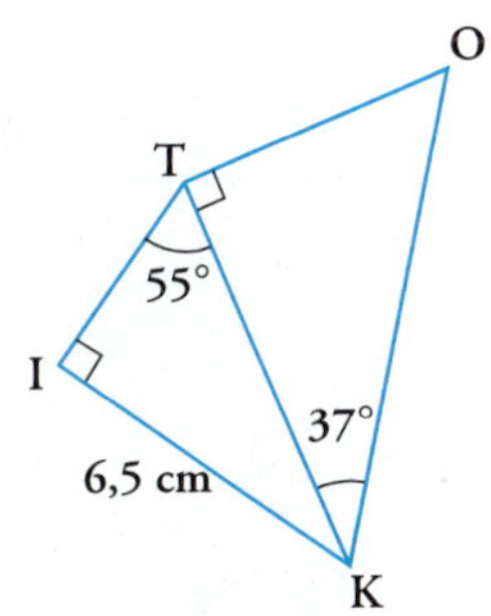

27 Un géomètre veut évaluer la distance AP entre un point A de la plage et l'entrée P d'un phare. Sur la plage, il a déterminé un point B tel que le triangle ABP soit rectangle en A, puis il a mesuré la distance AB et mesuré l'angle $\widehat{ABP}$.

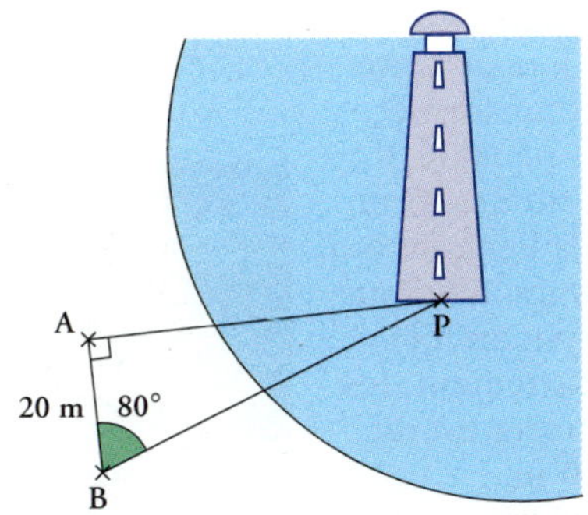

Calculer la distance AP (arrondir au dixième de mètre).

EXERCICES d'application

28 Patrice mesure 1,60 m. Il se trouve à 50 m de la porte de son immeuble. Il voit l'immeuble sous un angle de 40°.

Quelle est la hauteur de son immeuble ?

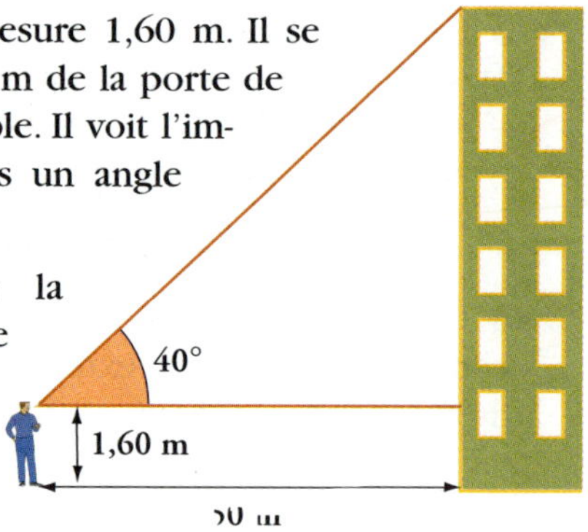

(Arrondir au mètre le plus proche).

29 Un cône a pour sommet un point S. Sa base est un disque de centre O et de rayon 4 cm. Sa hauteur [SO] est telle que SO = 3,6 cm.

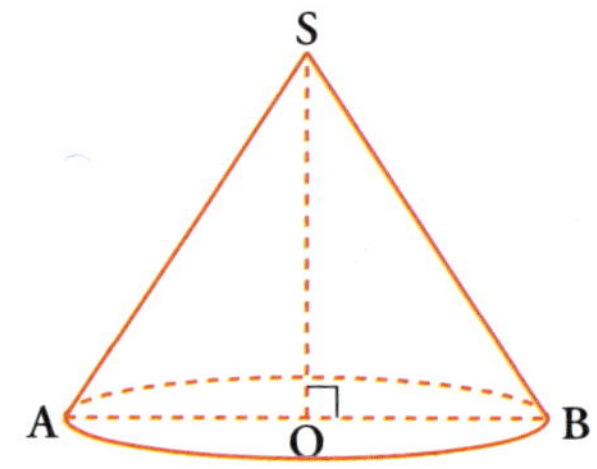

a. Déterminer l'arrondi au degré de l'angle $\widehat{OSA}$.

b. Déterminer le volume de ce cône et donner son arrondi au cm^3.

30 **Le Théâtre d'Orange**

Une statue de l'empereur romain Auguste est placée dans une niche du mur de scène du théâtre antique d'Orange. Un observateur est placé à 16 m du pied du mur et relève les mesures d'angles indiquées sur le schéma.

Calculer la hauteur approximative de la statue.

31 **Rugby**

Un joueur tente de transformer une pénalité. Il est situé à 25 m de la ligne de but, comme l'indique le schéma, et l'écartement des poteaux est de 5,60 m.

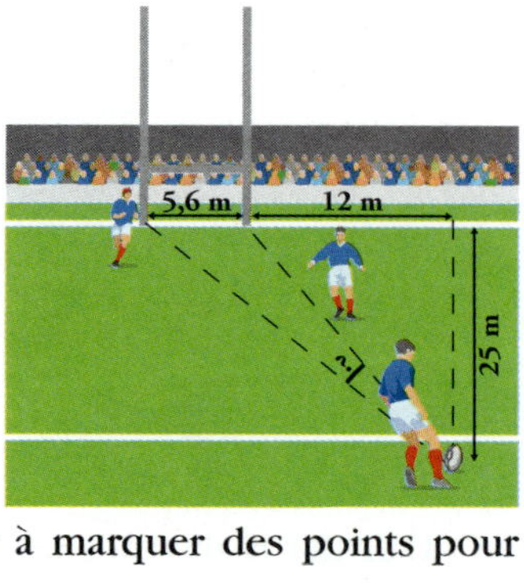

Quel est son angle de tir pour réussir à marquer des points pour son équipe ?

EXERCICE RÉSOLU

Énoncé

ABCDEFGH *est un parallélépipède à base carrée.*
On donne AB = BC = 6 *cm et* BF = 4,5 *cm.*

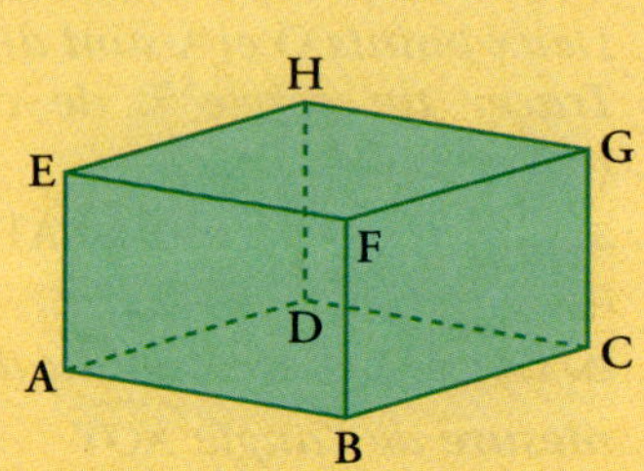

a. *Montrer que* DG = 7,5 *cm.*

b. *Calculer la mesure de l'angle* $\widehat{CDG}$ *arrondie au degré.*

Exemple de solution

a. La face DCGH est un rectangle et le triangle DCG est rectangle en C.
On applique le théorème de Pythagore :
$DC^2 + CG^2 = DG^2$; $DG^2 = 36 + 20,25$;
$DG^2 = 56,25$; DG = 7,5 cm.

b. Le triangle DCG est rectangle, on peut utiliser la définition de la tangente.

$\tan \widehat{CDG} = \frac{CG}{DC}$; $\tan \widehat{CDG} = \frac{4,5}{6}$

En utilisant les touches « inverses » de la calculatrice, on trouve $\widehat{CDG} \approx 37°$.

32 **Largeur d'une rivière**

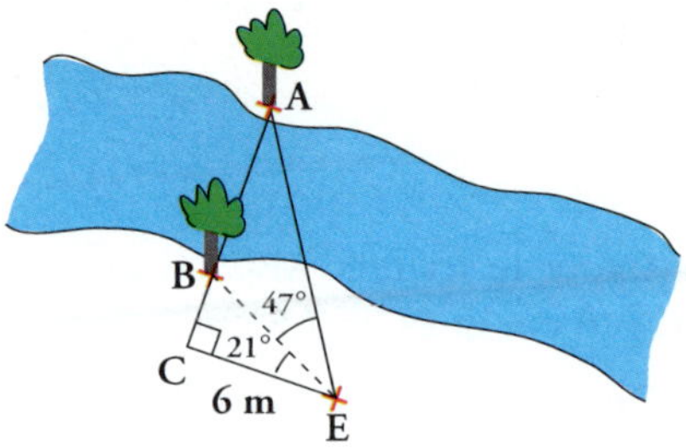

Un géomètre désire mesurer la largeur d'une rivière. Il dispose d'un théodolite pour mesurer des angles (voir page 50). Il repère deux arbres A et B de part et d'autre de la rivière et place un repère en C tel que A, B et C soient alignés. Il place ensuite sur la berge un repère E à 6 m de C et tel que l'angle $\widehat{ACE}$ soit droit.

Il relève ensuite la mesure de $\widehat{CEB}$ et de $\widehat{BEA}$.

$\widehat{CEB} = 21°$; $\widehat{BEA} = 47°$

Calculer la largeur de la rivière obtenue à partir de ces mesures.

Ce que je dois savoir

- Déterminer le cosinus, le sinus et la tangente d'un angle aigu dans un triangle rectangle.
- Déterminer, à l'aide d'une calculatrice, des valeurs approchées du cosinus, du sinus et de la tangente d'un angle aigu.
- Déterminer, à l'aide d'une calculatrice, des valeurs approchées d'un angle aigu dont on connaît le cosinus, le sinus ou la tangente.
- Calculer la longueur d'un côté d'un triangle rectangle connaissant une autre longueur et la mesure d'un angle de ce triangle.

Je m'évalue

Solutions page 294

33 ABCD est un rectangle.
Recopier et compléter les égalités se rapportant à la figure ci-dessous :

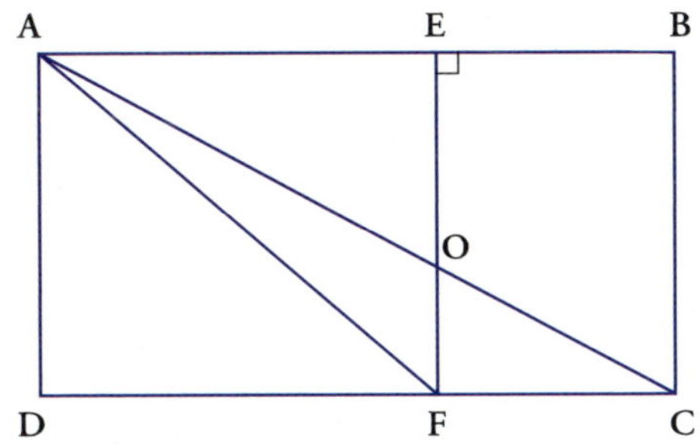

$\sin \widehat{FAD} = \ldots\ldots$; $\tan \ldots . = \dfrac{AD}{CD}$;

$\cos \ldots . = \dfrac{OE}{AO}$; $\tan \widehat{BCA} = \ldots .$; $\sin \ldots . = \dfrac{AE}{AF}$.

34 Donner un arrondi au millième de :
$\sin 33°$; $\tan 59°$; $\cos 81°$

35 **Pavé**
Un pavé droit a pour dimensions :
AB = 7 cm ; AD = 6 cm ; AE = 11 cm.

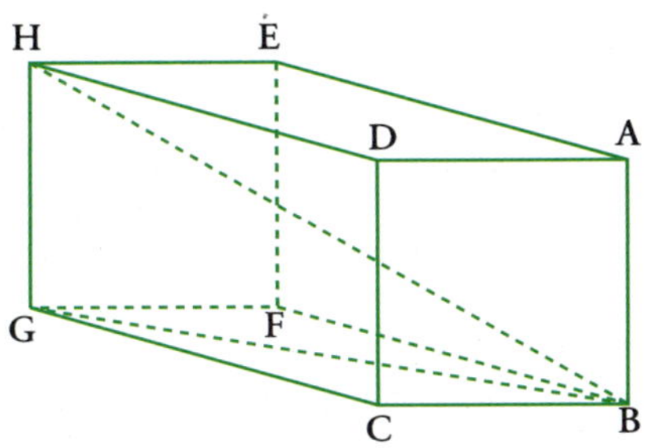

Calculer les mesures des angles $\widehat{HCG}$ et $\widehat{HBG}$, en arrondissant au degré.

36 Donner les mesures d'angles arrondies au degré et les longueurs arrondies au dixième de centimètre.

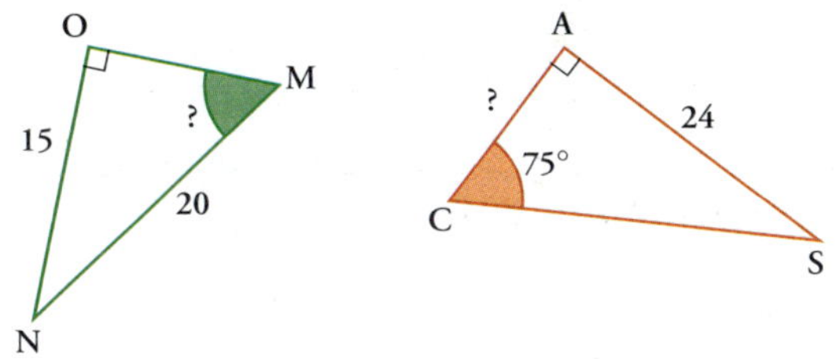

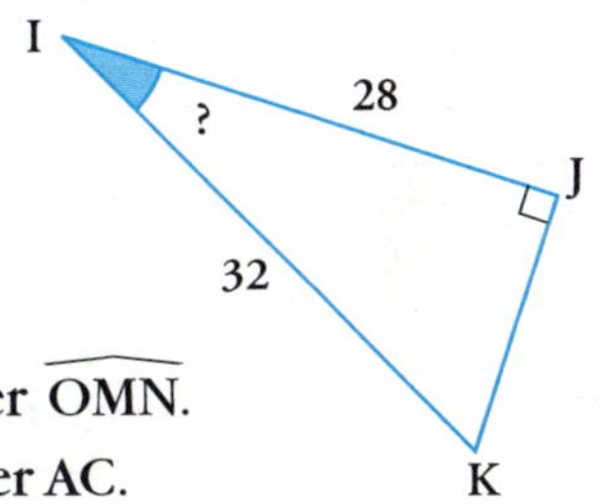

a. Calculer $\widehat{OMN}$.
b. Calculer AC.
c. Calculer $\widehat{JIK}$.

37 **D'après brevet**
On veut mesurer la hauteur d'une cathédrale.
Grâce à un instrument de mesure placé en O à 1,5 m du sol, on mesure l'angle $\widehat{COB}$ et on trouve 59°.
On donne OB = 85 m (la figure n'est pas à l'échelle).
Calculer la hauteur de la cathédrale que l'on arrondira au mètre le plus proche.

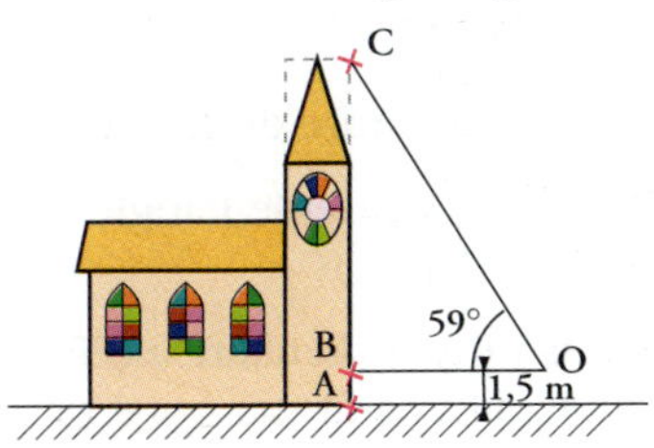

UTILISER SES CONNAISSANCES

EXERCICE RÉSOLU

Énoncé

𝒞 est un cercle de 4,2 cm de rayon.
R, H, E *sont trois points du cercle tels que* $\widehat{REH} = 35°$. [HE] *est un diamètre.*

a. *Démontrer que le triangle* REH *est rectangle.*

b. *Calculer la longueur* RH, *arrondir le résultat à* 0,1 *cm.*

Exemple de solution

a.

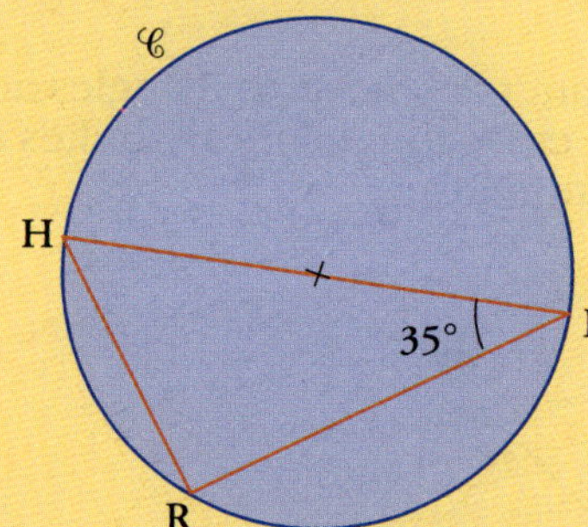

Le triangle RHE a un côté diamètre du cercle. Si dans un triangle, le cercle circonscrit a pour diamètre un côté du triangle, alors le triangle est rectangle.
Le triangle RHE est rectangle en R.

b. Le triangle est rectangle en R, on connaît les mesures de l'angle $\widehat{REH}$ et de l'hypoténuse [HE]. On cherche le côté opposé à l'angle donc on utilise le sinus.

$\sin \widehat{REH} = \dfrac{RH}{EH}$; $\sin 35° = \dfrac{RH}{8,4}$

$RH = 8,4 \times \sin 35°$; $RH \approx 4,8$ cm.

38 Soit 𝒞 le cercle de centre O et de rayon 2,5 cm.
Soit [EF] un diamètre de cercle.
Soit G un point du cercle 𝒞 tel que EG = 3 cm.

a. Tracer la figure.

b. Quelle est la nature du triangle EFG ? Justifier.

c. Calculer la mesure de l'angle $\widehat{GEF}$. (Arrondir au degré.)

d. Tracer la perpendiculaire à (EF) passant par G. Elle coupe [EF] en D.
Calculer la valeur arrondie au millimètre de GD.

39 **Pyramide d'Égypte**

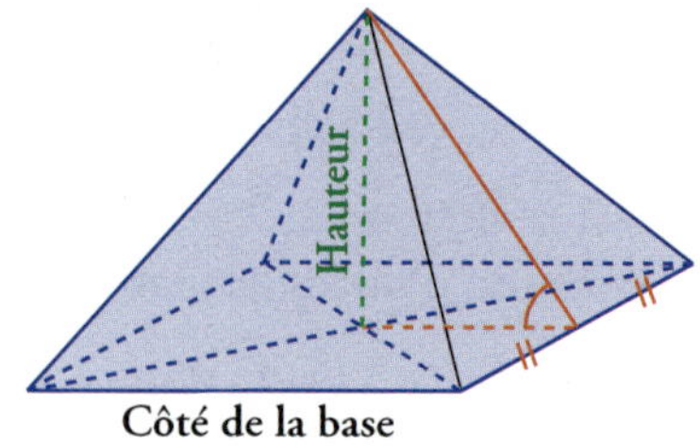

Voici les dimensions des trois grandes pyramides de Gizeh :

Pyramide	Hauteur	Côté de la base
Chéops	148,5 m	230 m
Chéphren	136,5 m	211 m
Mykérinos	66 m	102 m

Pour chaque pyramide, calculer l'angle que forme une face latérale avec l'horizontale. Donner un arrondi au degré.

40 **Ça tourne**

Un rectangle ABCD, dont les largeur et longueur sont 40 cm et 65 cm, tourne autour de son sommet A.

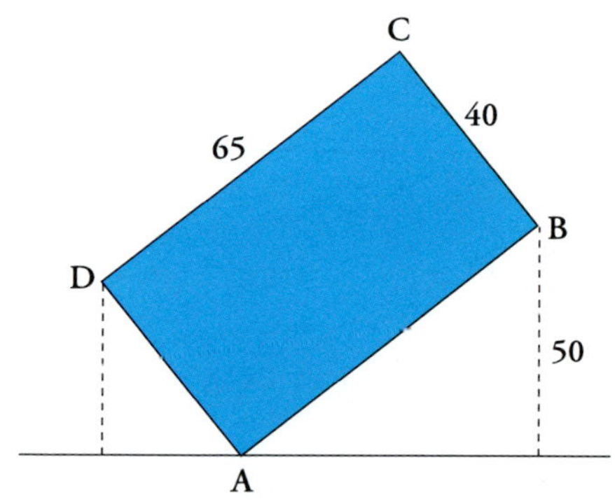

Le point B se trouve à 50 cm du sol.
À quelle distance du sol se trouve le point D ?

41 **Téléphérique**

À partir des données indiquées sur le schéma du parcours du téléphérique, calculer l'altitude de la gare d'arrivée et la longueur du câble.

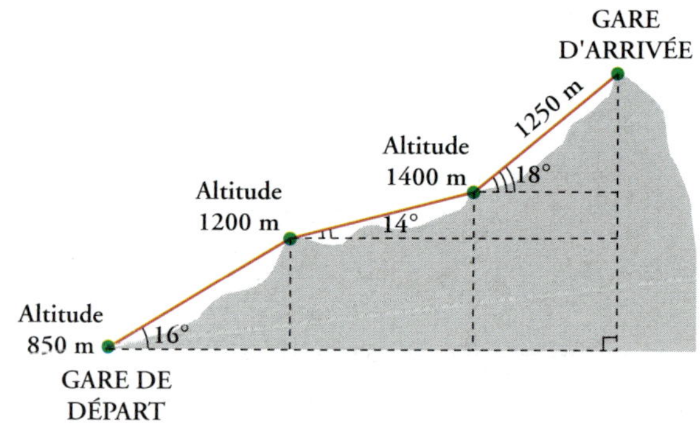

42 **Régate dans une école de voile**
Les trois bouées d'une régate sont placées sur un rectangle de 850 m de large et 1,3 km de long.

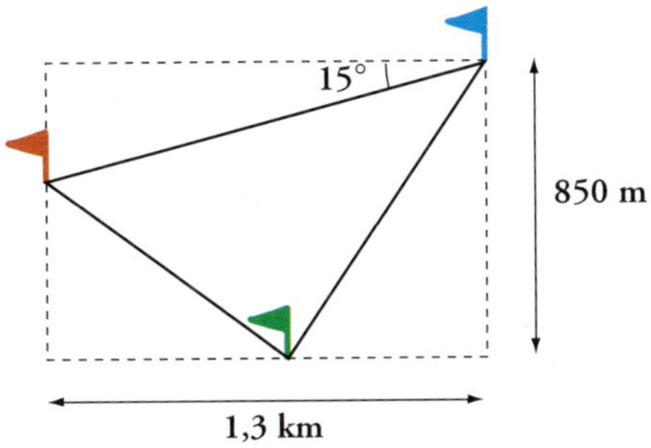

Calculer la longueur d'un tour.

43 Dans la figure ci-dessous, les deux triangles sont rectangles, ADC en D et ABL en L.

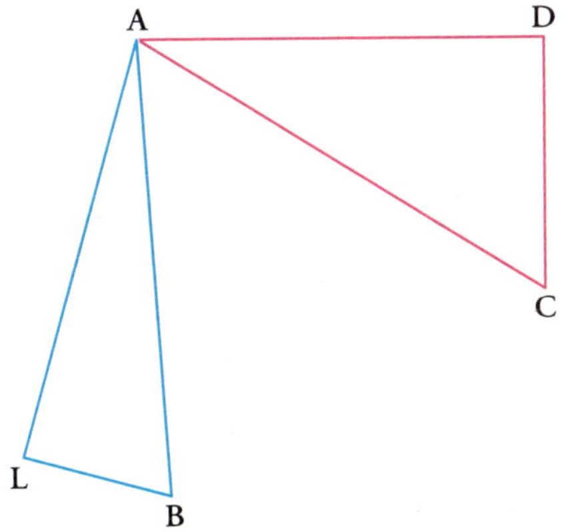

On sait que : AD = 5,6 cm ; CD = 3,3 cm ;
AB = 6,5 cm ; $\widehat{ABL} = 70°$.

a. Calculer la valeur exacte de AC.

b. Le point A est-il sur la médiatrice de [BC] ?
Justifier la réponse.

c. Calculer la mesure en degrés de l'angle $\widehat{LAB}$.

d. Calculer la mesure en degrés de l'angle $\widehat{CAD}$.

44 Soit IJK un triangle tel que IJ = 3 cm, IK = 4 cm et JK = 5 cm.

a. Montrer que le triangle IJK est rectangle.
Préciser en quel point.

b. Placer M sur [IJ) tel que IM = 6,4 cm et N sur [KJ) tel que KN = 9 cm.

c. Montrer que les droites (IK) et (MN) sont parallèles.
En déduire la nature du triangle JMN.

d. Calculer la mesure de l'angle $\widehat{JNM}$.

45 **EN CHIMIE**
Deux atomes d'hydrogène s'assemblent avec un atome d'oxygène pour former une molécule d'eau.

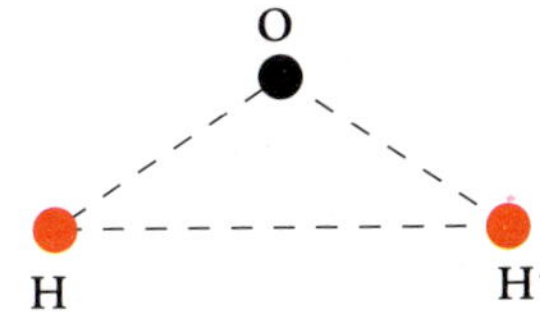

On sait que :
OH = OH' = 96×10^{-12} m
$\widehat{HOH'} = 105{,}5°$
Calculer un arrondi de la distance entre deux atomes d'hydrogène.

46 **EN SCIENCES PHYSIQUES**
Un pendule est constitué d'une bille suspendue au bout d'un fil de 1 m de long. On fixe le fil en un point S, le pendule est dans une position d'équilibre lorsque la bille se situe en E.
On écarte le pendule d'un angle de 30°, la bille arrive en M.

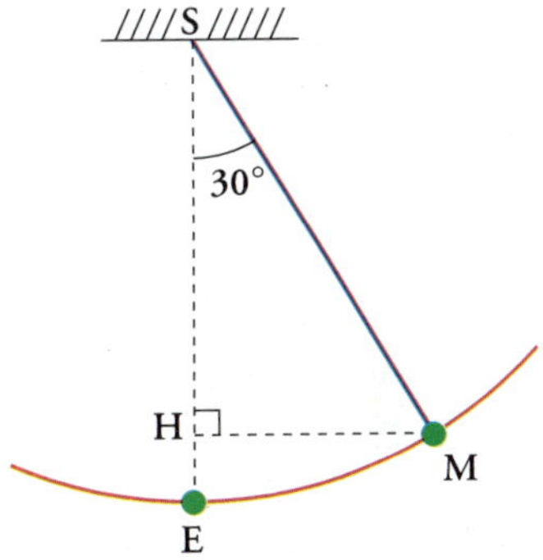

Quelle est la différence de hauteur HE, en mm, entre les deux positions de la bille lorsqu'elle est en M et en E ?

47 On considère le triangle ABC tel que :
AC = 4,8 cm ; AB = 6,4 cm ; BC = 8 cm

a. Construire ABC.
Démontrer que ce triangle est rectangle en A.

b. Tracer la droite (d) perpendiculaire en C à la droite (BC).
Cette droite (d) coupe la droite (AB) en un point E.

c. Exprimer de deux façons différentes tan $\widehat{B}$, d'abord dans le triangle ABC, puis dans le triangle BCE.
En déduire que EC = 6 cm.

d. Déterminer, arrondie au degré, une mesure de l'angle $\widehat{ACE}$.

EXERCICES d'approfondissement

48 Pente d'une route et pente d'une droite

Dans un manuel d'apprentissage du code de la route

Descente dangereuse

10 % signifie qu'en parcourant 100 m, on descend de 10 m.

En Mathématiques

La pente de la droite est le rapport $\frac{3}{1}$: lorsque l'abscisse augmente de 1 unité, l'ordonnée augmente de 3 unités.

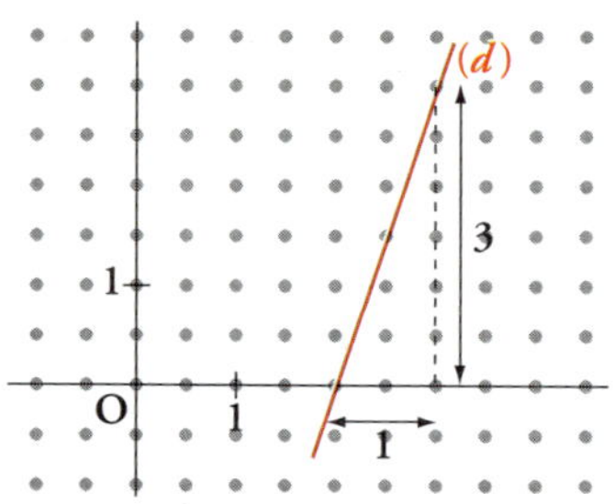

a. Représenter chacune des deux situations par un triangle rectangle codé en fonction des données des deux encadrés.

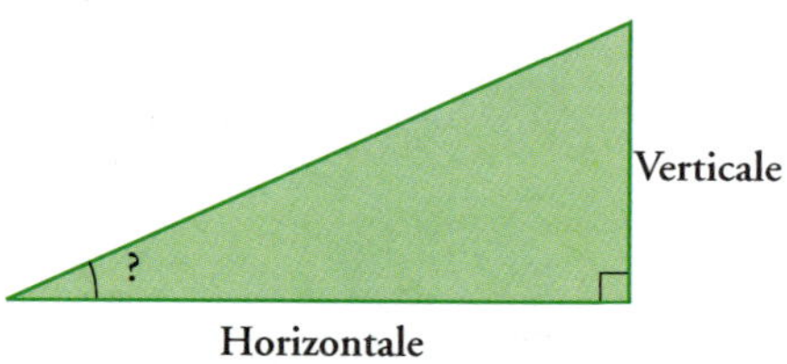

b. Calculer l'angle que forme la route avec l'horizontale et celui que fait la droite (*d*) avec l'horizontale. Comparer les deux calculs.

49 Pente d'une route (bis)

Un panneau indicateur prévient d'une descente à 15 %.

Comparer l'angle que forme la route avec l'horizontale avec un angle de 15°.

50 Deux cônes

a. La génératrice d'un cône a une longueur de 13 cm. Le rayon du disque de base est égal à 5 cm.

Calculer la mesure en degrés de l'angle au sommet du cône.

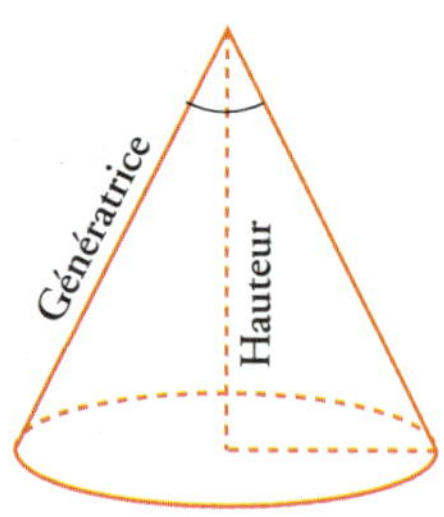

b. La hauteur d'un cône a une longueur égale à 2 m, l'angle au sommet du cône mesure 80°.
Calculer le volume du cône en arrondissant à 0,1 m³.

51 Autre cône

Un cône de sommet S a pour génératrice [SP] et pour hauteur [SH]. Le demi-angle au sommet du cône est égal à α.

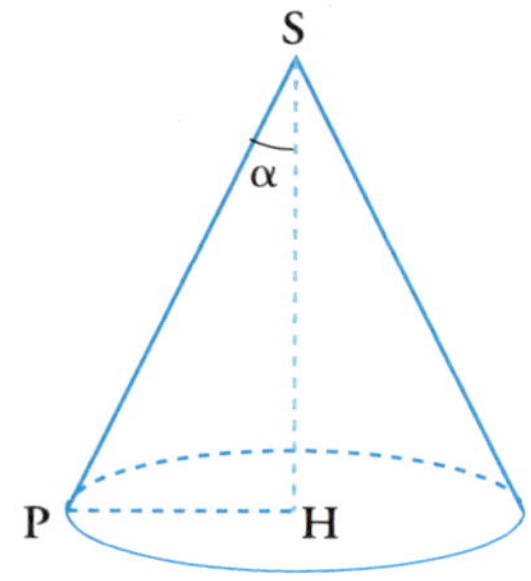

a. Exprimer le rayon HP du cône en fonction de SP et de sin α.

b. Exprimer la hauteur SH du cône en fonction de SP et de cos α.

c. Calculer le rayon et la hauteur sachant que la génératrice est égale à 20 cm et que l'angle α est égal à 72°.

En déduire le volume du cône.

52 Instrument

On construit un instrument en assemblant des tiges de bois perpendiculaires.

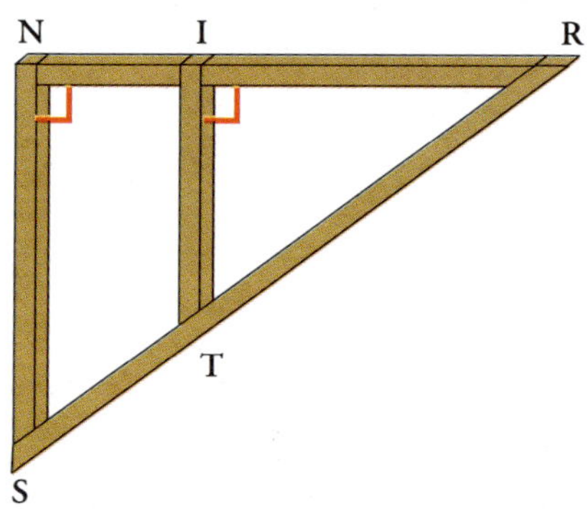

On sait que :

$$NS = 1{,}5 \text{ m} \ ; \quad \frac{RI}{RN} = \frac{3}{4} \ ; \quad \widehat{NSR} = 47°$$

Calculer, en arrondissant au dixième, RN ; IT ; RS.

53 Aire

Un triangle ABC de hauteur [AH] est tel que :

$$AB = 6 \text{ cm} \ ; \quad \widehat{ABC} = 53° \ ; \quad \widehat{ACB} = 45°$$

Calculer l'aire du triangle ABC en donnant un arrondi à 0,01 près du résultat.

54

Donner une valeur arrondie à 0,1 de l'aire du parallélogramme ABCD.

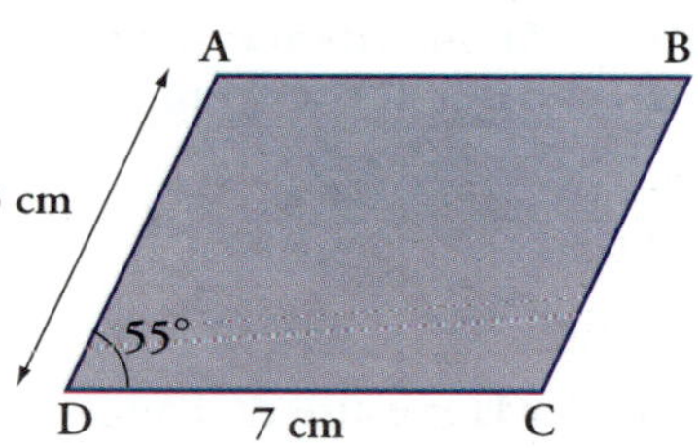

55 **Salle de sport**

Une salle de sport a la forme d'un rectangle de dimensions 4,20 m et 5,60 m, prolongé par un demi-disque.

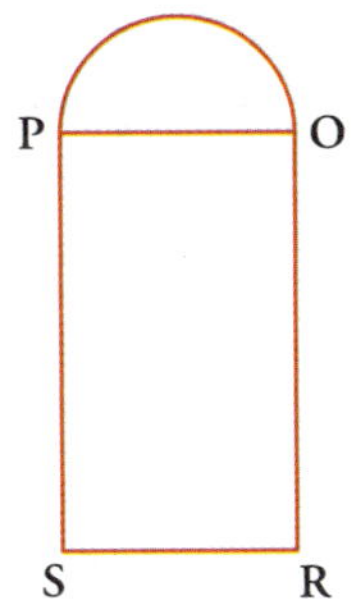

a. Calculer SO.

b. Calculer la tangente de l'angle $\widehat{PSO}$ et en déduire une valeur arrondie au degré de $\widehat{PSO}$.

c. Calculer un arrondi à 0,01 de l'aire de la salle de sport.

ALLER PLUS LOIN

56 Un triangle ABC est rectangle en A. Calculer la valeur exacte de AC, puis donner une valeur arrondie à 0,1 cm sachant que BC = 8 cm et $\tan \widehat{ABC} = \dfrac{1}{3}$.

57 Un triangle ABC est rectangle en A. La hauteur issue de A coupe [BC] en H.

a. Démontrer que $BC \times AH = AB \times AC$.

b. En utilisant la tangente des angles $\widehat{ABC}$ et $\widehat{HAC}$, démontrer que $AH^2 = HB \times HC$.

58 ABC est un triangle rectangle en A.
On note $a = BC$, $b = AC$ et $c = AB$.
Soit H le pied de la hauteur issue de A.
On note $h = AH$.

a. Calculer $\sin \widehat{B}$ de deux façons différentes et en déduire une relation entre la hauteur h et les longueurs a, b, c des côtés du triangle.

b. ***Application numérique***
Construire un triangle ABC tel que AB = 5 cm, AC = 12 cm et BC = 13 cm.
– Quelle est la nature du triangle ABC ? Justifier la réponse.
– En utilisant la relation trouvée au **a.**, donner la valeur exacte de la hauteur [AH] issue de A, puis un arrondi au millimètre.

59 Tracer un triangle EFG rectangle en E tel que EF = 4,8 cm et EG = 6,4 cm.

a. Calculer FG.

b. Calculer la mesure de l'angle $\widehat{FGE}$ (arrondir au degré).

c. Placer D sur [EG] tel que ED = 10 cm.
Calculer FD (arrondir au millimètre).

d. Calculer l'aire du triangle DFG.

e. Placer le point H pied de la hauteur issue de G dans le triangle DFG.
Déduire de la question précédente une valeur approchée au millimètre de GH.

f. Donner une valeur arrondie au degré de l'angle $\widehat{DFG}$.

60 **Grande marée au Mont St-Michel**

Lors des grandes marées d'équinoxe, la mer peut découvrir une surface de sable de 12 km de long et 20 km de large. À Granville, située à l'entrée de la Baie, on enregistre alors un *marnage* de 14,6 m (le marnage est la différence entre les niveaux de la basse mer et de la pleine mer).

Cette situation est schématisée ci-dessous : le volume du prisme correspond à la quantité d'eau occupant la baie entre la marée basse et la marée haute.

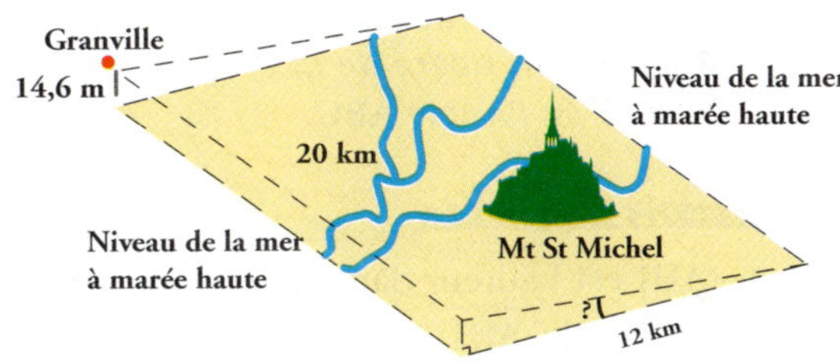

a. À partir du schéma, calculer l'angle que forme l'étendue de sable avec l'horizontale.

b. Calculer le volume d'eau qui s'est introduite dans la baie.

c. La baie est sillonnée de quelques cours d'eau. Le flux de marée montante (mascaret) remonte certains cours d'eau sur 20 km et atteint le fond de la baie en 40 min.

Calculer la vitesse de ce mascaret (il est souvent fait référence à la vitesse d'un cheval au galop).

61 **Planche à voile**

La voile d'une planche à voile a la forme ci-contre avec $\overset{\frown}{AF}$ un arc de cercle de centre B et de rayon AB. Les dimensions connues sont les suivantes :

AD = 4,50 m
DE = 2,50 m
AB = 0,90 m
CD = 0,40 m
$\widehat{ABF} = 60°$

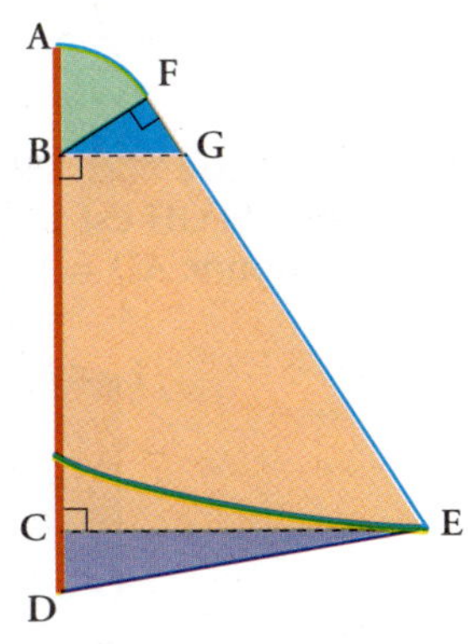

a. Calculer la cote CE en arrondissant à 0,01 m.

b. Calculer $\cos \widehat{CDE}$, puis donner la mesure de l'angle $\widehat{CDE}$ au degré près.

c. Calculer la mesure de l'angle $\widehat{FBG}$ et en déduire la valeur arrondie à 0,01 m de FG, puis celle de BG.

d. Calculer les aires du secteur ABF, du triangle BFG, du trapèze BGEC, du triangle CDE en arrondissant à 0,01 m².

En déduire l'aire de la voile.

EXERCICE RÉSOLU

Énoncé (Afrique I, 2001)

Dans le triangle ABC *de hauteur* [AH] *représenté ci-contre :*
AC = 4 *cm,*
BH = 1,5 *cm*
et $\widehat{ACB} = 30°$.

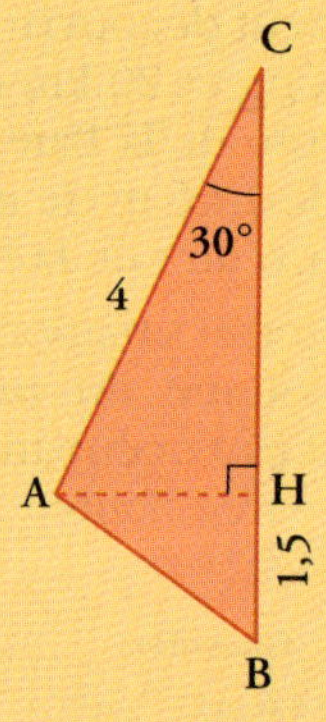

1. *Calculer la valeur exacte de* AH.
2. *En déduire la valeur arrondie au degré de la mesure de l'angle* $\widehat{ABC}$.

Exemple de solution

1. [AH] est hauteur dans le triangle ABC donc l'angle $\widehat{AHC}$ est droit et le triangle AHC est rectangle en H.
D'après la définition du sinus :

$$\sin \widehat{ACH} = \frac{AH}{AC} \; ; \quad AH = AC \times \sin \widehat{ACH} \; ;$$

$$AH = 4 \times \sin 30° \; ; \; AH = 2 \text{ cm}$$

2. Le triangle ABH est rectangle en H, d'après la définition de la tangente :

$$\tan \widehat{ABH} = \frac{AH}{BH} \; ; \; \tan \widehat{ABH} = \frac{2}{1{,}5} \; ;$$

$$\widehat{ABH} \approx 53°$$

Comme les deux angles $\widehat{ABH}$ et $\widehat{ABC}$ sont égaux : $\widehat{ABC} \approx 53°$.

62 Groupe sud, 2001

ABCDEFGH est un pavé droit à base carrée.
On donne AD = 3 cm, CG = 4 cm.

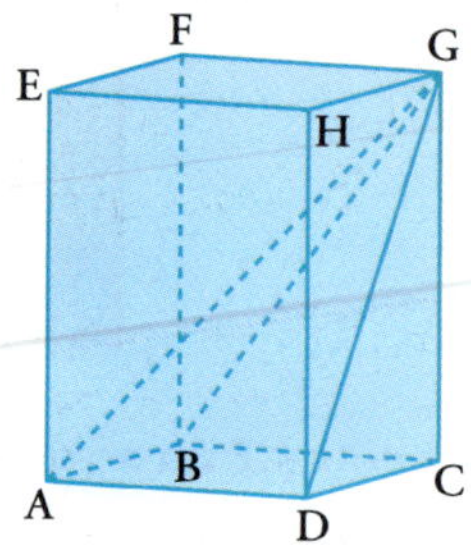

1. Calculer le volume en cm^3 de la pyramide de sommet G et de base ABCD.

2. Calculer DG.

3. On admet que le triangle AGD est rectangle en D.
• Calculer la mesure, arrondie au degré, de l'angle $\widehat{AGD}$.
• Calculer la valeur exacte de la longueur AG, puis donner la valeur arrondie au millimètre.

63 Amérique du Nord, 2001

On considère la figure ci-dessous :

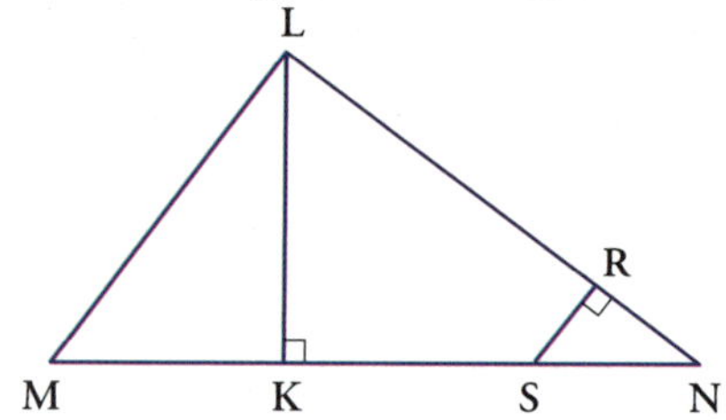

On donne MN = 8 cm ; ML = 4,8 cm et LN = 6,4 cm.

1. Démontrer que le triangle LMN est rectangle.

2. Calculer la valeur arrondie au degré de la mesure de l'angle $\widehat{LNM}$.

3. Soit K le pied de la hauteur issue de L. Montrer que LK = 3,84 cm.

4. Soit S le point de [MN] tel que NS = 2 cm, la perpendiculaire à (LN) passant par S coupe [LN] en R. Calculer RS.

64 Limoges, 2000

1. Construire un cercle $\mathscr{C}$ de centre O, de rayon 3 cm.

2. Placer sur $\mathscr{C}$ deux points E et F tels que le triangle OEF soit équilatéral.

3. Tracer la tangente au cercle $\mathscr{C}$ passant par E ; elle coupe (OF) en A.

4. Montrer que OEA est rectangle.

5. Calculer les mesures des angles du triangle AEF.

6. Démontrer que F est le milieu de [OA].

7. Donner les valeurs exactes de $\sin \widehat{A}$ et $\cos \widehat{A}$.

65 Grenoble, 2002

On considère la figure ci-dessous où les longueurs sont données en centimètres.
Les droites (CF) et (BG) se coupent en E.
Les points A, G, F sont alignés.
Les droites (BC) et (AF) sont parallèles.
EC = 7 ; EG = 8 ; EB = 6.
$\widehat{EBC} = 90°$; $\widehat{ABG} = 20°$.

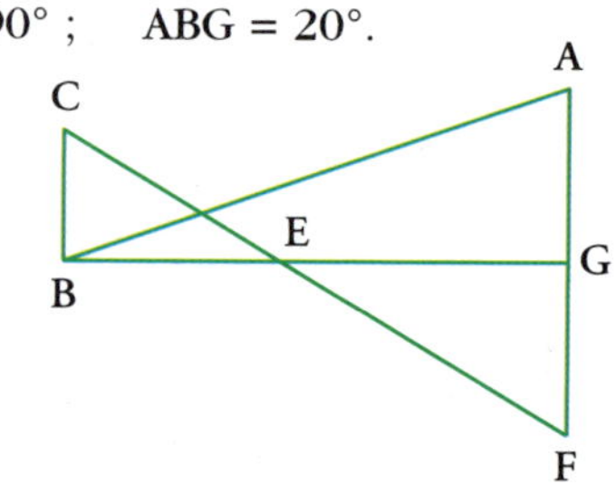

Pour chacune des questions suivantes, donner la valeur exacte, puis arrondie à 0,1.

1. Calculer la longueur BC.

2. Calculer la longueur EF.

3. Calculer la longueur AG.

66 Groupe nord, 2002

La figure suivante est donnée à titre indicatif pour préciser la position des points A, B, C, D et E.

Les longueurs représentées ne sont pas exactes.

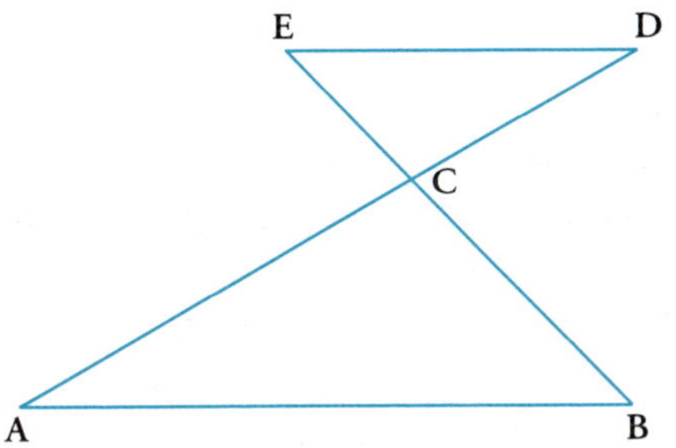

On donne :

CE = 5 ; CD = 12 ; CA = 18

CB = 7,5 ; AB = 19,5

a. Montrer que les droites (ED) et (AB) sont parallèles.

b. Montrer que ED = 13.

c. Montrer que le triangle CED est un triangle rectangle.

d. Calculer tan $\widehat{DEC}$, puis en déduire la valeur arrondie au degré de la mesure de l'angle $\widehat{DEC}$.

67 Créteil-Paris-Versailles, 1998

Dans un triangle ERN, on donne :

EN = 9 cm ; RN = 10,6 cm et $\widehat{ENR}$ = 60°

La hauteur issue de E coupe le côté [RN] en A.

La parallèle à (EN) passant par A coupe le côté [RE] en T.

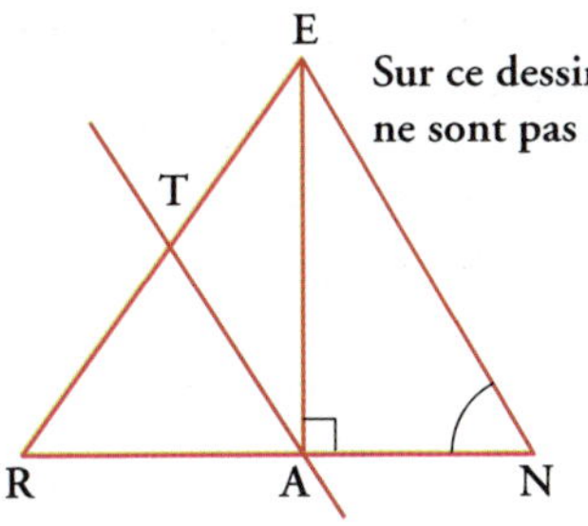

Sur ce dessin, les dimensions ne sont pas respectées.

1. a. Prouver que AN = 4,5 cm.

b. Calculer EA (on arrondira au dixième de centimètre).

2. a. Calculer AR.

b. Calculer TA (on arrondira au dixième de centimètre).

c. Calculer l'angle $\widehat{ERA}$ (on arrondira au degré).

68 Groupe Sud, 1998

Prélude

a. Considérer la figure ci-dessous.

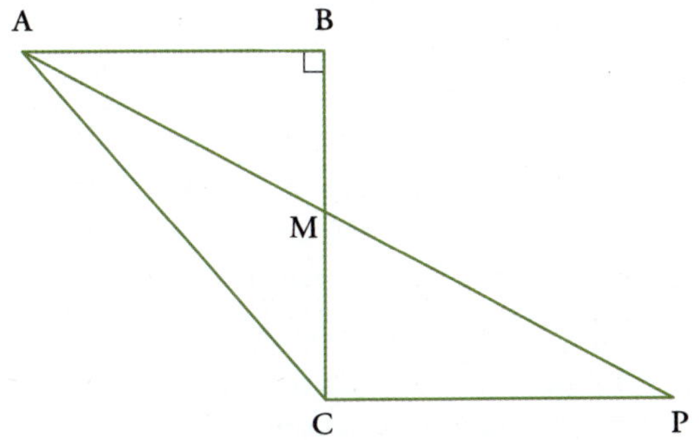

Tracer ABCP en respectant les données suivantes :
AB = 6 cm ; BC = 8 cm ; BM = 3 cm
(CP) // (AB)

b. Mesurer les angles $\widehat{BAM}$ et $\widehat{MAC}$.
Pourquoi ces mesures ne permettent-elles pas d'affirmer que (AM) est la bissectrice de $\widehat{BAC}$?

Partie 1

a. En considérant le triangle ABC :

- Calculer AC.
- Calculer $\widehat{BAC}$ et $\widehat{BAM}$ le plus précisément possible.
- Expliquer pourquoi les valeurs obtenues ne permettent pas d'affirmer que (AM) est la bissectrice de $\widehat{BAC}$.

b. En considérant les triangles ABM et MCP, calculer CP.

c. Quelle est la nature de ACP ?
Que peut-on en déduire pour $\widehat{MAC}$ et $\widehat{CPM}$?

d. Démontrer alors que $\widehat{MAC}$ = $\widehat{BAM}$ et donc que (AM) est bien la bissectrice de $\widehat{BAC}$.

Partie 2

1. (AM) est, d'après la partie I, la bissectrice de $\widehat{BAC}$. Sur la figure tracée à la première question du prélude :
- tracer la bissectrice (*d*) de $\widehat{ABM}$;
- nommer O le point d'intersection de la droite (*d*) et de la droite (AM) ;
- tracer la hauteur issue de O du triangle AOB et la hauteur issue de O du triangle BOM ;

Ces hauteurs sont des rayons du cercle inscrit dans le triangle BAC. Tracer ce cercle.

2. a. Calculer l'aire du triangle ABM.

b. Exprimer l'aire du triangle AOB et l'aire du triangle BOM en fonction du rayon *r* du cercle inscrit dans le triangle BAC.

c. Trouver une relation entre ces trois aires.
En déduire le rayon *r*.

Inter-maths

Construire un théodolite

Un théodolite est un instrument de topographie permettant de mesurer des angles.
Plusieurs exercices de ce chapitre peuvent faire l'objet de manipulations avec le théodolite proposé ici. Les relevés de longueurs seront effectués avec une chaîne d'arpenteur ou une corde graduée.

1. Photocopier un rapporteur, coller la photocopie sur un carton fort et découper le contour.
Ne pas laisser plus de 1 cm entre le centre du rapporteur et le bord du carton.
Percer d'un petit trou le centre du rapporteur.

2. Dessiner et découper les deux tiges-repère sur du carton plus fin ou du plastique de transparent pour rétroprojecteur suivant les indications du schéma. Dessiner l'axe de repérage et percer un petit trou sur cet axe.

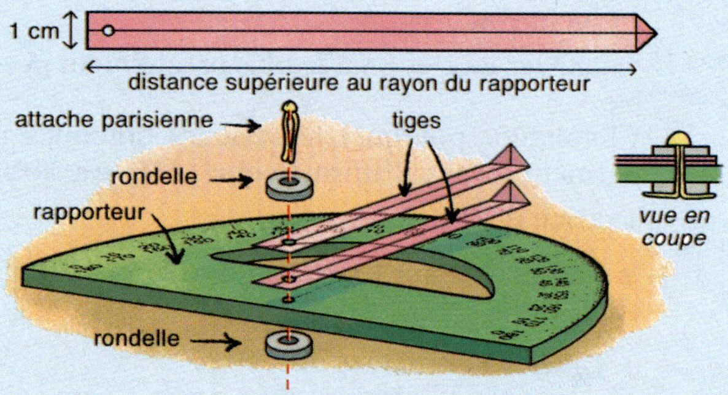

3. Procéder au montage en utilisant une petite attache parisienne pour maintenir solidement les deux tiges sur le rapporteur. On peut rajouter deux petites rondelles métalliques pour améliorer la pression : il faut éviter tout « jeu » lors du relevé des angles.

Redresser à angle droit les deux extrémités triangulaires. Leurs sommets servent de repère de visée et se trouvent ainsi légèrement au-dessus du plan du rapporteur.

Utiliser le théodolite

L'œil de l'observateur doit être le plus près possible du centre du rapporteur. L'angle de visée s'obtient par soustraction des deux mesures indiquées par les axes des tiges-repère.

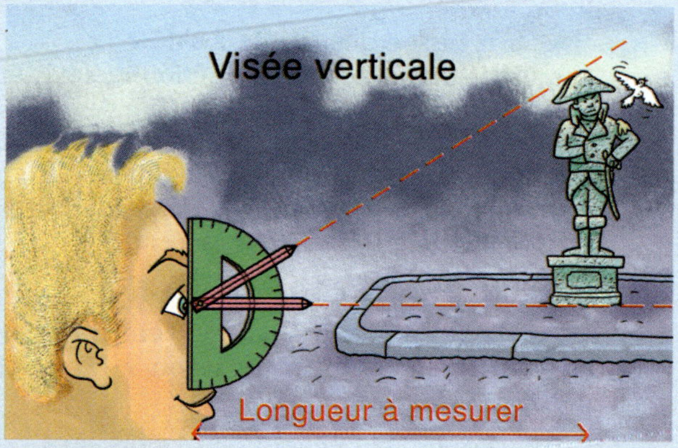

Les exercices 27, 28, 30, 31 et 32 peuvent donner des idées pour déterminer des exemples d'applications.

D'autres relations trigonométriques

Dans ce chapitre du programme de troisième ne sont abordées que les relations trigonométriques dans le triangle rectangle.
Il existe d'autres relations applicables dans des triangles quelconques.

Trigonométrie et mètre étalon

C'est à partir de la mesure d'une longueur puis de toute une série de mesures d'angles et d'applications des formules décrites ci-contre que les astronomes Delambre et Méchain ont pu déterminer très précisément la distance entre Dunkerque et Barcelone. La longueur officielle du « mètre-étalon » a été déterminée à partir de cette mesure.

Quelques formules

Les formules suivantes concernent un triangle ABD.
Pour vérifier ces formules, tracer un triangle, relever les différentes mesures, appliquer les formules et comparer.

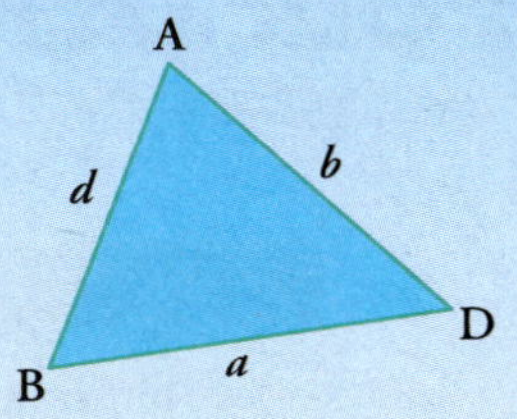

• Connaissant les trois côtés

Si on connaît a, b et d, on appelle p le demi-périmètre du triangle.

Alors $\cos\left(\frac{1}{2}\widehat{A}\right) = \sqrt{\frac{p(p-a)}{bd}}$

Et $\cos\left(\frac{1}{2}\widehat{B}\right) = \sqrt{\frac{p(p-b)}{ad}}$

On détermine ensuite $\widehat{A}$ et $\widehat{B}$, puis :

$$\widehat{D} = 180 - \widehat{A} - \widehat{B}$$

• Connaissant un côté et deux angles

Si on connaît a, $\widehat{B}$ et $\widehat{D}$, on sait que :

$$\widehat{A} = 180 - \widehat{B} - \widehat{D}$$

Alors : $b = \frac{a \sin \widehat{B}}{\sin \widehat{A}}$

et $d = \frac{a \sin \widehat{D}}{\sin \widehat{A}}$

À travers l'histoire

La sphère armillaire, permet de représenter le mouvement apparent du ciel.

Le recueil de données astronomiques et leur étude de plus en plus poussée ont obligé les mathématiciens à développer la trigonométrie.

Regiomontanus (1436-1476) rédige le premier un ouvrage sur la résolution des triangles, c'est-à-dire les relations existant entre les angles et les côtés : dans un triangle quelconque ABC, on démontre des relations du type AB sin $\widehat{B}$ = AC sin $\widehat{C}$. Cette trigonométrie de Regiomontanus est utilisée dans le procédé de triangulation qui a permis de mesurer la longueur du méridien terrestre (voir encadré plus haut).

C'est tout l'art de la cartographie qui utilise ces propriétés pour réaliser sur une carte plane la représentation des réalités de l'espace en respectant si possible distances, angles et aires, sachant que dans tous les procédés, les trois ne peuvent être conservés simultanément.

Dans le plan, les trois côtés d'un triangle sont des segments et la somme des trois angles est égale à 180°. Sur une surface courbe, les segments sont remplacés par des lignes, les géodésiques, de telle façon que la distance entre deux points soit minimale. Sur une sphère, ce sont les grands cercles qui ont pour centres le centre de la sphère. Un triangle est obtenu en traçant les arcs de grand cercle joignant trois points de la sphère et on a démontré alors que la somme des trois angles du triangle est supérieure à 180°.

3 VECTEURS ET TRANSLATIONS

Pour DÉMARRER

À savoir avant la 3e

- Déterminer ou construire l'image d'une figure par une translation ou par une symétrie centrale ou axiale. → Pour DÉMARRER 1 à 4
- Utiliser les propriétés de la translation et des symétries centrale et axiale. → Pour DÉMARRER 4 et 5
- Utiliser les propriétés du parallélogramme. → Pour DÉMARRER 6

1 À la recherche de transformations

• Rappels sur les éléments caractéristiques des transformations.

• On pourra photocopier les figures sur le Livre du Professeur et faire construire axe, centre et points caractéristiques

Dans chacun des cas suivants, nommer, si possible, la transformation qui permet de passer de la figure ① à la figure ②. Préciser les éléments qui caractérisent chacune des transformations.

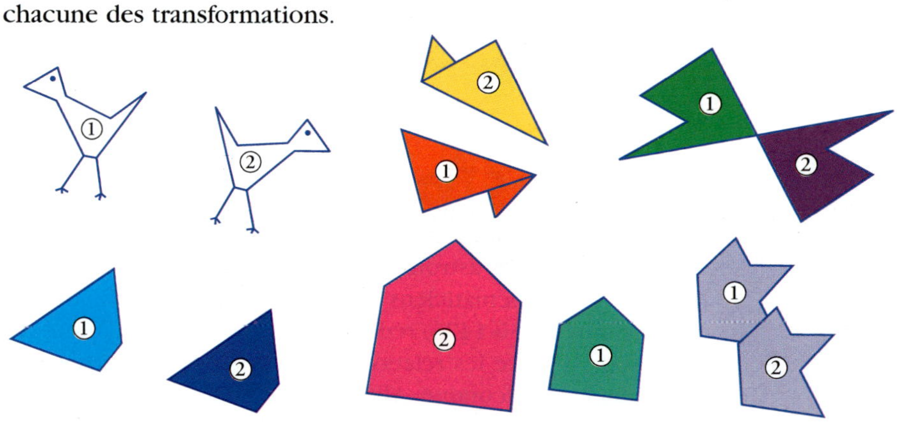

2 À la recherche d'images

Reconnaître des figures images selon différentes transformations.

La figure ci-contre est constituée d'hexagones réguliers numérotés de ① à ⑩.
L'hexagone ABCDEF est l'hexagone ⑤. Le point I est le milieu de [AB].

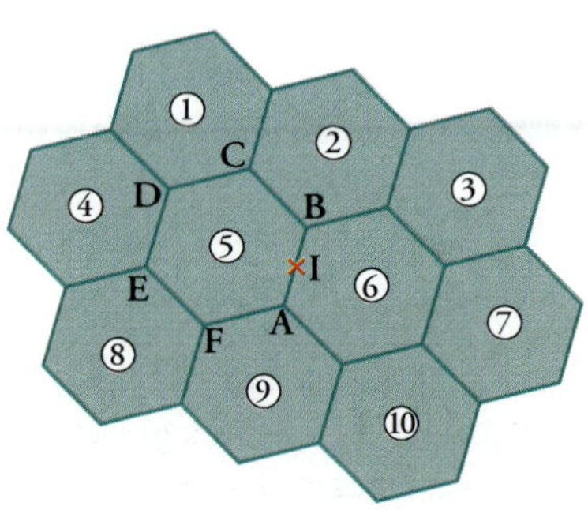

a. Quelle est l'image de l'hexagone ② par la symétrie de centre I ?

b. Quelle est l'image de l'hexagone ④ par la symétrie d'axe (AB) ?

c. Quelle est l'image de l'hexagone ③ par la translation qui transforme C en E ?

• Recherche d'images.

• Usage du vocabulaire lié aux transformations.

3 VRAI ou FAUX ?

En considérant la figure suivante, indiquer si les phrases ci-dessous sont vraies ou fausses.

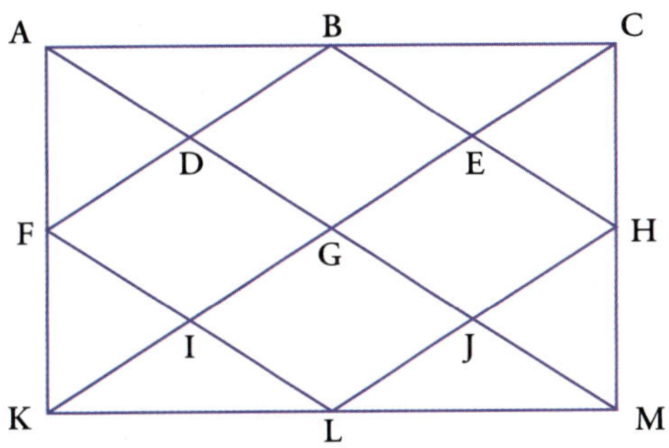

a. H est l'image de E par la translation qui transforme I en L.

b. Le triangle FIK est l'image du triangle HJM par la symétrie de centre G.

c. D est l'image de E par la translation qui transforme E en B.

d. B et F sont symétriques par rapport à D.

e. B a pour image A par la translation qui transforme A en B.

f. Le triangle ABD a pour image le triangle LJM par la translation qui transforme D en J.

Tracés de figures obtenues par différentes transformations.

4 Constructions

Dans chaque cas, reproduire le dessin. Tracer l'image de la figure $\mathscr{F}$ par la translation qui transforme A en B, puis l'image de la figure obtenue par la symétrie de centre C.

Cas 1

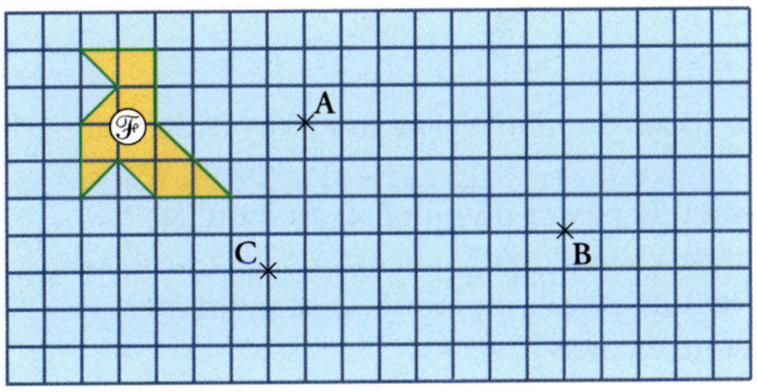

Cas 2

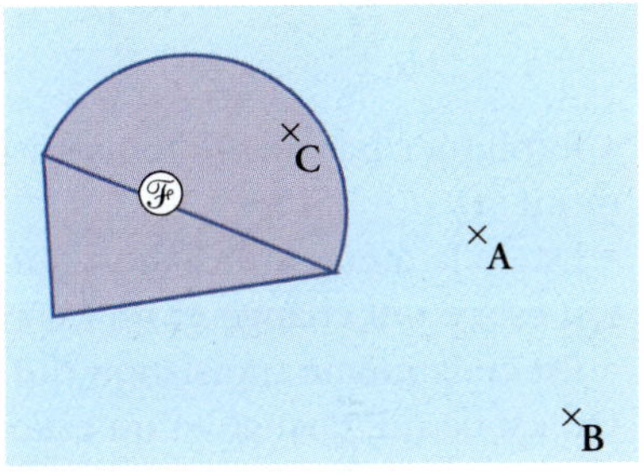

Usage des propriétés des translations ou d'autres transformations.

5 Figures tronquées

a. Construire, sans sortir du cadre, l'image A′B′C′ du triangle ABC dans la translation qui transforme B en B′. Justifier la construction.

b. Deux droites (*d*) et (*d′*) se coupent en un point O situé en dehors de la feuille. Construire la droite (OM) sans faire de tracés en dehors du cadre. Justifier les constructions.

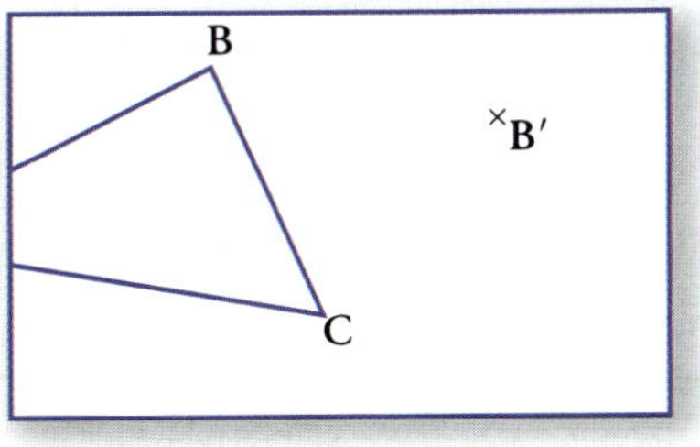

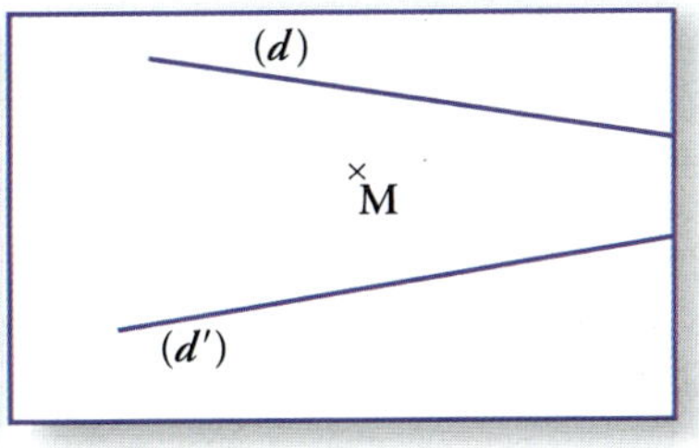

Réinvestissement des propriétés de la symétrie centrale, de la propriété de Thalès.

6 Parallélogramme

ABC est un triangle. Le point D est le symétrique de B par rapport à A.
La parallèle à la droite (CD) passant par B coupe (AC) en E.
Démontrer que BCDE est un parallélogramme.

ACTIVITÉS

1 Pavage

On considère un pavage et un motif dans ce pavage. Plusieurs motifs ont été coloriés de la même façon car ils se correspondent par les mêmes translations.

a. Du pavage au vecteur

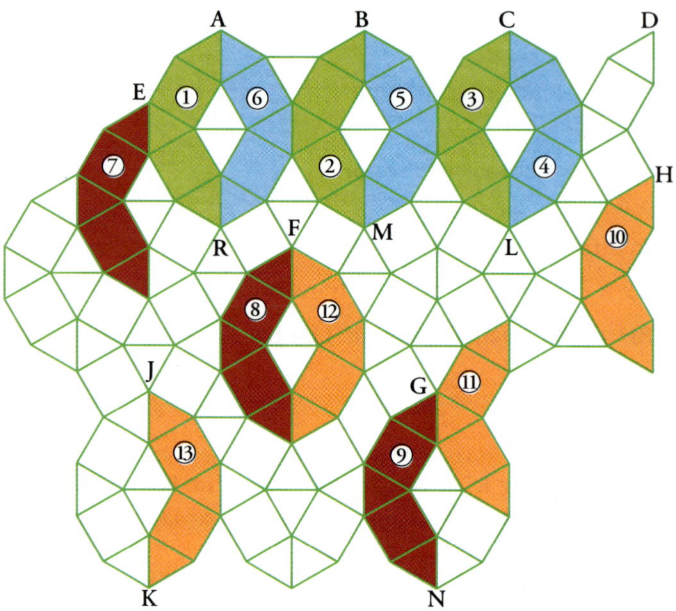

• Expliquer par quelle translation on passe du motif ① au motif ② et du motif ② au motif ③.
• Est-ce la même translation qui permet de passer du motif ④ au motif ⑤ ?
Qu'est-ce qui change et qu'est-ce qui ne change pas ?
• Est-ce la même translation qui permet de passer du motif ④ au motif ⑥ ?
Qu'est-ce qui change et qu'est-ce qui ne change pas ?

• Photocopie dans le Livre du Professeur.

• Utilisation des pavages pour faire le lien entre la définition de la translation de 4e et la notion de vecteur.

• Introduction du vecteur par son sens, sa direction, sa longueur.

Vocabulaire

La translation qui transforme A en B, transforme B en C et C en D, …

Les couples de points (A ; B), (B ; C), (C ; D), (R ; M), (M ; L) définissent un même objet appelé **vecteur** et noté $\vec{u}$.

La translation qui transforme le point A en B est appelée **translation de vecteur $\overrightarrow{AB}$**.

Le vecteur $\vec{u}$ est défini par sa **direction**, son **sens** et sa **longueur**.

On écrit : $\vec{u} = \overrightarrow{AB} = \overrightarrow{BC} = \overrightarrow{CD} = \overrightarrow{RM} = \overrightarrow{ML} = \ldots$

b. Vecteurs particuliers

• Trouver quatre autres translations qui ont le même effet sur les motifs et indiquer ce qui change et ce qui ne change pas entre elles.
En déduire des vecteurs égaux dans le pavage.

• Notion de vecteurs égaux.

• Quelle figure est l'image du motif ⑤ par la translation de vecteur $\overrightarrow{CB}$?
Et par la translation de vecteur $\overrightarrow{BC}$?
Quelle différence y a-t-il entre ces deux translations ? Comparer la direction, le sens et la longueur des deux vecteurs.

• Notion de vecteurs opposés.

• Donner des représentants du vecteur $\overrightarrow{AC}$ et du vecteur $\overrightarrow{RM}$.

Caractériser l'égalité de vecteurs à l'aide d'un parallélogramme.

2 Vecteurs et parallélogramme

a. Tracer trois points A, B et C non alignés.
Construire le point D tel que $\overrightarrow{AB} = \overrightarrow{CD}$.
Quelle est la nature du quadrilatère ABDC ?
Que peut-on dire du milieu I de [AD] et de [BC] ?
Établir toutes les égalités de vecteurs possibles à partir de ce quadrilatère.

b. Dans le cas où les points A, B, C, D sont alignés avec $\overrightarrow{AB} = \overrightarrow{CD}$, démontrer que [AD] et [BC] ont le même milieu.

• Propriété directe et réciproque.

• Points alignés.

3 Parallélogramme et vecteurs

a. Tracer un parallélogramme AELM.
Quel vecteur est égal au vecteur $\overrightarrow{AE}$? Au vecteur $\overrightarrow{EL}$? Au vecteur $\overrightarrow{LM}$?

b. Envisager le cas où les points A, E, L, M sont alignés.

Approche de la notion de composition de transformations.

4 Composition de transformations

Un sol est recouvert de tommettes faites de demi-disques sur un quadrillage à maille carrée.

T_1 est la transformation qui permet de passer du motif ① au motif ②, T_2 est la transformation qui permet de passer du motif ② au motif ③.

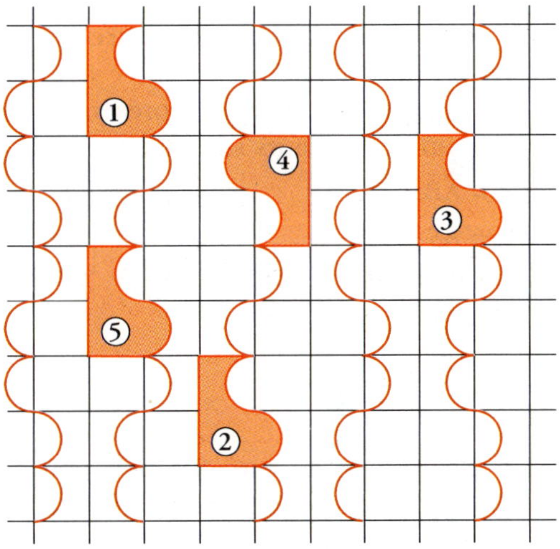

a. Comment caractériser les transformations T_1 et T_2 ?

b. Comment passe-t-on directement de la figure ① à la figure ③ ?

c. Comment passe-t-on de la figure ① à la figure ④ ? De la figure ④ à la figure ⑤ ? Directement de la figure ① à la figure ⑤ ?

• Approche de la composition de deux translations.

• Usage d'un logiciel pour faciliter les conjectures.

5 Translations successives

Construire un triangle IJK et deux vecteurs non égaux $\overrightarrow{AB}$ et $\overrightarrow{CD}$.

a. Construire l'image I′J′K′ du triangle IJK par la translation de vecteur $\overrightarrow{AB}$.

b. Construire l'image I″J″K″ du triangle I′J′K′ par la translation de vecteur $\overrightarrow{CD}$.

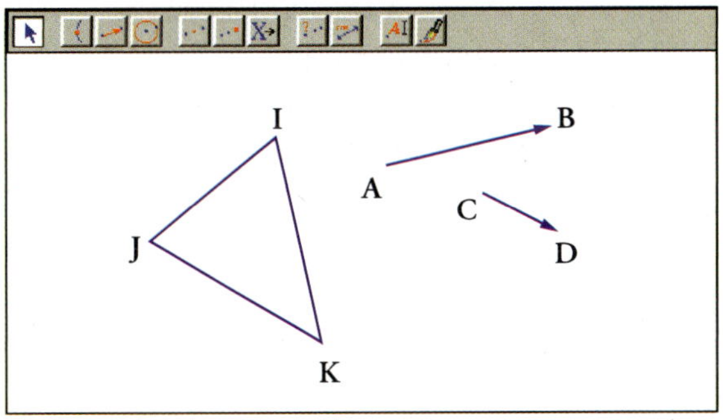

c. Quelle semble être la transformation qui permet de passer directement du triangle IJK au triangle I″J″K″ ?
Indiquer alors des vecteurs égaux.

d. Recommencer les constructions avec d'autres vecteurs $\overrightarrow{AB}$ et $\overrightarrow{CD}$.
Obtient-on les mêmes réponses ?

ACTIVITÉS

6 Une démonstration

• Démonstration de la nature de la composée de deux translations.

Reproduire la figure ci-contre et la compléter au fur et à mesure de l'avancée dans la démonstration.

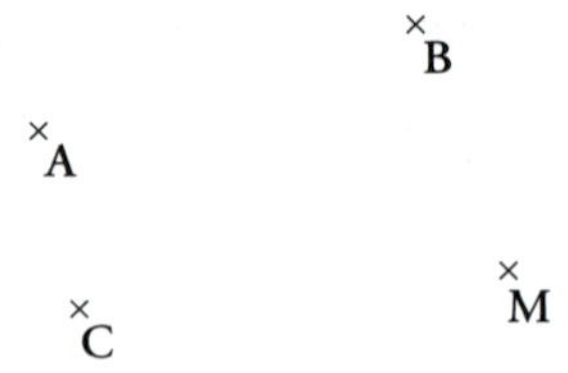

a. L'image du point M par la translation de vecteur $\overrightarrow{AB}$ est le point M′. Quelle est la nature du quadrilatère ABM′M ?

b. L'image du point M′ par la translation de vecteur $\overrightarrow{BC}$ est le point M″. Quelle est la nature du quadrilatère BCM″M′ ?

c. Démontrer que ACM″M est un parallélogramme.

d. En déduire l'image du point M par la translation de vecteur $\overrightarrow{AC}$.
Donner la nature de la composée de la translation de vecteur $\overrightarrow{AB}$ suivie de la translation de vecteur $\overrightarrow{BC}$.

• Relation de Chasles.

Vocabulaire

On dit que la somme du vecteur $\overrightarrow{AB}$ et du vecteur $\overrightarrow{BC}$ est le vecteur $\overrightarrow{AC}$.
On définit la **somme vectorielle** : $\overrightarrow{AB} + \overrightarrow{BC} = \overrightarrow{AC}$.
Cette égalité est appelée **relation de Chasles**.

7 Constructions de la somme de deux vecteurs

• Application à la construction de somme de vecteurs.

• Implicite de la commutativité.

a. Reproduire la figure ci-contre sur du papier quadrillé.
Dessiner et nommer un représentant de chacun des vecteurs suivants :

$\vec{a} = \overrightarrow{AB} + \overrightarrow{BC}$

$\vec{b} = \overrightarrow{AS} + \overrightarrow{SZ}$

$\vec{c} = \overrightarrow{RS} + \overrightarrow{MR}$

$\vec{d} = \overrightarrow{UC} + \overrightarrow{CC}$

$\vec{e} = \overrightarrow{AB} + \overrightarrow{AS}$

$\vec{f} = \overrightarrow{SR} + \overrightarrow{SC}$

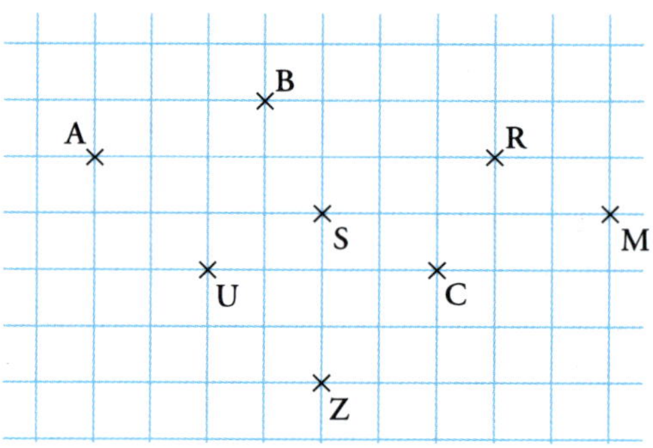

b. Reproduire la figure ci-contre, puis construire l'image M′ du point M par la translation de vecteur $\overrightarrow{AB} + \overrightarrow{AC}$.

c. Construire le point D tel que $\overrightarrow{MM'} = \overrightarrow{AD}$.
Expliquer comment construire D à partir des points A, B et C uniquement.

• Règle du parallélogramme.

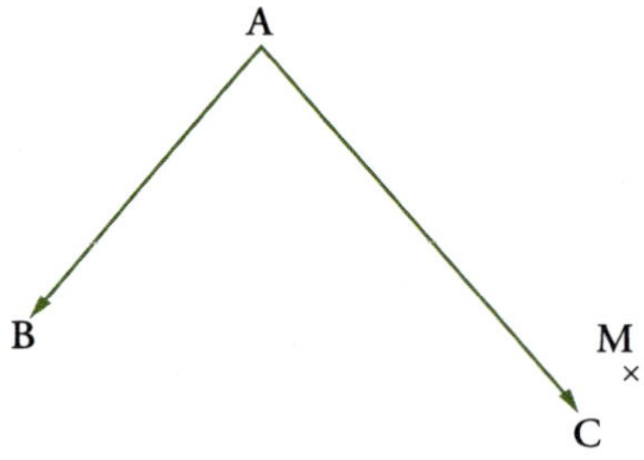

8 Suite de transformations

• Photocopie dans le Livre du Professeur.

• Recherche inverse de transformations successives.

Expliquer comment on peut passer de la figure ① à la figure ② en utilisant successivement deux transformations.

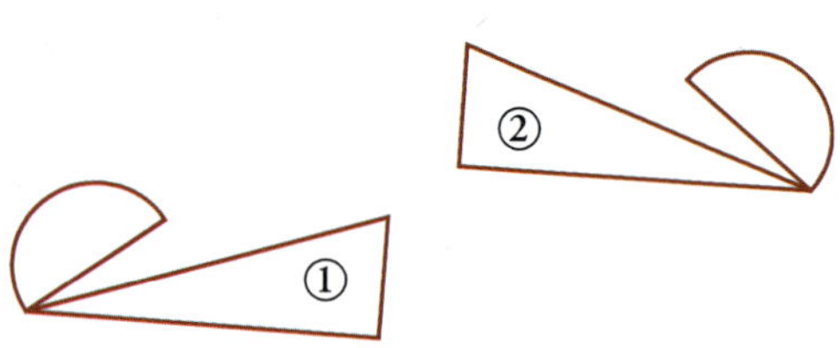

• *Approche de la notion de composition de deux symétries centrales.*

9 Symétries centrales successives

a. Construction

• Reproduire la figure ($\mathcal{H}_1$) ci-contre sur papier quadrillé, ainsi que les points A et B.

• Tracer la figure ($\mathcal{H}_2$), image de la figure ($\mathcal{H}_1$) par la symétrie de centre A.

• Tracer la figure ($\mathcal{H}_3$), image de la figure ($\mathcal{H}_2$) par la symétrie de centre B.

• Quelle transformation semble permettre de passer de la figure ($\mathcal{H}_1$) à la figure ($\mathcal{H}_3$) ?

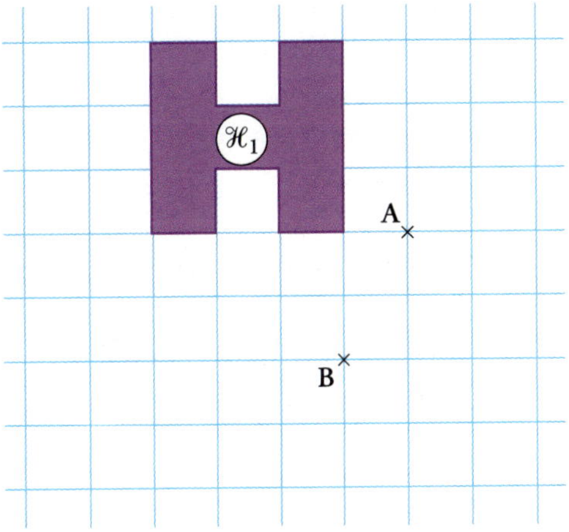

• *Démonstration de la conjecture précédente.*

b. Une démonstration

Le triangle ABC a pour image A′B′C′ par la symétrie de centre I et le triangle A′B′C′ a pour image le triangle A″B″C″ par la symétrie de centre J.

• En observant la figure clé constituée du triangle AA′A″, que peut-on écrire à propos de (AA″) et de (IJ), de AA″ et de IJ ? Justifier les réponses.

• Appeler O le milieu de [AA″]. Démontrer que AIJO et OIJA″ sont des parallélogrammes.

• En déduire que $\overrightarrow{AA''} = \overrightarrow{IJ} + \overrightarrow{IJ}$.

On montre ainsi qu'appliquer deux symétries centrales successives de centres I et J revient à appliquer une translation de vecteur $\overrightarrow{IJ} + \overrightarrow{IJ}$ que l'on peut noter $2\overrightarrow{IJ}$.

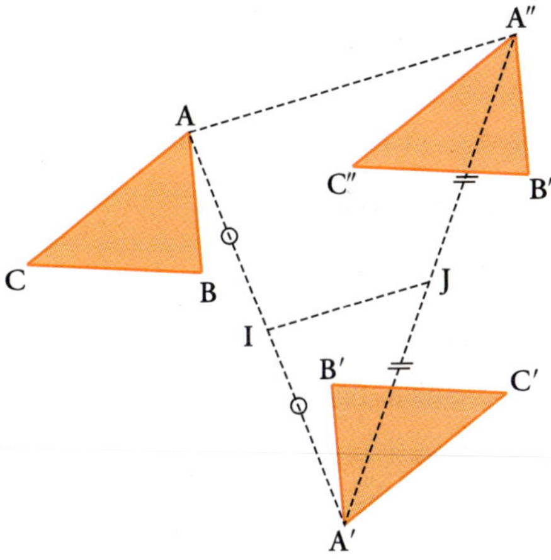

• *Photocopie dans le Livre du Professeur.*

10 Recherche de points

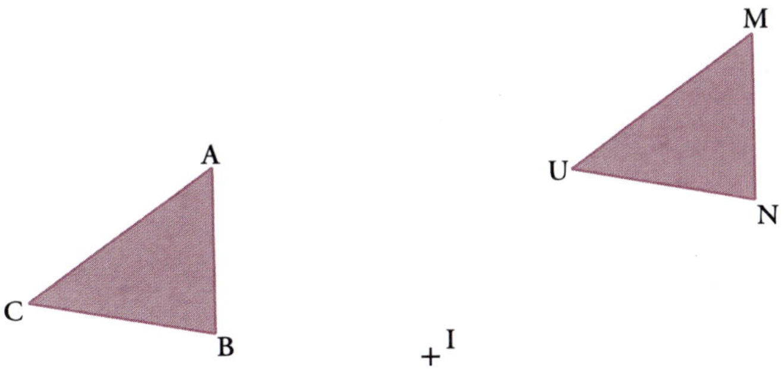

• *Application à la recherche d'un centre de symétrie.*

a. Le triangle MNU est l'image du triangle ABC obtenu après deux symétries centrales de centre I, puis de centre L.
Retrouver la position du point L.

b. Le triangle MNU est l'image du triangle ABC obtenu après deux symétries centrales de centre K, puis de centre I.
Retrouver la position du point K.

L'ESSENTIEL en deux pages

1 – Vecteur et translation

La translation qui transforme A en B est aussi appelée translation de vecteur $\overrightarrow{AB}$.

Le **vecteur** $\overrightarrow{AB}$ est caractérisé par :
- sa **direction**, celle de la droite (AB) ;
- son **sens**, celui de A vers B ;
- sa **longueur**, celle du segment [AB].

A est **l'origine** du vecteur $\overrightarrow{AB}$.
B est **l'extrémité** du vecteur $\overrightarrow{AB}$.

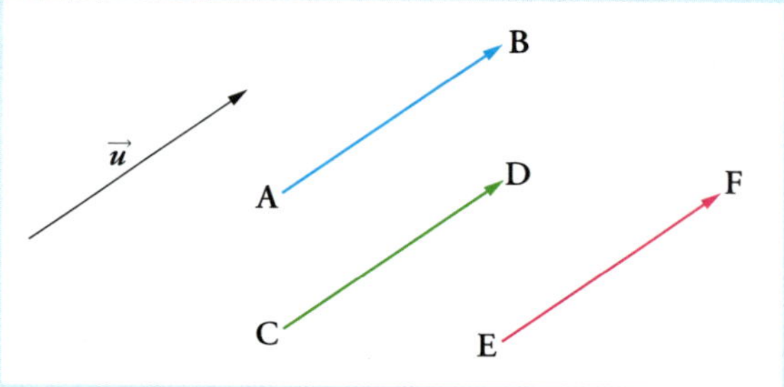

La translation qui transforme A en B et qui transforme C en D se traduit par l'égalité $\overrightarrow{AB} = \overrightarrow{CD}$.

Deux vecteurs sont égaux s'ils ont la même direction, le même sens et la même longueur.

Sur la figure ci-dessus, le vecteur $\vec{u}$ est représenté par les trois vecteurs égaux $\overrightarrow{AB}$, $\overrightarrow{CD}$ et $\overrightarrow{EF}$.

2 – Vecteurs égaux et parallélogramme

Deux propriétés réciproques
- Si ABCD est un parallélogramme, alors $\overrightarrow{AB} = \overrightarrow{DC}$.
- Si $\overrightarrow{AB} = \overrightarrow{DC}$, alors ABCD est un parallélogramme.

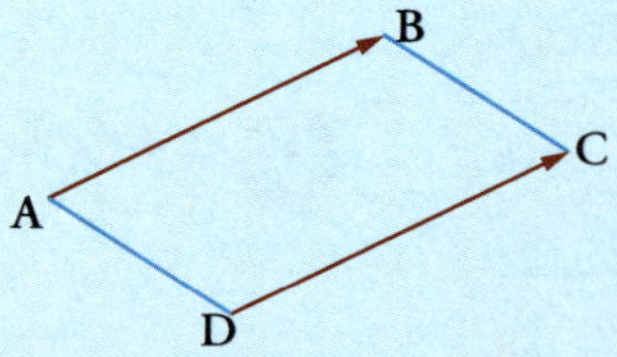

- Si [AC] et [BD] ont le même milieu, alors $\overrightarrow{AB} = \overrightarrow{DC}$.
- Si $\overrightarrow{AB} = \overrightarrow{DC}$, alors [AC] et [BD] ont le même milieu.

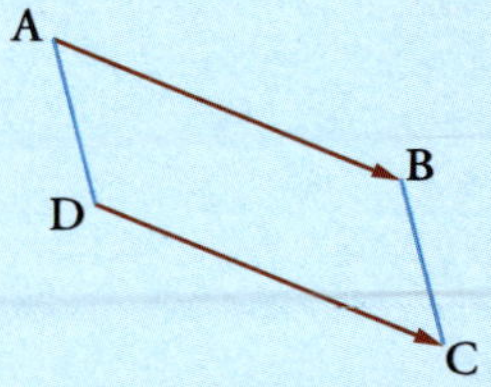

Remarques

1. Si I est milieu du segment [AB], alors $\overrightarrow{AI} = \overrightarrow{IB}$.

2. Si $\overrightarrow{AI} = \overrightarrow{IB}$, alors I est milieu du segment [AB].

3. Les phrases suivantes ont la même signification :
   - ABFE est un parallélogramme.
   - F est l'image de E dans la translation de vecteur $\overrightarrow{AB}$.
   - $\overrightarrow{AB} = \overrightarrow{EF}$, ou $\overrightarrow{AE} = \overrightarrow{BF}$, ou $\overrightarrow{EA} = \overrightarrow{FB}$, ou $\overrightarrow{BA} = \overrightarrow{FE}$.

3– Somme de vecteurs

a. Composition de deux translations

Par la translation de vecteur $\vec{u}$, la figure $\mathcal{F}$ se transforme en la figure $\mathcal{G}$ et par la translation de vecteur $\vec{v}$, la figure $\mathcal{G}$ se transforme en la figure $\mathcal{H}$. La figure $\mathcal{F}$ se transforme directement en la figure $\mathcal{H}$ par une translation.

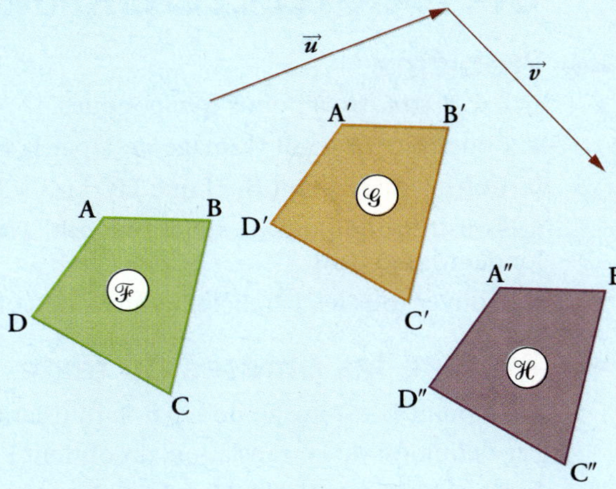

La composée de deux translations est une translation.

b. Somme de deux vecteurs

Soient A, B, C trois points quelconques.
Effectuer une translation de vecteur $\overrightarrow{AB}$ suivie d'une translation de vecteur $\overrightarrow{BC}$ revient à effectuer une translation de vecteur $\overrightarrow{AC}$.

La somme des vecteurs $\overrightarrow{AB}$ et $\overrightarrow{BC}$ est le vecteur $\overrightarrow{AC}$.

Relation de Chasles
Quels que soient les points A, B et C : $\overrightarrow{AB} + \overrightarrow{BC} = \overrightarrow{AC}$

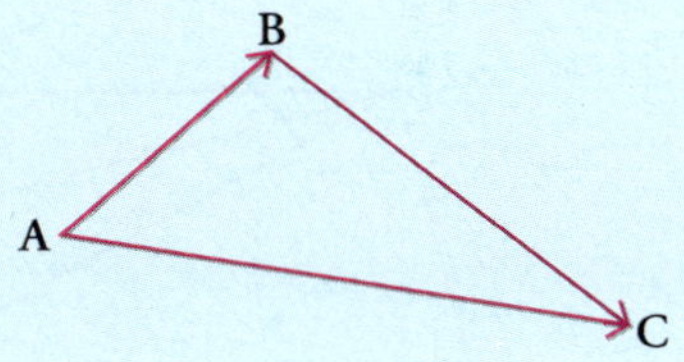

c. Vecteurs particuliers

• **Vecteur nul**
$\overrightarrow{AA} + \overrightarrow{AB} = \overrightarrow{AB}$.
Le vecteur $\overrightarrow{AA}$ est le **vecteur nul**, noté $\vec{0}$.

• **Vecteurs opposés**
$\overrightarrow{AB} + \overrightarrow{BA} = \overrightarrow{AA} = \vec{0}$
On dit que les vecteurs $\overrightarrow{AB}$ et $\overrightarrow{BA}$ sont **opposés.**

d. Règle du parallélogramme

Si $\overrightarrow{AB} + \overrightarrow{AC} = \overrightarrow{AD}$, alors ABDC est un parallélogramme.

Si ABDC est un parallélogramme, alors $\overrightarrow{AB} + \overrightarrow{AC} = \overrightarrow{AD}$.

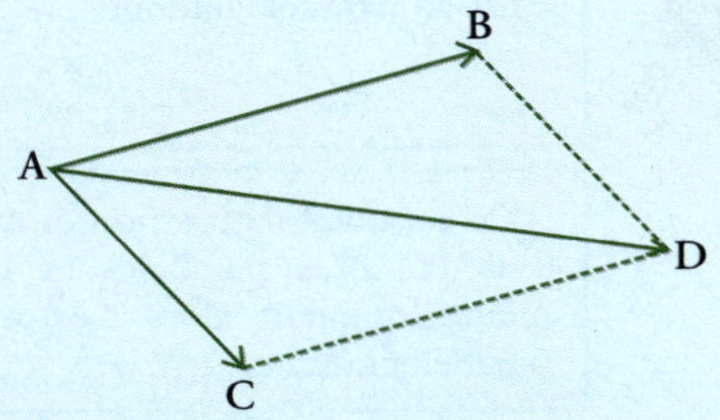

4– Composition de deux symétries centrales

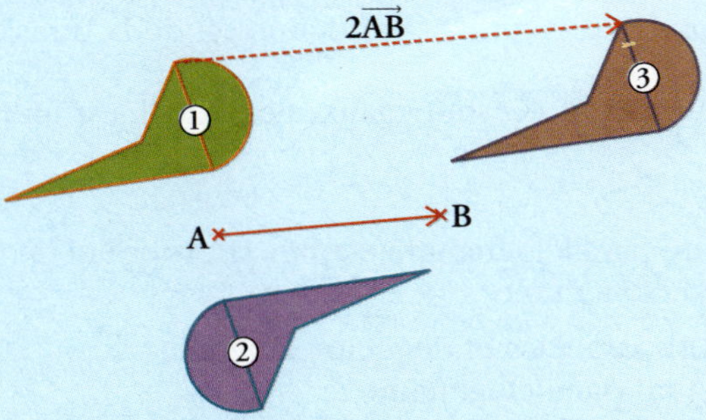

La figure ② est l'image de la figure ① par la symétrie de centre A.
La figure ③ est l'image de la figure ② par la symétrie de centre B.
La figure ③ est l'image de la figure ① par la translation de vecteur $\overrightarrow{AB} + \overrightarrow{AB}$ (ou $2\overrightarrow{AB}$).

La composée de deux symétries centrales est une translation.

DÉMONTRER QU'UN QUADRILATÈRE EST UN PARALLÉLOGRAMME

Problème

A, L et R sont trois points quelconques.

a. Construire le point G image de L par la translation de vecteur $\overrightarrow{AR}$.

b. Construire le point B tel que $\overrightarrow{LB} = \overrightarrow{LG} + \overrightarrow{LR}$.

c. Construire le point U, non confondu avec L, tel que (GU) soit parallèle à (AB) et [GU] ait même longueur que [RB].

d. Trouver tous les parallélogrammes de la figure.

Traduire les phrases du texte

a. Le point G est image de L par la translation de vecteur $\overrightarrow{AR}$.
Par définition de la translation, on obtient l'égalité $\overrightarrow{AR} = \overrightarrow{LG}$.

b. Le point B est tel que $\overrightarrow{LB} = \overrightarrow{LG} + \overrightarrow{LR}$. On a donc à construire la somme de deux vecteurs de même origine, on applique donc la règle du parallélogramme.

c. Pour construire le point U, on construit une parallèle et on reporte une longueur :

(GU) // (AB) et GU = RB

Faire le dessin correspondant à la situation

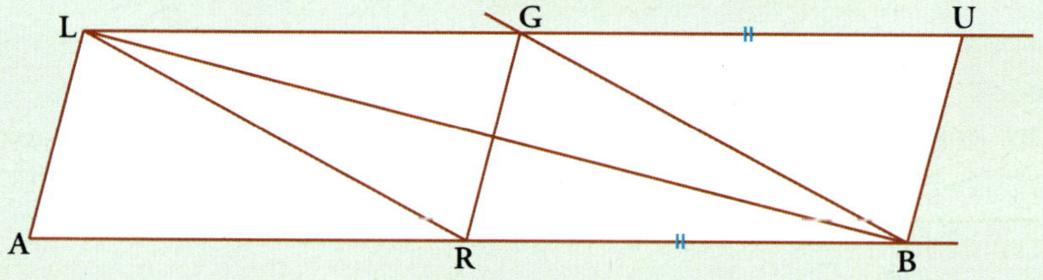

Il semble que les quadrilatères ARGL, LGBR, GUBR soient des parallélogrammes.

Rechercher des propriétés utiles

① Si les diagonales d'un quadrilatère ont le même milieu, alors c'est un parallélogramme.	② Si le point M a pour image le point R par la translation qui transforme A en B, alors le quadrilatère ABRM est un parallélogramme.	③ Si le point M a pour image le point R par la translation de vecteur $\overrightarrow{AB}$, alors le quadrilatère ABRM est un parallélogramme.
④ Si un quadrilatère non croisé a deux côtés parallèles et de même longueur, alors c'est un parallélogramme.	⑤ Si les vecteurs $\overrightarrow{AB}$ et $\overrightarrow{CD}$ sont égaux, alors le quadrilatère ABDC est un parallélogramme.	⑥ Si les vecteurs $\overrightarrow{AB} + \overrightarrow{AC}$ et $\overrightarrow{AD}$ sont égaux, alors ABDC est un parallélogramme.

Un exemple de solution

a. b. et **c.** Les réponses sont données dans les paragraphes précédents.

d. • Comme G est l'image de L par la translation de vecteur $\overrightarrow{AR}$, par définition de la translation, on obtient l'égalité $\overrightarrow{AR} = \overrightarrow{LG}$.
D'après la propriété notée ⑤, comme les vecteurs $\overrightarrow{AR}$ et $\overrightarrow{LG}$ sont égaux, alors ARGL est un parallélogramme.

• Le point B est tel que $\overrightarrow{LB} = \overrightarrow{LG} + \overrightarrow{LR}$.
Pour construire le point B, on applique la règle du parallélogramme d'après la propriété ⑥.
C'est-à-dire que le quadrilatère LGBR est un parallélogramme.

• Le quadrilatère GUBR a deux côtés [GU] et [RB] parallèles et de même longueur.
D'après la propriété ④, le quadrilatère GUBR est un parallélogramme.

VECTEURS ET TRANSLATIONS

1 Observer les figures suivantes :

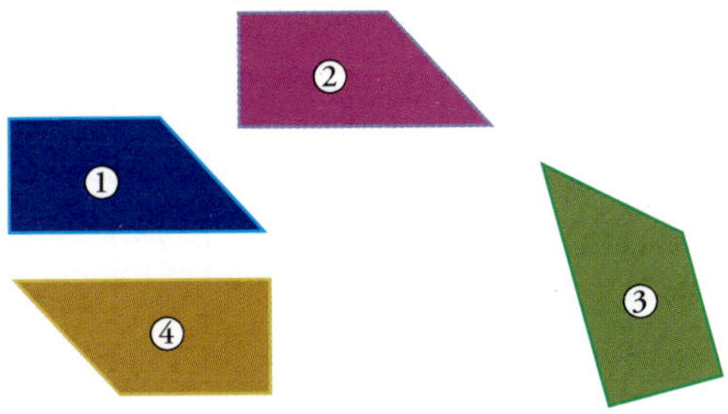

Indiquer quelle transformation permet de passer de :

a. la figure ① à la figure ②.

b. la figure ② à la figure ③.

c. la figure ① à la figure ④.

Pour chacune, préciser les éléments qui la caractérisent.

2 On a pavé le plan à l'aide de deux figures.

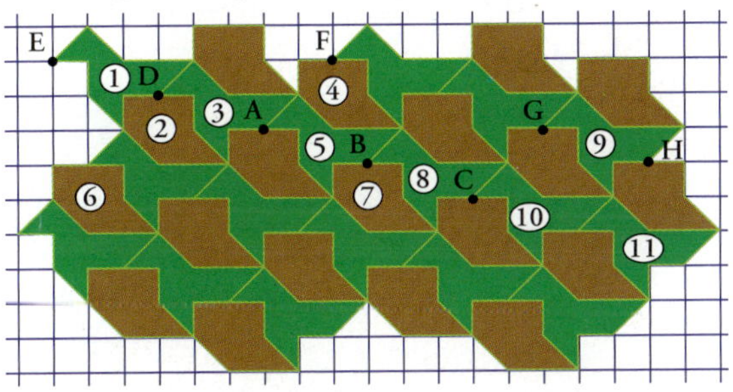

a. Quelle figure est l'image de la figure ⑤ par la translation vecteur $\overrightarrow{AB}$?

b. Quelle figure est l'image de la figure ⑤ par la translation de vecteur $\overrightarrow{AC}$?

c. Quelle figure est l'image de la figure ⑤ par la translation de vecteur $\overrightarrow{AD}$?

d. Quelle figure est l'image de la figure ⑤ par la translation de vecteur $\overrightarrow{AE}$?

e. Quelle figure est l'image de la figure ⑤ par la translation de vecteur $\overrightarrow{EF}$? $\overrightarrow{AG}$? $\overrightarrow{BH}$? ......

3 Dans chaque cas, reproduire les figures et tracer leur image par la translation de vecteur $\overrightarrow{AB}$:

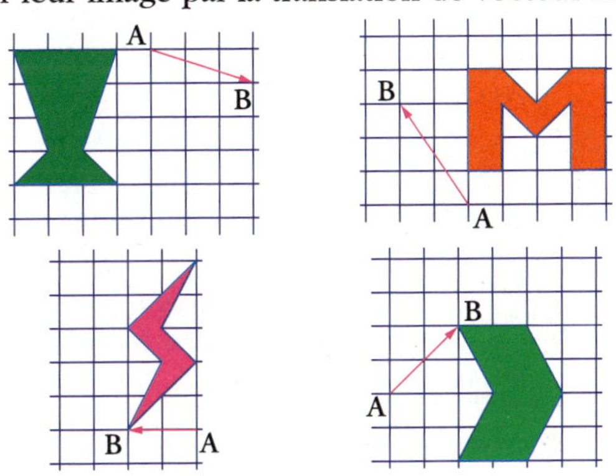

MÉTHODE

Placer un point avec une égalité de vecteurs

Énoncé

Connaissant trois points A, L *et* R, *construire le point* M *tel que* $\overrightarrow{AL} = \overrightarrow{RM}$.

Exemple de solution

Comme on a l'égalité de vecteurs $\overrightarrow{AL} = \overrightarrow{RM}$, alors le quadrilatère ALMR est un parallélogramme.

Construire le point M revient à construire le parallélogramme ALMR.

● Voir exercices 3 à 5

4 Dans chaque cas, reproduire les figures et tracer leur image par la translation de vecteur $\vec{u}$:

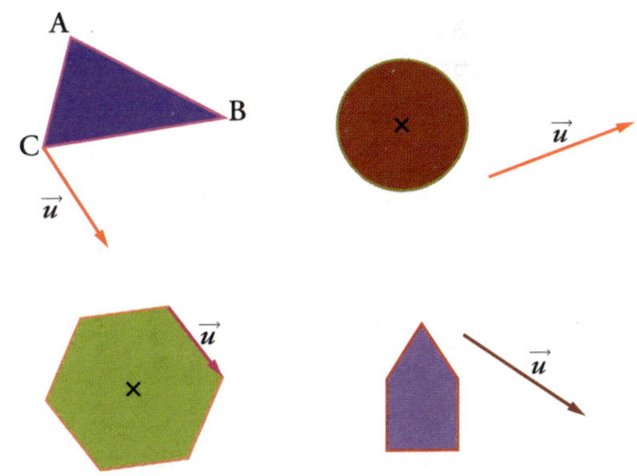

5 Construire l'image de la figure $\mathscr{F}$ dans la translation de vecteur $\vec{u}$.

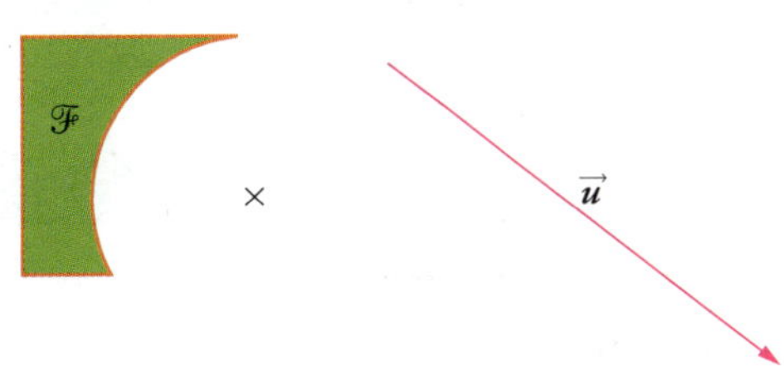

6 On a pavé le plan de la façon suivante :

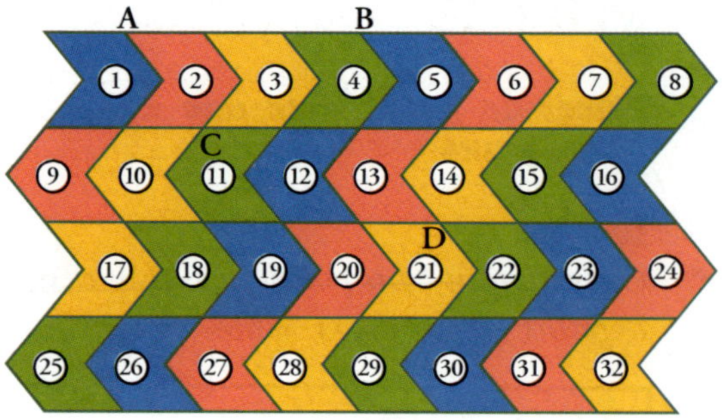

a. Recopier et compléter les phrases suivantes :

- La figure ...... est l'image de la figure ⑲ par la translation de vecteur $\overrightarrow{AB}$.
- La figure ⑮ est l'image de la figure ..... par la translation de vecteur $\overrightarrow{AB}$.
- La figure ㉙ est l'image de la figure ..... par la translation de vecteur $\overrightarrow{AD}$
- La figure ... est l'image de la figure ㉗ par la translation de vecteur $\overrightarrow{DB}$.
- La figure ... est l'image de la figure ㉜ par la translation de vecteur $\overrightarrow{DA}$.

b. Vrai ou faux ?

- La figure ② a pour image la figure ㉑ par la translation de vecteur $\overrightarrow{AD}$.
- La figure ㉓ est l'image de la figure ⑬ par la translation de vecteur $\overrightarrow{CD}$.
- La figure ㉖ a pour image la figure ㉘ par la translation de vecteur $\overrightarrow{BA}$.
- La figure ⑳ est l'image de la figure ③ par la translation de vecteur $\overrightarrow{BD}$.
- La figure ⑤ a pour image la figure ⑯ par la translation de vecteur $\overrightarrow{AD}$.

7 Sur la figure ci-dessous, le plan est pavé par des triangles équilatéraux.

a. Reproduire les figures.

b. Indiquer les transformations qui permettent de passer de la figure ① à la figure ②, de la figure ② à la figure ③, de la figure ④ à la figure ①, de la figure ② à la figure ④.

c. Construire les images des figures ①, ②, ③ et ④ par la translation de vecteur $\overrightarrow{AB}$.

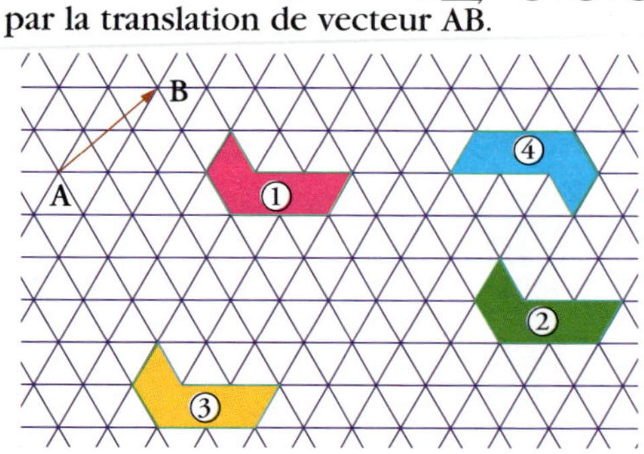

VECTEURS ET PARALLÉLOGRAMMES

8 Pour chacune des figures ci-dessous, l'égalité $\overrightarrow{AB} = \overrightarrow{MN}$ est-elle vraie ?

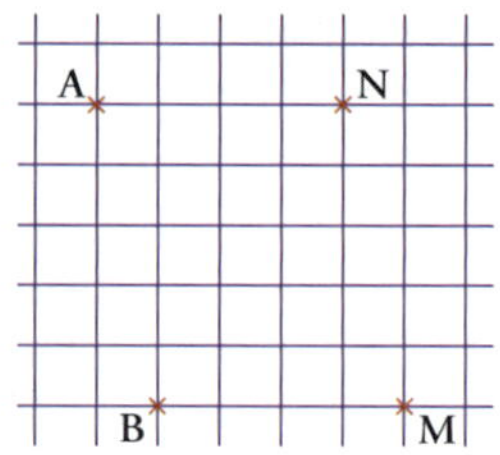

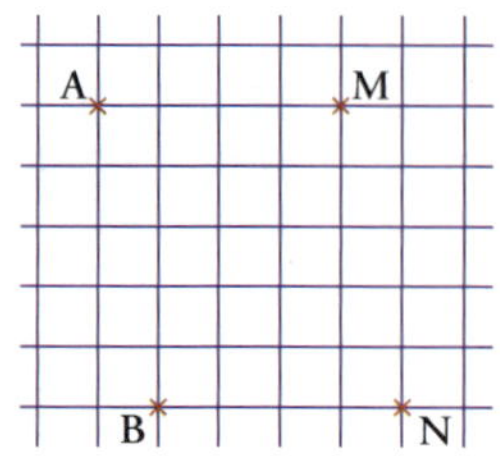

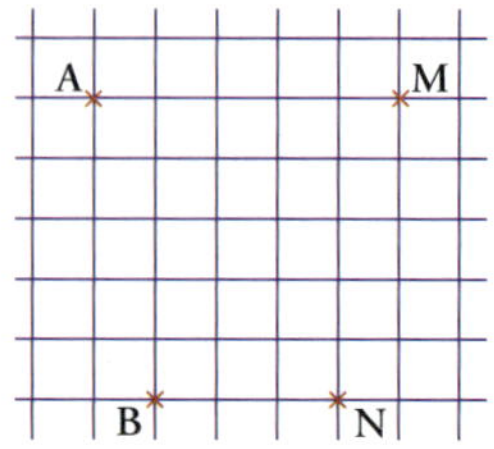

EXERCICE RÉSOLU

Énoncé

Observer la figure ci-contre et écrire des égalités de vecteurs.

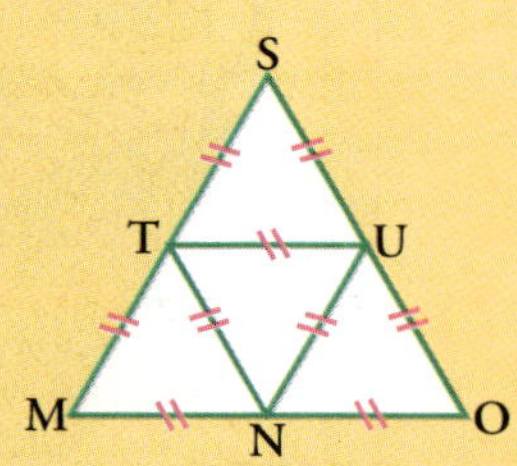

Exemple de solution

- Les points T, U, N sont les milieux respectifs des côtés [MS], [SO], [OM], on peut donc dire que des vecteurs sont égaux :

$\overrightarrow{MT} = \overrightarrow{TS}$; $\overrightarrow{SU} = \overrightarrow{UO}$; $\overrightarrow{ON} = \overrightarrow{NM}$

- Les points T et U étant les milieux des côtés [MS] et [SO], (TU) est parallèle à (MN).

Les points U et N étant les milieux des côtés [SO] et [OM], (UN) est parallèle à (MT).
Le quadrilatère MTUN a ses côtés opposés parallèles, c'est donc un parallélogramme.
MTUN est un parallélogramme donc les vecteurs $\overrightarrow{MT}$ et $\overrightarrow{NU}$ sont égaux ainsi que les vecteurs $\overrightarrow{TU}$ et $\overrightarrow{MN}$:

$\overrightarrow{MT} = \overrightarrow{NU}$; $\overrightarrow{TU} = \overrightarrow{MN}$

- De la même façon et en reliant avec les égalités précédentes, on obtient :

$\overrightarrow{MT} = \overrightarrow{TS} = \overrightarrow{NU}$; $\overrightarrow{SU} = \overrightarrow{UO} = \overrightarrow{TN}$

$\overrightarrow{ON} = \overrightarrow{NM} = \overrightarrow{UT}$

On pourrait aussi écrire les égalités avec les vecteurs opposés.

9 Sur la figure ci-dessous, ABCF et FEDC sont deux parallélogrammes tels que C et F soient les milieux respectifs des segments [BD] et [AE].

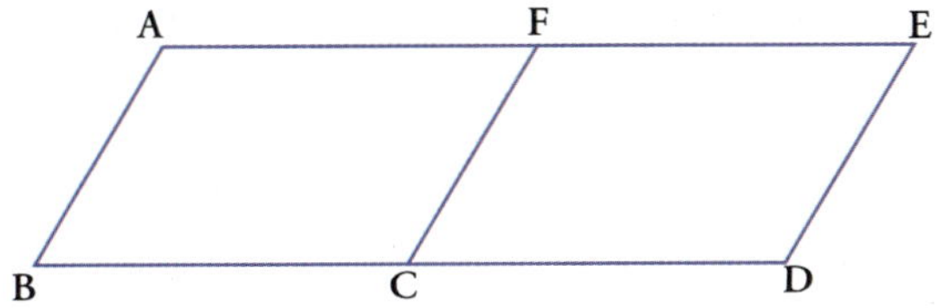

En utilisant uniquement les points de cette figure, donner :

a. un vecteur égal au vecteur $\overrightarrow{CB}$;

b. un vecteur égal au vecteur $\overrightarrow{CE}$;

c. un vecteur n'ayant pas la même direction que le vecteur $\overrightarrow{CB}$;

d. l'image de C par la translation de vecteur $\overrightarrow{AF}$.

10 Observer la figure ci-dessous et citer :

a. quatre vecteurs égaux à $\overrightarrow{PA}$;

b. trois vecteurs égaux à $\overrightarrow{BO}$;

c. deux vecteurs égaux à $\overrightarrow{SA}$;

d. un vecteur égal à $\overrightarrow{NA}$.

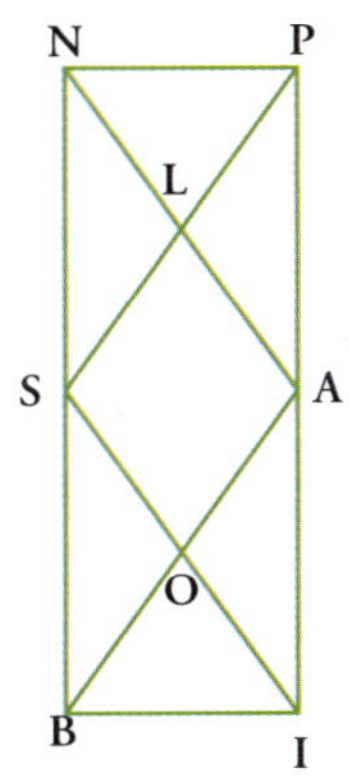

11 Reproduire les figures ci-après et construire les points A, B, C et D tels que :

$\overrightarrow{FA} = \overrightarrow{ON}$; $\overrightarrow{BR} = \overrightarrow{IE}$; $\overrightarrow{CH} = \overrightarrow{UT}$; $\overrightarrow{DY} = \overrightarrow{LS}$

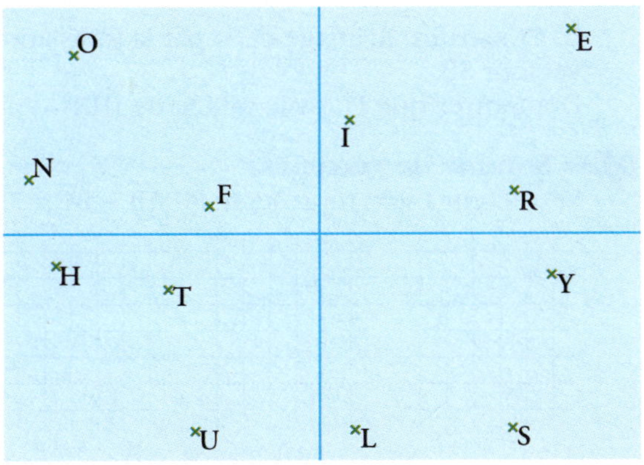

12 Soit AMER un parallélogramme. Les égalités suivantes sont-elles vraies ou fausses ?

$\overrightarrow{RA} = \overrightarrow{ME}$; $\overrightarrow{AM} = \overrightarrow{ER}$; $\overrightarrow{EM} = \overrightarrow{RA}$;

$\overrightarrow{AE} = \overrightarrow{RM}$; $\overrightarrow{RE} = \overrightarrow{AM}$

13 Recopier et compléter les phrases ci-dessous :

- PAIR est un parallélogramme, donc $\overrightarrow{PA}$ = ……
- SURE est un parallélogramme, donc $\overrightarrow{UR}$ = ……
- FIVE est un parallélogramme, donc $\overrightarrow{VI}$ = …..
- CODE est un parallélogramme, donc $\overrightarrow{CE}$ = ……

14 Citer le nom du parallélogramme correspondant à l'égalité vectorielle donnée :

$\overrightarrow{NO} = \overrightarrow{TE}$; $\overrightarrow{CO} = \overrightarrow{NI}$; $\overrightarrow{RO} = \overrightarrow{BU}$; $\overrightarrow{IL} = \overrightarrow{EN}$

15 Les phrases ci-dessous sont-elles vraies ou fausses ? Justifier les réponses.

a. Si MATH est un parallélogramme, alors $\overrightarrow{MH} = \overrightarrow{TA}$.

b. Si AB = CD, alors ABDC est un parallélogramme.

c. Si ABCD est un parallélogramme de centre O, alors $\overrightarrow{AO} = \overrightarrow{OC}$.

d. Si $\overrightarrow{SR} = \overrightarrow{AT}$, alors STAR est un parallélogramme.

e. Si $\overrightarrow{MA} = \overrightarrow{MB}$, alors M est le milieu de [AB].

16 ABC est un triangle.

a. Construire les points D, E, F tels que :

$\overrightarrow{AB} = \overrightarrow{CD}$; $\overrightarrow{EA} = \overrightarrow{AB}$; $\overrightarrow{CF} = \overrightarrow{BA}$

b. Quels parallélogrammes existent-ils sur la figure ?

c. En utilisant les six points, compléter :

$\overrightarrow{BD}$ = ………… ; $\overrightarrow{AD}$ = …………

$\overrightarrow{BC}$ = ………… ; $\overrightarrow{EC}$ = …………

17 ABCD est un parallélogramme.
Sans utiliser de tracé sur la tache, construire le point M tel que :

- M ait pour image le point N par la translation de vecteur $\overrightarrow{BC}$;
- N ait pour image C par la translation de vecteur $\overrightarrow{BA}$.

18 ABCD et BCFE sont deux parallélogrammes.

a. Faire une figure.

b. Montrer de deux façons différentes que AEFD est un parallélogramme.

EXERCICES d'application

MÉTHODES

Construire la somme de deux vecteurs

❶ Avec la relation de Chasles

On cherche à construire un vecteur $\overrightarrow{AC}$ tel que $\overrightarrow{AC} = \vec{u} + \vec{v}$.

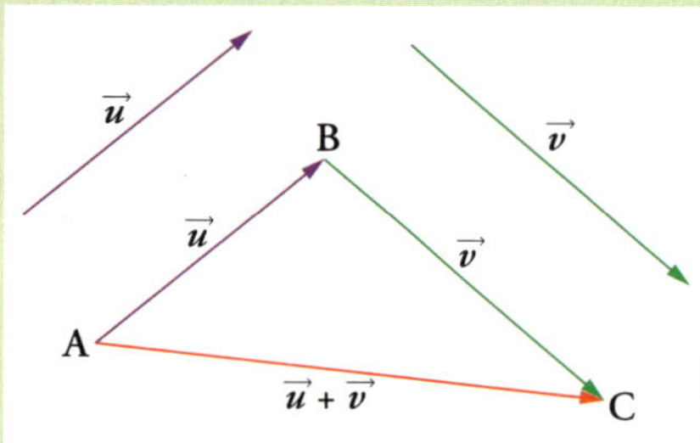

- Construire le point B tel que $\overrightarrow{AB} = \vec{u}$.
- Construire C tel que $\overrightarrow{BC} = \vec{v}$.
- D'après la relation de Chasles, on a :

$$\overrightarrow{AB} + \overrightarrow{BC} = \overrightarrow{AC}$$

On a donc tracé le vecteur $\overrightarrow{AC}$ tel que :

$$\overrightarrow{AC} = \vec{u} + \vec{v}$$

● **Voir exercices 23 et 24.**

❷ Avec la règle du parallélogramme

On cherche à construire un vecteur $\overrightarrow{AC}$ tel que $\overrightarrow{AC} = \vec{u} + \vec{v}$, les vecteurs ayant même origine.

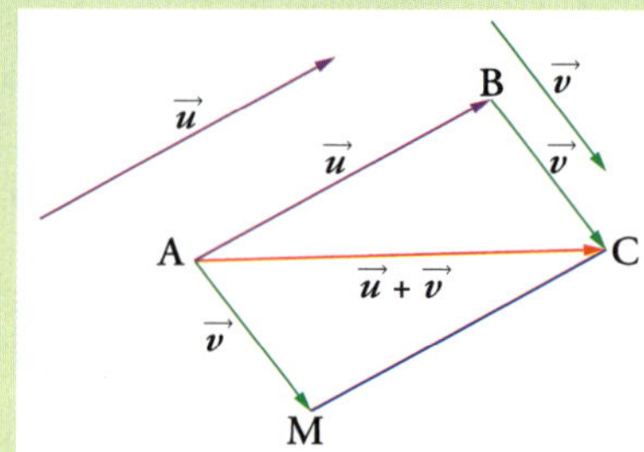

- Construire les vecteurs $\overrightarrow{AB}$ et $\overrightarrow{AM}$ de même origine A tels que $\overrightarrow{AB} = \vec{u}$ et $\overrightarrow{AM} = \vec{v}$.
- On applique la règle du parallélogramme : on construit le point C tel que ABCM soit un parallélogramme.
- [AC] est une diagonale de ce parallélogramme.

Comme les vecteurs $\overrightarrow{AB}$ et $\overrightarrow{MC}$ sont égaux :

$\overrightarrow{AC} = \overrightarrow{AM} + \overrightarrow{MC}$ donc $\overrightarrow{AC} = \overrightarrow{AM} + \overrightarrow{AB}$.

On a donc tracé le vecteur $\overrightarrow{AC}$ tel que :

$$\overrightarrow{AC} = \vec{u} + \vec{v}.$$

● **Voir exercices 26 à 32.**

19 Construire un triangle CAR tel que

AR = 3,5 cm ; AC = 6 cm et CR = 5 cm.

a. Construire le point D tel que $\overrightarrow{CD} = \overrightarrow{AC}$.

b. Construire le point E symétrique de R par rapport à C.

c. Démontrer que le quadrilatère ARDE est un parallélogramme.

20 Soit VELO un parallélogramme.

a. Construire le point R symétrique de V par rapport à E, et le point U symétrique de L par rapport à O.

b. Montrer que $\overrightarrow{RE} = \overrightarrow{OU}$.

En déduire la nature du quadrilatère ROUE.

21 Soit BUE un triangle quelconque et soit O le milieu de [BU].

a. Tracer le point L tel que $\overrightarrow{EU} = \overrightarrow{BL}$.

b. Montrer que O est le milieu de [EL].

22 Tracer le triangle BDS et marquer le milieu I du segment [SD].

a. Construire H, symétrique de B par rapport à I.

Démontrer que $\overrightarrow{HD} = \overrightarrow{SB}$.

b. Construire R, image de D par la translation de vecteur $\overrightarrow{SB}$.

Démontrer que D est le milieu de [HR].

23 **Somme de vecteurs**

Le vecteur tracé représente-t-il $\overrightarrow{AB} + \overrightarrow{BC}$?

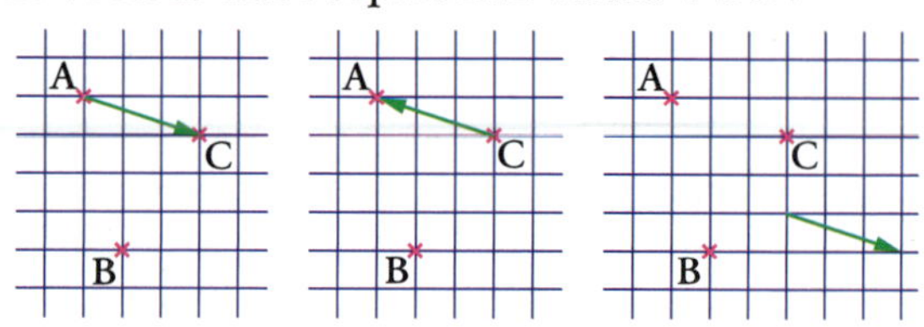

24 Construire l'image de la figure verte par la translation de vecteur $\overrightarrow{AB} + \overrightarrow{CD}$.

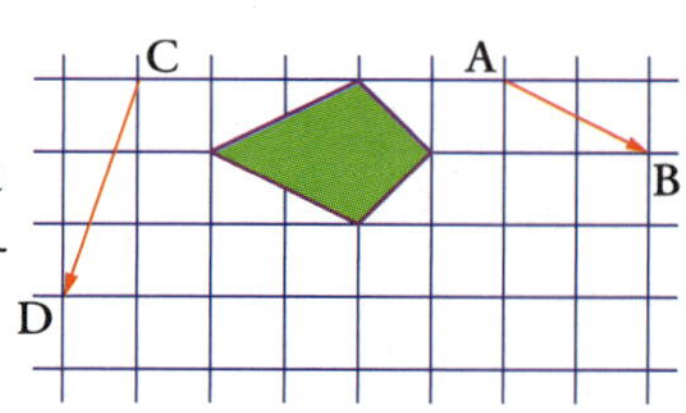

25 Dans chaque cas, construire les images $\mathcal{F}'$ des figures $\mathcal{F}$ par la translation de vecteur $\overrightarrow{EF}$, puis les images $\mathcal{F}''$ des figures $\mathcal{F}'$ par la translation de vecteur $\overrightarrow{GH}$.

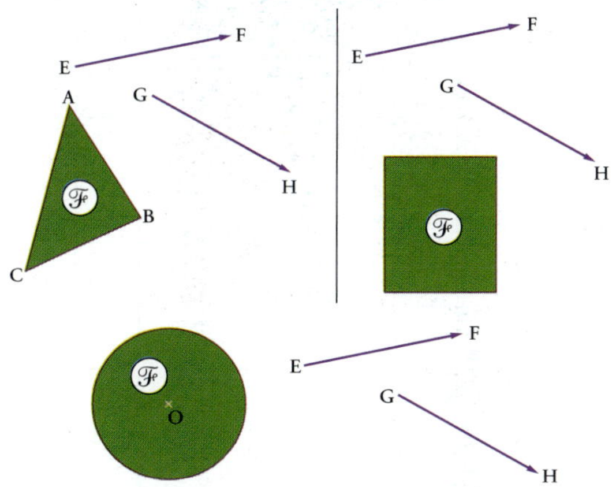

26 Dans chaque cas, construire, en utilisant les carreaux du quadrillage, le vecteur somme $\overrightarrow{AB} + \overrightarrow{AC}$.

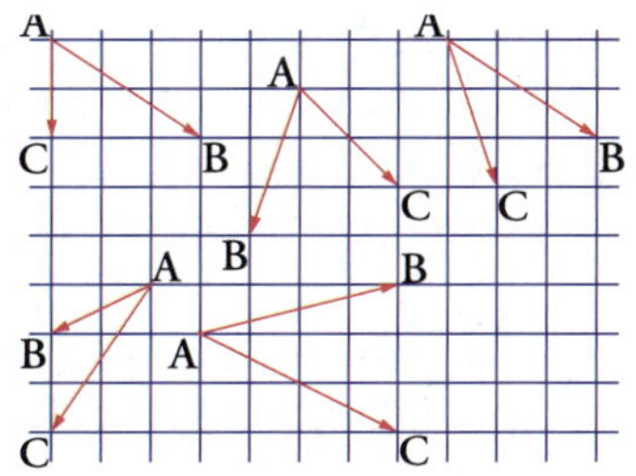

27 Reproduire les figures ci-dessous, puis dans chaque cas, construire le point D tel que $\overrightarrow{AD} = \overrightarrow{AB} + \overrightarrow{AC}$.

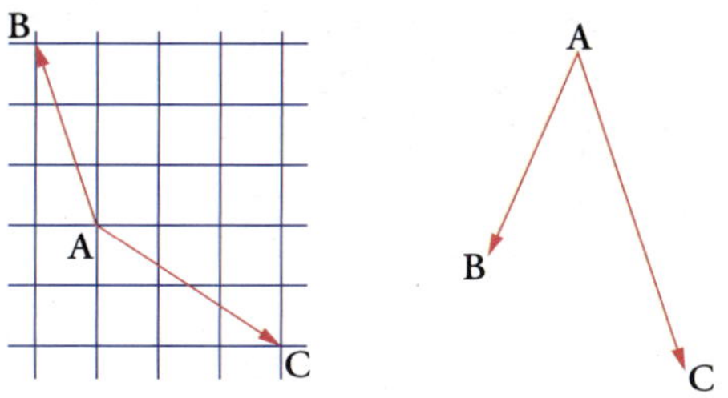

28 Dans chaque cas, construire le vecteur somme $\overrightarrow{RS} + \overrightarrow{RT}$:

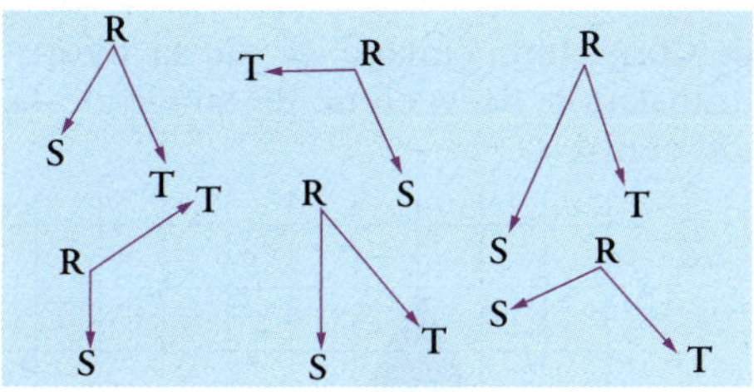

29 Construire la somme des vecteurs $\vec{u}$ et $\vec{v}$ dans chaque cas.

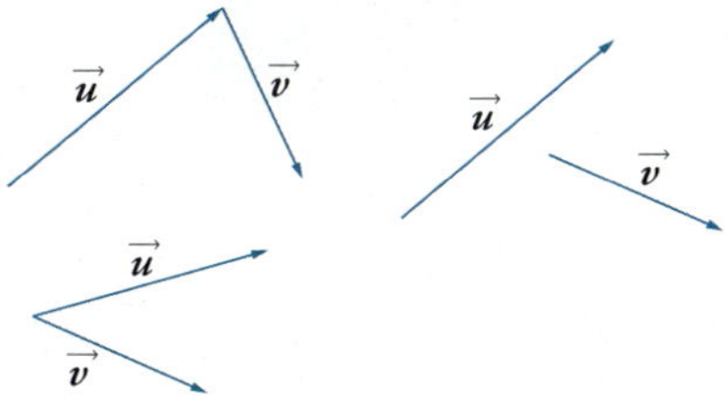

30 Le vecteur tracé représente-t-il $\overrightarrow{AB} + \overrightarrow{AC}$?

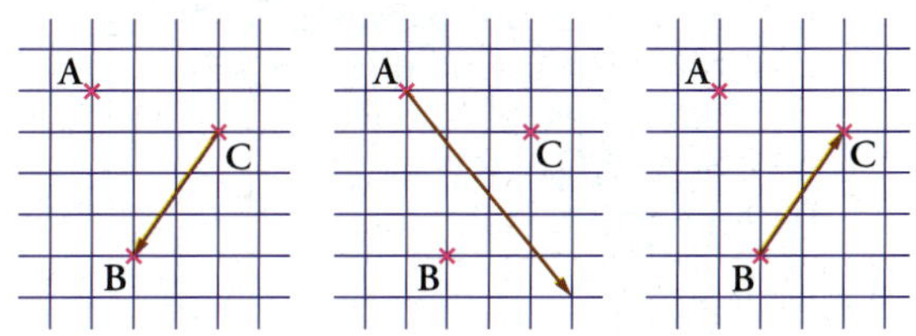

31 Le vecteur tracé représente-t-il $\overrightarrow{AB} + \overrightarrow{CD}$?

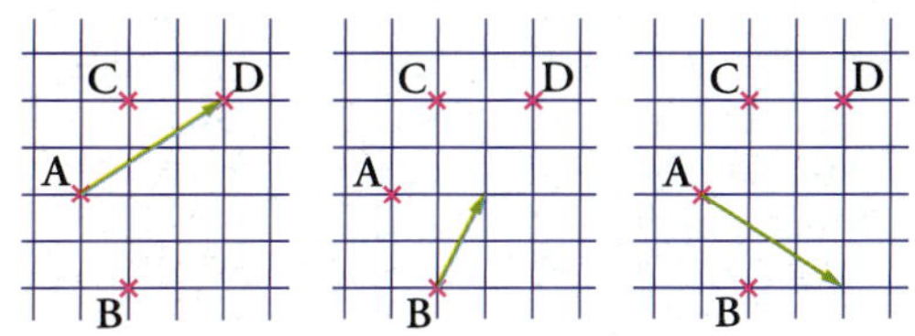

32 Compléter en utilisant la relation de Chasles :

- $\overrightarrow{TH} + \ldots\ldots = \overrightarrow{TE}$
- $\overrightarrow{AO} + \overrightarrow{C\ldots} = \ldots\ldots$
- $\overrightarrow{\ldots O} + \ldots\ldots = \overrightarrow{BL}$
- $\overrightarrow{I\ldots} + \ldots\ldots = \overrightarrow{ME}$
- $\overrightarrow{M\ldots} + \overrightarrow{U\ldots} = \overrightarrow{\ldots G}$

33 Pour des points quelconques du plan, sans tracer, compléter à l'aide de la relation de Chasles :

$\overrightarrow{IJ} = \overrightarrow{IB} + \overrightarrow{B\ldots}$; $\overrightarrow{XK} = \overrightarrow{XL} + \overrightarrow{\ldots K}$

$\overrightarrow{CD} = \overrightarrow{\ldots A} + \overrightarrow{A\ldots}$; $\overrightarrow{\ldots E} = \overrightarrow{F\ldots} + \overrightarrow{G\ldots}$

$\overrightarrow{\ldots\ldots} = \overrightarrow{JK} + \overrightarrow{\ldots M}$; $\overrightarrow{AB} + \overrightarrow{BC} + \overrightarrow{CH} = \overrightarrow{\ldots}$

34 Compléter en utilisant la relation de Chasles :

$\overrightarrow{AB} + \overrightarrow{\ldots} = \overrightarrow{AS}$; $\overrightarrow{\ldots U} + \overrightarrow{\ldots} = \overrightarrow{KM}$

$\overrightarrow{A\ldots} + \overrightarrow{T\ldots} = \overrightarrow{AR}$; $\overrightarrow{V\ldots} + \overrightarrow{H\ldots} = \overrightarrow{HS}$

$\overrightarrow{OP} + \overrightarrow{TO} = \overrightarrow{\ldots}$; $\overrightarrow{TP} + \overrightarrow{\ldots} = \overrightarrow{TP}$

35 Observer la figure, puis compléter les égalités vectorielles, en utilisant les points de la figure :

$\overrightarrow{SU} + \overrightarrow{UN} = \ldots\ldots$

$\overrightarrow{SU} + \overrightarrow{TS} = \ldots\ldots$

$\overrightarrow{SU} + \overrightarrow{ST} = \ldots\ldots$

$\overrightarrow{SU} + \overrightarrow{TN} = \ldots\ldots$

$\overrightarrow{SU} + \overrightarrow{NM} = \ldots\ldots$

$\overrightarrow{SU} + \overrightarrow{NT} = \ldots\ldots$

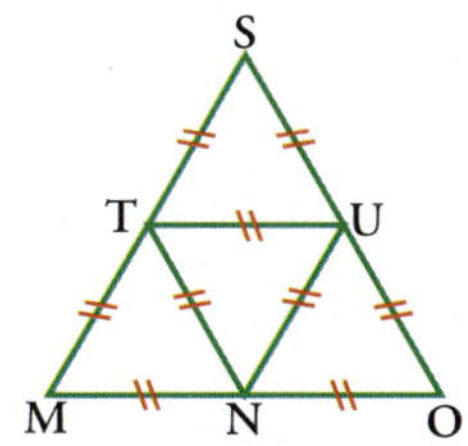

36 Observer la figure, puis compléter les égalités vectorielles, en utilisant les points de la figure :

$\overrightarrow{PA} + \ldots\ldots = \overrightarrow{PO}$; $\overrightarrow{PA} + \ldots\ldots = \overrightarrow{SA}$

$\overrightarrow{PA} + \ldots\ldots = \overrightarrow{AB}$; $\overrightarrow{PA} + \ldots\ldots = \vec{0}$; $\overrightarrow{PA} + \ldots\ldots = \overrightarrow{IB}$

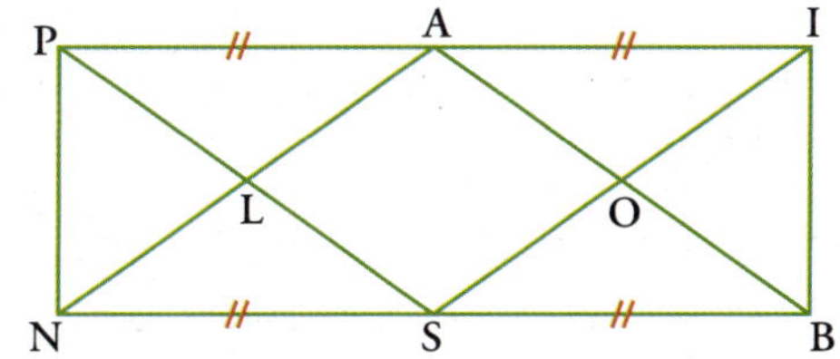

37 Placer les quatre points I, J, K, L sur du papier quadrillé comme indiqué ci-contre, puis placer les points M, N, O, P tels que :

$\overrightarrow{IM} = \overrightarrow{LJ} + \overrightarrow{JK}$

$\overrightarrow{LN} = \overrightarrow{IJ} + \overrightarrow{IL}$

$\overrightarrow{IO} = \overrightarrow{JK} + \overrightarrow{JK}$

$\overrightarrow{KP} = \overrightarrow{JL} + \overrightarrow{MJ}$

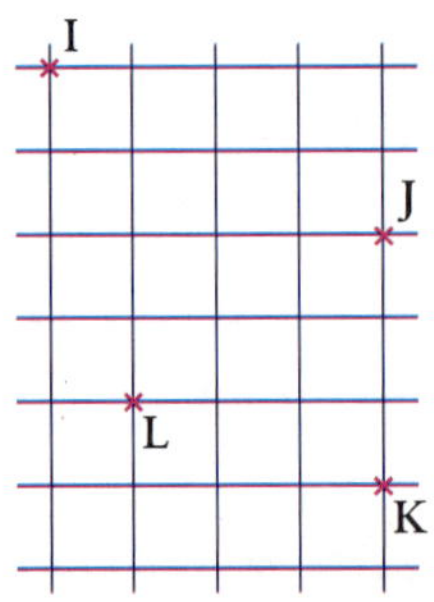

38 Placer quatre points A, B, C, D à peu près comme sur la figure ci-contre, puis construire les points E, F, G, H tels que :

$\overrightarrow{AE} = \overrightarrow{AB} + \overrightarrow{AD}$

$\overrightarrow{BF} = \overrightarrow{AC} + \overrightarrow{CD}$

$\overrightarrow{DG} = \overrightarrow{DC} + \overrightarrow{AB}$

$\overrightarrow{CH} = \overrightarrow{BA} + \overrightarrow{DC}$

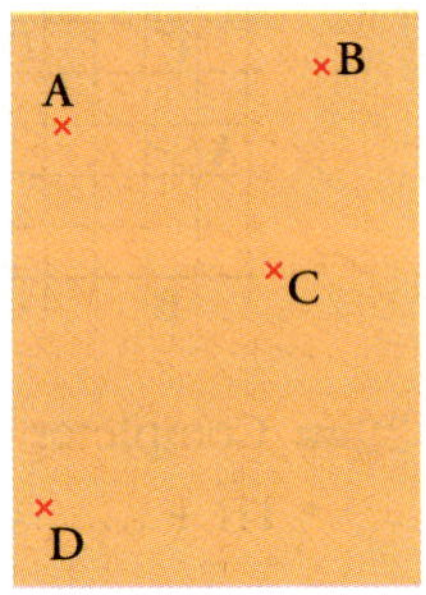

39 Soit ABCD un parallélogramme de centre O.
Recopier et compléter les égalités vectorielles suivantes :

$\overrightarrow{AB} + \overrightarrow{AD} = \dots$; $\overrightarrow{OD} + \overrightarrow{OB} = \dots$; $\overrightarrow{AO} + \overrightarrow{OB} = \dots$

$\overrightarrow{OC} + \overrightarrow{BA} = \dots$; $\overrightarrow{DB} + \overrightarrow{AD} = \dots$; $\overrightarrow{BO} + \overrightarrow{AO} = \dots$

$\overrightarrow{CD} + \overrightarrow{CB} = \dots$; $\overrightarrow{AD} + \overrightarrow{CB} = \dots$

40 ABCD est un parallélogramme de centre O, justifier si les égalités suivantes sont vraies :

$\overrightarrow{AB} = \overrightarrow{CD}$; $\overrightarrow{DA} = \overrightarrow{CB}$; $\overrightarrow{OA} = \overrightarrow{CO}$;

$\overrightarrow{AC} = \overrightarrow{AB} + \overrightarrow{AD}$; $\overrightarrow{DB} = \overrightarrow{AC}$;

$\overrightarrow{OA} + \overrightarrow{OB} + \overrightarrow{OC} + \overrightarrow{OD} = \overrightarrow{OO}$

41 Tracer un triangle ABC.

a. Placer D image de B dans la translation de vecteur $\overrightarrow{AC}$.
Que représente $\overrightarrow{AD}$ pour les vecteurs $\overrightarrow{AB}$ et $\overrightarrow{AC}$?

b. Soit I le milieu de [BC].
Construire les points M et N tels que :

$\overrightarrow{AM} = \overrightarrow{AB} + \overrightarrow{IC}$; $\overrightarrow{IC} + \overrightarrow{IA} = \overrightarrow{BN}$

Expliquer les constructions et faire des remarques.

42 Sur la figure ci-dessous, placer les points E, F, G et H tels que :

$\overrightarrow{BE} = \overrightarrow{BA} + \overrightarrow{BC}$; $\overrightarrow{DF} = \overrightarrow{AB}$

$\overrightarrow{DG} = \overrightarrow{BA} + \overrightarrow{AC}$; $\overrightarrow{AH} = \overrightarrow{HC}$

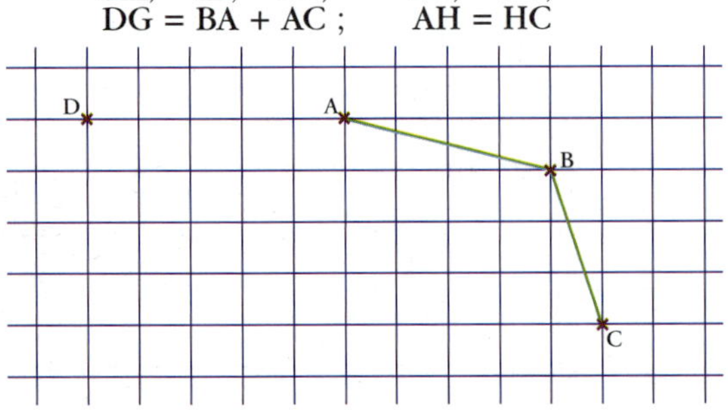

COMPOSÉE DE DEUX SYMÉTRIES CENTRALES

43 On applique à la figure $\mathcal{F}$ une symétrie de centre L, puis une symétrie de centre M.
Sans sortir du cadre, tracer la figure obtenue après ces deux symétries.

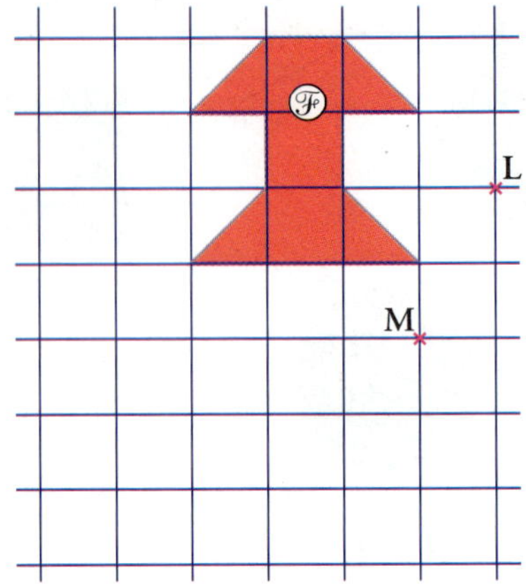

44 **Quel ordre ?**

a. Construire l'image de la figure $\mathcal{F}$ par la symétrie de centre O suivie de la symétrie de centre I.

b. Construire l'image de la figure $\mathcal{F}$ par la symétrie de centre I suivie de la symétrie de centre O.

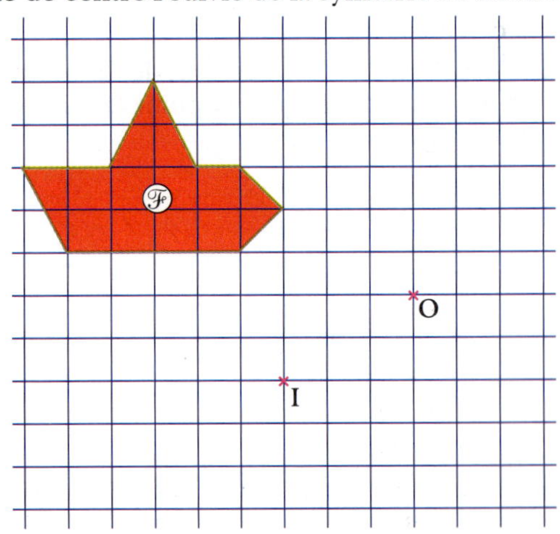

45 Construire l'image $\mathcal{A}'$ de la figure $\mathcal{A}$ par la translation de vecteur $\overrightarrow{EF}$ suivie de la symétrie de centre O.

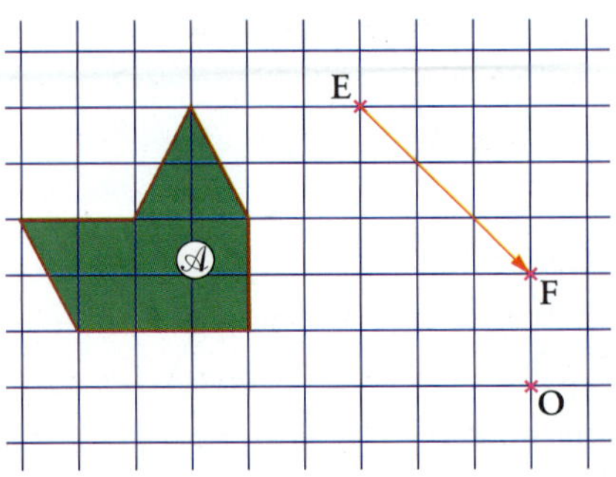

Par quelle transformation passe-t-on de la figure $\mathcal{A}$ à la figure $\mathcal{A}'$?

Ce que je dois savoir

- Caractériser une translation par un vecteur.
- Construire l'image d'une figure par une suite de translations.
- Connaître et utiliser la relation de Chasles $\overrightarrow{AB} + \overrightarrow{BC} = \overrightarrow{AC}$.
- Reconnaître et construire un parallélogramme à partir des égalités :

$$\overrightarrow{AB} = \overrightarrow{CD} \quad \text{et} \quad \overrightarrow{AD} = \overrightarrow{AB} + \overrightarrow{AC}$$

- Caractériser deux symétries centrales successives par une translation.

Je m'évalue

Solutions page 294

46 **a.** Marquer trois points F, G, H non alignés.

b. Construire le point I tel que $\overrightarrow{FG} = \overrightarrow{HI}$. Quelle est la nature du quadrilatère FGIH ?

c. Construire le point J tel que $\overrightarrow{GJ} = \overrightarrow{GF} + \overrightarrow{GH}$. Quelle est la nature du quadrilatère FGHJ ?

d. Montrer que les points H, I, J sont alignés.

47 **a.** Reproduire la figure ci-contre, à base de triangles équilatéraux.

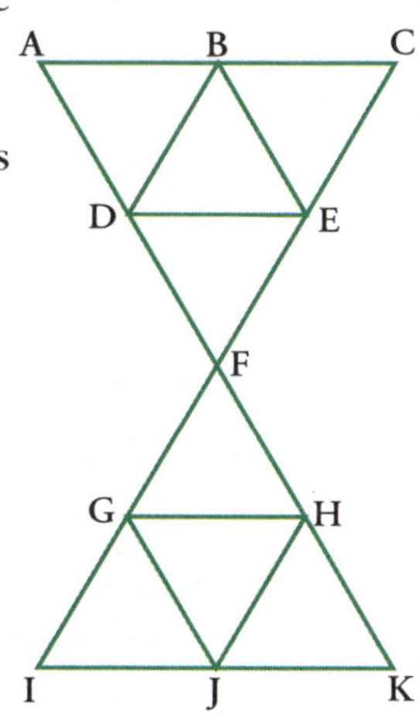

b. Construire les points O, L, M, N tels que :

$\overrightarrow{IO} = \overrightarrow{EA}$

$\overrightarrow{DL} = \overrightarrow{EA} + \overrightarrow{AD}$

$\overrightarrow{BM} = \overrightarrow{BA} + \overrightarrow{BF}$

$\overrightarrow{CN} = \overrightarrow{AB} + \overrightarrow{HK}$

c. Recopier et compléter les égalités ci-dessous en utilisant les points de la figure :

$\overrightarrow{BE} + \overrightarrow{AB} = \ldots\ldots$

$\overrightarrow{KI} + \overrightarrow{DE} = \ldots\ldots$ $\qquad$ $\overrightarrow{IJ} + \overrightarrow{GF} = \ldots\ldots$

$\overrightarrow{BE} + \overrightarrow{BM} = \ldots\ldots$ $\qquad$ $\overrightarrow{DE} + \overrightarrow{FK} = \ldots\ldots$

48 **a.** Construire un triangle FIN isocèle en F tel que IN = 11,2 cm et FI = 6,5 cm.

b. Construire le point E tel que $\overrightarrow{FI} = \overrightarrow{NE}$.

c. Montrer que le quadrilatère FIEN est un losange.

d. On note O le centre du quadrilatère FIEN.

• Construire le point L tel que $\overrightarrow{OL} = \overrightarrow{ON} + \overrightarrow{OE}$.

• Quelle est la nature du quadrilatère NOEL ? Justifier.

e. Calculer NL.

49 Reproduire la figure $\mathscr{F}$ ci-dessous et les deux points S et T, puis tracer l'image de $\mathscr{F}$ par la symétrie de centre S, puis la symétrie de centre T, sans sortir du cadre.

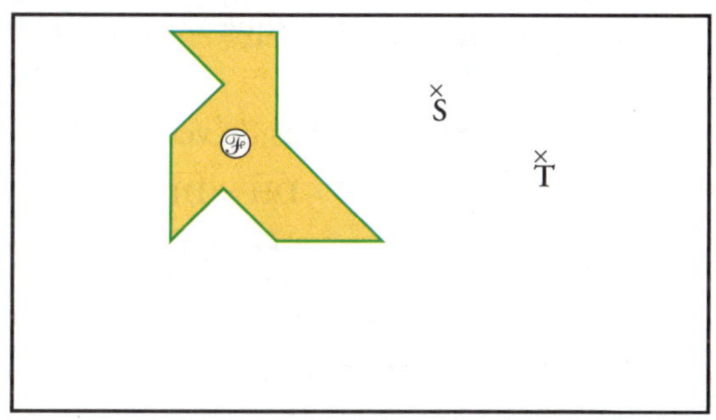

50 On considère le motif représenté ci-dessous.

a. Citer tous les vecteurs égaux au vecteur $\overrightarrow{AB}$.

b. Citer tous les vecteurs égaux au vecteur $\overrightarrow{FE}$.

c. En n'utilisant que les lettres figurant sur ce motif, déterminer un vecteur égal au vecteur :

$$\overrightarrow{AB} + \overrightarrow{FE} = \ldots\ldots$$

d. En n'utilisant que les lettres du motif, déterminer un vecteur égal aux vecteurs suivants :

$\overrightarrow{AB} + \overrightarrow{AH}$; $\qquad$ $\overrightarrow{BA} + \overrightarrow{BC}$

$\overrightarrow{BC} + \overrightarrow{DE}$; $\qquad$ $\overrightarrow{BF} + \overrightarrow{GF}$

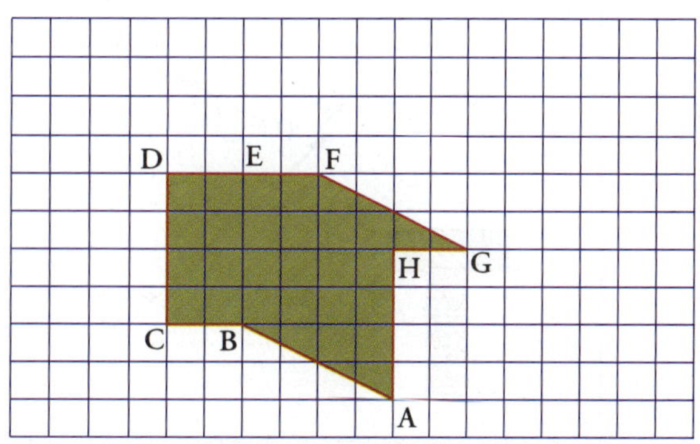

EXERCICES d'approfondissement

UTILISER SES CONNAISSANCES

51 ABCD est un carré de centre O et les points E, F, G, H sont les milieux respectifs des côtés [AB], [BC], [CD], [DA] de ce carré.

a. Faire une figure.

b. Indiquer quelles sont les bonnes réponses du tableau ci-dessous.

Le vecteur $\overrightarrow{HE}$ est égal au vecteur …	$\overrightarrow{EF}$	$\overrightarrow{GF}$	$\overrightarrow{OB}$	$\overrightarrow{OG}$
La longueur HE est égale à la longueur …	EF	GF	OB	OG
$\overrightarrow{DH} + \overrightarrow{DG} = \ldots$	$\overrightarrow{HE}$	$\overrightarrow{HG}$	$\overrightarrow{DO}$	$\overrightarrow{HF}$
DH + DG = …	HE	HG	DO	HF
Le triangle HAE a pour image le triangle GOF par la translation de vecteur…	$\overrightarrow{EF}$	$\overrightarrow{OA}$	$\overrightarrow{GH}$	$\overrightarrow{HF}$

c. Construire le symétrique du carré EFGH par rapport à la droite (EF).

52 Compléter les égalités de vecteurs :

$\overrightarrow{IJ} = \overrightarrow{IB} + \overrightarrow{B\bullet}$; $\overrightarrow{DH} = \overrightarrow{DU} + \overrightarrow{\bullet H}$

$\overrightarrow{CF} = \overrightarrow{\bullet R} + \overrightarrow{R\bullet}$; $\overrightarrow{\bullet\bullet} = \overrightarrow{SL} + \overrightarrow{\bullet H}$

53 ABCD est un carré de centre O.

a. Compléter les égalités à l'aide d'un seul vecteur (lettres de la figure) :

$\overrightarrow{BA} = \ldots\ldots$; $\overrightarrow{AO} = \ldots\ldots$

$\overrightarrow{BA} + \overrightarrow{AD} = \ldots\ldots$; $\overrightarrow{AB} + \overrightarrow{CO} + \overrightarrow{BC} + \overrightarrow{DA} = \ldots\ldots$

Justifier chaque réponse.

b. Construire le point E tel que : $\overrightarrow{AE} = \overrightarrow{AD} + \overrightarrow{AC}$

c. Par la translation de vecteur $\overrightarrow{AD}$, quelles sont les images de B et de C ?

54 Sans sortir de la feuille de papier, expliquer comment construire l'image de la figure $\mathcal{F}$ par la translation de vecteur $\overrightarrow{MN}$ suivie de la translation de vecteur $\overrightarrow{UL}$.

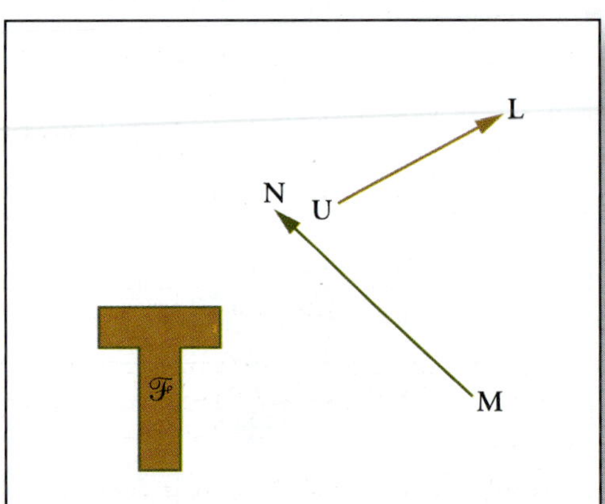

55 On appelle C et D les images respectives de A et B par la symétrie d'axe Δ.
On appelle E et F les images respectives de C et D par la symétrie d'axe Δ′.

a. Compléter la figure.

b. Démontrer que O est le milieu des segments [AE] et [BF].

c. Quelle est la nature du quadrilatère ABEF ?

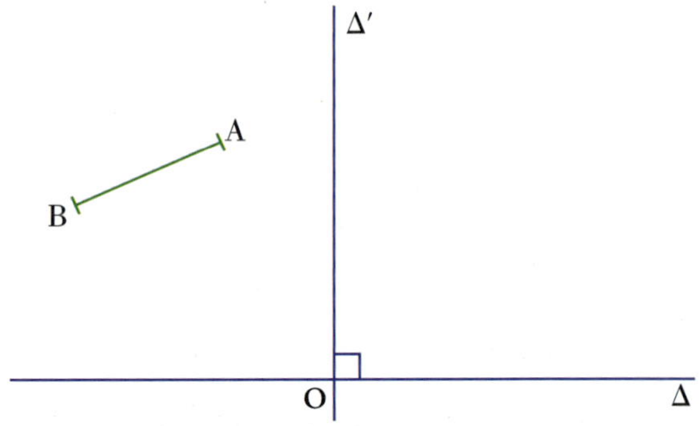

EXERCICE RÉSOLU

Énoncé

ABC est un triangle rectangle en A. Le point P est un point quelconque n'appartenant ni à (AB) ni à (AC).

a. *Construire le point E tel que ABEP soit un parallélogramme. Construire le point K tel que ACKP soit un parallélogramme.*

b. *Quelle est la nature du triangle PEK ? Justifier.*

Exemple de solution

a. Comme ABEP est un parallélogramme, alors $\overrightarrow{AB} = \overrightarrow{PE}$.
Comme ACKP est un parallélogramme alors $\overrightarrow{AC} = \overrightarrow{PK}$.

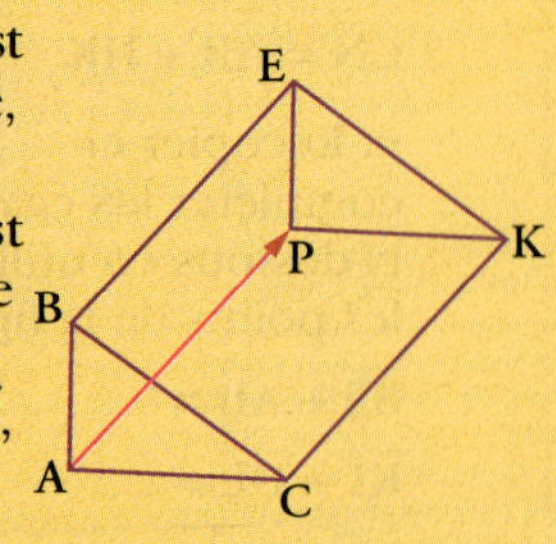

b. Comme $\overrightarrow{AB} = \overrightarrow{PE}$, on en déduit que $\overrightarrow{AP} = \overrightarrow{BE}$.
Comme $\overrightarrow{AC} = \overrightarrow{PK}$, on en déduit que $\overrightarrow{AP} = \overrightarrow{CK}$.
Les vecteurs $\overrightarrow{BE}$ et $\overrightarrow{CK}$ étant égaux au vecteur $\overrightarrow{AP}$, alors ils sont égaux entre eux :

$$\overrightarrow{BE} = \overrightarrow{CK} = \overrightarrow{AP}$$

Par la translation de vecteur $\overrightarrow{AP}$, le point A a pour image P, le point B a pour image E et le point C a pour image K. L'image du triangle ABC est le triangle PEK.
Une translation conserve les mesures d'angle. Le triangle ABC est rectangle en A, donc le triangle PEK est rectangle en P.

56 a. Placer trois points R, V, M non alignés.

b. Tracer le point A tel que $\overrightarrow{RV} + \overrightarrow{RM} = \overrightarrow{RA}$.

c. Que peut-on dire du quadrilatère RVAM ?

d. Construire le point T tel que $\overrightarrow{MT} = \overrightarrow{AM}$.

e. Montrer que RVMT est un parallélogramme.

57 a. Construire un losange LOSA de centre D tel que LS = 8 cm et OA = 6 cm.

b. Calculer LO.

c. Construire le point I tel que $\overrightarrow{DL} + \overrightarrow{DO} = \overrightarrow{DI}$.

d. Quelle est la nature du quadrilatère IODL ? Justifier.

e. Les diagonales du quadrilatère IODL se coupent en U.
Construire le point E tel que $\overrightarrow{DE} = \overrightarrow{UO}$.

f. Calculer DE.

58 Sur la figure ci-dessous, TAE est un triangle, H est un point de [AT], L est un point de [AE], (HL) est parallèle à (TE) et on a :

TH = 5 cm ; HA = 3 cm ; EA = 12 cm

a. Refaire la figure.

b. Construire le point S tel que $\overrightarrow{HA} = \overrightarrow{LS}$.

c. Calculer LS.

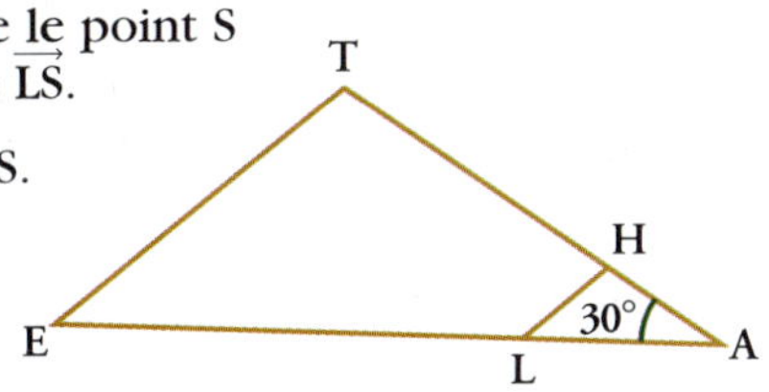

59 Tracer un triangle ABC tel que AB = 4,5 cm, AC = 6 cm et BC = 7,5 cm.

a. Montrer que le triangle ABC est rectangle.

b. Construire le point D tel que $\overrightarrow{AD} = \overrightarrow{AC} + \overrightarrow{AB}$.

c. Quelle est la nature du quadrilatère ABDC ? Justifier.

60 Tracer un triangle MAT.

a. Placer le point I tel que $\overrightarrow{IM} + \overrightarrow{IT} = \vec{0}$.

b. Placer le point H tel que $\overrightarrow{HI} = \overrightarrow{IA}$.

c. Quelle est la nature du quadrilatère MATH ? Justifier.

61 Observer les figures ci-contre, construites à partir de carrés.

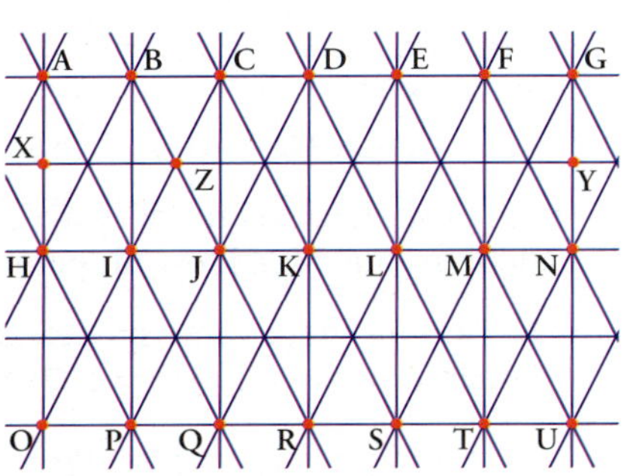

Compléter le tableau suivant :

Transformations	revient à la transformation	Images de H, B et J
Une translation de vecteur $\overrightarrow{BF}$ suivie d'une symétrie de centre L ...		
Une symétrie d'axe (XY) suivie d'une translation de vecteur $\overrightarrow{BI}$ ...		
Une symétrie de centre Z suivie d'une symétrie de centre J ...		

POUR ALLER PLUS LOIN

62 Le polygone ABCDEF est un hexagone régulier de centre O.

a. Faire une figure.

b. Dans le tableau ci-dessous, quelles sont les bonnes réponses ?

Le vecteur $\overrightarrow{AF}$ est égal au vecteur	$\overrightarrow{BE}$	$\overrightarrow{OB}$	$\overrightarrow{OC}$	$\overrightarrow{OE}$
La longueur AF est égale à la longueur	BE	OB	OC	OE
$\overrightarrow{FA} + \overrightarrow{FE} =$	$\overrightarrow{AE}$	$\overrightarrow{FC}$	$\overrightarrow{ED}$	$\overrightarrow{FO}$
FA + FE =	AE	FC	ED	FO
Le triangle ABO a pour image le triangle OCD par la translation de vecteur	$\overrightarrow{FE}$	$\overrightarrow{OA}$	$\overrightarrow{OD}$	$\overrightarrow{AD}$

c. Construire le symétrique du losange OFED par rapport à la droite (DE).

63 On considère un cercle de 6 cm de rayon sur lequel se trouvent les points A, B, C, D.
Placer les points I et J milieux respectifs des segments [AB] et [BC].
E et F sont, respectivement, les symétriques de D par rapport à I et à J.

a. Comparer les vecteurs $\overrightarrow{AE}$, $\overrightarrow{DB}$ et $\overrightarrow{CF}$.

b. Calculer la longueur du cercle circonscrit au triangle BEF.

64 A, E et C sont trois points d'un cercle.

a. Construire M le symétrique de A par rapport à E et le point L tel que AELC soit un parallélogramme.

b. Quel est le rayon du cercle circonscrit au triangle ELM ?

65 Soit $\mathscr{C}$ un cercle de centre O et de rayon 4 cm. A et B sont deux points diamétralement opposés de $\mathscr{C}$.

D est l'un des points de $\mathscr{C}$ tel que BD = 2 cm.

E est le symétrique de B par rapport à (AD).

a. Démontrer que (AD) est la médiatrice de [EB].

b. Soit F le symétrique de O par rapport à (AD). Démontrer que A, F, E sont alignés.

c. Déterminer la nature du quadrilatère AODF.

66 ABC est un triangle quelconque. Le point M est un point de la droite (AB).

a. Construire N l'image de M par la translation de vecteur $\overrightarrow{BC}$, puis R image de N par la translation de vecteur $\overrightarrow{CA}$.

b. Démontrer que $\overrightarrow{MR} = \overrightarrow{BA}$.

c. En déduire que R est un point de la droite (AB).

67 Tracer une droite (d) et deux points A et B non situés sur (d). Un point M se déplace sur la droite (d).

Sur quelle ligne se déplace le point N tel que ABNM soit un parallélogramme ? Justifier.
(On peut utiliser un logiciel de constructions géométriques pour faciliter les constructions.)

68 Tracer deux droites sécantes (d) et (d') et placer deux points A et B non situés sur les deux droites.

Construire un point M de (d) et un point N de (d') tels que $\overrightarrow{MN} = \overrightarrow{AB}$.

69 Sur la figure suivante, on a ABC un triangle quelconque, un point O′ et un point I′.

Le point O′ est l'image d'un point de la droite (AC) obtenu par translation. Par la même translation, I′ est l'image d'un point I appartenant à la droite (BC).

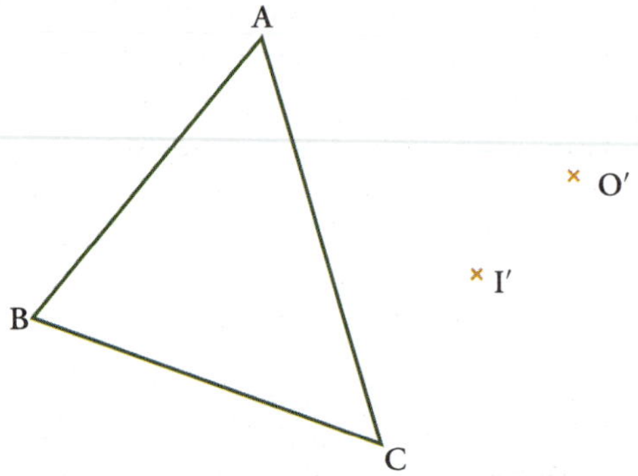

Décalquer la figure et construire l'image du triangle ABC par cette translation.

70 **Texte incomplet**

Voici le texte et la résolution d'un exercice donné à l'entrée de seconde et qui est incomplet.

Retrouver la question et les parties de solution manquantes, après avoir lu la totalité de ce qui suit.

Texte

Soit un triangle quelconque ABC.
Les points I *et* J *sont les milieux respectifs des segments* [AB] *et* [AC].
Le point E *est le symétrique du point* C *par rapport au point* I.
Le point D *est l'image de* A *par la translation de vecteur* $\overrightarrow{BC}$.

a. *Démontrer que* ……………

b. *Démontrer que les droites* (IJ) *et* (ED) *sont parallèles.*

Solution

a. • Comme ……………, alors I est le milieu de [EC].
Or I est le milieu de [AB].
Les segments [AB] et [EC] ont le même milieu, alors on en déduit …………….

• AEBC est ……………, alors les vecteurs $\overrightarrow{EA}$ et $\overrightarrow{BC}$ sont …………….

• D est l'image de A par la translation de vecteur $\overrightarrow{BC}$, alors on en déduit l'égalité …………….

• Comme $\overrightarrow{EA} = \overrightarrow{BC}$ et …… = ……, alors …… = …….

• De la dernière égalité de vecteurs, on peut dire que …………….

b. • Comme A est le milieu de [ED], alors les points A, E et D sont alignés.

• I et J sont les milieux de ……………, alors …………….

• Comme ……………, alors les droites (IJ) et (ED) sont parallèles.

71 Soit un parallélogramme ABCD. Placer un point M sur la diagonale [BD].

Construire les points E et F vérifiant les égalités suivantes :

$$\overrightarrow{AM} + \overrightarrow{AD} = \overrightarrow{AE}\ ; \qquad \overrightarrow{AM} + \overrightarrow{AB} = \overrightarrow{AF}$$

a. Écrire deux vecteurs égaux au vecteur $\overrightarrow{AD}$. En déduire que MBCE est un parallélogramme.

b. Donner deux vecteurs égaux à $\overrightarrow{AB}$. Quelle est la nature du quadrilatère MDCF ?

c. Démontrer que les points E, C, F sont alignés.

72 **EN PHYSIQUE**

Une péniche dont le gouvernail a été endommagé est tirée par deux remorqueurs de puissances différentes, situés sur le dessin en R et S. La longueur des flèches représentant les vecteurs $\vec{u}$ et $\vec{v}$ est proportionnelle à la force de traction de chacun des remorqueurs.

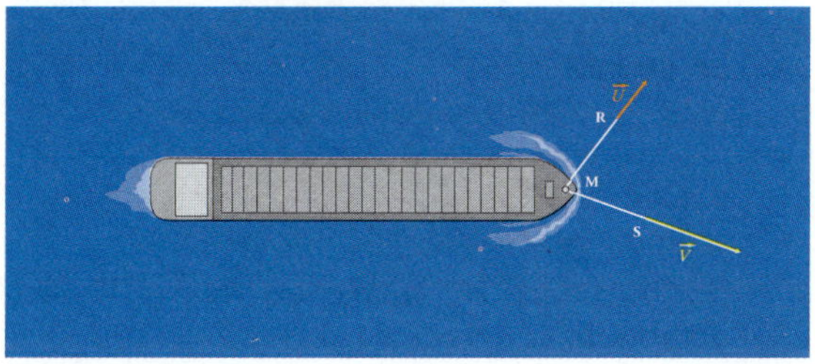

Dans quelle direction cette péniche va-t-elle se déplacer ?

73 La figure suivante est fabriquée à partir de carrés et de cercles. En partant d'un simple morceau de la figure, et en appliquant plusieurs transformations différentes, on peut reconstituer la figure totale.
Trouver l'élément minimal de la figure et les différentes transformations utilisées pour obtenir la figure complète.

74 **D'autres symétries**

Vous connaissez la symétrie par rapport à un point ou par rapport à une droite, il en existe d'autres. Par exemple, la symétrie par rapport à un cercle !

L'image d'un point M est obtenue de la façon suivante :

- Tracer la droite (OM), elle coupe le cercle en I.
- Placer le point M′ tel que I soit le milieu de [MM′].

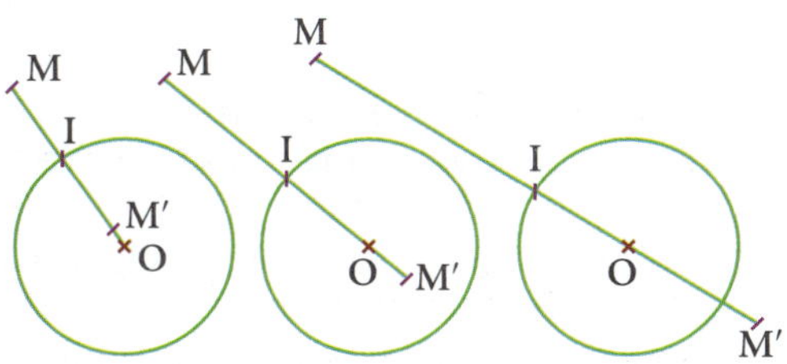

Trouver comment se transforme le cercle (Γ) et le carré dans la symétrie par rapport au cercle $\mathscr{C}$ de centre O et de rayon 4 cm.

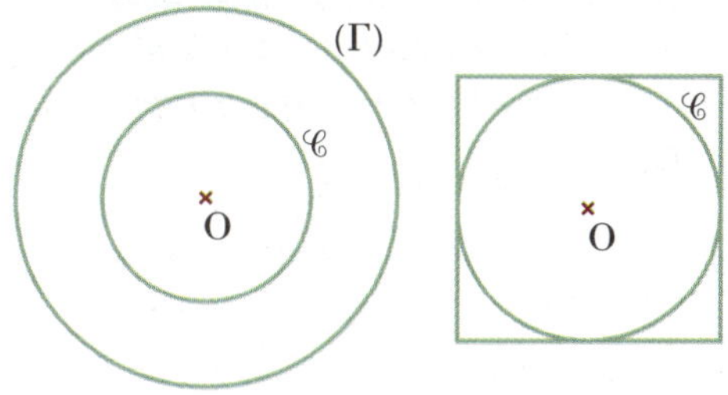

75 **Étude de cas 1**

ABCD est un rectangle. On place un point M non situé sur la droite (AB).
Tracer la droite (d_1) passant par C et perpendiculaire à la droite (AM).
Tracer la droite (d_2) passant par D et perpendiculaire à la droite (BM).
Les droites (d_1) et (d_2) se coupent en I.

a. Faire plusieurs cas de figure.
Utiliser un logiciel de constructions géométriques pour obtenir davantage de cas de figure.
Il semble que, dans chaque cas, les droites (MI) et (AD) soient parallèles. C'est ce qui va être démontré par la suite.

b. Construire les droites (d'_1) et (d'_2) images de (d_1) et de (d_2) par la translation de vecteur $\overrightarrow{DA}$.

c. Ces deux droites (d'_1) et (d'_2) se coupent en H. Démontrer que H est l'orthocentre du triangle AMB.

d. En déduire que les droites (MH) et (AD) sont parallèles.

e. Démontrer que H est l'image de I par la translation de vecteur $\overrightarrow{DA}$.

f. En déduire que les droites (HI) et (AD) sont parallèles, puis que les droites (MI) et (AD) sont parallèles.

76 **Étude de cas 2**

ABC est un triangle de centre de gravité G.

a. Construire le vecteur $\overrightarrow{GM}$ égal au vecteur $\overrightarrow{GA} + \overrightarrow{GB}$, puis le vecteur $\overrightarrow{GA} + \overrightarrow{GB} + \overrightarrow{GC}$.

b. Faire plusieurs cas de figure. Utiliser un logiciel de constructions géométriques pour obtenir davantage de cas de figure. Il semble que, dans chaque cas, le vecteur $\overrightarrow{GA} + \overrightarrow{GB} + \overrightarrow{GC}$ soit le vecteur nul. C'est ce qui va être démontré par la suite.

c. Démontrer que AGBM est un parallélogramme dont le centre est le milieu C′ de [AB].

d. Démontrer que $\overrightarrow{MG}$ et $\overrightarrow{GC}$ sont deux vecteurs égaux.
En déduire que $\overrightarrow{GA} + \overrightarrow{GB} + \overrightarrow{GC}$ est le vecteur nul.

Cap sur le BREVET

EXERCICE RÉSOLU

Énoncé (Amérique du Nord, 2002)

Tracer un carré RIEN *de côté* 5 *cm.*

1. *Construire le point* P *image de* I *par la translation de vecteur* $\overrightarrow{RE}$.

2. *Sans utiliser d'autres points que ceux de la figure, recopier et compléter les égalités suivantes :*

$\overrightarrow{RE} + \overrightarrow{EI} = \ldots\ldots$; $\overrightarrow{NR} + \overrightarrow{IP} = \ldots\ldots$;

$\overrightarrow{RN} + \overrightarrow{RI} = \ldots$.

Exemple de solution

1. D'après la définition d'une translation, on obtient la construction ci-contre :

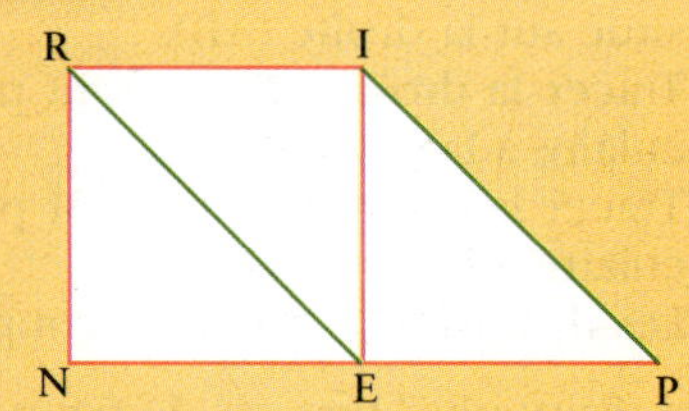

2. D'après la relation de Chasles, on peut écrire : $\overrightarrow{RE} + \overrightarrow{EI} = \overrightarrow{RI}$

• Le point P est l'image de I par la translation de vecteur $\overrightarrow{RE}$, donc $\overrightarrow{RE} = \overrightarrow{IP}$.
En remplaçant dans la somme, on obtient :

$$\overrightarrow{NR} + \overrightarrow{IP} = \overrightarrow{NR} + \overrightarrow{RE}$$

D'après la relation de Chasles, on peut dire que : $\overrightarrow{NR} + \overrightarrow{IP} = \overrightarrow{NE}$.

• Le quadrilatère RIEN est un carré, alors les deux vecteurs $\overrightarrow{RI}$ et $\overrightarrow{NE}$ sont égaux.
En remplaçant dans la somme, on obtient :

$$\overrightarrow{RN} + \overrightarrow{RI} = \overrightarrow{RN} + \overrightarrow{NE}$$

D'après la relation de Chasles, on peut dire que : $\overrightarrow{RN} + \overrightarrow{RI} = \overrightarrow{RE}$.

77 Amérique du Nord, 1999

En utilisant des transformations dont on précisera les éléments caractéristiques (centres de symétrie, axes de symétrie, vecteurs, etc.), recopier et compléter les phrases suivantes :

a. La figure ② est l'image de la figure ① par …

b. La figure ③ est l'image de la figure ① par …

c. La figure ④ est l'image de la figure ① par …

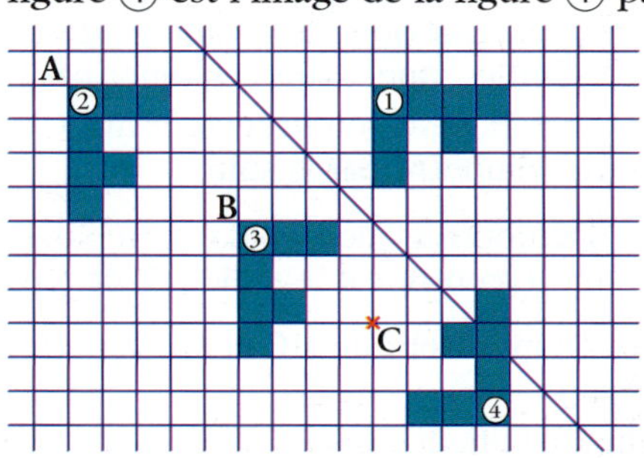

78 Centres étrangers – Groupe 3, 2001

La figure $\mathcal{F}$ ci-contre est composée d'un triangle ABC et d'un demi-cercle de diamètre [AB].

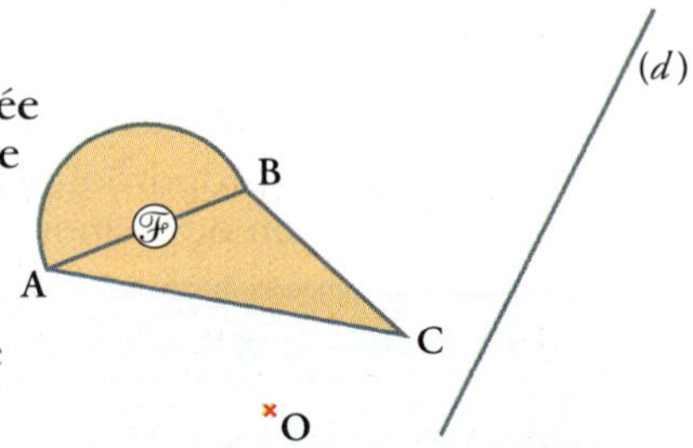

a. Construire $\mathcal{F}_1$ image de $\mathcal{F}$ par la symétrie centrale de centre O.

b. Construire $\mathcal{F}_2$ image de $\mathcal{F}$ par la symétrie orthogonale d'axe (d).

c. Construire $\mathcal{F}_3$ image de $\mathcal{F}$ par la translation qui transforme A en B.

79 Amérique du Sud, 1997

Observer la figure ci-contre puis recopier et compléter les phrases suivantes (il n'est demandé aucune justification et il n'est pas demandé de reproduire la figure).

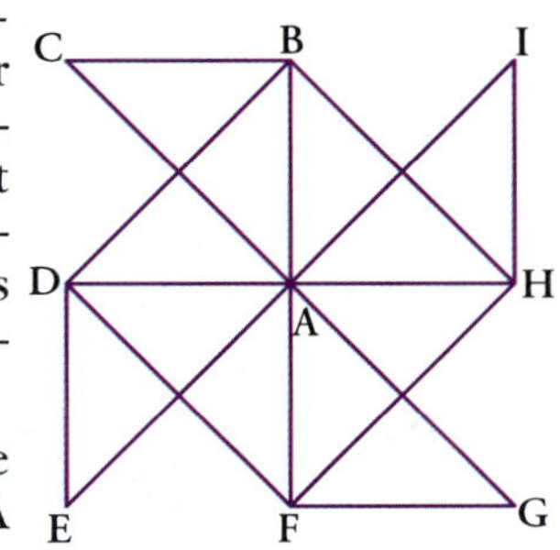

a. Le symétrique de ABC par rapport à A est ….. .

b. L'image de D par translation de vecteur $\overrightarrow{CA}$ est ….. .

c. ABD et ….. sont symétriques par rapport à la droite (AD).

d. $\overrightarrow{DB} + \ldots\ldots = \overrightarrow{DF}$.

e. $\overrightarrow{AB} + \overrightarrow{AH} = \ldots\ldots$

80 Lyon – Groupe Est, 2002

Sur la figure ci-contre, on a représenté un parallélogramme ABCD de centre O. Les droites (BC) et (AC) sont perpendiculaires.

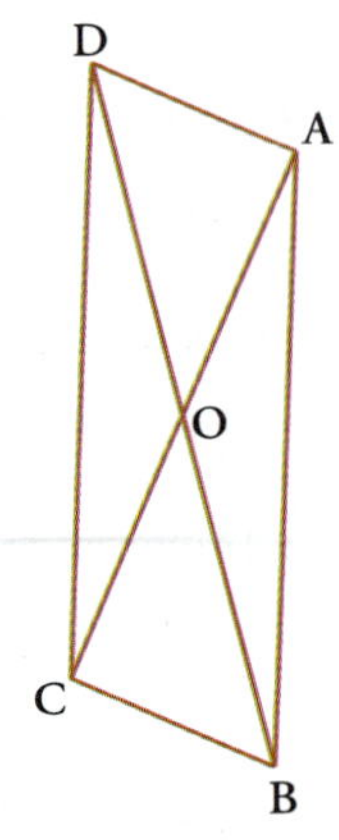

1. Tracer le cercle qui contient les trois points O, B et C. Justifier la position de son centre I.

2. Placer les points M et P tels que $\overrightarrow{OM} = \overrightarrow{OB} + \overrightarrow{OC}$ et $\overrightarrow{BP} = \overrightarrow{BC} + \overrightarrow{OD}$.

3. Utilisation d'une transformation

a. Par quelle transformation a-t-on à la fois : O a pour image C et B a pour image M ?

b. Montrer que, par cette transformation, le point D a pour image le point P.

c. Montrer que les points P, C, M sont alignés.

81 Afrique II, 2002

Soit [IJ] un segment et M un point du cercle de diamètre [IJ]. Faire une figure

a. Que dire de l'angle $\widehat{IMJ}$?

b. Construire le point K tel que $\overrightarrow{MK} = \overrightarrow{IM}$.

c. Construire le point L tel que $\overrightarrow{JL} = \overrightarrow{JI} + \overrightarrow{JK}$.

d. Déterminer la nature du quadrilatère IJKL.

82 Poitiers, 1999 (Extrait)

La figure ci-après représente un rectangle ABCD de centre O et le point E, symétrique de O par rapport à C.

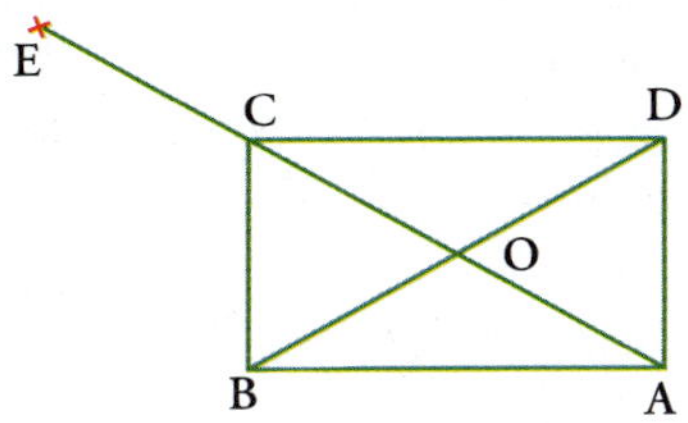

a. Parmi les affirmations du tableau ci-dessous, recopier celles qui sont vraies.

$\overrightarrow{OA} = \overrightarrow{OC}$	$\overrightarrow{OC} = \overrightarrow{OE}$	OA = CE
$\overrightarrow{BE} = \overrightarrow{BO} + \overrightarrow{OE}$	$\overrightarrow{AB} + \overrightarrow{AC} = \overrightarrow{BC}$	$\overrightarrow{AB} + \overrightarrow{AD} = \overrightarrow{AC}$
D est l'image de C par la translation de vecteur $\overrightarrow{AB}$.		

b. On considère le point F tel que $\overrightarrow{OF} = \overrightarrow{BE}$.
Démontrer que C est le milieu du segment [BF].

83 Polynésie, 2000

Dans cet exercice, les longueurs sont exprimées en centimètres.

a. Construire un triangle ABC tel que :
AB = 4 ; AC = 5 ; BC = 6.

b. Construire le point D, image du point A par la translation de vecteur $\overrightarrow{BC}$.

c. Démontrer que les segments [AC] et [BD] ont le même milieu, que l'on nommera I.

d. Construire le point M tel que $\overrightarrow{AM} = \overrightarrow{AB} + \overrightarrow{AI}$.

e. Recopier et compléter les égalités suivantes :
$\overrightarrow{CD} = \overrightarrow{B...}$; $\overrightarrow{MC} = \overrightarrow{...I}$

84 Orléans-Tours, 1997

L'unité de longueur choisie dans le plan est le centimètre. On considère un triangle ABC tel que :

AB = 7 ; AC = 5 ; BC = 4

a. Construire le triangle ABC en vraie grandeur.

b. Construire le point M image du point C par la translation de vecteur $\overrightarrow{AB}$.

c. Construire le point N tel que $\overrightarrow{BN} = \overrightarrow{BA} + \overrightarrow{BC}$.

85 Caen, 1998

a. Construire un triangle ABC isocèle de sommet A tel que AB = 4,5 cm et BC = 5,4 cm.
Placer le point H, pied de la hauteur issue de A, et le point M, milieu de [AB].

b. Justifier que H est milieu de [BC].

c. Calculer la longueur du segment [HA].

d. Construire le point D, symétrique du point M par rapport au point H. Quelle est la nature du quadrilatère BMCD ? Justifier la réponse.

e. Démontrer que $\overrightarrow{AM} + \overrightarrow{BD} = \overrightarrow{MD}$.

86 Clermont-Ferrand, 1998

Reproduire la figure ci-contre sur laquelle on a mis en place un triangle BDS, ainsi que le milieu I du segment [SD]. Les constructions demandées dans cet exercice seront faites sur cette figure.

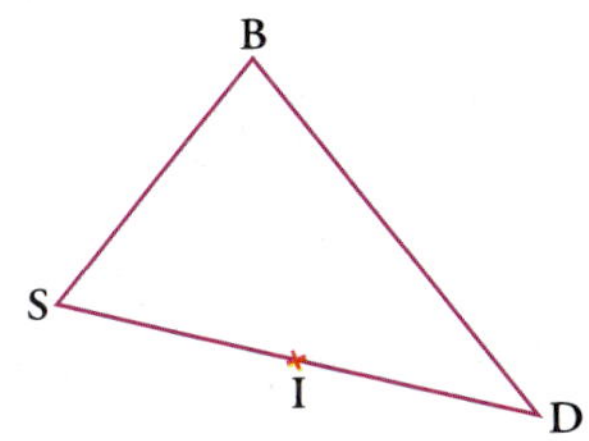

1. a. Construire le point H, symétrique du point B par rapport à I.

b. Démontrer que $\overrightarrow{HD} = \overrightarrow{SB}$.

2. Construire le point R, image du point D par la translation de vecteur $\overrightarrow{SB}$.

3. Démontrer que le point D est le milieu du segment [HR].

87 Centres étrangers, 1997

L'unité est le centimètre.

On donne un triangle ABD tel que AB = 5, AD = 6 et BD = 7.

a. Construire le point E image du point A par la translation de vecteur $\overrightarrow{BD}$.

b. Construire le point F tel que $\overrightarrow{BF} = \overrightarrow{AB} + \overrightarrow{BD}$.

c. Montrer que D est le milieu de [EF].

88 Lille, 1999

A, B et C sont trois points du plan.
La figure de cet exercice est à reproduire et à compléter.

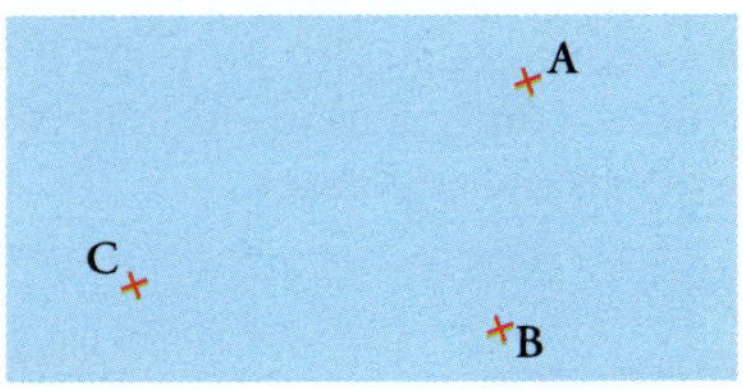

a. Construire le point M image de A par la translation de vecteur $\overrightarrow{BC}$.

b. Donner un vecteur égal au vecteur $\overrightarrow{MA}$.

c. Construire K tel que $\overrightarrow{CA} + \overrightarrow{CB} = \overrightarrow{CK}$ et démontrer que $\overrightarrow{CB} = \overrightarrow{AK}$.

d. Démontrer que $\overrightarrow{MA} = \overrightarrow{AK}$.
Que peut-on en déduire pour le point A ?

Inter-maths

Force en Physique, vecteur en Mathématiques

En Physique
Une force est modélisée par quatre éléments :
- une direction ;
- un sens ;
- une intensité (qui correspond à la longueur en Mathématiques) ;
- un point d'application.

En Mathématiques, un vecteur caractérise une translation, transformation qui s'applique à n'importe quel point du plan géométrique. Un vecteur possède ainsi plusieurs représentants.

En Physique, quand on dessine un vecteur pour représenter une force, on localise l'origine du vecteur au point où la force s'exerce. On ne considère donc qu'un seul représentant du vecteur mathématique.

En Mathématiques
Un vecteur est défini par trois éléments :
- une direction ;
- un sens ;
- une longueur.

À cette exception près, les vecteurs représentant les forces possèdent les mêmes propriétés que les vecteurs mathématiques, en particulier l'addition.

Il suffit de passer le pont...

On a dit plus haut qu'en Physique l'addition de deux forces se construit comme l'addition de deux vecteurs en Mathématiques. En voici un exemple.

Zoom sur les ponts à haubans

Deux générations de ponts à haubans figurent ici. L'addition des forces par la construction mathématique met en évidence une propriété intéressante de la disposition en éventail des haubans. Laquelle ?

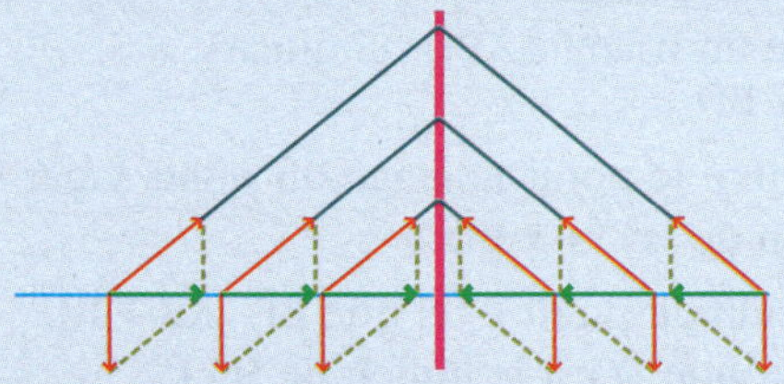

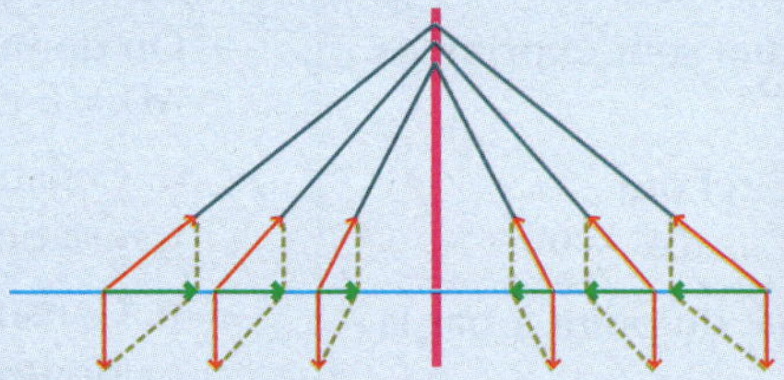

Pont de Normandie – Pont à haubans

Différents types de ponts

Pour construire un pont, il faut tenir compte de l'usage prévu, de la configuration du lieu, etc. Voici quelques ponts construits à différentes époques.

Pont du Gard – Pont à poutre

Le Pont de Tancarville – Pont suspendu

Pont de Mostar – Pont à voûte

• Ces ponts sont les représentants de trois techniques de construction différentes. Retrouver la caractéristique technique de chaque pont.

Retrouver le centre de gravité

Un triangle en équilibre

- Découper un grand triangle sur une face d'une chemise cartonnée.
- Dans le carton, percer un petit trou très proche de chaque sommet du triangle. À l'aide d'une aiguille, passer du fil dans chaque trou pour pouvoir suspendre le triangle. Laisser une assez grande longueur de fil pour qu'il retombe sur le triangle lorsqu'on l'accroche.
- Suspendre le triangle à une punaise par l'un des fils. La médiane est matérialisée par le fil qui retombe. Dessiner la trace du fil sur le triangle.
- Attacher le triangle par un autre sommet et recommencer pour obtenir une autre verticale.
- Le centre de gravité est à l'intersection de ces deux droites.

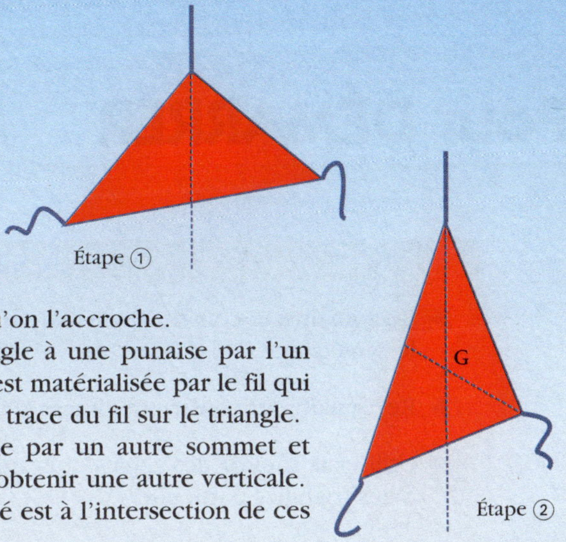

Une explication

Le triangle en carton est soumis à deux forces comme cela est expliqué en Physique :

– son poids, force verticale vers le bas, appliqué au centre de gravité du triangle ;
– la force exercée par le fil, force verticale vers le haut.

Lorsque l'équilibre est établi, ces deux forces sont alignées sur une droite qui passe par le sommet du triangle et le centre de gravité. Cette droite est donc une médiane du triangle.

D'autres formes

Cette recherche expérimentale peut être conduite sur d'autres formes reproduites sur du carton : parallélogramme, polygones réguliers ou non.

À travers l'histoire

Céramique islamique, XIVe siècle. Alcazar, Séville.

Pendant des siècles toutes les études de la géométrie ont utilisé les définitions et les propriétés d'Euclide sans être remises en cause. Pourtant, des tentatives de démonstrations de l'axiome « *Par un point, il passe une droite parallèle à une droite donnée et une seule* » ont débouché sur d'autres types de géométries : pour Lobatchevski, il existe une infinité de droites parallèles à une autre et passant par un point donné, pour Riemann il n'en n'existe aucune. Dans sa théorie de la relativité, Einstein utilise les propriétés de ces géométries.

En 1872, Félix Klein, mathématicien allemand, prononce son désormais célèbre discours, nommé programme d'Erlangen. Les objets qu'il utilise ne sont plus les points, droites, triangles, polygones et plans, mais les transformations qui déplacent les objets dans le plan. Ceci lui permet de réorganiser l'ensemble de toutes les géométries.

Parmi les transformations, si l'on s'intéresse à celles qui permettent de paver le plan, on ne trouve que 17 familles de pavages. Que ce soit des dessins de palais mauresques, de rosaces des cathédrales, des gravures de Escher, il n'en existe que 17 sortes.

4 ROTATIONS ET ANGLES

Pour DÉMARRER

À savoir avant la 3e

- Reconnaître et construire un axe ou un centre de symétrie, le symétrique d'une figure. → Pour DÉMARRER 1 à 3
- Reconnaître et construire l'image d'une figure par translation. → Pour DÉMARRER 1 et 4
- Utiliser la somme des angles d'un triangle, savoir l'appliquer à des triangles particuliers. → Pour DÉMARRER 5
- Caractériser le triangle rectangle par son inscription dans un demi-cercle. → Pour DÉMARRER 6

1 Figures mélangées

Chaque dessin ci-dessous est composé d'une figure de départ et de la figure image obtenue par une transformation.

a. Dans chaque cas, reconnaître, si possible, la transformation et indiquer les éléments qui la caractérisent.

b. Les figures qui se correspondent par des symétries ou des translations possèdent certaines propriétés.

Quelles sont-elles ?

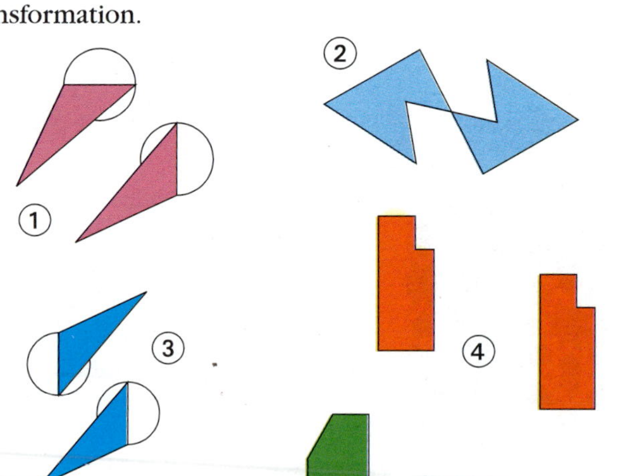

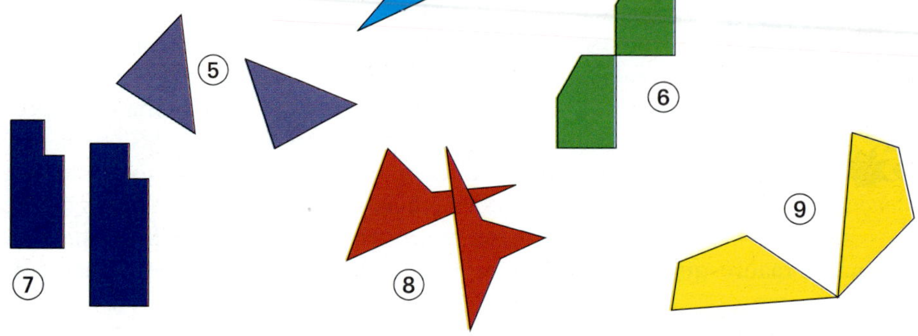

• Document à photocopier dans le Livre du Professeur.

• Reconnaître les trois transformations étudiées précédemment.

• Rappeler les propriétés de conservation des longueurs, angles et aires.

• On pourra demander de tracer les éléments caractéristiques.

Pour DÉMARRER

Rappels des constructions de figures symétriques par rapport à une droite. On pourra faire préciser les propriétés communes des figures.

2 Symétrie axiale

Reproduire les figures proposées sur les supports appropriés (papier quadrillé, papier pointé et papier blanc) et tracer le symétrique de chaque figure par la symétrie d'axe (d).

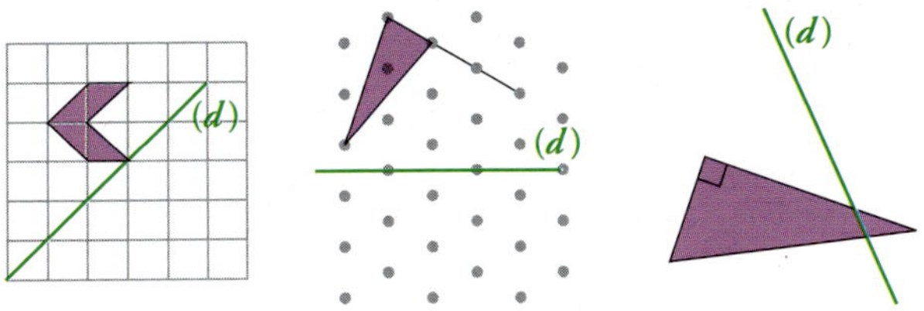

Rappels des constructions de figures symétriques par rapport à un centre.

3 Symétrie centrale

Reproduire les figures proposées sur les supports appropriés (papier quadrillé, papier pointé et papier blanc) et tracer le symétrique de chaque figure par la symétrie de centre O.

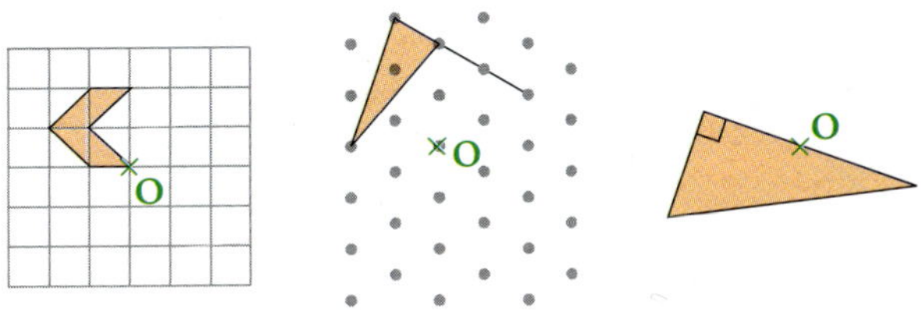

Rappels des constructions de figures obtenues par translation.

4 Translation

Reproduire les figures proposées sur les supports appropriés (papier quadrillé, papier pointé et papier blanc) et tracer l'image de chaque figure obtenue par la translation qui transforme A en B.

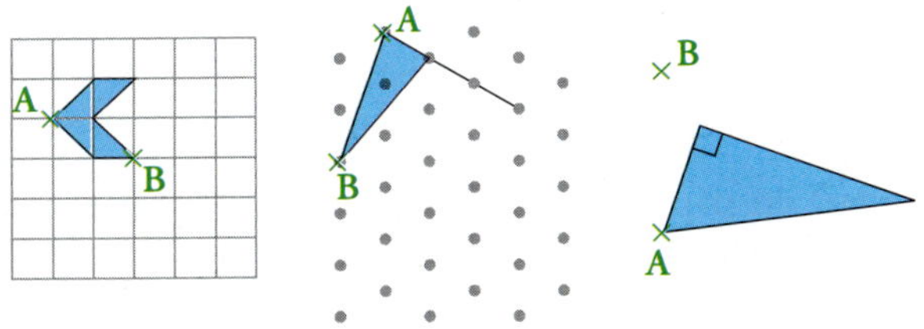

Rappels sur la notion de bissectrice et les angles d'un triangle.

5 Avec des angles

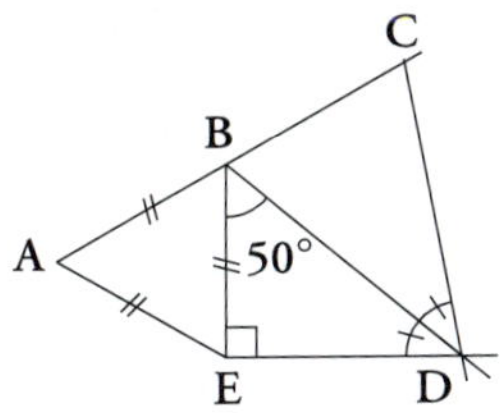

Les points A, B et C sont alignés, (BD) est la bissectrice de l'angle $\widehat{EDC}$.

Montrer que le triangle BCD est isocèle.

• Utilisation de propriétés concernant les triangles rectangles.

• Trois cas possibles utilisant la trigonométrie, les propriétés des triangles isocèles ou équilatéraux.

6 Triangles rectangles

a. Parmi les six figures ci-dessous, rechercher les triangles ABC rectangles en A. Justifier les réponses.

b. Indiquer si possible la mesure de chaque angle $\widehat{ABC}$.

①

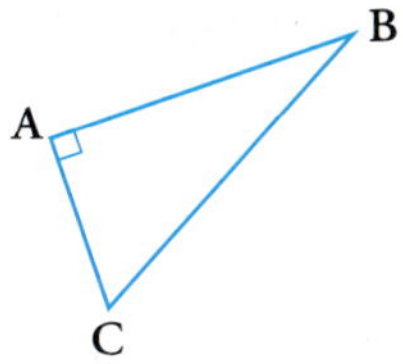

②

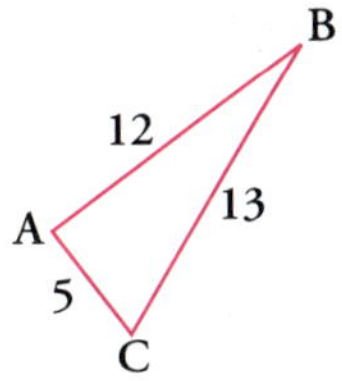

③

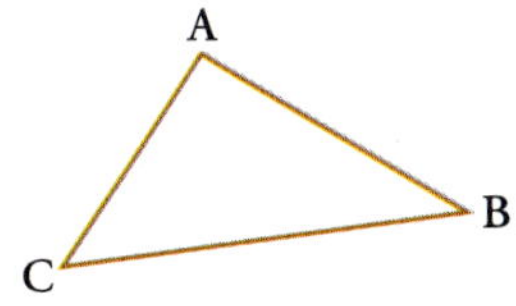

④

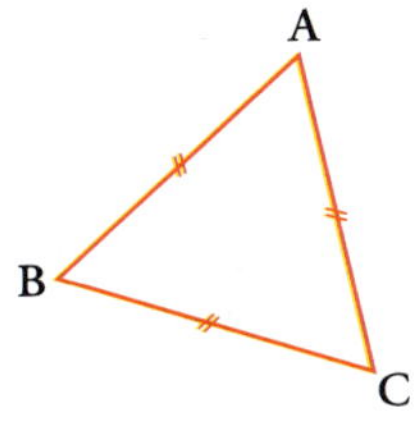

⑤

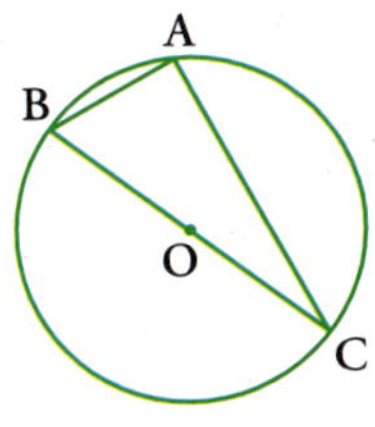

⑥

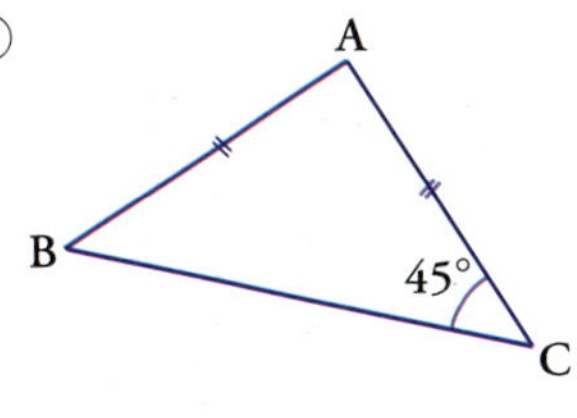

ACTIVITÉS

1 Une nouvelle transformation

a. Définir les transformations permettant de passer de la figure ① à la figure ②, de la figure ③ à la figure ④, de la figure ⑤ à la figure ⑥.

b. Poser un papier-calque sur le dessin et décalquer la figure ⑦.
Trouver le mouvement qui permet de passer de la figure ⑦ à la figure ⑧, et le décrire.

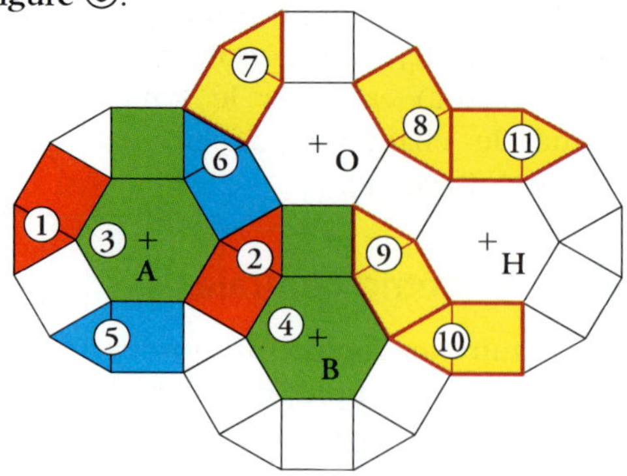

Vocabulaire

On dit que la figure ⑧ est l'image de la figure ⑦ par la **rotation** de centre O et d'angle 120° dans le sens des aiguilles d'une montre.

c. Est-ce la même transformation qui permet de passer de la figure ⑧ à la figure ⑦ ?

d. Définir la rotation permettant de passer de la figure ⑨ à la figure ⑪, la rotation permettant de passer de la figure ⑨ à la figure ⑩, et la rotation permettant de passer de la figure ⑩ à la figure ⑪.

• Document à photocopier dans le livre du professeur.

• Rappel des transformations étudiées en 6ᵉ, 5ᵉ, 4ᵉ.

• Usage du papier-calque.

• Approche expérimentale de la rotation.

• Mise en place du vocabulaire.

• Importance du sens de rotation.

• Cas particulier de la rotation d'angle 180°.

2 Tournez Pentaminos !

Sur du papier quadrillé, on a dessiné quatre pentaminos, figures formées de cinq carrés accolés.

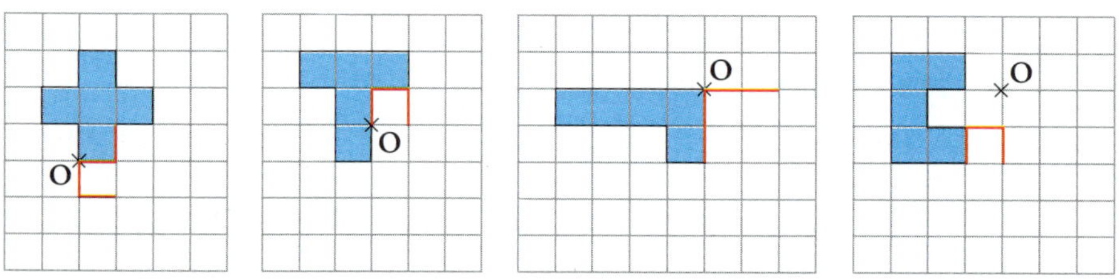

① ② ③ ④

a. Reproduire les quatre pentaminos sur du papier quadrillé.

b. Construire l'image de chaque pentamino par la rotation de centre O et d'angle 90° dans le sens des aiguilles d'une montre.

c. Colorier la figure obtenue puis vérifier, à l'aide d'un morceau de papier-calque en tournant autour du point O, que la construction est correcte.

d. Préciser l'angle de la rotation qui permet d'obtenir la même figure finale, en gardant le même centre et en tournant dans le sens contraire des aiguilles d'une montre.

Aides apportées par l'usage du papier quadrillé et calque.

3 Recherche d'angles

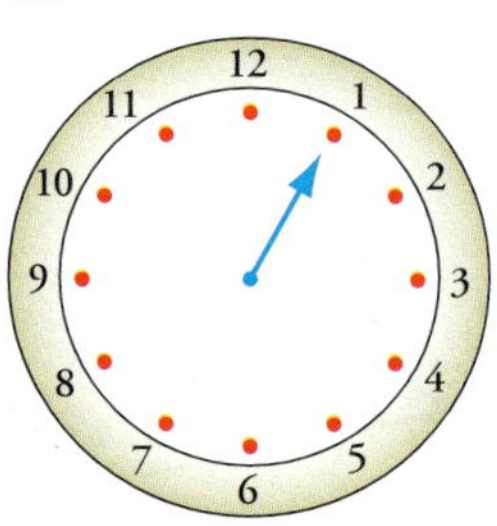

Une pendule comporte une aiguille qui peut tourner dans les deux sens. Le dessin représente la pendule et l'aiguille des heures marquant 1 h.

a. Dessiner l'aiguille dans la position correspondant à 3 h, puis à 6 h, puis à 10 h.

b. Indiquer l'angle de chacune des deux rotations possibles, permettant de passer de la position de 1 h à chacune des trois nouvelles positions.

Recherche des deux angles de rotation correspondant aux deux sens.

4 Tracés sur papier blanc

• Document à photocopier dans le Livre du Professeur.

• Mise en œuvre de la définition.

• On pourra vérifier les constructions à l'aide de papier-calque ou de constructions effectuées avec un logiciel.

• On pourra approcher les propriétés.

a. Construire l'image du segment [MN] par la rotation de centre J et d'angle 90° dans le sens des aiguilles d'une montre.

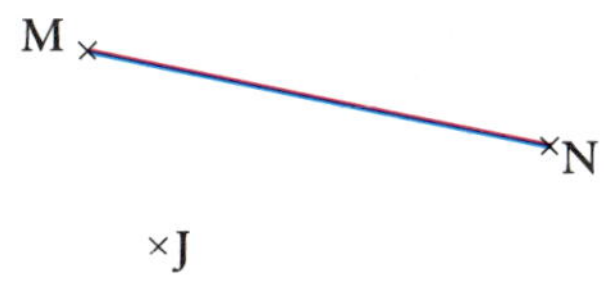

b. Construire l'image A′B′C′ du triangle ABC par la rotation de centre O et d'angle 50° dans le sens contraire des aiguilles d'une montre.

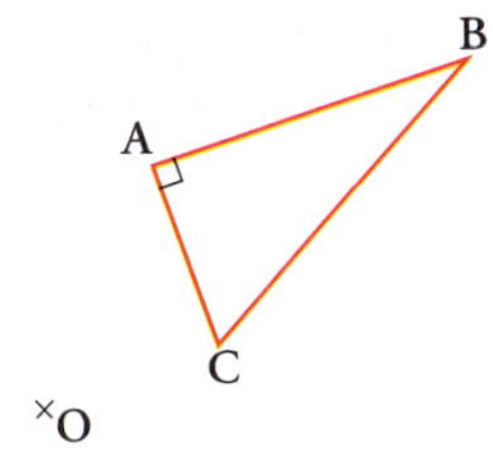

c. Construire l'image $\mathscr{F}'$ de la figure $\mathscr{F}$ par la rotation de centre I et d'angle 135° dans le sens des aiguilles d'une montre.

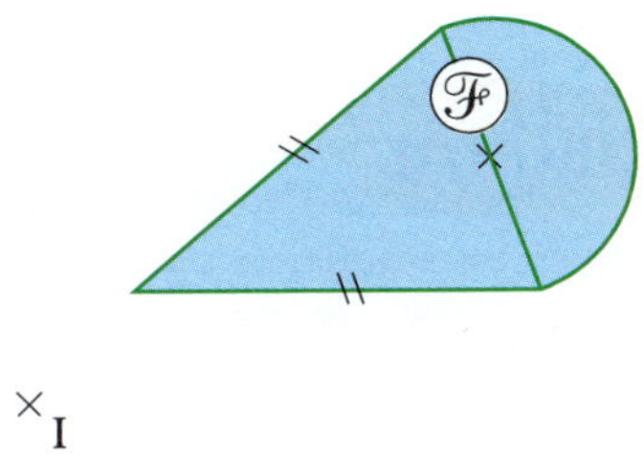

d. Construire l'image du rectangle ABCD par la rotation de centre B et d'angle 70° dans le sens contraire des aiguilles d'une montre.
Construire l'image du rectangle ABCD par la rotation de centre B et d'angle 160° dans le sens des aiguilles d'une montre.

5 Quelques erreurs

• Reconnaître les transformations du collège et nommer les éléments caractéristiques.

• Approche et utilisation des propriétés de conservation d'alignement, d'angle, de longueur.

Dans chacun des cas suivants, trouver, si possible, une transformation permettant de passer de la figure ① à la figure ②. Justifier toutes les réponses.
Indiquer toutes les propriétés communes entre les figures de départ et les figures d'arrivée.

a.

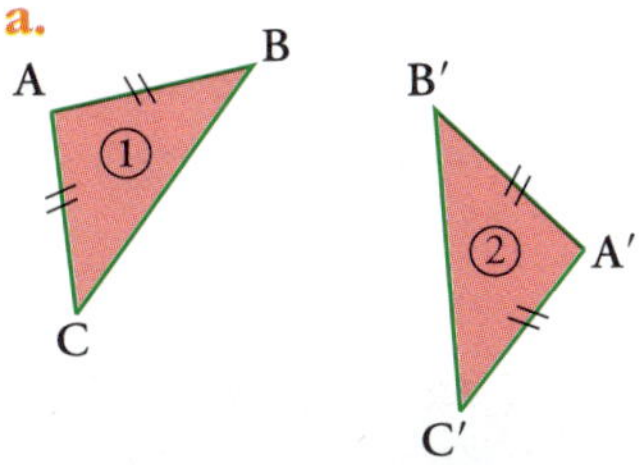

b.

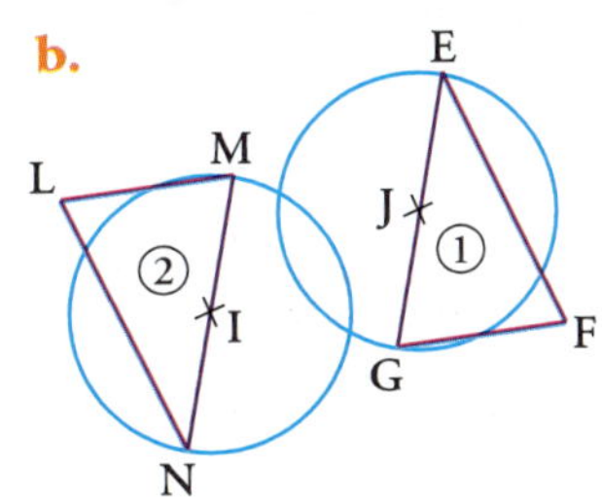

c.

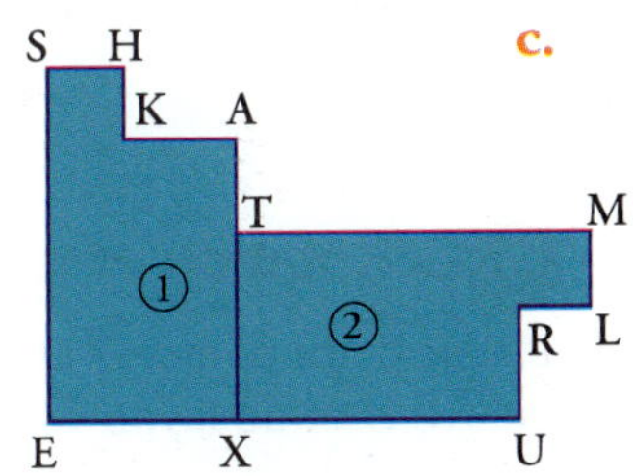

d.

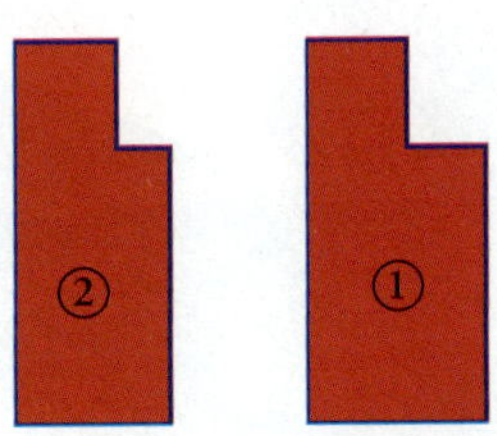

e.

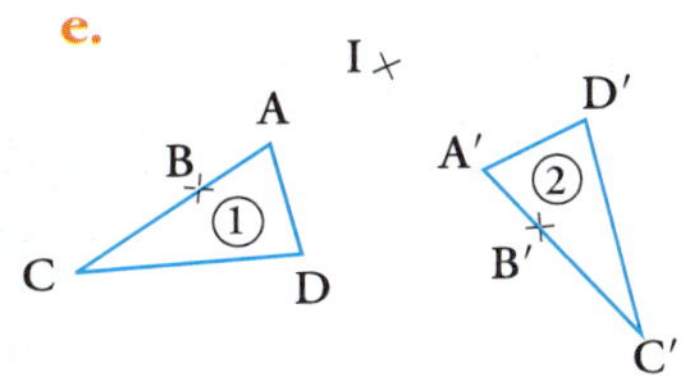

f.

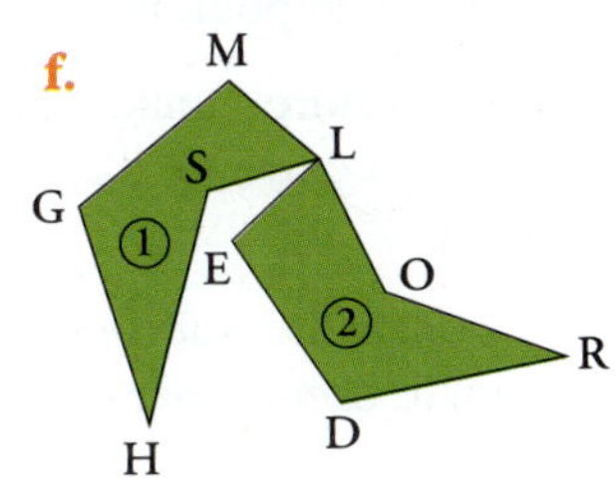

g.

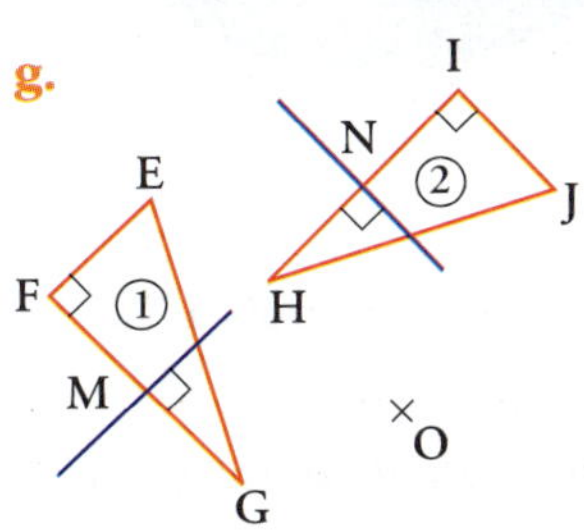

h.

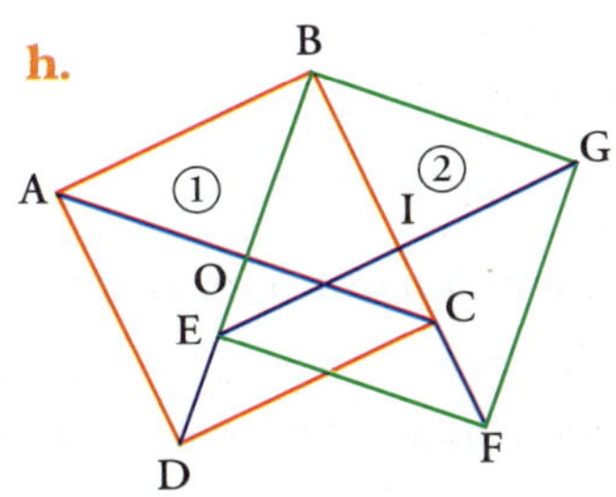

i.

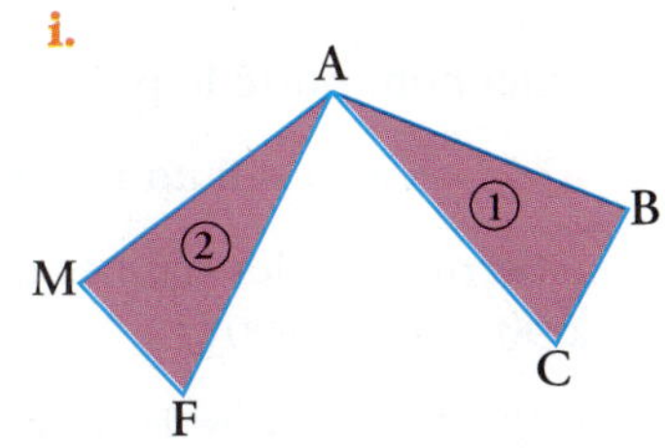

ACTIVITÉS

6 Polygones réguliers et rotation

Julien doit dessiner un triangle équilatéral, un carré et un hexagone dont la longueur des côtés est 3 cm. Voici le début de ses constructions.

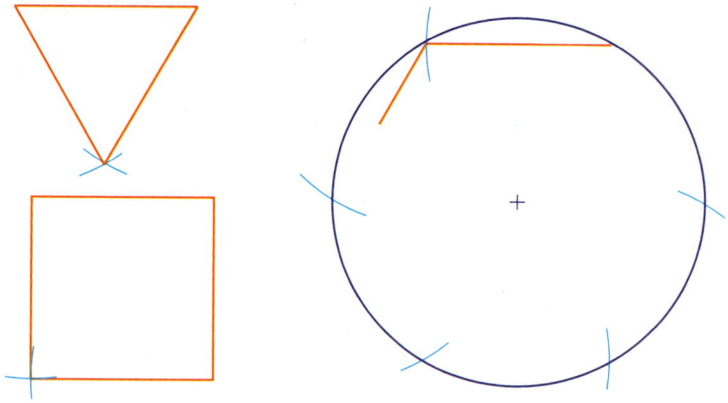

a. Construire les trois figures commencées par Julien et placer le centre des cercles circonscrits.

b. Écrire des observations sur les angles de chaque figure construite par Julien.

> **Vocabulaire**
>
> Un polygone est **régulier**, si tous ses côtés ont la même longueur et tous ses angles ont la même mesure.

c. Construire un deuxième hexagone, non superposable au premier, dont la longueur des côtés est 3 cm.

Cet hexagone est-il régulier ? Est-il inscriptible dans un cercle ?

d. Dans le cas des trois figures dessinées par Julien, trouver l'angle de la rotation, le plus petit possible, pour laquelle le polygone est sa propre image.

• Construction à la règle et au compas.

• Approche de la notion de polygone régulier.

*• La question **c.** permet de montrer qu'un polygone ayant des côtés de longueur égale n'est pas toujours inscriptible dans un cercle.*

• Polygone régulier à n côtés : figure invariante par rotation de $\frac{360}{n}$ degré.

7 Rotation et polygones réguliers

Placer deux points O et A, puis tracer le cercle de centre O et de rayon OA.

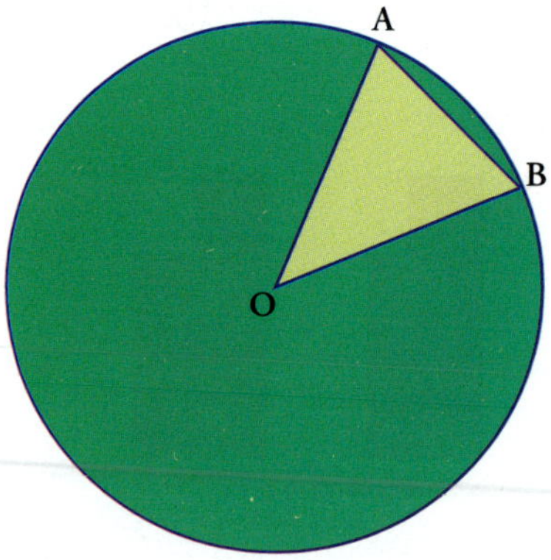

a. Placer un point B sur le cercle tel que $\widehat{AOB} = 45°$.

b. Construire l'image du triangle AOB par la rotation de centre O, d'angle 45°, dans le sens de la flèche ↷ .

c. Construire successivement l'image de chaque triangle obtenu par cette rotation.

d. Au bout de combien de rotations revient-on au point A ?
Quel nom porte le polygone obtenu ? Est-il régulier ?

Aide : 360° est-il un multiple de 45° ?

e. Reprendre les mêmes questions à partir d'un angle $\widehat{AOB}$ égal à 60°, puis à 72°, puis à 90°, puis à 100°.

f. Quelle doit être la mesure de l'angle $\widehat{AOB}$ pour obtenir un triangle équilatéral ? Un pentagone ?

• On pourra utiliser un logiciel de constructions géométriques.

• On pourra justifier que la ligne se referme bien en A.

• Notion de polygone et de polygone étoilé.

• On trouvera un prolongement à l'exercice n° 59.

• On pourra réaliser les constructions et mesures avec les instruments classiques.

8 Avec un logiciel

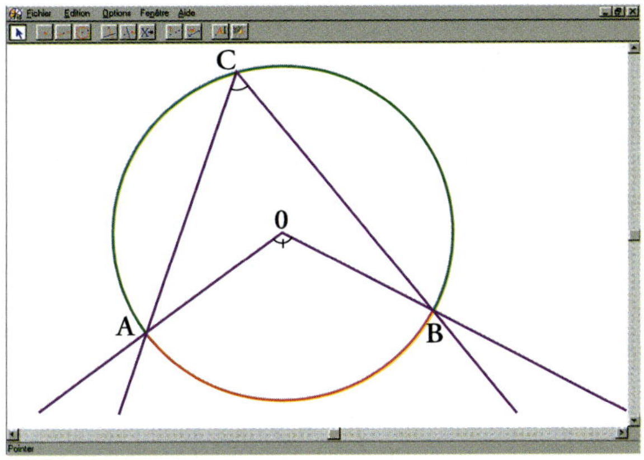

Vocabulaire

Un **angle inscrit** est un angle dont le sommet est sur un cercle et dont les côtés coupent ce cercle.
Un **angle au centre** est un angle dont le sommet est le centre d'un cercle.

$\widehat{ACB}$ est un angle inscrit,
$\widehat{AOB}$ est un angle au centre,
ces deux angles **interceptent le même arc $\overset{\frown}{AB}$.**

• Approche de la relation entre angle inscrit et angle au centre qui interceptent le même arc.

• Approche de l'égalité des mesures d'angles qui interceptent le même arc.

a. Construire un cercle de centre O et de rayon 3 cm.
Placer 3 points A, B, C sur le cercle.
Afficher les mesures des angles $\widehat{ACB}$ et $\widehat{AOB}$ (en degré).
Recopier le tableau ci-dessous et le compléter en relevant les valeurs des angles $\widehat{ACB}$ et $\widehat{AOB}$ pour cinq positions différentes des points A, B, C.

Angles	Cas 1	Cas 2	Cas 3	Cas 4	Cas 5
$\widehat{ACB}$					
$\widehat{AOB}$					

Que constate-t-on ? Écrire une conjecture en utilisant le vocabulaire donné plus haut.

b. Recopier le tableau ci-dessous et le compléter en relevant la mesure de l'angle $\widehat{ACB}$ pour cinq positions différentes du point C sans changer les positions des points A et B.

Angles	Position 1	Position 2	Position 3	Position 4	Position 5
$\widehat{ACB}$					

Fixer d'autres positions des points A et B et reprendre les mesures des angles $\widehat{ACB}$, en complétant de nouveaux tableaux.
Que constate-t-on ? Écrire une conjecture.

• Démonstration de la propriété liant angle au centre et angle inscrit.

• On pourra admettre la propriété ou la démontrer dans l'un des cas.

9 Une démonstration guidée

O est le centre du cercle passant par trois points A, B et C.

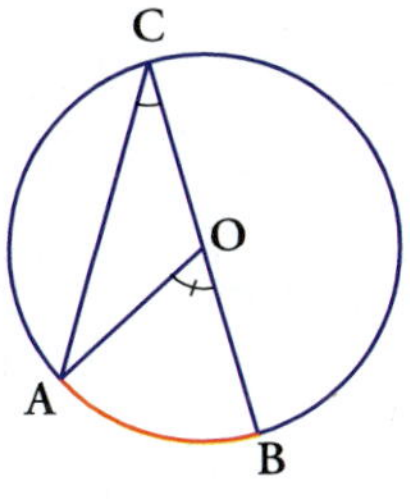

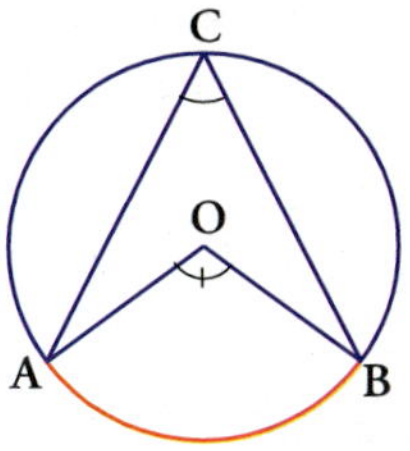

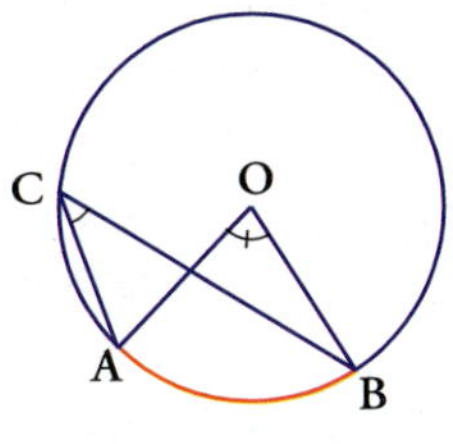

a. Dans la figure ①, démontrer que $\widehat{AOC} = 180° - 2 \times \widehat{ACB}$ et que $\widehat{AOB} = 180° - \widehat{AOC}$.
En déduire une relation entre les angles $\widehat{ACB}$ et $\widehat{AOB}$.

b. Dans les figures ② et ③, tracer le diamètre [CD] du cercle.
- Exprimer l'angle $\widehat{ACD}$ en fonction de $\widehat{AOD}$, et l'angle $\widehat{DCB}$ en fonction de $\widehat{DOB}$.
- En déduire une relation entre les angles $\widehat{ACB}$ et $\widehat{AOB}$.

c. Énoncer la propriété démontrée dans chacun des trois cas de figures.

L'ESSENTIEL en deux pages

1 – Rotation

a. Définition

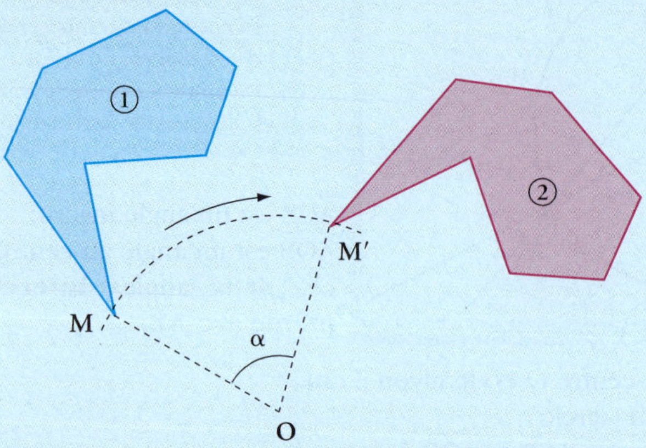

La figure ① se déplace, en tournant autour du point O, d'un angle α dans le sens des aiguilles d'une montre, et vient se superposer à la figure ②.
On dit que la figure ② est l'image de la figure ① par la **rotation** de centre O, d'angle α dans le sens des aiguilles d'une montre (ou dans le sens de la flèche).

Remarque
Une symétrie centrale de centre O est une rotation de centre O et d'angle 180°.

> Une **rotation** est définie par un centre, un angle et un sens.

b. Image d'un point

> Le point M′ est l'image d'un point M par la rotation de centre O, d'angle α dans le sens de la flèche, si :
> - OM = OM′
> - $\widehat{MOM'}$ = α (en tournant dans le sens de la flèche)

Méthode page 87

Remarque
Le centre d'une rotation est sa propre image. On dit qu'il est invariant.

c. Propriétés

Les propriétés ci-dessous sont admises.

> Par une rotation,
> - l'image d'une droite est une droite.
> - l'image d'un segment est un segment de même longueur.
> - l'image d'un angle est un angle de même mesure.
> - l'image d'un cercle est un cercle de même rayon.

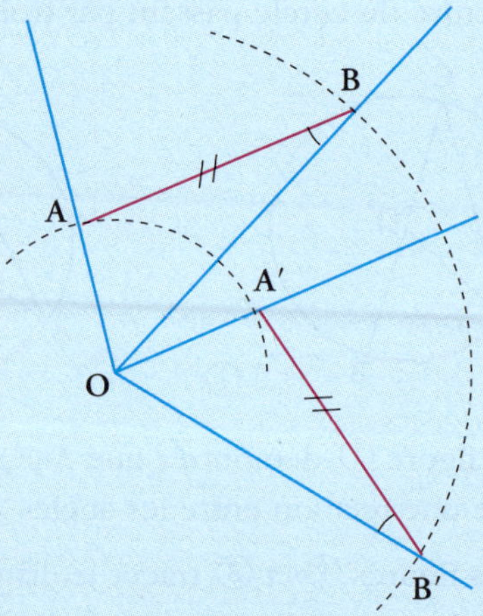

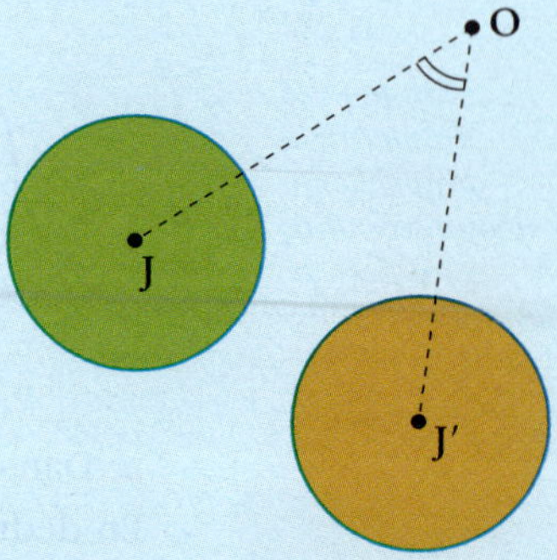

Une rotation conserve l'alignement, les longueurs, les angles et les aires.
AB = A′B′ ; $\widehat{ABO} = \widehat{A'B'O}$

2– Polygones réguliers

Un polygone est **régulier** si tous ses côtés ont la même longueur et tous ses angles ont la même mesure.

Le centre de ce polygone est le centre du cercle circonscrit.

Cas particuliers

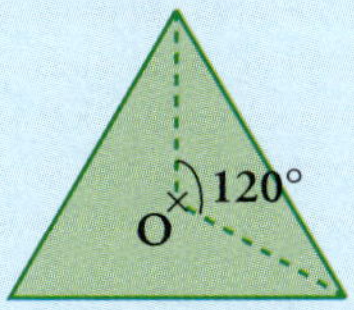

TRIANGLE ÉQUILATÉRAL

Un triangle équilatéral est sa propre image par la rotation de centre O et d'angle 120°.

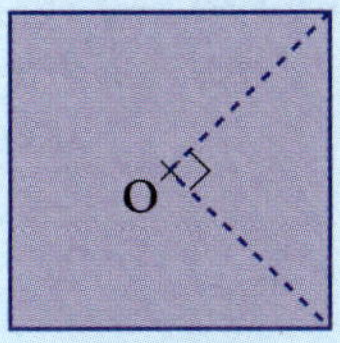

CARRÉ

Un carré est sa propre image par la rotation de centre O et d'angle 90°.

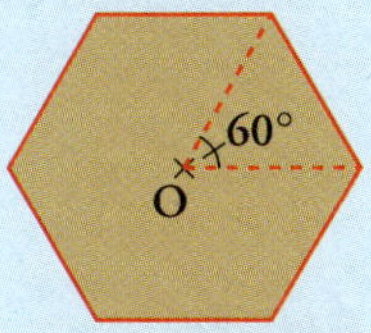

HEXAGONE

Un hexagone est sa propre image par la rotation de centre O et d'angle 60°.

3– Angle inscrit et angle au centre

Soient A, M et B trois points d'un cercle de centre O.

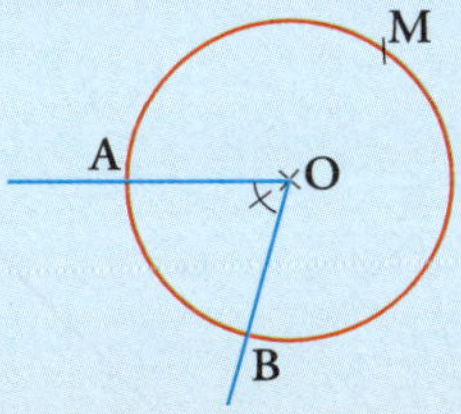

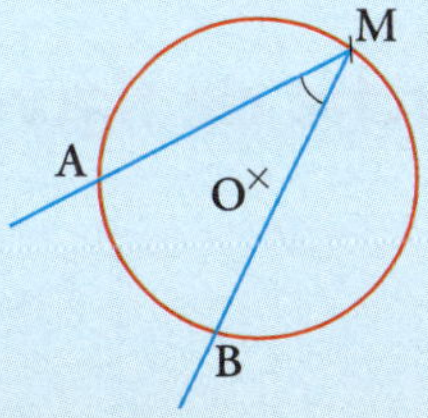

Un angle ayant pour sommet le centre d'un cercle est appelé **angle au centre**.

L'angle $\widehat{AOB}$ est **un angle au centre**.
$\widehat{AOB}$ **intercepte** l'arc de cercle $\overset{\frown}{AB}$.

Un angle ayant pour sommet un point d'un cercle et pour côtés deux cordes du cercle est appelé **angle inscrit** dans le cercle.

L'angle $\widehat{AMB}$ est **un angle inscrit** dans le cercle.
$\widehat{AMB}$ **intercepte** l'arc de cercle $\overset{\frown}{AB}$.

Remarque

On convient de prendre le plus petit des deux arcs de cercle pour l'arc AB, noté $\overset{\frown}{AB}$.

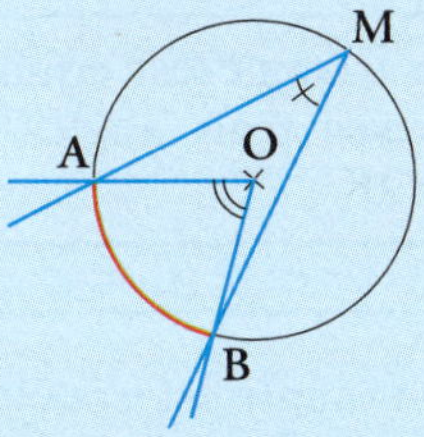

$$\widehat{AMB} = \frac{1}{2}\,\widehat{AOB}$$

Propriété 1

Si, dans un cercle, un angle inscrit et un angle au centre interceptent le même arc, alors la mesure de l'angle inscrit est égale à la moitié de celle de l'angle au centre.

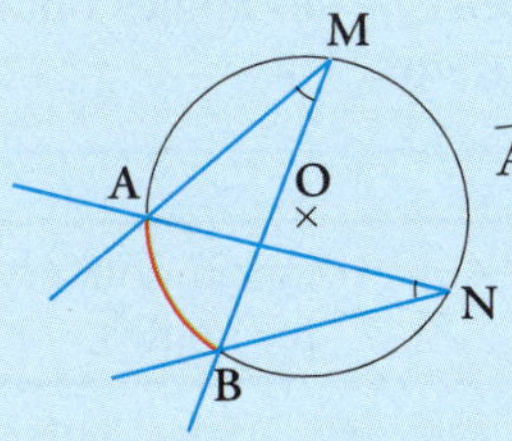

$$\widehat{AMB} = \widehat{ANB}$$

Propriété 2

Si deux angles inscrits dans un cercle interceptent le même arc, alors ils ont la même mesure.

Méthode page 90

DÉMONTRER QUE DES POINTS SONT ALIGNÉS

Problème

ABCD est un carré.
On construit deux triangles équilatéraux, l'un extérieur BCF et l'autre intérieur DCG.
Il semble que les points A, G et F soient alignés, c'est ce que l'on va chercher à démontrer.

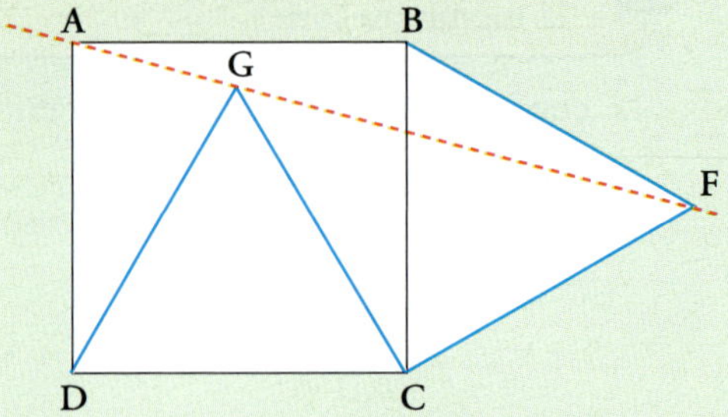

Étude

Une rotation transforme des points alignés en des points alignés.
On va donc chercher à faire apparaître des points alignés qui ont pour images les points A, G et F par une rotation.

1. Construire E image de A par la rotation de centre C qui transforme F en B.

2. Quelle est la nature du triangle AEC ? Justifier.

3. En déduire que les points E, D et B sont alignés.

4. Utiliser une rotation de centre C, dont on précisera l'angle et le sens pour démontrer que les points A, G et F sont alignés.

Recherche de figures utiles

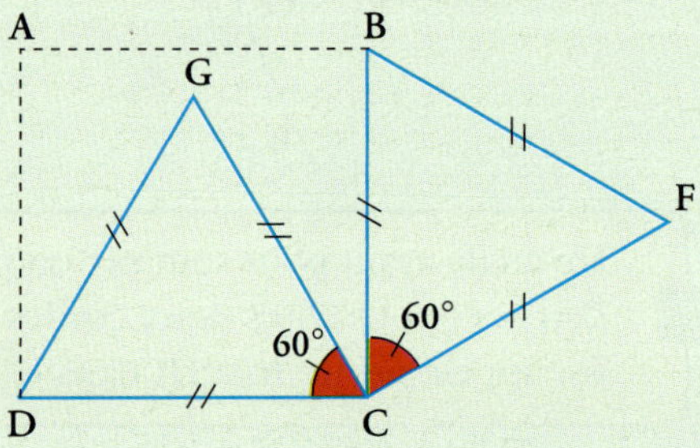

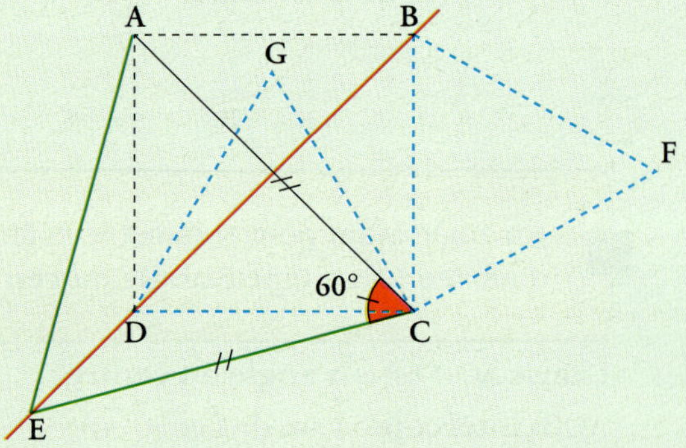

Recherche de propriétés utiles

Si un quadrilatère est un carré, alors ses quatre côtés ont même longueur.	Si un quadrilatère est un carré, alors ses côtés consécutifs sont perpendiculaires.	Si un triangle est équilatéral, alors ses trois angles mesurent 60°.
Si un point est situé sur la médiatrice d'un segment, alors il est équidistant des extrémités de ce segment.	Si un point est équidistant des extrémités d'un segment, alors il est situé sur la médiatrice de ce segment.	Si un triangle est isocèle, alors deux de ses angles ont même mesure.
La rotation conserve l'alignement.	La rotation conserve les longueurs.	La rotation conserve les angles.

Un exemple de solution commentée

1. Le triangle BCF est équilatéral. Il a donc ses côtés de même longueur et ses angles de mesure 60° :

$$CB = CF \text{ et } \widehat{BCF} = 60°$$

> Définition de la rotation : centre, angle, sens.

On peut alors utiliser une rotation de centre C, d'angle 60° qui transforme F en B.

On construit l'image E du point A par cette même rotation.

> Construction de l'image d'un point par une rotation.

2. E est l'image de A par la rotation de centre C et d'angle 60°, donc :

$$CA = CE \text{ et } \widehat{ACE} = 60°$$

> Définition de l'image d'un point par une rotation.

Le triangle AEC a deux côtés de même longueur, il est donc isocèle de sommet principal C.

> Définition d'un triangle isocèle.

Le triangle AEC est isocèle de sommet principal C donc $\widehat{CEA} = \widehat{CAE}$.

> Propriété des angles d'un triangle isocèle.

Le triangle AEC isocèle en C a un angle au sommet de 60°, il est donc équilatéral.

> La somme des angles d'un triangle est égale à 180°.

3. Le triangle AEC est équilatéral, il a donc ses trois côtés de même longueur :

$$CA = CE = AE$$

> Propriété du triangle équilatéral.

Comme EA = EC alors E est un point de la médiatrice de [AC].

> Réciproque de la propriété d'équidistance des points de la médiatrice d'un segment.

ABCD est un carré, alors il a ses côtés de même longueur :

$$AB = BC = CD = DA$$

> Propriété des côtés d'un carré.

Comme AB = BC, alors B est un point de la médiatrice de [AC].

Comme DA = DC, alors D est un point de la médiatrice de [AC].

> Réciproque de la propriété d'équidistance des points de la médiatrice d'un segment.

Les points E, B et D appartiennent tous les trois à la médiatrice de [AC], ils sont donc alignés.

> Définition de points alignés.

4. Par la rotation de centre C, d'angle 60° et dans le sens des aiguilles d'une montre :

- l'image de E est A ;
- l'image de D est G ;
- l'image de B est F.

> Définition de l'image d'un point par une rotation.

Les points E, B et D sont alignés, donc leurs images A, F et G sont alignées.

> Propriété de conservation de l'alignement de points par une rotation.

EXERCICES d'application

ROTATION

Reconnaître

1 Pour chacun des dessins suivants, indiquer, si elle existe, une transformation qui permet de passer de la figure ① à la figure ② :

a. **b.** **c.** **d.** **e.**

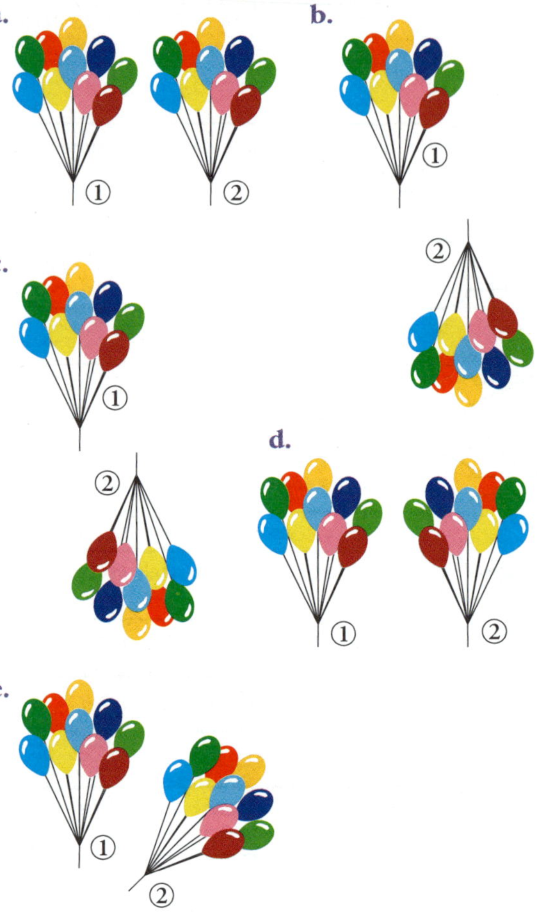

2 Dans chaque cas, définir une transformation permettant de passer d'une figure à l'autre. Est-ce une rotation ? Justifier.

a. **b.** **c.** **d.**

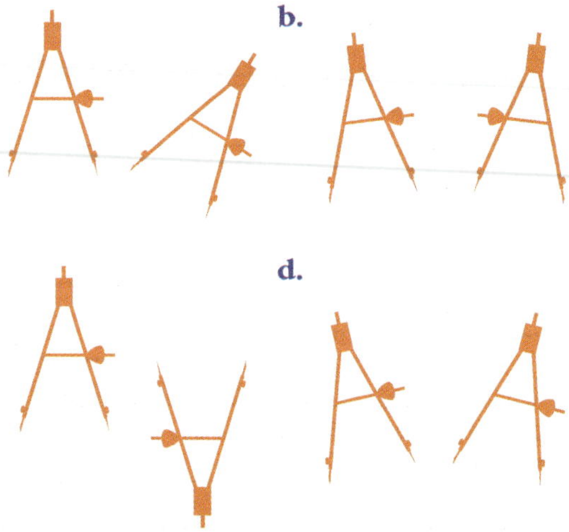

3 Dans chaque cas, définir une transformation permettant de passer de la figure verte à la figure rouge.

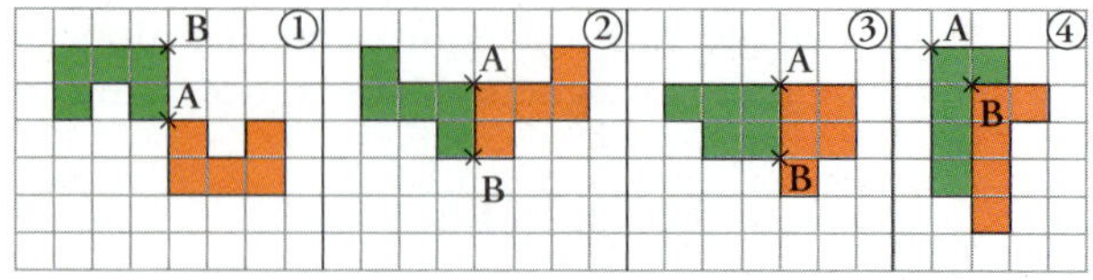

4 Dans chaque cas, définir une transformation permettant de passer de la figure verte à la figure rouge.

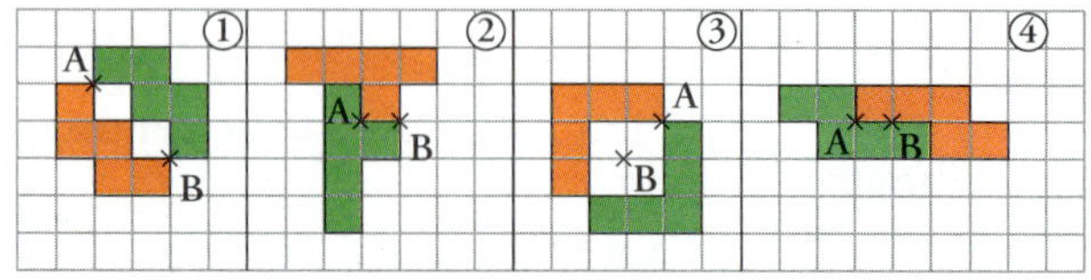

5 Dans chaque cas, définir une rotation permettant de passer de la figure ① à la figure ② en indiquant centre, angle et sens.

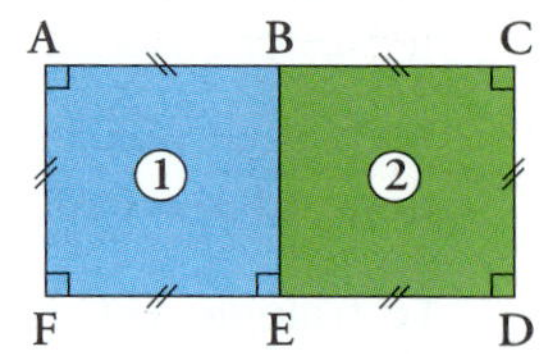

Cas 1

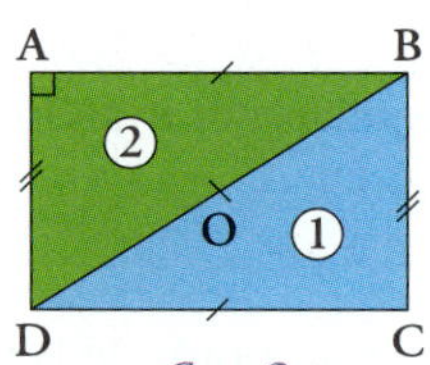

Cas 2

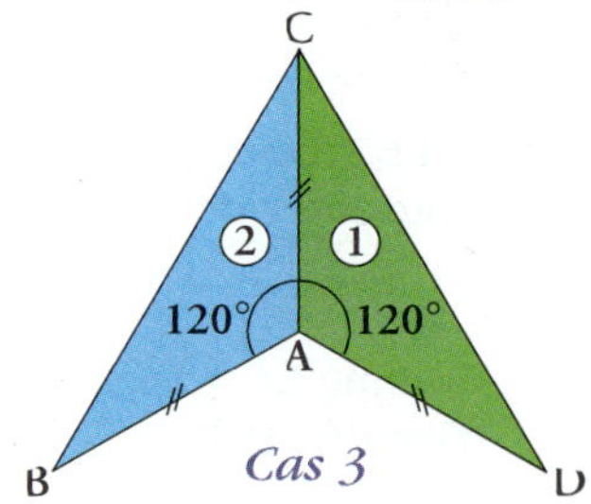

Cas 3

6 **Pavage**

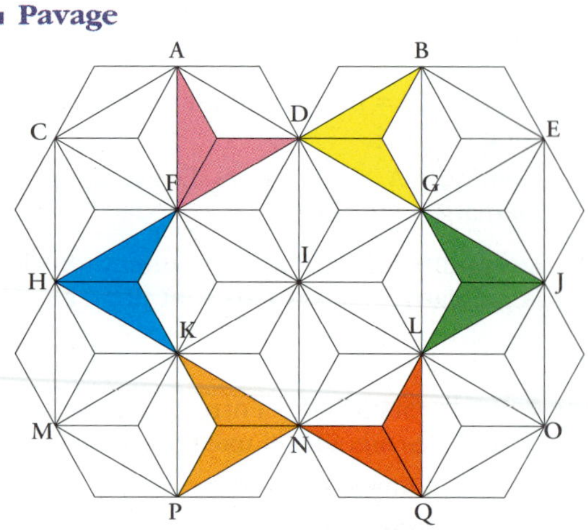

Sur le pavage ci-dessus, définir précisément par quelle transformation la figure bleue a pour image :

a. la figure verte.
b. la figure jaune.
c. la figure rouge.
d. la figure orange.
e. la figure rose.

7 Sur le pavage de l'exercice précédent :

a. Quelle est l'image du losange IFKN par la rotation de centre I, d'angle 120° dans le sens des aiguilles d'un montre ?

b. Quelle est l'image du trapèze BDJE par la rotation de centre O, d'angle 60° dans le sens inverse des aiguilles d'une montre ?

c. Quelle est l'image de ACF par la rotation de centre I, d'angle 180° dans le sens des aiguilles d'une montre ?

8 La figure ci-contre est composée de deux carrés.

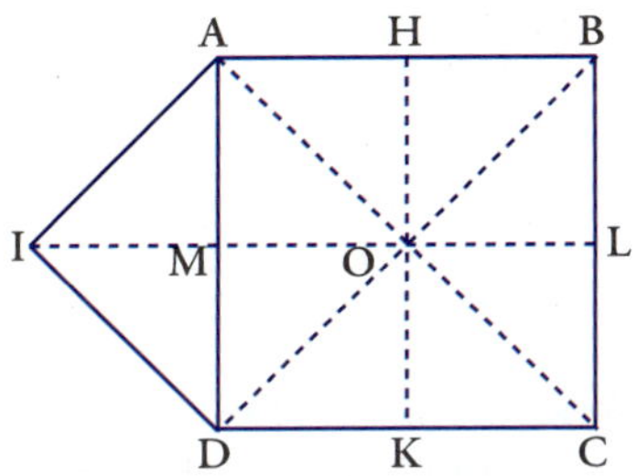

Dans chacun des cas suivants, indiquer les noms des transformations qui permettent de passer du triangle de départ au triangle d'arrivée.

Triangle de départ	OBL	CLO	AOH	DMI
Triangle d'arrivée	OAH	DMI	AIM	AMO

Préciser les éléments qui caractérisent ces transformations.

Construire

9 Reproduire les figures ci-dessous sur papier quadrillé, puis construire leurs images par la rotation de centre O et d'angle 90° dans le sens des aiguilles d'une montre.

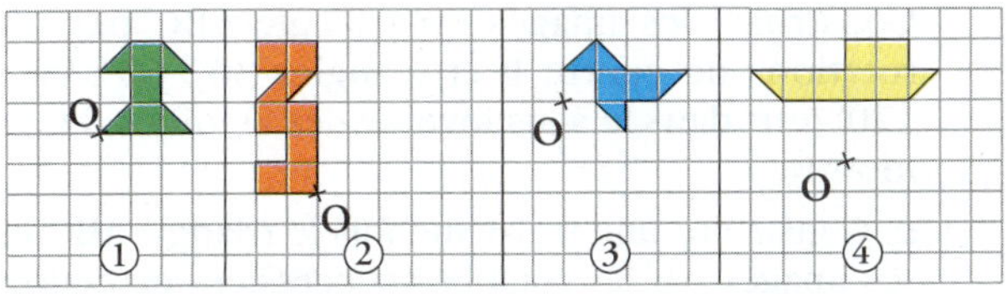

10 Reproduire les figures ci-dessous sur papier pointé, puis construire leurs images par la rotation de centre O et d'angle 120° dans le sens inverse des aiguilles d'une montre.

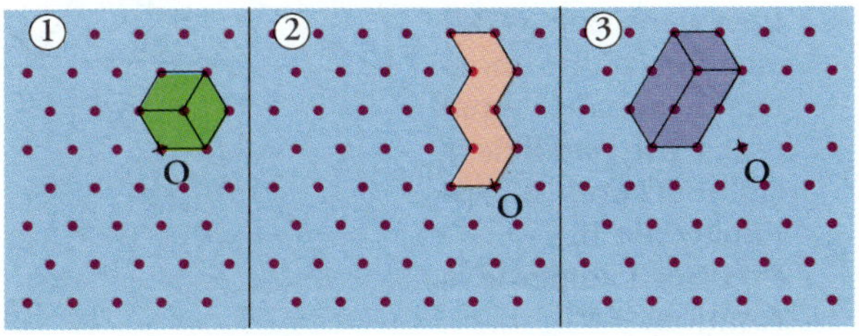

MÉTHODE

Tracer l'image d'un point par une rotation

Énoncé

Tracer l'image M′ du point M par la rotation de centre O et d'angle 45° dans le sens inverse des aiguilles d'une montre.

Exemple de solution

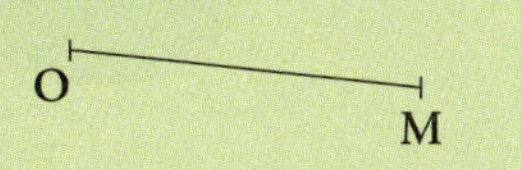

• Tracer [OM].

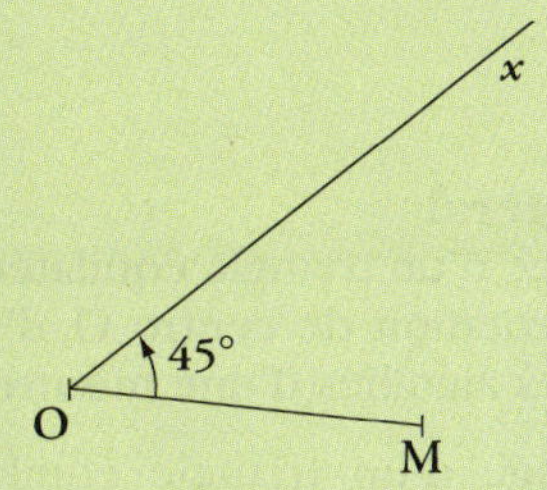

• Tracer l'angle $\widehat{MOx}$ de 45° dans le sens inverse des aiguilles d'une montre.

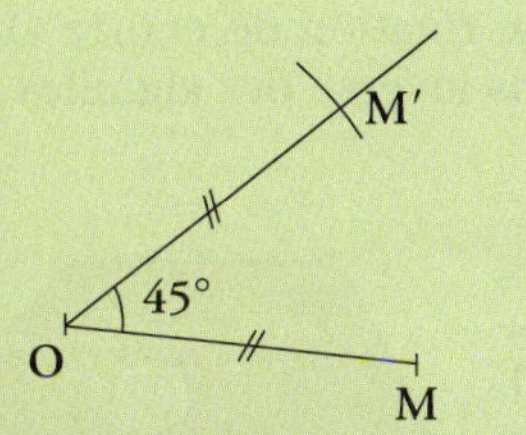

• Placer le point M′ sur [Ox) tel que OM = OM′.

● Voir exercices 11 à 19

11 Reproduire le segment [AB] et le point O ci-dessous.

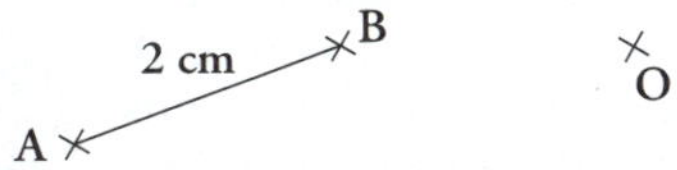

a. Construire l'image [A′B′] du segment [AB] par la rotation de centre O, d'angle 45° dans le sens inverse des aiguilles d'une montre.

b. Quelle est la longueur du segment [A′B′] ?

12 Reproduire la droite (d) et le point O.

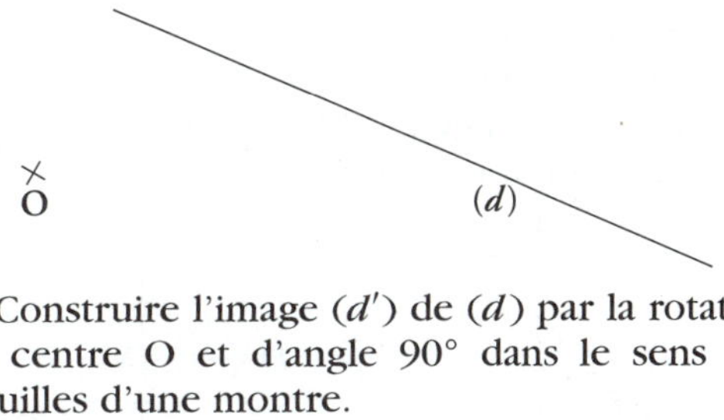

a. Construire l'image (d') de (d) par la rotation de centre O et d'angle 90° dans le sens des aiguilles d'une montre.
b. Que peut-on dire des droites (d) et (d') ? Justifier.

13 Dans chaque cas, reproduire le cercle $\mathscr{C}$ et le point O, puis construire l'image $\mathscr{C}'$ du cercle $\mathscr{C}$ par la rotation de centre O et d'angle 70° dans le sens inverse des aiguilles d'une montre.

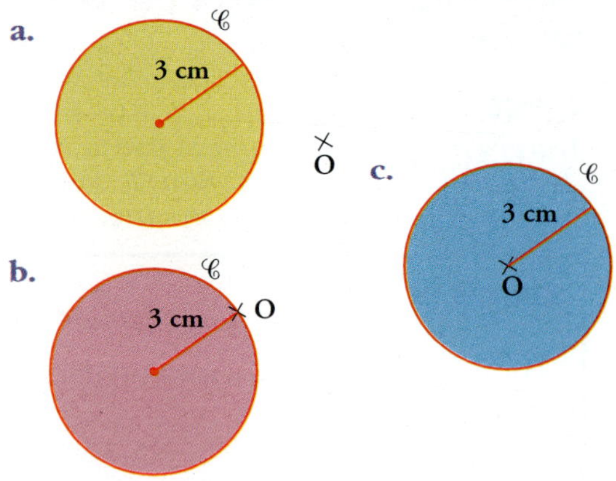

14 **Triangle équilatéral**

a. Construire l'image d'un triangle équilatéral de centre O par une rotation de centre O, d'angle 60° dans le sens des aiguilles d'une montre.

b. Construire l'image d'un triangle équilatéral de centre O par une rotation de centre O, d'angle 120° dans le sens inverse des aiguilles d'une montre.

15 Construire l'image $\mathscr{F}'$ de $\mathscr{F}$ par une rotation de centre O, d'angle 120° et de sens inverse des aiguilles d'une montre.

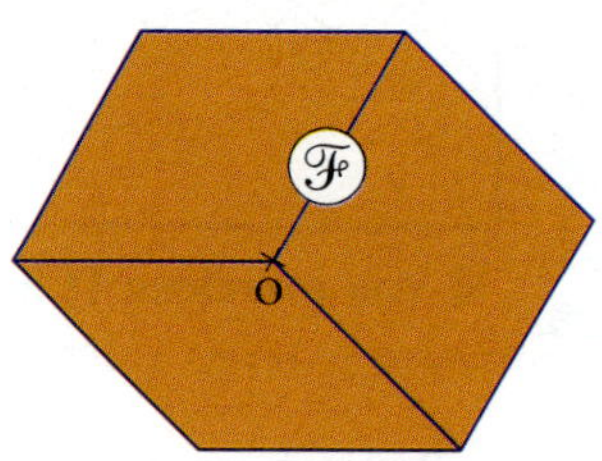

16 Construire l'image $\mathscr{F}'$ de $\mathscr{F}$ par une rotation de centre O, d'angle 120° et de sens inverse des aiguilles d'une montre.

17 Reproduire la figure $\mathscr{F}$ ci-dessous, où ABCE est un rectangle.
Construire l'image $\mathscr{F}'$ de $\mathscr{F}$ par une rotation de centre D, d'angle 130° et de sens inverse des aiguilles d'une montre.

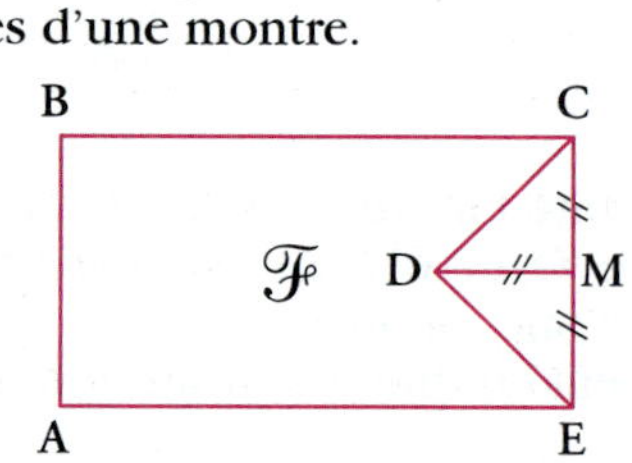

18 Reproduire la figure ci-contre et tracer son image par la rotation de centre A et d'angle 90° dans le sens des aiguilles d'une montre.

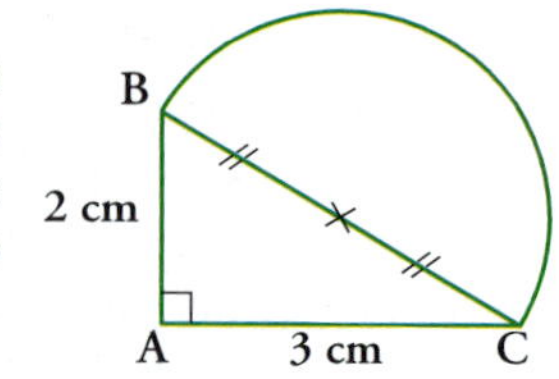

19 **a.** Tracer un triangle ABC tel que AB = 4 cm, $\widehat{BAC} = 80°$ et AC = 5 cm.

b. Construire l'image de ce triangle par la rotation de centre A et d'angle 40° dans le sens des aiguilles d'une montre.

20 **a.** Tracer un parallélogramme GRAM tel que GR = 6 cm, RA = 4 cm et $\widehat{GRA} = 100°$.

b. Quelle est la mesure de l'angle $\widehat{RAM}$? Justifier.

c. Construire l'image du parallélogramme GRAM par la rotation de centre A et d'angle 80° dans le sens inverse des aiguilles d'une montre.

21 **Trois étoiles**

a. Construire le triangle ABC suivant les mesures indiquées. Construire le symétrique du triangle par rapport à la droite (AB). Appeler D le symétrique de C. Construire l'image du quadrilatère ACBD par la rotation de centre B et d'angle 60° dans le sens des aiguilles d'une montre. Construire l'image de ce deuxième quadrilatère par cette rotation puis poursuivre la construction de l'étoile en appliquant cette méthode à chaque nouveau quadrilatère.

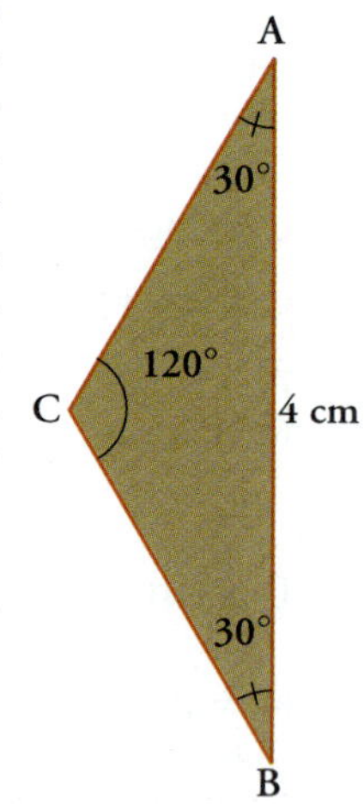

b. Construire une deuxième fois le triangle ABC. Construire les images du triangle ABC par les rotations de centre B et d'angles 30°, 60°, 90°, 120°, etc. dans le sens inverse des aiguilles d'une montre.

c. Construire une troisième fois le triangle ABC et ses images par les rotations successives de centre B et d'angles 60° dans le sens des aiguilles d'une montre.

22 Construire l'image de la figure $\mathscr{F}$ par une rotation de centre A dans le sens des aiguilles d'une montre, sachant que (AB′) est parallèle à (BC) et que B′ est l'image de B.
Préciser l'angle de la rotation.

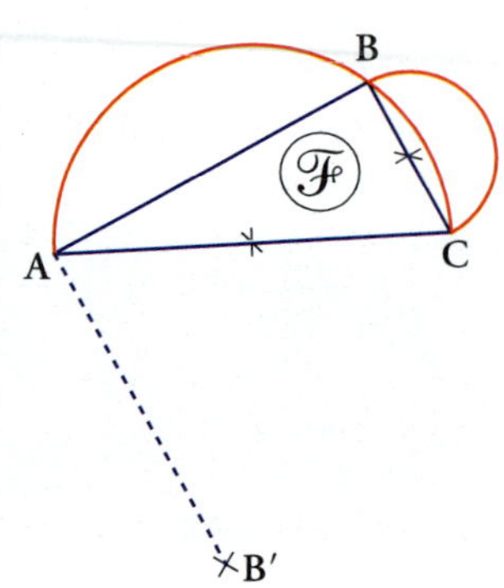

POLYGONES RÉGULIERS

23 ABCDEF est un hexagone régulier.

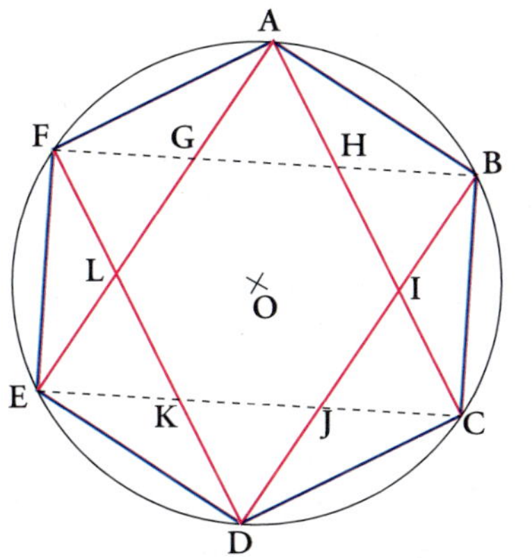

On appelle :
r_1 la rotation de centre O et d'angle 60° dans le sens des aiguilles d'une montre.
r_2 la rotation de centre O et d'angle 120° dans le sens inverse des aiguilles d'une montre.

a. Quelle est l'image du point E par r_1 ?

b. Quelle est l'image du point E par r_2 ?

c. Quelle est l'image du triangle BIC par r_1 ?

d. Quelle est l'image du triangle BIC par r_2 ?

e. Quelle est l'image du triangle ACE par r_1 ?

f. Quelle est l'image du triangle ACE par r_2 ?

24 Tracer un triangle équilatéral ABC et marquer son centre O.

a. Quelle est la mesure de l'angle $\widehat{AOB}$? Justifier.

b. Construire le point O′, symétrique du point O par rapport à B.

c. Construire un triangle équilatéral BDE tel que O′ soit son centre.

25 **a.** Construire un triangle PEN isocèle en P tel que EN = 4 cm et $\widehat{ENP}$ = 72°.

b. Construire l'image de ce triangle par la rotation de centre P et d'angle 72° dans le sens inverse des aiguilles d'une montre.

c. Faire subir cette même rotation, au dernier triangle obtenu, trois fois consécutives.

d. Que remarque-t-on ? Pouvait-on le prévoir ?

26 Tracer un cercle $\mathscr{C}$ de centre O et de rayon 3 cm. Tracer un heptagone (polygone à 7 côtés) régulier inscrit dans ce cercle.

27 Tracer un cercle $\mathscr{C}$ de centre O et de rayon 3 cm. Tracer un décagone régulier (polygone à 10 côtés) inscrit dans ce cercle.

28 Construire les cercles circonscrits à un triangle isocèle, un losange, un rectangle.

Ces polygones sont-ils réguliers ?

29 **Calculs dans un carré**

a. Construire un carré ABCD de centre O et dont le rayon du cercle circonscrit est 5 cm.
Calculer la valeur exacte de la mesure du côté.

b. Construire un carré ABCD de centre O, de côté 5 cm.
Calculer la valeur exacte du rayon du cercle circonscrit.

c. Dans les deux cas précédents, on appelle OH la hauteur du triangle OAB.
Calculer les deux valeurs exactes de OH, puis arrondir au dixième.

30 **Calcul dans un hexagone**

a. Construire un hexagone régulier ABCDEF de centre O et dont le rayon du cercle circonscrit est 5 cm.

b. On appelle OH la hauteur du triangle OAB. Calculer la valeur exacte de OH, puis arrondir au dixième.

ANGLES INSCRITS

31 Dans chacun des cas, l'angle $\widehat{ABC}$ est-il un angle inscrit au cercle $\mathscr{C}$? Justifier.

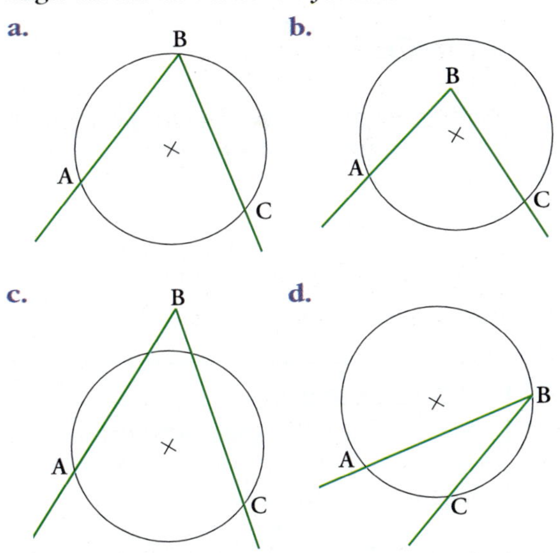

32 Dessiner un cercle $\mathscr{C}$. Placer un point A sur $\mathscr{C}$ et dessiner un angle de sommet A qui ne soit pas inscrit dans $\mathscr{C}$.
Dessiner un angle $\widehat{DEF}$ dont les côtés coupent $\mathscr{C}$ mais qui ne soit pas inscrit dans $\mathscr{C}$.

33 Dessiner un cercle de centre O. Placer deux points quelconques A et B sur le cercle.
Dessiner l'angle au centre interceptant l'arc $\overset{\frown}{AB}$.
Dessiner deux angles inscrits interceptant l'arc $\overset{\frown}{AB}$.

34 Citer, sur la figure ci-contre, les angles inscrits au cercle $\mathscr{C}$ qui interceptent le même arc $\overset{\frown}{PM}$.

Quels angles inscrits interceptent-ils l'arc de cercle $\overset{\frown}{HL}$?

L'angle $\widehat{PHM}$ intercepte-t-il le même arc que l'angle $\widehat{PBM}$?

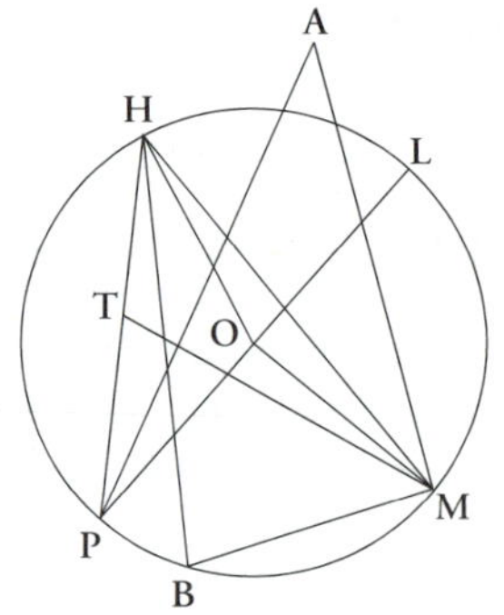

35 Citer, sur la figure ci-dessous, tous les angles inscrits du cercle $\mathscr{C}$ faisant intervenir les points A, B, C et M. Regrouper ceux qui interceptent le même arc de cercle.

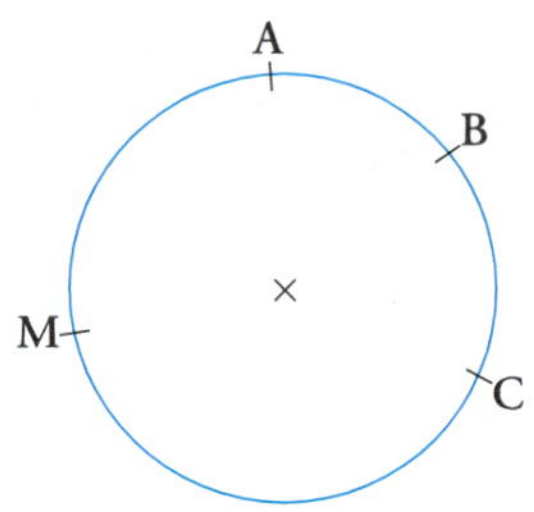

À quelle condition deux angles inscrits interceptent-ils bien le même arc de cercle ?

MÉTHODE

Utiliser la propriété de l'angle inscrit associé à un angle au centre

Énoncé

A, B, C *sont trois points d'un cercle de centre* O *tels que* $\widehat{AOC} = 120°$.
Calculer la mesure de l'angle $\widehat{ABC}$.

Exemple de solution

Dans le cercle $\mathscr{C}$, l'angle $\widehat{ABC}$ est inscrit et intercepte le même arc de cercle $\overset{\frown}{AC}$ que l'angle au centre $\widehat{AOC}$.

Donc $\widehat{ABC} = \dfrac{1}{2}\,\widehat{AOC}$

D'où $\widehat{ABC} = \dfrac{1}{2} \times 120°$

$\widehat{ABC} = 60°$.

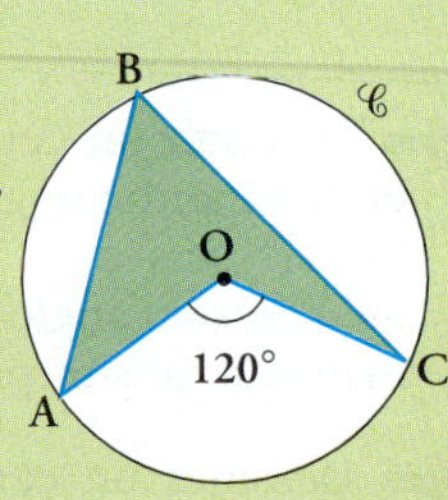

● Voir exercices 36 à 40

36 Dans chacun des cas ci-dessous, calculer la valeur de l'angle α. Justifier.

a.

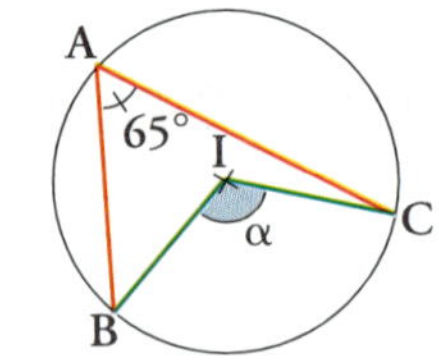

b.

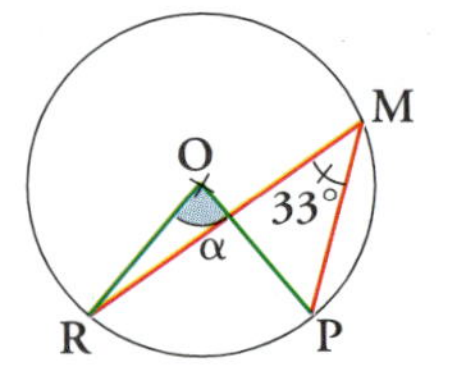

c.

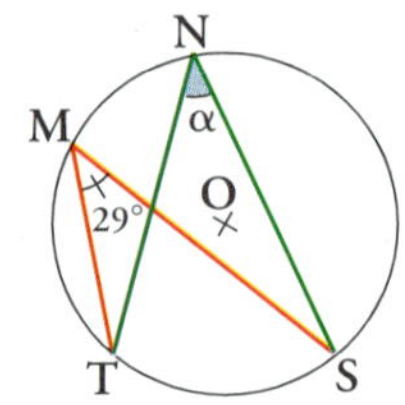

37 Dans chacun des cas ci-dessous, calculer la mesure de l'angle $\widehat{AMB}$. Justifier.

a.

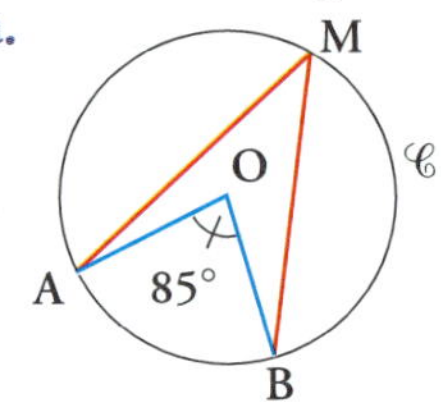

b.

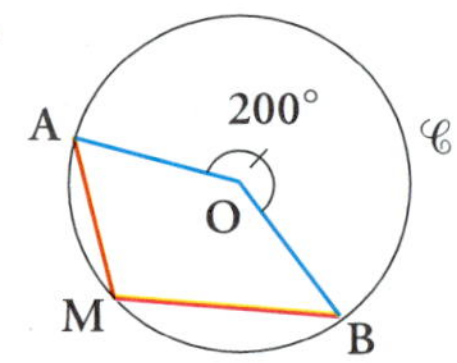

c.

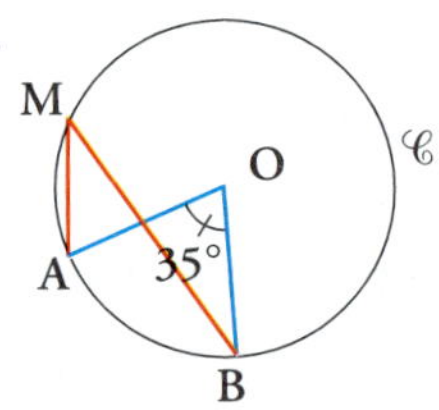

d.

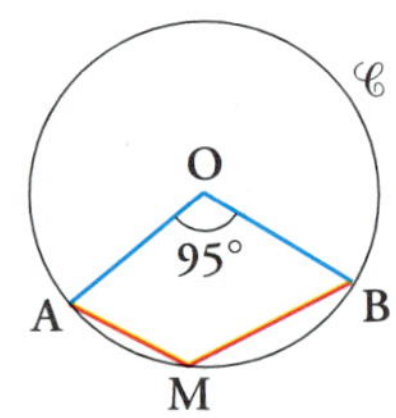

38 Le triangle ALT est inscrit dans un cercle de centre I.
Calculer la mesure de l'angle $\widehat{LIT}$ en tenant compte des valeurs des angles.

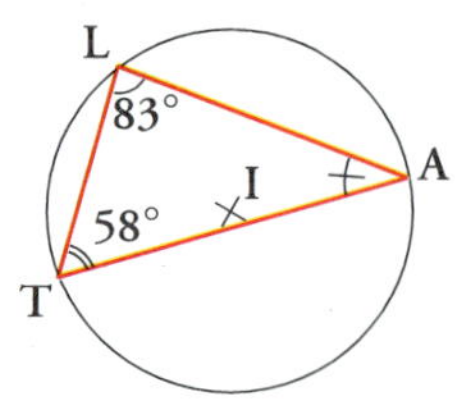

39 Le cercle a pour centre O, les points B, U et S sont sur le cercle.

Calculer la mesure de l'angle $\widehat{UBS}$.

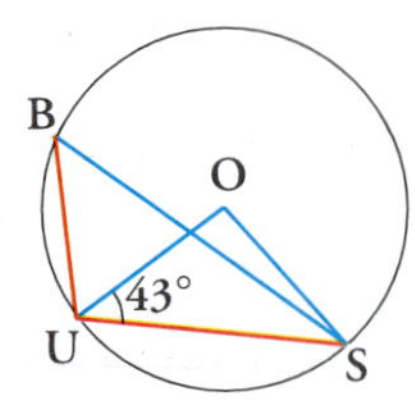

40 Dans chaque cas, tracer un cercle de centre O et trois points M, A et G de ce cercle comme indiqué, puis calculer les angles du triangle MAG en justifiant.

a. $\widehat{MOG} = 45°$ et A est diamétralement opposé à G.

b. $\widehat{MOG} = 60°$ et $\widehat{AMG} = 100°$.

c. $\widehat{MOG} = 130°$; $\widehat{MGA} = 20°$;
O et A sont du même côté de (MG).

d. $\widehat{MOG} = 130°$; $\widehat{MGA} = 20°$;
O et A ne sont pas du même côté de (MG).

Ce que je dois savoir

- Construire l'image des figures usuelles par une rotation donnée (point, cercle, segment, droite, demi-droite,…).
- Construire un polygone régulier connaissant son centre et un sommet.
- Utiliser les propriétés concernant l'angle inscrit et l'angle au centre interceptant le même arc.

Je m'évalue

Solutions page 295

41 Recopier les phrases ci-dessous et observer la figure pour les compléter.

a. Par la rotation de centre M et d'angle 90° dans le sens des aiguilles d'une montre, B a pour image........

b. Par la rotation de centre M et d'angle 90° dans le sens des aiguilles d'une montre, l'image de K est........

c. F est l'image de G par la rotation de centre M et d'angle........ dans le sens.............................

d. Le triangle AFI a pour image le triangle CHK par la rotation de centre........ et d'angle........ dans le sens........

e. Le point E a pour image le point F par la rotation de centre........ et d'angle........ dans le sens inverse des aiguilles d'une montre.

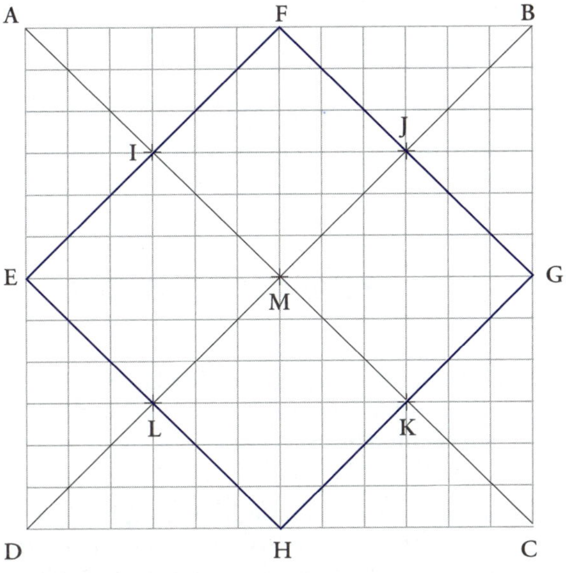

42 Reproduire la figure et construire son image par la rotation de centre O et d'angle 90° dans le sens inverse des aiguilles d'une montre.

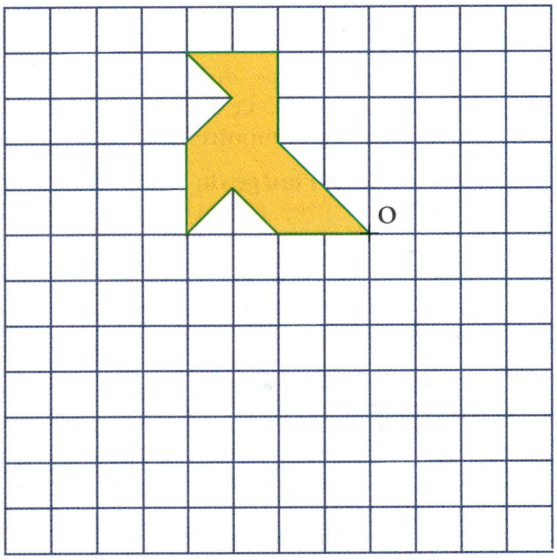

43 **a.** Tracer un segment [IH] de 3 cm.

b. À partir du point H, construire l'hexagone régulier HEXAGO.
Tracer son cercle circonscrit.

c. Quelle est la mesure de l'angle $\widehat{AXE}$? Justifier.

d. Tracer l'image du triangle AXE par la rotation de centre X et d'angle 120° dans le sens inverse des aiguilles d'une montre.

44 Tracer un cercle de centre O et placer trois points I, J, K sur ce cercle de la manière suivante :

$$\widehat{KIO} = 40° \text{ et } \widehat{IKJ} = 100°.$$

a. Calculer les mesures des angles du triangle IOK.

b. En déduire les mesures des angles du triangle IJK.

UTILISER SES CONNAISSANCES

45 Tracer un cercle de diamètre [AC] de mesure 10 cm et de milieu O. Placer un point B sur le cercle tel que [BC] mesure 7 cm.

a. Calculer la mesure de l'angle $\widehat{BAC}$.

b. En déduire la mesure de l'angle $\widehat{BOC}$.

46 Construire un triangle MNO rectangle en M tel que :

MO = 3 cm ; ON = 6 cm

Positionner le triangle comme sur le livre.

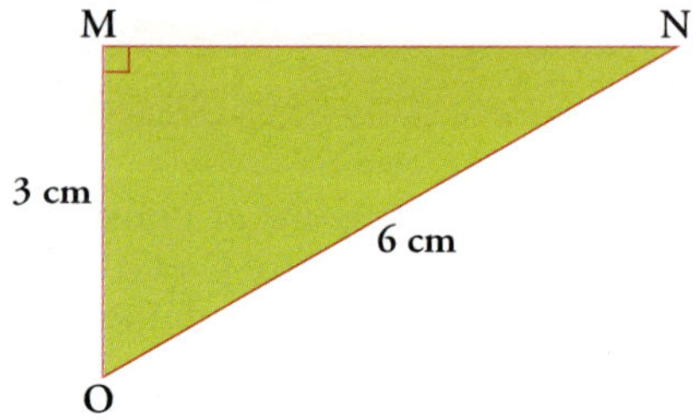

a. Construire l'image du triangle OMN par la rotation de centre O et d'angle 60° dans le sens des aiguilles d'une montre.

b. Montrer que l'image du point M est le milieu de [ON].

47 Soit le triangle CAR, isocèle de sommet principal A, tel que AC = 3 cm et $\widehat{ACR}$ = 70°. Soit O le centre du cercle circonscrit au triangle CAR.

a. Faire un dessin à main levée.

b. Calculer la mesure de l'angle $\widehat{ROC}$. Justifier.

48 **a.** Tracer un carré MATH de côté 4 cm.

b. Tracer l'hexagone régulier MARINE extérieur au carré.

c. Calculer le périmètre et l'aire de la figure obtenue.

49 Construire un polygone ABCDEF inscrit dans un cercle de centre O et tel que : $\widehat{AOB}$ = 40° ;

$\widehat{BOC}$ = 60° ; $\widehat{COD}$ = 80° ; $\widehat{DOE}$ = 70° ; $\widehat{EOF}$ = 50°.

a. Quel nom porte ce polygone ? Est-il régulier ?

b. Calculer les angles du polygone ABCDEF.

50 **a.** Tracer un segment [AB] de 5 cm.
À partir de ce segment, tracer un pentagone régulier ABCDE.

b. Placer le centre O de ce pentagone, puis tracer son cercle circonscrit.

c. Quelle est la mesure de l'angle $\widehat{BOC}$? Justifier.

d. En déduire la mesure de l'angle $\widehat{BEC}$.

51 **a.** Calculer la mesure de l'angle $\widehat{ABC}$ d'un octogone régulier ABCDEFGH.

b. Construire un octogone régulier de 4 cm de côté.

52 **a.** Construire un triangle ABC tel que :

$\widehat{ABC}$ = 15° ; $\widehat{BAC}$ = 140° ; $\widehat{ACB}$ = 25°

b. Construire l'image EBD du triangle ABC par la rotation de centre B, d'angle 15° et de sens contraire aux aiguilles d'une montre.

c. Construire le symétrique FBG de EBD par rapport à la droite (BA).

d. Démontrer que le triangle BEF est équilatéral.

53 Le triangle ABC est un triangle isocèle en A tel que $\widehat{ABC}$ = 30°.

Le point I est l'image de B par une rotation de centre A, d'angle 90° dans le sens des aiguilles d'une montre.

Le point J est l'image de C par une rotation de centre A, d'angle 90° dans le sens contraire des aiguilles d'une montre.

• Démontrer que le triangle AIJ est équilatéral.

54 Construire un carré ABCD de centre O et de 6 cm de côté.

a. Placer un point E sur [AB] tel que AE = 2 cm.
Placer un point F sur [BC] tel que BF = 2 cm.
Placer un point G sur [CD] tel que CG = 2 cm.
Placer un point H sur [DA] tel que DH = 2 cm.

b. On considère la rotation de centre O qui transforme A en B.
Quel est l'angle de la rotation ?

c. Quelle est l'image du point E par cette rotation ?
Quelles sont les images de B, C, D, F, G, H ?

d. Quelle est la nature du quadrilatère EFGH ? Justifier.

POUR ALLER PLUS LOIN

55 Démontrer qu'un quadrilatère non croisé inscriptible dans un cercle a ses angles opposés supplémentaires.

56 Démontrer, en utilisant la propriété de l'angle au centre et angle inscrit associé, qu'un triangle inscrit dans un demi-cercle est rectangle.

57 **Construction avec un logiciel**

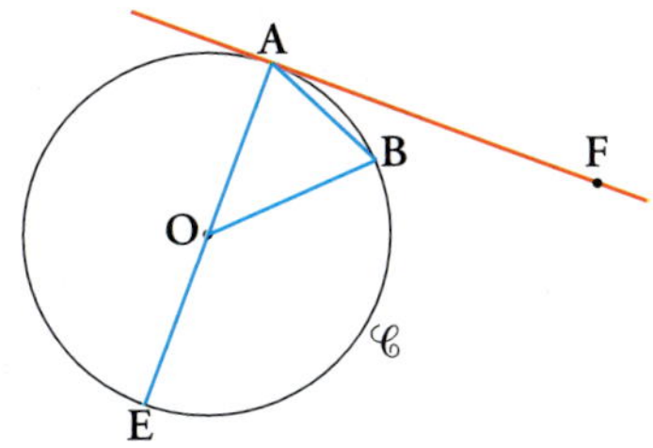

Construire un cercle $\mathscr{C}$ de centre O et un angle au centre $\widehat{AOB}$. Tracer le diamètre [AE] et la tangente en A au cercle $\mathscr{C}$. Placer un point F sur la tangente comme sur le dessin.

a. Mesurer l'angle $\widehat{AOB}$ et l'angle $\widehat{BAF}$.

b. Faire varier la position de B sur le cercle et noter pour chacune des positions les mesures des angles $\widehat{AOB}$ et $\widehat{BAF}$.
Comparer la série des deux mesures des angles et écrire une relation entre $\widehat{AOB}$ et $\widehat{BAF}$.

c. Démontrer le résultat obtenu.

58 Construire un triangle ABC rectangle en B (AB = 3 cm et BC = 4 cm). Placer deux droites (d) et (d') sécantes en O et formant un angle de 40°.

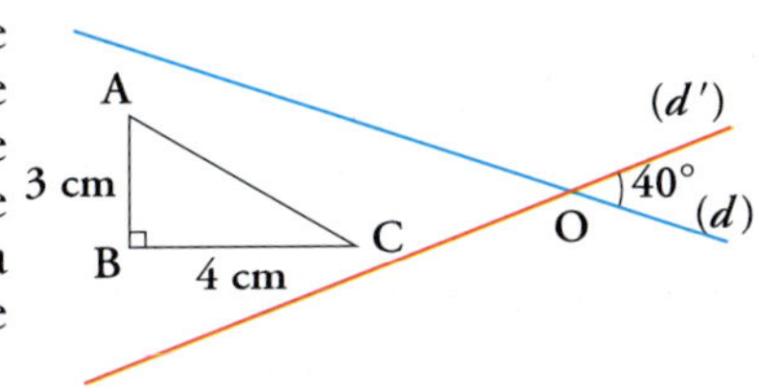

a. Construire le triangle $A_1B_1C_1$ image du triangle ABC par la symétrie d'axe (d).

b. Construire le triangle $A_2B_2C_2$ image du triangle $A_1B_1C_1$ par la symétrie d'axe (d').

c. Quelle conjecture peut-on faire sur la nature de la transformation qui permet de passer du triangle ABC au triangle $A_2B_2C_2$?

59 **Plusieurs polygones**

Construire un segment [AB] sur lequel on va appliquer des rotations. Toutes les rotations sont des rotations de sens contraire au sens des aiguilles d'une montre.

a. Tracer l'image [BC] du segment [AB] par une rotation de centre B et d'angle 60°.
Tracer l'image du segment [BC] obtenu par une rotation de centre C et d'angle 60°.
Quel polygone obtient-on ?

b. Reprendre la série de constructions avec un segment [AB] et un angle de 108° jusqu'à obtenir une ligne fermée. Quel polygone obtient-on ?

c. Reprendre la série de constructions avec un segment [AB] et un angle de 72° jusqu'à obtenir une ligne fermée. Quel polygone obtient-on ?

d. Reprendre la série de constructions avec un segment [AB] et un angle de 100° jusqu'à obtenir une ligne fermée. Quel polygone obtient-on ?

60 **Recherche du centre de rotation**

1re partie

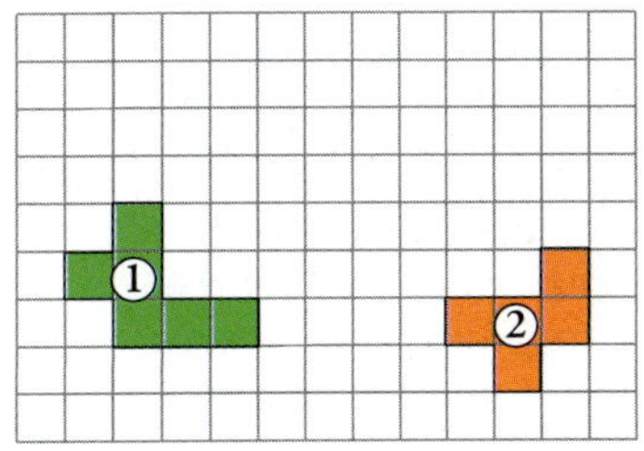

a. Reproduire précisément les deux figures sur papier quadrillé.

b. À l'aide d'un papier-calque, chercher le centre O de la rotation permettant de passer de la figure ① à la figure ②.

2e partie (Médiatrices)

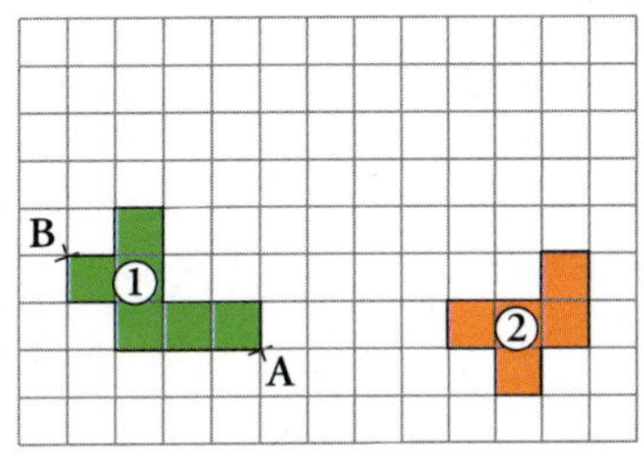

a. Reproduire précisément les deux figures sur papier quadrillé.

b. Placer les points A′ et B′ images respectives des points A et B par la rotation qui transforme ① en ②.

c. Tracer (d_1) médiatrice de [AA′] et (d_2) médiatrice de [BB′] et noter O leur point d'intersection.

3e partie

Observer le point O obtenu au **1.** et le point O obtenu au **2.**.
Quelle conjecture peut-on faire concernant le centre de rotation ?

61 Reproduire les figures ci-dessous, puis construire le centre de la rotation permettant de passer de la figure ① à la figure ②.

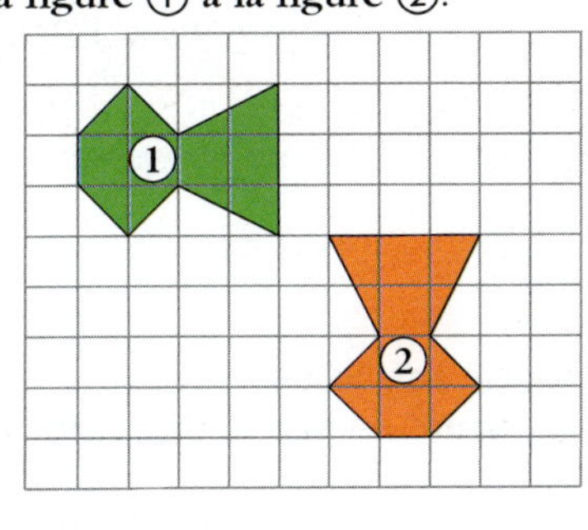

62 On considère deux triangles superposables ABC et CDE rectangles respectivement en B et en D, placés de telle façon que les points B, C et D soient alignés.
Trouver le centre de la rotation qui transforme ABC en CDE.

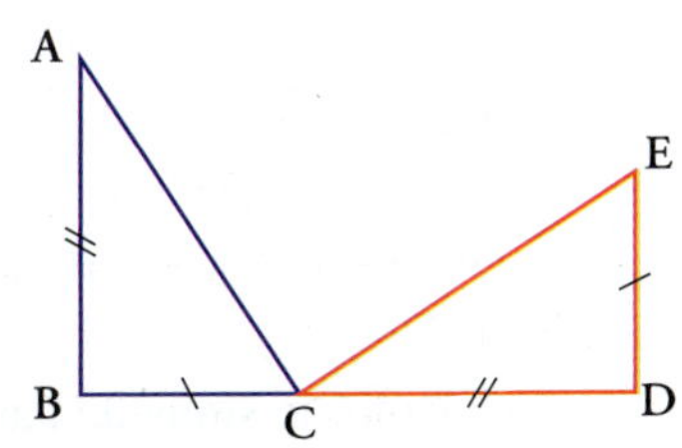

Cap sur le BREVET

EXERCICE RÉSOLU

Énoncé (Groupe Nord, 2001)

a. *On trace le segment* [AB] *tel que* AB = 7 *cm.*
Placer un point C *tel que* $\widehat{BAC} = 70°$ *et* $\widehat{ABC} = 60°$.

b. *Construire le cercle circonscrit au triangle* ABC, *et appeler* O *son centre. On laissera les traits de construction.*

c. *Donner la mesure de l'angle* $\widehat{AOC}$ *en justifiant la réponse.*

Exemple de solution

a. Le triangle est tracé à la règle et au rapporteur.

b. On trace les médiatrices de deux côtés afin d'obtenir le centre du cercle circonscrit.

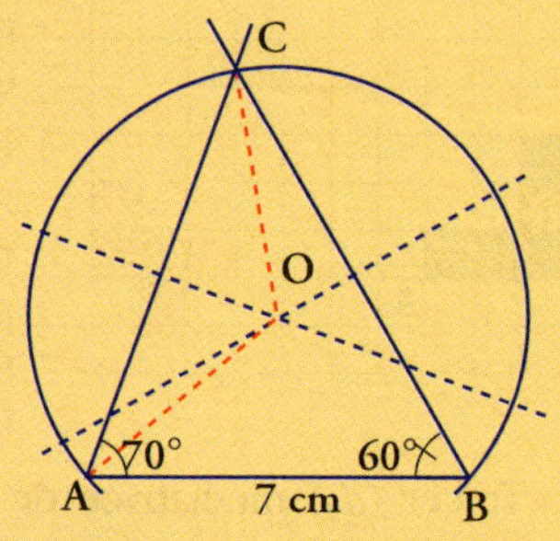

c. L'angle au centre $\widehat{AOC}$ et l'angle inscrit $\widehat{ABC}$ interceptent le même arc de cercle.
Si, dans un cercle, un angle inscrit et un angle au centre interceptent le même arc, alors la mesure de l'angle inscrit est égale à la moitié de celle de l'angle au centre.

On peut donc dire que $\widehat{ABC} = \frac{1}{2}\widehat{AOC}$ ou que $\widehat{AOC} = 2 \times \widehat{ABC}$.
$\widehat{AOC} = 2 \times 60°$, donc $\widehat{AOC} = 120°$.

63 Groupe Est, 2000

a. Construire un cercle de centre O et de rayon 3 cm.
Placer sur ce cercle trois points A, B, C de telle façon que :

$$BC = 4 \text{ cm et } \widehat{BCA} = 65°$$

Construire le point F diamétralement opposé au point B sur ce cercle.

b. Démontrer que le triangle BFC est un triangle rectangle.

c. Calculer le sinus de l'angle $\widehat{BFC}$ et en déduire la mesure de cet angle arrondie à un degré près.

d. Déterminer, au degré près, les mesures des angles du triangle BOC.

64 Groupe Est, 2001

La figure ci-contre n'est n'est pas donnée en vraie grandeur.
Le rayon du cercle $\mathscr{C}$ de centre O est égal à 3 cm.

[AB] est un diamètre de ce cercle.

Les points C et D appartiennent au cercle et la droite (CD) est la médiatrice du rayon [OA].

La droite (OC) coupe en T la tangente au cercle $\mathscr{C}$ au point B.

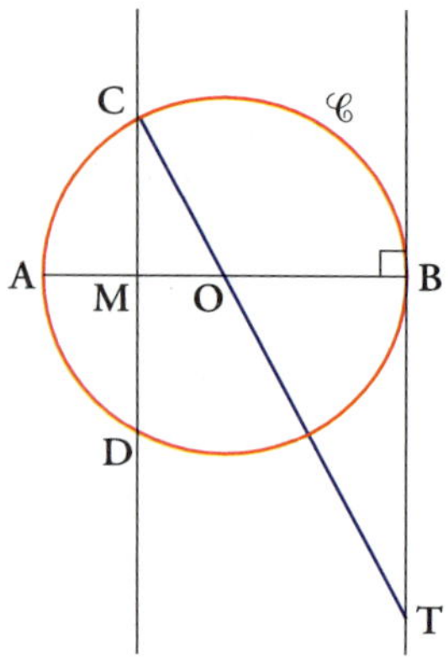

1. Montrer que (CM) et (BT) sont parallèles.

2. Calculer, en utilisant la propriété de Thalès, la longueur OT.

3. a. Démontrer que le triangle COA est équilatéral.

b. En déduire une mesure (en degrés) de l'angle $\widehat{MCO}$, puis une mesure (en degrés) de l'angle $\widehat{DOT}$.

65 Groupe Nord, septembre 2000

a. Tracer $\mathscr{X}_1$, image de $\mathscr{X}$ par la symétrie de centre A.

b. Tracer $\mathscr{X}_2$, image de $\mathscr{X}$ par la translation de vecteur $\overrightarrow{AC}$.

c. Quelle transformation permet de passer directement de $\mathscr{X}_1$ à $\mathscr{X}_2$?

d. Tracer $\mathscr{X}_3$, image de $\mathscr{X}$ par la rotation de centre O qui transforme I en J.

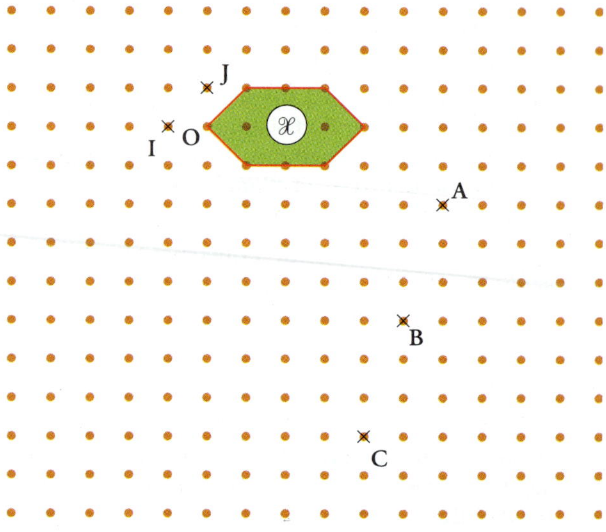

66 Groupe Ouest, septembre 2000

a. Construire l'image de la figure $\mathcal{F}$ par la symétrie centrale de centre O.
On obtient la figure $\mathcal{F}_1$.

b. Construire l'image de la figure $\mathcal{F}$ par la translation qui transforme O en A. On obtient $\mathcal{F}_2$.

c. Construire l'image de la figure $\mathcal{F}$ par la rotation de centre B d'angle 90° dans le sens contraire des aiguilles d'une montre.
On obtient $\mathcal{F}_3$.

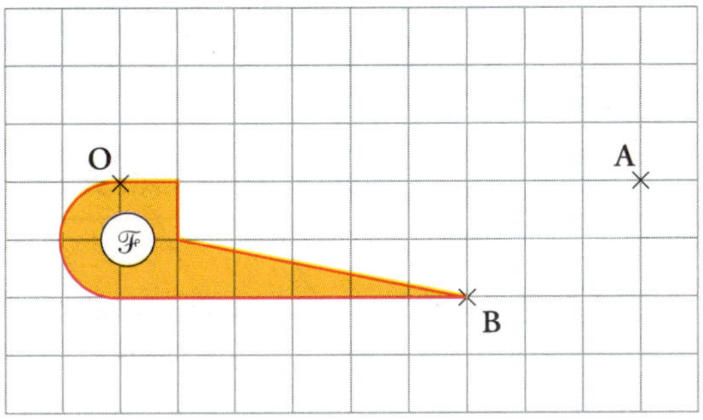

67 Amérique du Sud, novembre 2000

Tracer un cercle $\mathcal{C}$ de centre O et de diamètre [AB] mesurant 8 cm.

Placer un point E sur ce cercle tel que l'angle $\widehat{BAE}$ mesure 52°.

a. Montrer que le triangle AEB est rectangle.
Sur le demi-cercle d'extrémités A et B, qui ne contient pas E, placer un point K.

b. Quelle est la valeur exacte des angles $\widehat{EOB}$ et $\widehat{EKB}$? Justifier.

68 Afrique, 2002

Un triangle ABD rectangle en B est tel que AB = 9 cm et l'angle $\widehat{BAD}$ = 40°.

a. Tracer ce triangle.

b. Calculer la longueur BD en justifiant la démarche utilisée ; on en donnera une valeur arrondie au millimètre.

c. Construire le cercle $\mathcal{C}$ circonscrit au triangle ABD (aucune justification n'est attendue pour cette construction) ; on précisera la position du centre I de ce cercle.

d. Tracer la bissectrice de l'angle $\widehat{BAD}$.
Elle coupe le cercle $\mathcal{C}$ en S ; placer le point S sur la figure.

e. Déterminer la mesure exacte de l'angle $\widehat{SIB}$ en justifiant la démarche utilisée.

69 Rennes, 2000

Sur la figure ci-contre, ABCDEF est un hexagone régulier de centre O.
Reproduire cette figure.
On complétera le dessin et les phrases ci-dessous suivant les cas.

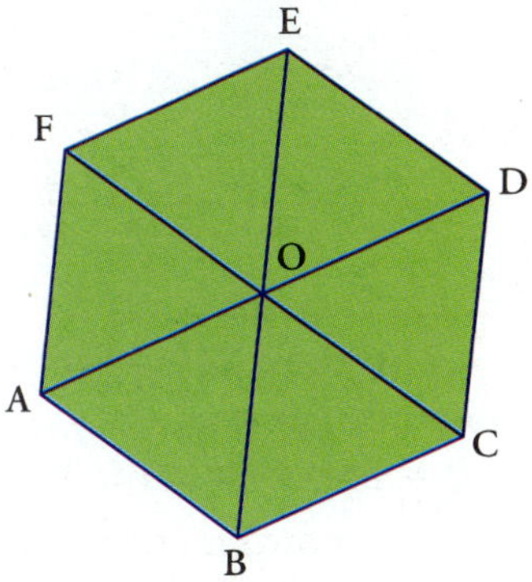

a. Le triangle ABO et le triangle CDO sont symétriques par rapport à la droite (Δ).
Construire la droite (Δ) sur le dessin.

b. Le triangle ABO est l'image du triangle EFO dans la rotation de centre……, d'angle…….. dans le sens de la flèche.
Indiquer, par une flèche, le sens de la rotation.

c. L'image du triangle ABO, dans la translation qui transforme C en D, est le triangle…………. .
Compléter : $\overrightarrow{EO} + \overrightarrow{OC} =$………… ;
$\overrightarrow{OF} +$…….. $= \overrightarrow{OE}$.

70 Groupe Sud, 2002

On considère l'hexagone régulier ABCDEF de centre O (voir l'exercice précédent, cet hexagone n'est pas à reproduire).
On demande de déterminer l'image du triangle BCO par :

a. La translation de vecteur $\overrightarrow{AF}$.

b. La symétrie d'axe (BE)

c. La rotation de centre O et d'angle 60° dans le sens contraire des aiguilles d'une montre.

71 Groupe Nord, 2002

Déterminer la mesure des angles du triangle ABC sachant que $\widehat{AOB}$ = 50° et $\widehat{BOC}$ = 150°, en justifiant chacune de vos réponses.

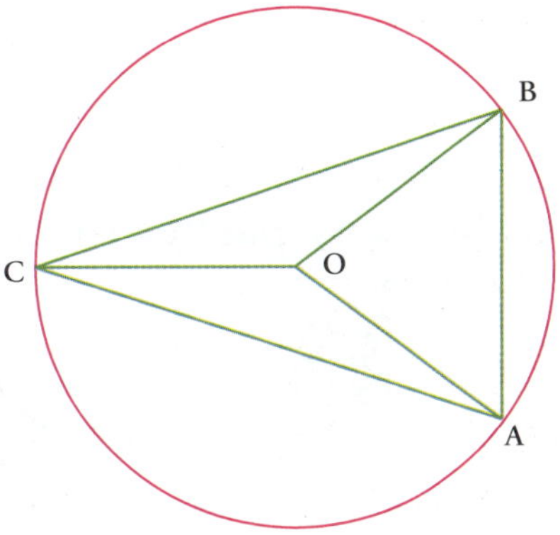

Inter-maths

Paver une surface

Un parallélogramme (particulier ou non) pave une surface plane, c'est à dire qu'avec ces figures, on peut recouvrir la surface sans trou ni superposition. Le pavé de base est reproduit à l'infini par des translations.

Pour pouvoir utiliser des rotations, seuls le carré et le losange formé de deux triangles équilatéraux (trame équilatérale) seront utilisés dans cet Inter-maths : les propriétés des polygones réguliers que sont le carré et le triangle équilatéral viennent d'être étudiées dans le chapitre.

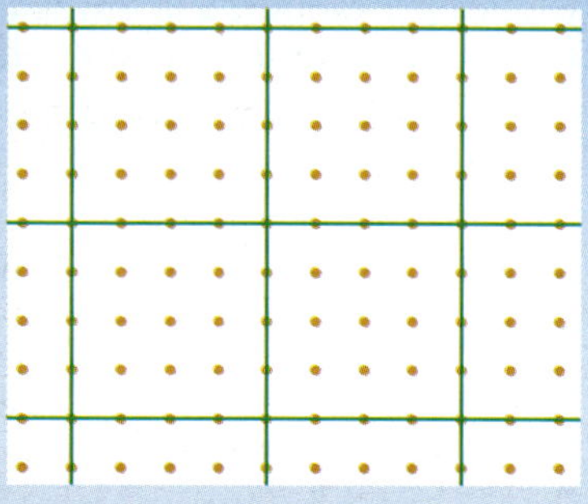

Trame carrée

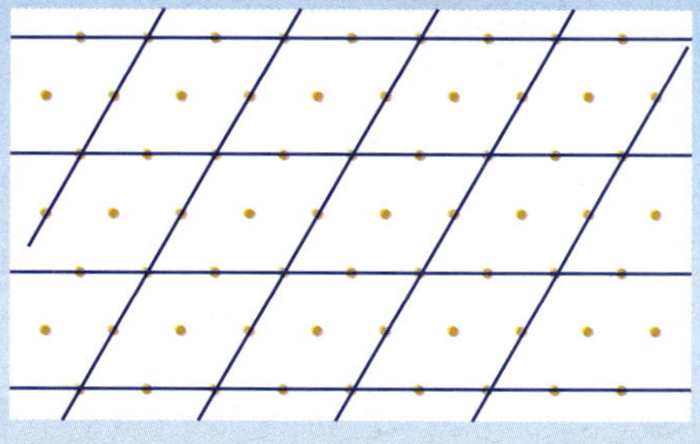

Trame équilatérale

Motifs de base et reproductions

Le motif de base peut être plus petit que le pavé. On complète alors le pavé par des symétries et des rotations, puis on le reproduit par des translations.

- **Pavé carré, en utilisant le centre de rotation d'angle 90°**

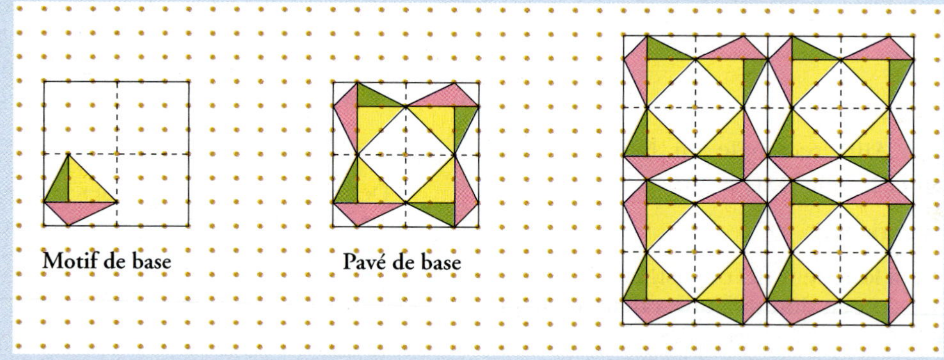

- **Pavé losange en utilisant deux centres de rotations d'angle 120° pour les deux parties du motif**

Motif de base

Pavé de base

Pavé losange en utilisant un axe de symétrie et deux centres de rotations

Quelques conseils pour créer un pavage personnel

- *S'aider dans un premier temps de réseau de papier pointé. On peut aussi construire le réseau de parallélogrammes sur une feuille de dessin, le résultat final sera plus esthétique.*
- *Les motifs géométriques présentés ici peuvent être remplacés par des motifs plus figuratifs. Des dégradés de couleur donneront de la profondeur.*

On a démontré qu'il est possible d'obtenir un pavage avec différents polygones convexes réguliers qui ont tous un sommet commun et qui ont deux à deux un sommet commun. Avec des polygones réguliers et tous identiques, les possibilités sont limitées aux triangles équilatéraux, carrés et hexagones.

De telles formes se retrouvent aussi bien dans l'art que dans la nature. L'activité 1 page 78 utilise une décoration qui existe sur un monument à Nîmes.

Après diverses préparations, si l'on observe le tissu cellulaire du maïs, on aperçoit un assemblage irrégulier de pentagones et d'hexagones. Et même les étoiles de mer utilisent le modèle des pentagones réguliers. Mais les championnes paraissent être les abeilles ! Pourquoi les abeilles construisent-elles leurs alvéoles de cire comme des hexagones ? Il semble qu'elles « utilisent » une propriété bien connue des mathématiciens. Pour obtenir des formes qui ont un périmètre le plus petit tout en ayant une aire la plus grande, il faut choisir des polygones réguliers. En fait les plaques de cire sont constituées de deux couches de prismes hexagonaux rangés dans un sens et dans l'autre et fermées par des losanges qui font entre eux un angle de 109° 28′. Là encore, Koenig, mathématicien suisse, a démontré au XVIIIe siècle que c'est la configuration qui nécessite le moins de matériel pour sa construction. Mais la nature reprend ses droits, ce n'est pas dû à une quelconque intelligence des abeilles, c'est la pression entre des cellules qui tend vers des formes en équilibre.

5 COORDONNÉES ET CALCULS DANS UN REPÈRE

Pour DÉMARRER

À savoir avant la 3e

- Dans le plan muni d'un repère : - lire les coordonnées d'un point ; → Pour DÉMARRER 1
  - placer un point de coordonnées données. → Pour DÉMARRER 3
- Connaître et utiliser le vocabulaire : abscisse, ordonnées, coordonnées. → Pour DÉMARRER 2
- Connaître les règles de priorité des calculs, calculer avec les racines carrées. → Pour DÉMARRER 4
- Utiliser les propriétés pour reconnaître les triangles et quadrilatères particuliers. → Pour DÉMARRER 5

1 Se repérer

Voici un plan de la ville de Montmorillon.

Sur ce plan, le gymnase est repéré par le point G de coordonnées (– 3 ; 1,5).

Déterminer les coordonnées des points L, T et M permettant de repérer le lycée, la gare et la gendarmerie de Montmorillon.

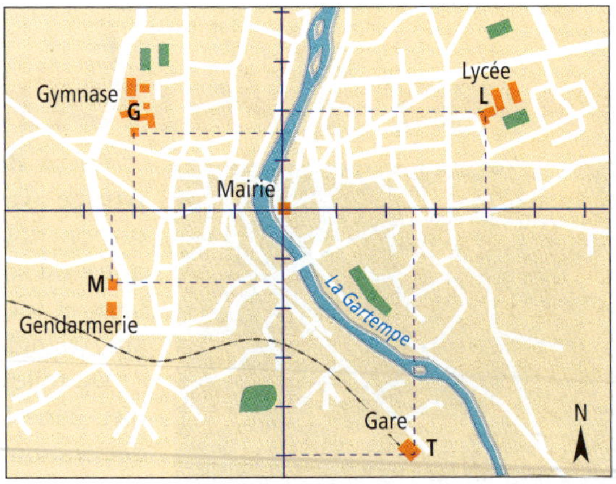

Préalablement à cette activité, on peut proposer aux élèves une carte et leur demander un moyen de se repérer.

2 Vocabulaire

Recopier et compléter les phrases suivantes :

Dans le repère (O, I, J),

- O est................ du repère.
- la droite (OI) est......................
- la droite (OJ) est......................
- l'............. du point A est 2.
- les............. du point B sont (….. ; …..).

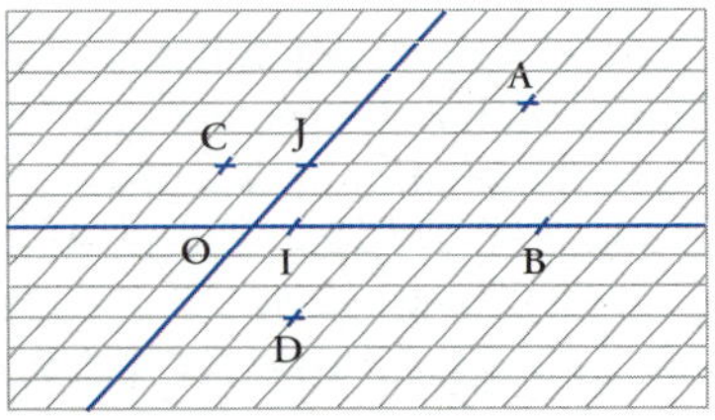

- l'............. du point.... est 1.
- l'............. du point.... est 3.

Utiliser le vocabulaire associé au repérage.

3 Anamorphose

Une *anamorphose* est une image volontairement déformée qui retrouve ses justes proportions si on l'observe sous un certain angle ou avec un miroir cylindrique.
On considère 18 points dont les coordonnées sont données ci-dessous :

A (– 5 ; 0) ; B (– 3 ; 3) ; C (0 ; 3)
D (1 ; 4) ; E (3 ; 4) ; F (2 ; 3)
G (4 ; 2) ; H (6 ; 4) ; K (8 ; 4)
L (6 ; 2) ; M (6 ; 0) ; N (8 ; – 2)
P (6 ; – 2) ; Q (4 ; 0) ; R (2 ; – 1)
S (2 ; – 3) ; T (0 ; – 1) ; U (– 3 ; – 1)

Vocabulaire

Un repère **orthonormé** est un repère constitué de deux axes perpendiculaires munis de la même unité de longueur.

Il est recommandé de photocopier le repère (voir le livre du professeur).

a. Placer ces points dans trois repères différents :
– dans un repère orthonormé (O, I, J) tel que OI = 0,5 cm ;
– puis dans un repère (O, I, J) tel que OI = 0,5 cm, OJ = 1 cm et $\widehat{IOJ} = 60°$;
– dans le repère ci-contre que l'on décalquera.

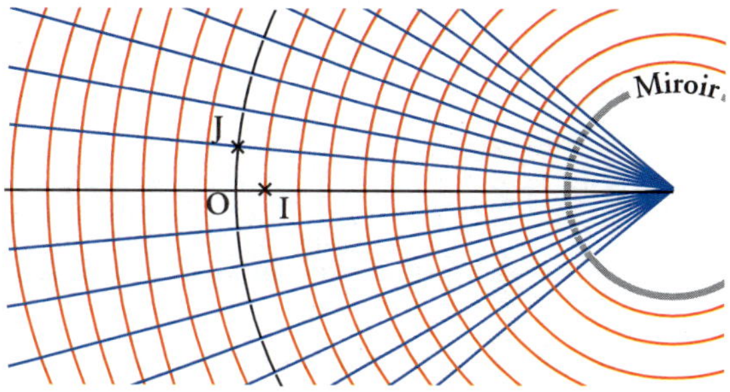

b. Relier sur les trois dessins les points dans l'ordre alphabétique et observer les transformations.

4 Du côté des calculs

S'entraîner sur les calculs nécessaires pour ce chapitre

a. Effectuer les calculs suivants en détaillant toutes les étapes :

$A = \dfrac{-3-(-5)}{2}$; $B = \dfrac{7-\dfrac{1}{2}}{2}$; $C = \sqrt{(-9-(-6))^2+1^2}$; $D = \sqrt{(5-4)^2+(7-4)^2}$

b. Calculer les expressions $a - b$, $\dfrac{a+b}{2}$ et $\sqrt{a^2+b^2}$ lorsque :

- $a = 5$ et $b = -3$
- $a = -\dfrac{1}{3}$ et $b = 1$

5 Qui suis-je ?

Revoir les propriétés caractérisant les polygones particuliers.

Quelle est la nature de chacune de ces huit figures ?
Justifier la réponse en citant la propriété utilisée.

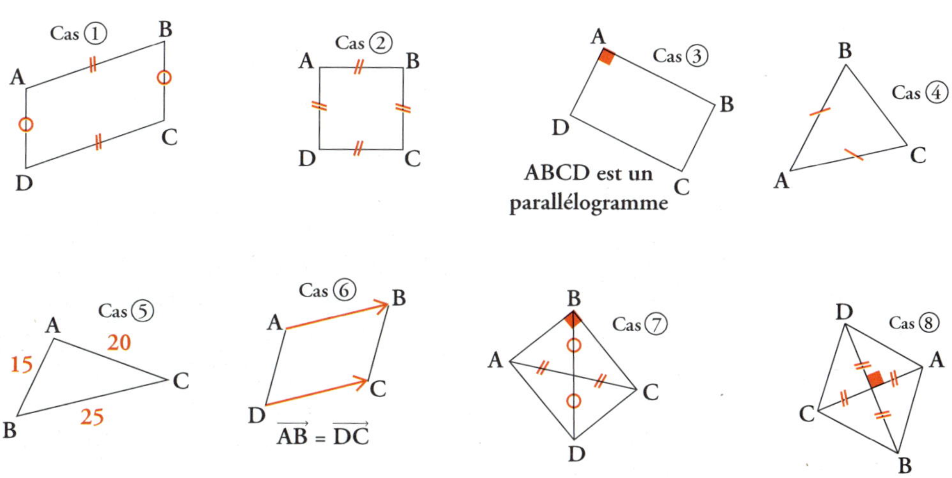

ACTIVITÉS

1 Coordonnées d'un vecteur

• Approche des coordonnées d'un vecteur.

1. Déplacement

Quel déplacement « le long des lignes » permet de se rendre du point A au point B ?

Du point C au point D ? Du point E au point F ?

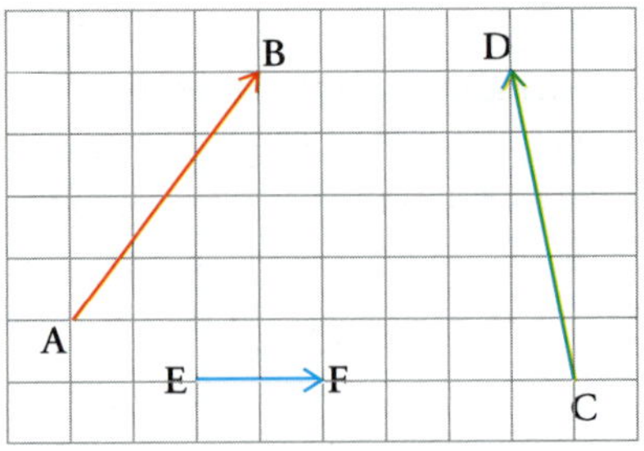

2. Dans un repère (O, I, J)

• Lecture graphique des coordonnées d'un vecteur.

a. Un déplacement de 1 unité « vers la droite » et de 3 unités « vers le bas » permet de passer du point G au point H.

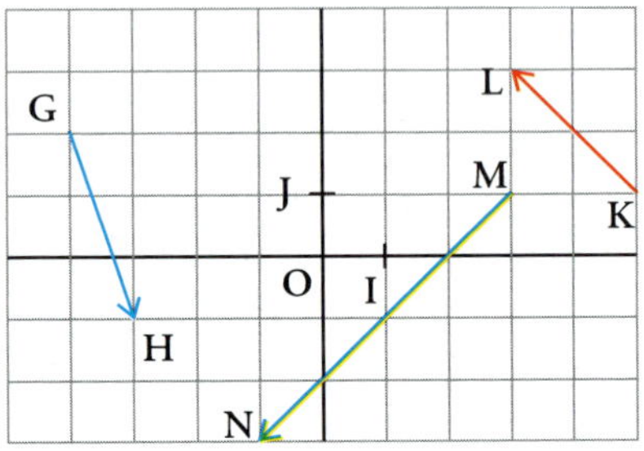

Vocabulaire

Le couple (1 ; - 3) est appelé **coordonnées** du vecteur $\overrightarrow{GH}$.

Déterminer les coordonnées des vecteurs $\overrightarrow{KL}$ et $\overrightarrow{MN}$.

b. Une conjecture

À partir des coordonnées des points G, H, K, L, M et N, comment retrouver les coordonnées des trois vecteurs ?

c. Une formule

Conjecture et formule pour les coordonnées d'un vecteur.

A et B sont deux points de coordonnées A $(x_A ; y_A)$ et B $(x_B ; y_B)$.

Exprimer les coordonnées du vecteur $\overrightarrow{AB}$ en fonction des coordonnées de A et de B.

d. Application

On considère les points R (- 5 ; - 2), S (1 ; 5) et T $\left(3 ; \frac{1}{2}\right)$.

- Calculer les coordonnées des vecteurs $\overrightarrow{RS}$, $\overrightarrow{ST}$, $\overrightarrow{TS}$ et $\overrightarrow{OT}$.
- Que peut-on remarquer pour certains vecteurs et leurs coordonnées ?

2 Représentants de vecteurs

Approche de la propriété « si deux vecteurs sont égaux, alors leurs coordonnées sont égales ».

a. Lire les coordonnées des vecteurs $\vec{u}$, $\vec{v}$, $\vec{w}$.

b. Placer les points E, F G tels que :

$\vec{u} = \overrightarrow{AE}$; $\vec{v} = \overrightarrow{BF}$; $\vec{w} = \overrightarrow{GC}$

c. Tracer trois autres représentants de chacun des vecteurs $\vec{u}$, $\vec{v}$, $\vec{w}$.

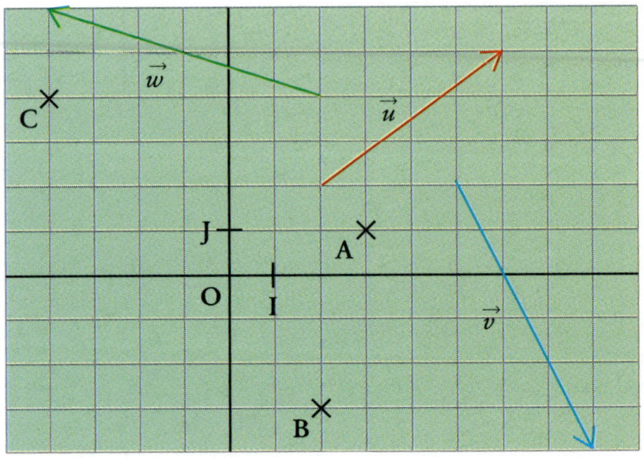

Coordonnées d'un milieu : Lecture graphique et conjecture.

3 Coordonnées du milieu

(O, I, J) est un repère du plan.

a. Placer les points F (6 ; 3) ; R (2 ; - 1) et M (- 2 ; 3).

b. S, T et U sont les milieux respectifs des segments [MF], [FR] et [RM].
Déterminer, par lecture graphique, les coordonnées des points S, T et U.
Quels calculs sur les coordonnées des points F, R et M semblent donner ces résultats ?

c. Une conjecture
A et B sont deux points de coordonnées A (x_A ; y_A) et B (x_B ; y_B).
Établir une conjecture sur les coordonnées du point N, milieu du segment [AB]. (Une preuve de ce résultat sera établie à l'activité 4.)

d. Application

On considère les points C (- 5 ; - 2) ; D (1 ; 5) et E $\left(3 ; \frac{1}{2}\right)$.

Calculer les coordonnées des points G et H, milieux respectifs des segments [CD] et [ED].

Prouver la formule de l'activité précédente.

4 Une preuve pour les coordonnées du milieu

Le plan est rapporté à un repère (O, I, J).
On considère les points A (x_A ; y_A), B (x_B ; y_B) et le milieu M (x_M ; y_M) du segment [AB].

a. Que peut-on dire des vecteurs $\overrightarrow{AM}$ et $\overrightarrow{MB}$?

b. Déterminer les coordonnées des vecteurs $\overrightarrow{AM}$ et $\overrightarrow{MB}$.

c. *« Si deux vecteurs sont égaux, alors ils ont les mêmes coordonnées. »*
En utilisant la propriété ci-dessus, établir la formule donnant les coordonnées du milieu M de [AB] à partir des coordonnées des points A et B.

Approche du calcul d'une distance.

5 Distance de deux points dans un repère orthonormé

1. Un exemple

a. Placer les points A (- 3 ; - 1) et B (2 ; 4) dans un repère orthonormé (O, I, J).
L'unité est le centimètre. (Voir page 99 pour la définition d'un repère orthonormé.)

b. La parallèle à l'axe des ordonnées passant par B et la parallèle à l'axe des abscisses passant par A se coupent en H.

- Prouver que le triangle ABH est rectangle en H.
- Quelles sont les coordonnées du point H ?
- Calculer AH^2 et BH^2, puis en déduire AB^2 et un arrondi de AB au millimètre.
- Comparer la valeur de AB avec la mesure sur le dessin.

Établir une démonstration.

2. Généralisation

A et B sont deux points de coordonnées :

A (x_A ; y_A) et B (x_B ; y_B)

Le point H étant défini comme à la question **a.**, le triangle ABH est rectangle en H.

- Exprimer les coordonnées du point H à partir des coordonnées des points A et B.
- Déterminer AH^2 et BH^2 en fonction de x_A, x_B, y_A et y_B.
- En déduire AB^2 puis une formule donnant la longueur AB à partir des coordonnées des points A et B.

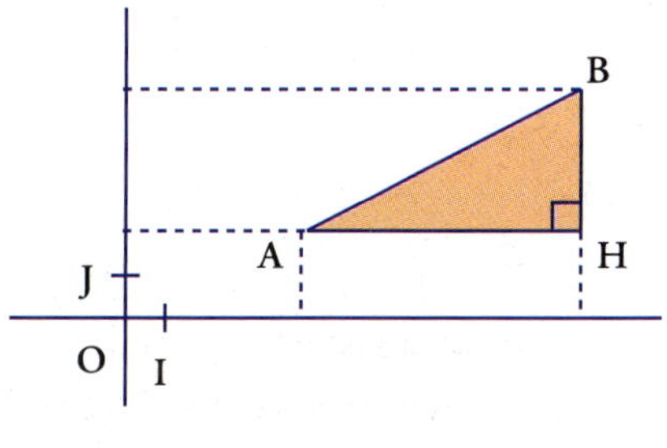

Appliquer une formule.

3. Application

Dans un repère orthonormé, on considère les points F (1 ; 2), U (6 ; 4) et R (4 ; - 1).
Calculer les longueurs FU, UR et FR.
Que peut-on en déduire pour le triangle FUR ?

L'ESSENTIEL en deux pages

1 – Repères

Trois points non alignés définissent un repère du plan.

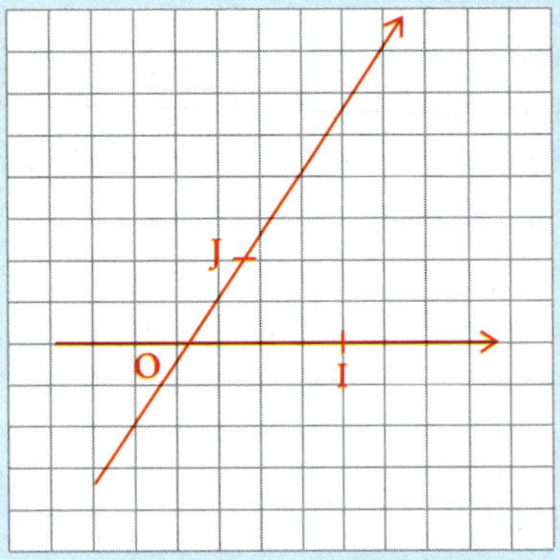

Repère quelconque

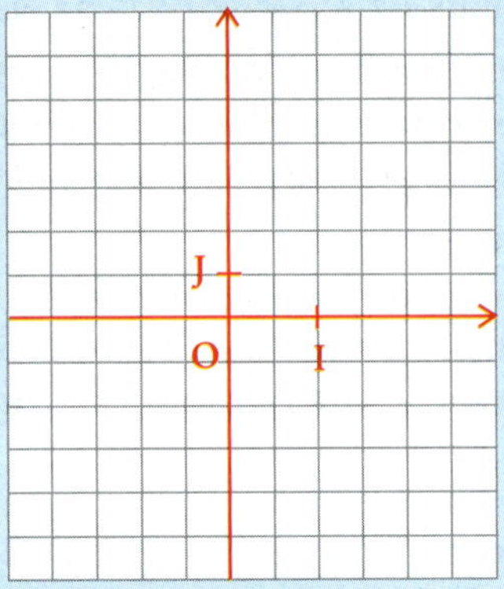

Repère **ortho**gonal : (OI) ⊥ (OJ)

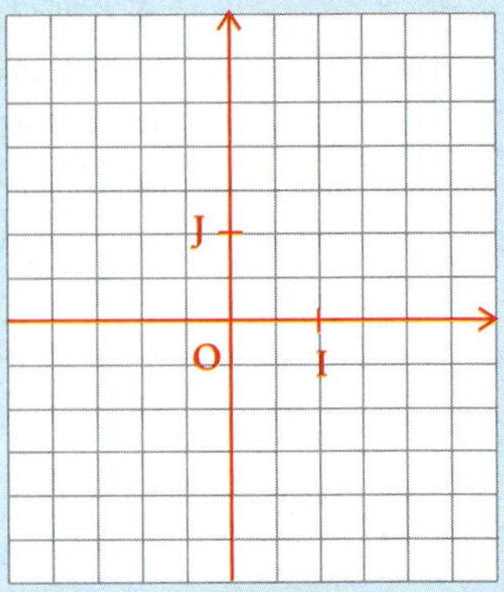

Repère **orthonormé** : (OI) ⊥ (OJ) OI = OJ

Le point d'intersection O est l'origine du repère (O, I, J).

2 – Coordonnées d'un point

Un point est repéré par ses deux **coordonnées** :
- l'**abscisse** lue sur l'axe (OI) ;
- l'**ordonnée** lue sur l'axe (OJ).

L'abscisse de A est – 1.
L'ordonnée de A est – 2.
On dit que les coordonnées de A sont – 1 et – 2.
On écrit A (– 1 ; – 2).

L'abscisse de M est x_M.
L'ordonnée de M est y_M.
On dit que les coordonnées de M sont x_M et y_M.
On écrit M (x_M ; y_M).

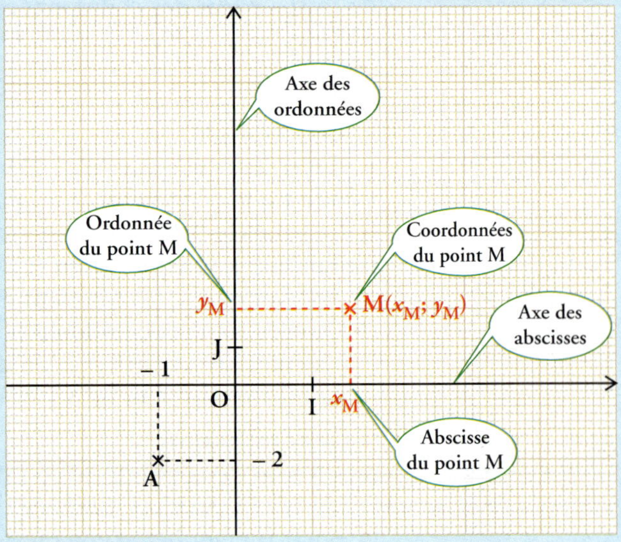

3 – Coordonnées du milieu d'un segment

Si A (x_A ; y_A) et B (x_B ; y_B) sont deux points et M le **milieu** de [AB],
alors le point M a pour coordonnées :

$$x_M = \frac{x_A + x_B}{2} \quad \text{et} \quad y_M = \frac{y_A + y_B}{2}$$

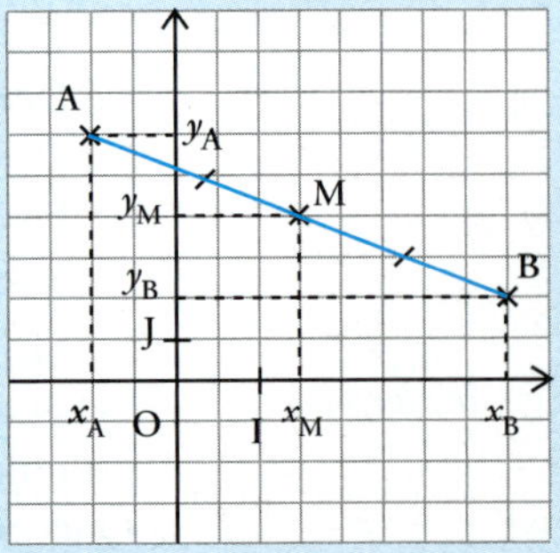

4 – Coordonnées d'un vecteur

1. Vecteur $\overrightarrow{AB}$

Si A $(x_A ; y_A)$ et B $(x_B ; y_B)$ sont deux points, alors le vecteur $\overrightarrow{AB}$ a pour coordonnées :

$$(x_B - x_A ; y_B - y_A).$$

Exemple

A (– 2 ; 6) et B (2 ; 3)

$\overrightarrow{AB}$ a pour coordonnées $(x_B - x_A ; y_B - y_A)$.

$\overrightarrow{AB}$ (2 - (- 2) ; 3 - 6)

$\overrightarrow{AB}$ (4 ; - 3).

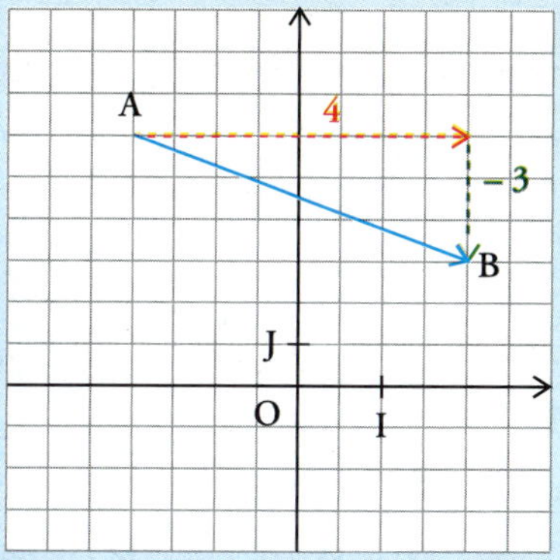

Méthode page 108

2. Égalité de vecteurs

Si deux vecteurs sont égaux, alors ils ont les mêmes coordonnées.

Si deux vecteurs ont les mêmes coordonnées, alors ils sont égaux.

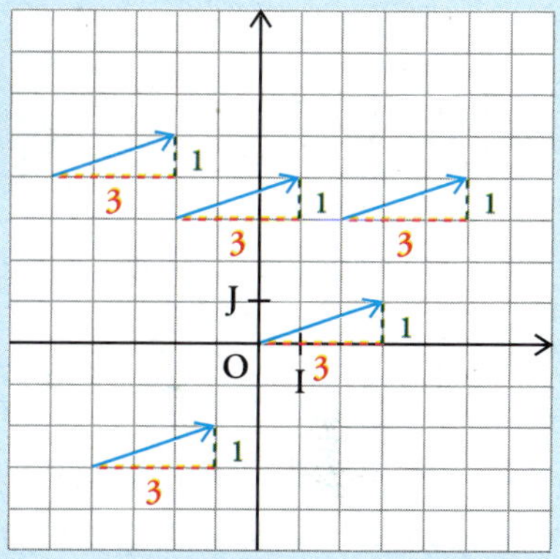

Méthode page 107

5 – Distance de deux points dans un repère orthonormé

Si A $(x_A ; y_A)$ et B $(x_B ; y_B)$ sont deux points dans un repère orthonormé, alors la distance AB est égale à :

$$AB = \sqrt{(x_B - x_A)^2 + (y_B - y_A)^2}$$

Exemple

A (– 2 ; – 0,5) et B (3 ; 1) (unité : le cm).

$AB^2 = (3 - (-2))^2 + (1 - (-0,5))^2$

$AB^2 = 5^2 + 1,5^2$

$AB^2 = 27,25$

$AB = \sqrt{27,25}$

$AB \approx 5,2$ cm, au dixième près.

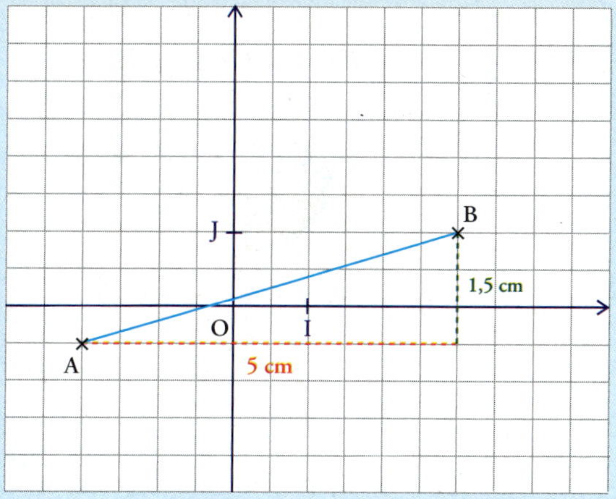

DÉMONTRER QUE DES LONGUEURS SONT ÉGALES

Dans chacun des cas de figure suivants, on veut démontrer que les segments [AM] et [NB] ont des longueurs égales. Les solutions, situées à droite, utilisent les propriétés de ces figures.

Quadrilatère particulier

AMNB est un parallélogramme.

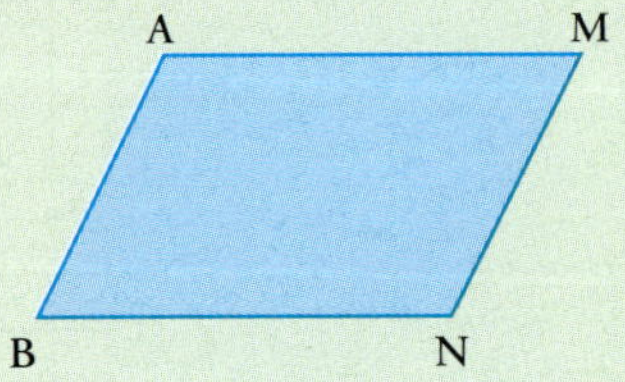

[AM] et [NB] sont des côtés opposés du parallélogramme AMNB.

On utilise la propriété :
Si un quadrilatère est un parallélogramme alors ses côtés opposés ont même longueur.

On peut donc écrire que AM = NB.

Triangle particulier

ABM et BMN sont deux triangles équilatéraux.

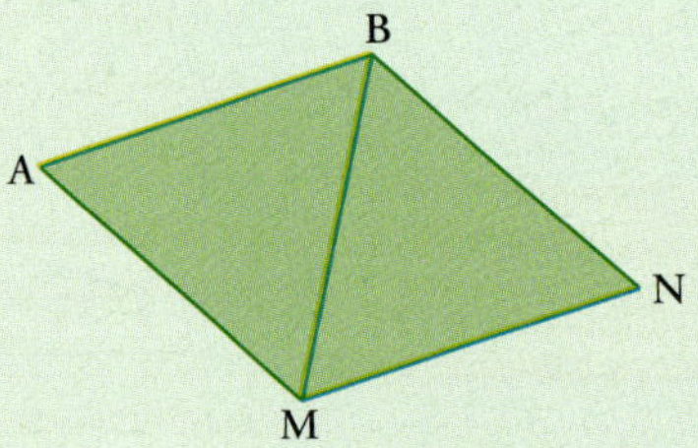

[AM] et [MB] sont deux côtés du triangle équilatéral AMB donc ils ont même longueur.

AM = MB

[NB] et [MB] sont deux côtés du triangle équilatéral BMN donc ils ont même longueur.

NB = MB

AM et NB sont toutes deux égales à MB donc elles sont égales entre elles.

AM = NB

Médiatrice

La médiatrice du segment [MN] passe par un point A.

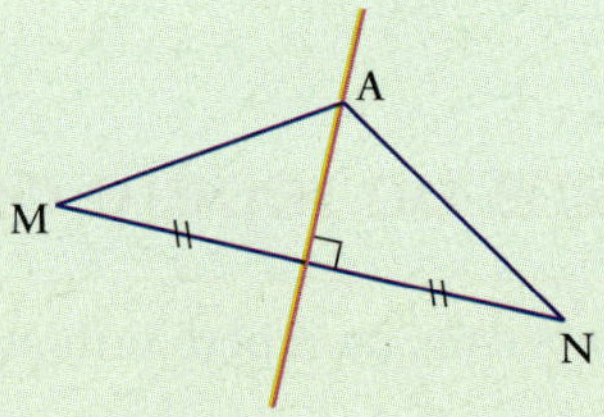

Dans ce cas, les points A et B sont confondus.
Le point A est situé sur la médiatrice du segment [MN].

Si un point est situé sur la médiatrice d'un segment, alors il est à égale distance des extrémités du segment.

On peut donc dire que :

AM = AN.

Calculs de longueurs

Dans le repère orthonormé (O , I , J), on place les points A (– 2 ; 1) ; B (4 ; – 2) ; M (1 ; 3) ; N (2 ; 1).

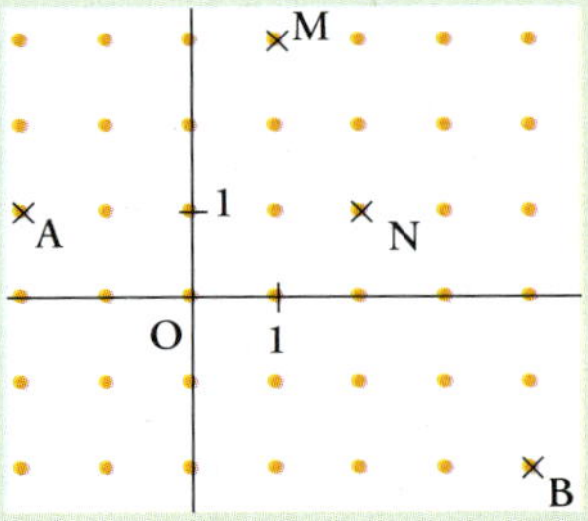

Calculons les distances en utilisant la formule :

$$AB^2 = (x_B - x_A)^2 + (y_B - y_A)^2$$

$AM^2 = (1 + 2)^2 + (3 - 1)^2$

d'où $AM^2 = 13$ et $AM = \sqrt{13}$.

$BN^2 = (2 - 4)^2 + (1 + 2)^2$

d'où $BN^2 = 13$ et $BN = \sqrt{13}$.

AM et BN sont toutes deux égales à $\sqrt{13}$, donc sont égales entre elles : AM = BN.

Vecteurs égaux

Dans le repère orthonormé (O , I , J) on place les points A (– 5 ; 1) ; B (– 1 ; 0) ; M (– 2 ; 3) ; N (2 ; 2)

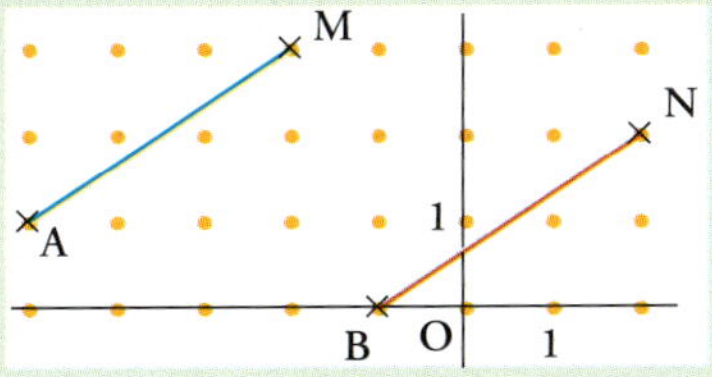

Calculons les coordonnées des vecteurs $\overrightarrow{AM}$ et $\overrightarrow{BN}$:
$\overrightarrow{AM}$ a pour coordonnées (– 2 + 5 ; 3 – 1) soit (3 ; 2).
$\overrightarrow{BN}$ a pour coordonnées (2 + 1 ; 2 – 0) soit (3 ; 2).
Les vecteurs $\overrightarrow{AM}$ et $\overrightarrow{BN}$ ont mêmes coordonnées donc ils sont égaux.
Si deux vecteurs sont égaux, alors ils ont la même longueur.
On peut donc dire que :

AM = BN

Points sur un même cercle

M et N sont deux points d'un même cercle.

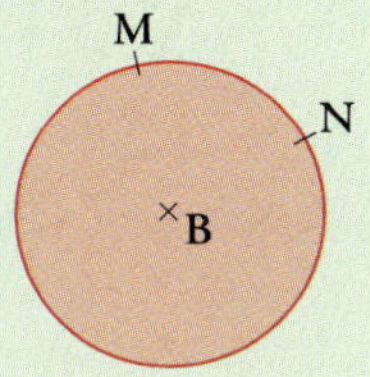

Dans ce cas, les points A et B sont confondus.
M et N sont situés sur le cercle de centre B.
Si des points sont sur un cercle, alors ils sont situés à égale distance du centre.
On peut dire que :

BM = BN

Transformation

Le segment [AM] a pour image le segment [BN] dans la symétrie de centre I.

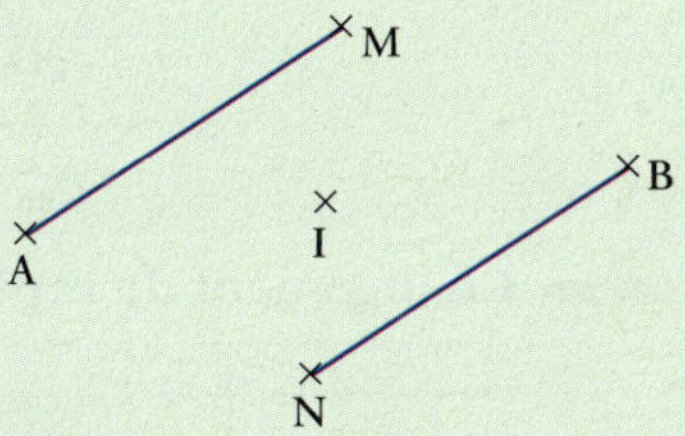

[AM] et [BN] sont deux segments symétriques par rapport au point I.
Une symétrie centrale conserve les distances.
Si deux segments sont symétriques, alors leurs longueurs sont égales.
On peut conclure que [AM] et [BN] ont la même longueur : AM = BN.
Remarque : Le résultat reste vrai pour une translation, une symétrie axiale ou une rotation.

Triangle rectangle

Le triangle ABC est rectangle en A, le point M est milieu de l'hypoténuse.

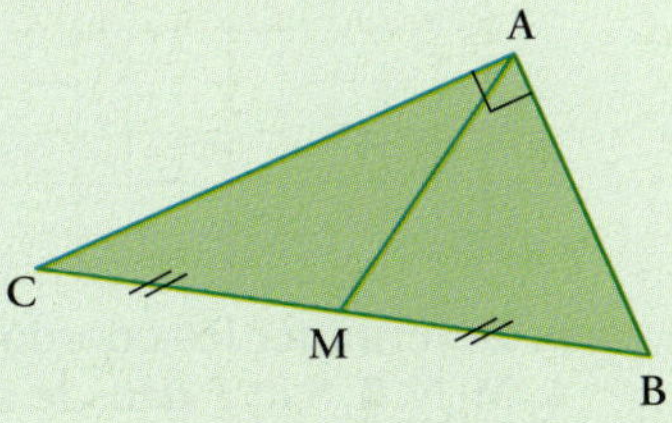

Dans ce cas M est confondu avec N.
Le triangle ABC est rectangle en A.
M est le milieu de l'hypoténuse [BC].
[AM] est une médiane.
Si un triangle est rectangle, alors la longueur de la médiane est la moitié de l'hypoténuse.

$AM = \frac{1}{2} BC$ donc AM = MB.

Trigonométrie – Thalès

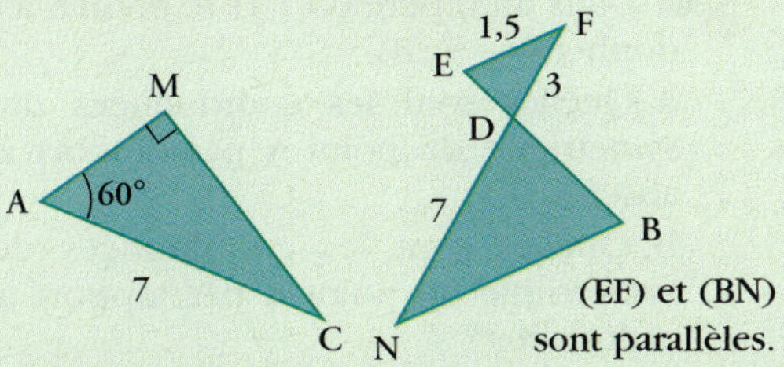

Le triangle AMC est rectangle en M, on peut utiliser les définitions de trigonométrie :

$\cos \widehat{MAC} = \frac{AM}{AC}$; $\cos 60° = \frac{AM}{7}$; AM = 3,5

Dans les triangles DNB et DFE, les points N, D, F et B, D, E sont alignés, les droites (EF) et (BN) sont parallèles, alors on peut utiliser la propriété de Thalès :

$$\frac{DF}{DN} = \frac{DE}{DB} = \frac{FE}{NB}$$

en remplaçant par les valeurs numériques :

$$\frac{3}{7} = \frac{1,5}{NB}$$

on obtient NB = 3,5.
AM et NB sont toutes deux égales à 3,5 donc sont égales entre elles.

EXERCICES d'application

COORDONNÉES D'UN POINT

1 Recopier et compléter les phrases suivantes :
Dans le repère (O, I, J) :

- l' .... du point A est 2,5.
- les .... du point C sont (..... ; .....).
- l' .... du point .... est – 2.

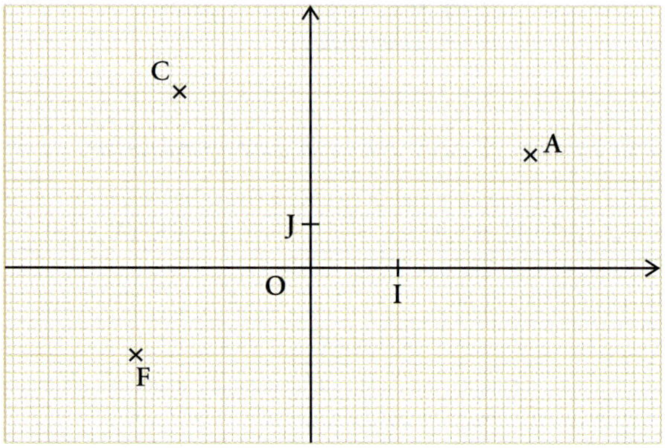

2 Dans chaque cas, écrire les coordonnées des points A, B, C et D dans le repère (O, I, J).

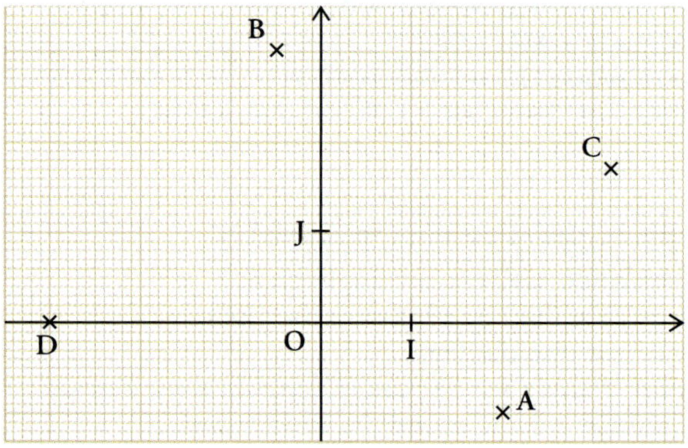

Cas 1

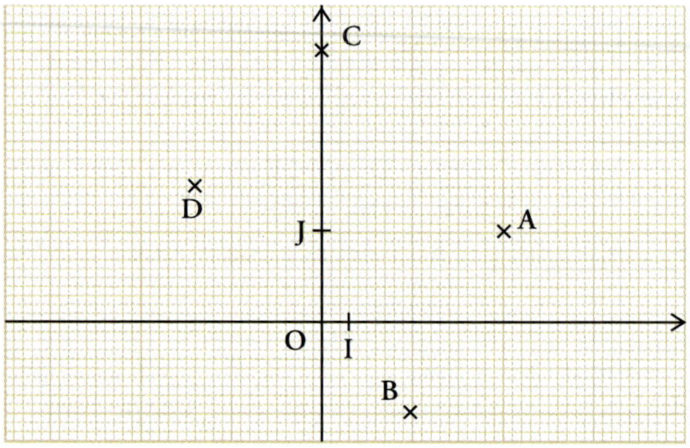

Cas 2

3 Dans chaque cas, écrire les coordonnées des points A, B, C et D dans le repère (O, I, J).

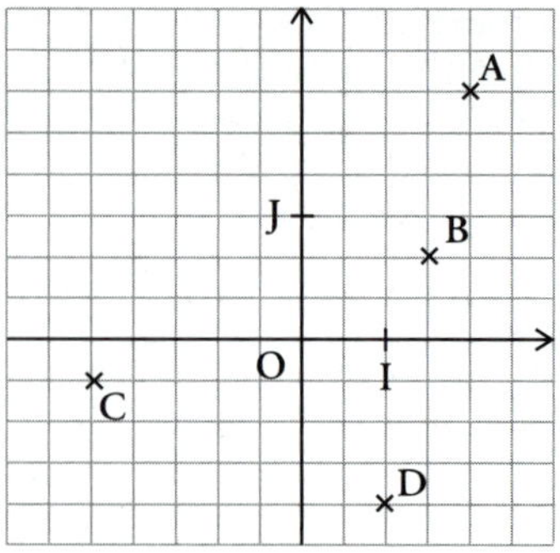

Cas 1

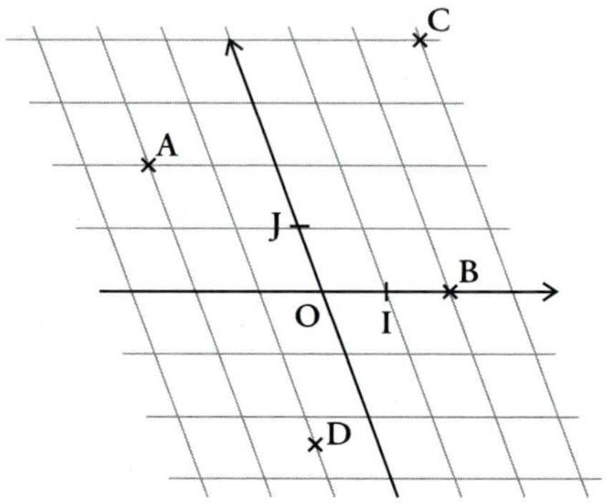

Cas 2

4 **Changement de repère**

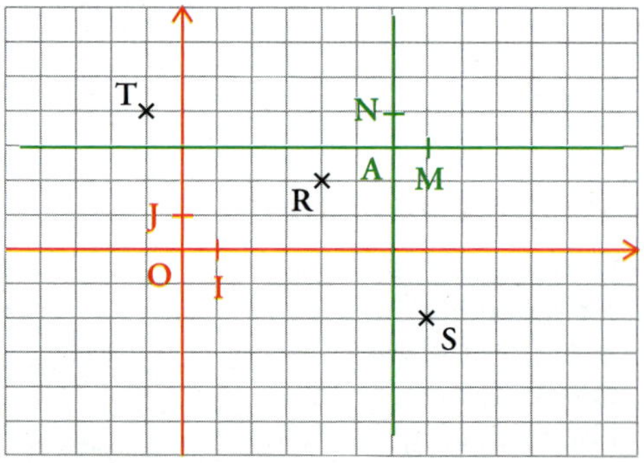

a. Déterminer les coordonnées des points O, I, J, A, M, N, R, S et T dans le repère (O, I, J).

b. Déterminer les coordonnées des points O, I, J, A, M, N, R, S et T dans le repère (A, M, N).

5 Dans un repère (O, I, J), le point A a pour coordonnées (– 5 ; 8).

a. Quelles sont les coordonnées du point X, symétrique du point A par rapport à l'axe des abscisses ?

b. Quelles sont les coordonnées du point Y, symétrique du point A par rapport à l'axe des ordonnées ?

c. Quelles sont les coordonnées du point R, symétrique du point A par rapport à l'origine du repère ?

d. Quelles sont les coordonnées du point T, image du point A par la translation de vecteurs $\vec{u}$ de coordonnées (3 ; – 2) ?

MILIEU D'UN SEGMENT

6 Le plan a pour repère (O, I, J). Dans chaque cas, calculer les coordonnées du point S milieu de [DB] :

1er cas : D (7 ; – 6) et B (1 ; 3).

2e cas : D (– 4,2 ; 6,1) et B (8 ; – 1,3).

7 (O, I, J) est un repère du plan. Dans chaque cas, calculer les coordonnées du point S milieu de [DB] :

1er cas : D $\left(\frac{1}{4} ; \frac{-9}{2}\right)$ et B $\left(3 ; -\frac{1}{2}\right)$.

2e cas : D $\left(\frac{1}{3} ; \frac{4}{5}\right)$ et B $\left(\frac{-5}{6} ; \frac{-7}{10}\right)$.

MÉTHODE

Démontrer que deux points sont confondus

Énoncé

Dans un repère (O, I, J), *on considère les points :* C (– 5 ; 4) ; N (1 ; 2) ; F (– 2 ; 3)

Prouver que le point F *est le milieu du segment* [CN].

Exemple de solution

On calcule les coordonnées du point M milieu de [CN] en utilisant les formules du cours.

$x_M = \frac{x_C + x_N}{2}$; $y_M = \frac{y_C + y_N}{2}$

$x_M = \frac{-5+1}{2}$; $y_M = \frac{4+2}{2}$

$x_M = -2$; $y_M = 3$

On a : M (– 2 ; 3) et F (– 2 ; 3).

Si deux points ont les mêmes coordonnées, alors ces points sont confondus.

Par conséquent, le point F est le milieu de [CN].

● Voir exercices 9 et 10

8 **Avec la calculatrice**

Pour calculer les coordonnées du milieu du segment [ZR] où Z (– 4,2 ; 5) et R (3 ; 6,8), Chloé a tapé la suite de touches suivantes :

[(–)] [4] [,] [2] [+] [3] [÷] [2] [=]

et [5] [+] [6] [,] [8] [÷] [2] [=]

Va-t-elle obtenir les bons résultats ?

9 Dans un repère (O, I, J), on donne M (8 ; – 5) et L (– 1 ; – 1).

Parmi les points suivants, lequel est le milieu du segment [ML] ?

A (7 ; – 6) ; V(4,5 ; – 3) ; E (3,5 ; 3) ; F (3,5 ; – 3)

10 Dans un repère (O, I, J), on donne F $\left(\frac{4}{3} ; \frac{52}{7}\right)$ et R $\left(\frac{-1}{3} ; \frac{8}{7}\right)$.

Parmi les points suivants, lequel est le milieu du segment [FR] ?

P $\left(\frac{5}{6} ; \frac{44}{14}\right)$; N (0,5 ; 4,3) ;

G $\left(1 ; \frac{60}{7}\right)$; C $\left(\frac{1}{2} ; \frac{30}{7}\right)$

11 Le plan est rapporté à un repère (O, I, J). Soient les points M (– 2 ; 3) ; N (1 ; 4,5) ; R (3 ; – 1) et P (6 ; 0,5).

a. Calculer les coordonnées du milieu A du segment [MP].

b. Calculer les coordonnées du milieu B du segment [NR].

c. En déduire la nature du quadrilatère MNPR.

12 Dans un repère (O, I, J), on considère les points A (8 ; – 5) et M (– 1 ; 2).

Calculer les coordonnées du point B, symétrique de A par rapport à M.

13 Dans un repère (O, I, J), A a pour ordonnée 6 et B a pour abscisse 3.

M, milieu de [AB], a pour coordonnées $\left(-1 ; \frac{1}{2}\right)$.

Calculer l'abscisse de A et l'ordonnée de B.

14 **Vrai ou faux ?**

- Si M est le milieu de [PA], alors : $x_M = \frac{x_P + x_A}{2}$ et $y_M = \frac{y_P + y_A}{2}$.
- Si $x_M = \frac{x_P + x_A}{2}$, alors M est le milieu de [PA].
- Si M est le milieu de [PA], alors $y_M = \frac{y_P + y_A}{2}$.

COORDONNÉES D'UN VECTEUR

MÉTHODE

Trouver les coordonnées d'un vecteur dans un repère

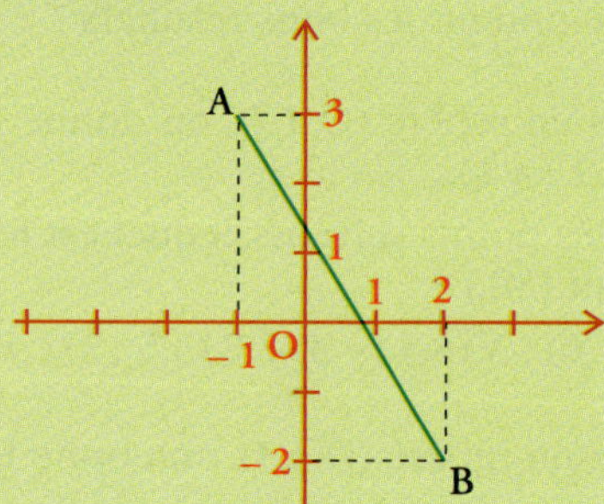

❶ **Par lecture graphique**

Pour aller de A vers B, on se déplace :

- parallèlement à l'axe des abscisses de 3 unités « vers la droite » ;
- parallèlement à l'axe des ordonnées de 5 unités « vers le bas ».

Les coordonnées du vecteur $\overrightarrow{AB}$ sont (3 ; - 5).

❷ **Par le calcul**

A a pour coordonnées (- 1 ; 3) et B a pour coordonnées (2 ; - 2).

Les coordonnées du vecteur $\overrightarrow{AB}$ sont :

$$x_B - x_A = 2 - (-1) = 3$$
$$y_B - y_A = -2 - 3 = -5$$

Les coordonnées du vecteur $\overrightarrow{AB}$ sont donc (3 ; - 5).

❶ Voir exercices 15 à 22
❷ Voir exercices 30 à 33

15 Lire les coordonnées des vecteurs représentés ci-dessous dans le repère (O, I, J).

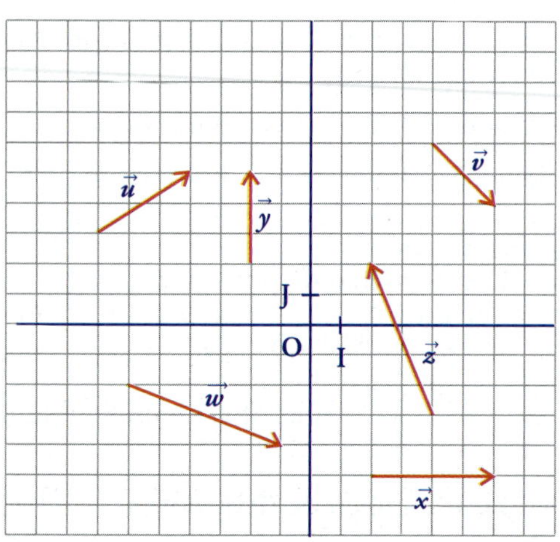

16 Lire les coordonnées des vecteurs représentés ci-dessous dans le repère (O, I, J).

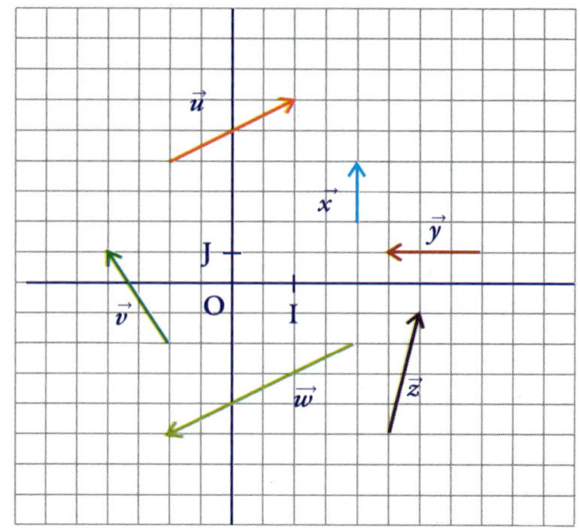

17 Dans un repère (O, I, J), dessiner trois vecteurs de coordonnées (- 4 ; 3).

18 Dessiner des représentants des vecteurs $\vec{u}$ (5 ; 2), $\vec{v}$ (3 ; - 4) et $\vec{w}$ (- 1 ; - 2) dans un repère (O, I, J).

19 Déterminer les coordonnées des vecteurs $\overrightarrow{OV}$, $\overrightarrow{OE}$, $\overrightarrow{OC}$ et $\overrightarrow{OT}$ dans le repère (O, I, J).

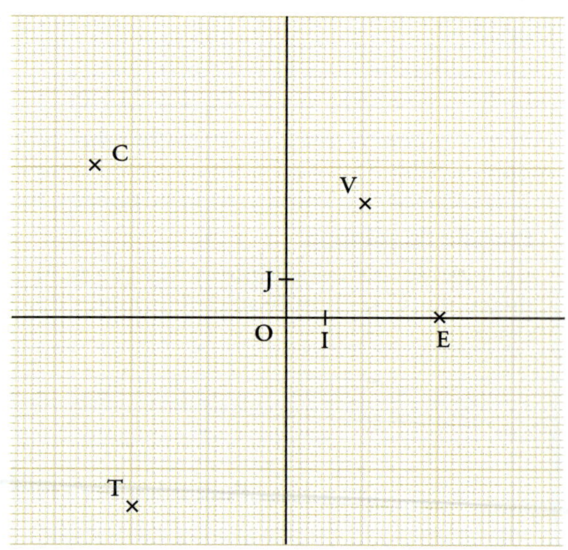

20 Dans un repère (O, I, J), A a pour coordonnées (- 4 ; 3).

Placer les points B, C, D et E sachant que :

$\overrightarrow{AB}$ (2 ; 5) ; $\overrightarrow{AC}$ (6 ; - 1) ;
$\overrightarrow{AD}$ (- 3 ; - 2) ; $\overrightarrow{AE}$ (0 ; - 6,5)

Déterminer par lecture graphique les coordonnées des points B, C, D et E.

21 Reproduire le dessin ci-après.
Placer les points P, Q, R et S tels que :

$$\overrightarrow{AP} = \overrightarrow{BQ} = \overrightarrow{CR} = \overrightarrow{DS} = \vec{u}$$

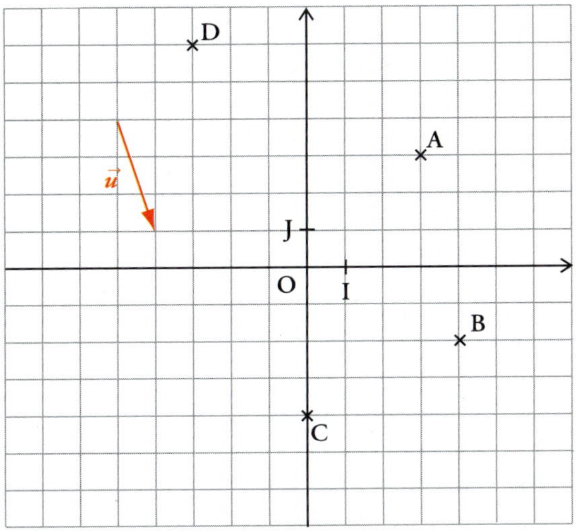

22 **a.** Dans un repère (O, I, J), placer les points A (- 4 ; - 2) ; B (3 ; 1) ; C (- 5 ; 4) et D (7 ; - 6).

b. Construire les points B′, C′ et D′ images respectives des points B, C et D par la translation de vecteur $\overrightarrow{OA}$.

c. Lire sur le graphique, les coordonnées des points B′, C′ et D′.

23 Dans un repère (O, I, J), on donne G (6 ; 1) ; H (4 ; 8) ; L (- 2 ; 3).
Calculer les coordonnées des vecteurs $\overrightarrow{GH}$, $\overrightarrow{GL}$ et $\overrightarrow{LH}$.

EXERCICE RÉSOLU

Énoncé

Le plan a pour repère (O, I, J).
On donne :

V (4,5 ; - 1) ; E (3 ; 5) ; C (- 8 ; 2)

Calculer les coordonnées du point T *sachant que* $\overrightarrow{VE} = \overrightarrow{CT}$.

Exemple de solution

Calculons les coordonnées du vecteur $\overrightarrow{VE}$.

$x_E - x_V = 3 - 4{,}5 = -1{,}5$

$y_E - y_V = 5 - (-1) = 6$

Calculons les coordonnées du vecteur $\overrightarrow{CT}$.

$x_T - x_C = x_T - (-8) = x_T + 8$

$y_T - y_C = y_T - 2$

Or, si deux vecteurs sont égaux, alors ils ont les mêmes coordonnées.

Donc $x_T + 8 = -1{,}5$ et $y_T - 2 = 6$

$x_T = -9{,}5$ et $y_T = 8$

Le point T a pour coordonnées (- 9,5 ; 8).

24 **a.** Placer les points Q (1 ; - 3), U (- 5 ; 2), A (3 ; 4) et D (9 ; - 1) dans un repère (O, I, J).

b. Calculer les coordonnées des vecteurs $\overrightarrow{QD}$ et $\overrightarrow{UA}$.

c. Quelle est la nature du quadrilatère QUAD ?

25 Le plan est rapporté à un repère (O, I, J).
Sachant que E (24 ; - 17) et que $\overrightarrow{EG}$ (18 ; - 12), calculer les coordonnées du point G.

26 **a.** Dans un repère (O, I, J), placer les points D (- 4 ; 1) et B (2 ; - 3).

b. Placer les points U et T tels que les vecteurs $\overrightarrow{DU}$ et $\overrightarrow{BT}$ aient pour coordonnées (2 ; 7).
Calculer les coordonnées des points U et T.

c. Lire les coordonnées des vecteurs $\overrightarrow{UT}$ et $\overrightarrow{DB}$.
Que constate-t-on ?
Pouvait-on prévoir ce résultat ?

27 Dans un repère (O, I, J), on considère les points V (- 15 ; 38) ; A (12 ; - 50) et M (0 ; 3).
N est l'image du point M par la translation de vecteur $\overrightarrow{VA}$.
Calculer les coordonnées du point N.

28 Le plan est rapporté à un repère (O, I, J).
Le point H (- 2 ; - 3,5) est l'image du point R (- 5 ; 4,5) dans la translation de vecteur $\vec{u}$.
Quelles sont les coordonnées du vecteur $\vec{u}$?

29 Le plan est rapporté à un repère (O, I, J).

a. Placer les points M $\left(-3 ; \dfrac{1}{2}\right)$; N (- 1 ; 1) et L $\left(1 ; \dfrac{3}{2}\right)$.

b. Calculer les coordonnées des vecteurs $\overrightarrow{MN}$ et $\overrightarrow{NL}$.

c. Que peut-on en déduire pour le point N ?

30 **Quadrilatère de Varignon**

(O, I, J) est un repère du plan.

a. Placer les points : V (- 1 ; 2) ; A (5 ; 5) ; R (7 ; - 2) et G (- 5 ; - 4).

b. M, N, P et Q sont les milieux respectifs des segments [VA], [AR], [RG] et [GV].
Calculer les coordonnées de ces quatre points.

c. Vérifier l'égalité $\overrightarrow{MN} = \overrightarrow{QP}$.
Que peut-on en déduire pour le quadrilatère MNPQ, appelé quadrilatère de Varignon ?

EXERCICES d'application

DISTANCE DE DEUX POINTS

Dans tous les exercices de ce paragraphe, le plan est rapporté à un repère (O, I, J) orthonormé.

31 Les points A et B ont pour coordonnées :
A (– 1 ; 1) et B (2 ; – 3)
Calculer les longueurs OA, OB et AB.

32 On considère les points A (– 4 ; 2) ; T (– 1 ; 6) et L (0 ; – 5).
Calculer AT et AL.

33 Sachant que le vecteur $\overrightarrow{DS}$ a pour coordonnées (5 ; – 2), calculer la longueur DS.

EXERCICE RÉSOLU

Énoncé

Dans le repère (O, I , J), *placer les points* A (– 2 ;– 1) ; B (2 ; 6) ; C (6 ; – 2).
Démontrer que le triangle ABC *est isocèle en* A.

Exemple de solution

Calculons les longueur AB et AC en utilisant la formule du cours :

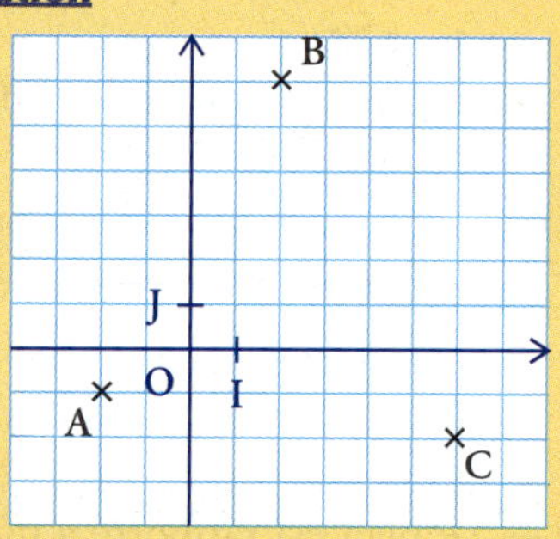

$AB = \sqrt{(x_B - x_A)^2 + (y_B - y_A)^2}$

$AB = \sqrt{(2 + 2)^2 + (6 + 1)^2}$

$AB = \sqrt{16 + 49}$

$AB = \sqrt{65}$

$AC = \sqrt{(x_C - x_A)^2 + (y_C - y_A)^2}$

$AC = \sqrt{(6 + 2)^2 + (- 2 + 1)^2}$

$AC = \sqrt{64 + 1}$

$AC = \sqrt{65}$

On en déduit que AB = AC.
Le triangle ABC a deux côtés [AB] et [AC] de même longueur, c'est donc un triangle isocèle en A.

34 Soient les points : C (– 1 ; – 4) ; F (0 ; 2) et N (6 ; 1).
Montrer que le triangle CFN est isocèle.

35 On donne : R (– 4 ; 4) ; F (– 1 ; 3) ; E (– 6 ; – 2).
Le triangle RFE est-il rectangle ?

36 L (4 ; – 2), S (6 ; 4), A (0 ; 2) et N (– 2 ; – 4) sont quatre points du repère orthonormé (O, I, J).
Démontrer que le quadrilatère LSAN est un losange.

37 Placer les points U (4 ; 7), L (– 2 ; 1), E (6 ; 1), P (0 ; – 1) et T (2 ; 3) dans le repère (O, I, J).
Montrer que les points U, L, E et P sont sur un cercle de centre T.

38 **a.** Sur une feuille de papier millimétré, placer les points E (– 2 ; – 1), F (2 ; 4) et G (4 ; 6,4).

b. Ces points semblent alignés. Est-ce vraiment le cas ? Justifier la réponse.

39 Dans le repère (O, I, J), on place les points K (2 ; 3) ; T (– 1 ; 2) et C (4 ; – 3).

a. Calculer les coordonnées du centre du cercle $\mathscr{C}$ de diamètre [TC].

b. Quel est le rayon de ce cercle ?

c. Montrer que K est un point du cercle $\mathscr{C}$.
Que peut-on en déduire pour le triangle KTC ?

40 Le point C $\left(-\dfrac{\sqrt{3}}{2} ; \dfrac{-1}{2}\right)$ du repère orthonormé (O, I, J) appartient-il au cercle de centre O et de rayon 1 ?

41 Soient les points D (3 ; 4,5), T (5 ; 2,5), E (1,5 ; 1) et M (– 2 ; – 2,5).

a. Calculer les longueurs ED, ET, MD et MT.

b. Quel rôle joue la droite (ME) pour le segment [DT] ? Justifier.

42 Dans le repère (O, I, J), placer les points S (– 0,5 ; 3), A (– 1 ; 1,5) et D (3,5 ; 0).

a. Démontrer que le triangle SDA est rectangle.

b. Calculer cos $\widehat{SDA}$ et en déduire l'arrondi au degré de l'angle $\widehat{SDA}$.

43 On considère les points K (– 5 ; 2), R (6 ; 4), et A (– 2 ; – 2).

a. Démontrer que le triangle KRA est rectangle.

b. Calculer l'aire et le périmètre du triangle KAR.

44 Dans le repère orthonormé (O, I, J), les points F, R et A ont pour coordonnées :
F (– 4 ; 1) ; R (– 2 ; – 5) ; A (0 ; 5)
M est le milieu de [FR] et N est le milieu de [FA].

a. Faire une figure.

b. En utilisant deux méthodes, montrer que $MN = \dfrac{1}{2} RA$.

Ce que je dois savoir

- Placer dans un repère un point ou un vecteur dont on connaît les coordonnées.
- Lire sur un graphique les coordonnées d'un vecteur.
- Calculer les cordonnées du milieu d'un segment.
- Calculer les coordonnées d'un vecteur.
- Calculer la distance de deux points dont on connaît les coordonnées dans un repère orthonormé.

Je m'évalue

Solutions page 295

45 Voici un repère (O, I, J).

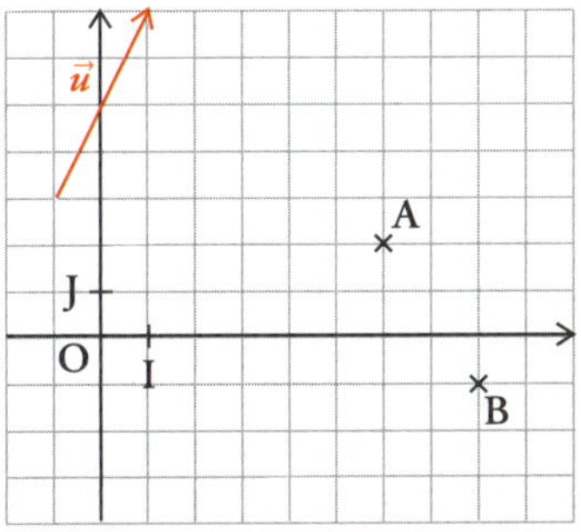

a. Donner les coordonnées des points A et B.

b. Placer les points C (0 ; - 3) et D (- 4 ; 0).

c. Déterminer par lecture graphique les coordonnées des vecteurs $\vec{u}$, $\overrightarrow{AB}$ et $\overrightarrow{BA}$.

d. Représenter le vecteur $\vec{v}$ de coordonnées (- 2 ; - 4).

e. Calculer les coordonnées du vecteur $\overrightarrow{CD}$.

46 Le plan est muni d'un repère orthogonal (O, I, J).

a. Placer les points S (- 5 ; 7) ; E (8 ; 0) et C (1 ; - 4).

b. Calculer les coordonnées du milieu D du segment [EC].

c. N est le symétrique de S par rapport à D. Calculer les coordonnées du point N.

d. Sans calcul, prouver que le quadrilatère SENC est un parallélogramme.

47 Le plan est muni d'un repère (O, I, J).

a. Placer les points A (- 5 ; 2) ; B (- 2 ; 8) ; C (5 ; 4) ; D (2 ; - 2) ; E (12 ; 0).

b. Montrer que le point C est l'image du point B par la translation de vecteur $\overrightarrow{AD}$.

c. Montrer que les vecteurs $\overrightarrow{BC}$ et $\overrightarrow{CE}$ sont égaux. Que peut-on en déduire pour le point C ?

d. Calculer les coordonnées du point G pour que ACDG soit un parallélogramme.

48 Le plan est rapporté au repère orthonormé (O, I, J).

On considère les points suivants :
A (- 3 ; 4) ; B (3 ; 2) ; C (1 ; 6) ; D (- 1 ; 0)

a. Calculer les coordonnées de M milieu de [AB].
Calculer les coordonnées de N milieu de [CD].

b. Calculer les distances AB, AC, BC.
En déduire la nature du triangle ABC.

c. Quelle est la nature du quadrilatère ACBD ?

d. Montrer que les points A, B, C et D sont sur un cercle dont on précisera le centre et le rayon.

e. Quelle est la mesure de l'angle $\widehat{ABC}$?

49 Dans le repère (O , I , J), on considère la figure suivante.

a. Lire les coordonnées des points A, B et F.

b. Montrer que le triangle AFB est isocèle en F.

c. Calculer les coordonnées du milieu M de [AB].

d. Calculer l'aire du triangle AFB.

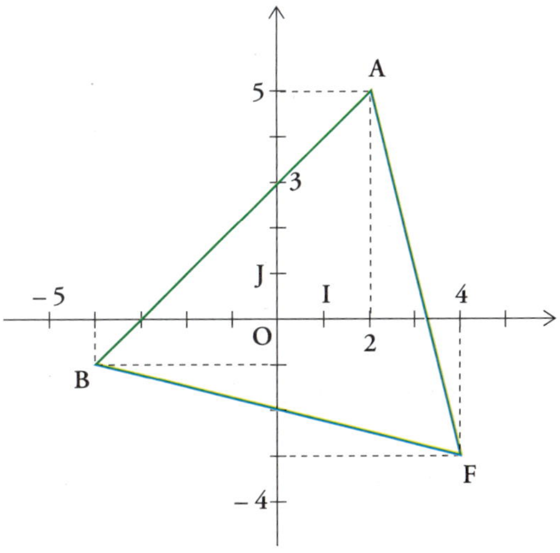

UTILISER SES CONNAISSANCES

50 **Repère quelconque**

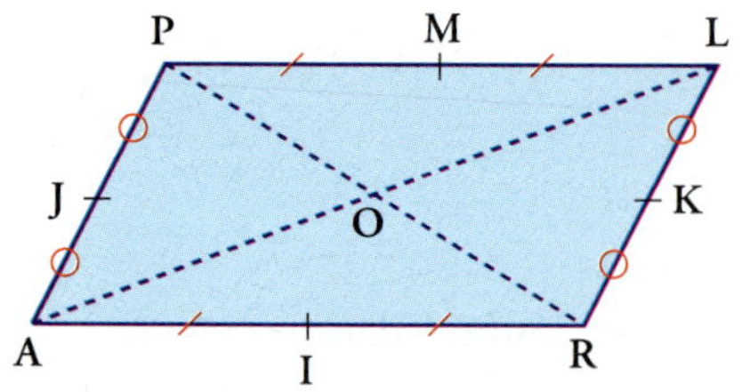

PLRA est un parallélogramme

Quelles sont les coordonnées des points A, I, R, J, P, L, M, K et O dans le repère (A, I, J) ?

51 Déterminer les coordonnées des points T et R dans le repère orthonormé (O, I, J).

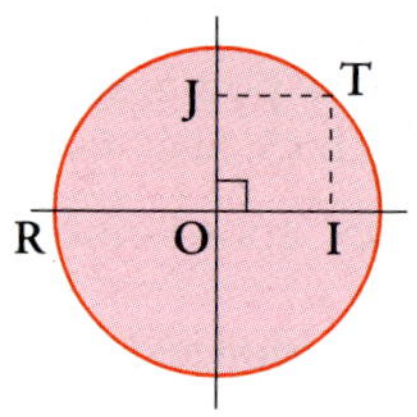

52 Expliquer, dans chaque cas, pourquoi le point M est le milieu du segment [UT].

Cas 1

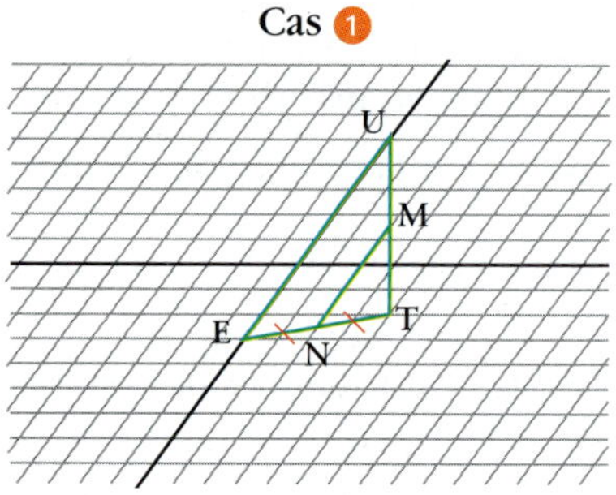

N et M ont la même abscisse.

Cas 2

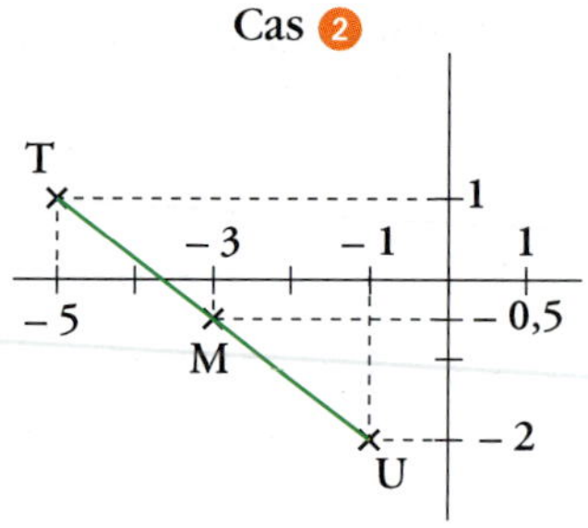

Cas 3

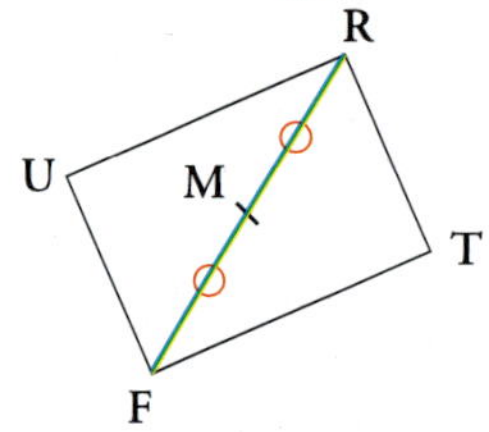

URTF est un rectangle

53 Dans chaque cas, comment calculer la longueur AB ?

Cas 1

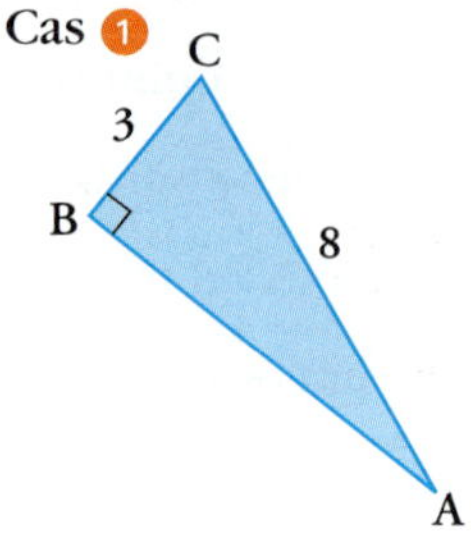

Cas 2

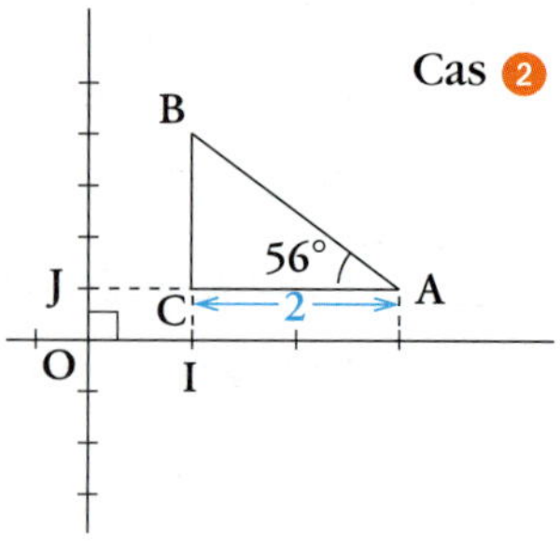

Cas 3

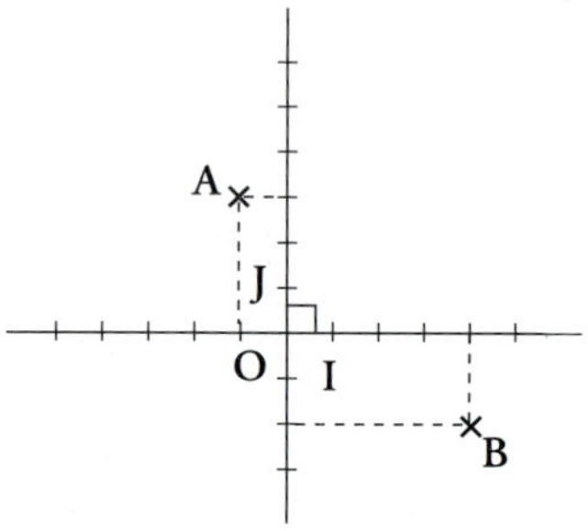

54 ABCD est un carré de côté 5 cm.
M est le milieu de [BC] et G est le symétrique de D par rapport à C.
Prouver que M est le milieu de [AG] :
- en utilisant la propriété de la droite des milieux ;
- en calculant les coordonnées du point M dans le repère orthonormé d'origine D, d'axes (DC) et (DA) et d'unité 1 cm.

55 (O, I, J) est un repère orthonormé. L'unité est le centimètre.

a. Placer le point M d'ordonnée positive tel que $\widehat{IOM} = 60°$ et OM = 4 cm.

b. Déterminer les coordonnées du point M (on donnera une valeur exacte puis une valeur arrondie au dixième).

56 **Symétriques**

Dans un repère (O, I, J), le point F a pour coordonnées (a ; b), où a et b sont deux nombres quelconques.

a. A est le symétrique de F par rapport à l'axe des abscisses. Exprimer ses coordonnées en fonction de a et b.

b. R est le symétrique de F par rapport à l'axe des ordonnées. Exprimer ses coordonnées en fonction de a et b.

c. G est le symétrique de F par rapport à l'origine du repère. Exprimer ses coordonnées en fonction de a et b.

57 On considère les points V (– 4 ; 1) et H (2 ; – 6) dans un repère (O I, J).
Calculer les coordonnées du point T tel que VHTO soit un parallélogramme.
Trouver plusieurs méthodes.

58 Dans le plan muni d'un repère (O, I, J), on a placé les points D (2 ; 5) ; A (3 ; - 4) et V (- 1 ; 3,5).

a. Construire le point B tel que $\overrightarrow{DB} = \overrightarrow{DA} + \overrightarrow{DV}$. Lire sur le graphique les coordonnées de $\overrightarrow{DB}$.

b. Calculer les coordonnées de $\overrightarrow{AB}$.
En déduire les coordonnées de B.

c. Calculer les coordonnées de $\overrightarrow{DB}$.

59 Dans le plan muni d'un repère orthonormé (O , I , J), on considère les points M (- 3 ; - 1) ; N (3 ; 1) et P (1 ; 7).

a. Faire une figure.

b. Calculer les distances exactes MN, MP, NP. (Donner les valeurs sous forme la plus simplifiée.)

c. Quelle est la nature du triangle MNP ? Justifier.

d. Calculer l'aire et le périmètre du triangle MNP.
Donner d'abord les valeurs exactes, puis les valeurs arrondies à 10^{-2}.

60 Dans un repère orthonormé (O, I, J), on considère les points :

T (0 ; 3) ; H (6 ; 5) ; E (8 ; - 1)

a. Calculer les longueurs TH, HE et TE.

b. En déduire la nature du triangle THE.

c. Calculer les coordonnées du point D tel que $\overrightarrow{DE} = \overrightarrow{TH}$.
Quelle est la nature du quadrilatère THED ?

d. Calculer les coordonnées du point M, point d'intersection des diagonales du quadrilatère THED.

61 Dans un repère orthonormé (O, I, J), on considère les points :

V (- 4 ; 3) ; R (2 ; 5) ; A (11 ; - 2) ;
C (5 ; - 4) ; S (0 ; - 1)

Trouver un parallélogramme, un triangle rectangle et un triangle isocèle ayant certains de ces points pour sommets.
Justifier les réponses.

62 Dans un repère orthonormé (O, I, J), on considère les points :

$$R\left(-4 ; \frac{-1}{2}\right) ; \quad S\left(-2 ; \frac{7}{2}\right) ; \quad T\left(2 ; \frac{3}{2}\right)$$

a. Quelle est la nature du triangle RST ?

b. Déterminer les coordonnées de N tel que SRTN soit un parallélogramme.

c. K est le symétrique de R par rapport à S.
Montrer que le quadrilatère STNK est un carré.

63 Dans un repère orthonormé (O, I, J), on considère les points :

M (- 6 ; 3) ; A (- 4 ; - 3) ; G (2 ; - 1) ; E (0 ; 5)

a. Démontrer que MAGE est un carré.

b. Calculer les coordonnées du point d'intersection S des deux diagonales du carré MAGE.

c. L est l'image du point A par la translation de vecteur $\overrightarrow{MS}$.
- Calculer les coordonnées du point L.
- Quelle est la nature du quadrilatère MSLA ?

64 Dans un repère orthonormé (O, I, J), on considère les points :

T (- 2 ; - 2) ; H (3 ; - 2) ; A (- 5 ; 2)

a. Calculer les longueurs TA et TH.
En déduire la nature du triangle TAH.

b. On appelle M le milieu de [AH].
- Sans calcul, démontrer que la droite (TM) est la médiatrice du segment [AH].
- Calculer les coordonnées du point M.

c. S est le symétrique de M par rapport à T.
- Démontrer que le triangle ASH est rectangle isocèle.
- Déterminer le centre et le rayon du cercle circonscrit à ce triangle.

d. Calculer la valeur arrondie au dixième de l'angle $\widehat{AHS}$.

65 On considère les points A (7 ; - 2) ; B (1 ; 6) et C (- 1 ; 2) dans un repère (O, I, J) orthonormé.

a. Démontrer que le triangle ABC est rectangle en C.

b. • Calculer les coordonnées du point B′ symétrique du point B par rapport à C.
- Démontrer que le triangle ABB′ est isocèle.

c. E est l'image de C par la translation de vecteur $\vec{u}$ (- 2 ; 1). Calculer les coordonnées du point E. Montrer que la droite (BA) est la tangente en B au cercle de centre E et de rayon EB.

POUR ALLER PLUS LOIN

66 Tracer un repère (O, I, J) orthogonal tel que OI = 1 cm et OJ = 0,5 cm.
On veut prouver que, dans ce cas, la formule de calcul des distances n'est pas valable.

a. Placer les points A (1 ; 2) ; B (4 ; 2) ; C (4 ; 8) ; D (1 ; 8) ; E (3 ; 4) ; F (1 ; 3).
Tracer le quadrilatère ABCD et le triangle DEF, et remarquer qu'ils semblent être un carré et un triangle isocèle.

b. Utiliser la formule de calcul des distances comme si le repère était orthonormé et calculer AB^2, AD^2, DE^2, EF^2, DF^2.
Les résultats obtenus confirment-ils les réponses de la question **a.** ?

67 Le plan est muni d'un repère orthonormé d'origine O.

C (- 6 7) ; E (- 4 ; 9) ; R (2 ; 3) ;
L (- 4 ; 1) ; K (- 2 ; 5)

a. Montrer que les triangles CER et CLR sont rectangles.

b. En déduire que les points C, E, R et L sont cocycliques, c'est-à-dire qu'ils sont sur un même cercle.

c. Vérifier que le point K est le centre de ce cercle.

d. S est un point du cercle ayant la même ordonnée que le point R.
Quelle est son abscisse ? Justifier.

e. Quelles sont les coordonnées des points du cercle ayant pour abscisse 0 ? Justifier.

68 On considère les points :

$M\left(2 ; \frac{5}{2}\right)$; $Y\left(\frac{3}{2} ; \frac{1}{2}\right)$; $E\left(-1 ; \frac{1}{2}\right)$;

$L\left(1 ; -\frac{3}{2}\right)$; $X\left(\frac{1}{2} ; \frac{3}{2}\right)$

Montrer que les droites (XY) et (EL) sont parallèles.

69 Déterminer les coordonnées des points T et R dans le repère orthonormé (O, I, J).

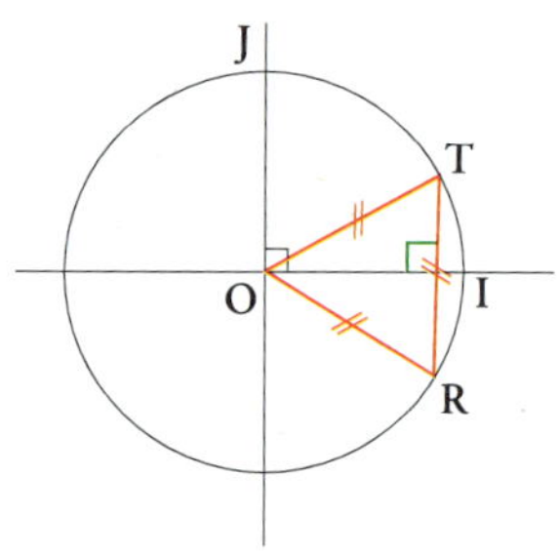

70 (O, I, J) est un repère du plan.
Calculer les coordonnées du point S milieu de [DB] :

$D(\sqrt{11} ; 5)$ et $B(3\sqrt{11} ; -\sqrt{3})$

71 Le plan est rapporté à un repère (O, I, J).
Soient les points $B(-4\sqrt{7} ; 5)$ et $R(6 ; -3)$.
$I(3 - 2\sqrt{7} ; 1)$ est-il le milieu de [BR] ?

72 On considère les points $G(\sqrt{5} ; 3)$; $F(-6 ; 2\sqrt{5})$ et $Y(\sqrt{20} ; 3)$ dans un repère orthonormé (O, I, J).
Calculer GF et GY.

73 Dans un repère orthonormé (O, I, J), déterminer des coordonnées pour les points D et L afin que la longueur DL soit égale à $\sqrt{29}$.

74 Le repère (O, I, J) est orthonormé. Les points $C(0 ; -5)$; $A(7\sqrt{2} ; 9)$ et $M\left(\frac{5\sqrt{2}}{2} ; 0\right)$ sont-ils alignés ?

75 Dans un repère orthonormé (O, I, J), on considère les points :

$T(0 ; 4)$; $A(-2\sqrt{3} ; -2)$; $M(2\sqrt{3} ; -2)$

a. Montrer que le triangle TAM est équilatéral.

b. Calculer les coordonnées du milieu K de [AM].

c. E est le symétrique du point T par rapport à K.
Quelle est la nature du quadrilatère TAEM ?
Calculer les coordonnées du point E.

76 x est un nombre quelconque.
On considère les points P et N de coordonnées :

$P(2 ; -6{,}4)$; $N(x ; 8)$.

Quelle(s) valeur(s) donner à x pour que la longueur PN soit égale à 15,6 ?

77 On considère les points E (0 ; 2) ; Q (0 ; 4) et U $(x ; y)$, où x et y sont deux nombres quelconques. Déterminer les nombres x et y pour que le triangle EQU soit équilatéral.

78 Placer dans un repère orthonormé les points A (3 ; 6) et B (- 4 ; 2).
Le point M est un point quelconque de l'axe des ordonnées de coordonnées $(0 ; y)$.

a. Calculer la valeur de y pour laquelle le triangle ABM est rectangle en M.

b. Construire à la règle et au compas le point M tel que le triangle ABM soit rectangle en M.
Lire les coordonnées de M et vérifier qu'elles sont égales à celles de la question précédente.

79 Des randonneurs préparent leur sortie annuelle en Seine-Maritime. Sur la carte et pour se repérer, ils munissent le plan d'un repère orthonormal (S , I , J). Une unité représente 3 km sur chaque axe. La ville de St-Vaast est désignée par S, le point D de coordonnées (- 5 ; 3) représente la ville de Dieppe, le point N de coordonnées (5 ; - 3) représente la ville de Neufchâtel-en-Bray et le point B de coordonnées $\left(\frac{43}{5} ; 3\right)$ représente la ville de Blangy-sur-Bresle.

a. Faire une figure, en plaçant les points S, D, N, B.

b. St-Vaast sera leur première halte. Montrer que le point S est le milieu du segment [ND].

c. Montrer que $ND = 2\sqrt{34}$ et en déduire la distance à vol d'oiseau Dieppe-Neufchâtel, arrondie au kilomètre le plus proche.

d. Montrer que le triangle formé des villes Dieppe, Blangy et Neufchâtel est rectangle.

EXERCICE RÉSOLU

Énoncé (Bordeaux, 2000)

Le plan est rapporté au repère orthonormé (O, I, J) ; l'unité graphique est le centimètre. La figure sera réalisée sur du papier millimétré.

1. a. *Placer les points* A (4 ; 5) ; B (– 3 ; 3) *et* C (2 ; – 2).

b. *Quelle est la nature du triangle* ABC *?*

2. *Soit* D *l'image de* B *par la translation de vecteur* $\overrightarrow{AC}$. *Calculer les coordonnées du point* D.

3. *Quelle est la nature du quadrilatère* ABDC *?*

Exemple de solution

1. a. Faire une figure.

b. Calculons les longueurs AB, AC et BC.

$AB = \sqrt{(-3-4)^2 + (3-5)^2}$ $AC = \sqrt{(2-4)^2 + (-2-5)^2}$ $BC = \sqrt{(2-(-3))^2 + (-2-3)^2}$

$AB = \sqrt{(-7)^2 + (-2)^2}$ $AC = \sqrt{(-2)^2 + (-7)^2}$ $BC = \sqrt{(5)^2 + (-5)^2}$

$AB = \sqrt{49+4}$ $AC = \sqrt{4+49}$ $BC = \sqrt{25+25}$

$AB = \sqrt{53}$ $AC = \sqrt{53}$ $BC = \sqrt{50}$

On en déduit que AB = AC.

Le triangle ABC est un triangle isocèle en A car il a deux côtés de même longueur.

2. Calculons les coordonnées des vecteurs $\overrightarrow{AC}$ et $\overrightarrow{BD}$.

$\overrightarrow{AC}\,(x_C - x_A\,;\, y_C - y_A)$ $\overrightarrow{BD}\,(x_D - x_B\,;\, y_D - y_B)$

$\overrightarrow{AC}\,(2-4\,;\,-2-5)$ $\overrightarrow{BD}\,(x_D-(-3)\,;\, y_D-3)$

$\overrightarrow{AC}\,(-2\,;\,-7)$ $\overrightarrow{BD}\,(x_D+3\,;\, y_D-3)$

D est l'image de B par la translation de vecteur $\overrightarrow{AC}$. Donc les vecteurs $\overrightarrow{AC}$ et $\overrightarrow{BD}$ sont égaux.

Or deux vecteurs égaux ont les mêmes coordonnées.

D'où : $x_D + 3 = -2$, soit $x_D = -5$, et $y_D - 3 = -7$, soit $y_D = -4$.

Le point D a pour coordonnées (– 5 ; – 4).

3. Les vecteurs $\overrightarrow{AC}$ et $\overrightarrow{BD}$ étant égaux, le quadrilatère ABDC est un parallélogramme. De plus, les côtés [AB] et [AC] ont la même longueur. Si un parallélogramme a deux côtés consécutifs de même longueur, alors c'est un losange. Donc ABDC est un losange.

80 Asie du Sud-Est, 2001

Soit (O, I, J) un repère orthonormal du plan (unité le cm).

a. Placer les points A (– 1 ; 2) ; B (3 ; 4) et C (2 ; – 4).

b. Calculer les distances AB, AC et BC.

c. Démontrer que le triangle ABC est rectangle.

d. Calculer les coordonnées du milieu M de [AB].

e. Construire le point N, image de M par la translation de vecteur $\overrightarrow{BC}$.

f. Calculer les coordonnées de N.

g. Démontrer que (MN) coupe [AC] en son milieu.

81 La Réunion, 2001

Le plan est muni d'un repère orthonormé (O, I, J). L'unité choisie est le centimètre. Faire une figure et la compléter au fur et à mesure.

1. Placer les points A (4 ; 5) ; B (0 ; – 3) et C (– 6 ; 0).

2. a. Montrer que $AB = \sqrt{80}$ cm ; $AC = \sqrt{125}$ cm et $BC = \sqrt{45}$ cm.

b. En déduire que ABC est un triangle rectangle. Préciser l'angle droit.

3. a. Construire le point D tel que $\overrightarrow{AB} = \overrightarrow{DC}$.

b. Démontrer que ABCD est un rectangle.

c. Calculer les coordonnées de $\overrightarrow{AB}$.

d. Vérifier à l'aide d'un calcul que les coordonnées du point D sont (– 2 ; 8).

4. a. Calculer les coordonnées du point K milieu du segment [AC].

b. Que représente le point K pour le quadrilatère ABCD ?

5. a. Quels sont le centre et le rayon du cercle $\mathscr{C}$ circonscrit au triangle ABC ? Justifier.

b. Montrer que le point D est sur le cercle $\mathscr{C}$.

6. Soit F l'image du point A par la translation de vecteur $\overrightarrow{CB}$. Montrer que la droite (CF) coupe le segment [AB] en son milieu.

Inter-maths

Message secret, le chiffre ADFGVX

Durant la première guerre mondiale, les Allemands utilisaient un code secret « le chiffre ADFGVX » pour transmettre les ordres. Le décryptement du code par un officier français permettra de stopper à temps la progression des troupes menaçant Paris.

Les lettres A, D, F, G, V et X ont été choisies car elles sont très différentes en « morse », code télégraphique utilisé pour les communications radios.

Méthode de cryptage

- L'émetteur et le récepteur possèdent la même grille de substitution. Dans cette grille figurent les 26 lettres de l'alphabet et les 10 chiffres, placés au hasard.

- Lors du codage d'un message avec la grille présentée ici, la lettre « a » est remplacée par le couple GD (attention à l'ordre de lecture).

	A	D	F	G	V	X
A	v	k	l	b	f	5
D	p	r	j	w	0	h
F	o	4	u	8	c	3
G	n	a	7	g	x	9
V	6	s	y	m	t	d
X	e	z	i	q	2	1

Avec cette méthode, les messages s'avèrent encore trop faciles à décrypter. Des étapes supplémentaires permettent de rendre la technique beaucoup plus confidentielle. On va s'aider d'un exemple pour mieux comprendre la suite de notre méthode de cryptage.

Un exemple

- On a utilisé la grille de substitution précédente pour coder la phrase « Les copains d'abord ». Cela donne :

l	e	s		c	o	p	a	i	n	s		d	'	a	b	o	r	d
XX	XA	VD		FV	FA	DA	GD	XF	GA	VD		VX		GD	AG	FA	DD	VX

- Ce premier codage est de nouveau crypté par une « clef » de transposition, elle aussi connue de l'émetteur et du récepteur. La clef choisie ici est le mot « groupe ».

1. Le texte codé précédemment est écrit en ligne dans le tableau.

G	R	O	U	P	E
X	X	X	A	V	D
F	V	F	A	D	A
G	D	X	F	G	A
V	D	V	X	G	D
A	G	F	A	D	D
V	X				

2. Les colonnes du tableau sont remises dans l'ordre alphabétique.

E	G	O	P	R	U
D	X	X	V	X	A
A	F	F	D	V	A
A	G	X	G	D	F
D	V	V	G	D	X
D	A	F	D	G	A
	V			X	

- Le codage final est obtenu en relevant les lettres colonne par colonne à partir de la première :

DAADD XFGVAVXFXVF VDGGD XVDDGXAAFXA

À vous de jouer

En utilisant le même mot clef « GROUPE » et la même grille de substitution, décoder le message suivant (déterminer d'abord le nombre de lignes du dernier tableau, chacun des deux espaces correspondant à une case vide en bas de colonne) :

« AFVFVAXA XGXXXGFXFGVGAGAVVVDXFXVFVF XDAAADFAFDVAAAGVVV »

Alignements sur un échiquier

Règles du jeu

- Le jeu est constitué d'un échiquier carré de seize cases (4 × 4) et de seize pavés droits de quatre hauteurs différentes. Il se joue à deux joueurs.
- En début de partie, chaque joueur dispose de deux pièces de chaque sorte, huit pièces en tout.

À tour de rôle, chacun place une pièce sur l'échiquier en respectant la règle suivante :
« les pavés droits d'une même ligne ou d'une même colonne sont tous de tailles différentes ».
Le gagnant est celui qui aligne le premier quatre pavés droits de même hauteur sur une même ligne ou une même colonne.

Matériel

- **Échiquier**

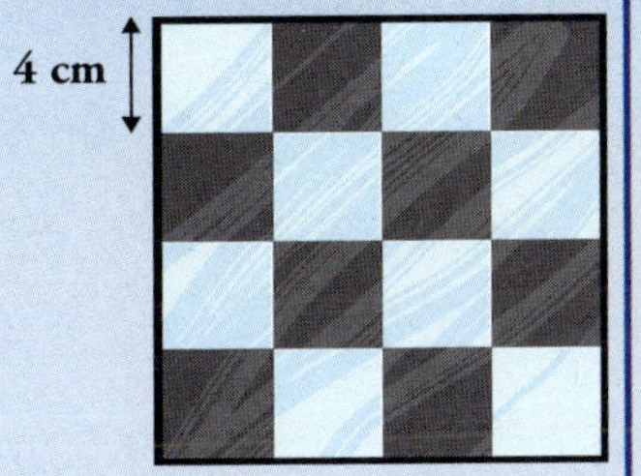

- **Pièces**

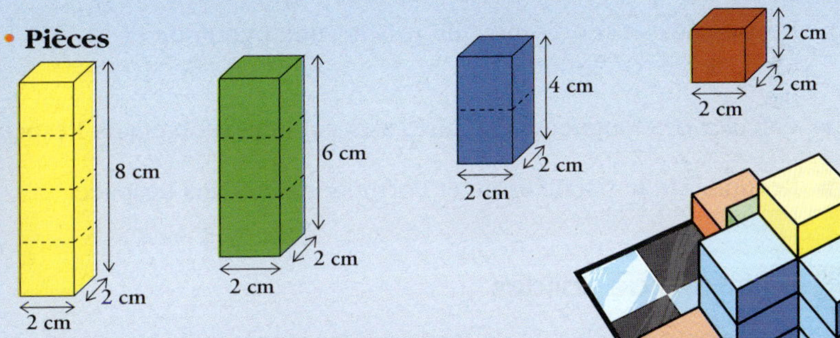

Il est possible de prolonger ce jeu en utilisant un échiquier 5 × 5 , cinq pièces de chaque sorte et une série supplémentaire de pièces de hauteur 10 cm.

Après quelques parties, on peut se rendre compte qu'il existe une stratégie gagnante… Bonne recherche !

À travers l'histoire

Portrait de René Descartes par Frans Hals.

Pendant de longs siècles, les problèmes mathématiques se sont confondus avec ceux de la géométrie avec usage de la règle et du compas. Ce n'est qu'avec la traduction d'une figure géométrique par une expression algébrique que l'idée d'équation de courbe et sa représentation graphique sur un repère émergent.

Après quelques précurseurs, Descartes utilise l'algèbre comme outil dans la résolution de problèmes de constructions géométriques et classe différentes courbes, ce qui a permis de développer une partie des mathématiques, la géométrie analytique. Le repère, en usage actuellement, avec deux axes de coordonnées a été introduit lentement. Il est appelé *cartésien* en référence à Descartes.

L'étude des représentations des fonctions s'est alors développée pour devenir une nouvelle branche des mathématiques.

À partir de là s'est développé tout un système de repérage de points et de représentations de diverses fonctions sans aucun support géométrique.

6 SPHÈRES ET SECTIONS

Pour DÉMARRER

À savoir avant la 3^e

- Reconnaître et représenter un prisme, une pyramide et un cône de révolution. → Pour DÉMARRER 1
- Calculer des longueurs, des aires, des volumes d'objets de l'espace. → Pour DÉMARRER 2, 3 et 4
- Reconnaître le parallélisme et l'orthogonalité dans l'espace. → Pour DÉMARRER 5

1 Patrons de solides

Associer un patron à chacun des trois solides représentés en perspective, ne pas tenir compte des dimensions des patrons mais de leur forme. Nommer chacun des trois solides.

• Analyser des figures géométriques pour reconnaître des patrons.

• Réviser le vocabulaire lié aux solides du collège. On pourra utiliser les termes sommets, arêtes, bases.

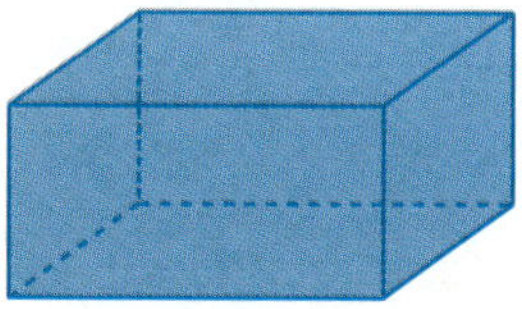
Solide 1

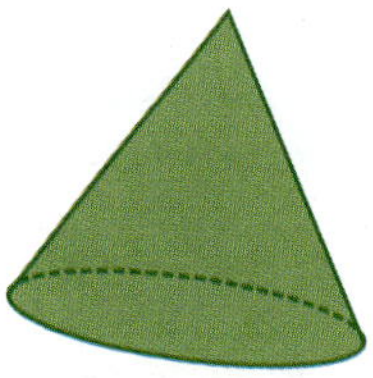
Solide 2

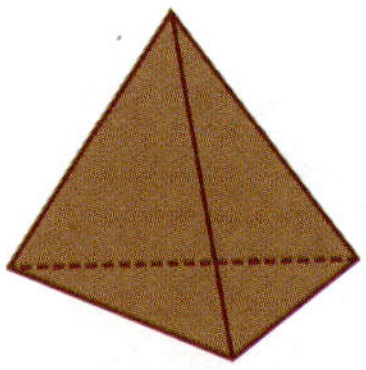
Solide 3

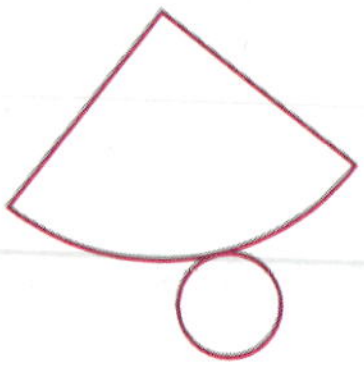
Patron 1

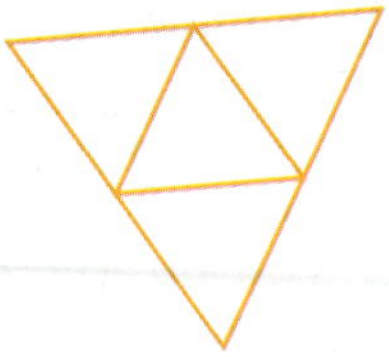
Patron 2

Patron 3

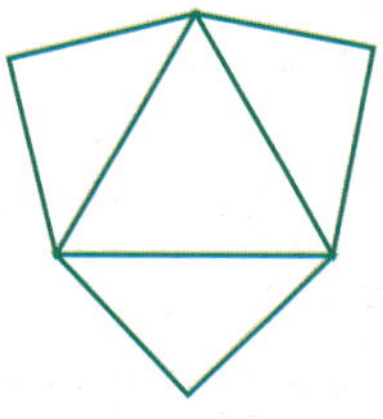
Patron 4

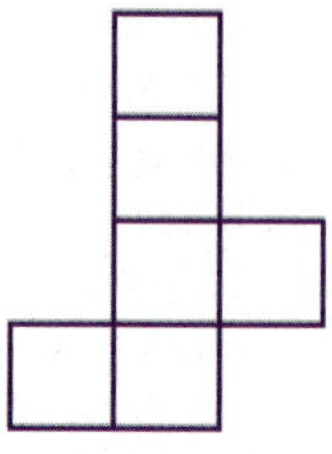
Patron 5

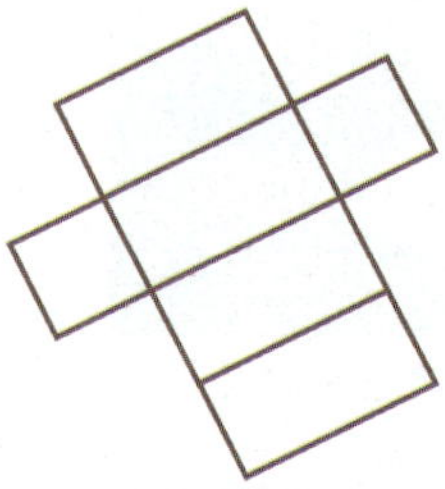
Patron 6

• Passer de la définition d'un solide à sa représentation en perspective.

• Distinguer hauteur de la pyramide et hauteur d'une face.

2 Calculs dans une pyramide

On considère une pyramide régulière de sommet S, de base carrée ABCD et dont les faces SAB, SBC, SCD et SDA sont des triangles équilatéraux. O est le centre du carré ABCD.

On donne AB = 2,5 cm.

Vocabulaire

Une **pyramide régulière** est une pyramide dont la base est un polygone régulier et la hauteur passe par le centre de ce polygone.

a. Faire une figure. On note H le pied de la hauteur issue de S dans le triangle SBC.

b. Calculer les mesures exactes des segments [SH] et [SO].
(On admettra que le triangle SOH est rectangle en O.)

c. Calculer la valeur exacte de l'aire totale, puis du volume de cette pyramide.

• Calculs avec utilisation du théorème de Pythagore.

• Résolutions d'équations.

• Valeur arrondie.

3 Calculs divers

a. Une boîte a la forme d'un parallélépipède rectangle de dimensions 24 cm, 16 cm et 32 cm.
Est-il possible de placer à l'intérieur de la boîte une tige métallique de 43 cm de long ?

b. Un cône a un rayon de base égal à 4 cm.
Calculer la hauteur de ce cône pour que son volume soit égal à 38 cm^3.
Donner un arrondi de la réponse au millimètre.

c. Un cylindre et un cône ont le même volume égal à 36π en litres.
Quelle relation lie les deux rayons de base r et r' respectivement du cylindre et du cône, lorsque la hauteur h du cylindre est égale aux $\frac{3}{2}$ de la hauteur h' du cône ?

• Nécessité d'une bonne vision dans l'espace.

4 Vision dans l'espace

Une pyramide ABCD et un cube MNRSTUWX sont représentés en perspective cavalière.
Les points I et J sont les milieux respectifs de [AB] et de [AC].
Les points K et L sont deux points du segment [AD].
Le point H est le milieu du segment [WR].

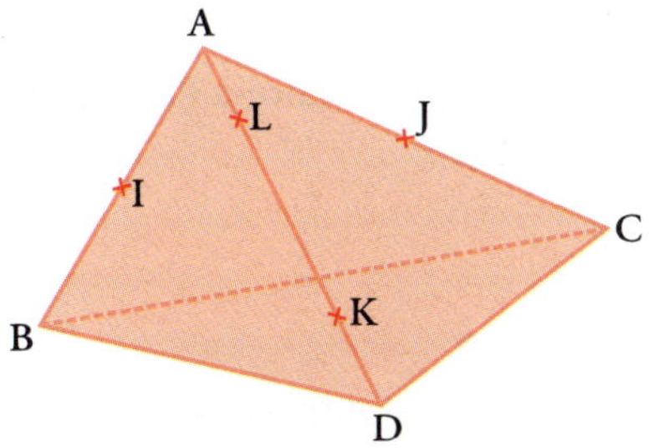

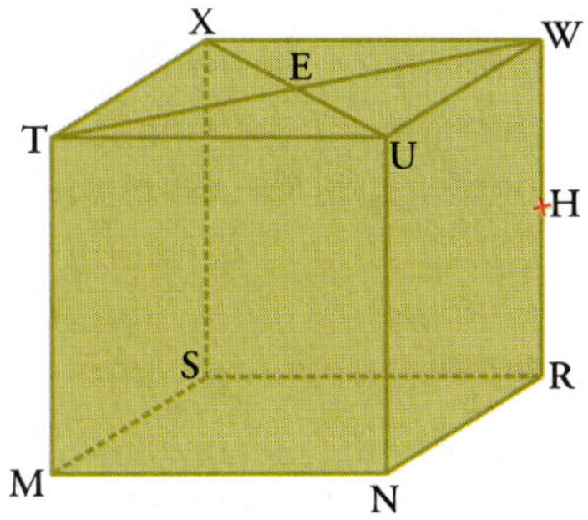

• Distinction entre un triangle et un plan contenant ce triangle.

• Distinguer droites perpendiculaires et droites orthogonales.

a. Les phrases suivantes sont-elles vraies ou fausses ? Répondre par oui ou non.

- Le point K est un point du plan (ACD) ? (BCD) ?
- Le point L est un point du plan (ABD) ? (ABC) ?
- Les droites (IK) et (BD) sont dans le même plan. Elles sont sécantes.
- Les droites (AD) et (BC) sont dans le même plan. Elles sont sécantes.
- Les droites (AB) et (CD) sont dans un même plan. Elles sont parallèles.
- Les droites (MT) et (WR) sont parallèles ; les droites (MT) et (XU) sont parallèles.
- Les droites (MT) et (WU) sont perpendiculaires ; les droites (TM) et (XT) sont perpendiculaires.

b. Les triangles suivants sont-ils isocèles, rectangles ou équilatéraux ?

MTU ; SHX ; MRW ; MUR ; TXW ; TEU

1 Parallèle ou perpendiculaire ?

a. Une feuille métallique OABC de forme rectangulaire est accrochée à une tige métallique (OA). On fait tourner la feuille autour de l'axe (OA). La feuille OABC prend les positions OADE, OAFG, OAHI.

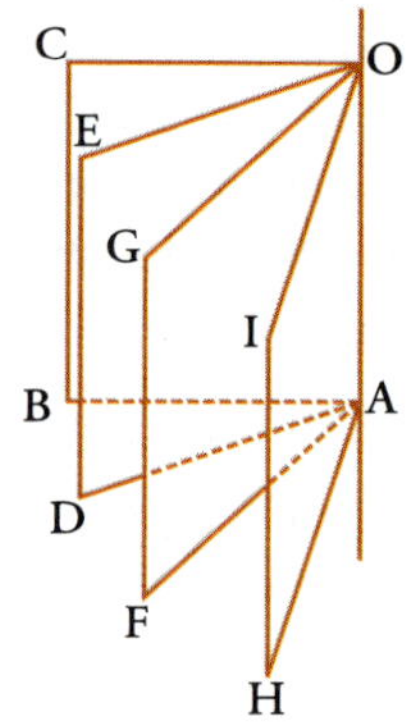

Répondre aux questions suivantes sans chercher à justifier.

- De quelle forme sont les quadrilatères OADE, OAFG et OAHI dans la réalité ?
- Quelles droites issues de A sont perpendiculaires à (OA) ?
- Les droites (AB), (AD), (AF) et (AH) sont-elles dans un même plan ?
- Quelles autres droites sont perpendiculaires à (OA) ?
- Nommer d'autres plans représentés sur le dessin.

Certains sont-ils parallèles ?

Propriété admise
Une droite perpendiculaire à un plan est perpendiculaire à toutes les droites de ce plan passant par le point d'intersection du plan et de la droite.

b. Observer les deux solides ci-dessous.

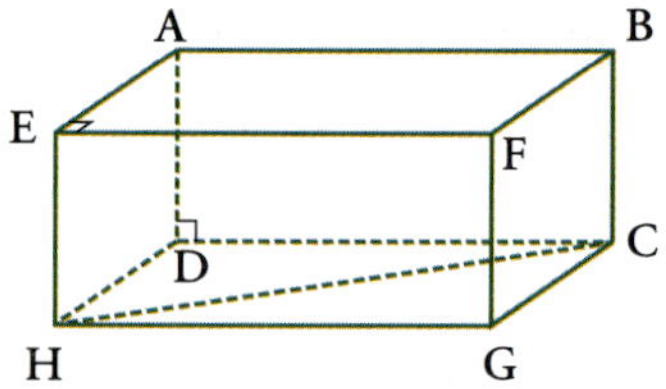

Parallélépipède rectangle ABCDEFGH

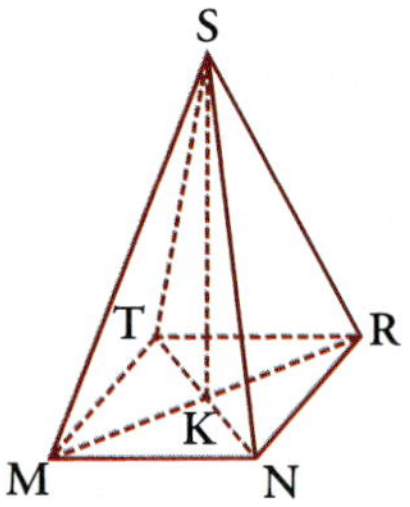

Pyramide régulière SMNRT à base carrée

- Nommer toutes les droites perpendiculaires dans la réalité à la droite (BC).
Le démontrer.
- Nommer toutes les droites parallèles dans la réalité à la droite (AE).
- Démontrer que la hauteur (SK) de la pyramide est perpendiculaire à (TK) et à (MR).
- Démontrer que (KR) est perpendiculaire au plan (STK).

2 Ça tourne

On a relié des fils métalliques ou des plaques métalliques de différentes formes à des tiges en fer. On fait tourner les systèmes autour de chacune des tiges.

a. Décrire chacun des objets engendrés par la rotation de la tige.

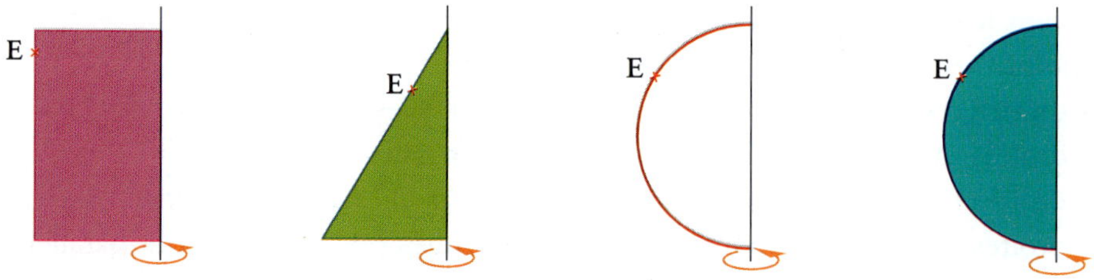

b. Nommer si possible chacun des objets obtenus.

c. Quelle trajectoire décrit chacun des points E dans le mouvement de rotation de chacun des objets ?

• Visualiser des droites perpendiculaires à un plan.

• Visualiser des plans parallèles.

• Utilisation de la propriété précédente (droite perpendiculaire à un plan).

• Notion de pyramide régulière.

• Notion de hauteur d'une pyramide régulière.

• Envisager sphère et boule comme des solides de révolution.

• Approcher la notion de section par un plan.

3 Longitude et latitude

• Faire le lien avec les connaissances sur la sphère terrestre.

• Notion de grands cercles et de distances sur une sphère.

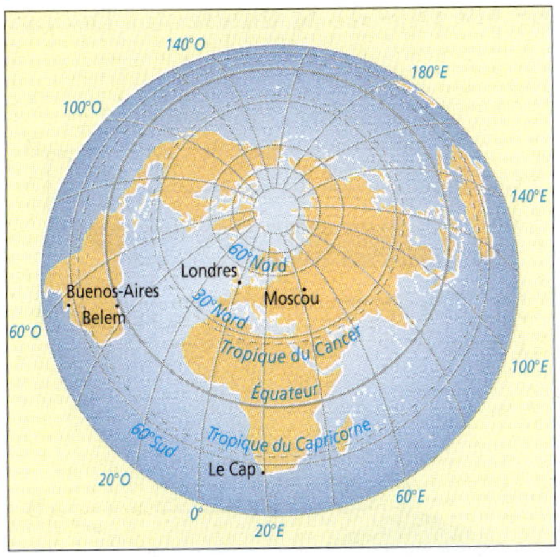

Un point de la sphère terrestre est repéré par ses coordonnées géographiques : la longitude et la latitude. Ce sont deux mesures d'angles exprimées en degrés.

a. Qu'appelle-t-on « parallèles » sur la sphère terrestre ?
Donner la latitude de Londres, Bélem, Le Cap.

b. Qu'appelle-t-on « méridien » sur la sphère terrestre ?
Donner les longitudes de Londres, Buenos Aires, Le Cap, Moscou.

c. L'angle $\widehat{NOD}$ est égal à 30° et l'angle $\widehat{AOM}$ est égal à 72°.

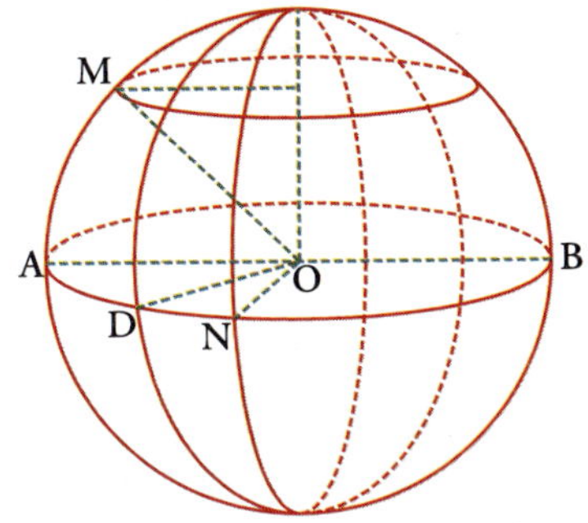

Calculer les distances entre deux villes placées en N et D sur l'équateur et deux villes placées en A et M.
Prendre 3,14 comme arrondi de π et 6 400 km comme arrondi du rayon terrestre.

4 Étude de section dans un cube

• Notion de section d'un parallélépipède par un plan.

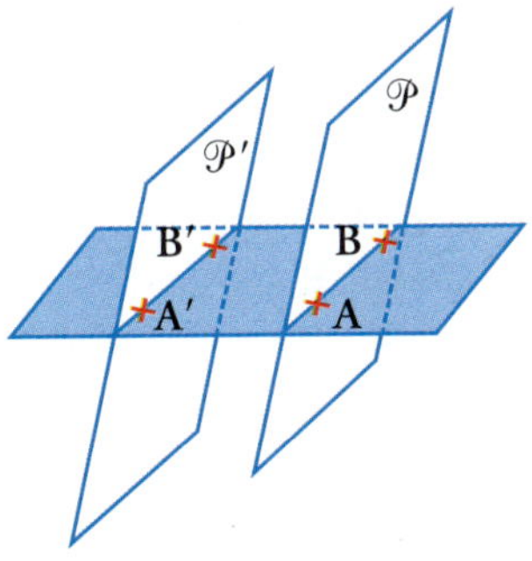

On admet que, si deux plans sont parallèles, alors tout plan qui coupe l'un coupe l'autre et les droites d'intersection sont parallèles.

Les plans 𝒫 et 𝒫' sont parallèles, donc les droites (AB) et (A' B') sont parallèles.

• Conjecturer sur la forme d'une section.

Le cube ABCDEFGH ci-dessous a des arêtes de longueur 4 cm. Les points K et L sont les milieux de deux arêtes.

a. Les droites (KL) et (EH) sont-elles parallèles ? Pourquoi ?

b. Quelle figure représente le quadrilatère KLHE en vraie grandeur ?

• Passage du dessin en perspective au dessin sur un plan.

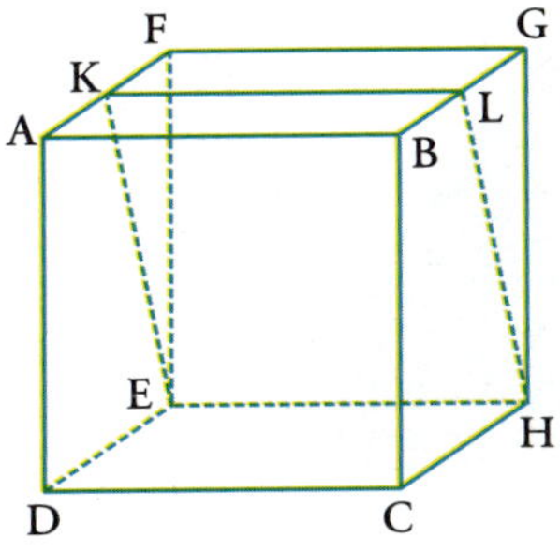

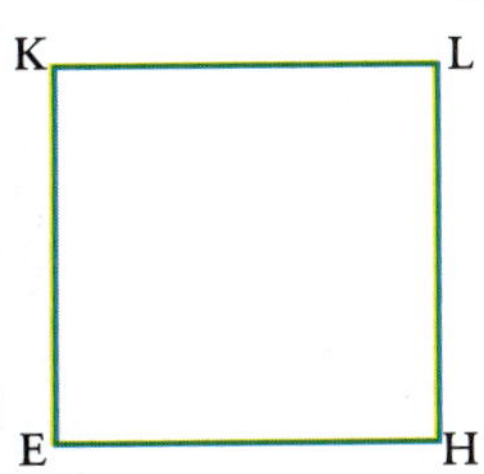

①

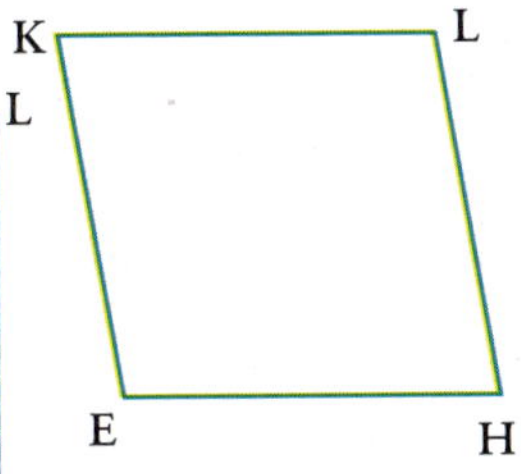

②

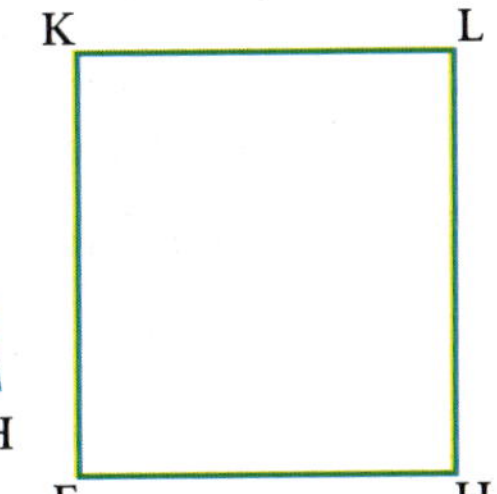

③

5 Section d'un parallélépipède rectangle et d'un plan

a. Un plan $\mathcal{P}$ coupe le parallélépipède rectangle ABCDEFGH de différentes façons. On étudie les différentes sections obtenues.

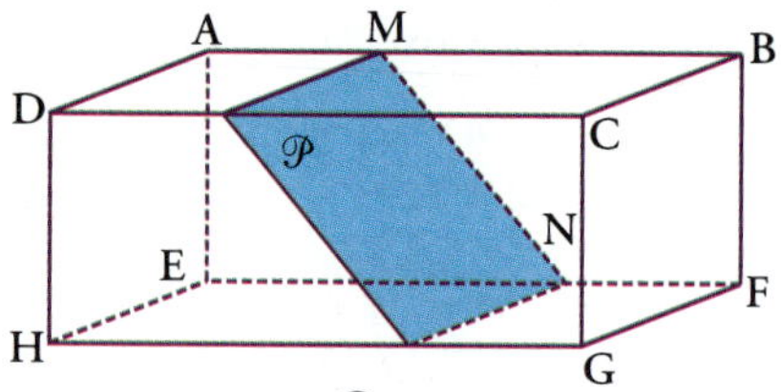

①

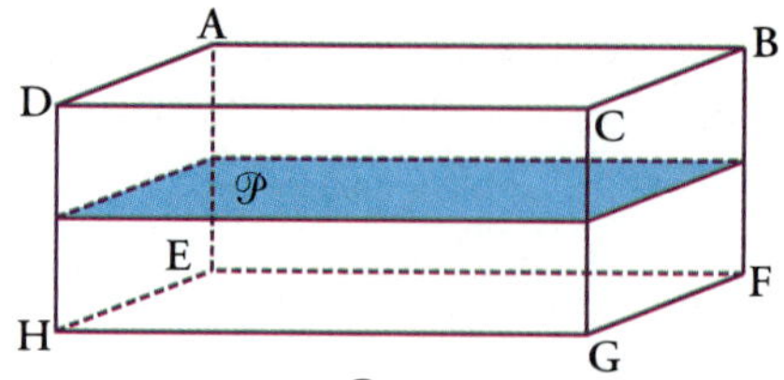

②

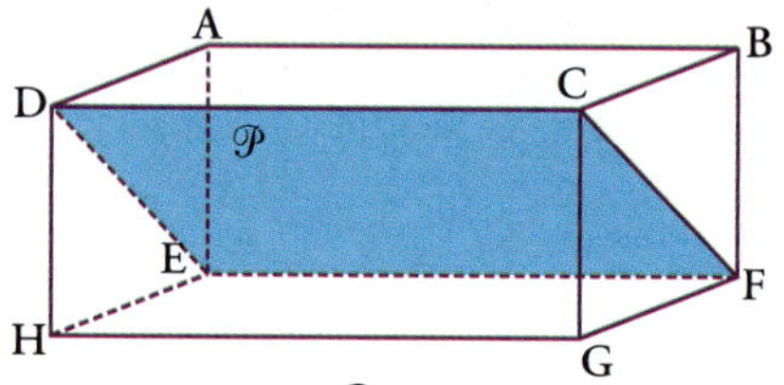

③

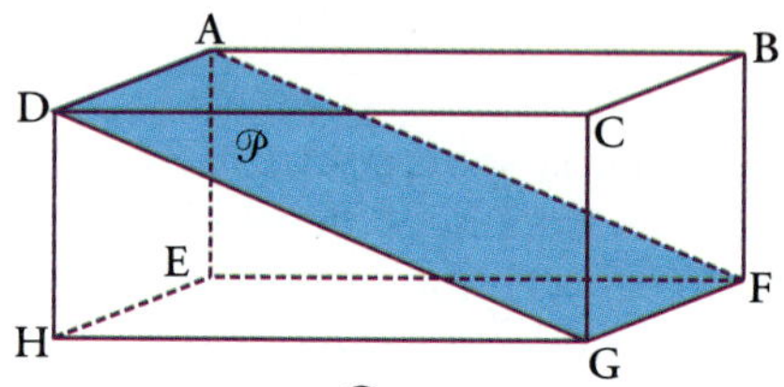

④

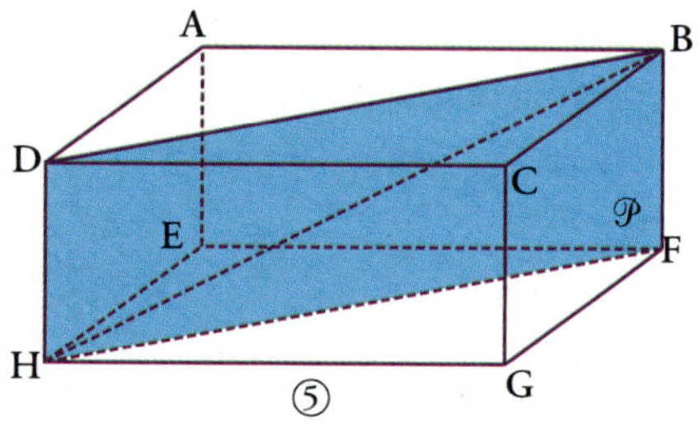

⑤

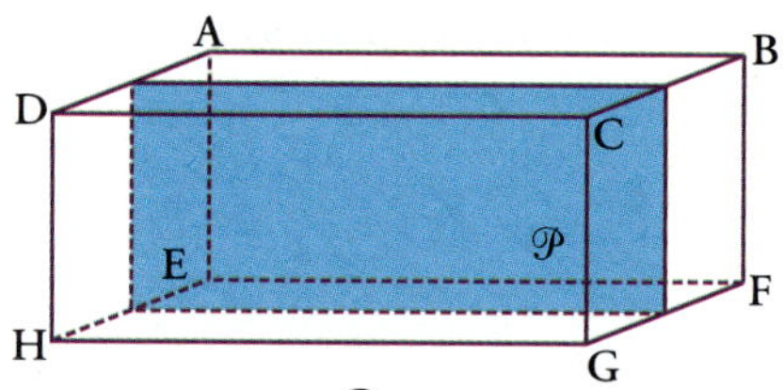

⑥

Associer chaque dessin à l'une des phrases suivantes :

- Le plan $\mathcal{P}$ est parallèle à la face ABCD.
- Le plan $\mathcal{P}$ est parallèle à l'arête [BC] et passe par les points A, D, F.
- Le plan $\mathcal{P}$ est parallèle à l'arête [AE] et passe par les points B et H.
- Le plan $\mathcal{P}$ est parallèle à l'arête [AB] et passe par les points C, D, E, F.
- Le plan $\mathcal{P}$ est parallèle à la face DCGH.
- Le plan $\mathcal{P}$ est perpendiculaire à l'arête [CD].

b. Le pavé droit a pour dimensions AB = 8 cm , DH = 6 cm et BC = 4 cm.
Dans chaque cas, donner la nature des sections obtenues, ainsi que leurs dimensions exactes (prendre, dans la figure ①, AM = 2 cm et NE = 5 cm). Les dessiner.

• On peut faire un travail préliminaire de découpe de boîte en carton ou en polystyrène ou en mousse.

• Conjecturer sur la forme d'une section.

• Passage du dessin en perspective au dessin sur un plan.

6 Section dans une pyramide

ABCDEFGH est un cube dont l'arête mesure 4 cm. Le point I est le milieu de [AF] et J est le milieu de [DE].

a. Démontrer que (IJ) est perpendiculaire à (JC).

b. Faire un patron de la pyramide IJDC.

c. Calculer le volume de la pyramide IJDC.

d. On coupe la pyramide suivant un plan parallèle à la base DEHC, au tiers de sa hauteur à partir de I. Calculer le volume du tronc de pyramide obtenu.

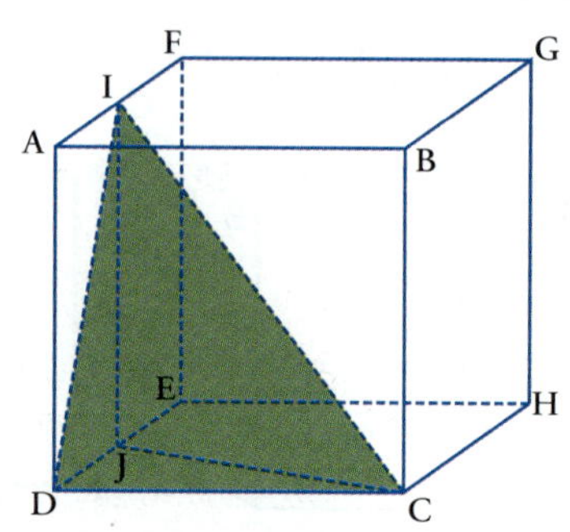

• Réinvestir des propriétés et des calculs dans la pyramide.

• Relier la propriété de Thalès et la notion de réduction.

7 Une belle famille

• Problème de synthèse à aborder à différents moments de l'année.

On considère un cube ABGCDHFE de 10 cm de côté.

Un point M est sur l'arête [AD]. On pose AM = x.

On coupe le cube selon le plan BCM, on obtient alors deux solides.

On a représenté ci-dessous deux dessins en perspective du cube et de la section plane pour deux positions de M différentes.

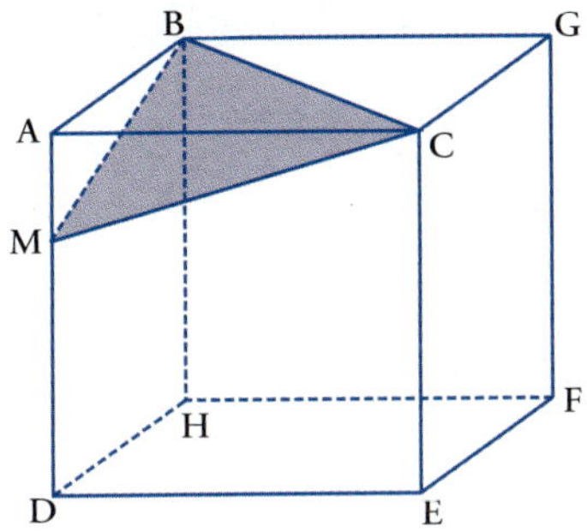

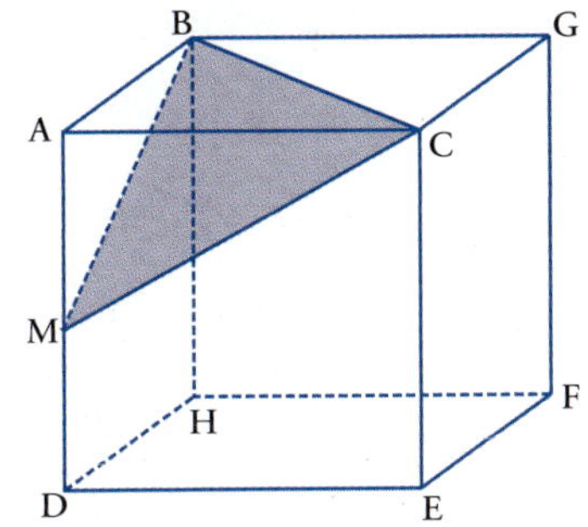

• Nécessité de décrire les objets pour appréhender leurs formes.

a. Décrire les deux solides :

- indiquer le nombre et le nom des sommets des deux solides ;
- indiquer le nombre de faces de chacun des deux solides ;
- décrire la forme des faces de chaque solide.

• On peut demander à chaque élève de fabriquer un patron pour une valeur de x afin d'avoir une famille de tels solides.

b. Entre quelles valeurs peut varier x ?

Choisir une valeur pour x et dessiner en grandeur réelle, avec la règle et le compas, les deux patrons des deux solides. Reconstituer les deux solides.

c. Calculer les volumes des deux solides en fonction de x.

d. Lorsque x varie, faire une représentation graphique de la variation de chacun des volumes des deux solides.

Choisir une unité adéquate sur les deux axes et faire deux graphiques séparés pour chaque volume.

• Les deux volumes permettent d'obtenir une application affine et une application linéaire.

e. Les représentations graphiques correspondent-elles à des fonctions linéaires ou affines ?

f. On coupe le cube selon le plan BCD.

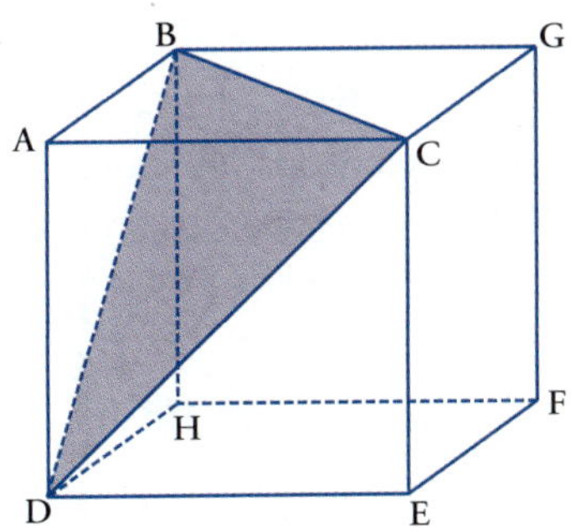

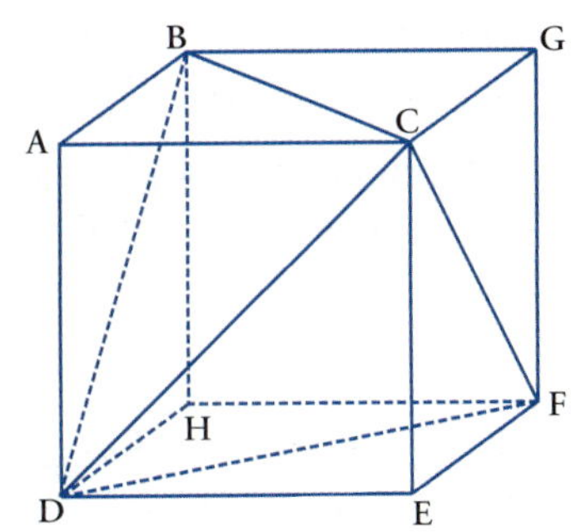

• Une manipulation d'objets est nécessaire pour visualiser le tétraèdre régulier restant.

• Combien de morceaux identiques à ce coin ABCD peut-on enlever tout autour du cube ?

• Si on enlève tous les coins identiques, il reste une partie du cube.

Étudier le solide restant. Pour pouvoir répondre à cette question, vous pouvez faire des patrons, des représentations en perspective ou des solides en papier.

• Calculer de deux manières différentes le volume du solide qui reste à l'intérieur du cube.

L'ESSENTIEL en deux pages

1 – Sphère

La **sphère** de centre O et de rayon R est l'ensemble des points M de l'espace tels que : $OM = R$.
La **boule** de centre O et de rayon R est l'ensemble des points M de l'espace tels que : $OM \leqslant R$.

Remarques

- Les segments [A A′], [B B′] sont des diamètres de la sphère.
- Les points A et A′ sont diamétralement opposés.
- Les points situés sur la sphère sont représentés sur des cercles de centre O situés sur la sphère, ces cercles sont les grands cercles de la sphère.

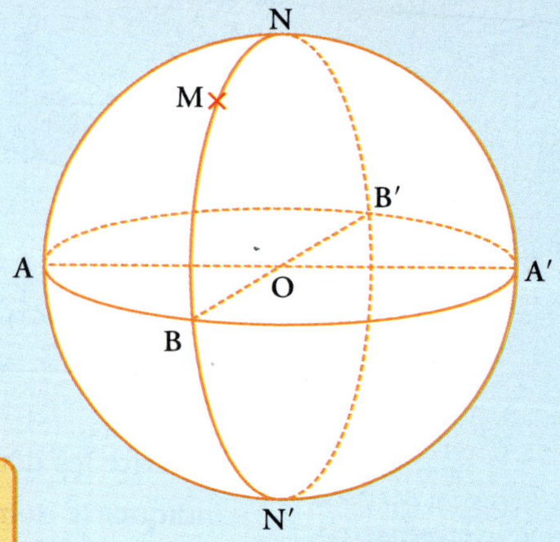

Aire et Volume

- L'aire $\mathcal{A}$ d'une **sphère** de rayon R est donnée par :

$$\mathcal{A} = 4 \times \pi \times R^2$$

- Le volume $\mathcal{V}$ d'une **boule** de rayon R est donné par :

$$\mathcal{V} = \frac{4}{3} \times \pi \times R^3$$

2 – Section d'une sphère par un plan

La section d'une sphère par un plan est un cercle.

Soit une sphère de centre O et de rayon R, un plan $\mathcal{P}$ perpendiculaire en H à l'un des diamètres de la sphère. La distance OH est la distance du centre O au plan $\mathcal{P}$.

$OH < R$

Le cercle de section a pour centre H.

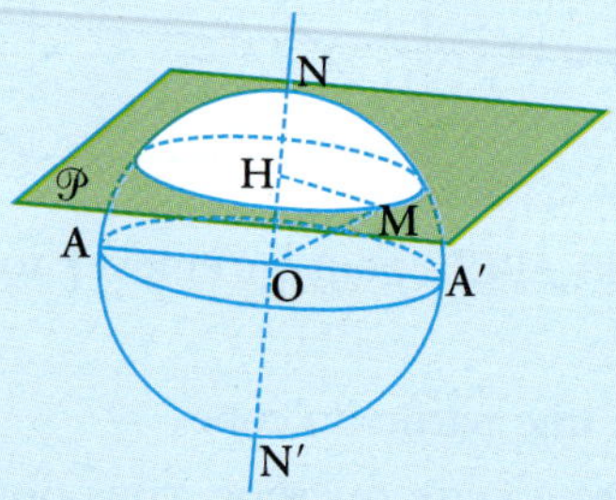

$OH = R$

La sphère et le plan ont un seul point commun.
Le plan est **tangent** à la sphère.

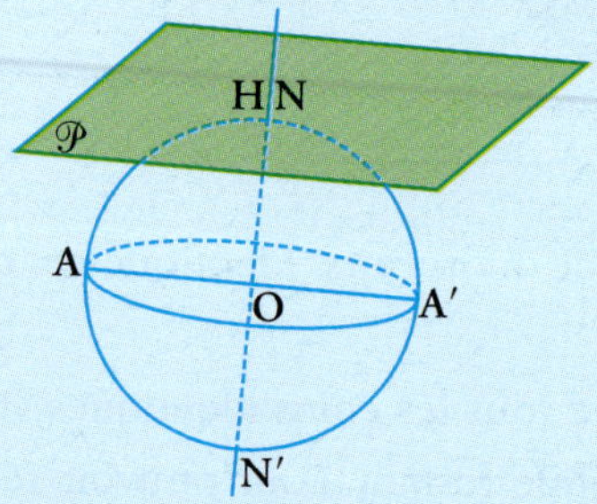

$OH > R$

La sphère et le plan n'ont pas de point commun.

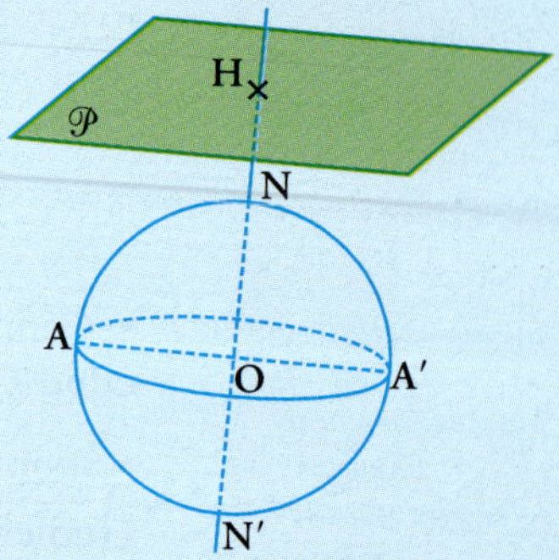

Dans le cas où la distance OH est égale à 0, la section du plan et de la sphère est un cercle de même centre et de même rayon que la sphère. On dit que c'est un **grand cercle** de la sphère.

3 – Sections d'un solide par un plan

a. Parallélépipède rectangle

La section d'un parallélépipède rectangle par un plan parallèle à une face est un rectangle.

La section d'un parallélépipède rectangle par un plan parallèle à une arête est un rectangle.

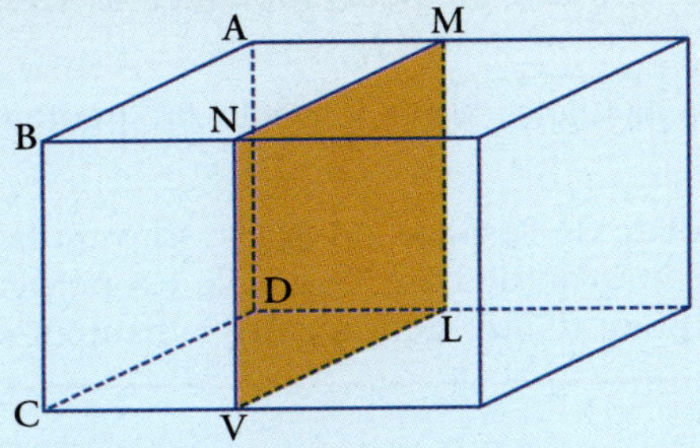

Le plan est parallèle à la face ABCD, la section MNVL est un rectangle.

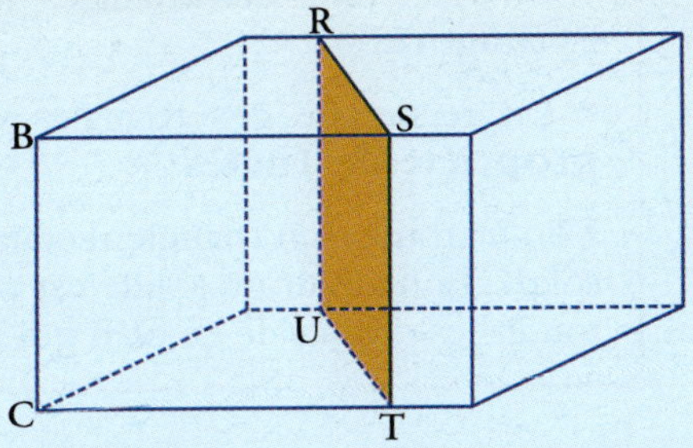

Le plan est parallèle à l'arête [BC], la section RSTU est un rectangle.

b. Cylindre de révolution

La section d'un cylindre de rayon R par un plan perpendiculaire à l'axe est un cercle de même rayon dont le centre appartient à l'axe.

La section d'un cylindre par un plan parallèle à l'axe est un rectangle.

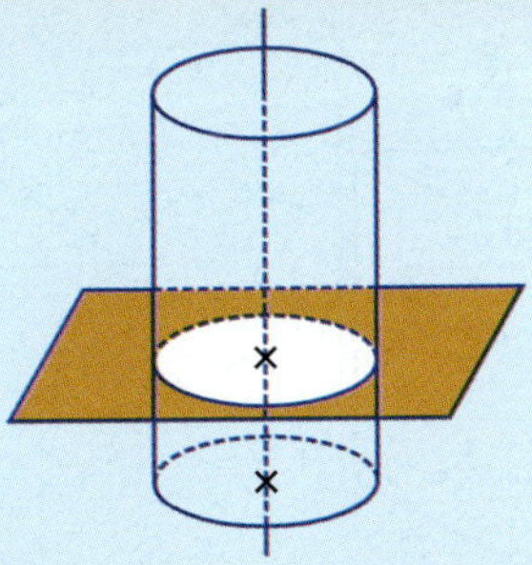

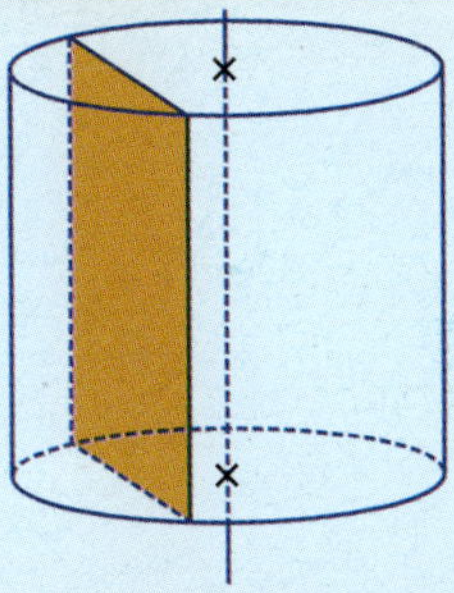

c. Pyramide

La section d'une pyramide par un plan parallèle à la base est une réduction du polygone de base. Ce polygone a la même forme que la base, ses côtés sont parallèles à ceux de la base de la pyramide.

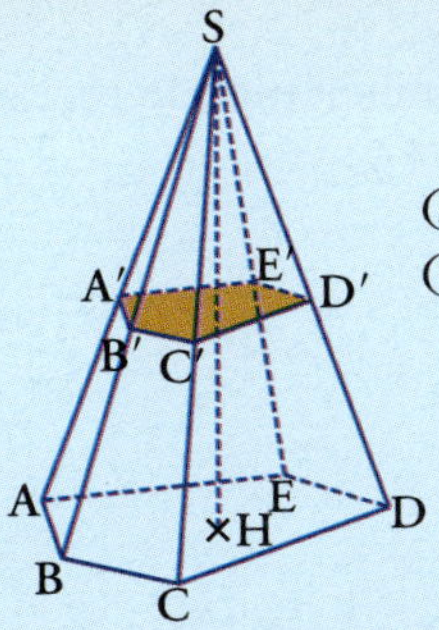

(A'B') // (AB)
(C'D') // (CD)

Le coefficient de réduction est $\frac{SA'}{SA}$.

d. Cône de révolution

La section d'un cône par un plan parallèle à la base est un cercle.
Ce cercle est une réduction de la base du cône, son centre est situé sur la hauteur du cône.

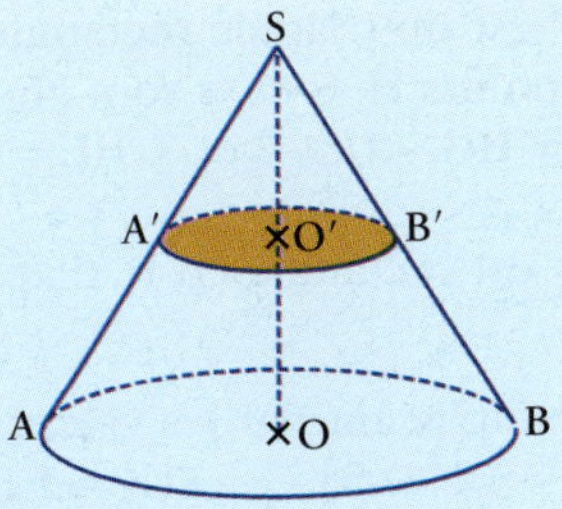

Le coefficient de réduction est $\frac{SO'}{SO}$.

CALCULER UNE LONGUEUR DANS L'ESPACE

Principes de base

- On choisit le plan dans lequel on « travaille » pour appliquer des théorèmes de **géométrie plane**.
- On recherche des triangles rectangles dans lesquels on peut appliquer le **théorème de Pythagore**.
- On recherche des triangles et des droites parallèles dans lesquels on peut appliquer la **propriété de Thalès**.
- Pour trouver un triangle rectangle, dans un solide de l'espace, on utilise souvent la hauteur du solide. La hauteur du solide est perpendiculaire au plan de base, donc elle est perpendiculaire à toutes les droites de ce plan qui passent par le point d'intersection entre la hauteur et le plan.

→ Avec « Pythagore »

a. Énoncé

On coupe un parallélépipède rectangle ABCDEFGH *par un plan parallèle à l'arête* [BF] *comme indiqué sur la figure ci-dessous.*
Quelles sont les mesures de la section ALUE ?

b. Exemple de solution

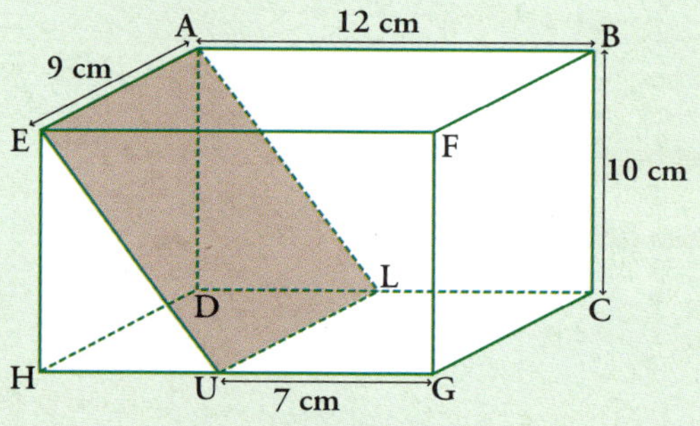

- La section d'un parallélépipède rectangle par un plan parallèle à une arête est un rectangle.
- La section ALUE est un rectangle.
- Une dimension est celle d'une arête du parallélépipède rectangle :

$$AE = 9 \text{ cm}$$

- L'autre dimension est calculée dans un triangle rectangle.

EHU est un triangle rectangle car EFGH est une face du parallélépipède rectangle.
Les points H, U et G sont alignés dans cet ordre, d'où :
$HU = HG - UG$ et $HU = 12 - 7 = 5$; $HU = 5$ cm

EHU est rectangle en H, d'après le théorème de Pythagore :

$$EH^2 + HU^2 = EU^2$$

En remplaçant par les valeurs numériques, on obtient :
$EU^2 = 10^2 + 5^2$; $EU^2 = 125$
$EU = \sqrt{125}$ cm (valeur exacte)
$EU \approx 11{,}2$ cm (valeur arrondie au dixième)

Avec « Thalès »

a. Énoncé

On coupe un cube ABCDEFGH *par un plan parallèle à l'arête* [CG] *et passant par les points* I *et* J *situés au tiers des arêtes* [AB] *et* [AD].
Le cube a une arête de longueur de 17 *cm, calculer les dimensions de la section* IJKL.

b. Exemple de solution

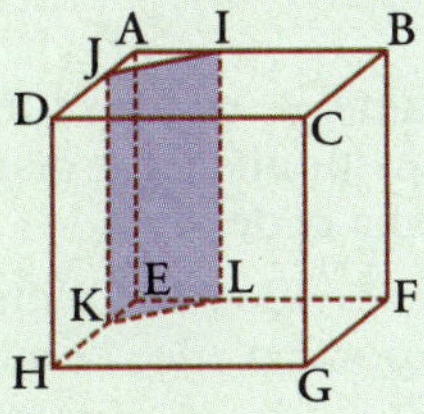

• La section d'un cube par un plan parallèle à une arête est un rectangle.
La section IJKL est un rectangle.
• Une dimension est celle d'une arête du parallélépipède rectangle :
IL = 17 cm
• L'autre dimension est calculée dans le plan de la face ABCD.

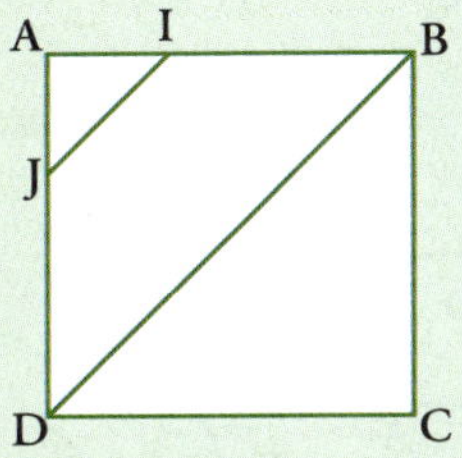

Dans le triangle ABD, les points A, I et B sont alignés, les points A, J et D sont alignés dans le même ordre.

I est situé au tiers de [AB], donc $AI = \frac{1}{3}AB$.

J est situé au tiers de [AD], donc $AJ = \frac{1}{3}AD$.

On en déduit que $\frac{AI}{AB} = \frac{1}{3}$ et que $\frac{AJ}{AD} = \frac{1}{3}$. D'après la réciproque de la propriété de Thalès, les droites (IJ) et (BD) sont parallèles. En appliquant la propriété de Thalès : $\frac{AI}{AB} = \frac{AJ}{AD} = \frac{IJ}{BD}$, d'où $\frac{IJ}{BD} = \frac{1}{3}$ et $IJ = \frac{1}{3}BD$.

[BD] est la diagonale du carré de ABCD, de côté 17 cm, donc $BD = 17\sqrt{2}$.

On en déduit que $IJ = \frac{17\sqrt{2}}{3}$ cm, en valeur exacte, et IJ ≈ 8 cm en arrondissant à l'unité.

Appliquer « Pythagore » à la sphère

a. Énoncé

Une sphère de centre O *et de rayon* 5 *dm est coupée par un plan.*
À quelle distance du centre faut-il positionner le plan pour que le cercle de section ait un rayon égal à 2 *dm ?*

b. Exemple de solution

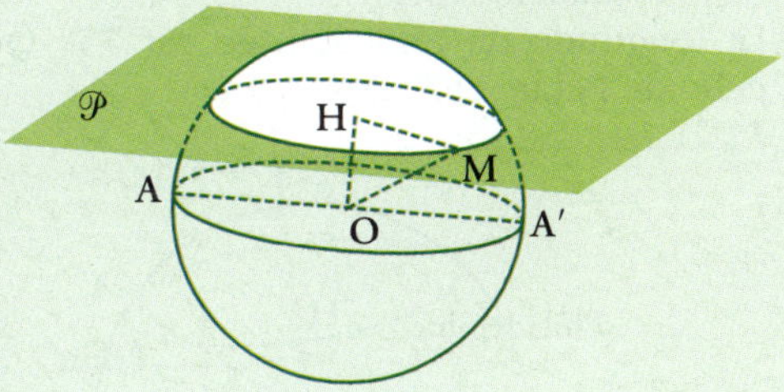

• Le plan de section est perpendiculaire à un rayon de la sphère.
• On appelle H le point d'intersection du plan et du rayon de la sphère. La droite (OH) est perpendiculaire au plan.
• La droite (OH) est donc perpendiculaire à toutes les droites du plan passant par H. Les droites (OH) et (HM) sont perpendiculaires.
• On choisit le plan de travail contenant le triangle OHM rectangle en H.
• La distance du centre O de la sphère au plan est égale à OH.
Le rayon de la sphère est égal à OM donc OM = 5 dm.
Le rayon du cercle de section est égal à HM donc HM = 2 dm.

Le triangle OHM est rectangle en H, d'après le théorème de Pythagore :

$$OH^2 + HM^2 = OM^2$$

En remplaçant par les valeurs numériques, on obtient :

$OH^2 = 5^2 - 2^2$; $OH^2 = 21$
$OH = \sqrt{21}$ (valeur exacte)
$OH \approx 4,6$ dm (valeur arrondie au dixième)

SPHÈRE

1 Trois objets sont disposés sur un plan : une sphère de 10 cm de rayon, un pavé droit de dimensions 9 cm, 7 cm et 12 cm, un cylindre de 10 cm de rayon et de 15 cm de hauteur.

a. Faire une représentation en perspective des trois objets.

b. Quelle est la longueur de la plus grande aiguille que l'on peut enfoncer dans chacun des trois solides ?

2 Prendre 3,14 comme valeur arrondie de π.

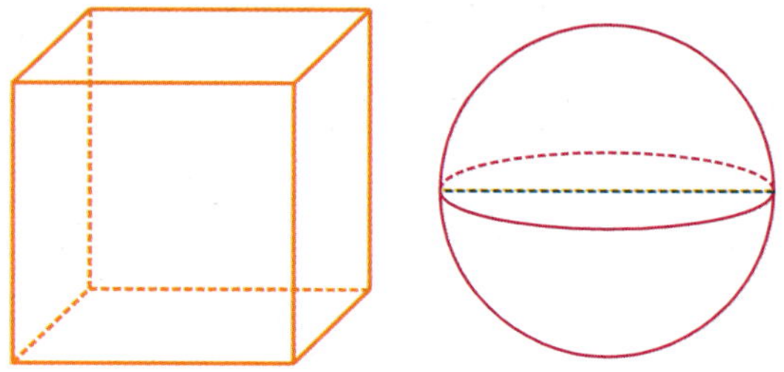

a. Une sphère, de rayon 5 cm, est remplie d'eau. Un cube creux d'arête 8 cm peut-il contenir toute cette eau ?
Justifier la réponse.

b. Lequel des deux objets ci-dessus a la plus grande aire ?

3 **Vrai ou faux**
La phrase suivante est-elle vraie ?
L'aire d'une sphère est exactement le quadruple de l'aire d'un de ses grands cercles.

4 **DISTANCE GÉOGRAPHIQUE**
Pékin et Philadelphie sont situées à peu près sur le 40e parallèle Nord.
La longitude de Philadelphie est 75° Ouest et celle de Pékin 117° Est.

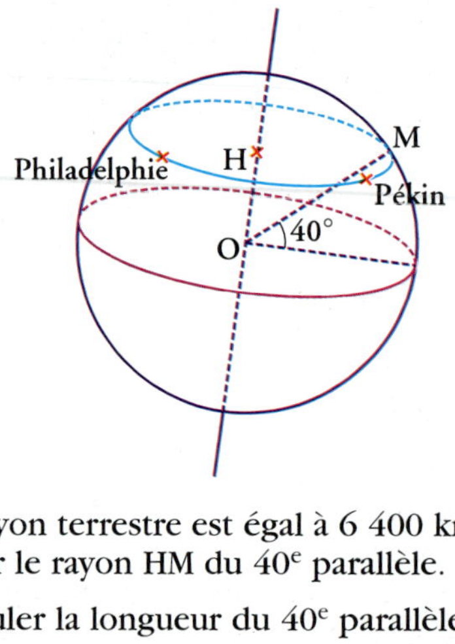

a. Le rayon terrestre est égal à 6 400 km.
Calculer le rayon HM du 40e parallèle.

b. Calculer la longueur du 40e parallèle.

c. Calculer la distance de Pékin à Philadelphie.

5 La Terre est assimilée à une sphère de rayon 6 370 km.

a. On considère le plan perpendiculaire à la ligne des pôles (NS) et équidistant de ces deux pôles. L'intersection de ce plan avec la Terre s'appelle l'équateur.

Calculer la longueur de l'équateur.

b. On note O le centre de la Terre et G un point de l'équateur.

On considère deux points A et B situés en Afrique sur l'équateur. Ces points sont disposés comme l'indique le schéma ci-dessous.

On sait que $\widehat{GOA} = 42°$ et $\widehat{GOB} = 9°$. Calculer la longueur de l'arc $\overset{\frown}{AB}$, portion de l'équateur située en Afrique.

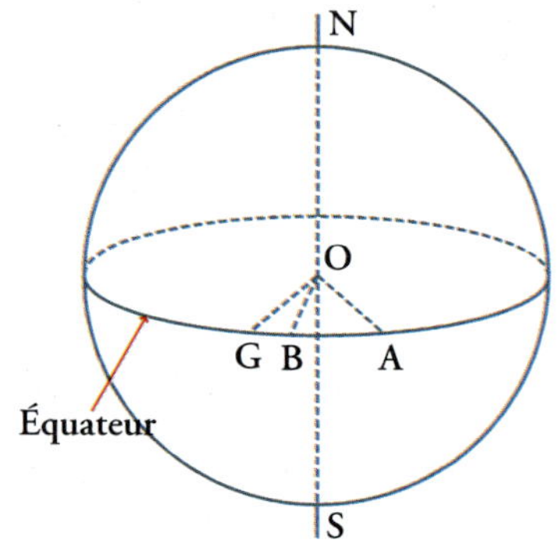

6 Le dessin ci-contre représente une sphère de centre O et de rayon 5 cm.

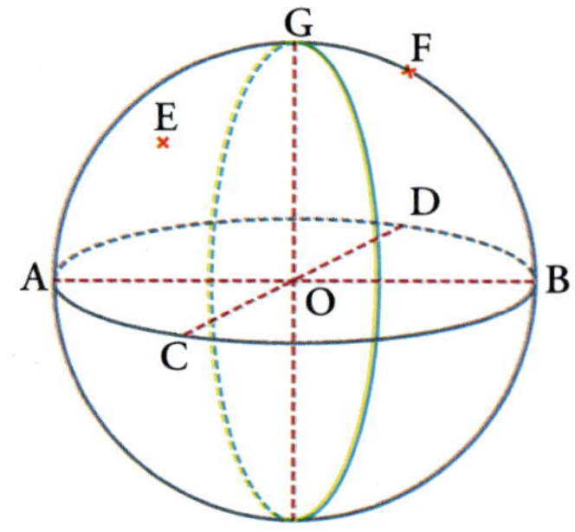

a. Indiquer, si possible, les longueurs OA, CD, OF et OE.

b. Calculer la longueur AG.

c. On sait que BD = 2 cm. Quelle est la nature du triangle ADB ? Calculer AD.

7 Une salle de spectacle est constituée d'un parallélépipède rectangle surmonté d'un dôme demi-sphérique de 10 m de diamètre. Les dimensions du parallélépipède sont indiquées sur le dessin ci-dessous.

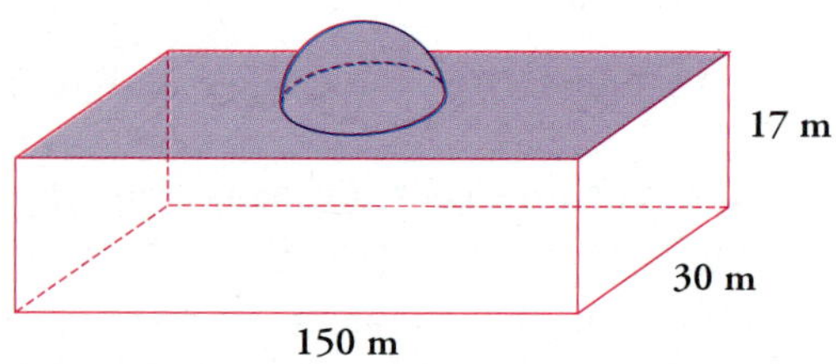

Calculer le volume total de la salle.

8 Pourcentage

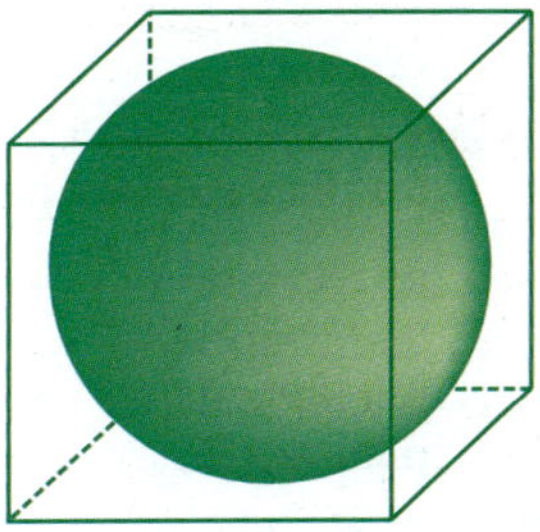

Dans une boîte cubique dont l'arête mesure 6 cm, on place une boule de 6 cm de diamètre tangente aux faces du cube (voir le schéma).
On appelle « taux de remplissage de la boîte » le rapport entre le volume de la boule et le volume de la boîte.
Calculer, en pourcentage, le taux de remplissage de la boîte et l'arrondir à l'entier le plus proche.

9 Bonne réponse

Une sphère a un diamètre D double de celui d'une autre sphère, noté d. Leurs volumes sont notés $\mathcal{V}_1$ et $\mathcal{V}_2$.
Indiquer quelles relations sont vraies :
$D^2 = 2d^2$; $D^2 = 4d^2$; $D = \sqrt{2}d$; $\mathcal{V}_2 = 2\mathcal{V}_1$; $\mathcal{V}_2 = 8\mathcal{V}_1$

10 Espace vital

La Terre est considérée comme une boule de 6 400 km de rayon. Les trois quarts sont recouverts d'eau ou de glace. Il y a 6 milliards d'individus sur la Terre.
Si on suppose que chacun, grand ou petit, peut avoir le même espace vital, de quelle superficie chacun peut-il bénéficier ?

11 De la Terre à la Lune

Le rayon de la Terre est à peu près égal à 6 400 km, le rayon de la Lune est à peu près égal à 1 740 km.
En assimilant la Terre et la Lune à deux sphères, quel est le rapport de leurs volumes ?

12 Sport

Les balles de tennis sont vendues par quatre enfermées dans des boîtes cylindriques.
Chaque balle est tangente aux parois de la boîte, les balles sont tangentes entre elles, les deux balles des extrémités sont tangentes aux deux bases de la boîte cylindrique.
Chaque balle a une forme sphérique de même rayon 3,25 cm.

a. Donner les dimensions de la boîte cylindrique : sa hauteur et son diamètre de base.

b. Calculer le volume exact de la boîte et en donner un arrondi au millimètre cube.

c. Calculer le volume d'une balle de tennis et en donner un arrondi au millimètre cube.

d. Peut-on dire que les quatre balles occupent au moins 70 % du volume de la boîte cylindrique ? Justifier la réponse.

13 Du bol … à la casserole

Le bol a la forme d'une demi-sphère et la casserole est un cylindre.

Casserole (diamètre 13 cm)

Bol (diamètre 15 cm)

a. Quelle quantité de lait doit-on verser dans la casserole pour pouvoir remplir complètement le bol avec ce lait ?

b. Quelle doit être la hauteur minimale de la casserole ?

SECTION D'UNE SPHÈRE PAR UN PLAN

14

Le cercle $\mathcal{C}$ de centre O' est sur la sphère ($\mathcal{S}$) de centre O. [AE] est un diamètre de $\mathcal{C}$, B est sur le cercle $\mathcal{C}$ et D est un point de la sphère ($\mathcal{S}$).
Déterminer la nature des triangles suivants en justifiant les réponses :

- Triangle DOB ;
- Triangle ABE ;
- Triangle AO'B ;
- Triangle OO'B ;
- Triangle OBE.

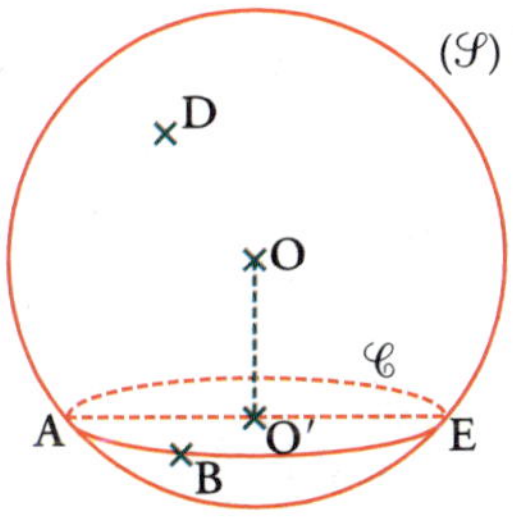

15

Le dessin représente une boule de centre O et de rayon 8,7 cm. Cette boule est coupée par un plan passant par K.

a. À quelle distance du point O doit-on placer le point K pour que la section obtenue soit un disque de rayon 5,3 cm ?
Donner la valeur exacte, puis une valeur arrondie à 10^{-1}.

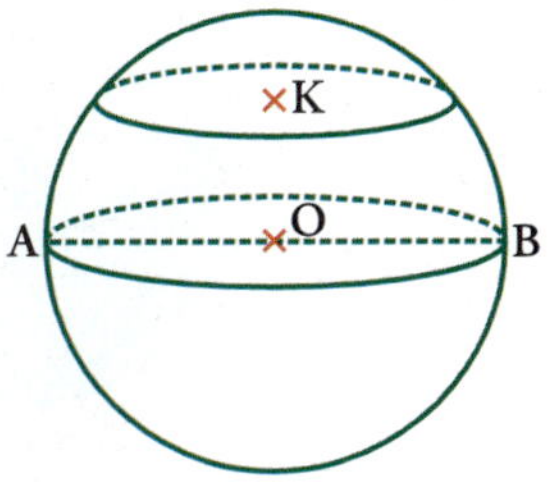

b. Calculer l'aire de la section.

16

On sectionne une sphère de rayon 13 cm par un plan passant à 5 cm du centre.

a. Calculer l'aire de la section.

b. On construit alors un bicône ayant pour base le disque obtenu et pour sommets deux points diamétralement opposés sur la sphère.
Calculer le volume du bicône.

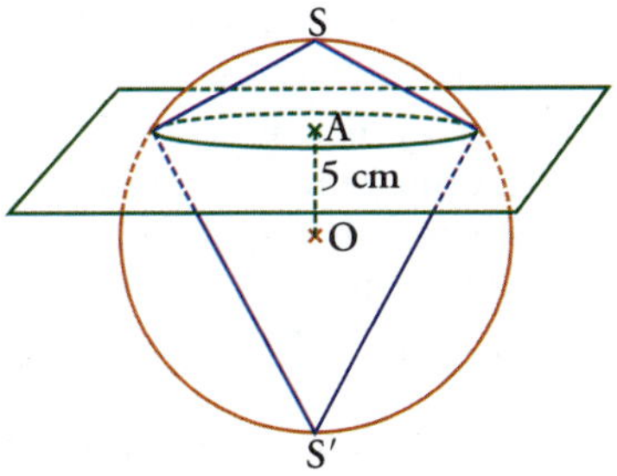

17 Un menuisier doit tailler des boules en bois de 10 cm de diamètre pour les disposer sur une rampe d'escalier. Il confectionne d'abord des cubes de 10 cm d'arête dans lesquels il taille chaque boule.

a. Dans chaque cube, déterminer le volume (au cm^3 près) de bois perdu, une fois la boule taillée.

b. Il découpe ensuite la boule de centre O suivant un plan pour la coller sur son emplacement. La surface ainsi obtenue est un disque $\mathscr{D}$ de centre O_1 et de diamètre AB = 5 cm.
Calculer à quelle distance du centre de la boule (*h* sur la figure) il doit réaliser cette découpe. Arrondir *h* au millimètre.

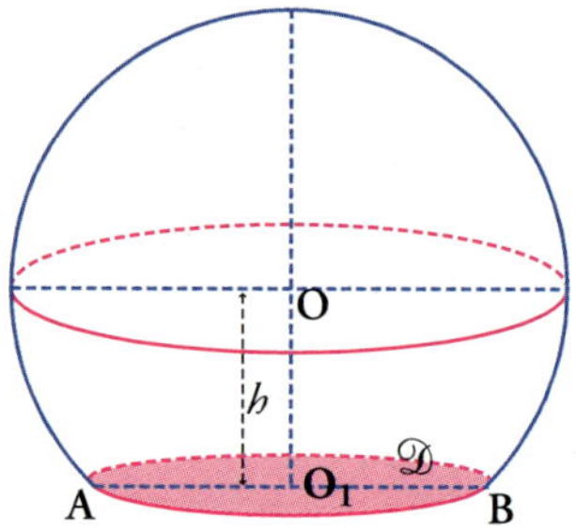

18 Le bocal contenant le poisson de Jennifer a la forme d'une sphère tronquée. Il est fixé sur un socle. Le rayon de la sphère est de 10 cm. La distance du centre O de la sphère et du bord du bocal est de 5 cm.
On a rempli le bocal d'eau, la distance de la surface plane de l'eau au centre O de la sphère est de 4 cm.

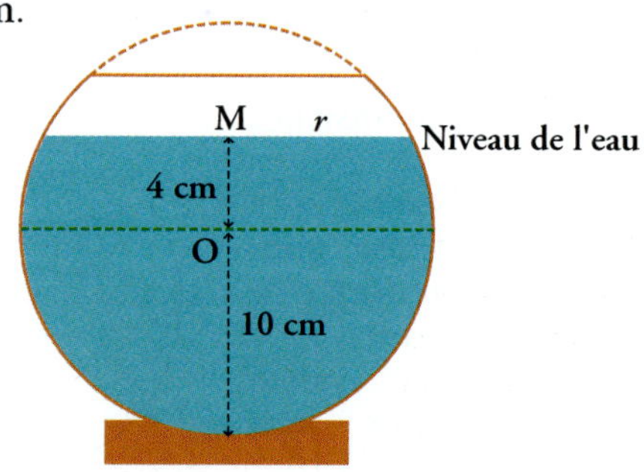

a. Quelle est la forme de la surface plane de l'eau dans l'aquarium ?

b. Donner l'arrondi au millimètre de la mesure de *r* indiqué sur le dessin.

c. Calculer l'aire de cette surface et en donner un arrondi au cm^2.

d. Calculer le volume d'eau nécessaire pour remplir le bocal comme indiqué ci-dessus et en donner un arrondi au cm^3, puis au litre. On rappelle la formule du volume d'une calotte sphérique $\mathscr{V} = \frac{\pi h^2}{3}(3R - h)$, où *R* est le rayon de la sphère et *h* la hauteur de la calotte sphérique.

e. Calculer le volume d'eau nécessaire pour remplir le bocal jusqu'au niveau du centre de la sphère.

SECTIONS D'UN SOLIDE PAR UN PLAN

19 Un pavé droit ABCDEFGH est sectionné selon un plan passant par ACGE.

a. Nommer les arêtes parallèles au plan ACGE.

b. Expliquer pour quelle raison ce plan est perpendiculaire au plan de base EFGH.

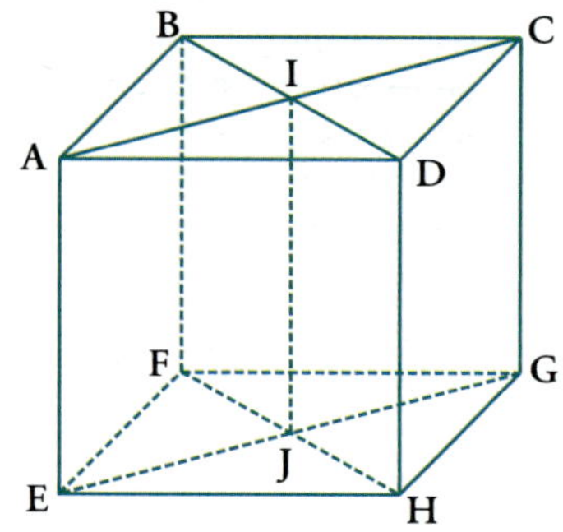

c. I et J sont les points d'intersection des diagonales des deux bases.

Démontrer que la droite (IJ) est perpendiculaire aux droites (EG) et (HF).

20 Un prisme ABCDEF à base triangulaire est tel que :

AB = 5 cm ; AC = 3 cm
BC = 7 cm ; AD = 9 cm

a. On place un point M sur l'arête [BE] et on construit un plan parallèle à la base (ABC).

Reproduire le dessin et le compléter.

b. On place un point N sur l'arête [CF] et on construit un plan perpendiculaire à [CF].

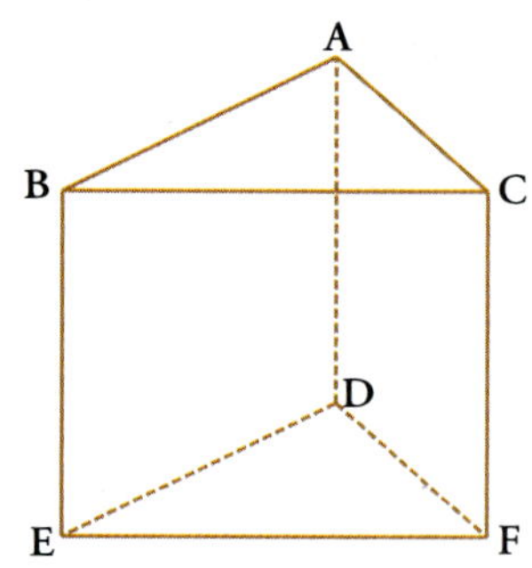

Quelle est la forme de la section obtenue ?

21 Le cube ci-dessous a des arêtes de longueur 5 cm. Les points I, J, K et L sont les milieux de quatre arêtes du cube.

a. Représenter en vraie grandeur le quadrilatère IJKL.

b. On coupe le cube selon un plan parallèle à l'arête [GH].

Dessiner en vraie grandeur la section du cube.

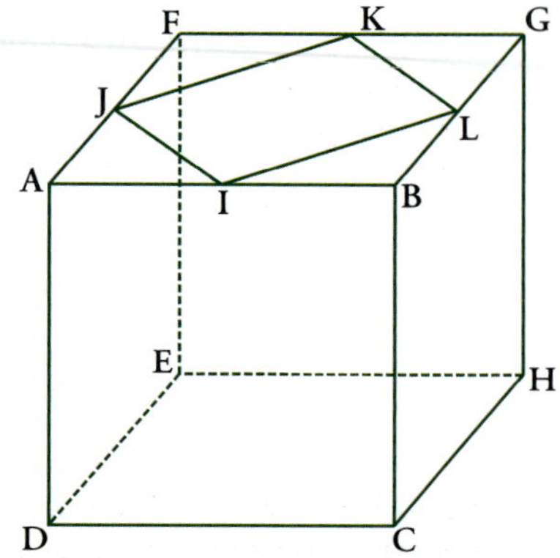

22 ABCDEFGH est un parallélépipède rectangle.
AB = 6 cm,
BC = 5 cm,
AE = 4 cm.

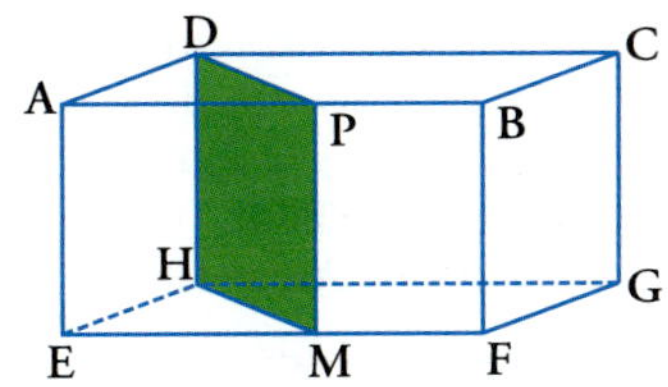

Le point P est sur l'arête [AB] et le point M est sur l'arête [EF]. Les droites (PM) et (AE) sont parallèles.
AP = 4 cm.
Chaque réponse doit être justifiée.

a. Quelle est la nature des quadrilatères APME et PBCD ?

b. Quelle est la nature du quadrilatère DPMH ?

c. Calculer la longueur du segment [DP].

d. Quelle est la nature des solides APDEMH et PBCDMFGH ?

e. Construire le patron de ces deux solides. En les assemblant, vérifier qu'on obtient bien un parallélépipède rectangle.

23 Une sphère est contenue dans un cylindre. Elle est tangente à la base du cylindre et aux bords du cylindre comme l'indique le dessin ci-contre.

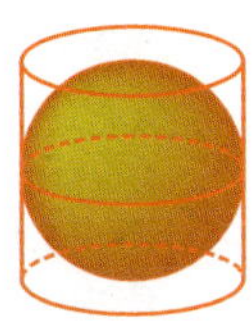

a. On coupe ce cylindre par un plan perpendiculaire à son axe et passant par le centre de la sphère. Des deux dessins, lequel représente la section ?

Dessin 1 Dessin 2

b. On coupe ce cylindre par un plan perpendiculaire à sa base et passant par le centre de la sphère. Des deux dessins, lequel représente la section ?

Dessin 1 Dessin 2

24 **Assembler et scier**

On assemble quatre cubes identiques, chacun de volume a. On les découpe pour obtenir les solides ci-dessous.
Donner le volume de chacun des solides suivants en fonction de a.

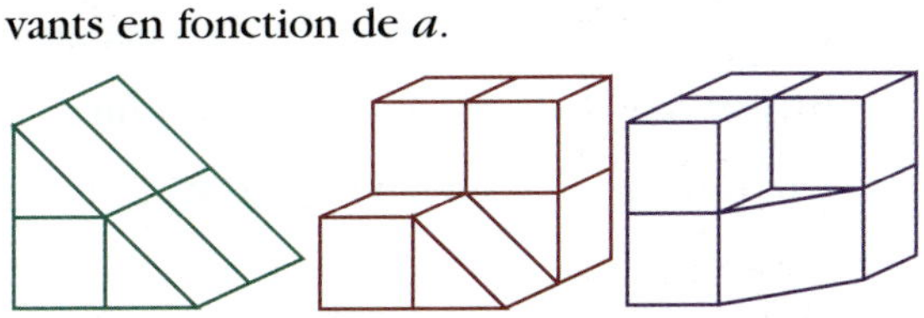

Dans chaque cas, indiquer quelle fraction du volume total représente le volume a.

25 On considère un cylindre de rayon 6 cm et de hauteur 8 cm.
On coupe ce cylindre par un plan parallèle à l'axe du cylindre et situé à 2 cm du centre O.

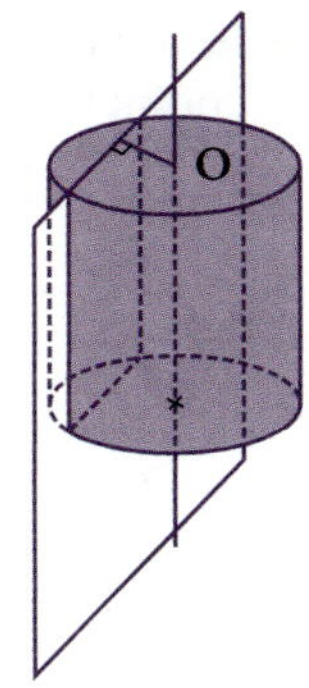

a. Indiquer la nature de la section du cylindre par le plan.

b. Donner les dimensions de cette section.

26 **a.** Calculer le volume d'un cône de rayon 4 cm et de hauteur 6 cm.

b. On coupe ce cône par un plan parallèle à la base. Calculer la hauteur du petit cône obtenu pour que le nouveau volume soit égal aux $\frac{8}{27}$ du volume du grand cône.

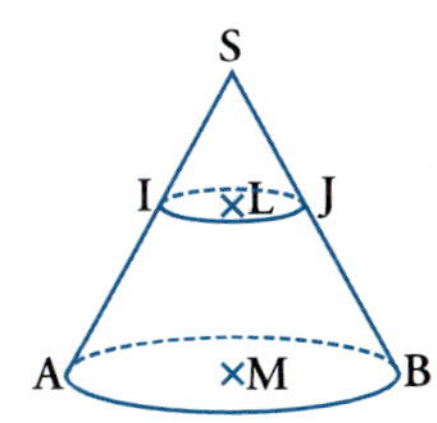

27 On coupe un cône de rayon 4 cm et de hauteur 6 cm par un plan parallèle à la base.
Calculer la hauteur du petit cône obtenu pour que le nouveau volume soit égal aux $\frac{2}{3}$ du grand volume.

28 Un cylindre est inscrit dans un cône. Les deux axes sont confondus.
Rayon du cylindre : $r = 2$ cm.
Rayon de la base du cône : $R = 6$ cm.

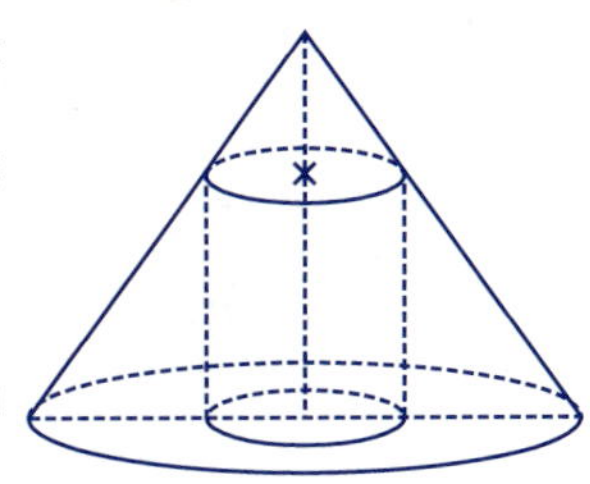

Hauteur du cylindre : $h = 4$ cm.
Quelle est la hauteur du cône ?
Montrer que le rapport du volume du cône à celui du cylindre est $\frac{2}{9}$.

29 **Sciences de la Terre**

En Auvergne, les anciens cratères de volcans sont souvent occupés par des lacs.
Un cratère a souvent la forme d'un cône, le fond est empli de sédiments et l'eau du lac est située au-dessus.

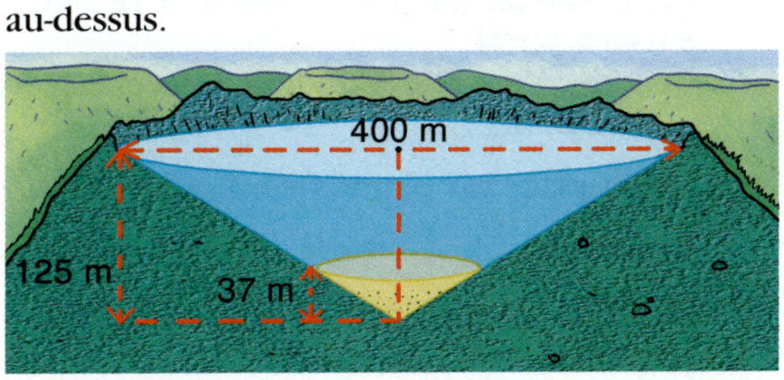

En utilisant les mesures indiquées sur le dessin, calculer le volume d'eau contenu dans ce lac.

30 Deux cônes sont situés de part et d'autre d'un point S.

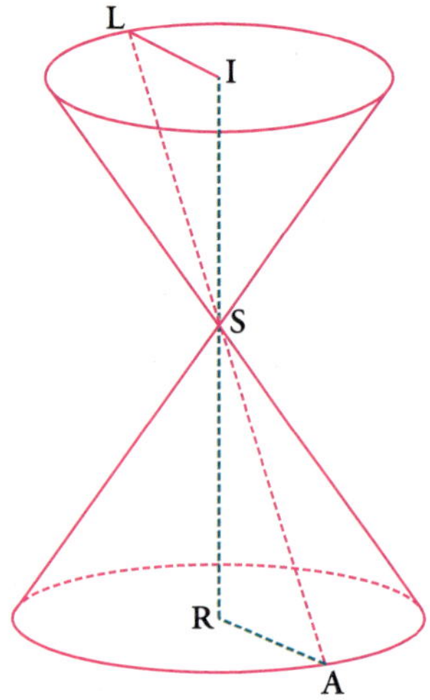

Les droites (AL) et (IR) se coupent en S et les droites (LI) et (RA) sont parallèles.

a. Le rayon du grand cône est égal à 7,5 cm. La hauteur du grand cône est égale à 9 cm et la hauteur du petit cône est égale à 5 cm.
Calculer le rayon du petit cône.

b. Calculer le volume du grand cône $\mathcal{V}_1$, en donner une valeur exacte, puis un arrondi au cm^3.

c. Le petit cône est une réduction du grand cône.
Quel est le coefficient de réduction ? Par quel nombre faut-il multiplier le volume $\mathcal{V}_1$ pour obtenir le volume $\mathcal{V}_2$ du petit cône ?

31 Deux pyramides sont construites à partir d'une même forme de cube ABCDEFGH d'arête 10 cm.

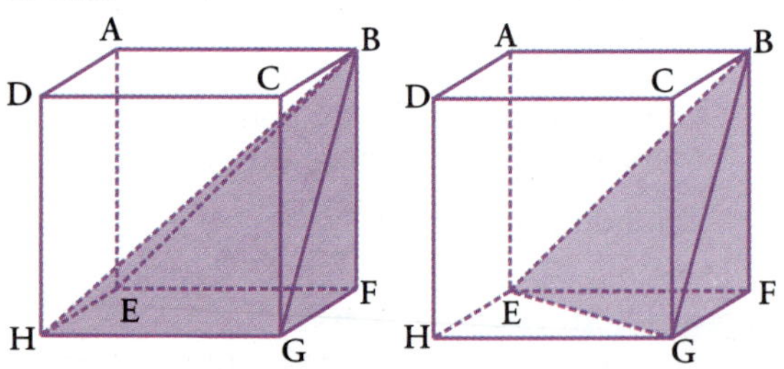

a. On place un point M situé sur l'arête [BF] tel que BM = 4 cm.
On construit un plan parallèle à la face ABCD passant par M.
Dessiner en vraie grandeur la section avec la pyramide BEFGH.

b. On place un point N sur l'arête [BF] tel que $BN = \frac{1}{3}BF$.
On construit un plan parallèle à la face ABCD passant par N .
Dessiner en vraie grandeur la section avec la pyramide BEFG.

32 L'unité de longueur est le centimètre. Dans la pyramide AEFGH représentée ci-dessous, l'arête [AF] est perpendiculaire au plan du rectangle EFGH.
On donne AF = 12 ; EF = 5 ; FG = 6.

a. Donner les valeurs exactes des longueurs AE, FH et AH.

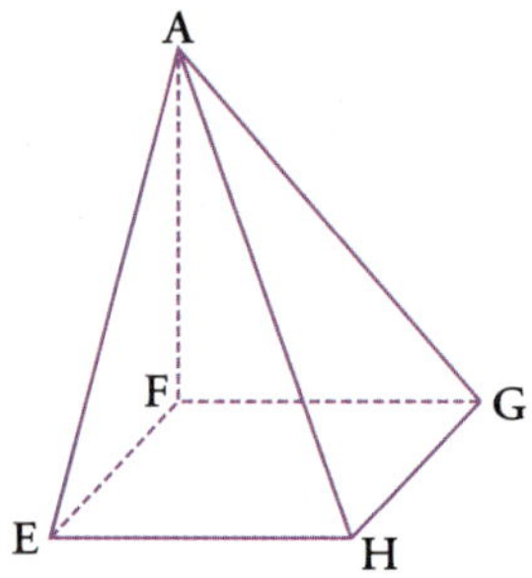

b. Montrer que le triangle AEH est rectangle en E.

c. Dessiner un patron de cette pyramide en vraie grandeur.

d. On place un point M sur [AF] tel que AM = 4.
On construit un plan perpendiculaire à (AF) passant par M. Dessiner sur le patron de la pyramide AEFGH, la section obtenue.

33 Une tour est surmontée d'un toit qui a la forme d'une pyramide régulière SABCDEF. Cette pyramide a pour base un hexagone régulier.
La hauteur [SH] de la pyramide mesure 2,5 m et ses arêtes 5,5 m.

a. Calculer la mesure des côtés de la base, puis en donner une valeur arrondie à 0,1.

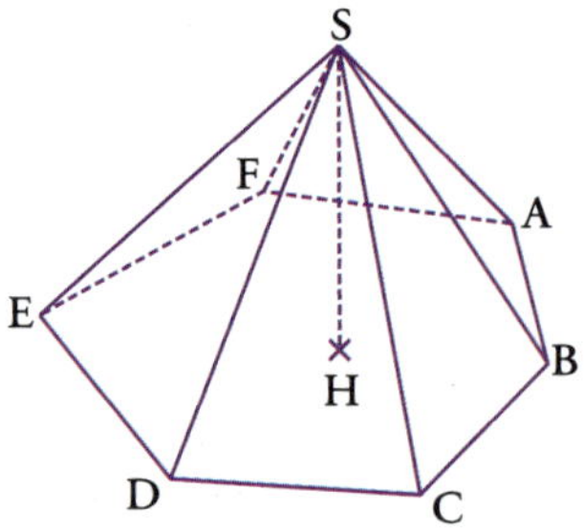

b. Calculer les mesures des angles $\widehat{DSC}$ et $\widehat{ASD}$ en arrondissant au degré.

c. On construit un plan parallèle au plan formé par ABCDEF et passant par un point M situé sur [SH] et tel que SM = 0,5 m.

Dessiner à l'échelle $\frac{1}{100}$ la section obtenue.

34 SABCD est une pyramide dont la base est un quadrilatère d'aire 42,25 cm^2. On sait que sa hauteur [SH] est telle que SH = 12 cm.

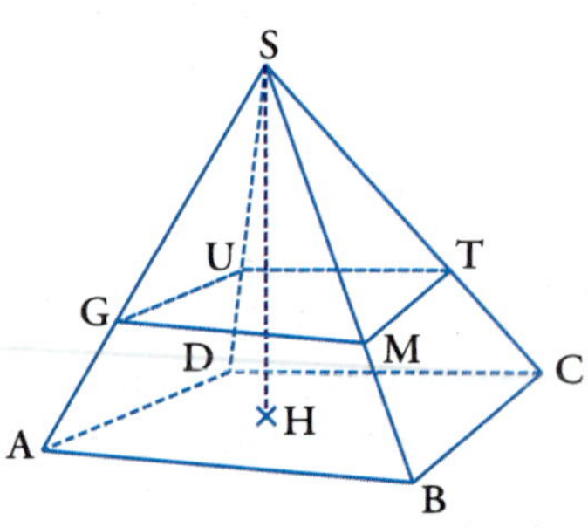

On coupe la pyramide par un plan parallèle à sa base et aux $\frac{2}{3}$ de sa hauteur à partir du sommet.
On obtient une pyramide SGMTU telle que $SG = \frac{2}{3}$ SA.

a. Calculer le volume de la pyramide SABCD.

b. Calculer le volume de la pyramide SGMTU.

Ce que je dois savoir

➤ Représenter une sphère et des grands cercles.

➤ Déterminer le cercle de section d'une sphère par un plan.

➤ Reconnaître la nature des sections de cube, pavé droit, cylindre, cône, pyramide par un plan parallèle à une base, une face, une arête, un axe selon le cas.

➤ Calculer des aires et des volumes de solides.

Je m'évalue

Solutions page 295

35 Observer le dessin.

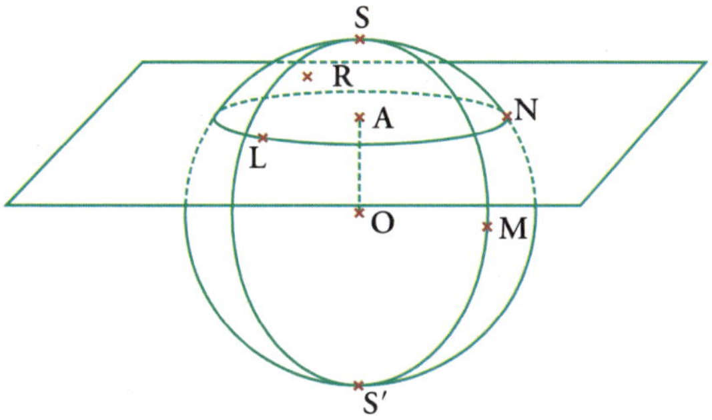

a. Les points A, L, M, R, S appartiennent-ils à la sphère de centre O ? Justifier les réponses.

b. Les points M, N, L, S sont-ils situés sur des grands cercles de la sphère ?

c. Sachant que la sphère a un diamètre de 5,6 cm, reproduire en vraie grandeur la section de la sphère par le plan passant par A situé à une distance de 3,4 cm du centre O.

36 Une demi-sphère est posée sur un cylindre. Le rayon commun des deux objets est égal à 2,5 cm, la hauteur du cylindre est égale à 3,5 cm.

a. Représenter les deux solides en perspective.

b. Calculer l'aire du cylindre et de la demi-sphère. Arrondir au dixième.

c. Calculer le volume du cylindre et de la demi-sphère. Arrondir au dixième.

37 Une pyramide SABCD a pour base un trapèze ABCD rectangle en A et B.

a. Quelle est la hauteur de la pyramide ?

b. L'unité de longueur étant le centimètre, on sait que : AB = 4 ; BC = 7 ; AD = 3 ; SB = 9
Calculer la longueur SC, la mesure de l'angle $\widehat{SCB}$ (arrondir les résultats au dixième).

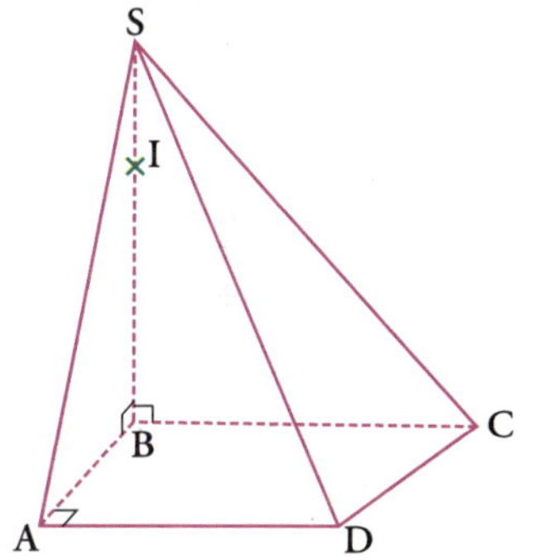

c. Calculer l'aire de ABCD et le volume de la pyramide.

d. On coupe cette pyramide par un plan parallèle à la base passant par I tel que SI = 3.
Dessiner en vraie grandeur la section IJKL obtenue, sachant que J appartient à [SC] et K à [SD].

e. Calculer l'aire et le volume de la pyramide SIJKL.

38 Un cône de révolution a pour disque de base, un disque de diamètre AB tel que AB = 9 cm.
La longueur d'une génératrice SA est égale à 5 cm.

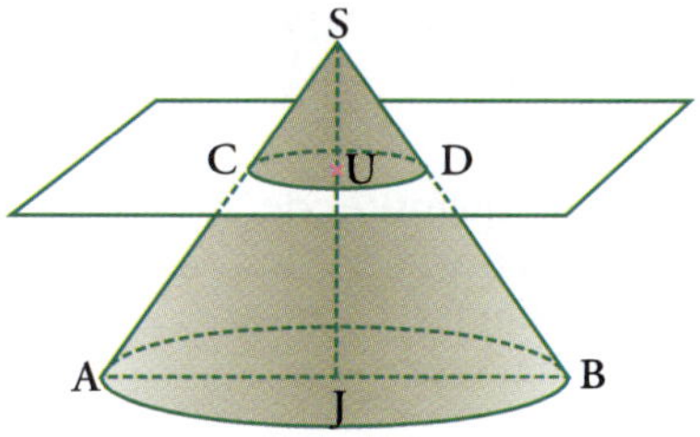

a. Calculer la hauteur du cône.

b. Calculer l'angle $\widehat{ASB}$ du cône.

c. Un plan coupe le cône perpendiculairement à son axe (SJ) tel que SU = 2 cm.

d. Représenter, à l'échelle 1, la section du cône par le plan. Quel est le rapport des volumes du petit cône et du grand cône ?

e. Le plan coupe le cône de telle sorte que SU = x. Quelle est la valeur de x pour que le volume du grand cône soit le double du volume du petit cône ?

UTILISER SES CONNAISSANCES

39 Un bécher de 8 cm de diamètre est rempli d'eau sur une hauteur de 8 cm.
On plonge une boule de 8 cm de diamètre dans le bécher.
À quelle hauteur se trouve alors le niveau de l'eau ?

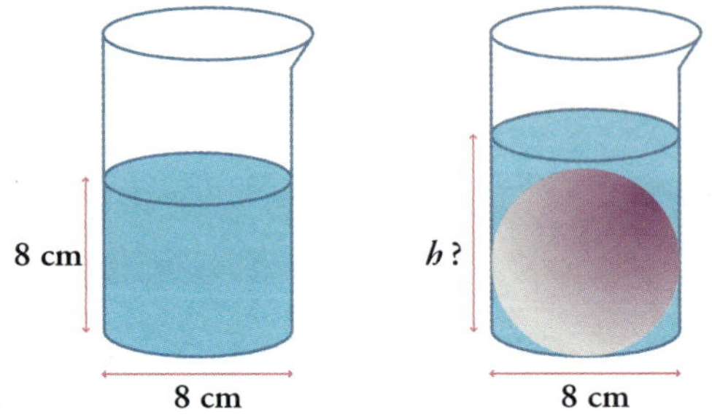

40 Une boule plongée dans un bécher est tout juste recouverte d'eau. Le diamètre de la boule et le diamètre intérieur du bécher mesurent 8 cm.
À quelle hauteur était le niveau de l'eau avant d'y plonger la boule ?

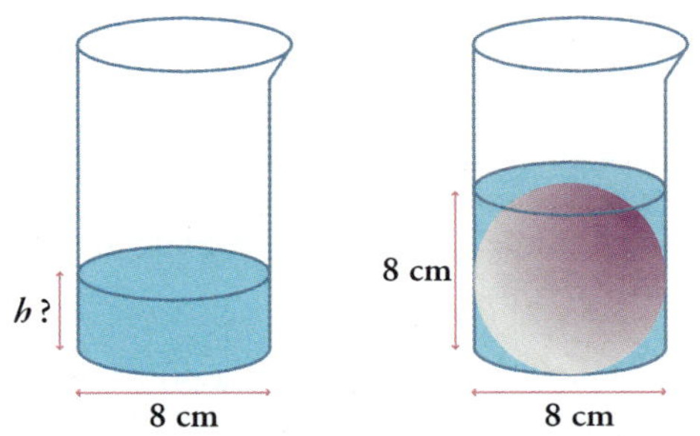

41 **a.** Quelle est la capacité du verre en cm^3 ? En cL ?

b. Quelle quantité de liquide contient le verre lorsqu'il est rempli à mi-hauteur ?

c. Quelle hauteur atteint le niveau du liquide quand le verre est à moitié plein ?

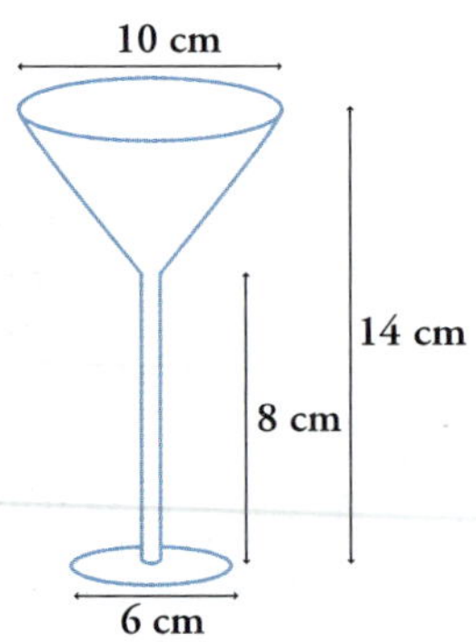

42 Une sphère de centre O est emboîtée dans un cylindre creux. Le cylindre a une hauteur de 3 cm et un diamètre de 4 cm. O′ est le centre d'une base. La sphère a un rayon de 3,5 cm.
Quelle est la hauteur totale de l'objet ?

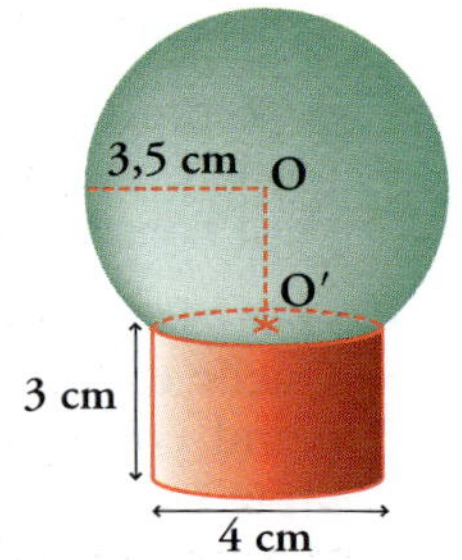

43 Une orange est assimilée à une boule de diamètre 5 cm. Une orange pressée donne 70 % de son volume en jus.
Combien faut-il d'oranges pour obtenir un litre de jus ?

44 Une pyramide régulière PENTAS a pour sommet S et pour base un pentagone régulier inscrit dans un cercle de centre O et de rayon 3 cm.
La hauteur [SO] mesure 7 cm.

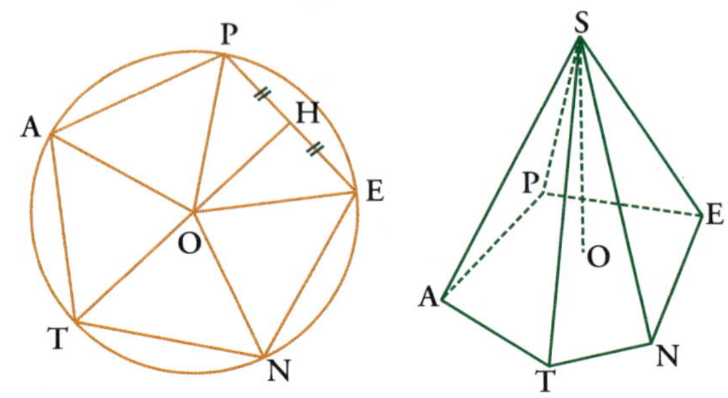

a. Calculer les mesures de l'angle $\widehat{POE}$ et de l'angle $\widehat{EOH}$.

b. Calculer OH, EH et en déduire les aires du triangle POE et du pentagone.

c. Calculer le volume de la pyramide.

d. On coupe cette pyramide par un plan parallèle à la base passant par le point J tel que SJ = 4 cm.
Calculer le volume de la petite pyramide obtenue.

45 **Découpe**
On place un point R sur l'arête [AD] d'un cube ABCDEFGH tel que :
AD = 24 cm ; DR = 10 cm
On place les points S et T respectivement sur [DC] et [DH] tels que (RS) soit parallèle à (AC) et (ST) soit parallèle à (CH).

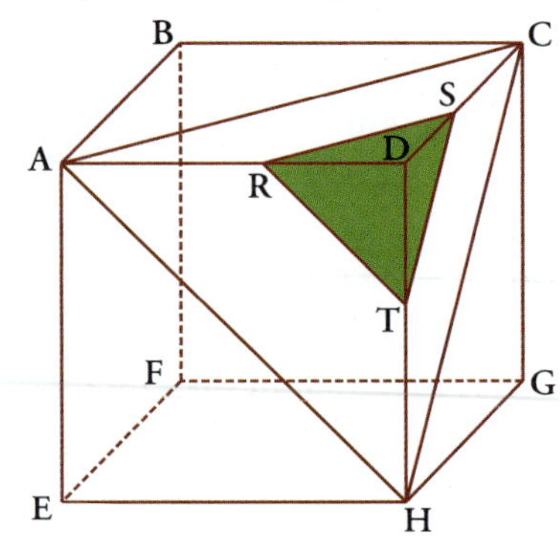

a. Quelle est la nature du triangle RST ?

b. Quelle est la nature de la pyramide DRST ?

c. Quel est le coefficient de réduction entre les deux pyramides DRST et DACH ?
En déduire le volume de DRST.

d. Calculer la hauteur issue du sommet D de la pyramide DRST.

46 On considère un parallélépipède rectangle ABCDA′B′C′D′ tel que AB = 11 cm, BC = 6 cm, CC′ = 6 cm. I, J, K sont les milieux respectifs de [AB], [BB′] et [BC].

a. Calculer la valeur exacte des longueurs IK, IJ, JK.

b. Quelle est la nature du triangle IJK ?

c. Dessiner en vraie grandeur un patron de la pyramide BIJK.

d. Calculer le volume exact de la pyramide BIJK.

e. L est le point de [IB] tel que $\frac{IL}{IB} = \frac{1}{3}$. On coupe la pyramide BIJK par un plan parallèle à la face BB′CC′ passant par L.
Faire une figure.
Expliquer pour quelle raison la section est un triangle que l'on appellera LMN.

f. Un flacon de parfum a la forme du tronc de pyramide LMNBJK.
Calculer un arrondi à l'unité de la contenance du flacon.

47 SABC est une pyramide dont la base est un triangle équilatéral de 5 cm de côté.
La hauteur [SA] de cette pyramide mesure 12 cm ; les triangles SAB et SAC sont rectangles en A.

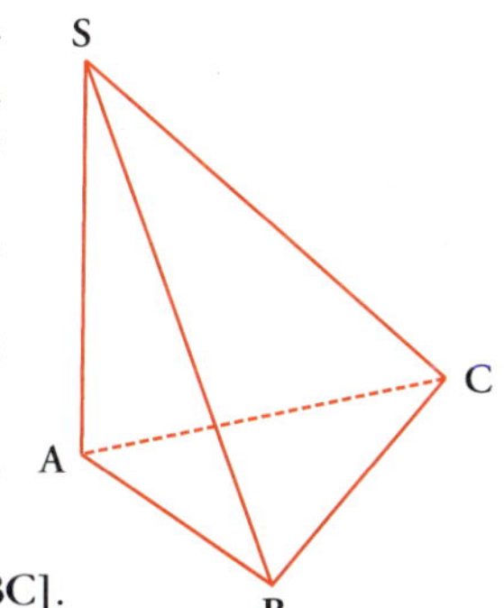

a. Construire en vraie grandeur le triangle ABC.

b. Soit H le milieu de [BC].
Calculer le valeur exacte de [AH] et de [SH].

c. Calculer l'aire totale de la pyramide.

d. Calculer le cosinus de l'angle $\widehat{ASB}$.
En déduire une valeur arrondie au degré de $\widehat{ASB}$.

e. Calculer une mesure de l'angle $\widehat{ASH}$ au degré près.

f. On coupe cette pyramide par un plan perpendiculaire à l'arête [SA] et passant par le point M tel que SM = 7 cm.
• Dessiner en vraie grandeur la section MNR de la pyramide.
• Calculer le volume de la pyramide SMNR.

48 SABCD est une pyramide à base carrée, de hauteur [SA]. Faire un dessin.
On sait que SC = $10\sqrt{2}$ cm, AC = $8\sqrt{2}$ cm et que le triangle SAC est rectangle en A.

a. Calculer SA.

b. Montrer que le côté de la base mesure 8 cm.
Calculer le volume de la pyramide.

c. Un plan parallèle à la base coupe respectivement [SA], [SB], [SC], [SD], en A′, B′, C′, D′.
• Justifier que A′B′C′D′ est un carré.
• On sait que SA′ = 4 cm.
Montrer que la mesure en cm d'un côté est $\frac{8\sqrt{2}}{3}$.

POUR ALLER PLUS LOIN

49 **Calotte sphérique**

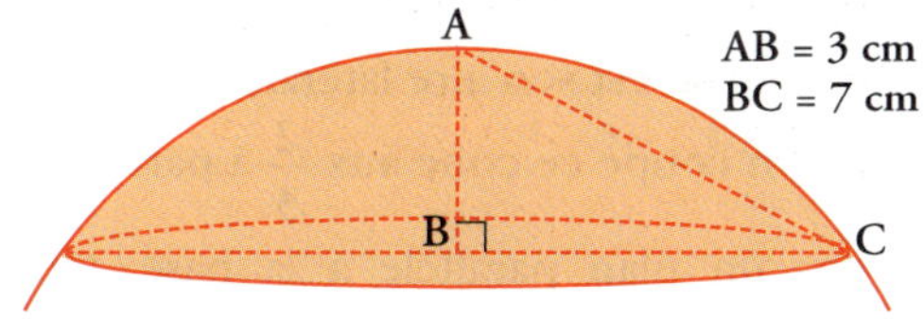

a. Reproduire le triangle ABC aux bonnes dimensions et élaborer une construction pour déterminer la position du centre de la sphère.

b. Calculer le rayon de la sphère en utilisant un angle aigu commun à deux triangles rectangles.

50 **Pôle Nord**

Un explorateur part du camp de base et marche tout droit vers le Pôle Nord qu'il atteint au bout de 5 km. Il tourne alors à droite de 90° et marche encore pendant 5 km. Il tourne de nouveau à droite de 90° et marche pendant 5 km. Il n'a plus de vivre sur lui, mais déguste cependant un repas bien mérité… Pourquoi ?

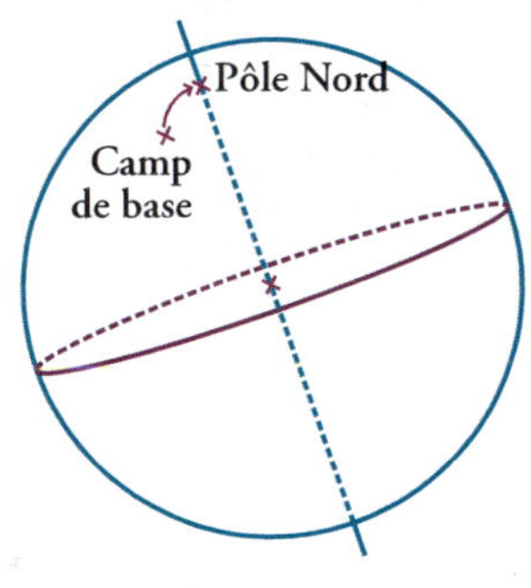

51 **Vers le large**

Dans cet exercice, on considère que le déplacement de la lumière est rectiligne dans l'atmosphère.
En s'éloignant du port, le bateau disparaît en descendant derrière la ligne d'horizon.
Sur le dessin, la Terre est assimilée à une boule. Lorsqu'on est sur la digue du port, la ligne d'horizon est une droite tangente à la boule au point P.

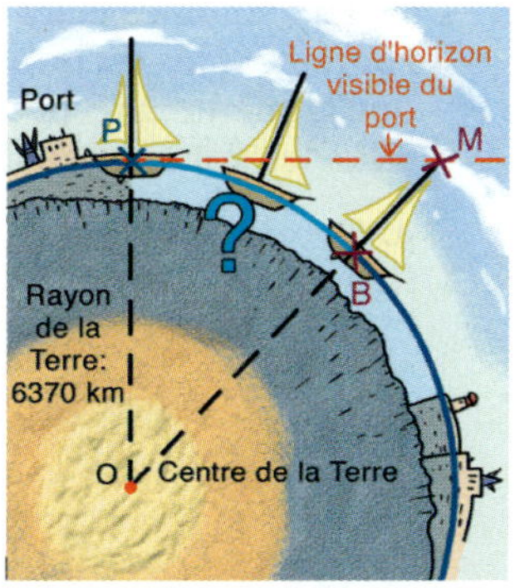

Un bateau haut de 30 m (MB = 30 m) disparaît derrière la ligne d'horizon.
Calculer la longueur de l'arc $\overset{\frown}{PB}$, trajet parcouru par le bateau avant de disparaître de la vue des personnes restées au port.

52 En développant la surface latérale d'un cône de révolution, on obtient un secteur circulaire de 35 cm de rayon et dont l'angle au centre est de 80°.

a. Quel est le volume de ce cône ?

b. Quelle est son aire latérale ?

c. On coupe ce cône aux $\frac{2}{3}$ à partir du sommet par un plan parallèle à la base. Quel est le volume du tronc de cône que l'on obtient ?

53 Un cône dont la génératrice est égale au diamètre de la base contient une sphère qui est tangente à la base du cône. Le diamètre de la base est 6 cm. Montrer que le volume du cône est $\frac{9}{4}$ de celui de la sphère.

54 Section dans un cube

On découpe une partie d'un cube en sciant le long d'un plan.
La section peut-elle être un triangle ? Un quadrilatère ? Un pentagone ? Un hexagone ? Un heptagone ?

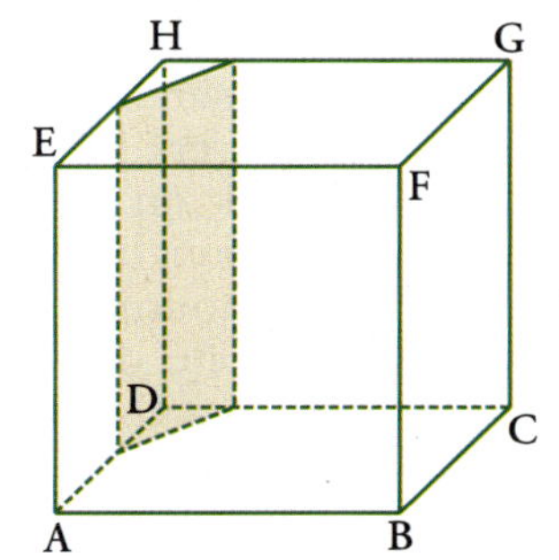

55 AU XVIIe SIÈCLE

En 1638, Galilée, dans son *Dialogue au sujet des deux sciences nouvelles*, calcule d'une manière astucieuse le volume d'une demi-sphère. Sa démonstration s'appuie sur la remarque suivante :

« Deux volumes étant coupés par des plans horizontaux, si les sections planes des deux volumes ont la même aire pour chaque plan horizontal, alors les volumes sont eux-mêmes égaux. »

a. Considérer les trois volumes engendrés par la figure suivante qui tourne autour de (OI).

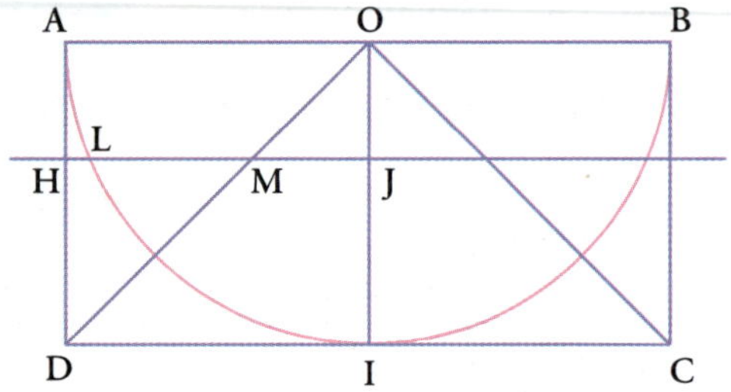

On obtient un cylindre, une demi-sphère et un cône.
Pour chacun des trois solides, donner des éléments caractéristiques.

b. Les trois solides ont été coupés par un plan horizontal contenant la droite (HJ).
Démontrer que l'aire du disque découpé sur le cône est égale à l'aire de la couronne située entre le cylindre et la demi-sphère.

c. Utiliser la propriété énoncée par Galilée pour démontrer que le volume du cône est égal à celui de l'écuelle, objet constitué par la différence entre le cylindre et la demi-sphère.

D'après *Kangourou des collèges*, 2000.

56 Berlingot

On considère le patron suivant d'un tétraèdre régulier SABC.

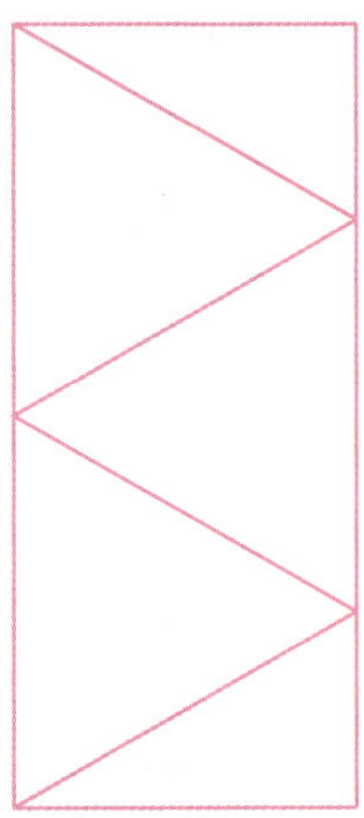

a. On nomme M le milieu de [BC] et G le centre de gravité de ABC. Le tétraèdre étant régulier, on admet que la hauteur est [SG].
Tracer une représentation de ce tétraèdre régulier SABC.

b. L'arête du tétraèdre mesure a.
Calculer, en fonction de a, les longueurs AM, AG et SG.

c. Calculer le volume du tétraèdre en fonction de a.

d. On veut que le volume soit égal à 0,75 L. Utiliser la machine à calculer pour trouver une valeur approchée de la longueur a de l'arête.

57 Rhombicuboctaèdre

On construit un solide à partir d'un cube d'arête 10 cm, en traçant des carrés identiques à ABCD sur chacune des faces et en sciant à chaque sommet comme il est indiqué en BC'A''.

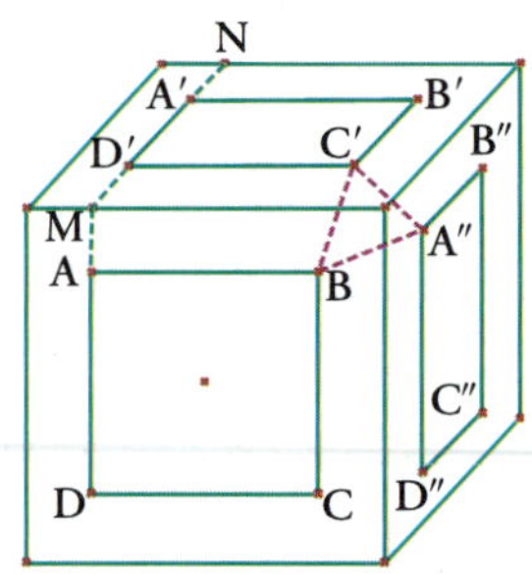

a. On note x la longueur de [AM].
Exprimer AD' en fonction de x.

b. Calculer la valeur de x pour laquelle le quadrilatère ABC'D' est un carré.

c. Calculer la longueur AB.

d. Si on enlève tous les triangles équilatéraux à chaque sommet, combien le solide trouvé a-t-il de sommets ? D'arêtes ? De faces ?

D'après *Hypercube* n° 37.

58 **Tétraèdre tronqué**

Un tétraèdre régulier ABCD a une arête de longueur 10 cm.
On sectionne le tétraèdre au tiers de sa hauteur à partir de chaque sommet par un plan parallèle à chaque base.

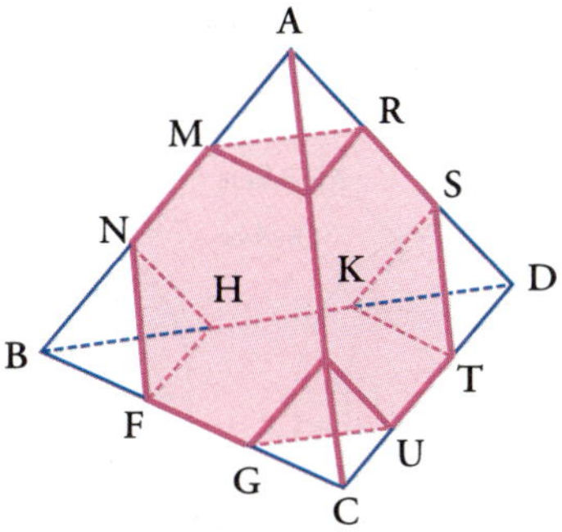

a. Indiquer le nombre de faces, leur forme, le nombre de sommets et le nombre d'arêtes du solide obtenu.

b. Calculer le volume de ce solide.

59 **Cube étoilé**

Un cube ABCDEFGH a une arête de 10 cm. Sur chaque face du cube, on trace les quadrilatères joignant les milieux de chaque arête, puis on construit une pyramide dont les faces sont des triangles équilatéraux et la base est l'un de ces quadrilatères. Le solide obtenu est un cuboctaèdre. Le dessin ci-dessous est incomplet et ne montre qu'une des pyramides.

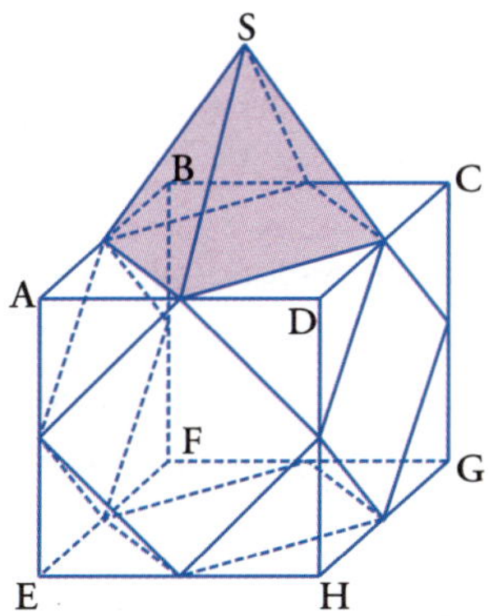

Donner les réponses aux questions suivantes à 0,1 près.

a. De quelle nature est la base de chaque pyramide ? Quelle est son aire ?

b. Quelle est la hauteur de chaque pyramide ? Calculer le volume du cuboctaèdre.

60 **Coffret cadeau**

Une boîte a la forme d'un pavé droit dont les bases sont des losanges. On range quatre boules dans cette boîte comme l'indique le dessin ci-après. Ces boules sont tangentes aux côtés du pavé.

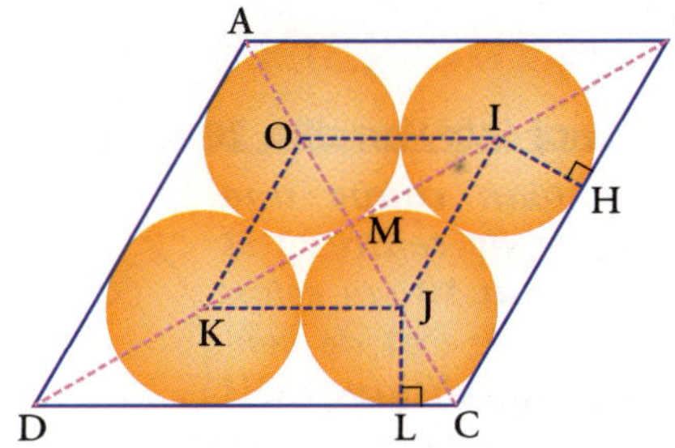

Chaque boule a un rayon de 4 cm.

a. Calculer IM dans le triangle IMJ et IB dans le triangle IBH.
En déduire BD.

b. Calculer MJ, JC et AC.

c. Calculer l'aire d'une base du pavé.

d. Calculer le volume du pavé.

61 **Empilement de boules**

On place des boules sphériques de même rayon R selon des empilements de différents types.

a. On place une sphère sur deux sphères. On obtient un empilement vertical.

- Démontrer que les centres de trois sphères forment un triangle équilatéral.
- Déduire que la hauteur d'un empilement de deux rangées est égale à : $(\sqrt{3} + 2)R$.

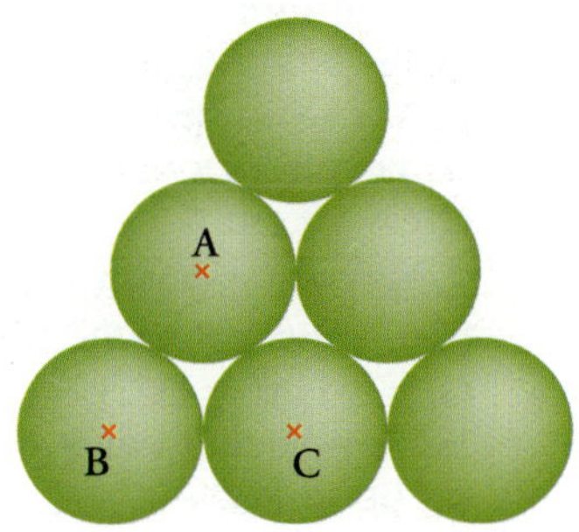

b. On place une sphère sur trois sphères. On obtient un tétraèdre régulier.

- Les centres des trois sphères de base forment un triangle équilatéral ABC de centre O. Calculer AO.
- Le centre S de la quatrième sphère est situé sur une perpendiculaire au plan ABC passant par O. Calculer SA.

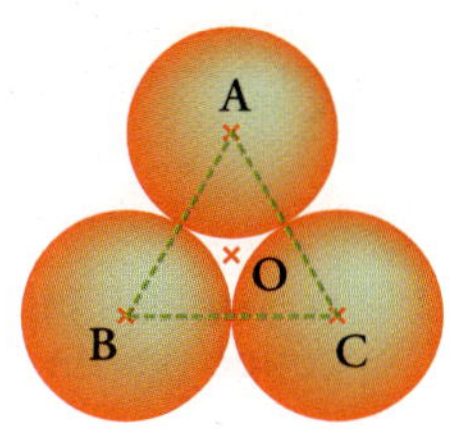

- Déduire que la hauteur SO est égale à $2\sqrt{\frac{2}{3}}R$ et que la hauteur d'un empilement de deux rangées est égale à $2\left(\sqrt{\frac{2}{3}} + 1\right)R$.

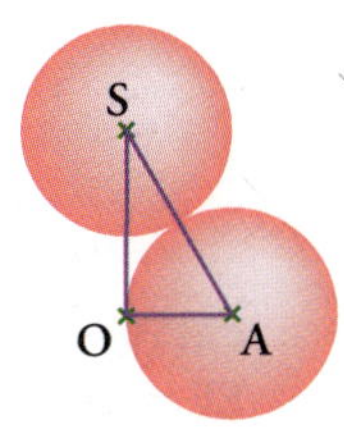

c. On place une sphère sur quatre sphères. On obtient une pyramide à base carrée.
Démontrer que la hauteur d'un empilement de deux rangées est égale à $(\sqrt{2} + 2)R$.

EXERCICE RÉSOLU

Énoncé (Aix-Marseille, 2000)

Un plan coupe une sphère de centre O et de rayon 10 cm selon un cercle (𝒞) de centre H. La distance OH du centre de la sphère à ce plan vaut 6 cm.

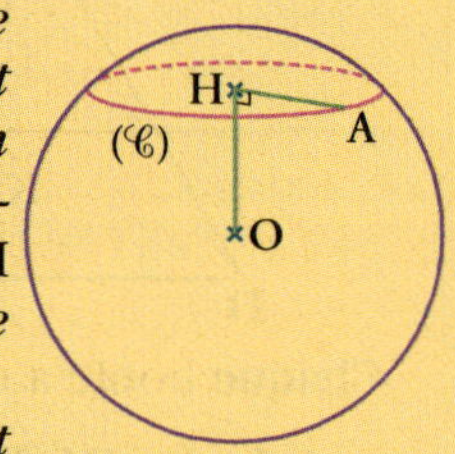

La figure ci-contre n'est pas en vraie grandeur.
Cette figure représente la sphère et le cercle (𝒞). Le point A est un point du cercle (𝒞).

1. *En utilisant uniquement les données de l'énoncé, tracer en vraie grandeur le triangle OHA, rectangle en H. On laissera les traits de construction apparents.*

2. *Calculer le rayon du cercle.*

Exemple de solution

1. Le triangle OHA est rectangle en H.
On sait que OH = 6 cm et que [OA] est un rayon de la sphère, donc OA = 10 cm.

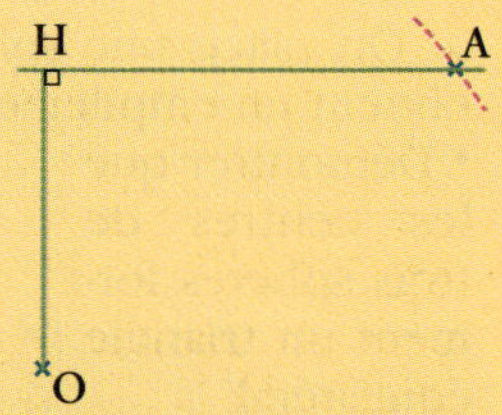

2. Le triangle OHA est rectangle en H. D'après la propriété de Pythagore :
$OH^2 + HA^2 = OA^2$
En remplaçant par les valeurs numériques, on obtient :
$6^2 + HA^2 = 10^2$
$HA^2 = 100 - 36$; $HA^2 = 64$; $HA = 8$
Le rayon du cercle (𝒞) a pour longueur 8 cm.

62 Centres étrangers, 2001

Le parallélépipède de la figure ci-dessous a été coupé par un plan parallèle à l'arête [BC].

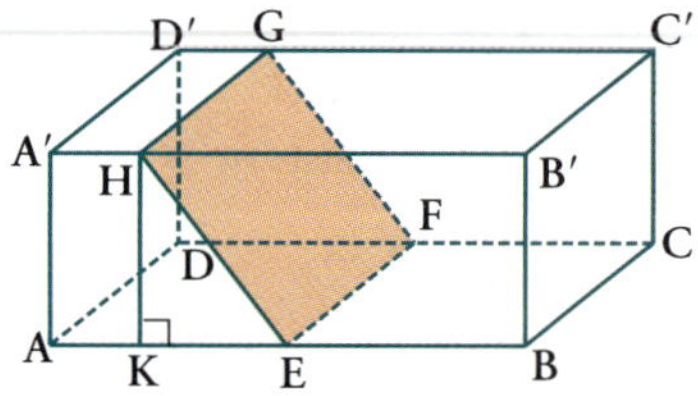

On donne :
EF = 25 cm ; HK = 20 cm ; KE = 15 cm

1. Quelle est la nature de la section plane EFGH ?

2. Calculer HE.

3. Que peut-on déduire des questions précédentes pour le quadrilatère EFGH ? Justifier la réponse.

63 Djibouti, 2000

On prendra 6 367 km comme valeur approchée du rayon de la sphère terrestre représentée par la figure ①.

Sur cette sphère figure la ville de Québec (Canada) dont la longitude est 72° O et la latitude 46° N.

Figure ①

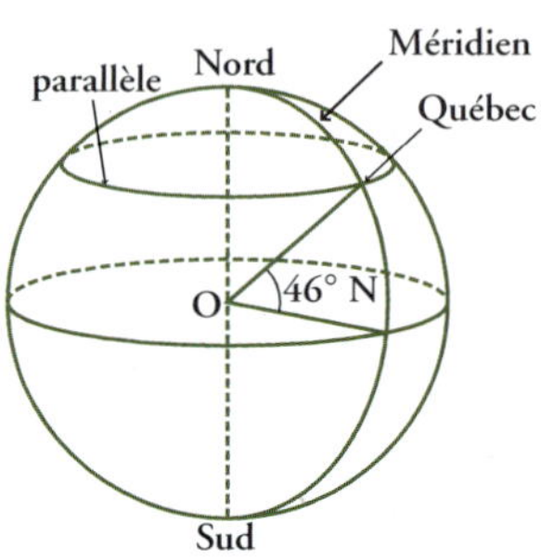

Figure ②

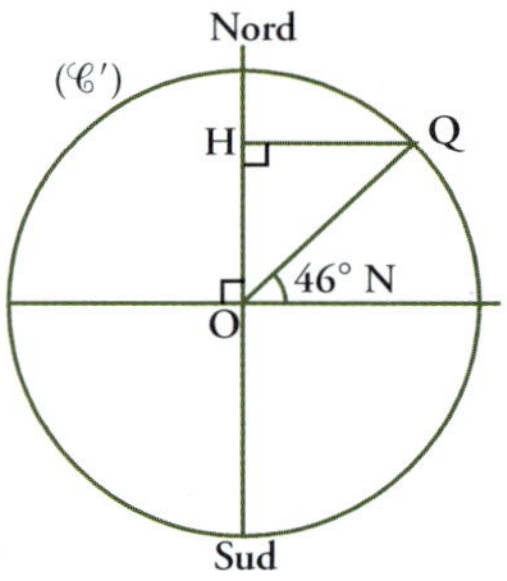

La figure ② représente la section de la sphère terrestre par le plan du méridien de longitude 72°O. Ce grand cercle de la sphère est noté (𝒞') et a donc pour rayon 6 367 km.

1. Établir par le calcul que l'angle $\widehat{QOH}$ mesure 44°.

2. En déduire que l'arrondi au kilomètre du rayon QH du parallèle de latitude 46°N est 4 423 km.

3. Dans cette question, on prendra 3,14 comme valeur approchée de π.

En utilisant le résultat de la question précédente, calculer l'arrondi au kilomètre de la longueur du parallèle de latitude 46°N.

64 Centres étrangers, septembre 2001

Les trois questions sont indépendantes.

L'unité de longueur est le centimètre.

Un culbuto est un jouet constitué d'une demi-boule surmontée d'un cône de sommet C, comme l'indique la figure ci-dessous.

Le segment [AB] est un diamètre de la base du cône, le point O est le centre de cette base.

Les droites (OC) et (AB) sont perpendiculaires.
On donne : OA = 5 et OC = 10.

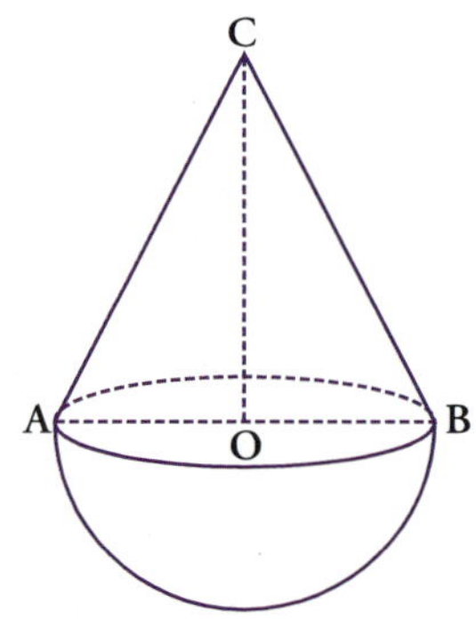

1. Déterminer à un degré près la mesure de l'angle $\widehat{ACO}$.

2. Montrer que le cône et la demi-boule ont le même volume.

65 Nouvelle-Calédonie, septembre 2001

Un glacier vend des cornets constitués d'un cône totalement rempli de glace surmonté d'une demi-boule de glace (voir Figure ① ci-dessous).

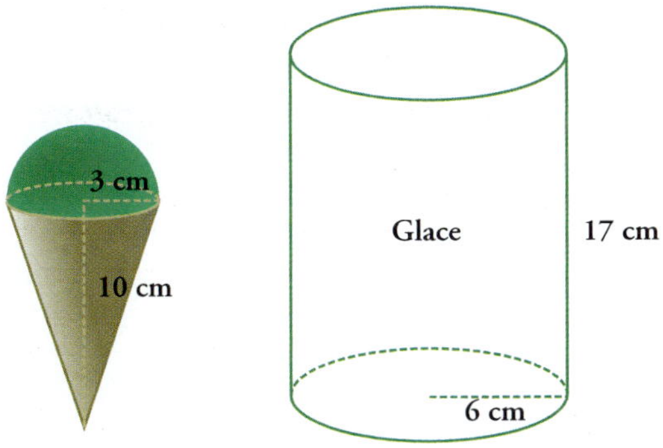

Figure ① Figure ②

1. Montrer que le volume du cône est 30π cm^3.

2. Montrer que le volume de la demi-boule est 18π cm^3.
En déduire le volume total de glace qu'il y a dans un cornet.

3. Pour fabriquer ses cornets, le glacier dispose de pots de glace cylindriques pleins (voir figure ② ci-dessus).

a. Quel volume de glace contient un pot ?

b. Combien peut-on préparer de cornets avec un pot ?

66 Inde, 2000

L'antenne de télécommunication Pleumeur-Bodou 1, située en Bretagne et construite en 1962, est placée sous un radôme sphérique de 64 m de diamètre, qui la protège de l'environnement extérieur.

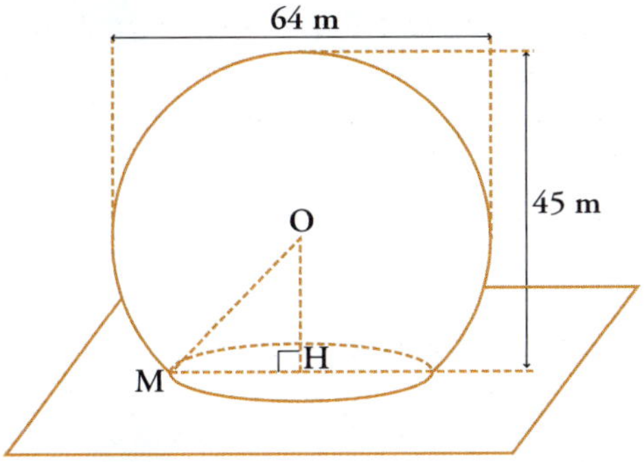

1. Montrer que la distance OH est égale à 13 m.

2. Calculer MH exprimée en mètres.
Donner la valeur exacte sous la forme $a\sqrt{b}$, où a et b sont deux entiers avec b le plus petit possible, puis arrondir à 10^{-1} m.

3. Calculer l'angle $\widehat{MOH}$ arrondi au degré.

4. Quelle est la forme de la surface au sol occupée par le radôme ?
Donner une réponse précise.
Calculer l'aire de cette surface, arrondie au m^2.

5. On veut fabriquer une maquette du radôme à l'aide d'un ballon sphérique de 16 cm de rayon, dans lequel on découpe une calotte sphérique.
- Quelle sera l'échelle de cette réduction ?
- Donner la réponse sous la forme d'une fraction irréductible.

6. Voici la formule permettant de calculer le volume d'une calotte sphérique de hauteur h et de rayon R :

$$\mathcal{V} = \frac{\pi h^2}{3}(3R - h)$$

À l'aide de cette formule, calculer le volume du radôme.
Donner la valeur exacte, puis l'arrondir au m^3.

67 Nancy-Metz, 2001

Un coquetier est fabriqué avec un cylindre de 3 cm de rayon et de 6 cm de hauteur que l'on évide en creusant un cône de même base circulaire de centre O que le cylindre et dont le sommet est le centre I de l'autre base du cylindre.

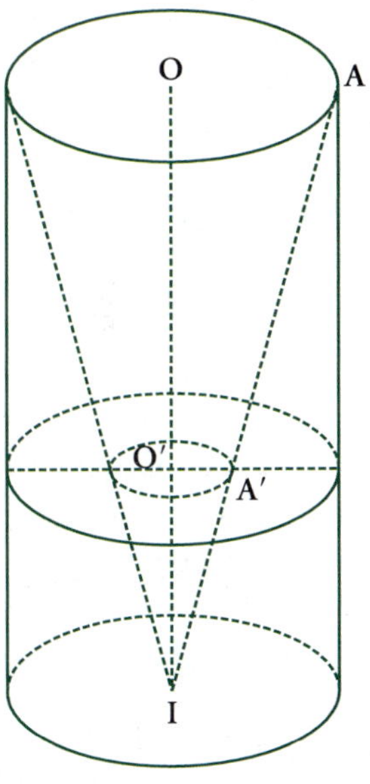

1. Montrer que la valeur exacte du volume (en cm^3) d'un coquetier est 36π et donner sa valeur arrondie au cm^3.

2. On sectionne l'objet par un plan (P) parallèle à la base du cylindre. Les points O' et A' appartiennent à ce plan.

a. Sachant que la longueur OO' est 4 cm et que les droites (OA) et (O'A') sont parallèles, démontrer que la longueur O'A' est égale à 1 cm.

b. Dessiner la section du coquetier par le plan (P) (*la figure, qui est une couronne, sera non déformée et dessinée en vraie grandeur*).

c. Calculer la valeur exacte de l'aire de cette section.

Inter-maths

L'ombre d'un cube

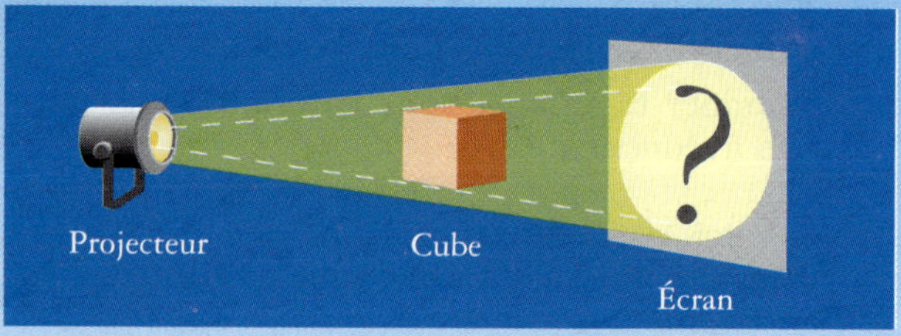

Un cube est placé sous les feux d'un projecteur. Quelles sont les formes que peut prendre l'ombre ?

Ombre ① Ombre ② Ombre ③ Ombre ④ Ombre ⑤ Ombre ⑥

Les secrets de l'anneau

Chaque face d'un objet de l'espace possède en général un « intérieur » et un « extérieur ». Il est ici proposé de construire un objet un peu particulier, le ruban de Möbius.

Montage

- Découper une bande de papier rectangulaire de 30 cm de long et 3 cm de large.
- Colorer les faces du dessus et du dessous différemment pour les distinguer l'une de l'autre. Poser la bande à plat sur la table, soulever et rapprocher les deux extrémités.
- Retourner une des deux extrémités (dessus dessous) et coller : les couleurs doivent être inversées au niveau du raccord.

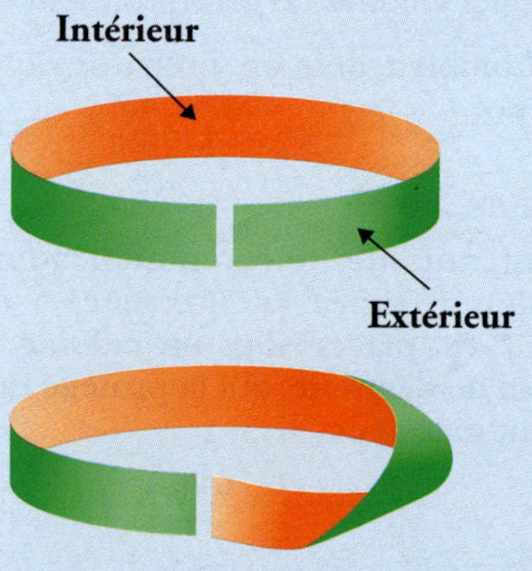

Particularité du ruban de Möbius

L'objet insolite obtenu est appelé ruban de Möbius. Il n'a qu'une seule face où " intérieur " et " extérieur " se confondent.
Pour le vérifier, tracer en pointillé un trait dans le milieu de la bande.
Observer le chemin suivi par le pointillé.

Deux en un ?

Découper le ruban suivant le pointillé précédemment tracé.
Obtient-on deux rubans ?

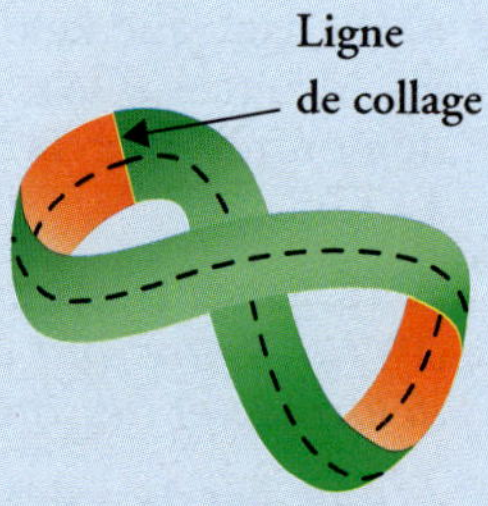

D'autres découpages

- Reconstruire deux nouvelles bandes et les refermer chacune comme précédemment.
- Préparer en pointillé le découpage d'une bande en trois parties et le découpage de l'autre en quatre parties.
- Découper…

Un petit puzzle 3D

• Construire le patron d'un tétraèdre régulier : les quatre faces sont des triangles équilatéraux. Prendre comme longueur 6 cm pour les côtés des triangles équilatéraux. Prévoir des pattes d'encollage.

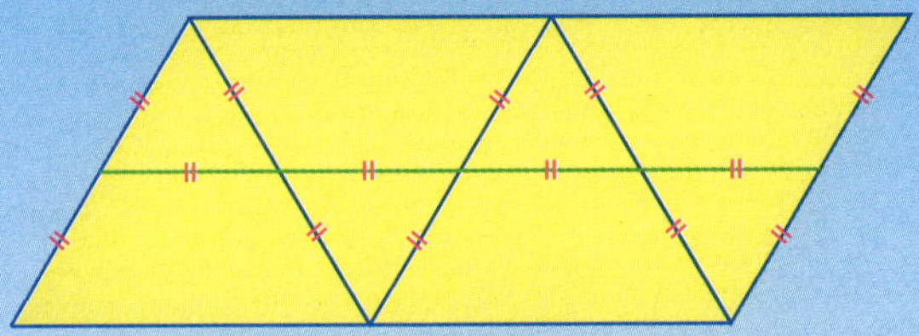

Dessin ①

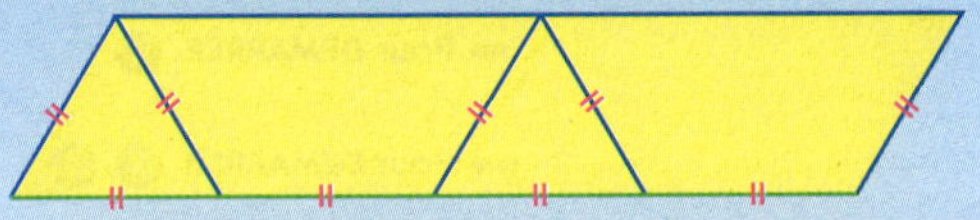

Dessin ②

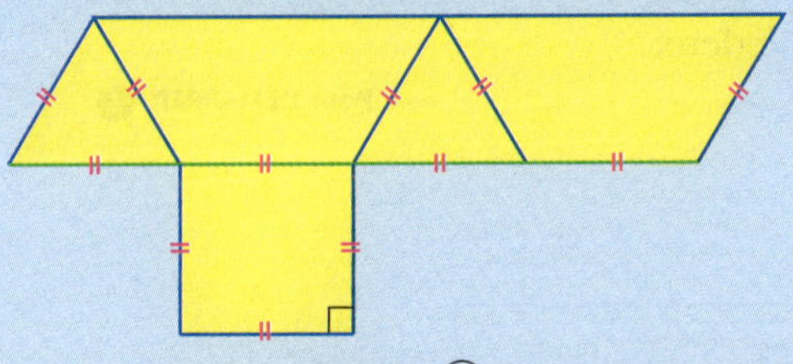

Dessin ③

• Tracer les segments verts joignant les milieux des côtés comme sur le dessin ①.
Ces segments mesurent aussi 3 cm. Pourquoi ?

• Couper le patron en deux le long des segments verts (dessin ②). Les deux parties sont superposables.

• Découper deux carrés de 3 cm de côté en prévoyant des pattes d'encollage sur les quatre côtés.

• Rajouter un carré à chaque partie de patron comme indiqué sur le dessin ③.

• Refermer les deux patrons. Le puzzle consiste à reconstituer le tétraèdre avec les deux solides obtenus.

À travers l'histoire

Depuis l'Antiquité, à côté de la sphère, corps considéré comme le plus parfait, on sait qu'il n'existe que cinq polyèdres réguliers : le tétraèdre, le cube, l'octaèdre, le dodécaèdre, l'icosaèdre. Ce sont les solides de Platon.

Un ballon devrait avoir la forme idéale d'une sphère. Comme le patron d'une sphère n'existe pas, pour confectionner un ballon de football, on s'en approche par un icosaèdre tronqué. L'icosaèdre est celui des polyèdres réguliers qui possède le plus de faces, vingt, et à chacun de ses 12 sommets se rejoignent cinq faces triangles équilatéraux. En coupant chacune des arêtes au tiers de sa longueur, on obtient un icosaèdre tronqué.

Ce solide semi-régulier comporte 60 sommets et 32 faces, 20 sont des hexagones et 12 des pentagones, les 90 arêtes ont toutes la même longueur. On retrouve donc la formule d'Euler :

$$S + F = A + 2$$

où S est le nombre de sommets, F le nombre de faces, et A le nombre d'arêtes.

Certaines molécules chimiques associent des atomes de carbone et prennent la forme d'un tel icosaèdre tronqué. Ces molécules, appelées les *fullerènes,* ont été mises en évidence par trois Prix Nobel. Outre des propriétés de symétrie, elles sont très résistantes et tournent facilement sur elles-mêmes. On comprend alors pourquoi un ballon de football a pris cette forme !

7 NOMBRES ENTIERS ET RATIONNELS

Pour DÉMARRER

À savoir avant la 3e

- Utiliser les règles et priorités des calculs. → Pour DÉMARRER 1
- Utiliser les critères de divisibilité. → Pour DÉMARRER 2, 4 et 6
- Simplifier des écritures fractionnaires. → Pour DÉMARRER 1 et 5
- Déterminer une valeur approchée du quotient de deux nombres décimaux. → Pour DÉMARRER 1

1 Déplacement ordonné

Chaque case ci-contre comporte une lettre et un calcul.
À partir du départ, on se déplace d'une case à une autre en employant la règle suivante :
- Effectuer tous les calculs indiqués dans les cases reliées avec la case sur laquelle on est arrivé, on obtient alors plusieurs résultats.
- Prendre le chemin qui arrive au résultat le plus petit.

Prendre toutes les lettres situées sur le chemin suivi d'une case à une autre, et reconstituer un mot bien connu des mathématiciens.

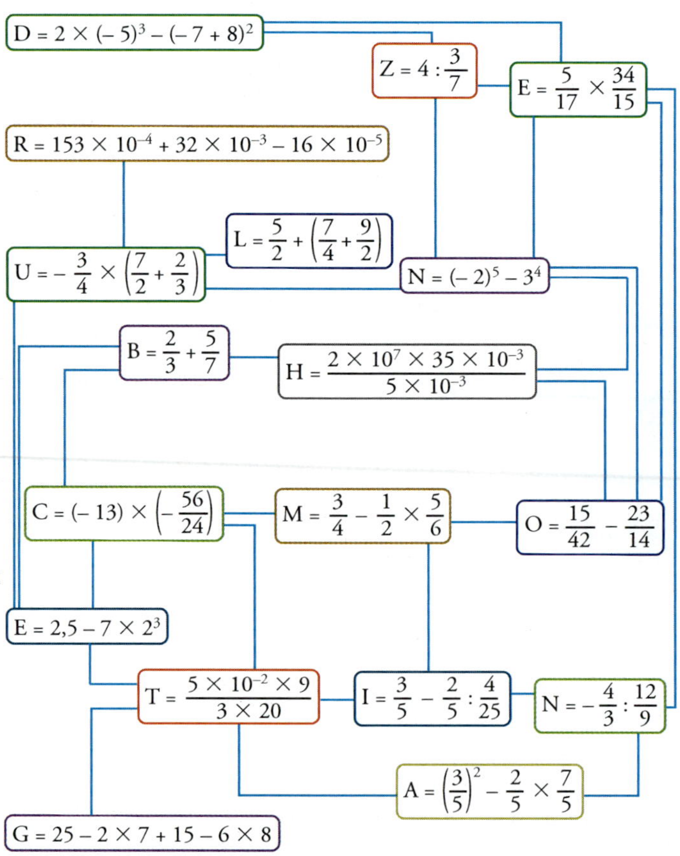

• Les calculs permettent de réactiver les priorités des opérations.

• Certains calculs demandent des écritures scientifiques, d'autres fractionnaires.

• Penser à simplifier les fractions.

• Comparer des nombres.

Pour DÉMARRER

Lors de la mise en commun, faire le point sur les critères de divisibilité.

2 Critères de divisibilité

Reproduire et compléter le tableau suivant en marquant d'une croix les cases pour lesquelles la réponse est oui. Justifier les réponses en indiquant les critères de divisibilité utilisés.

Est divisible par	2	3	5	9	10
12					
165					
2 430					
17 325					

• Revenir sur la définition de multiple et de diviseur.

• Distinguer être diviseur et avoir pour diviseur.

3 Le mot juste : être ou avoir ?

a. Écrire toutes les phrases vraies utilisant les expressions et les nombres suivants :

« est un diviseur de »

« a pour diviseur »

1 2 4 7 35 70

b. Écrire sept phrases utilisant les mots **produit**, **multiple**, **diviseur**, qui traduisent l'égalité : $65 = 5 \times 13$

• Recherche de diviseurs de nombres.

• Mise en commun de diverses méthodes.

4 Association

Voici sept dominos. Établir une chaîne fermée en respectant la règle suivante :

deux dominos [A | B] peuvent s'associer si le nombre écrit en B du premier domino divise le nombre écrit en A du second domino.

Exemple : [74 | 3] [48 | 11] car 3 divise 48.

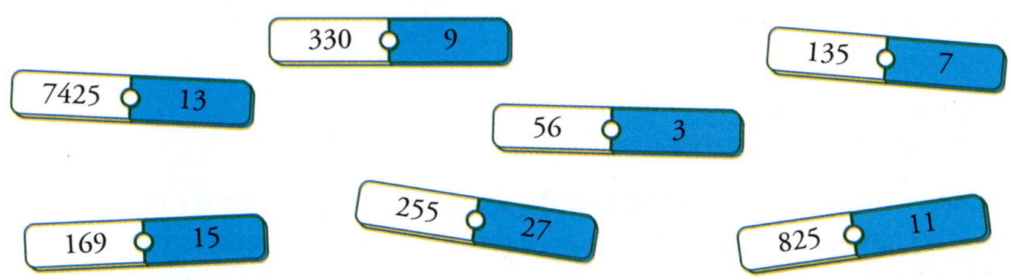

Rappels sur la division euclidienne : définition et vocabulaire.

5 Diverses écritures

a. L'égalité $17 = 5 \times 3 + 2$ traduit deux divisions euclidiennes.
Indiquer pour chacune les dividendes, diviseurs, quotients et restes.
Expliquer alors pour quelles raisons $\frac{17}{5} = 3 + \frac{2}{5}$ et $\frac{17}{3} = 5 + \frac{2}{3}$

b. Traduire de la même façon l'égalité : $89 = 5 \times 17 + 4$.

c. On divise 123 par 34. Écrire trois égalités que l'on peut en déduire.

Mise en œuvre de la définition.

6 Recherche

Trouver des nombres entiers inférieurs à 50 pour lesquels le reste de leur division par 9 est 6.

ACTIVITÉS

1 Crible d'Ératosthène

• Utiliser les critères de divisibilité.

On veut constituer la table de tous les entiers inférieurs à 100 qui n'ont que 1 et eux-mêmes comme diviseurs.

• Écrire la liste de tous les nombres de 1 jusqu'à 100 comme ci-dessous. Barrer 1 et entourer 2, puis barrer tous les multiples de 2. Entourer 3, puis barrer tous les multiples de 3 non encore barrés. Faire de même avec 5 puis ainsi de suite.

• Travailler sur les multiples d'un nombre.

• À photocopier dans le Livre du Professeur.

• Expliquer pour quelle raison on s'arrête à 11.

~~1~~	(2)	3	~~4~~	5	~~6~~	7	8	9	10
11	12	13	14	15	16	17	18	19	20
21	22	23	24	25	26	27	28	29	30
31	32	33	34	35	36	37	38	39	40
41	42	43	44	45	46	47	48	49	50
51	52	53	54	55	56	57	58	59	60
61	62	63	64	65	66	67	68	69	70
71	72	73	74	75	76	77	78	79	80
81	82	83	84	85	86	87	88	89	90
91	92	93	94	95	96	97	98	99	100

2 Mise en boîte

Une boîte de la forme d'un pavé droit a pour dimensions 18 cm, 24 cm et 36 cm. On veut la remplir de cubes tous identiques.

a. Quelles sont les dimensions possibles pour l'arête d'un cube ?

b. Quelle dimension peut avoir, au maximum, l'arête de chaque cube ?

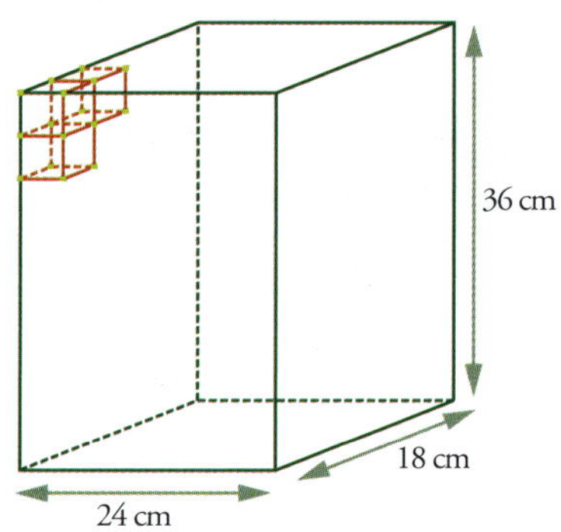

• Recherche de diviseurs communs.
• Approche du PGCD.

3 Paver sans mesurer

On veut paver une place rectangulaire de dimensions 36 m sur 84 m.
On utilise des carreaux carrés dont les longueurs des côtés sont entières.
On envisage deux possibilités : soit les carreaux sont tous de la même taille, soit ils sont de deux tailles différentes.

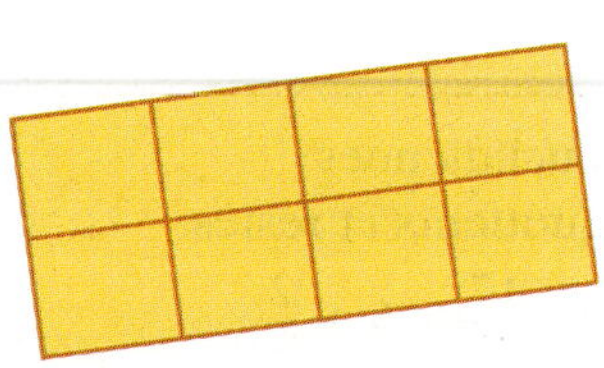

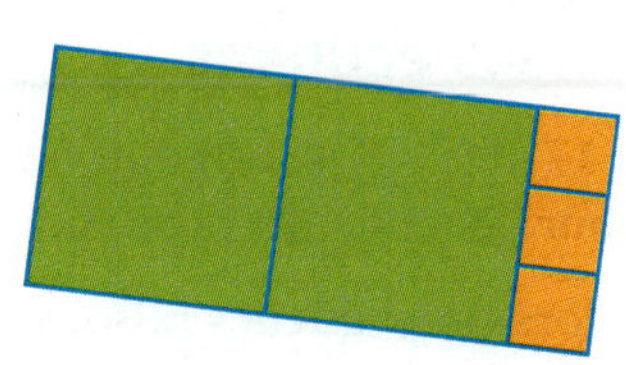

• Recherche de diviseurs, puis de diviseurs communs.

a. Quelles sont les longueurs possibles des côtés des carreaux de même taille ?

b. On choisit d'utiliser des carreaux de tailles différentes. Comment faire pour paver avec le moins de carreaux possible ?

c. Comment paver avec le moins de carreaux possible de même taille ?

d. Appliquer la méthode employée à la question c. lorsque les dimensions sont 77 m et 110 m, 144 m et 336 m.

• Approche du PGCD.

• Après recherche individuelle, mettre en commun les méthodes trouvées.

Utiliser les critères de divisibilité et le vocabulaire.

4 De multiples diviseurs !

a. Utiliser les critères de divisibilité pour trouver des diviseurs de 156.

b. Décomposer 156 en produit de deux facteurs, comme par exemple $156 = 4 \times 39$. Trouver toutes les possibilités et dire quand il faut s'arrêter.

c. Écrire la liste des diviseurs de 156.

Introduction du PGCD.

5 Plus Grand Commun Diviseur

a. Utiliser le procédé de l'activité précédente pour trouver les diviseurs de 24 et de 42.
Donner le plus grand des diviseurs communs à 24 et à 42.
Ce nombre s'appelle le **PGCD** (**P**lus **G**rand **C**ommun **D**iviseur) de 24 et de 42 .

b. Quel est le PGCD de 26 et 39 ? De 20 et 63 ? De 95 et 45 ?

• Calculs de soustractions successives.

• Approche d'une propriété des diviseurs de nombres entiers.

6 Une propriété bien utile

a. Vérifier que les diviseurs de 24 et de 42 divisent également la somme $24 + 42$ et la différence $42 - 24$.

b. Vérifier que : PGCD (24 ; 42) = PGCD (24 ; 42 – 24) = PGCD (24 ; 18).

c. Vérifier que : PGCD (24 ; 18) = PGCD (18 ; 24 – 18) = PGCD (18 ; 6).
La propriété suivante est admise, l'exercice 75 permet de la démontrer :

« Deux nombres ont les mêmes diviseurs que le plus petit et la différence du plus grand et du plus petit ».

Utilisation du procédé précédent pour trouver plus rapidement un PGCD. Les nombres choisis bloquent la recherche en un temps minimum.

7 Algorithme de soustraction

Vocabulaire

Le mot **algorithme** vient de Al-Khawarizmi, mathématicien perse du IXe siècle.

On veut trouver le PGCD de 176 et de 120 en un minimum de temps.

a. Pouvez-vous écrire, en trois minutes, la liste de tous les diviseurs de 176 et 120 ?

b. Utiliser la méthode des soustractions successives vues dans l'activité précédente.
Pour cela, expliquer pourquoi 176 et 120 ont un PGCD égal à celui de 120 et de 56, de 56 et de 64, de 56 et 8, de 8 et de 48, de 8 et de 40, de 8 et de 32.
Poursuivre le procédé pour trouver le PGCD de 176 et de 120.

c. Quelle autre opération pourrait-on utiliser pour regrouper les différentes étapes et faciliter les calculs ?

d. Application
Calculer, avec cette méthode de soustractions successives, le PGCD de 285 et de 630.

8 Avec un tableur

Les calculs précédents sont parfois très longs, on peut utiliser un tableur.

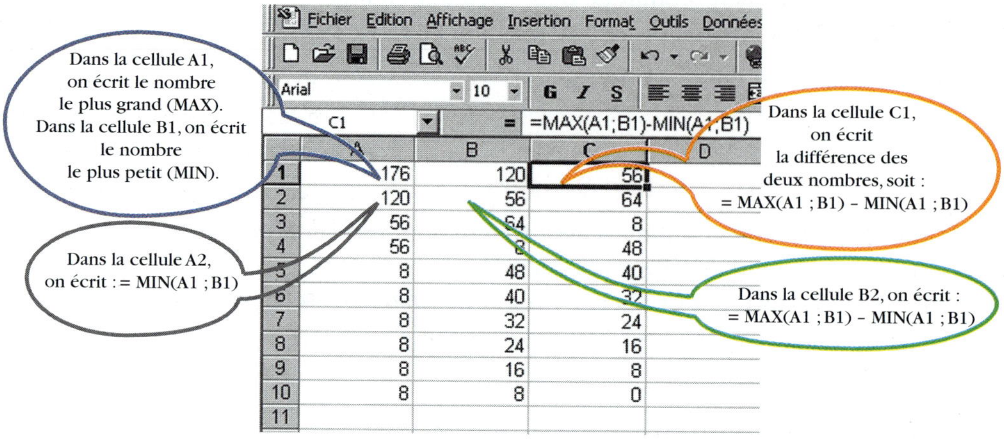

Insister sur l'usage du signe « = » pour entrer la formule.

On sélectionne les cellules A2 et B2, on recopie les formules vers le bas.

On sélectionne la cellule C1 et on recopie les formules vers le bas.

On s'arrête quand apparaît 0.

- Utiliser un tableur pour trouver le PGCD de 6 321 et de 2 745.

9 Algorithme d'Euclide

Dans l'activité précédente, on a pu regrouper les calculs identiques.

a. Effectuer la division euclidienne de 2 205 par 1 638 et écrire, en la complétant, l'égalité :

2 205 = …… × 1 638 + …….

b. Poursuivre les calculs pour compléter successivement les égalités suivantes :

2 205 = 1 638 × …… + …

◄ PGCD (2 205 ; 1 638) = PGCD (1 638 ; 2 205 – 1 638)

1 638 = ……. × …… + …….

◄ PGCD (1 638 ; …..) = PGCD (…… ; ……..)

……. = ……. × …… + …….

◄ PGCD (…… ; …..) = PGCD (…… ; ……..)

……. = ……. × ……. + …….

• Reprendre en le simplifiant le procédé de soustractions successives.

• Déduire l'algorithme d'Euclide.

c. On admet que la recherche se base sur l'algorithme suivant :

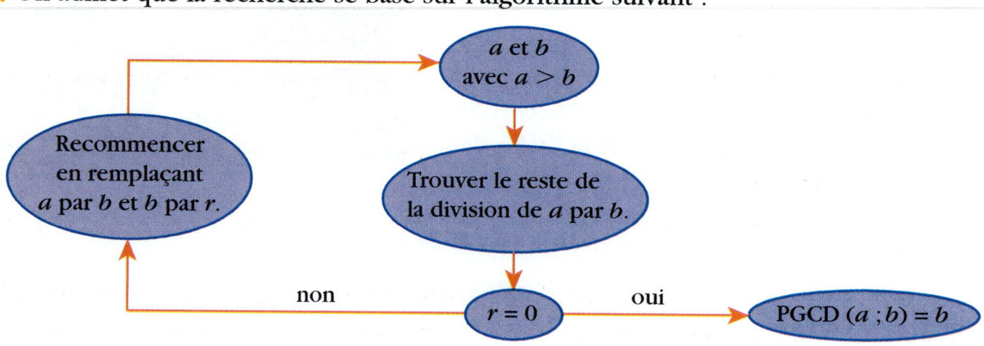

Poursuivre les calculs jusqu'à obtenir un reste nul et expliquer pour quelle raison le PGCD de 2 205 et de 1 638 est 7.

• Inciter les élèves à présenter la recherche en divisions successives.

• Faire fonctionner l'algorithme avec différents nombres.

10 Autre usage du tableur

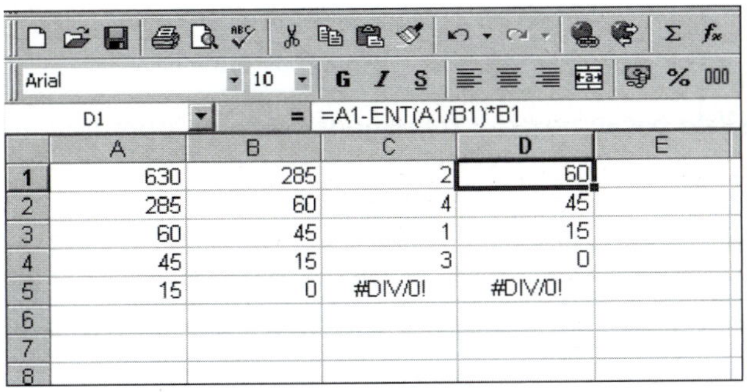

D1 = =A1-ENT(A1/B1)*B1

	A	B	C	D	E
1	630	285	2	60	
2	285	60	4	45	
3	60	45	1	15	
4	45	15	3	0	
5	15	0	#DIV/0!	#DIV/0!	
6					
7					
8					

– Dans la cellule A1, on écrit le nombre le plus grand. Dans la cellule B1, on écrit le nombre le plus petit.

– Dans la cellule C1, on écrit le quotient de la division euclidienne de A1 par B1 et, dans la cellule D1, on écrit le reste. Les formules sont ENT(A1/B1) et A1 –ENT(A1/B1)*B1 (ENT(A1/B1) est le quotient entier de A1 par B1.)

– Dans la cellule A2, on écrit =B1 et dans la cellule B2 on recopie la formule de D1.

– On sélectionne les cellules A2 et B2 et on recopie les formules vers le bas.

– On sélectionne C2 et D2 et on recopie vers le bas.

- Que veut dire le symbole # DIV/0 ?
- Utiliser un tableur pour trouver le PGCD de 1 789 et de 2 003.

11 Fraction irréductible

• Approcher la notion de fraction irréductible.

• Mettre en commun une méthode utilisant le PGCD pour simplifier une fraction.

a. Simplifier le plus possible les fractions $\frac{24}{36}$ et $\frac{21}{27}$.

On dit que l'on obtient une fraction irréductible.

Vocabulaire

Une fraction **irréductible** est une fraction que l'on ne peut plus simplifier.

b. Pourquoi utiliser le PGCD des numérateurs et des dénominateurs pour rendre irréductibles les fractions suivantes ? Répondre à la question, puis simplifier pour les rendre irréductibles.

$$\frac{65}{104} \; ; \; \frac{3\,528}{1\,715} \; ; \; \frac{4\,119}{6\,231}$$

12 Nombres premiers entre eux

• Approche de la notion de nombres premiers entre eux.

• Les grands nombres choisis évitent l'usage de la calculatrice.

a. Calculer le PGCD de 15 et de 13, de 27 et de 32, de 45 et de 58.

Ces nombres sont dits **premiers entre eux**.

b. Les nombres ci-dessous sont-ils premiers entre eux ?

- 275 et 482
- 1 764 et 5514
- 12345678910111213 et 10000000000000007

Vocabulaire

Des nombres **premiers entre eux** ont un PGCD égal à 1.

13 Problèmes

• Application à des problèmes de calculs de fractions.

• Les problèmes suivants font intervenir la notion de PGCD. On peut retrouver les difficultés de lecture et de transcription d'énoncé .

a. Les trois quarts des fauteuils d'une salle de cinéma de 280 places sont occupés, les deux tiers des personnes sortent à la fin du film. Quant à ceux qui restent, un septième va dans la salle A et les autres vont dans la salle B qui comporte 135 places.

Calculer combien de personnes vont en salle B et quelle fraction du nombre de places elles représentent.

b. Deux livres ont 180 pages et 288 pages, ils sont formés tous les deux de fascicules qui ont tous le même nombre de pages, supérieur à 30.

Calculer le nombre de pages de chaque fascicule et le nombre de fascicules de chaque livre.

c. Un architecte veut construire une maison avec un escalier allant du rez-de-chaussée au grenier et ayant des hauteurs de marches toutes égales. Le rez-de-chaussée a une hauteur de 3,15 m et l'étage a une hauteur de 2,85 m.

Quelle est la plus grande hauteur que l'on puisse donner aux marches ?

L'ESSENTIEL en deux pages

1 – Diviseur et multiple

Le nombre a est **divisible** par le nombre b lorsqu'il existe un nombre entier n non nul tel que :

$$a = b \times n$$

On dit aussi que a est un **multiple** de b.

L'égalité $a = b \times n$ se traduit par les phrases suivantes :

- Le nombre a est divisible par le nombre b.
- Le nombre a est un multiple de b.
- Le nombre b est un diviseur de a.
- Le nombre a a pour diviseur le nombre b.

L'égalité $56 = 7 \times 8$ se traduit par les phrases suivantes :

- Le nombre 56 est divisible par le nombre 7.
- Le nombre 56 est un multiple de 7.
- Le nombre 7 est un diviseur de 56.
- Le nombre 56 a pour diviseur le nombre 7.

→ Recherche de diviseurs : Méthode page 151

2 – Diviseurs communs

Si deux nombres entiers a et b sont divisibles par le même entier n non nul, alors le nombre n est un diviseur commun aux deux nombres a et b.

Exemple

24 est divisible par 1, 2, 3, 4, 6, 8, 12, 24.

16 est divisible par 1, 2, 4, 8, 16.

Les diviseurs communs à 16 et 24 sont 1, 2, 4 et 8.

3 – Plus Grand Commun Diviseur

Dans la liste des diviseurs communs à deux nombres entiers a et b, il en existe un plus grand que tous les autres.

Ce **P**lus **G**rand **C**ommun **D**iviseur aux deux nombres a et b se note **PGCD (a ; b).**

Exemple

Les diviseurs de 24 sont : 1, 2, 3, 4, 6, 8, 12, 24.

Les diviseurs de 36 sont : 1, 2, 3, 4, 6, 9, 12, 18, 36.

Les diviseurs communs de 24 et de 36 sont : 1, 2, 3, 4, 6, 12.

Le plus grand commun diviseur à 36 et à 24 est 12.

PGCD (24 ; 36) = 12

Remarque

Cette méthode de recherche avec tous les diviseurs peut être très longue.

On utilise alors une méthode par *soustractions successives* ou une autre par *divisions successives*, appelée algorithme d'Euclide. Ces méthodes sont présentées dans les Activités 7 et 9 pages 145 et 146 et dans la rubrique « Démarches pas à pas » page 150.

4- Nombres premiers entre eux

On dit que deux nombres entiers sont **premiers entre eux** lorsque 1 est leur seul diviseur commun.

Si le PGCD de deux nombres est 1, alors les deux nombres sont premiers entre eux.

Exemple

15 a pour diviseurs : 1, 3, 5, 15.

28 a pour diviseurs : 1, 2, 4, 7, 14, 28.

Le PGCD de 15 et de 28 est 1.

Les deux nombres sont premiers entre eux.

5- Fractions irréductibles

a. Définition

Une fraction est **irréductible** lorsque son numérateur et son dénominateur sont premiers entre eux.

Soit a et b deux nombres entiers avec b non nul.

Si a et b sont deux nombres premiers entre eux alors la fraction $\frac{a}{b}$ est irréductible.

Exemples

- 15 et 28 sont deux nombres premiers entre eux.

$\frac{15}{28}$ est une fraction irréductible.

- 12 est le PGCD de 36 et de 24.

36 et 24 ne sont pas premiers entre eux.

La fraction $\frac{24}{36}$ peut se simplifier par 12, elle n'est pas irréductible.

b. Propriété

Si on simplifie une fraction par le PGCD du numérateur et du dénominateur, alors on obtient une fraction irréductible.

Exemple

Les diviseurs de 84 sont : 1, 2, 3, 4, 6, 7, 12, 14, 21, 28, 42, 84.

Les diviseurs de 56 sont : 1, 2, 4, 7, 8, 14, 28, 56.

Le PGCD de 84 et de 56 est 28.

Si on simplifie la fraction $\frac{84}{56}$ par le PGCD 28, on obtient une fraction irréductible.

$$\frac{84}{56} = \frac{28 \times 3}{28 \times 2} \quad ; \qquad \frac{84}{56} = \frac{3}{2}$$

6- Opérations

Les calculs sur les fractions respectent les règles et les priorités rappelées page 299.

SIMPLIFIER UNE FRACTION POUR LA RENDRE IRRÉDUCTIBLE

Énoncé 1

Simplifier la fraction $\frac{56}{128}$ pour la rendre irréductible.

a. Méthode

- Faire apparaître des facteurs communs au numérateur et au dénominateur.
- Diviser le numérateur et le dénominateur par des diviseurs communs ou par le PGCD.

b. Exemple de solution

- On décompose 56 et 128 en produit de deux facteurs :

$56 = 1 \times 56$; $56 = 2 \times 28$; $56 = 4 \times 16$; $56 = 7 \times 8$

$128 = 1 \times 128$; $128 = 2 \times 64$; $128 = 4 \times 32$; $128 = 8 \times 16$

- On cherche le PGCD de 56 et de 128 : 8 est le PGCD de 56 et de 128.
- On divise le numérateur et le dénominateur par le PGCD : $\frac{56}{128} = \frac{7 \times 8}{8 \times 16} = \frac{7}{16}$.

7 et 16 sont premiers entre eux, donc $\frac{7}{16}$ est une fraction irréductible.

Énoncé 2

Simplifier les fractions $\frac{714}{612}$ et $\frac{24\,552}{16\,416}$ sous forme d'une fraction irréductible.

a. Méthode

- Calculer le PGCD du numérateur et du dénominateur.
- Diviser le numérateur et le dénominateur par le PGCD.

b. Exemple de solution

- On recherche le PGCD.

Calcul du PGCD de 714 et de 612 Méthode par soustractions successives
714 - 612 = 102
612 - 102 = 510
510 - 102 = 408
408 - 102 = 306
306 - 102 = 204
204 - 102 = 102
102 - 102 = 0
PGCD (714 ; 612) = 102

Calcul du PGCD de 24 552 et de 16 416
Algorithme d'Euclide (divisions successives)

a	*b*	Restes
24 552	16 416	8 136
16 416	8 136	144
8 136	144	72
144	72	0

PGCD (24 552 ; 16 416) = 72
(dernier reste non nul)

- On simplifie par le PGCD

$$\frac{714}{612} = \frac{102 \times 7}{102 \times 6} = \frac{7}{6}$$

$\frac{7}{6}$ est une fraction irréductible.

$$\frac{24\,552}{16\,416} = \frac{72 \times 341}{228 \times 72} = \frac{341}{228}$$

$\frac{341}{228}$ est une fraction irréductible.

DIVISEUR ET MULTIPLE

1 Sachant que $23 \times 18 = 414$, recopier et compléter les phrases suivantes :
- 18 est un .... de 414.
- 414 a pour .... 23.
- 414 est un .... de 23.

2 En utilisant l'égalité $27 \times 14 = 378$, écrire trois phrases contenant chacune l'un ou l'autre des mots ou expression : « multiple », « divisible », « est diviseur de ».

3 Prouver que les nombres 788, 789, 790, 791, 792 et 793 sont respectivement divisibles par 2, 3, 5, 7, 11, 13.

4 Vérifier que le nombre 735 est divisible par le produit des chiffres qui le composent.

MÉTHODE

Trouver les diviseurs d'un petit nombre

Énoncé

Trouver tous les diviseurs de 42.

Exemple de solution

- On cherche à décomposer 42 en un produit de deux facteurs en essayant successivement tous les nombres entiers 1, 2, 3, 4, 5, …
- La recherche des diviseurs se simplifie grâce aux critères de divisibilité.
Le nombre 42 se termine par 2, il est donc divisible par 2.
La somme des chiffres 4 et 2 est égale à 6, donc 42 est divisible par 3.
42 ne se termine pas par 0 ou 5, il n'est donc pas divisible par 5.
- On trouve successivement :
$42 = 1 \times 42$; $42 = 2 \times 21$
$42 = 3 \times 14$; $42 = 6 \times 7$
On s'arrête puisque la prochaine égalité redonne 7×6.
- On conclut :
Les diviseurs de 42 sont 1, 2, 3, 6, 7, 14, 21 et 42.

● Voir exercices 5 à 11

5 Des nombres … abondants
Un nombre *abondant* est un nombre plus petit que la somme de ses diviseurs excepté lui-même. Vérifier que 12, 18, 20, 24, 30, 36, 945 sont abondants.

6 Des nombres… déficients
Un nombre *déficient* est un nombre plus grand que la somme de ses diviseurs excepté lui-même.

Vérifier que 15 est un nombre déficient.
En trouver sept autres.

7 Des nombres… parfaits
Le nombre 6 est un nombre *parfait* car il est égal à la somme de ses diviseurs plus petits que lui-même.

Vérifier que 6, 28, 496 et 8 218 sont parfaits.

8 Des nombres… amicaux
Deux nombres *amicaux* sont tels que la somme des diviseurs de l'un, sauf 1 et lui-même, est égale à l'autre.

Vérifier que 220 et 284 sont des nombres amicaux, de même pour 1 184 et 1 210.

9 Quel est le plus petit multiple de 24 dont la somme des chiffres qui le composent est égale à 24 ?

10 Parmi les nombres inférieurs à 51, quels sont ceux dont le reste de la division euclidienne par 4 est 1 ?

11 Quels sont tous les diviseurs de 48 ?
Écrire ces diviseurs, sauf 1 et 48, sous forme de produit des puissances de 2 et de 3.

Montrer que le produit de tous ces diviseurs est égal à 48^4.

12 Nombres de Fermat
Pierre de Fermat a laissé des problèmes célèbres au cours du XVIIe siècle.
En particulier, il a indiqué que les nombres $2^{2^0} + 1$, $2^{2^1} + 1$, $2^{2^2} + 1$, $2^{2^3} + 1$, ne possèdent comme diviseurs que 1 et eux-mêmes.

Vérifier ces résultats.

13 Multiple de 7
a. Vérifier les égalités suivantes :
- $672 = 6 \times 100 + 72$
- $672 = 6 \times 98 + (6 \times 2 + 72)$

b. Vérifier que 672 est un multiple de 7.

Vérifier que $6 \times 2 + 72$ est un multiple de 7.

Quelle propriété permet de dire que si $6 \times 2 + 72$ est un multiple de 7, alors 672 est un multiple de 7 ?

c. Énoncer une règle de divisibilité par 7, que l'on admettra vraie pour des nombres plus petits que 1 000.

Utiliser cette règle pour dire si les nombres 182, 251, 448, 728, 951 sont divisibles par 7.

EXERCICES d'application

PGCD ET DIVISEURS COMMUNS

14 a. Établir la liste des diviseurs de 24, celle de 18, puis donner leurs diviseurs communs.

b. Faire de même avec 24 et 76.

15 Quels sont les diviseurs communs de 27 et 81, de 16 et 38, de 45 et 38 ?

16 Calculer les diviseurs communs de 448 et 532, puis de 270 et 189.

17 **Vérification**

a. Écrire une égalité pour prouver que 8 divise 24 et 56.

b. Calculer 24 + 56 et 56 – 24 et vérifier que 8 divise les deux résultats.

c. Calculer le reste de la division euclidienne de 56 par 24 et vérifier que 8 divise ce reste.

d. Écrire des phrases qui traduisent ces résultats.

18 **Vérification suite**

Répondre aux questions de l'exercice précédent avec 448 et 532.

19 a. Déterminer le PGCD de 493 et 377 par la méthode des soustractions successives (voir activité 7 page 145 et « Démarches pas à pas » page 150).

b. Déterminer le PGCD de 657 et 963 par l'algorithme d'Euclide (voir activité 9 page 146 et « Démarches pas à pas » page 150).

20 Calculer le PGCD de 875 et 93, de 527 et 403, de 3 357 et 485, de 702 et 273.

21 **Méthodes diverses**

Rechercher le PGCD des nombres ci-dessous en utilisant la méthode par divisions successives (algorithme d'Euclide), puis la méthode par différences successives.

Indiquer le choix de la méthode la plus courte.

a. 1 515 et 1 547 b. 1 968 et 1 789
c. 355 et 113 d. 26 187 et 11 223

22 Le côté d'un carré a pour mesure 40. On veut le découper en carrés superposables dont la mesure du côté est un nombre entier.

- De combien de façons peut-on découper ce carré ?
- Dans chacun des cas, quel est le nombre de carrés obtenus ?

EXERCICE RÉSOLU

Énoncé

Sandy veut réaliser un patchwork à motifs carrés pour un couvre-lit de dimensions 2,16 m sur 2,52 m.
Elle désire que le côté des carrés soit un nombre entier de centimètres, le plus grand possible.
Quelle valeur doit-elle choisir ?

Exemple de solution

On transforme 2,16 m et 2,52 m en 216 cm et 252 cm pour obtenir des nombres entiers.
Les carrés doivent être placés un nombre entier de fois dans la longueur et la largeur du patchwork. Le côté commun des carrés doit donc diviser 252 et 216.

Comme Sandy veut le carré le plus grand possible, le côté cherché est le PGCD de 216 et de 252.

En appliquant l'algorithme d'Euclide, on trouve PGCD (216 ; 252) = 36.
Sandy doit utiliser des carrés ayant 36 cm de côté.

23 Un collège organise la visite d'un carrefour des métiers pour 315 élèves de quatrième et de troisième. Ils seront encadrés par 21 accompagnateurs.

Comment peut-on constituer des groupes comprenant tous le même nombre d'élèves et le même nombre d'accompagnateurs ?

Donner toutes les solutions possibles.

24 Un pépiniériste veut répartir 135 noisetiers et 36 noyers en lots identiques pour la vente (chaque lot doit être composé du même nombre de noisetiers et du même nombre de noyers).

Donner les différentes possibilités de répartition en expliquant la démarche employée.

25 Un boulanger confectionne une plaque de grillé aux pommes sur un plat rectangulaire de 99 cm de long et 66 cm de large. Il découpe des parts individuelles carrées dont la mesure du côté est un nombre entier de centimètres. Il cherche combien de parts il peut découper sans avoir de perte, plusieurs solutions s'offrent à lui.

Rechercher ces solutions et déterminer celle qu'il choisira sans doute.

26 Le nombre s est un diviseur du nombre d et le nombre n est un multiple de d. Quelles phrases sont vraies ?

a. Le nombre s divise le nombre n.

b. Le nombre d est un diviseur de n.

c. Le nombre s est un multiple de d.

27 Si n est le PGCD de s et de t, alors quelles phrases sont vraies ?

1. n divise s
2. n divise t
3. s divise n
4. t est un multiple de n

28 Le nombre 1 est le PGCD de deux nombres a et b. Les phrases suivantes sont-elles vraies ? Justifier les réponses.

1. Le nombre a divise le nombre b.
2. Le nombre b est multiple du nombre a.
3. Les nombres a et b divisent 1.

NOMBRES PREMIERS ENTRE EUX

29 Le PGCD de 631 et de 405 est-il égal à 1 ?

30 Dire si les nombres suivants sont premiers entre eux. Justifier les réponses.

a. 21 et 24 **b.** 12 et 55 **c.** 75 et 68

31 Les nombres suivants sont-ils premiers entre eux ? Justifier la réponse.

a. 663 et 1 007 **b.** 3 090 et 2 265
c. 105 468 978 et 5 999 986 478

32 Les nombres suivants sont-ils premiers entre eux ? Justifier la réponse.

a. 1 789 et 1 515 **b.** 1 432 et 587
c. 3 575 et 2 730

FRACTIONS IRRÉDUCTIBLES

33 Simplifier les fractions suivantes pour les rendre irréductibles :

$$\frac{45}{24}\ ;\ \frac{3}{18}\ ;\ \frac{400}{250}\ ;\ \frac{72}{63}\ ;\ \frac{69}{45}\ ;\ \frac{546}{702}$$

34 **a.** Quel est le PGCD des nombres 396 et 561 ?

b. Simplifier la fraction $\frac{396}{561}$ pour la rendre irréductible.

35 **a.** Quel est le PGCD des nombres 325 et 1 053 ?

b. Simplifier la fraction $\frac{325}{1\,053}$ pour la rendre irréductible.

36 Calculer le PGCD du numérateur et du dénominateur de chaque fraction, puis les rendre irréductibles.

$$\frac{924}{630}\ ;\ \frac{336}{520}\ ;\ \frac{9\,615}{5\,128}\ ;\ \frac{60\,775}{114\,400}$$

37 Jérémy s'est trompé en simplifiant la fraction $\frac{16}{64}$, il a supprimé les deux 6. Il obtient $\frac{1}{4}$ qui est pourtant la bonne réponse.

a. Indiquer la démarche correcte pour trouver le bon résultat.

b. Faire de même avec les fractions $\frac{19}{95}$, $\frac{26}{65}$, $\frac{49}{98}$, $\frac{3\,544}{7\,531}$ et indiquer les simplifications correctes.

c. Le procédé de Jérémy est-il vrai pour $\frac{27}{75}$?

Et pour $\frac{74}{48}$?

38 **a.** Simplifier la fraction $\frac{476}{252}$ pour obtenir la fraction irréductible.

b. Calculer $\frac{4+7+6}{2+5+2}$ et comparer avec la réponse du **a.**.

c. Reprendre les questions **a.** et **b.** avec la fraction $\frac{364}{280}$.
Peut-on écrire une conclusion ?

39 **Un nombre connu**

a. Quelle méthode peut-on utiliser pour démontrer que les fractions suivantes sont irréductibles ?

$$\frac{22}{7}\ ;\ \frac{223}{71}\ ;\ \frac{355}{113}\ ;\ \frac{52\,163}{16\,604}$$

b. Utiliser la calculatrice pour donner un arrondi à 0,001 de chacune de ces fractions.
Quel nombre est approché avec chacune de ces fractions ?

40 **D'après la revue « Tangente »**

Dans la ville de Prague, on trouve des monuments sur lesquels les dates entre 1801 et 1900 sont inscrites de bien curieuse façon. Ainsi, le 9 décembre 1824 se note 18 $\frac{9}{12}$ 24. Cette date est particulière, car $\frac{18}{24} = \frac{9}{12}$.

Trouver toutes les dates du XIXe siècle pour lesquelles la fraction située au centre est égale à la fraction de numérateur 18 et dont le dénominateur est le nombre constitué des deux derniers chiffres de droite de l'année.

EXERCICES d'application

OPÉRATIONS

41 Réduire au même dénominateur $\frac{5}{12}$ et $\frac{7}{18}$, le dénominateur commun étant le plus petit possible.

42 Effectuer les calculs suivants et mettre les résultats sous forme de fractions irréductibles :

$$\frac{5}{6}+\frac{4}{18}\ ;\quad \frac{15}{42}-\frac{23}{14}\ ;\quad \frac{3}{55}-\frac{11}{6}+\frac{7}{11}$$

43 Effectuer les calculs suivants et mettre les résultats sous forme de fractions irréductibles :

$$A=\frac{5}{7}+\frac{6}{7}\times\frac{2}{3}\ ;\quad B=\left(\frac{3}{5}\right)^2-\frac{2}{5}\ ;$$

$$C=\frac{7}{5}-\frac{2}{5}:\frac{4}{25}$$

44 Calculer les expressions xy, xt, $y+t$, $x(y+t)$ avec :

$$x=-\frac{3}{4}\ ;\quad y=\frac{7}{6}\ ;\quad t=-\frac{3}{8}$$

EXERCICE RÉSOLU

Énoncé

Donner l'écriture scientifique de :

$$A=\frac{8\times10^6\times15\times10^{-2}}{16\times10^2\times12\times10^{-1}}$$

Exemple de solution

On fait apparaître des facteurs communs au numérateur et au dénominateur de la fraction et on applique les propriétés des puissances.

$$\frac{8\times10^6\times15\times10^{-2}}{16\times10^2\times12\times10^{-1}}=\frac{8\times5\times3\times10^{6-2}}{8\times2\times3\times4\times10^{2-1}}$$

En simplifiant, on trouve $A=\frac{5}{8}\times10^{4-1}$

soit $A=0{,}625\times10^3$.

L'écriture scientifique de A est $6{,}25\times10^2$.

45 Effectuer les calculs suivants et donner les résultats en écriture scientifique :

$$\frac{6\times10^{-2}\times15\times10^7}{8\times10^2}\ ;\quad \frac{8\times10^{15}\times15\times10^{-6}}{20\times(10^2)^5}\ ;$$

$$\frac{6\times10^2}{21\times10^3}\times10^6$$

46 Calculer ab, $\frac{a}{b}$, b^2 et donner les résultats en écriture scientifique avec $a=3\times10^4$ et $b=10^3$.

47 Écrire sous forme de fraction irréductible les nombres suivants :

$$\left(\frac{5}{7}\right)^2-\frac{2}{7}\ ;\quad \frac{6^2\times2^3}{2^4\times3^4}\ ;\quad 6-4\times\left(\frac{1}{4}-1\right)^2$$

48 Effectuer les opérations suivantes et donner le résultat sous forme de fraction irréductible :

$$E=\frac{5}{12}\times\frac{7}{9}\times\frac{3}{15}\ ;\quad F=\frac{40}{25}+\frac{57}{76}-\frac{14}{42}$$

$$G=\frac{3}{4}+\frac{5}{4}\times\frac{7}{15}\ ;\quad I=\left(3+\frac{4}{3}\right)\left(7-\frac{3}{7}\times(-10)\right)$$

$$J=75\times\frac{8}{25}-49\times\frac{23}{21}\times\frac{6}{14}$$

49 Calculer la valeur exacte des expressions suivantes (donner le résultat sous forme d'un entier ou d'une fraction irréductible).

$$A=\frac{4}{9}-2\times\frac{13+3}{25-19}\ ;\quad B=18-16:\frac{4}{7}$$

50 **Réponse juste**

a. Parmi les nombres suivants $\frac{7}{5}$; $-\frac{7}{5}$; $\frac{11}{7}$; $-\frac{5}{7}$; $\frac{5}{7}$, quelle est la bonne réponse correspondant au calcul de $\dfrac{\frac{7}{2}-\frac{3}{4}}{\frac{5}{2}-\frac{3}{4}}$?

b. Parmi les nombres suivants $\frac{3}{7}$; $-\frac{3}{7}$; $\frac{21}{8}$; $-\frac{7}{3}$; $\frac{7}{3}$, quelle est la bonne réponse correspondant au calcul de $\dfrac{\frac{3}{4}-\frac{5}{2}}{\frac{7}{4}-\frac{5}{2}}$?

51 Calculer et donner le résultat sous forme d'une fraction simplifiée :

$$E=\frac{\left(4+\frac{1}{3}\right)\left(6+\frac{1}{2}\right)}{3+\frac{1}{2}}\ ;\quad F=\frac{14}{3}\left(3+\frac{1}{2}\right)+\frac{7}{6}$$

52 Simplifier, si possible, les fractions suivantes :

$$\frac{3x-12}{6}\ ;\quad \frac{a+24}{6}\ ;\quad \frac{44x-11}{11}$$

53 Écrire un quotient égal avec un dénominateur positif :

$$\frac{x-11}{-7}\ ;\quad \frac{-7x+4}{-8}\ ;\quad \frac{-12x-9}{-5}$$

54 Écrire, si possible, une fraction irréductible égale à chacune des fractions suivantes :

$$\frac{2\pi+4}{4}\ ;\quad \frac{-3\pi+27}{-15}\ ;\quad \frac{4\pi+8}{4\pi+6}$$

Ce que je dois savoir

- Trouver les diviseurs d'un nombre.
- Calculer le PGCD de deux nombres.
- Justifier que deux nombres entiers sont premiers entre eux.
- Simplifier une fraction pour la rendre irréductible.

Je m'évalue

Solutions page 296

55 **a.** Quels sont tous les diviseurs de chacun des nombres suivants ?

36 ; 47 ; 63 ; 125 ; 169

b. Quels sont les diviseurs communs de 36 et 48, de 75 et 35 ?

56 **a.** Calculer le PGCD des nombres suivants :

- 12 et 30
- 27 et 45

b. Calculer, en utilisant l'algorithme d'Euclide, le PGCD de 248 et 672, de 3 090 et de 2 265.

57 **a.** Les nombres suivants sont-ils premiers entre eux ?

- 12 et 36
- 45 et 37
- 3 et 17
- 2 003 et 2 004

b. Donner tous les nombres premiers avec 18 et inférieurs à 21.

58 Les fractions ci-dessous sont-elles irréductibles ? Justifier les réponses ou sinon simplifier les fractions.

$\frac{12}{21}$; $\frac{36}{47}$; $\frac{17}{61}$

$\frac{324}{468}$; $\frac{630}{924}$; $\frac{60\,775}{114\,400}$

59 Soient les nombres $A = \frac{117}{63}$ et $B = -\frac{8}{7}$.

a. Expliquer pourquoi la fraction A n'est pas irréductible, puis la rendre irréductible.

b. Montrer en indiquant les étapes de calcul que A – B est un nombre entier.

60 Effectuer les calculs suivants et donner chaque résultat sous forme de fraction irréductible.

$A = \frac{1}{4} + \frac{3}{2} \times \frac{5}{12}$; $B = \frac{3}{7} - \frac{2}{7} : \frac{4}{49}$

$C = \frac{4}{9} - \frac{5}{9}\left(1 - \frac{3}{10}\right)$; $D = \dfrac{\frac{8}{7} - 2}{\frac{9}{14}}$

$E = \frac{3}{4} \times \frac{16}{15} - \left(\frac{5}{6} - \frac{2}{6}\right)^2$

61 Effectuer les calculs et donner les résultats en écriture scientifique :

$A = 2 \times 10^{-3} + 75 \times 10^{-2}$

$B = \dfrac{0{,}08 \times 10^{-14} \times 0{,}0025}{160 \times 10^{5}}$

$C = \dfrac{153 \times 10^{-4} + 32 \times 10^{-3} - 16 \times 10^{-5}}{454 \times 10^{-3} + 381 \times 10^{-2} - 19{,}07 \times 10^{-1}}$

62 **Problèmes**

a. On range des photos dans des boites toutes identiques. Il y a 144 photos de montagne et 236 photos de mer.

- Combien de boîtes doit-on utiliser pour ranger toutes les photos sans les mélanger ?
- Quelle quantité de photos contient alors chaque boîte ?

b. Une piste d'atterrissage a une forme rectangulaire de dimensions 1 512 m et 720 m.
On veut mettre des balises à chaque sommet, ainsi que d'autres régulièrement espacées. La distance qui sépare deux balises est un nombre entier de mètres.

Combien peut-on placer au minimum de balises ?

UTILISER SES CONNAISSANCES

63 **Drôles de calculs**

a. Indiquer quelles divisions euclidiennes traduisent les opérations suivantes :

$8 \times 1 + 1$; $8 \times 12 + 2$;
$8 \times 123 + 3$; $8 \times 1\,234 + 4$

b. Imaginer les cinq additions suivantes que l'on peut écrire en ayant la même forme.

Vérifier avec une calculatrice.

64 **a.** 215 est un nombre de trois chiffres. On en constitue un autre en le répétant, on obtient 215 215.

Vérifier qu'il est divisible par 1 001 en le divisant successivement par 7 puis par 11 puis par 13.

b. Faire de même avec deux autres nombres de trois chiffres.

65 **EN S.V.T.**

Le corps d'un humain contient à peu près 5 litres de sang et, dans 1 mm^3 de sang il y a 5×10^6 globules rouges. On admet qu'un globule a la forme d'un disque de 7×10^{-3} mm de diamètre et de 18×10^{-4} mm d'épaisseur. On range tous ces globules sur une longue ligne droite.

Quelle est la longueur de cette ligne ?

66 Une poutre qui repose sur deux tréteaux se déforme sous l'action de son poids. On mesure cette action par la distance d.

La distance d, en mètres, pour le matériau utilisé, est donnée par la formule $d = F \times A \times 0{,}23 \times 10^{-10}$, où F est la valeur de la force en newton et A un coefficient qui dépend de la poutre.

a. On sait que $A = \dfrac{L^3}{el^3}$.

Calculer A pour une longueur L égale à 10 m, une largeur l égale à 20 cm et une épaisseur e de 15 cm.

Donner le résultat sous forme d'une fraction irréductible, puis donner l'arrondi à l'unité.

b. Calculer la distance d pour une force F égale à 2 500 newton.

Arrondir le résultat à 0,001 mètre.

67 Si $x = -2$ et $y = \dfrac{1}{2}$, alors $-2xy^2$ est-il égal à $\dfrac{1}{2}$, à 0, à 1, à 2 ou à (– 2) ?

68 Soit $A = 3a - \dfrac{b}{2}$.

a. Calculer la valeur numérique de A pour $a = \dfrac{5}{9}$ et $b = -\dfrac{4}{3}$.

Donner la fraction irréductible égale à A.

b. Calculer la valeur numérique de A pour $a = 5 \times 10^{-3}$ et $b = 8 \times 10^{-2}$.

Donner le résultat sous forme décimale, puis donner son écriture scientifique.

69 Donner tous les détails des calculs permettant de mettre les nombres suivants sous forme de fraction irréductible :

$a + b$; $a - \dfrac{b}{c}$ avec $a = \dfrac{6}{15}$, $b = \dfrac{1}{10}$ et $c = \dfrac{3}{5}$.

70 Calculer sous forme de fractions irréductibles les nombres suivants :

$A = \dfrac{7 - \dfrac{1}{2} + \dfrac{3}{4}}{\dfrac{3}{2} + \dfrac{4}{3}}$; $B = 5 - \dfrac{1 - \dfrac{1}{3}}{1 + \dfrac{1}{3}}$; $C = 2 - \dfrac{7 \times \dfrac{2}{3}}{\dfrac{1}{4} + \dfrac{3}{2}}$

71 Quelles puissances de 2 divisent le nombre $2^4 \times 7^3$?

72 Choisir plusieurs nombres entiers n et calculer pour chacun d'eux le produit :

$$n(n + 1)(n + 2)(n + 3).$$

Vérifier que ces produits sont divisibles par 24.

73 Choisir plusieurs nombres entiers n et calculer pour chacun d'eux le produit $n(n^6 - 1)$, puis vérifier que ces produits sont divisibles par 42.

74 Un nombre s'écrit avec quatre chiffres : 4 75♥, où ♥ représente le chiffre des unités.

a. Déterminer ♥ sachant que le nombre est divisible par 2 et par 3.

b. Déterminer ♥ sachant que le nombre est divisible par 9.

c. Déterminer ♥ sachant que le nombre est divisible par 4 et 5.

75 Deux nombres entiers a et b sont divisibles par le nombre entier k, a étant plus grand que b.

a. Reprendre la démonstration du cours pour prouver que k divise $a + b$ et $a - b$.

b. Écrire une égalité utilisant le quotient q et le reste r qui traduit la division euclidienne de a par b.

Démontrer que le reste r est divisible par k.

76 Pourquoi le nombre qui s'écrit $n(n+1)$ avec n entier est-il pair ?

77 **a.** Les couples de nombres entiers suivants sont-ils premiers entre eux ?
- Un nombre pair et un nombre impair.
- Deux nombres consécutifs.
- Deux nombres impairs.
- Deux nombres pairs.
- Deux nombres impairs consécutifs.

b. Utiliser les réponses du **a.** pour démontrer que les fractions suivantes sont irréductibles :

$$\frac{147}{148}\ ;\quad \frac{11^2}{120}\ ;\quad \frac{10^4}{9\,999}$$

78 **a.** Trouver tous les diviseurs de 12.

b. Trouver tous les diviseurs de 18. Déduire de ces deux questions le PGCD de 12 et de 18.

c. Calculer S_{12}, somme des *inverses* des diviseurs de 12, et donner le résultat sous forme de fraction irréductible.

d. Calculer S_{18}, somme des *inverses* des diviseurs de 18, et donner le résultat sous forme de fraction.

e. Montrer que $S_{12} - S_{18} = \frac{1}{6}$.

En déduire le plus grand des deux nombres S_{12} et S_{18}.

79 Est-il exact que la somme des inverses des diviseurs du nombre 28 est un nombre entier ? Justifier.

80 **Papier quadrillé**

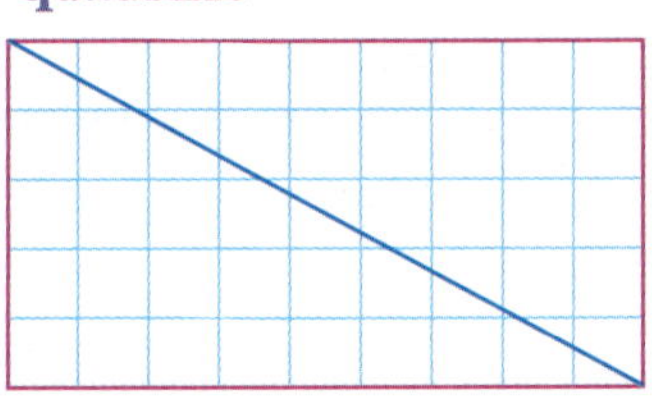

a. Tracer plusieurs rectangles sur du papier quadrillé, en faisant varier les longueurs des côtés, celles-ci étant des nombres entiers de carreaux.

Tracer une diagonale. Compter le nombre de carreaux traversés par la diagonale.

b. On a trouvé une formule donnant le nombre de carreaux traversés en fonction des longueurs des côtés. En appelant n la longueur et p la largeur du rectangle, on trouve $n + p - \text{PGCD}(n, p)$.

Vérifier cette formule pour les rectangles tracés.

c. Combien de carreaux traverse la diagonale d'un rectangle de 27 carreaux et de 42 carreaux de côtés ?

81 **Intervalles et nombres d'arbres**

Un champ rectangulaire a pour dimensions 60 m et 210 m.

a. On veut planter des arbres à des espaces réguliers le long des bords du champ, en mettant un arbre à chaque sommet.

Quelles sont les longueurs entières possibles entre deux arbres ?

b. Combien d'arbres faut-il planter pour une distance entre deux arbres comprise entre 4 et 12 m ?

c. Et avec 90 arbres, de quelles façons peut-on les mettre sur le pourtour ?

82 **Chez la fleuriste**

Une fleuriste compose des bouquets en associant les fleurs par 6, par 5 ou par 4. Il lui reste à chaque fois 3 fleurs. On lui a livré entre 100 et 150 fleurs.

Combien la fleuriste a-t-elle de fleurs pour composer ses bouquets ?

83 **Calculus**

Le mot calcul vient du latin *calculus* qui veut dire caillou.

a. On représente des nombres dits *triangulaires* par des jetons placés de façon à former un triangle :

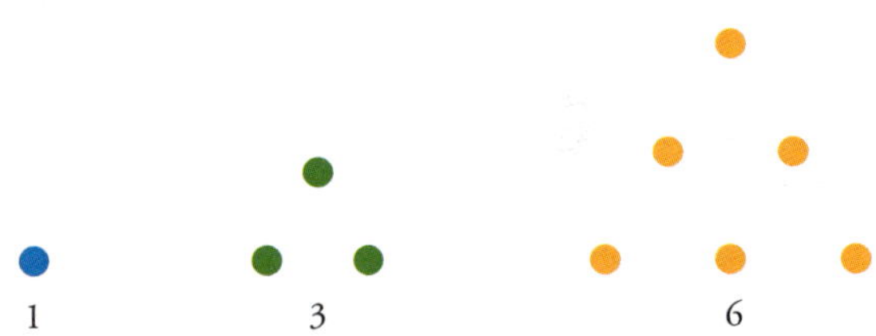

- Quels sont les quatrième et cinquième nombres triangulaires ?
- Trouver une formule permettant de calculer le n-ième nombre triangulaire.

b. On représente des nombres dits *hexagonaux* par des jetons placés de façon à former un hexagone :

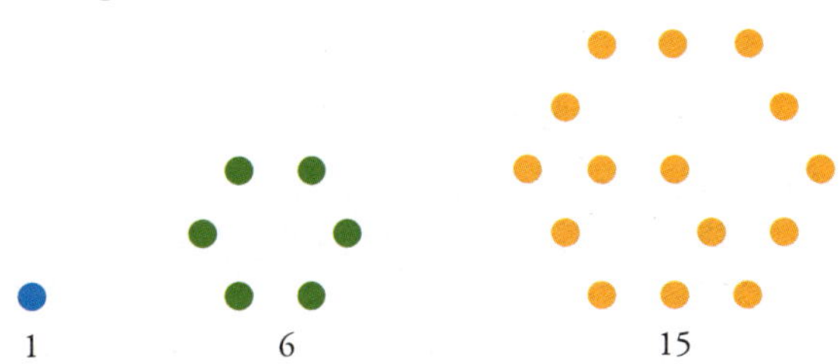

- Quels sont les quatrième et cinquième nombres hexagonaux ?
- Trouver une formule permettant de calculer le n-ième nombre hexagonal.

84 **Devinette**

Harry dit à Érika : « le produit des âges de mes trois frères est égal à 36. Leur somme est le numéro de la maison devant laquelle nous sommes ». Érika lui dit que cela ne lui suffit pas. Harry lui répond « Ah oui, j'oubliais de dire que l'aîné aime le chocolat ».
Quel âge a chaque frère de Harry ?

85 **Un critère de divisibilité par 11**

Partager le nombre en tranches de deux chiffres à partir de la droite, additionner les nombres obtenus. Si la somme est divisible par 11, alors le nombre est divisible par 11. Pour 1375, on obtient : 75 + 13 = 88.

- Le nombre 88 est multiple de 11, alors 1375 est un multiple de 11.
- Les nombres suivants sont-ils divisibles par 11 ?
 25 897 ; 354 682 ; 1 585 463

POUR ALLER PLUS LOIN

86 **À la recherche d'un nombre**

Retrouver des approximations d'un nombre bien connu en calculant l'arrondi à 10^{-8} des nombres rationnels suivants :

$a = 3 + \frac{1}{7}$; $b = 3 + \cfrac{1}{7 + \cfrac{1}{15}}$;

$$c = 3 + \cfrac{1}{7 + \cfrac{1}{15 + \cfrac{1}{1}}}$$

$$d = 3 + \cfrac{1}{7 + \cfrac{1}{15 + \cfrac{1}{1 + \cfrac{1}{292}}}}$$

87 Un nombre s'écrit $\frac{n+9}{n-3}$, le nombre n doit être entier et plus grand que 3.

- Calculer les valeurs prises par la fraction précédente pour $n = 8$, $n = 17$, $n = 51$, $n = 86$.
- Démontrer que le nombre peut s'écrire sous la forme $1 + \frac{12}{n-3}$.
- Trouver toutes les valeurs entières possibles de ce nombre et indiquer quels nombres n choisir alors.

88 **Un algorithme égyptien**

Les Égyptiens décomposaient toute fraction en une somme de fractions de numérateur 1. Par exemple :

$$\frac{11}{17} = \frac{1}{17} + \frac{1}{17} + \frac{1}{17} + \frac{1}{17} + \frac{1}{17} + \frac{1}{17} + \frac{1}{17} + \frac{1}{17} + \frac{1}{17} + \frac{1}{17} + \frac{1}{17}$$

mais on peut aussi avoir des fractions différentes.

On cherche la plus grande fraction de type $\frac{1}{n}$ inférieure à $\frac{11}{17}$. On obtient $\frac{1}{2}$, puis on calcule $\frac{11}{17} - \frac{1}{2}$, soit $\frac{5}{34}$. À partir de là, on recommence, on obtient $\frac{1}{17}$, puis on calcule $\frac{5}{34} - \frac{1}{7}$, on obtient $\frac{1}{238}$.

Ainsi, on trouve $\frac{11}{17} = \frac{1}{2} + \frac{1}{7} + \frac{1}{238}$.

Faire de même avec $\frac{7}{3}$, $\frac{132}{238}$ et $\frac{1\,989}{2\,003}$.

89 **a.** Démontrer que la somme de deux nombres pairs est paire.

b. Démontrer que la somme de deux nombres impairs est paire.

90 **a.** Démontrer que la somme de trois entiers consécutifs est divisible par 3.

b. Démontrer que la somme de deux nombres impairs consécutifs est divisible par 4.

91 La somme de deux entiers naturels est égale à 83. Si on divise le plus grand par le plus petit, on obtient 4 comme quotient et 17 comme reste.
Quels sont les deux nombres ?

92 La différence de deux nombres est égale à 1. On cherche à trouver la différence de leurs inverses.

a. Trouver la différence demandée pour 7 et 8, pour 24 et 25, pour 2 003 et 2 004, pour deux nombres à choisir.

b. Faire une remarque et la démontrer.

Aide : Si un nombre s'écrit n, comment s'écrit le nombre suivant ?

93 **Conjecture et démonstration**

a. Vérifier les égalités suivantes :

$$\frac{1}{2} = \frac{1}{3} + \frac{1}{2 \times 3} \ ; \qquad \frac{1}{3} = \frac{1}{4} + \frac{1}{3 \times 4}$$

b. Quelles égalités de même forme peut-on compléter :

$$\frac{1}{4} = \frac{1}{5} + \frac{1}{\ldots\ldots} \ ; \qquad \frac{1}{5} = \frac{1}{4} + \ldots\ldots$$

c. Énoncer une conjecture, puis l'écrire en employant le nombre n.

d. Démontrer la conjecture.

94 Trouver les diviseurs de 444, puis démontrer que les nombres qui s'écrivent avec trois chiffres identiques comme 444 sont divisibles par 37.

EXERCICE RÉSOLU

Énoncé (Centres étrangers, 2001)

On considère la fraction $\dfrac{5\,148}{1\,386}$.

a. *Déterminer, par la méthode de votre choix, le PGCD des nombres 5 148 et 1 386.*

b. *Utiliser le résultat de la question précédente pour rendre irréductible la fraction* $\dfrac{5\,148}{1\,386}$.

Exemple de solution

a. On utilise l'algorithme d'Euclide pour déterminer le PGCD :

$$\begin{array}{r|l} 5\,148 & 1\,386 \\ \hline 990 & 3 \end{array} \qquad \begin{array}{r|l} 1\,386 & 990 \\ \hline 396 & 1 \end{array}$$

$$\begin{array}{r|l} 990 & 396 \\ \hline 198 & 2 \end{array} \qquad \begin{array}{r|l} 396 & 198 \\ \hline 0 & 2 \end{array}$$

Le dernier reste non nul est 198, donc 198 est le PGCD de 5 148 et de 1 386.

b. On peut écrire que $5\,148 = 198 \times 26$ et $1\,386 = 198 \times 7$, donc :

$$\frac{5\,148}{1\,386} = \frac{198 \times 26}{198 \times 7} \quad \text{et} \quad \frac{5\,148}{1\,386} = \frac{26}{7}.$$

95 Amiens, 2002

$$A = \frac{1}{3} - \frac{1}{3} \times \frac{4}{7} \quad ; \quad B = \frac{6}{5} : \left(\frac{1}{15} - \frac{1}{5}\right)$$

a. Calculer A et écrire la réponse sous forme de fraction irréductible.

b. Calculer B et écrire la réponse sous forme d'un entier.

96 Polynésie – Septembre 2001

a. Trouver, en indiquant les calculs effectués, le PGCD des nombres 4 539 et 3 471.

b. En déduire la fraction irréductible égale à $\dfrac{4\,539}{3\,471}$.

97 Groupe Est, 2002

a. Les nombres 682 et 496 sont-ils premiers entre eux ? Justifier.

b. Calculer le Plus Grand Commun Diviseur (PGCD) de 682 et de 496.

c. Simplifier la fraction $\dfrac{682}{496}$ pour la rendre irréductible, en indiquant la méthode.

98 Grenoble, 2000

Soient les nombres : $A = \dfrac{117}{63}$ et $B = -\dfrac{8}{7}$.

a. Expliquer pourquoi la fraction A n'est pas irréductible.

b. Simplifier cette fraction pour la rendre irréductible.

c. Montrer, en indiquant les étapes du calcul, que A – B est un nombre entier.

99 Orléans – Tours, 2000

On pose : $M = \dfrac{20\,755}{9\,488} - \dfrac{3}{8}$.

a. Calculer le plus grand diviseur commun D aux deux nombres 20 755 et 9 488. (On reportera avec soin sur la copie les calculs qui conduisent à D.)

b. Écrire, en détaillant les calculs, le nombre M sous la forme d'une fraction irréductible.

c. Le nombre M est-il décimal ? Est-il rationnel ? Justifier.
(Un nombre rationnel est un nombre qui s'écrit sous forme d'un quotient de deux entiers.)

100 Groupe Nord, 2002

Pour le 1er mai, Julie dispose de 182 brins de muguet et 78 roses.
Elle veut faire le plus grand nombre de bouquets identiques en utilisant toutes ses fleurs.

- Combien de bouquets identiques pourra-t-elle faire ?
- Quelle sera la composition de chaque bouquet ?

101 Groupe Ouest, 2001

1. Déterminer le PGCD des nombres 108 et 135.

2. Marc a 108 billes rouges et 135 billes noires.
Il veut faire des paquets de sorte que :
- tous les paquets contiennent le même nombre de billes rouges ;
- tous les paquets contiennent le même nombre de billes noires ;
- toutes les billes rouges et toutes les billes noires sont utilisées.

a. Quel nombre maximal de paquets pourra-t-il réaliser ?

b. Combien y aura-t-il de billes rouges et de billes noires dans chaque paquet ?

102 Groupe Nord, 2000

Un philatéliste possède 1 631 timbres français et 932 timbres étrangers. Il souhaite vendre sa collection en réalisant des lots identiques, c'est-à-dire comportant le même nombre de timbres et la même répartition de timbres français et étrangers.

a. Calculer le nombre maximum de lots qu'il pourra réaliser.

b. Combien y aura-t-il, dans ce cas, de timbres français et étrangers par lot ?

Inter-maths

Triangle de Pascal

Le triangle de Pascal est un triangle de nombres possédant des propriétés particulières. Ce triangle a de nombreuses applications, aussi bien en mathématiques que dans la vie courante. On en trouve trace dès le XIIe siècle, en Chine d'abord, puis un peu plus tard chez les Arabes.

Observation de la pyramide

- Observer comment est construit le triangle de nombres ci-dessous.

Les nombres supérieurs à 999 sont écrits sur deux lignes :
- la ligne du dessus pour les milliers ;
- la ligne du dessous les centaines, dizaines et unités.

Blaise Pascal est un savant et philosophe du XVIIe siècle. On lui doit de nombreux écrits dans des domaines très variés. Il est aussi l'inventeur de la « Pascaline », l'ancêtre de la machine à calculer.

1																					
1	1																				
1	2	1																			
1	3	3	1																		
1	4	6	4	1																	
1	5	10	10	5	1																
1	6	15	20	15	6	1															
1	7	21	35	35	21	7	1														
1	8	28	56	70	56	28	8	1													
1	9	36	84	126	126	84	36	9	1												
1	10	45	120	210	252	210	120	45	10	1											
1	11	55	165	330	462	462	330	165	55	11	1										
1	12	66	220	495	792	924	792	495	220	66	12	1									
1	13	78	286	715	1 287	1 716	1 716	1 287	715	286	78	13	1								
1	14	91	364	1 001	2 002	3 003	3 432	3 003	2 002	1 001	364	91	14	1							
1	15	105	455	1 365	3 003	5 005	6 435	6 435	5 005	3 003	1 365	455	105	15	1						
1	16	120	560	1 820	4 368	8 008	11 440	12 870	11 440	8 008	4 368	1 820	560	120	16	1					
1	17	136	680	2 380	6 188	12 376	19 448	24 310	24 310	19 448	12 376	6 188	2 380	680	136	17	1				
1	18	153	816	3 060	8 568	18 564	31 824	43 758	48 620	43 758	31 824	18 564	8 568	3 060	816	153	18	1			
1	19	171	969	3 876	11 628	27 132	50 388	75 582	92 378	92 378	75 582	50 388	27 132	11 628	3 876	969	171	19	1		
1	20	190	1 140	4 845	15 504	38 760	77 520	125 970	167 960	184 756	167 960	125 970	77 520	38 760	15 504	4 845	1 140	190	20	1	
1	21	210	1 330	5 985	20 349	54 264	116 280	203 490	293 930	352 716	352 716	293 930	203 490	116 280	54 264	20 349	5 985	1 330	210	21	1

Du triangle de Pascal à un fractal

- Reproduire la pyramide sans y placer les nombres.
- Choisir l'un des nombres dont le critère de divisibilité a été rappelé page 143.
- Colorer d'une même couleur toutes les cases contenant un de ses multiples.

On obtient une figure *fractale*, c'est-à-dire une figure qui se répète, semblable à elle même, quelle que soit l'échelle où on l'observe.

Léonard Euler et Stanislas Ulam

Une formule à tester

Léonard Euler (XVIIIe siècle) a déterminé que la formule $n^2 + n + 41$ *donne 41 nombres premiers lorsqu'on remplace* n *par les 40 premiers nombres entiers naturels* (0, 1, 2, …39).

• Vérifier cette formule pour quelques valeurs de n.

113	114	115						
112	83	84	85	86	87	88	89	90
111	82	61	62	63	64	65	66	91
110	81	60	47	48	49	50	67	92
109	80	59	46	41	42	51	68	93
108	79	58	45	44	43	52	69	94
107	78	57	56	55	54	53	70	95
106	77	76	75	74	73	72	71	96
105	104	103	102	101	100	99	98	97

Une spirale à reproduire

Stanislas Ulam (XXe siècle) s'est servi d'une spirale pour illustrer la formule d'Euler dont il est question plus haut. Cette spirale est amorcée ci-contre. Les nombres situés dans les cases de couleur sont des nombres premiers.

• Pour la reproduire, centrer le nombre 41 au milieu d'une feuille à grands carreaux.

• Commencer à placer les nombres entiers à partir de 41 en suivant le modèle et poursuivre la spirale au maximum de la surface du quadrillage de la feuille. Quelques cases où figure un nombre premier ont été colorées. Déterminer les autres nombres premiers de la spirale.

• Observer la position des cases contenant les entiers obtenus à partir de la formule proposée par Euler. Retrouver la relation qui existe entre deux nombres calculés avec la formule à partir de deux valeurs consécutives de n et leur position relative dans la spirale.

À travers l'histoire

La machine Enigma inventée par Alan Turing

Depuis l'Antiquité, les mathématiciens ont découvert de nombreuses propriétés des nombres entiers.

Toutes les recherches de leurs démonstrations ont abouti au développement de la *cryptographie*, sciences des codages, qui assure la confidentialité dans les échanges d'informations. Elle a de nombreuses utilisations dans la vie de tous les jours, ainsi cartes bancaires, carte vitale, etc. sont codées par des grands nombres auxquels sont adjoints des *clés*. Ces clés permettent soit de déchiffrer des messages, soit de déceler des erreurs de transcription dans les documents.

Par exemple, chaque livre est identifié par son code ISBN (International Standard Book Number) qui commence par le chiffre indiquant la langue, 2 pour le français, puis suit le numéro de l'éditeur, ensuite vient le numéro de l'ouvrage publié par cet éditeur, enfin vient la clé, nombre entre 0 et 10. Cette clé se calcule ainsi : prendre la suite des neuf premiers chiffres du code ISBN à partir de la gauche, multiplier par 10 le premier, par 9 le second, par 8 le troisième et ainsi de suite jusqu'à multiplier par 2 le neuvième, ajouter les neuf nombres obtenus, écrire le multiple de 11 immédiatement supérieur à cette somme, calculer la différence entre cette somme et ce multiple de 11.

Vérifier la clé figurant sur le code ISBN de votre livre de 3e.

8 ÉQUATIONS ET INÉQUATIONS PROBLÈMES DU 1er DEGRÉ

Pour DÉMARRER

À savoir avant la 3e

- Distinguer une somme d'un produit. → Pour DÉMARRER 1
- Calculer la valeur d'une expression littérale en remplaçant les lettres par des valeurs numériques. → Pour DÉMARRER 2
- Réduire une expression littérale à une variable. → Pour DÉMARRER 3 et 4
- Tester si une égalité est vraie. → Pour DÉMARRER 6
- Résoudre une équation du premier degré à une inconnue. → Pour DÉMARRER 5 et 7

1 Somme ou produit ?

Savoir distinguer une somme et un produit.

$x - 8$ est la somme de deux termes x et (-8).
$3\,(5t + 4)$ est le produit de deux facteurs 3 et $(5t + 4)$.
Parmi les expressions suivantes, indiquer les sommes et les produits :

$4{,}5 - 12 \times 5{,}4$;	$25(13 - 2 \times 8)$;	$3(4 + x)$
$25 - y \times 6$;	$a + 2\,a$;	$a \times a$
$a + 13$;	$4 - 3x$;	$x + \dfrac{4}{3}$
$\dfrac{x+4}{3}$;	$2x + 4$;	$x(x + 1)$
$x(4 + x) - 3$;	$x + (x - 1)(x + 2)$;	$(x + 1)^2$

2 Périmètre

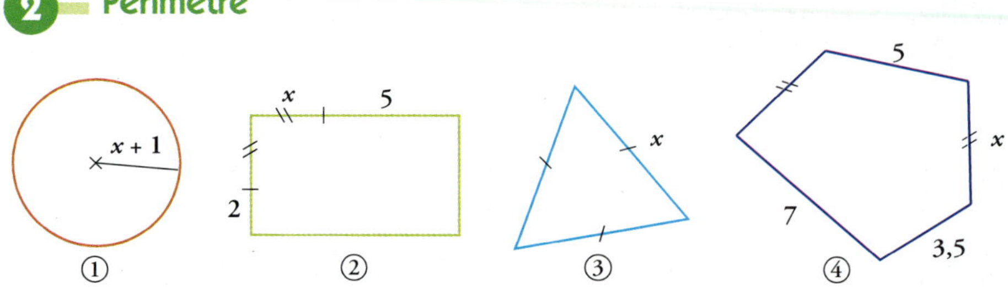

a. Donner en fonction de x le périmètre de chacune des figures ci-dessus.
b. Dans chacun des cas, l'expression obtenue est-elle une somme ou un produit ?
c. Calculer la valeur de chaque périmètre pour $x = 0{,}5$, puis pour $x = 2$.

• Chercher une formule.

• Calculer pour des valeurs numériques.

3 QCM

Réduire des expressions littérales.

Entourer la bonne réponse.

	A	B	C
$3x + 4x = \ldots$	$7x$	$12x$	$7x^2$
$(-2x) \times 5x = \ldots$	$3x$	$-10x$	$-10x^2$
$5 + 2y - 10 = \ldots$	$-3y$	$2y - 5$	$7y - 10$
$2x + (3{,}7 - 1{,}5x) = \ldots$	$4{,}2x$	$0{,}5x + 3{,}7$	$3{,}5x + 3{,}7$
$4{,}3 - (2{,}5y - 4{,}3) = \ldots$	$-2{,}5y$	$-2{,}5y + 8{,}6$	$4{,}3 + 1{,}8y$
$(2x - 1{,}5) - (3 + 1{,}5x) = \ldots$	$3{,}5x - 4{,}5$	$-1{,}5x$	$-4{,}5 + 0{,}5x$

4 On développe

Règles de distributivité, pour développer et réduire des expressions littérales.

a. Rappeler les règles de distributivité.

Vocabulaire

Développer, c'est transformer un produit de facteurs en somme ou différence de termes.

b. Développer et réduire les expressions suivantes :

$A = 2(2x + 1)$; $B = 3{,}5y(x + 2)$; $C = -y(3 - 4y)$; $D = 2a(a + 3) - 5(4a - 1)$

5 À la recherche d'équations

Distinguer une égalité d'une expression et d'une équation.

Dans le tableau ci-dessous, recopier les expressions qui sont des équations.

$3(x - 2) + 5x$	$6y + 1 = 3$	$2x^2 + x = 3$
$3 + 6 = 2\left(4 + \dfrac{1}{2}\right)$	$3 = x + 7$	$5{,}2a = b + 3$

6 Test

Tester une égalité.

Le nombre (– 5) est-il solution des équations suivantes ?

• $2x^2 - 15 = 35$ • $2x - 10 = 0$ • $2{,}5x - 1{,}5 = -9 + x$

7 Résoudre une équation !

Utiliser les propriétés permettant de transformer une égalité.

a. Résoudre l'équation $7x - 5 = 4x + 7$ en complétant le tableau suivant :

Rappel : Quels que soient les nombres relatifs a, b, c :

1. Si $a = b$, alors $a + c = b + c$ et $a - c = b - c$;
2. Si $a = b$, alors $ac = bc$;
3. Si $a = b$ et $c \neq 0$, alors $\dfrac{a}{c} = \dfrac{b}{c}$.

Étape	Résolution	Propriété utilisée	But
1	$7x - 5 = 4x + 7$ $7x - 5 - 4x = 4x + 7 - 4x$	....	Mettre les termes en x dans le même membre de l'équation.
2	$3x - 5 = 7$	Propriété 1	....
3	$3x = 12$	....	....
4	$x = \ldots\ldots\ldots$		

b. À l'aide du raisonnement précédent, résoudre les équations suivantes :

• $2{,}5x + 3 = 4{,}5x + 10$ • $2(x + 3) - 5 = 4x - 1$

⚠ Il faut penser à simplifier chaque membre de l'équation avant de la résoudre.

ACTIVITÉS

1 De l'ordre !

Utiliser les propriétés connues de l'ordre.

a. On sait que $x > -5$. Quelle inégalité vérifie chacun des nombres suivants ?

$$x + 5 \; ; \qquad x - 5 \; ; \qquad 4x \; ; \qquad \frac{x}{5}$$

b. On sait que $a < b$. Recopier et compléter, si possible, par « $<$ » ou « $>$ » :

$a + 4 \ldots\ldots b + 4$; $\quad b - 12 \ldots\ldots a - 12$; $\quad 3a \ldots\ldots 3b$

$\pi a \ldots\ldots \pi b$; $\quad 2a - 5 \ldots\ldots 2b - 5$; $\quad \frac{3b}{4} - 4 \ldots\ldots \frac{3a}{2} - 4$

$a + 5 \ldots\ldots b + 7$; $\quad a + 14 \ldots\ldots b + 7$; $\quad 2a - 4 \ldots\ldots 2b + 7$

2 Calculs classiques

Approche de la propriété concernant l'ordre et la multiplication par un positif ou par un négatif.

• Recopier le tableau et, dans les lignes 3, 4 et 5, ranger les nombres indiqués en employant les symboles « $<$ » ou « $>$ ».

m	4	3	-1	$-\frac{7}{3}$	$\frac{8}{9}$	-2
p	7	-4	5	$-\frac{10}{3}$	$\frac{9}{8}$	$-\frac{8}{3}$
$m \ldots\ldots p$						
$2m \ldots\ldots 2p$						
$-3m \ldots -3p$						

• Observer les trois dernières lignes et écrire une conjecture.

3 Un compas pour comparer

a. Reproduire la droite graduée ci-dessous et placer deux points d'abscisses a et b tels que $a < b$.

• Utiliser une droite graduée.

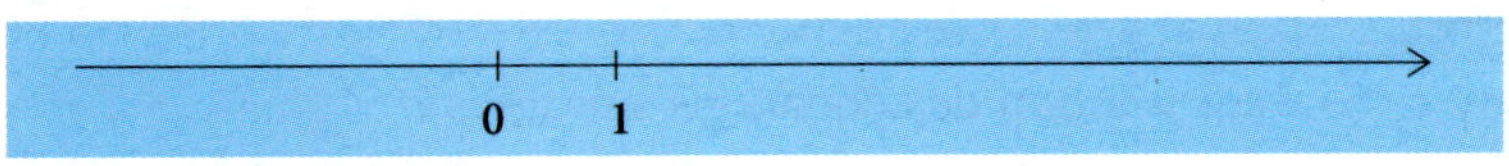

b. Avec un compas, placer les points d'abscisses $a + 3$ et $b + 3$ en rouge, puis les points d'abscisses $a - 2$ et $b - 2$ en vert.

Recopier et compléter avec « $<$ » ou « $>$ » :

• $a + 3 \ldots\ldots b + 3$ • $a - 2 \ldots\ldots b - 2$

• Représentation graphique des propriétés concernant l'addition et l'ordre, la multiplication et l'ordre.

c. Reproduire à nouveau la droite graduée et les points d'abscisses a et b.

Avec un compas, placer les points d'abscisses $a \times 2$ et $b \times 2$ en rouge et les points d'abscisses $a \times (-3)$ et $b \times (-3)$ en vert.

Recopier et compléter avec « $<$ » ou « $>$ » :

• $a \times 2 \ldots\ldots b \times 2$ • $a \times (-3) \ldots\ldots b \times (-3)$

d. Bilan

• Énoncer des propriétés.

Recopier et compléter :

• Si $a < b$, alors $a + c \ldots\ldots b + c$
• Si $a < b$ et $c > 0$, alors $a \times c \ldots\ldots b \times c$
• Si $a < b$ et $c < 0$, alors $a \times c \ldots\ldots b \times c$

e. Démonstration du bilan ci-dessus

• Démontrer les propriétés conjecturées.

• Si $a < b$ et $c > 0$, quel est le signe de $(a - b) \times c$?
En déduire celui de $a \times c - b \times c$.
• Si $a < b$ et $c < 0$, quel est le signe de $(a - b) \times c$?
En déduire celui de $a \times c - b \times c$.

Énoncer les deux propriétés démontrées ci-dessus.

4 Comparaison de périmètres

Le but de cette activité est de trouver toutes les valeurs de x pour lesquelles le périmètre du triangle est inférieur au périmètre de l'étoile.

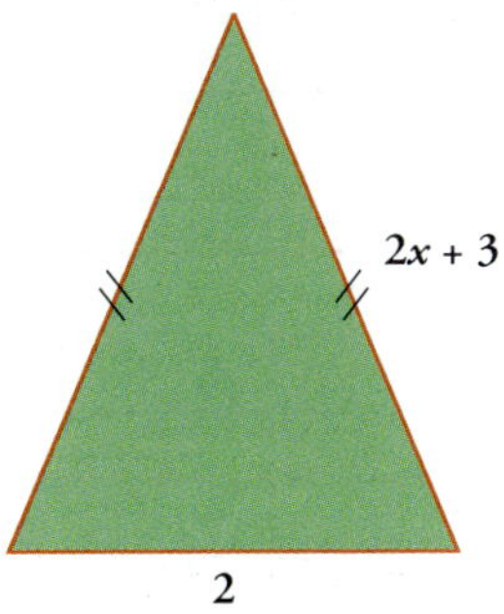

Figure ①

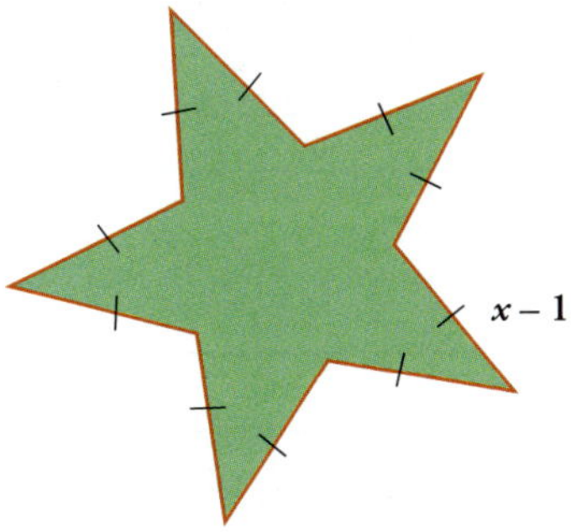

Figure ②

• Recherche d'une formule. Les résultats dépendent d'une variable.

a. Exprimer chaque périmètre en fonction de x.

b. Quelle est la figure ayant le plus grand périmètre si $x = 2$? Et si $x = 5$?

c. Citer d'autres valeurs de x pour lesquelles le périmètre de la figure ① est inférieur au périmètre de la figure ②.

• Traduire un problème par une inéquation.

• Résoudre une inéquation.

d. Écrire une inégalité traduisant le problème posé.

Vocabulaire

• Une ***inéquation*** est une inégalité dans laquelle un nombre est inconnu.

• ***Résoudre une inéquation*** signifie trouver les valeurs du nombre inconnu qui vérifient l'inégalité.

e. À l'aide des règles vues à l'activité 3, résoudre l'inéquation obtenue à la question **d.**.

Répondre par une phrase au problème posé.

5 Représentation graphique

Représenter les solutions d'une inéquation sur une droite graduée. La partie correspondant à la solution est coloriée.

a. Traduire par une phrase quelles sont les solutions de l'inéquation $x > 5$, puis colorier ces solutions sur une droite graduée.

b. Traduire par une phrase quelles sont les solutions de l'inéquation $x \geqslant 5$, puis colorier ces solutions sur une autre droite graduée.

c. Comment différencier les deux représentations précédentes ?

d. Traduire par une phrase chacune des inéquations ci-dessous, puis représenter ses solutions sur une droite graduée :

• $x \geqslant -3$ • $x > 3$
• $x < -1$ • $x \leqslant 2$

6 Association

Associer chaque inéquation à sa solution et sa représentation graphique.

Équations	Solutions	Représentations graphiques
$2x + 3 < 4$	$x > 2$	
$x + 7 \geqslant 3$	$x \geqslant -4$	
$x - \frac{1}{2} \leqslant 1$	$x < \frac{1}{2}$	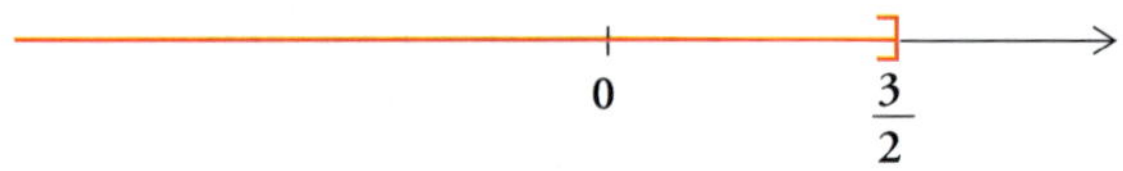
$-5x + 7 < -3$	$x \leqslant \frac{3}{2}$	

• Différencier les signes : $<, >, \geqslant, \leqslant$.

• Faire attention aux dispositions des crochets.

• La partie coloriée correspond aux solutions.

7 Un abonnement pour Internet

Voici les tarifs proposés à « l'Internet Café » :

Tarif A : 2 € l'heure

Tarif B : une carte d'abonnement mensuel à 9 € et 0,5 € l'heure.

On note x le nombre d'heures de connexion par mois.

a. Recopier et compléter le tableau ci-dessous.

x	1	4	6	10
Tarif A				
Tarif B				

Pour chaque valeur de x, déterminer le tarif le plus avantageux.

• Approche numérique d'un problème.

b. Exprimer le tarif A en fonction de x.

c. Exprimer le tarif B en fonction de x.

d. Écrire une inéquation permettant de trouver à partir de combien d'heures de connexion par mois le tarif B est plus avantageux que le tarif A.

e. Résoudre l'inéquation et conclure.

• Mettre un problème en inéquation et le résoudre.

8 Résoudre des problèmes numériques

• Importance du choix de l'inconnue.

• Mettre un problème en équation.

• Interpréter un résultat.

a. Un magasin emploie 50 personnes. Il y a quatre fois plus de femmes que d'hommes.

Quel est le nombre de femmes travaillant dans le magasin ?

b. Lors d'une élection, 5 219 bulletins ont été déposés dans l'urne. Le vainqueur bat ses concurrents respectivement de 22, de 30 et de 73 voix.

Trouver le nombre de voix obtenues par chacun des candidats.

c. Un père a le triple de l'âge de son fils.
Dans onze ans, l'âge du père sera le double de celui de son fils.

Quels sont les âges respectifs du père et du fils actuellement ?

9 Problèmes géométriques

a. Calculer x arrondi à 0,1 :

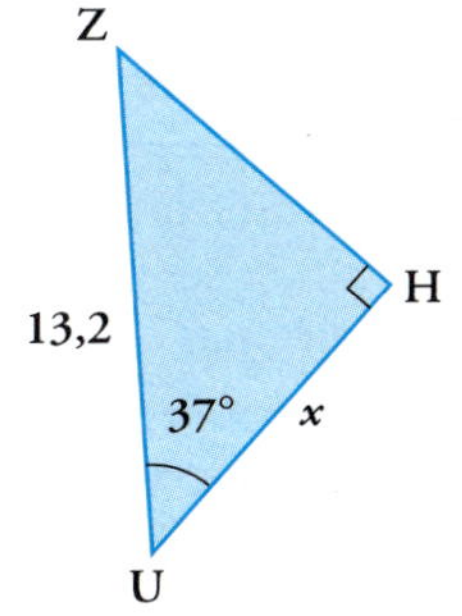

• Mettre un problème en équation ou en inéquation.

• Interpréter le résultat.

b. Déterminer les nombres x entiers de telle sorte que le périmètre du carré soit inférieur au périmètre du triangle équilatéral.

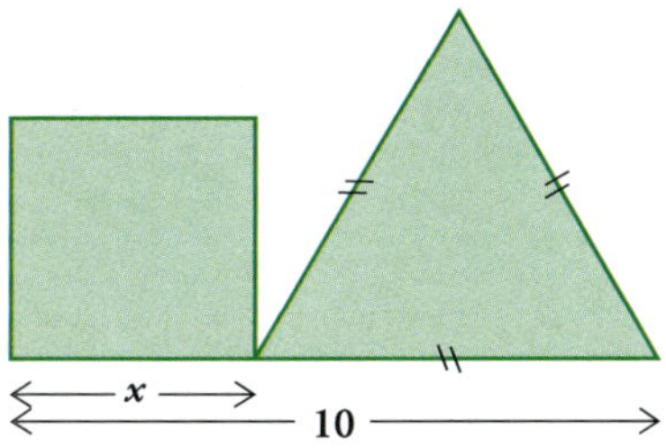

• Mettre un problème en équation.

• Utiliser les propriétés des quotients.

10 Histoire de bidons

Étienne a utilisé cinq bidons d'huile et les deux tiers d'un bidon pour remplir le moteur de sa machine. C'est autant que s'il mettait 100 litres d'huile et les sept sixièmes du contenu d'un bidon.

- Quelle quantité d'huile est contenue dans un bidon ?
- La réponse est-elle une valeur exacte ?

11 Programmes de calculs

a. « Prendre un nombre, lui ajouter 4, multiplier le résultat par (– 3). »

- Appliquer le programme de calcul ci-dessus pour les nombres 3, (– 73), 0.
- De quels nombres est-on parti pour trouver 27, (– 5), 141 ?

b. « Je multiplie un nombre par 5.
J'ajoute 7 à ce produit.
Je divise le tout par 2.
J'obtiens le même résultat qu'en calculant le double de la somme du nombre et de 5. »

Quel est le nombre ?

1 – Rappels de 4^e^

a. Développement et réduction

Développer, c'est transformer un produit de facteurs en une somme ou une différence de termes.
Réduire une expression littérale, c'est regrouper les termes semblables.

Pour cela, on peut utiliser les **règles de distributivité** :

Quels que soient les nombres relatifs a, b, k :
$k(a+b) = ka + kb \qquad k(a-b) = ka - kb$

Exemples

- $A = 6(y - 1{,}5)$
  $A = 6 \times y - 6 \times 1{,}5$
  $A = 6y - 9$
- $B = 4 - (x - 3)$
  $B = 4 + (-1)(x - 3)$
  $B = 4 + (-1) \times x - (-1) \times 3$
  $B = 4 - x + 3$
  $B = 7 - x$

b. Équation du premier degré à une inconnue

Une **équation du premier degré** à une inconnue est une égalité dans laquelle une quantité est inconnue.

Voici un exemple d'équation où l'inconnue est désignée par la lettre x :

$$\underbrace{4x - 5}_{1^{er}\text{ membre}} = \underbrace{2x + 8}_{2^{e}\text{ membre}}$$

Résoudre une équation, c'est trouver les valeurs pour lesquelles l'égalité est vraie.
Ces valeurs sont appelées les **solutions** de l'équation.

On utilise deux règles pour résoudre une équation :

Quels que soient les nombres relatifs a, b, c :

Règle 1 Si $a = b$, alors $a + c = b + c$
et $a - c = b - c$.

Règle 2 Si $a = b$, alors $ac = bc$
et si $a = b$ avec $c \neq 0$, alors $\frac{a}{c} = \frac{b}{c}$.

Exemple
Résoudre l'équation $4x - 5 = 2x + 8$.

$4x - 5 = 2x + 8$
$4x - 5 + 5 = 2x + 8 + 5$ (Règle 1)
$4x = 2x + 13$
$4x - 2x = 2x + 13 - 2x$ (Règle 1)
$2x = 13$
$\frac{2x}{2} = \frac{13}{2}$ (Règle 2)
$x = 6{,}5$

L'équation a une solution : le nombre 6,5.

Remarques
- Il existe des équations qui n'ont pas de solution. Par exemple : $0\,x = 9$.
- L'équation $0\,x = 0$ a une infinité de solutions.

2- Ordre et inéquation

a. Ordre et opérations

- L'addition conserve l'ordre.

> **Règle 3** Quels que soient les nombres relatifs a, b et c :
> - Si $a < b$, alors $a + c < b + c$.
> - Si $a > b$, alors $a + c > b + c$.

Exemples

Si $a < 7$, alors $a + 4 < 7 + 4$.

Si $a < 7$, alors $a - 9 < 7 - 9$.

- La multiplication (ou la division) par un nombre positif non nul conserve l'ordre.

> **Règle 4** Quels que soient les nombres relatifs a, b et c :
> - Si $a < b$ et $c > 0$, alors $a \times c < b \times c$.
> - Si $a > b$ et $c > 0$, alors $a \times c > b \times c$.

Exemple

Si $a < 5$, alors $a \times 1{,}5 < 5 \times 1{,}5$.

- La multiplication (ou la division) par un nombre négatif non nul inverse l'ordre.

> **Règle 5** Quels que soient les nombres relatifs a, b et c :
> - Si $a < b$ et $c < 0$, alors $a \times c > b \times c$.
> - Si $a > b$ et $c < 0$, alors $a \times c < b \times c$.

Exemples

- Si $a < -2$, alors $-3 \times a > -3 \times (-2)$.
- Si $b > 5$, alors $\frac{b}{-2} < \frac{5}{-2}$.

b. Inéquation

> Une **inéquation** à une inconnue est une inégalité dans laquelle une quantité est inconnue.

Voici un exemple d'inéquation où l'inconnue est désignée par la lettre x :

$$x + 5 < 3x + 1$$

> **Résoudre** une inéquation, c'est trouver toutes les valeurs pour lesquelles l'inégalité est vraie. Ces valeurs sont appelées **solutions** de l'inéquation.

On utilise pour cela les règles rappelées dans le a.

Exemple

Résoudre l'inéquation $x + 5 < 3x + 1$.

$$x + 5 < 3x + 1$$

$$x + 5 - 5 < 3x + 1 - 5 \quad \text{(Règle 3)}$$

$$x < 3x - 4$$

$$x - 3x < 3x - 4 - 3x \quad \text{(Règle 3)}$$

$$-2x < -4$$

$$\frac{-2x}{-2} > \frac{-4}{-2}$$

(Règle 5 : ⚠ -2 étant négatif, l'ordre change !)

$$x > 2$$

Les solutions de l'inéquation sont les nombres strictement supérieurs à 2.

Représentation graphique des solutions :

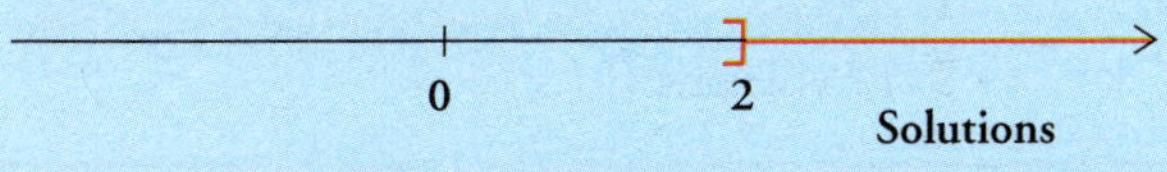

Le crochet est orienté dans le sens opposé des solutions pour indiquer que 2 n'est pas solution.

RÉSOUDRE UN PROBLÈME DU 1er DEGRÉ

Équation

Énoncé

Les côtés d'un triangle ACD *sont coupés par une droite* (BE) *parallèle à* (CD).
L'unité de longueur est le cm.
Le dessin n'est pas en vraie grandeur.
Calculer un arrondi à 0,1 *de* AB.

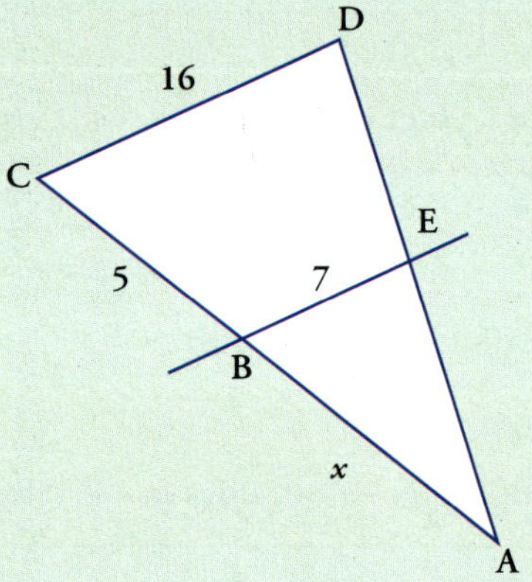

Exemple de solution

Dans le triangle ACD, les points A, B, C sont alignés ainsi que les points A, E, D, les droites (CD) et (BE) sont parallèles.
D'après la propriété de Thalès, on peut écrire que :

$$\frac{AB}{AC} = \frac{AE}{AD} = \frac{BE}{CD}$$

En remplaçant par les valeurs numériques, on obtient :

$$\frac{x}{x+5} = \frac{7}{16}$$

En appliquant les propriétés des quotients, on peut calculer :

$$16 \times x = 7(x+5)$$

En développant, on obtient :

$$16x = 7x + 35$$

On résout l'équation :

$$16x - 7x = 7x + 35 - 7x$$
$$9x = 35$$
$$\frac{9x}{9} = \frac{35}{9}$$
$$x \approx 3{,}9$$

On revient au problème et on conclut :
3,9 cm est un arrondi de AB.

Inéquation

La SNCF propose deux formules de tarifs pour des voyages Rouen - Paris. Un voyage correspond à un aller-retour qui coûte 33,80 €. *On peut aussi régler 420 € pour une carte et payer* 8 € *par voyage. À partir de combien de voyages l'achat d'une carte est-elle la plus avantageuse ?*

Mise en inéquation

- *Lire le texte attentivement et nommer l'inconnue.* — On appelle n le nombre de voyages réalisés.
- *Repérer des indications dans le texte pour comprendre la situation.* — Le prix d'un voyage est 33,80 €. Pour n voyages, on paie $33{,}80n$ euros. Après avoir pris la carte, par voyage, on paie 8 € ; on paie donc $420 + 8n$ euros.
- *Écrire une inéquation qui traduit le texte.* — $33{,}80\,n > 420 + 8n$

Résolution de l'inéquation

- *Transformer l'inégalité en utilisant les propriétés de l'ordre et des opérations.*

$$33{,}80n - 8n > 420 + 8n - 8n$$
$$25{,}80n > 420$$

- *Le nombre trouvé n'est pas entier.*

$$n > \frac{420}{25{,}8} \text{ or } \frac{420}{25{,}8} \approx 16{,}28$$

- *Revenir au problème et interpréter le résultat.* — On prend l'entier supérieur le plus proche de 16,28.
- *Écrire une phrase de conclusion.* — La carte devient avantageuse à partir de 17 voyages.

DÉVELOPPER – RÉDUIRE

1 Réduire, si possible, les expressions suivantes :
$A = 2x \times (-6x^2)$; $B = -3y - 3y$
$C = 5 - 3x$; $D = 2x + 6x^2$
$E = -3a \times 4b$; $F = 3a + 4b$

2 Recopier et compléter :
$3x \times .... = 6x^2$; $-4x \times .... = 16x$
$....... + 5x = 15x$; $10x + ... = 5x$
$-5x - ..... = 12x$; $...... \times (-7x) = 14x^3$

3 Supprimer les parenthèses, puis réduire les expressions littérales suivantes :
$(5x - 3) + (-x + 2)$; $(-2x + 5) - (3x + 5)$
$-(7x + 1) - (-x + 3)$;
$(6x - 1) - (2x + 3) + (3x + 8)$

4 Supprimer les parenthèses, puis réduire les expressions littérales suivantes :
- $(6 - 5x) + (4x + 1)$
- $6x - (-3x - 4) + (x + 8)$
- $9 - 2x + (9x - 4) - (-2x - 7)$

5 Développer et réduire les expressions littérales suivantes :
$4(3x - 2)$; $-5(2x + 1)$
$-2(-7 - 5y)$; $3a(-5 + 2b - c)$

6 Développer et réduire les expressions littérales suivantes :
- $3(3x - 4) - 2(-x + 5)$
- $-5(-2x + 1) - 5(3x - 1)$
- $8x - (5 - 3x) - (2x + 7)$

7 Développer et réduire les expressions suivantes :
$A = 2(5x + 4) + x(1{,}5x - 3)$
$B = 6x(3 - 2x) - 5x(x - 3)$
$C = -2x + 1 + 4(3x - 1) + 2(7x + 5)$
$D = 9 - (-3 + x) + 2(x + 5) - (7 - x)$

ÉQUATIONS

8 Le nombre 2 est-il solution des équations suivantes ? Justifier.
$3x - 10 = -2{,}5x + 1$; $7(x - 3) + 20 = x^2 + 9$
$\dfrac{9x - 3}{2} = 3x + 1{,}5$

9 **a.** Le nombre (– 3) est-il solution des équations ci-dessous ?
$4 - 5x = 2x + 25$; $2(x - 3) + 11 = x^2 + 2$
$2x^2 + 7 = x^2 + 16$

b. Même question pour le nombre 3.

10 Résoudre les équations suivantes :
- $7x - 2 = -x - 18$
- $2{,}3x - 4{,}5 = 5{,}4 - x$
- $199 + 255x = 270x + 169$

11 Résoudre les équations suivantes :
$3x + 4 = -5x - 12$; $-3x + 4 = 5x - 12$
$3x - 4 = -5x - 12$; $-3x - 4 = -5x + 12$

12 Résoudre les équations suivantes :
- $-5x + 3 = 2x + 8 - 7x - 7$
- $9x - 6 - 8x = -4x + 3 + x$
- $6 - x + 5x = 2x - 7 + 13 + 2x$
- $-4x - 9 = -6x - 11$

13 Résoudre les équations suivantes :
a. $4x - 5(8x - 2) = 9x - (3x + 2)$
b. $-x + (6x - 7) = 3(2x - 3)$
c. $7 - 7x - (6 - 6x) = 5x + 5$
d. $-(8 + x) = 6 - 3(4x - 1)$

14 Résoudre les équations suivantes :
a. $10(2x - 3) - (4 - x) = 5x$
b. $-2(3 + 2x) = 3 - (2x - 3)$
c. $7x - 2 = 6(2 - 5x) - 5(3x + 1)$
d. $x + 8(x - 1) = 9 - (2x - 7)$

15 **Des équations spéciales !**
Résoudre les équations suivantes :
a. $5x + 3 = -2 + 5x$
b. $6x - 8 = 2(3x - 4)$
c. $2x + 3 = 2(x + 1)$

16 Résoudre les équations suivantes :
a. $2(2x + 9) = 5(x - 1)$
b. $5(3 - x) - 2(2x - 1) = 3(x - 1)$
c. $\dfrac{x + 1}{3} = -\dfrac{2x}{7}$

17 Résoudre les équations suivantes :
$\dfrac{x}{7} - 7 = -1$; $x + \dfrac{1}{3} = \dfrac{1}{2}$
$\dfrac{x}{3} + x = 36$; $2\left(50 + \dfrac{x}{4}\right) = 4x$
$\dfrac{2}{3}x - \dfrac{5}{7} = \dfrac{3}{7}x - \dfrac{8}{9}$

MISE EN ÉQUATION

18 J'ajoute 5 au triple du nombre auquel je pense, et je trouve 2.
Quel est ce nombre ?

19 Un père et son fils ont à eux deux 72 ans. L'âge du père est le double de l'âge du fils.
Quel est l'âge du fils ?

MÉTHODE

Résoudre un problème

Énoncé

Mon frère a quatre ans de moins que moi. Le total de nos deux âges est 62 ans. Quel est mon âge ?

Exemple de solution

1. Choisir l'inconnue :
x : mon âge

2. Traduire l'énoncé par une équation :

$$x + (x - 4) = 62$$

3. Résoudre l'équation :

$$x + x - 4 = 62$$
$$2x = 62 + 4$$
$$2x = 66$$
$$x = 33$$

4. Répondre au problème posé :
Mon âge est 33 ans.

● Voir exercices 18 à 25

20 Justine a 8 ans et sa grand-mère a 50 ans.
Dans combien d'années, l'âge de sa grand-mère sera-t-il le triple de l'âge de Justine ?

21 Éric, Sabrina et Cathy comparent leur nombre de CD. Éric a deux fois moins de CD que Sabrina, et Cathy en a 5 de moins que Sabrina. À eux trois, ils ont cent CD.
Combien Éric a-t-il de CD ?

22 Quelle doit être la longueur du côté d'un triangle équilatéral pour que son périmètre soit le même que celui d'un rectangle de longueur 5 m et de largeur 1 m ?

23 Combien doit valoir h pour que l'aire de ce triangle soit 10,5 ?

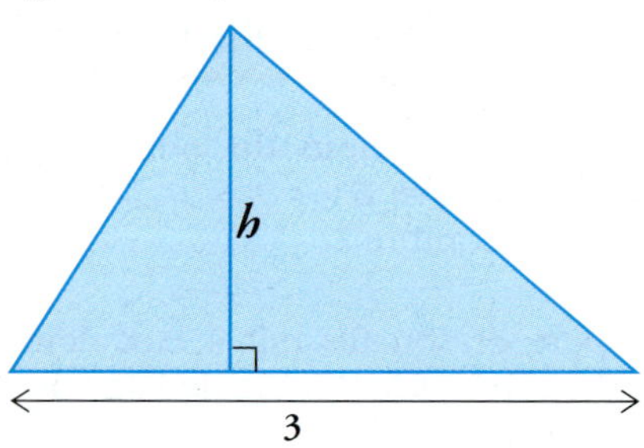

24 Calculer, dans chaque cas de figure, les valeurs de x à 0,1 près.

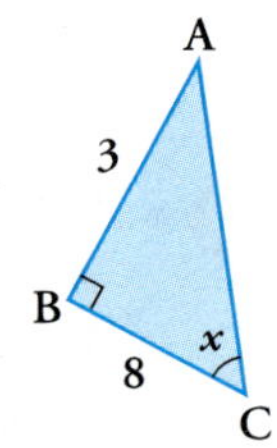

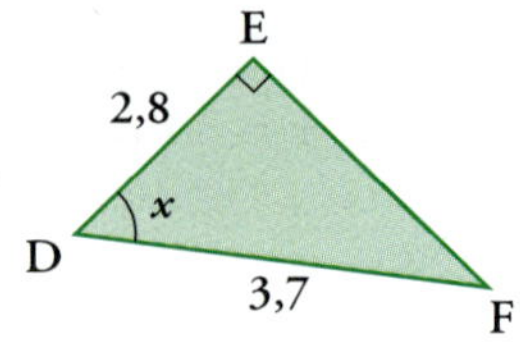

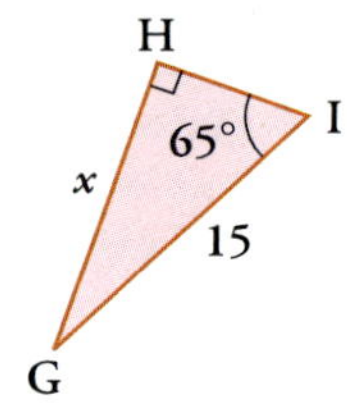

25 Dans une bande de de papier de 8 cm de large, on a découpé deux figures :
- un triangle MQR
- une figure en forme de L

Les dimensions sont portées sur les figures. L'unité de longueur est le centimètre.
Le nombre x est un nombre positif inférieur à 8 ($0 < x < 8$).

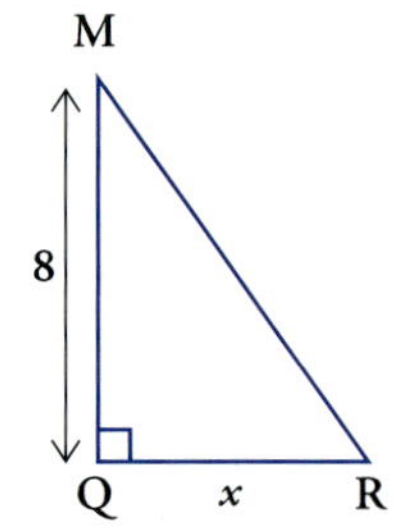

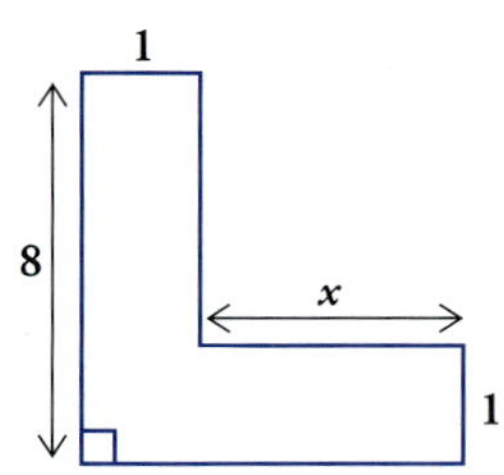

a. Évaluer, en fonction de x :
- l'aire S_1 du triangle MQR.
- l'aire S_2 de la partie en forme de L.

b. Pour quelle valeur de x l'aire du triangle est-elle égale à celle de l'objet en forme de L ?

INÉGALITÉS

26 a et b sont deux nombres tels que $a < -1$ et $b > 2$.
Écrire des inégalités pour :
$a + 5$; $a - 2$; $4b$; $-2b$; $a \times b$.

27 Recopier le tableau, observer l'exemple dans la première ligne du tableau, puis compléter les autres lignes.

Inégalité	Signification	Autre inégalité possible
$x < 1$	x est strictement inférieur à 1	$1 > x$
$-3 < x$		
$7 \geqslant y$		
$y > -2$		
$0 \leqslant z$		

28 Observer l'exemple de la première colonne du tableau, puis compléter les autres colonnes.

$x - 5{,}7 > 0$	$x + \frac{7}{3} < 0$	$-4 < x + 3$	$\frac{5}{6} + x > 2$	$-5{,}4 < 3{,}6 - x$
$x > 5{,}7$	x……			

29 Observer l'exemple de la première colonne du tableau, puis compléter les autres colonnes.

$5x < 3$	$3x > -7$	$-6x < 4{,}8$	$-\frac{5}{6}x > \frac{1}{2}$	$-\frac{4}{5} > -\frac{x}{8}$
$x > \frac{3}{5}$	x……			

INÉQUATIONS

30 Les nombres 0 ; 3 ; - 4 et 1 sont-ils solutions de l'inéquation $-5x + 3 < -x - 1$? Justifier.

31 On donne l'inéquation : $\frac{1}{2}x + 4 \geqslant -3x - \frac{1}{2}$.

Les nombres (- 1) et $\left(-\frac{9}{7}\right)$ sont-ils solutions de cette inéquation ? Justifier.

32 On considère l'inéquation :

$$3(x + 4) + 2 \leqslant 5x + 7.$$

Les nombres suivants sont-ils solutions de l'inéquation ? - 5 ; 0 ; 3 ; 8

33 Recopier et compléter le tableau suivant après avoir observé l'exemple de la première ligne :

Inéquation	Représentation sur une droite graduée
$x \leqslant 2$	
$x > -3$	
$x < 7$	
$-5 \geqslant x$	
$0 \leqslant x$	

34 Recopier et compléter le tableau suivant :

Inéquation	Représentation sur une droite graduée

$x > \frac{3}{7}$	

	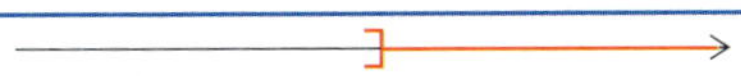

EXERCICE RÉSOLU

Énoncé

Résoudre l'inéquation $-3x + 5 < 5x - 1$ et représenter ses solutions sur une droite graduée.

Exemple de solution

$-3x + 5 < 5x - 1$

$-3x + 5 - 5x < 5x - 1 - 5x$

$-8x + 5 < -1$

On ajoute (- 5 x) aux deux membres

$-8x + 5 - 5 < -1 - 5$

$-8x < -6$

On ajoute (- 5) aux deux membres

$-\frac{8x}{-8} > -\frac{6}{-8}$

On divise par (- 8) les deux membres. Le sens de l'inégalité change car on divise par un nombre <u>négatif.</u>

$x > \frac{6}{8}$

$x > \frac{3}{4}$

Les solutions sont tous les nombres strictement supérieurs à $\frac{3}{4}$.

<u>Représentation graphique des solutions :</u>

Le nombre $\frac{3}{4}$ n'étant pas une solution, le crochet n'est pas orienté vers les solutions.

35 On donne l'inéquation $-3x + \frac{3}{4} \leqslant \frac{1}{2}x + 6$

a. (- 2) et 2 sont-ils solutions de cette inéquation ?

b. Résoudre l'inéquation et représenter ses solutions sur une droite graduée sur laquelle on fera figurer les nombres (- 2) et 2.

c. Vérifier la cohérence des réponses **a.** et **b.**.

36 Résoudre les inéquations suivantes et représenter les solutions sur une droite graduée :

$2x + 3 < x - 4$; $-5x + 2 > -4 + 7x$
$-x + 8 \geqslant 3x - 5 - 4x$; $3x - 5 \leqslant 7x - 9$

37 Résoudre les inéquations suivantes et représenter les solutions sur une droite graduée :

$-5(x + 4) \leqslant -9 - 8x$;
$3x - (4 + 5x) < -2(x + 3)$
$4x - 2(2x - 5) > 2x$; $4 - 5x \geqslant x - 3(x - 2)$

38 Résoudre les inéquations suivantes et représenter leurs solutions sur une droite graduée :

$-3x < 21$; $-4(3 - 2x) > 8x - 13$
$5x - 6 \leqslant -2x + 3(x - 2)$

39 **Des solutions peu ordinaires !**

Résoudre les inéquations suivantes et représenter, si possible, leurs solutions sur une droite graduée :

$6x - 5 < 3(2x + 7)$; $-15(x - 1) \geqslant 3(9 - 5x)$

MISE EN INÉQUATION

40 **Périmètre**

Déterminer les valeurs de x pour lesquelles le périmètre du rectangle est inférieur au périmètre du triangle.

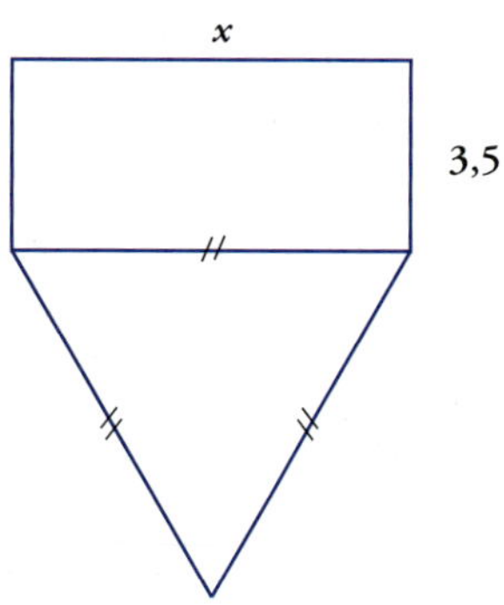

41 **Aire**

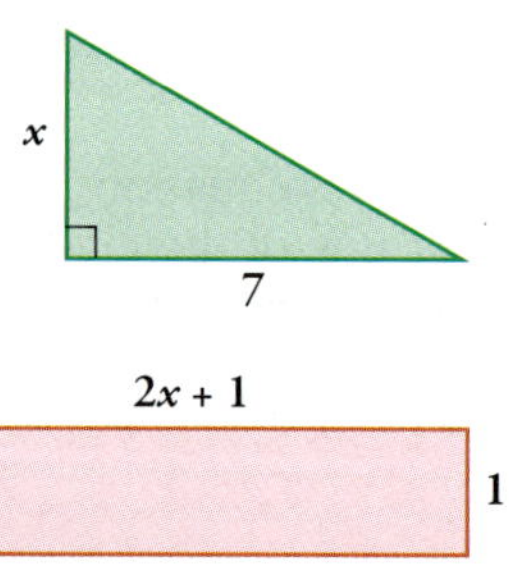

Pour quelles valeurs de x l'aire du triangle est-elle inférieure à l'aire du rectangle ?

42 **Autre périmètre**

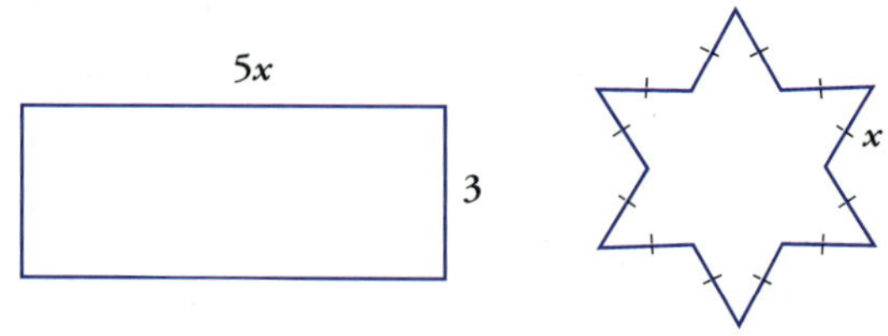

Pour quelles valeurs de x le périmètre du rectangle est-il supérieur au périmètre de l'étoile ?

43 Je suis un nombre entier positif. Si on retranche mon double à 3, on trouve un nombre strictement supérieur à (– 1). Qui suis-je ?

44 La société MOBITELECOM propose les tarifs suivants :

Tarif Découverte : 0,50 € la minute
Tarif Privilège : Un abonnement de 18 € par mois, puis 0,20 € la minute.

a. Calculer chaque tarif pour une personne communiquant 30 minutes dans le mois.

b. Même question pour 1 h et 1 h 30 de communication mensuelle.

c. On note x le nombre de minutes de communication dans le mois.
Exprimer chaque tarif en fonction de x.

d. À partir de combien de minutes de communication le tarif Privilège est-il plus avantageux que le tarif Découverte ?

45 Dans une location de skis, on propose les deux tarifs suivants pour louer des chaussures et des skis :

Tarif ① : 8 € par jour.

Tarif ② : 8 € pour la carte de fidélité (valable un an) et 6 € par jour.

Combien de jours faut-il louer pour que le tarif 2 soit plus intéressant que le tarif 1 ?

46 Julien cherche un nombre entier strictement positif tel que la somme de son triple et de 5 soit inférieure à la somme de sa moitié et de 14.

Quelles sont les valeurs possibles ?

Ce que je dois savoir

- Résoudre une équation du premier degré.
- Utiliser le calcul littéral dans la mise en équation et la résolution de problèmes.
- Utiliser les effets de la multiplication par un nombre positif ou négatif pour comparer des nombres.
- Résoudre une inéquation et représenter ses solutions sur une droite graduée.

Je m'évalue

Solutions page 297

47 Résoudre les équations suivantes :

a. $\frac{5x}{3} = -\frac{1}{4}$

b. $-2x + 7 = 8x - 1$

c. $3x - 2(4x - 1) = 2 - 6x$

48 Déterminer x pour que les deux figures ci-dessous aient le même périmètre.

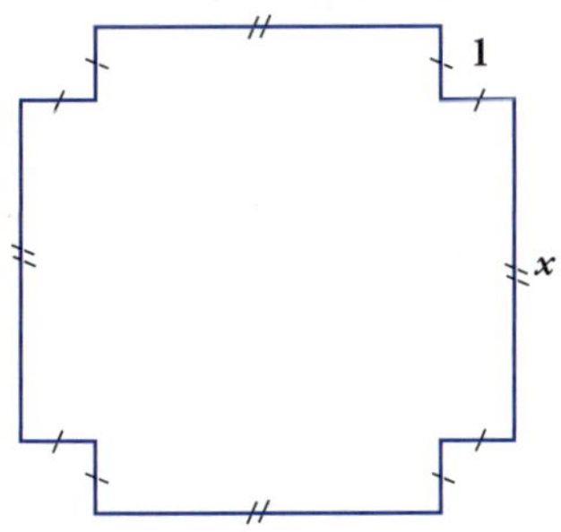

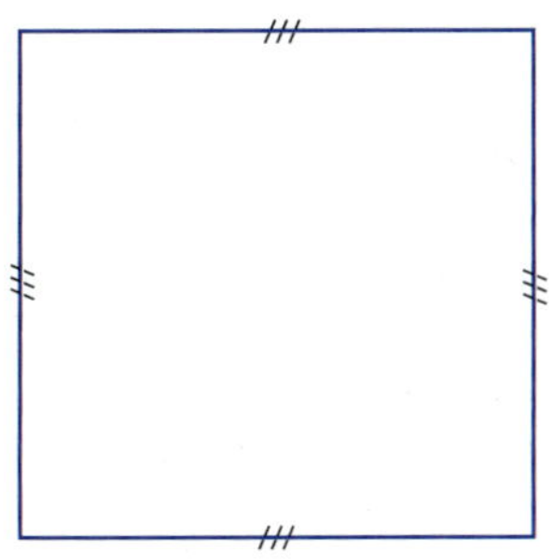

$2x - 3$

50 On donne l'inéquation $-5x + 3 \geqslant 2x - 1$.

a. Les nombres -2, $\frac{4}{7}$ et 3 sont-ils solutions de cette inéquation ?

Justifier.

b. Résoudre l'inéquation et représenter ses solutions sur une droite graduée.

51 Le « LUDOPARC », parc d'attractions, propose les tarifs suivants :

PLEIN TARIF : 30 € l'entrée

TARIF ABONNÉ : Une carte d'abonnement annuel à 60 €, et 19 € l'entrée

a. Recopier et compléter le tableau suivant :

Nombre d'entrées au parc dans l'année	2	4	7
PLEIN TARIF			
TARIF ABONNÉ			

Indiquer quel tarif est plus avantageux dans chaque cas.

b. À partir de combien d'entrées par an, le tarif abonné est-il le moins cher ?

49 Répondre par « Vrai » ou « Faux ».

	V	F
$x < -1$ donc $-3x < 3$		
Si on ajoute un nombre négatif aux deux membres d'une inégalité, le sens de l'inégalité change.		
Les inéquations $-4 > x$ et $-x > 4$ ont les mêmes solutions		
Si $a > b$, alors $-5b > -5a$		

UTILISER SES CONNAISSANCES

52 Résoudre les équations suivantes :

$\frac{3}{2}x = \frac{5}{4}$; $\frac{-6}{5} + x = -1 + \frac{1}{3}x$

$3\left(2x - \frac{4}{3}\right) = 1 - \frac{7}{2}$; $3x - \frac{1}{4}\left(2x - \frac{2}{3}\right) = 0$

53 Résoudre les équations suivantes :

$\frac{1}{4}x - 3 = -6$; $3x = \frac{x - 55}{4}$

$\frac{2}{3}x - 5 = \frac{3}{7}x - 10$; $\frac{3}{7}x + \frac{2}{9} = \frac{5}{7}x - \frac{7}{3}$

54 Résoudre les équations suivantes :

$$3 + x^2 = x(4 + x)$$
$$2(x - 3) - 6x^2 = 4x - 3x(5 + 2x)$$

55 Le nombre (– 1) est-il solution des équations et inéquations ci-dessous ?

$-5x + 4 > 0$; $-4x + 5 < 0$; $2x - 3 = -5$

56 Résoudre les inéquations suivantes :

$\frac{1}{3}x \leqslant -\frac{1}{2}$; $\frac{5}{3} - \frac{x}{2} < \frac{3}{2}x - 10$

$-\frac{3}{4} - \left(2x - \frac{7}{2}\right) \geqslant \frac{5}{2}x - 4$; $\frac{3 + 2x}{6} - \frac{3}{12} < 0$

57 • Résoudre l'inéquation : $-6a + \frac{2}{3} \geqslant -11$.

• Représenter l'ensemble des solutions sur une droite graduée.

• Préciser les valeurs entières positives ou nulles de a qui sont solutions de l'inéquation.

58 Résoudre les inéquations suivantes et représenter l'ensemble des solutions sur une droite graduée :

$\frac{x + 1}{2} - \frac{x + 2}{3} < 7$; $\frac{2x + 1}{5} > \frac{7x - 1}{3}$

59 On donne l'inéquation suivante :

$$\frac{-3x + 2}{4} < -4$$

a. Les nombres $\frac{13}{2}$ et $-\frac{5}{3}$ sont-ils solutions de cette inéquation ? Justifier.

b. Résoudre l'inéquation et représenter ses solutions sur une droite graduée.

60 Les affirmations suivantes sont-elles vraies ou fausses ? Justifier.

1	Ceci est une représentation graphique des solutions de l'inéquation $x \leqslant 2$: 
2	Les inéquations $x > 1$ et $-5x < -5$ ont les mêmes solutions.
3	L'inéquation $2(x + 1) > 2x + 1$ a une infinité de solutions.
4	On ne doit pas changer le sens d'une inégalité si on soustrait (– 2) à chaque membre.
5	6 est une solution de l'inéquation : $5x - 7 < 4x - 1$
6	Tout nombre est solution de l'inéquation : $3 - (7x - 4) < 2(3{,}5x + 2)$

61 Un jardinier dispose d'une surface rectangulaire de 10 m sur 4 m pour faire ses plantations de fleurs. Il souhaite planter des tulipes rouges dans les deux parcelles triangulaires, et des tulipes jaunes sur une bande centrale comme indiqué ci-dessous.

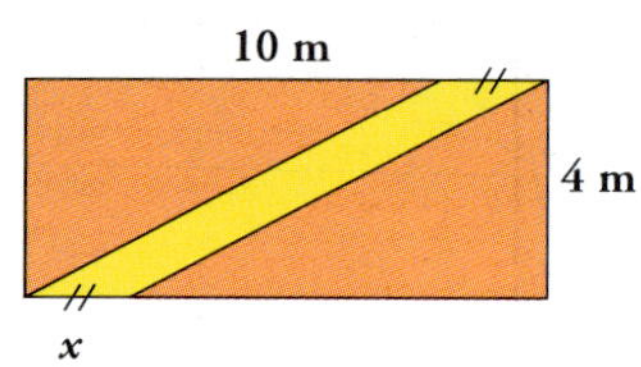

a. Calculer l'aire de la parcelle des tulipes jaunes en fonction de x.

b. Le jardinier souhaite que l'aire de cette parcelle soit égale au cinquième de l'aire du grand rectangle.

Quelle longueur doit-il choisir pour x ?

62 Pour l'anniversaire de Jérémy, Stéphane décide de lui fabriquer une boîte à outils selon le modèle ci-dessous :

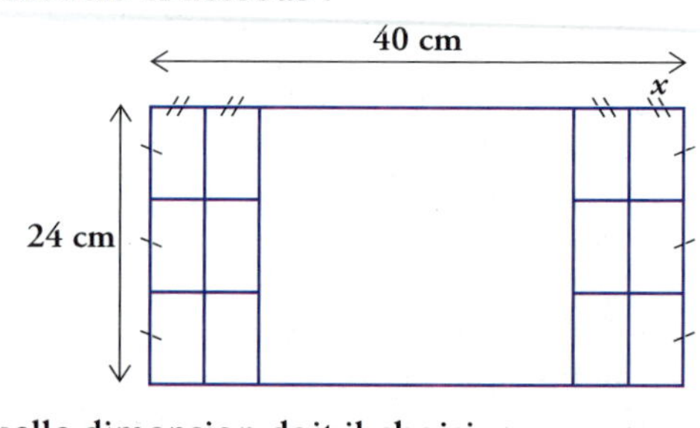

Quelle dimension doit-il choisir pour x pour que la surface des douze petits compartiments rectangulaires soit la même que l'aire du rectangle central ?

63 Le tiers des élèves de troisième d'un collège a choisi l'italien comme seconde langue. Les $\frac{3}{5}$ ont choisi l'espagnol et les douze élèves restants ont préféré l'allemand.

Combien y a-t-il d'élèves de troisième dans ce collège ?

64 **Abonnement**
Un magazine mensuel est vendu au prix de 4,90 € par numéro et chacun des trois numéros hors-série annuel coûte 6,90 €.
L'abonnement coûte 59 € et comprend 12 mensuels et les 3 hors-série.
Juliette achète toujours les trois hors-série de ce magazine, mais prend irrégulièrement les numéros mensuels.

À partir de combien de mensuels achetés est-il plus intéressant pour elle de s'abonner ?

65 **Moyenne**
Aux trois premiers contrôles de maths du trimestre, Alicia a obtenu 13, puis 8,5 et 16,5.

Quelle note doit-elle au minimum avoir au dernier contrôle pour atteindre au moins 12 de moyenne ?

66 **Voyage**
Pour préparer un voyage, une classe décide de s'adresser à deux agences.
La première, TRANSCAR, propose un forfait de 221 € plus 1,8 € par kilomètre.
La seconde, BUSVOYAGE, propose un forfait de 305 € plus 1,20 € par kilomètre.

a. La classe envisage un voyage de 350 km.
À quelle agence est-il préférable de s'adresser ?

b. Quelle est, selon la longueur du trajet, l'agence la plus économique ?

67 Un rectangle NAGE a pour longueur NA = 20 cm et pour largeur AG = 12 cm.
On place U sur [AG] tel que AU = 2 cm, et R sur [EG] tel que ER = x cm.

a. Calculer l'aire du rectangle NAGE, puis l'aire du triangle GRU en fonction de x.

b. En déduire l'aire du polygone NAURE.

c. Pour quelles valeurs de x l'aire du polygone NAURE est-elle inférieure au double de l'aire du triangle GRU ?

68 ABCD est un rectangle avec AB = 20 cm et AD = 16 cm.
M est un point de [CD] et on note DM = x cm.

Trouver les valeurs de x pour que l'aire du triangle ADM soit inférieure ou égale au quart de l'aire du trapèze ABCM

69 Un pré a 80 m de longueur. Sa largeur x dépend de deux contraintes.
Le périmètre du pré doit être inférieur à 250 m.
En même temps, l'aire du pré doit être supérieure à 2500 m^2.

Quelles sont les valeurs possibles de la largeur ?

70 Le professeur de mathématiques a séparé la classe en deux groupes.
Le premier a pour consigne de construire un triangle isocèle de base 5 cm, les deux autres côtés mesurant x cm.
Le deuxième groupe a pour consigne de construire un triangle isocèle de base x cm, les deux autres côtés mesurant 5 cm.

Comment choisir x pour que les deux groupes puissent effectuer les constructions demandées ?

71 ABC est un triangle rectangle en A tel que AB = 12 et AC = 8.

a. Faire une figure en prenant un carreau comme unité.

b. M est un point du segment [AB], distinct de A et de B.
On désigne par x la longueur AM, avec $0 < x < 12$.
Par M, on mène la parallèle à (AC) qui coupe [BC] en N. Par N, on mène la parallèle à (AB) qui coupe [AC] en R. On obtient un rectangle (on l'admettra sans démonstration).

Exprimer BM en fonction de x.
Soit y la longueur MN. En utilisant le théorème de Thalès, calculer y en fonction de x et montrer que y peut se mettre sous la forme :

$$y = -\frac{2}{3}x + 8.$$

c. Calculer, en fonction de x, le périmètre du rectangle AMNR.

Déterminer les valeurs de x pour lesquelles le périmètre du rectangle est supérieur à 20.

d. Déterminer x pour que AMNR soit un carré.

POUR ALLER PLUS LOIN

72 Résoudre l'équation suivante :

$$\frac{1-x}{3}+\frac{x+1}{5}=\frac{7x}{15}+1$$

73 Déterminer tous les nombres vérifiant à la fois l'inéquation $2x + 3 > 5(x + 2)$ et l'inéquation $3x - 4 \leqslant 16 + 7x$.

(Représenter l'ensemble de ces solutions sur une droite graduée.)

74 Déterminer tous les nombres vérifiant à la fois les deux inéquations suivantes :

• $5(2x + 1) < 2x - 7$ • $15 - (x + 9) < 2(x + 1)$

75 Parmi les équations ci-après, quelles sont celles :

a. qui n'ont pas de solution ?

b. dont tout nombre est solution ?

• $4 - (x + 3) = 5 - (1 - 3x)$
• $7 + 2(x - 1) = 4x - (7 + x)$
• $-8 + 3(x - 2) = 2x - (14 + x)$
• $8 + (2 - 3x) = 9 - (3x - 1)$
• $-3(3x + 2) = -6x - 3(x + 2)$
• $-x + 5(x - 1) = 2(2x - 3) + 1$

76 Stéphanie a 30 ans et sa fille Caroline 5 ans. Pendant combien d'années l'âge de Stéphanie restera-t-il plus grand que le double de l'âge de Caroline ?

77 Quand Jacques aura l'âge de son père, la somme de leurs deux âges sera de 111 ans. Actuellement, Jacques a 12 ans.
Quel est l'âge de son père ?

78 La somme de trois entiers consécutifs est plus petite que 1918 mais plus grande que 1914. Trouver les trois nombres entiers.

79 Pour quelles valeurs de x peut-on construire un triangle dont les côtés ont pour longueurs 5, x et 7 en cm ?

80 **Bowling**
L'adhésion à un club de bowling coûte 40 € par an. Les licenciés bénéficient alors d'une réduction de 10 % sur le tarif normal d'une partie qui s'élève à 2,80 €.
Combien faut-il faire de parties de bowling par semaine en jouant régulièrement tout au long de l'année pour rentabiliser l'adhésion ?

81 Un artisan est payé par un marchand de jouets de la façon suivante : il reçoit un salaire fixe de 115 € par semaine plus 12 € par jouet réalisé. Combien de jouets doit-il fabriquer s'il veut gagner entre 152 € et 230 € par semaine ?

82 Un fabricant de skateboard est payé par un commerçant de la façon suivante : il reçoit 91 € par semaine plus 41 € par jouet qu'il confectionne.

a. Le commerçant ne veut pas dépenser plus de 1 250 € par semaine. Combien de jouets doit-il commander au plus au fabricant ?

b. Le fabricant voudrait gagner plus de 785 €. Combien doit-il fabriquer au moins de skateboard en une semaine ?

83 Une entreprise d'ébénisterie fabrique 150 tables par mois ; elle produit deux sortes de tables, les unes vendues à 250 € pièce, les autres vendues à 400 €. On désigne par n le nombre de tables à 250 € fabriquées par mois.

a. Exprimer, en fonction de n, le nombre de tables à 400 €.

b. L'entreprise souhaite que le montant des ventes soit strictement supérieur à 48 450 € par mois et elle veut fabriquer plus de tables à 250 € que de tables à 400 €.
Combien doit-elle fabriquer de tables ?

84 **Heures pleines, heures creuses (HP, HC)**
EDF propose des tarifs d'électricité allégés pendant la nuit (heures creuses, 8 h par nuit) aux particuliers consommant beaucoup d'électricité moyennant un abonnement plus élevé.
Voici un extrait de tarifs dont les valeurs ont été arrondies pour simplifier les calculs :

	Abonnement 6 mois	Prix du kWh
Tarif normal	83 €	0,10 €
Tarif HP-HC	132 €	HP : 0,10 € HC : 0,06 €

En s'organisant correctement, les $\frac{2}{5}$ de la consommation d'une famille peuvent se passer en heures creuses et les $\frac{3}{5}$ en heures pleines.
À partir de combien de kWh de consommation totale sur 6 mois est-il plus intéressant de choisir le tarif HP-HC plutôt que le tarif normal ?

85 Les $\frac{2}{3}$ de la hauteur de la Tour Eiffel diminués de 8 m font au moins 200 m. Les $\frac{3}{5}$ de cette hauteur augmentés de 5 m font au plus 200 m.
Donner un encadrement de la hauteur de la Tour Eiffel.

86 Deux représentants de commerce sont rémunérés de la façon suivante :
– Le premier reçoit 10 % du montant de ses ventes.
– Le deuxième reçoit un fixe mensuel de 412 € plus 5 % du montant de ses ventes.
À partir de quel montant des ventes la rémunération du premier est-elle supérieure à celle du second ?

87 Un motard poursuit une voiture sur une autoroute. La voiture est à 150 km de la sortie d'autoroute et roule à la vitesse de 120 km par heure.

Le motard est à une distance égale à x en km derrière la voiture et roule à la vitesse de 130 km par heure.

Pour quelles valeurs de x le motard rattrape-t-il la voiture avant la sortie de l'autoroute ?

88 Reprendre les deux dessins des bandes de papier de l'exercice 25 auxquels on ajoute un trapèze SPUT rectangle en S et en P.

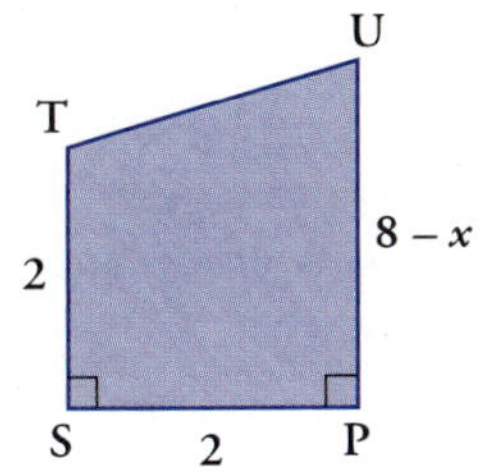

Les dimensions sont portées sur la figure.

L'unité de longueur est le centimètre.

Le nombre x est un nombre positif inférieur à 8 ($0 < x < 8$).

a. Évaluer, en fonction de x :
- l'aire S_1 du triangle MQR ;
- l'aire S_2 de la partie en forme de L ;
- l'aire S_3 du trapèze SPUT.

b. Pour quelle valeur de x l'aire du triangle est-elle égale à celle de l'objet en forme de L ?

c. Calculer les valeurs exactes des trois aires pour $x = 6$, pour $x = 3{,}9$, pour $x = \pi$, pour $x = \frac{2}{3}$.

Donner une valeur arrondie à 10^{-2} pour chacune des deux dernières valeurs d'aires.

d. Les aires des trois objets peuvent-elles être égales ?

Si c'est le cas, précisez pour quelles valeurs de x.

e. Pour quelles valeurs de x, l'aire du trapèze est-elle la plus petite des trois objets ?

f. Si $1 < x < 4$, quel est l'objet qui a la plus grande aire ?

89 **Un problème d'encadrement**

On veut mettre en valeur une gravure rectangulaire de 18 cm sur 24 cm en l'encadrant de la façon indiquée ci-dessous.
Pour des raisons d'esthétique :
- on met une baguette tout autour du cadre, la longueur de la baguette a alors moins de 1,5 m ;
- et on veut que le rapport des longueurs du cadre et de la gravure soit supérieur à 1,7.

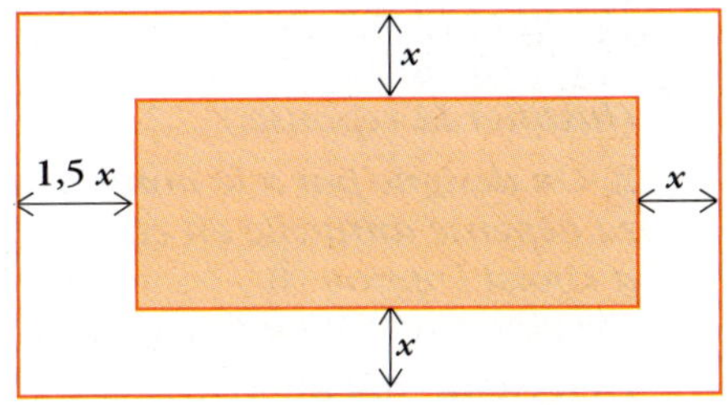

Quelles sont les valeurs possibles pour x en millimètres ?

90 La figure ci-dessous représente un rectangle, un triangle équilatéral et un carré.
Le carré et le triangle ont pour côté a.
Les dimensions du rectangle sont $(a - 2)$ et $\frac{a}{2}$.

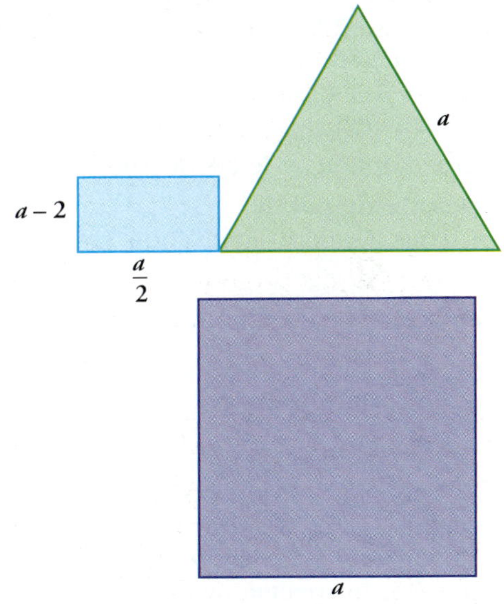

a. Quelle condition faut-il écrire pour que $\frac{a}{2}$ soit la longueur et $(a - 2)$ soit la largeur ?
Trouver alors toutes les valeurs de a possibles.

b. Pour quelles valeurs de a, le périmètre de la figure formée du rectangle et du triangle est-il supérieur ou égal au périmètre du carré ?

91 Quels sont les entiers positifs dont le double diminué de 10 est inférieur à 100 et dont le triple augmenté de 10 est supérieur à 160 ?

Cap sur le BREVET

EXERCICE RÉSOLU

Énoncé (D'après Orléans-Tours, 1997)

Le gérant d'une salle de cinéma propose deux options à ses clients :
Option ① : Le client paie 7 € par séance.
Option ② : Le client paie un abonnement annuel de 40 €, puis seulement 3 € par séance.

Première partie

1. a. *Quelle est l'option la plus avantageuse pour un client assistant à 12 séances par an ? (Justifier la réponse.)*

b. *Quelle est l'option la plus avantageuse pour un client assistant à 5 séances par an ? (Justifier la réponse.)*

2. *On désigne par x le nombre de séances auxquelles assiste un spectateur dans l'année, par A sa dépense annuelle en euros s'il a choisi l'option ① et par B sa dépense annuelle en euros s'il a choisi l'option ②.*
Exprimer A et B en fonction de x.

Deuxième partie

1. *Résoudre l'inéquation $7x \leqslant 40 + 3x$.*

2. *Utiliser le résultat précédent pour déterminer l'option la plus avantageuse pour un spectateur, suivant le nombre de séances auxquelles il assiste dans l'année.*

Exemple de solution

Première partie

1. a. Avec l'option ①, le client paie 7×12 €, soit 84 €. Avec l'option ②, le client paie $40 + 3 \times 12$ €, soit 76 €. Comme 76 est inférieur à 84, alors l'option ② est la plus avantageuse.

b. Pour 5 séances, avec l'option ①, le client paie 7×5 €, soit 35 €. Avec l'option ②, le client paie $40 + 3 \times 5$ €, soit 55 €. Comme 35 est inférieur à 55, alors l'option ① est la plus avantageuse.

2. Pour x séances par an, avec l'option ①, le client paie, en euros : $A = 7 \times x$
Avec l'option ②, le client paie en euros : $B = 40 + 3 \times x$.

Deuxième partie

1. Pour résoudre l'inéquation $7x \leqslant 40 + 3x$, on utilise les propriétés de l'ordre et des opérations :

$$7x - 3x \leqslant 40 + 3x - 3x \text{ d'où } 4x \leqslant 40$$

En divisant par un nombre positif, l'ordre ne change pas : $\dfrac{4x}{4} \leqslant \dfrac{40}{4}$ et $x \leqslant 10$

Les solutions de l'inéquation sont représentées graphiquement par la partie colorée de la droite.

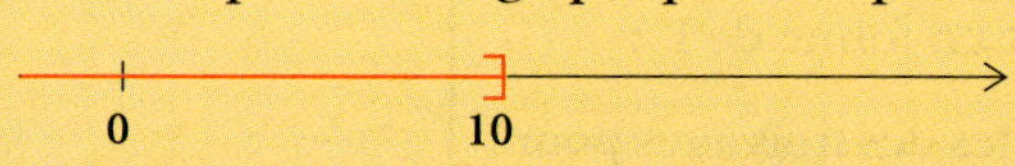

2. Comme $7x$ correspond à la dépense annuelle pour l'option ① et $40 + 3x$ correspond à la dépense annuelle pour l'option ②, alors trouver l'option la plus avantageuse revient à résoudre l'inéquation précédente. Comme $7x \leqslant 40 + 3x$ pour $x \leqslant 10$, alors l'option ① est la plus avantageuse si le spectateur assiste à moins de 10 ou 10 séances dans l'année. S'il assiste à plus de 10 séances, il vaut mieux choisir l'option ②.

92 Afrique II, 2001

On considère l'inéquation :

$$4x + 7 > 2 - 3x$$

1. a. Le nombre 0 est-il solution de cette inéquation ? Justifier la réponse.

b. Le nombre (– 1) est-il solution de cette inéquation ? Justifier la réponse.

2. Résoudre l'inéquation $4x + 7 > 2 - 3x$ et représenter ses solutions sur une droite graduée.

93 Limoges, 1997

Soit $A = \dfrac{3x - 2}{4}$.

a. Calculer A pour $x = \dfrac{7}{3}$.

Le nombre $\dfrac{7}{3}$ est-il solution de l'inéquation suivante : $\dfrac{3x - 2}{4} < 2$?

b. Résoudre l'inéquation : $\dfrac{3x - 2}{4} < 2$.

94 **Turquie, 2000**

Résoudre l'inéquation :

$$\frac{x}{2} - \frac{x+1}{3} + \frac{x-2}{4} > 0$$

Représenter l'ensemble des solutions trouvées sur une droite graduée.

95 **Guadeloupe (2002)**

Résoudre l'inéquation :

$$4x - (x+1) < 8$$

Représenter les solutions sur une droite graduée. *(On hachurera la partie qui n'est pas solution.)*

96 **Centres étrangers III, 1999**

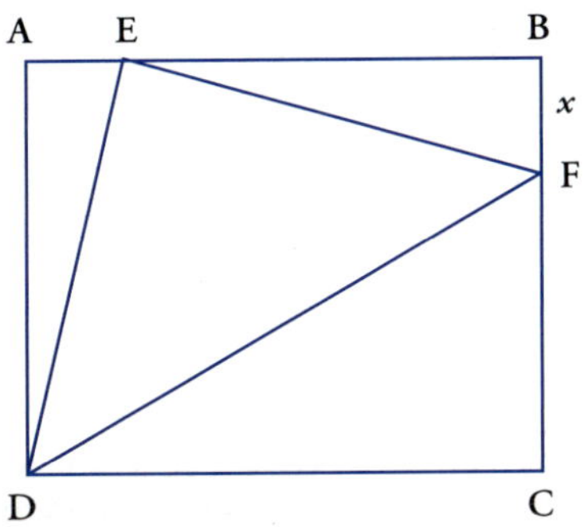

ABCD est un rectangle.
AB = 5 cm ; AD = 4 cm.
E est le point de [AB] tel que AE = 1 cm.
F est un point de [BC].
On note x la longueur BF exprimée en cm.

1. a. Calculer l'aire du triangle AED.

b. Exprimer l'aire du triangle EBF en fonction de x.

c. Exprimer l'aire du triangle DFC en fonction de x.

d. Démontrer que l'aire du triangle EDF, exprimée en cm², est $8 + 0{,}5x$.

2. Résoudre l'équation : $8 + 0{,}5x = 9{,}5$.

3. Refaire la figure aux bonnes dimensions, et placer le point F de [BC] tel que l'aire du triangle EDF soit 9,5 cm².

97 **Clermont-Ferrand, 2000**

La société ALO propose un abonnement téléphonique de 15 € par mois et 0,20 € par minute de communication.
La société LAO propose un abonnement téléphonique de 14,50 € par mois et 0,22 € la minute de communication.
On désigne par x le nombre de minutes de communication par mois.

a. Exprimer en fonction de x le montant d'une facture de ALO, puis le montant d'une facture de LAO.

b. Pour quelles durées de communication mensuelle a-t-on intérêt à choisir ALO ?

98 **Créteil – Paris-Versailles, 1999**

Pour équiper une salle de réunion, M.Dupont achète des chaises et des tabourets.

- Chaque chaise coûte 30,50 € et chaque tabouret 12,20 €. Il paie au total 921,10 €.
- Il a acheté 5 chaises de plus que de tabourets.

Quel est le nombre de chaises et le nombre de tabourets achetés par M.Dupont ?

99 **Groupe est, 1999**

Pierre et Nathalie possèdent ensemble 144 timbres de collection.
Si Nathalie donnait 2 timbres à Pierre, alors celui-ci en aurait deux fois plus qu'elle.

Combien chaque enfant a-t-il de timbres actuellement ?

100 **Groupe ouest, 2001**

Le granit est une roche cristalline formée d'un mélange hétérogène de quatre éléments : quartz, feldspath, biotite et minéraux secondaires.

a. Un bloc de granit est composé de :

- 28 % de quartz
- 53 % de feldspath
- 11 % de biotite
- 19,2 dm³ de minéraux secondaires.

Calculer le volume de ce bloc.

b. Un mètre cube de ce granit a une masse de 2,6 tonnes.
Calculer la masse du bloc de granit considéré dans la question **a.**.

101 **Poitiers, 1999**

L'unité de longueur est le centimètre.

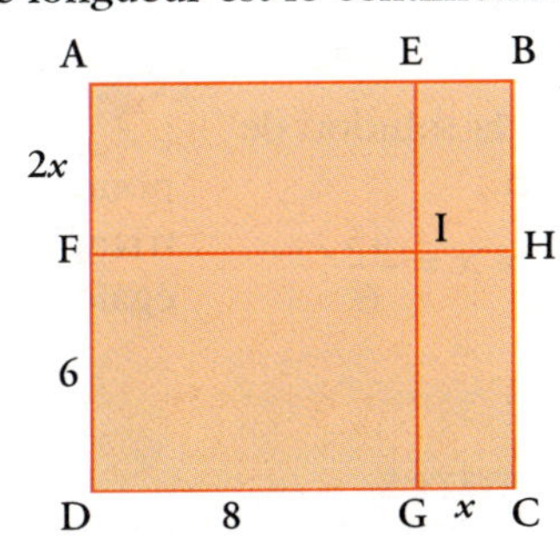

Sur la figure ci-dessus, ABCD est un rectangle.
E est le point du segment [AB] tel que AE = 8.
F est le point du segment [AD] tel que DF = 6.
x est un nombre positif.
On pose EB = x et on donne AF = $2x$.
La parallèle au côté [AD] passant par E coupe le côté [CD] en G.
La parallèle au côté [AB] passant par F coupe le côté [BC] en H.
Les droites (EG) et (FH) se coupent en I.

a. Pour quelle valeur de x le rectangle ABCD est-il un carré ?

b. Pour quelle valeur de x les rectangles DFIG et IEBH ont-ils la même aire ?

Inter-maths

Page d'histoire

En décodant le message suivant, retrouver une phrase célèbre prononcée symboliquement en réaction à un événement politique majeur du XXe siècle (les trois dernières lettres sont les initiales de l'auteur).

La valeur de chaque symbole est un nombre qui correspond à une lettre de l'alphabet en suivant la règle de substitution : 1 → A , 2 → B , 3 → C, etc.

Le message

est la solution de l'équation : $5x - 11 = -3x + 61$	est la solution de l'équation : $\frac{10}{3} - x = \frac{1}{3}$	est l'aire du carré 1 quand $x = 2$.	est la valeur de x quand les périmètres du rectangle 2 et du carré 3 sont égaux.
est le premier des trois nombres pairs consécutifs dont la somme est 48.	est la valeur de x pour laquelle le périmètre du carré 3 est égal à 32.	est le périmètre de la figure 4 quand $x = 4$.	est la mesure du troisième côté du triangle rectangle 5.
est la solution de l'équation : $\frac{3}{4} \times x = \frac{45}{6}$	est la valeur de x pour laquelle l'aire du triangle rectangle 6 est égale à 15.	est la solution du problème suivant : « Un père a 39 ans et son fils 14 ans. Dans combien d'années l'âge du père sera-t-il le double de celui de son fils ? »	

Les figures

Carré 1

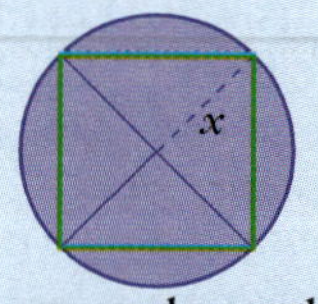

x : rayon du cercle

Rectangle 2

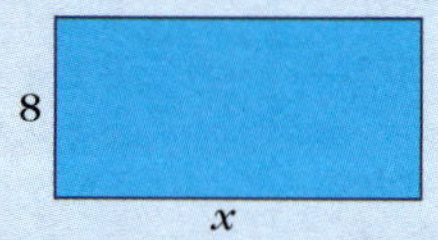

Carré 3

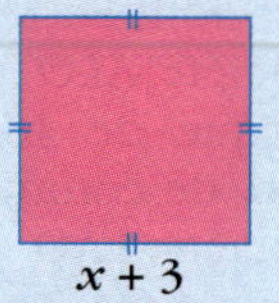

Figure 4

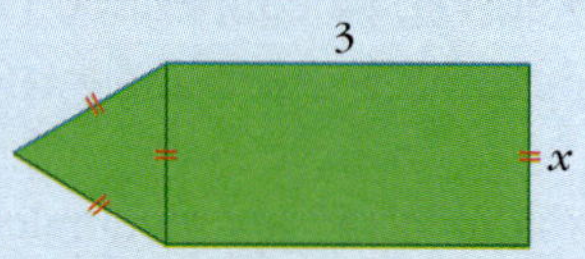

Triangle rectangle 5

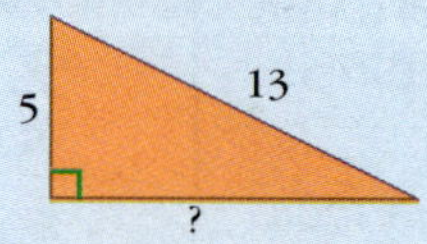

Triangle rectangle 6

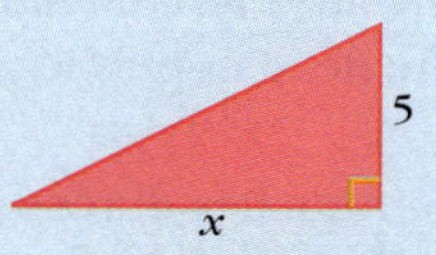

Maths et musique

• Dans le premier tableau, les quatorze expressions littérales sont repérées par un nombre.
Dans le deuxième tableau, les treize expressions littérales sont repérées par une lettre.

• Chaque expression de premier tableau, sauf une, est égale à une expression du deuxième tableau.
Retrouver les expressions égales pour pouvoir ainsi associer une lettre à un nombre.

• Recopier le troisième tableau et compléter les cases suivant les associations trouvées précédemment pour découvrir le nom d'un courant musical, ancêtre d'un style de musique très actuel.

1er tableau

1 $5(x+3)$	2 $x(x-1)$	3 $6x+4$	4 $-5(3x-1)$	5 $6x-2x$	6 $x(-5x+15)$	7 $x-(7x-4)$
8 $6x \times 4x$	9 $-5x+2x^2+3x$	10 $3(x+2)$	11 $7x^2-6x+2x^2$	12 $4 \times 6x$	13 $x(7x-4)$	14 $2x-5x$

2e tableau

A $3x^2-x-2x^2$	B $\frac{24}{6}x$	D $3x(3x-2)$	E $\frac{15x+45}{3}$	H $-5(x^2-3x)$	L $-8x+5x$	M $6(2x)^2$
N $3x^2-4x+4x^2$	R $\frac{6}{2}x+\frac{18}{3}$	S $-7x+6-8x-1$	T $3x(-5+13)$	U $2x(x-1)$	Y $-2(3x-2)$	

3e tableau

10	6	7	12	6	8	3	2	13	11	3	5	14	9	1	4

À travers l'histoire

De nos jours, répondre au problème « *On demande un nombre tel que, si on le multipliait par 3, qu'on ajoutait au résultat 10, qu'on doublait la somme et lui ajoutait 10 , on obtiendrait 90* » ne présente plus beaucoup de difficultés grâce au symbolisme algébrique, cela revient à résoudre l'équation : $2(3x + 10) + 10 = 90$.

Depuis des temps très anciens jusqu'au XIXe siècle, la résolution a mis en œuvre une méthode dite *de fausse position*. Cela consistait à tester deux valeurs, puis à calculer l'erreur par rapport à la vraie valeur selon une méthode qui reprend les propriétés de proportionnalité. La plupart des mathématiciens se contentent d'énoncer la règle sans la justifier, ainsi Al-Kashi utilise une méthode dite *des plateaux*, en référence aux plateaux d'une balance. Il choisit 5 et 7 comme fausses positions et leur fait subir les opérations $2(3 \times 5 + 10) + 10$ et $2(3 \times 7 + 10) + 10$. Il compare les résultats, 60 et 72, avec 90 puis écrit les différences sous les plateaux de la balance :

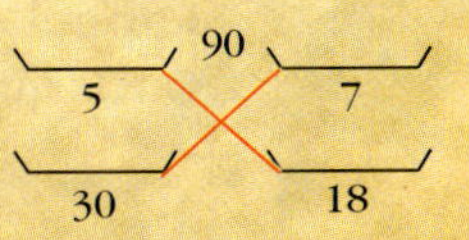

Ensuite il multiplie l'erreur de chaque plateau par le nombre supposé exact, 5×18 et 7×30 et poursuit les calculs suivants :

- Différence des produits : $7 \times 30 - 5 \times 18 = 210 - 90$; $210 - 90 = 120$
- Différence des deux erreurs : $30 - 18 = 12$
- Division des deux différences $120 : 12 = 10$

Le nombre cherché est donc 10.
En fait, cette méthode s'appuie sur des propriétés des fonctions linéaires qui seront vues plus loin.

9 CALCUL LITTÉRAL ÉQUATION-PRODUIT

Pour DÉMARRER

À savoir avant la 3e

- Reconnaître un produit ou une somme. → Pour DÉMARRER 1, 4 et 5
- Réduire une expression. → Pour DÉMARRER 2 et 5
- Développer $(a + b)(c + d)$. → Pour DÉMARRER 2
- Calculer avec des valeurs numériques. → Pour DÉMARRER 3
- Mettre un problème en équation. → Pour DÉMARRER 6 et 7

1 Somme ou produit ?

Reconnaissance de forme : produit ou somme.

a. Parmi les expressions suivantes, lesquelles sont des sommes et lesquelles sont des produits ?

$3 \times x + 4$; $5x - 2$;
$x(3x + 1)$; $x(x + 1) - 7$
$(4y - 3)(7y + 1)$; $5x(x - 2)$;
$(x + 3)^2$; $4x^2 - 8x + 3$

b. Recopier chaque expression, souligner les différents termes quand il s'agit d'une somme et les différents facteurs quand il s'agit d'un produit.

2 Des écritures réduites

Revoir les règles d'écriture et propriétés de base.

a. Écrire, si possible, sous une forme plus réduite les expressions suivantes :

$A = 7x + 4x$; $B = 7x \times 4x$; $C = 7 + 4x$; $D = 7 \times 4x$
$E = 2y^2 - 5y^2$; $F = 2y^2 - 5y$; $G = 2y^2 \times 5y$; $I = 2y^2 \times (-5)$

Rappel
Quels que soient les nombres a, b, c, d :
$$(a + b)(c + d) = ac + ad + bc + bd$$

b. Développer, puis réduire les expressions suivantes :

$J = (a + 2)(a + 7)$; $K = (3x + 1)(8 + 5x)$
$L = (y - 1)(4y - 2)$; $M = (-2t - 1)(5 + 3t)$

• Exprimer « en fonction de ».

• Calculer une expression littérale en remplaçant par des valeurs numériques.

3 En fonction de…

Une piscine a la forme d'un parallélépipède rectangle.

a. Exprimer en fonction de x l'aire occupée par la piscine, puis son volume.

b. Calculer l'aire occupée par la piscine et son volume pour $x = 2$, puis pour $x = \frac{4}{3}$.

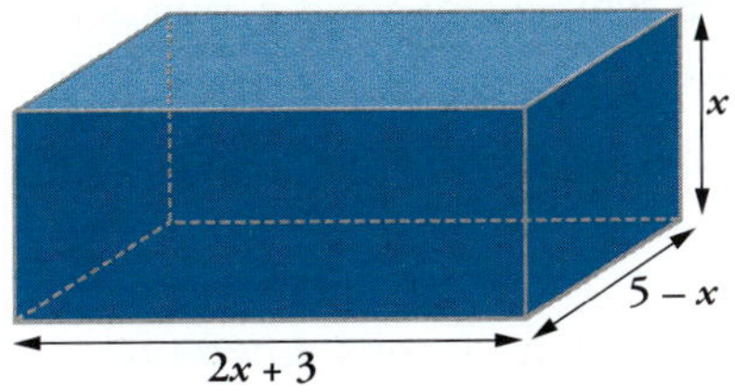

• Donner du sens aux mots.

• Utiliser le vocabulaire approprié.

4 Le choix du mot juste

L'expression $x^2 + 5$ se traduit par : « la somme du carré de x et de 5 ».

Traduire les expressions littérales ci-dessous en utilisant les mots suivants :

carré · cube · double · somme · produit · opposé · inverse

- $x^2 + y$
- $\frac{1}{x} + 2y$
- $x^3 \times 2y$
- $-(x + y)^2$

Traduire le langage usuel en langage algébrique.

5 Programmes de calculs

Transformer chacune des phrases ci-dessous en langage mathématique :

a. « Choisir un nombre, calculer son triple, il est égal à 13. »

b. « La somme du carré d'un nombre a et de 4. »

c. « Le produit de la moitié d'un nombre x par 7. »

d. « Le carré de la somme de 2 et d'un nombre. »

e. « Le produit d'un nombre par la différence du double de ce nombre et de 8 est égal à 0. »

• Trier des informations.

• Reconnaître une équation traduisant des informations.

6 Le bon choix d'égalité

Parmi les équations proposées ci-dessous, choisir celle qui correspond au problème suivant, sans résoudre le problème.

« Bernard s'entraîne tous les jours au marathon en faisant un jogging à la vitesse de 14 km/h. Aujourd'hui, son frère Malory le rejoint en mobylette, il part deux heures plus tard et roule à la vitesse de 38 km/h.

Quel temps mettra-t-il à le rattraper ? »

Équation 1 : $38x - 14 = 2$ **Équation 2 :** $14x + 2 = 2x + 38$

Équation 3 : $14(x + 2) = 38x$ **Équation 4 :** $2x + 38 = 2(x + 14)$

• Mettre un problème en inéquation.

• Appliquer des connaissances de base sur les puissances.

7 Vrai ou faux ?

Est-il vrai que l'aire de la bordure bleue est plus grande que l'aire du carré vert ?

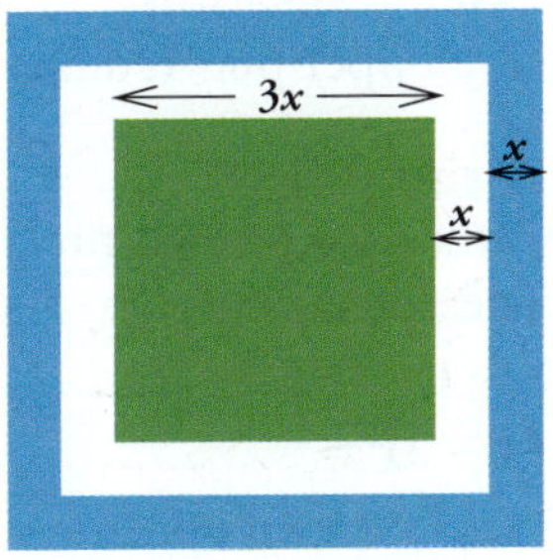

ACTIVITÉS

1 Carré d'une somme

• Rechercher somme et produit.

• Faire des conjectures, puis les tester et être attentif aux signes.

• Utiliser la double distributivité en l'appliquant à un produit à faire apparaître.

• Image mentale à support géométrique pour retenir le double produit.

• Généralisation avec tout nombre positif et négatif.

• Application aux expressions littérales et calcul mental.

a. Sans chercher à transformer les expressions suivantes, dire lesquelles semblent égales :

$(x + 3)^2$; $x^2 + 9$; $x^2 - 6x + 9$; $x^2 + 6x + 9$

$(x + 3)(x + 3)$; $(x + 3)(x - 3)$

b. Tester les égalités écrites en remplaçant x par 1, puis x par (– 2).
Les conjectures sont-elles vérifiées ?

c. Écrire l'expression $(x + 3)^2$ sous forme d'un produit, le développer, puis le réduire.

d. Un peu d'aires

Calculer l'aire du carré ABCD de deux façons différentes et retrouver l'égalité précédente.

$(x + 3)^2 =$ ....

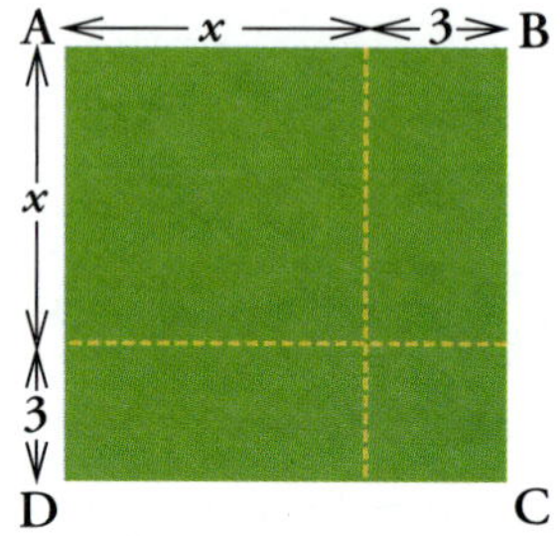

e. Généralisation

Développer, puis réduire l'expression $(a + b)^2$.

f. Application

• Utiliser le résultat précédent pour développer en une seule étape les produits ci-dessous :

$(x + 4)^2 =$ .... ;

$(2x + 3)^2 =$ ....

• Sans poser d'opération ni utiliser la calculatrice, calculer 40^2, puis 41^2.

2 Carré d'une différence

• Rechercher différence et produit.

• Faire des conjectures, puis les tester et être attentif aux signes.

• Utiliser la double distributivité en l'appliquant à un produit à faire apparaître.

• Image mentale à support géométrique pour retenir le double produit.

• Généralisation avec tout nombre positif et négatif.

• Application aux expressions littérales et calcul mental.

a. Sans chercher à transformer les expressions suivantes, dire lesquelles semblent égales :

$x^2 - 4x + 4$; $(x + 2)(x - 2)$; $x^2 - 4$; $(x - 2)^2$; $(x - 2)(x - 2)$

b. Tester les égalités écrites en remplaçant x par 1, puis x par (– 2).
Les conjectures sont-elles vérifiées ?

c. Écrire l'expression $(x - 2)^2$ sous forme d'un produit, le développer, puis le réduire.

d. Un peu d'aires

Calculer l'aire du carré ABCD de deux façons différentes et retrouver l'égalité précédente.

$(x - 2)^2 =$ ....

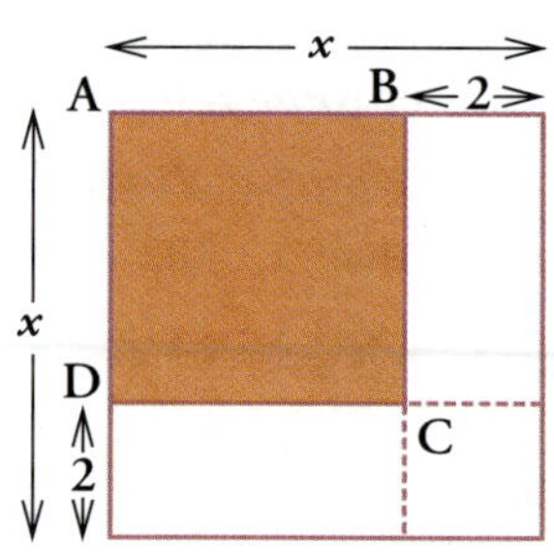

e. Généralisation

Développer puis réduire l'expression $(a - b)^2$.

f. Application

• Utiliser le résultat précédent pour développer en une seule étape les produits ci-dessous :

$(x - 1)^2 =$ .... ;

$(5x - 2)^2 =$ ....

• Sans poser d'opération ni utiliser la calculatrice, calculer 50^2, puis 49^2.

3 Produit, somme et différence

• Observation des découpages possibles dans une même figure.

Les figures suivantes ont été construites à partir de carrés de côté a et b.

a. Expliquer, sans calculer, pour quelles raisons l'aire de l'ensemble des parties colorées est la même dans les trois dessins.

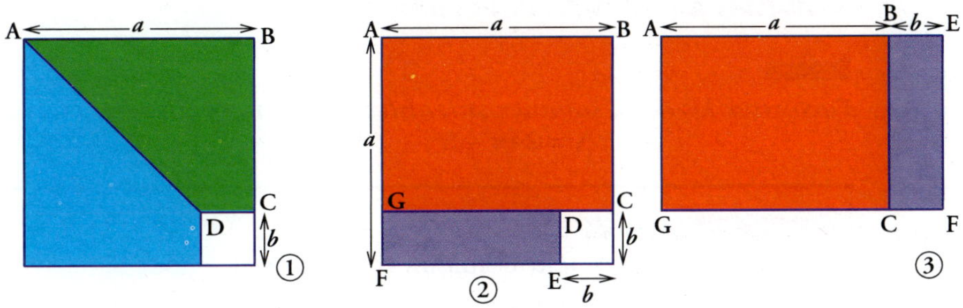

• Découvrir la propriété avec un support géométrique, les nombres étant positifs.

b. On sait que l'aire $\mathscr{A}$ d'un trapèze se calcule par la formule :

$$\mathscr{A} = \frac{(\text{grande base} + \text{petite base})}{2} \times \text{hauteur}$$

Calculer l'aire de la partie coloriée de plusieurs façons dans les dessins.

• Insister sur le passage des nombres positifs dans le domaine géométrique et à tout type de nombres.

c. Généralisation

- Écrire une égalité littérale qui traduit l'égalité des aires dans la question précédente.
- Développer le produit trouvé pour démontrer que l'égalité obtenue est vraie dans tous les cas.
- Utiliser les mots du titre pour écrire une phrase qui traduit l'égalité obtenue.

• Application aux expressions littérales et calcul mental.

d. Application

- Utiliser le résultat précédent pour développer en une seule étape les produits ci-dessous :

$(x - 1)(x + 1) = \dots\dots\dots\dots\dots\dots$; $(x + 4)(x - 4) = \dots\dots\dots\dots\dots\dots$

$(5x - 2)(5x + 2) = \dots\dots\dots\dots\dots\dots$; $(2x + 3)(2x - 3) = \dots\dots\dots\dots\dots\dots$

- Sans poser l'opération ni utiliser la calculatrice, calculer 39×41, puis 62×58.

4 Factorisation

• Habituer les élèves à lire une égalité dans les deux sens.

L'égalité $a(b + c) = ab + ac$ peut se lire dans les deux sens.

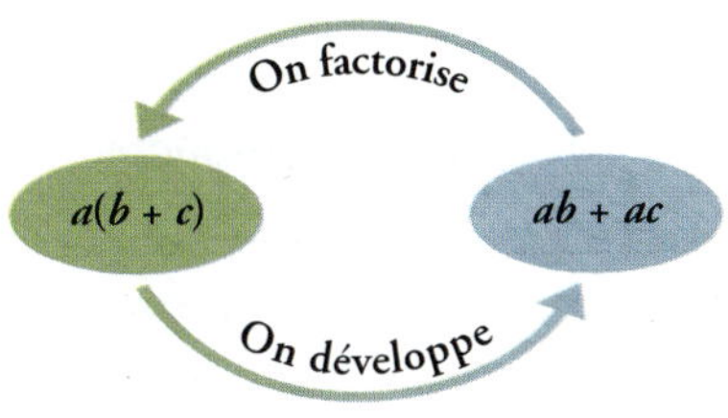

• Utilité de la factorisation.

a. Calculer mentalement :

$13{,}72 \times 24 - 13{,}72 \times 34 + 13{,}72 \times 20$; $5{,}4 \times \left(-\frac{12}{7}\right) - 5{,}4 \times \frac{5}{7} + 5{,}4 \times \frac{3}{7}$

• Différenciation somme et produit qui permet d'assembler les expressions par paire. On peut tester les égalités.

b. Associer chaque somme à un produit.

$3x + 8x^2$; $x^2 - 25$; $x(3 + 8x)$; $(x - 5)^2$; $(x - 5)(x + 5)$

$(x + 2)(2x - 5) - 3(x + 2)$; $x^2 - 10x + 25$; $(x + 2)(2x - 5 - 3)$

• Mise en application de la factorisation. On peut tester les égalités obtenues.

c. Écrire chacune des sommes suivantes sous la forme d'un seul produit :

$5x + 30x^2$; $(x - 4)(x + 5) - 7(x - 4)$

$(3 + x)(5x - 4) + (3 + x)(3x + 1)$; $(x + 7)^2 + (x + 7)(2x - 5)$

5 L'intervention du nombre 1

• Être attentif à la présence du facteur 1.

MÉTHODE

Factoriser en utilisant le nombre 1

Énoncé

Factoriser les deux sommes suivantes qui comportent deux termes :

$$A = 24x + 8 \; ; \qquad B = x^2 + x$$

Exemple de solution

- On cherche un facteur commun : **8** pour A et x pour B.
- On décompose chacun des deux termes en un produit faisant apparaître le facteur commun et 1 quand il est nécessaire :

$$A = 8 \times 3x + 8 \times 1 \; ; \qquad B = x \times x + x \times 1$$

- On factorise, avec le facteur commun, chaque parenthèse comportant deux termes :

$$A = 8(3x + 1) \; ; \qquad B = x(x + 1)$$

- On vérifie que l'on a bien deux termes dans la parenthèse. On peut aussi développer pour retrouver l'expression de départ.

Sur le même modèle, factoriser les expressions suivantes :

• Mise en application.

$C = 9a - 9$; $D = 3b^2 + 3b$; $E = (x - 8)(x + 3) - (x - 8)$

$F = (2x + 5)(2x + 5) + (2x + 5)$; $G = (3x - 4)^2 - (3x - 4)$

6 Choisir la « bonne action »

• Choisir entre plusieurs formes celle qui est la plus appropriée.

Concernant chacune des expressions suivantes, indiquer, en les entourant, quelles actions sont possibles et compléter les colonnes comme sur l'exemple :

Expressions	Actions	Calculs	Résultat
$5x(3x + 2)$	[Développer] Factoriser Résoudre	$5x(3x + 2) = 15x^2 + 10x$	La forme développée est $15x^2 + 10x$.
$5x + 1 = 3x - 4$	Développer Factoriser [Résoudre]		… est solution.
$3x(x - 4) - 2(3 - 4x)$	Développer Factoriser Résoudre		
$7x^2 - 7 \times 13$	Développer Factoriser Résoudre		
$8x + 4 = 9x - 7$	Développer Factoriser Résoudre		

• On peut tester les égalités et nombres obtenus.

• Distinguer facteur nul et produit nul.

7 Produit nul

a. Calculer les produits suivants :

$A = 0 \times 7$; $B = -7{,}8 \times 0$; $C = \dfrac{5}{6} \times 0$; $D = 0 \times (-5{,}11)^7$; $E = \dfrac{7}{-3} \times \dfrac{0}{6}$

En observant les résultats obtenus, énoncer une propriété.

• Introduire la notion d'équation-produit.

• Tester des valeurs.

b. Pour chacune des expressions E suivantes, chercher, parmi les valeurs de x proposées, celles pour lesquelles E est nulle. Compléter le tableau suivant :

Expression E	Forme factorisée de E	Quel(s) nombre(s) x choisir pour que E = 0 ?
$E = x^2 - 4x$		-3 ; 0 ; 2 ; 4
$E = x^2 - 4$		-3 ; -2 ; 0 ; 2
$E = (3x - 5)(x - 2) + (x - 2)(x + 17)$		-3 ; -2 ; 2 ; 4
$E = x^2 + 3x$		-4 ; -3 ; 0 ; 2

Quelle forme paraît être la plus pratique pour résoudre les équations E = 0 ?

• Distinguer propriété directe et réciproque.

• Mettre en application.

c. On admet la propriété suivante :

Si un produit de facteurs est nul, alors l'un au moins de ses facteurs est nul.

- Expliquer ce que veut dire « l'un au moins ».
- Résoudre alors l'équation $(x - 7)(2x + 7) = 0$.

• Distinguer somme et produit nul.

• Insister sur la seule connaissance de résolution des équations du premier degré.

8 Somme ou produit nul ?

a. Résoudre les équations suivantes :

$(3x + 5) + (7x - 2) = 0$; $(3x + 5) \times (7x - 2) = 0$

b. Deux élèves ont résolu l'équation $(3x + 4)(2x - 5) = 0$.

Julie a développé et réduit :
$6x^2 - 7x - 20 = 0$
Vérifier que ce développement est correct. Julie n'a pas su continuer.
Donner une explication de la raison de cet échec.

Mehdi a écrit :
« Le produit est nul donc l'un des facteurs est nul. »
Poursuivre la résolution de Mehdi en écrivant deux équations du premier degré. Laisser les résultats sous forme fractionnaire.

• Comprendre ce que veut dire être solution.

c. Écrire une équation qui a 2 et (– 3) comme solutions.

• Choisir entre plusieurs formes celle qui est la plus appropriée.

9 Choisir la forme adaptée

a. Vérifier que l'expression A, notée ① ci-dessous, peut s'écrire sous deux autres formes notées ② et ③. Indiquer dans chaque cas si l'on a factorisé ou développé.

① $A = (x + 3)^2 - 16$ ② $A = x^2 + 6x - 7$ ③ $A = (x + 7)(x - 1)$

b. Choisir la forme la plus adaptée pour calculer A en remplaçant x par 0, puis par (– 3), puis par 1.

c. Choisir la forme la plus adaptée pour résoudre les équations :

$A = 0$; $A = -7$; $A = 9$

• Mettre un problème en équation.

• Penser à factoriser pour se ramener au premier degré.

• Discuter sur le cas x nul.

10 Mise en équation

Pour quelle valeur de x, la figure rouge a-t-elle la même aire que la figure bleue ?

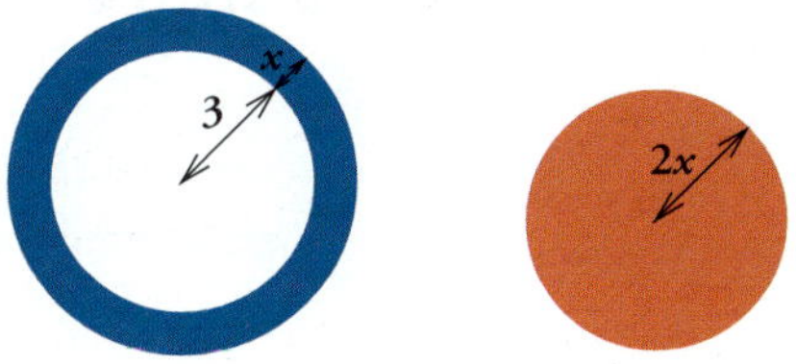

L'ESSENTIEL en deux pages

1 – Développement

a. Règles de distributivité

Développer, c'est transformer un produit en une somme ou une différence.

Quels que soient les nombres a, b, c, d, k :

Produit		Somme
$k(a + b)$	=	$ka + kb$
$k(a - b)$	=	$ka - kb$
$(a + b)(c + d)$	=	$ac + ad + bc + bd$

Exemple

$(x - 2)(3x + 1) = x \times 3x + x \times 1 + (-2) \times 3x + (-2) \times 1$ ◂ On développe.

$= 3x^2 + x + (-6x) + (-2)$ ◂ On calcule.

$= 3x^2 - 5x - 2$ ◂ On simplifie les termes semblables.

Facteurs : $(x - 2)$ et $(3x + 1)$

Termes : $3x^2$, $5x$, 2

b. Identités remarquables

Quels que soient les nombres a et b :	Exemples	Application au calcul mental
• $(a+b)^2 = a^2 + 2ab + b^2$	$(2x+5)^2 = (2x)^2 + 2 \times 2x \times 5 + 5^2$ $= 4x^2 + 20x + 25$	$1\,001^2 = (1\,000 + 1)^2$ $= 1\,000^2 + 2 \times 1\,000 \times 1 + 1^2$ $= 1\,000\,000 + 2\,000 + 1$ $= 1\,002\,001$
• $(a-b)^2 = a^2 - 2ab + b^2$	$\left(\frac{2}{3}x - \frac{1}{4}\right)^2 = \left(\frac{2}{3}x\right)^2 - 2 \times \frac{2}{3}x \times \frac{1}{4} + \left(\frac{1}{4}\right)^2$ $= \frac{4}{9}x^2 - \frac{1}{3}x + \frac{1}{16}$	$99^2 = (100 - 1)^2$ $= 100^2 - 2 \times 100 \times 1 + 1^2$ $= 10\,000 - 200 + 1$ $= 9\,801$
• $(a+b)(a-b) = a^2 - b^2$	$(x-4)(x+4) = x^2 - 4^2$ $= x^2 - 16$	$102 \times 98 = (100+2)(100-2)$ $= 100^2 - 2^2$ $= 10\,000 - 4$ $= 9\,996$

Vocabulaire

- a^2 est le **carré** de a.
- $2ab$ est le **double** du produit de a et de b.
- $(a + b)^2$ est le **carré d'une somme**.
- $(a - b)^2$ est le **carré d'une différence**.
- $a^2 - b^2$ est la **différence de deux carrés**.

2- Factorisation

Factoriser, c'est transformer une somme ou une différence en un produit de facteurs.

a. Avec un facteur commun

Somme → Produit

Quels que soient les nombres a, b, k :

$$ka + kb = k(a + b)$$
$$ka - kb = k(a - b)$$

Exemple 1

Factoriser $A = 3x^2 - 15x$.

$A = 3x^2 - 15x$

$A = 3x \times x - 5 \times 3x$

$3x$ est un facteur commun aux deux termes, on peut le mettre en facteur.

$$A = 3x(x - 5)$$

Exemple 2

Factoriser l'expression

$B = (x - 2)(3x + 5) - (x - 2)(2x - 3)$

$B = (x - 2)(3x + 5) - (x - 2)(2x - 3)$ — $(x - 2)$ est un facteur commun aux deux termes.

$B = (x - 2)[(3x + 5) - (2x - 3)]$ — Mettre $(x - 2)$ en facteur.

$B = (x - 2)[3x + 5 - 2x + 3]$ — On simplifie l'expression entre crochets.

$B = (x - 2)(x + 8)$ — On calcule à l'intérieur des crochets.

b. À l'aide des identités remarquables

Exemple 1

Factoriser l'expression $C = 4x^2 - 12x + 9$.

$C = 4x^2 - 12x + 9$

$C = (2x)^2 - 2 \times 2x \times 3 + 3^2$

On reconnaît l'identité remarquable de la forme « $a^2 - 2ab + b^2 = (a - b)^2$ » avec $a = 2x$ et $b = 3$.

D'où :

$$C = (2x - 3)^2$$

Exemple 2

Factoriser l'expression $D = (3x + 1)^2 - 36$.

$D = (3x + 1)^2 - 36$

$D = (3x + 1)^2 - 6^2$

On reconnaît l'identité remarquable de la forme « $a^2 - b^2 = (a - b)(a + b)$ » avec $a = (3x + 1)$ et $b = 6$.

D'où :

$$D = (3x + 1 + 6)(3x + 1 - 6)$$
$$D = (3x + 7)(3x - 5)$$

3- Équation-produit

Si un facteur d'un produit est nul, alors le produit est nul.
Pour tout nombre b, si $a = 0$, alors $a \times b = 0$.

Si un produit de facteurs est nul, alors l'un au moins des facteurs est nul.
Pour tous nombres a et b, si $a \times b = 0$, alors $a = 0$ ou $b = 0$.

Exemple 1

Résoudre $(5x - 4)(2x + 1) = 0$.

$5x - 4 = 0$ ou $2x + 1 = 0$

$5x = 4$ ou $2x = -1$

$x = \frac{4}{5}$ ou $x = -\frac{1}{2}$

Les solutions de l'équation sont $\frac{4}{5}$ et $-\frac{1}{2}$.

Exemple 2

Résoudre $x^2 = 81$.

Il est nécessaire de factoriser pour se ramener à une équation - produit :

$x^2 - 81 = 0$

$(x - 9)(x + 9) = 0$ (identité remarquable)

Soit $x - 9 = 0$, soit $x + 9 = 0$

$x = 9$ $\quad$ $x = -9$

Les solutions de l'équation sont 9 et -9.

RÉSOUDRE DES ÉQUATIONS

Équations se ramenant au 1er degré

a. Méthode

En développant, les termes au carré s'éliminent, on se ramène à la résolution de $ax + b = cx + d$ (voir chapitre 8).

b. Exemple

On veut résoudre l'équation $9x^2 + 12x - 3x(3x + 1) = 4$.

On développe le membre de gauche : $9x^2 + 12x - 9x^2 - 3x = 4$

On effectue les calculs : $9x = 4$

On obtient : $x = \frac{4}{9}$

Le nombre $\frac{4}{9}$ est solution de l'équation $9x^2 + 12x - 9x^2 - 3x = 4$.

Équations-produit nul

a. Méthode

L'équation est une équation-produit nul, on garde la forme factorisée et on utilise la propriété :
« Si un produit est nul, alors l'un des facteurs au moins est nul .»

b. Exemple

On cherche à résoudre l'équation $(x - 2)(x + 4) = 0$.

L'équation est une équation-produit nul.

D'après la propriété « Si un produit est nul alors l'un des facteurs au moins est nul », on obtient :

$x - 2 = 0$ ou $x + 4 = 0$

$x = 2$ ou $x = -4$

Les nombres 2 et (-4) sont solutions de l'équation $(x - 2)(x + 4) = 0$.

Utilisation des factorisations

a. Méthode

On cherche à se ramener à une équation-produit en transformant une forme développée en une forme factorisée.

b. Mise en évidence d'un facteur commun

Exemple

- On veut résoudre l'équation $x^2 + 4x + 1 = 1$.
- On remarque que 1 est commun au deux membres de l'équation, on peut donc soustraire 1 à chacun des deux membres.

Résoudre l'équation revient à résoudre $x^2 + 4x = 0$.

- On factorise en prenant x pour facteur commun, l'équation devient $x(x + 4) = 0$

D'après la propriété « Si un produit est nul alors l'un des facteurs au moins est nul », on obtient :
$x = 0$ ou $x + 4 = 0$, cela revient à écrire $x = 0$ ou $x = -4$,

- Les nombres 0 et (-4) sont solutions de l'équation $x^2 + 4x + 1 = 1$

c. Avec des identités remarquables

Exemple

On veut résoudre l'équation $4x^2 + 4x + 1 = 0$ ①.

L'expression $4x^2 + 4x + 1$ correspond au développement de $(2x + 1)^2$.

Résoudre l'équation ① revient à résoudre $(2x + 1)^2 = 0$ soit $(2x + 1)(2x + 1) = 0$.

D'après la propriété « Si un produit est nul, alors l'un des facteurs au moins est nul », on est amené à résoudre $2x + 1 = 0$.

On obtient $x = -\frac{1}{2}$. Le nombre $\left(-\frac{1}{2}\right)$ est solution de l'équation $4x^2 + 4x + 1 = 0$.

Recherche d'une solution approchée

a. Méthode

Dans certains cas, on ne peut pas trouver une solution par le calcul, on cherche un arrondi de la solution. On peut, pour faciliter les calculs, utiliser une calculatrice ou un tableur.

b. Exemple

Énoncé

La figure ci-contre représente un carré ABCD.

Les mesures sont en centimètres.

On sait que $AB = BC = x$; $DG = 1$; $E \in [AB]$; $G \in [AD]$.

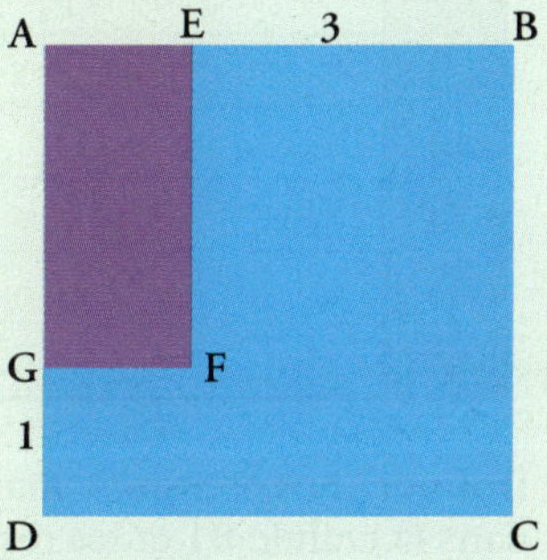

a. Calculer AE et AG en fonction de x.

b. $\mathcal{S}$ désigne l'aire en cm^2 du rectangle AEFG. Démontrer que $\mathcal{S} = x^2 - 4x + 3$.

c. Expliquer pour quelle raison on a nécessairement $x \geqslant 3$.

d. Trouver un arrondi au cent-millième de x pour que $\mathcal{S} = 1$.

Exemple de solution

a. Comme $E \in [AB]$, alors $AE = AB - EB$. On sait que $EB = 3$ et $AB = x$, alors $AE = x - 3$.
Comme $G \in [AD]$, alors $AG = AD - GD$. On sait que $GD = 1$ et que $AD = x$ car ABCD est un carré.
On peut en déduire que $AG = x - 1$.

b. AEFG est un rectangle donc son aire $\mathcal{S} = AE \times AG$. On a alors $\mathcal{S} = (x - 3)(x - 1)$.
En développant, on obtient $\mathcal{S} = x^2 - x - 3x + 3$ soit $\mathcal{S} = x^2 - 4x + 3$.

c. Le côté [AE] du rectangle AEFG a une longueur AE positive donc $x - 3 \geqslant 0$ d'où $x \geqslant 3$.

d. L'aire $\mathcal{S} = 1$ donc $x^2 - 4x + 3 = 1$. On est ramené à résoudre l'équation $x^2 - 4x + 2 = 0$.
On ne sait pas résoudre cette équation, on va donc chercher une solution à l'aide d'un tableur.

	A	B
1	x	S=x^2-4*x+2
2	1	-1
3	2	-2
4	3	-1
5	4	2
6	3,1	-0,79
7	3,2	-0,56
8	3,3	-0,31
9	3,4	-0,04
10	3,5	0,25
11	3,41	-0,0119
12	3,42	0,0164
13	3,411	-0,009079
14	3,412	-0,006256
15	3,413	-0,003431
16	3,414	-0,000604
17	3,415	0,002225
18	3,4141	-0,00032119
19	3,4142	-0,000038
20	3,4143	0,000244
21	3,41421	-0,000010
22	3,41422	0,000018

Feuil1 / Feuil2 / Feuil3

L'expression correspondant à l'aire est $x^2 - 4x + 2$.

Pour saisir la formule dans les cellules du tableur, on écrit d'abord le signe « = ».

L'élévation à une puissance s'obtient par la touche « ^ » et la multiplication est obtenue par la touche « * ».

- Écrire les nombres 1, 2, 3, 4 dans la première colonne.
- Taper la formule dans la case B2 et cliquer sur entrée. Le résultat s'affiche.
- Recopier la formule vers le bas.
- On cherche un résultat égal à 0. Or on obtient pour 3 le résultat (– 1) et pour 4 le résultat 2, donc le nombre x cherché est entre 3 et 4.
- On fait des essais en utilisant les nombres compris entre 3 et 4 qui ont un chiffre après la virgule.
- On augmente d'une décimale dès que l'on a deux nombres pour lesquels les résultats sont autour de 0.
- D'après les nombres affichés, x est entre 3,41421 et 3,41422.

LES BASES

1 $E = x^2 - 7x + 5$.
Calculer l'expression E pour $x = -2$.

2 Calculer les expressions suivantes pour $x = 2$, puis pour $x = -5$:

$E = 3x^2 - 7x + 2$; $F = 8x + 9$

3 On a utilisé un tableur pour calculer les valeurs d'une expression.

Classeur1

	A	B	
1	x	y=3x^2-4*x+2	
2	-1		
3	-0,2		
4	0		
5	1		
6	2,8		
7			

Donner l'expression mathématique à entrer dans la cellule B1 et les résultats correspondants qui s'affichent dans les cellules B2 à B6.

4 Parmi les expressions suivantes, entourer celles qui sont écrites sous forme d'une somme et souligner celles qui sont écrites sous forme d'un produit :

$3x + 4$; $x(x + 1)$; $x(x + 3) - 4$

$x + (x - 1)(x + 2)$; $(x + 1)^2$

$2x(x - 3) + 3(x - 1)$

5 Reconnaître les sommes et les produits :

$A = 4x + 7(3x - 1)$; $B = 2x(x + 3)$

$C = (2x - 9)^2$; $D = 5x^2 - 2x$

6 Parmi les expressions ci-dessous lesquelles sont des sommes et lesquelles sont des produits ?

$3x + 4$; $x(x + 1)$; $x(x + 3) - 4$

$x + (x - 1)(x + 2)$; $5x(3x - 4)$

$(x + 1)^2$; $5x^2 - 7x + 3$

7 Réduire, si possible, les expressions suivantes :

$M = 3x + 4x$; $N = 3x \times 4x$; $R = 3 + 4x$

$S = 3 \times 4x$; $T = 5x^2 - 7x^2$; $U = 5x^2 - 7x$

$L = 5x^2 \times 7x$; $H = 5x^2 \times 7$

8 Traduire les programmes de calculs ci-dessous à l'aide d'expression algébrique.

a. Soit un nombre x au départ.
Calculer son double, puis ajouter 3.
Prendre le carré du résultat.

b. Soit le nombre y au départ.
Multiplier ce nombre par 3, puis élever le résultat au carré.
Ajouter 4 au résultat obtenu.

c. Soit t le nombre de départ.
Élever au carré et multiplier par 6, puis ajouter 7 au résultat.
Prendre l'inverse du résultat obtenu.

DÉVELOPPEMENT

9 Développer et réduire les expressions suivantes :

a. $(x + 3)(x + 5)$ **b.** $(2x + 6)(3x + 4)$
c. $(5x + 9)(6 + x)$

10 Développer et réduire les expressions suivantes :

a. $(3x + 2)(5x + 3)$ **b.** $(2x - 1)(2x + 7)$
c. $(6x - 1)(x - 4)$

11 Développer et réduire les expressions suivantes :

a. $(-4x + 1)(3x + 1)$ **b.** $(-x - 5)(-x + 2)$
c. $(2x + 3)(-3x - 2)$

12 Développer et réduire les expressions suivantes :

a. $\left(\frac{5}{4}x - 2\right)\left(x + \frac{1}{4}\right)$ **b.** $\left(\frac{2}{3}x + \frac{1}{5}\right)\left(\frac{1}{3}x - \frac{4}{5}\right)$

c. $\left(\frac{x}{6} - \frac{1}{2}\right)\left(\frac{x}{3} - \frac{1}{6}\right)$

13 On sait que $ab = -4$ et $a + b = 3$, calculer les valeurs numériques des expressions suivantes :

$V = (a + 1)(b + 1)$; $B = (a + 3)(b + 3)$

$D = (a - 5)(b - 5)$; $R = (a - 1)(b - 1)$

14 $F = 5(3x + 8) - 3(4 + 3x) + 4(x - 7)$
Sans calculatrice, calculer l'expression F pour les valeurs suivantes de x :

(-3) ; 49,36 ; 56,24 ; 712,35 ; 974,237

15 Développer les expressions suivantes à l'aide d'une identité remarquable :

$(x + 3)^2$; $(x - 7)^2$; $(5 - y)^2$

$(a - 2)(a + 2)$; $(2 - y)(2 + y)$; $(x + 3)(x - 3)$

16 Développer les expressions suivantes à l'aide d'une identité remarquable :

$(2x + 5)^2$; $(7 - 3y)^2$; $(2{,}5x + 2)^2$

$(5x - 1)^2$; $(y - 2x)^2$; $(2a - 3b)^2$

17 Développer les expressions suivantes à l'aide d'une identité remarquable :

$(a + 2{,}5)^2$; $(7 + x)(x - 7)$; $\left(y - \frac{1}{2}\right)^2$

$\left(\frac{1}{3} + b\right)^2$; $\left(y + \frac{1}{5}\right)\left(y - \frac{1}{5}\right)$; $\left(\frac{2}{3} - t\right)^2$

18 Développer les expressions suivantes à l'aide d'une identité remarquable :

$(7x + 3)(7x - 3)$; $(5 - 9y)(5 + 9y)$
$(11x - 2)(11x + 2)$; $(2a - b)(2a + b)$
$(2x - 3)(3 + 2x)$; $(5x + 4)(4 - 5x)$

19 Développer et réduire les expressions suivantes :

$A = (6x - 1)^2$; $B = (5x + 3)(- 2x - 2)$
$C = (5 - 7x)(5 + 7x)$; $D = (9 + 2x)^2$

Indiquer quelle propriété a été utilisée dans chaque calcul.

20 Indiquer quelle propriété est utile pour développer les expressions suivantes, puis les réduire :

$A = (2x - 7)^2$; $B = (2x - 3)(3 + 2x)$
$C = (3x - 7)(2 + 3x)$; $D = (3{,}1x + 4{,}1)^2$

21 **QCM**

Dans chaque cas, donner la réponse exacte :

	A	B	C
① $(x + 3)^2 = \dots$	$x^2 + 3x + 9$	$9 + 6x + x^2$	$x^2 + 9$
② $(x - 3)(2x - 4) = \dots$	$2x^2 - 10x + 12$	$2x^2 - 2x - 12$	$2x^2 - 10x - 12$
③ $(2x - 5)^2 = \dots$	$2x^2 - 20x + 25$	$4x^2 - 20x - 25$	$4x^2 - 20x + 25$
④ $(7 - 3x)(7 + 3x) = \dots$	$49 - 9x^2$	$49 - 3x^2$	$49 - 42x + 9x^2$

22 Parmi les propositions ci-dessous, indiquer quelle est la forme développée et réduite de $(2x + 3)^2 - 3(x + 1)$.

$4x^2 - 3x + 12$; $4x^2 + 9x + 12$
$2x^2 + 3x + 6$; $4x^2 + 9x + 6$

23 Développer et réduire les expressions suivantes :

$A = (3x - 2)^2 + (x + 3)^2$
$B = 6x(x - 3) - (x + 1)(x + 2)$
$C = (x - 6)(2x - 3) - (3x + 1)(- 2x + 9)$

24 Développer et réduire les expressions suivantes :

$E = (x + 1)^2 + (2x + 3)(x - 4)$
$F = (3x - 5)^2 - (x + 7)^2$
$G = (5x - 7)(4 - x) - (4x - 1)^2$

25 $A = 2x + 5$ et $B = 2x - 5$.

Calculer l'expression développée et réduite de :

A^2 ; B^2 ; $A \times B$; $A - B$; $A^2 - B^2$; $- 3A^2$; $\frac{B^2}{2}$

26 Calculer mentalement :

31^2 ; 29^2 ; 59×61
510^2 ; 99^2 ; $999 \times 1\,001$
$10{,}3 \times 9{,}7$; 48^2 ; $15{,}3^2$

27 **Sans calculatrice**

a. Répondre par vrai ou faux :

$51^2 = 2\,601$; $499 \times 501 = 2\,504\,499$
$38^2 = 1\,544$; $333\,333^2 + 444\,444^2 = 777\,777^2$

b. Calculer :

$5\,622^2 - 5\,621^2$;
$1\,923\,761^2 - 1\,923\,760^2$

FACTORISATION

28 Factoriser les expressions suivantes :

$3xy - 9y$; $16a^2 + 32a + a$
$15x - 45\,x^2 + 15x$; $6{,}3y + 6{,}3$

29 Factoriser les expressions suivantes :

a. $21a + 49ab + 14abc$ **b.** $18x - 36y + 9$
c. $60x^2 - 120x$ **d.** $xyz - x + xz$

MÉTHODE

Reconnaître un facteur commun

Énoncé

Factoriser $(x + 1)^2 - (x + 1)(2x - 3)$.

Exemple de solution

- On décompose $(x + 1)^2$ en un produit :
  $(x + 1)^2 = (x + 1)\,(x + 1)$
- On fait apparaître ce facteur commun $(x + 1)$:
  $(x + 1)^2 - (x + 1)(2x - 3)$
  $= (x + 1)(x + 1) - (x + 1)(2x - 3)$
  $(x + 1)^2 - (x + 1)(2x - 3)$
  $= (x + 1)\,[(x + 1) - (2x - 3)]$
- On calcule à l'intérieur du crochet :
  $(x + 1)^2 - (x + 1)(2x - 3)$
  $= (x + 1)(x + 1 - 2x + 3)$
- On simplifie :
  $(x + 1)^2 - (x + 1)(2x - 3) = (x + 1)(4 - x)$

● Voir exercices 30 à 32

30 Factoriser les expressions suivantes :

$A = (5x - 1)(3x - 2) - 3x(3x - 2)$
$B = (x + 4)(6x - 7) + (3x - 2)(x + 4)$
$C = 9x(6 - x) - (-2 - 5x)(6 - x)$
$D = (x - 5)^2 + (3x - 1)(x - 5)$

31 Factoriser les expressions suivantes :

$A = (4 - 3x) \times 2x - (4 - 3x)^2$
$B = (x + 1)(x - 2) - (x - 2)(x + 3)$
$C = (5x - 3)^2 - (5x - 3)(5x + 2)$
$D = (3 - 2x)(5 - 4x) + (3 - 2x)^2$

EXERCICES d'application

32 Quelle est la forme factorisée de $x^2 - 1$?
$(x - 1)(x - 1)$; $x(x - 1)$; $(x - 1)^2$
$- x^2$; $(x - 1)(x + 1)$

EXERCICE RÉSOLU

Énoncé

Factoriser l'expression
$A = (2x + 3)(x - 2) - (x - 2)$.

Exemple de solution

- Mettre en évidence le facteur commun :
$A = (2x + 3)(x - 2) - (x - 2) \times 1$
- Mise en facteur du facteur commun :
$A = (x - 2)[(2x + 3) - 1]$
- Réduire l'intérieur des crochets :
$A = (x - 2)(2x + 3 - 1)$
$A = (x - 2)(2x + 2)$

33 **Choisir la « bonne égalité »**
Voici quatre égalités remarquables :
① $a(b + c) = ab + ac$
② $(a + b)^2 = a^2 + 2ab + b^2$
③ $(a - b)^2 = a^2 - 2ab + b^2$
④ $a^2 - b^2 = (a + b)(a - b)$

Écrire chaque expression suivante sous forme d'un produit de facteurs et indiquer l'égalité utilisée :
$A = x^2 - 14x + 49$; $B = x^2 - 49$;
$C = (2x + 3)^2 + (2x + 3)(x - 7)$
$D = (x - 7)^2 - 16$; $E = 4x^2 + 12x + 9$

34 Factoriser les expressions suivantes :
$E = (25y - 16)(15 - 14y) - (25y - 16)$
$F = (3x + 1)(5x - 4) + (1 + 3x)$
$G = 7x(7x - 5) - 5(7x - 5)$

35 Recopier et compléter les factorisations suivantes :
a. $49x^2 - \ldots + \ldots = (\ldots - 3)^2$
b. $9 - \ldots = (\ldots + 2x)(\ldots - 2x)$
c. $\ldots + 60x + \ldots = (6x + \ldots)^2$
d. $\ldots - 100 = (3x - \ldots)(\ldots + \ldots)$

36 Recopier et compléter les expressions suivantes :
a. $(\ldots + 4)^2 = 9x^2 + \ldots + \ldots$
b. $(\ldots - \ldots)^2 = \ldots + 20y + 4$
c. $(\ldots - 7)(\ldots + 7) = 144x^2 - \ldots$
d. $(\ldots + \ldots)^2 = 81y^2 - 18y + \ldots$
e. $(3x + \ldots)^2 = \ldots + 6x + 1$

37 Parmi les expressions ci-dessous, quelles sont celles qui peuvent être factorisées en utilisant une identité remarquable ?
$9x^2 - 4$; $4x^2 + 9$; $4x^2 + 4x + 1$
$4x^2 - 2x + 1$; $9x^2 - 4x$
Factoriser alors ces expressions.

38 Associer les expressions égales :
$49x^2 - 4$; $(7x + 2)^2$; $49x^2 - 28x + 4$
$(5 + 2x)(5 - 2x)$; $(5 + 2x)^2$; $49x^2 + 28x + 4$
$(7x + 2)(7x - 2)$; $25 - 4x^2$; $25 - 20x + 4x^2$
$(5 - 2x)^2$; $(7x - 2)^2$; $25 + 20x + 4x^2$

39 Associer les expressions égales :
a. $(5x + 3)^2$ — g. $30x + 25 + 9x^2$
b. $(3x - 3)(3x + 5)$ — h. $25x^2 - 30x + 9$
c. $(3x + 5)^2$ — i. $9x^2 + 6x - 15$
d. $(3x - 3)(3x + 3)$ — j. $9x^2 - 30x + 25$
e. $(5x - 3)^2$ — k. $25x^2 + 30x + 9$
f. $(3x - 5)^2$ — l. $9x^2 - 9$

40 Factoriser les expressions à l'aide d'une identité remarquable :
$A = 100 - 9x^2$
$B = 9x^2 - 24x + 16$
$C = 36a^2 - 1$
$D = x^2 + 2x + 1$

41 Factoriser, si possible, les expressions suivantes :
$A = 25x^2 - 70x + 49$
$B = 144 - 81y^2$
$C = 9x^2 + 36x + 16$
$D = 169y^2 + 52yx + 4x^2$
$E = 100x^2 + 9$

42 Calculer mentalement :
$35^2 - 25^2$; $950^2 - 850^2$; $102^2 - 98^2$

EXERCICE RÉSOLU

Énoncé

Factoriser $(x + 1)^2 - 4$.

Exemple de solution

En mettant 4 sous la forme 2^2, on reconnaît la forme :
$$a^2 - b^2 = (a + b)(a - b)$$
avec $a = x + 1$ et $b = 2$.
$(x + 1)^2 - 4 = (x + 1)^2 - 2^2$
$(x + 1)^2 - 4 = [(x + 1) + 2][(x + 1) - 2]$
On calcule et simplifie dans les crochets :
$$(x + 1)^2 - 4 = (x + 3)(x - 1)$$

43 Factoriser :
$49 - 25y^2$; $(5x - 3)^2 - 36$; $81t^2 - (3t + 4)^2$

44 Factoriser les expressions suivantes en indiquant la propriété utilisée :
$A = (3x - 11)(1 - x) - (1 - x)(7 + 5x)$
$B = 15x^2 - 6x$;
$C = 16x^2 - 40x + 25$
$D = (7x - 2)^2 - 9$;
$E = (7x + 1)(x + 3) - (x + 3)^2$

ÉQUATIONS – PRODUIT

45 **a.** Parmi les équations suivantes, lesquelles sont des équations-produit ?
$3x - 5 = 0$; $(3x - 1)(x - 3) = 0$;
$6x(7 - 8x) = 0$; $(5 + 2x) + (3 - 4x) = 0$;
$(x + 4)(2 - 3x) = 0$; $(x + 4)(2 - 3x) = 1$

b. Résoudre, si possible, les équations précédentes.

46 Résoudre les équations suivantes :
a. $(5x - 15)(x + 2) = 0$
b. $(3 - 2x)(3x - 2) = 0$
c. $4x(9 - 4x) = 0$
d. $(x - 1)(x + 2)(x - 3)(x + 4) = 0$

47 Dans chaque cas, factoriser l'expression E, puis résoudre l'équation E = 0.
$E = (x + 3)(2x - 7) - (x + 3)(3x + 4)$
$E = 4x^2 - 25$
$E = 9x^2 - (x + 1)^2$

48 Dans chaque cas, factoriser l'expression E, puis résoudre l'équation E = 0.
a. $E = 25x^2 - 20x + 2^2$
b. $E = 25x^2 - 70x + 49$

49 Recopier le tableau suivant et marquer d'une croix les cases correspondant aux solutions des équations.

	- 5	- 1	2	3	5	8
$x^2 - 25 = 0$						
$(x - 3)(x + 1) = 0$						
$3x - 4 = 11$						
$x^2 - 4x = - 4$						
$\frac{x^2}{64} - 1 = 0$						

50 Écrire une équation qui a pour solutions 7 et (– 5).
En écrire une autre qui a pour solution 0 et $\left(-\frac{4}{3}\right)$.

51 **a.** Choisir un nombre. Calculer son double. Soustraire 1. Calculer le carré du résultat. Soustraire 36. Noter le résultat final.

b. Quels nombres choisir pour que les résultats soient respectivement égaux à 0, à (– 11), à 13 ?

52 Dans le message suivant, chaque dessin représente un nombre entier positif qui est à remplacer par la lettre de son rang dans l'alphabet. Par exemple si l'on trouve 1, on remplace par A.
Une fois décrypté, le message :

a donné le nom d'un mathématicien célèbre.

 correspond au nombre à choisir parmi 5, (– 2), 3 et qui est solution de $x^2 - 3x - 10 = 0$.

 correspond au résultat de $\frac{9 + 2a}{9 - b}$ avec $a = 111$ et $b = - 2$.

 correspond à la valeur de $x^2 - 6y^2$ quand $x = - 6$ et $y = 2$.

 correspond au nombre à choisir parmi 4, (– 1), 5 et qui est solution de l'équation $(x + 3)(x - 8) + (x + 3)(2x - 7) = 0$.

 correspond au résultat de

$$\frac{2{,}2 \times 10^3 - 4 \times 10^2}{10^2}$$

53 Résoudre les équations suivantes :
$3 = 6 - 2x$; $2 - 3x = 5x$; $4(x - 1) = 5(2 + x)$
$6(x - 1) - 2(2 - 3x) = 0$
$(4x - 3)^2 - (4x - 3)(4x - 5) = 0$

54 Regrouper les équations qui sont résolues de la même façon.

① $a + 7 = 0$ ② $2x + 3 = 4$ ③ $3x^2 - 5x - 2 = 0$
④ $x^2 + 2x + 1 = 0$ ⑤ $x(2x + 3) = 6(2x + 3)$ ⑥ $(3x + 1)(5x - 3) = 0$
⑦ $\sin 30° = \frac{AH}{}$ ⑧ $3x = 0$ ⑨ $\frac{x + 1}{} = \frac{7x + 3}{}$
⑩ $2x + 3 = 5x - 7$ ⑪ $\frac{3}{} = 5$ ⑫ $x(3x + 2) = 0$

55 **a.** Donner la forme développée et la forme factorisée de l'expression :

$$B = (2x + 5)(x - 1) - 8(x - 1)$$

b. Résoudre l'équation B = 0 en utilisant la forme la plus adaptée.

c. Quelle est la valeur de B pour $x = \frac{3}{2}$?

Est-il utile de garder la même forme qu'à la question précédente ?

d. Résoudre l'équation B = 3.
Quelle forme est-elle la plus adaptée ?

PROBLÈMES

56 Deux nombres ont pour somme 300.
De combien augmente leur produit si chacun augmente de 7 ?

57 On donne le programme de calcul suivant :
« Choisir un nombre x, retrancher 3 au double de x. Élever le résultat au carré et retrancher 16 au résultat obtenu. »

a. Faire tourner le programme pour $x = 5$.

b. Parmi les expressions proposées, quelle est celle qui correspond au programme ?

$2x - 3^2 - 16$;	$[(x - 3) \times 2]^2 - 16$
$(2x - 3)^2 - 16$;	$(2x - 3) \times 2 - 16$
$16 - [2 \times (x - 3)]^2$;	$(3x - 16)^2 - 2$

c. Développer le résultat obtenu.

d. Factoriser le résultat obtenu.

e. Pour quelles valeurs de x le programme donne-t-il 0 pour résultat ?

58 On considère les deux programmes de calculs suivants :
① Choisir un nombre x. Soustraire 2. Élever cette différence au carré. Soustraire 9 au résultat obtenu.

② Choisir un nombre x. Élever ce nombre au carré. Soustraire 5 au résultat. Soustraire quatre fois le nombre choisi à la différence obtenue.

a. Tester les deux programmes pour trois valeurs de x.

b. Émettre une conjecture, puis la valider.

59 Construire un triangle rectangle sachant que les côtés adjacents à l'angle droit mesurent 1 et x, et que le périmètre est 9 cm.

60 On augmente chaque côté d'un cube de 2 cm. L'aire totale augmente alors de 64 cm^2.
Quelle était la longueur initiale de l'arête du cube ?

61 Un fil de cuivre a une section de la forme d'un disque de diamètre égal à x. Il est inséré dans un tube à section carrée de côté égal à x.

Quelle valeur faut-il donner à x pour que la zone non occupée par le fil de cuivre ait la même aire que celle prise par le fil de cuivre ?

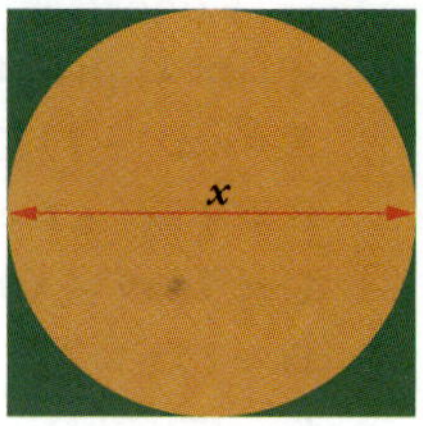

62 **EN PHYSIQUE**
La résistance R d'une lampe est traversée par un courant électrique d'intensité I. La puissance P reçue par la résistance de la lampe est donnée par la formule $P = R \times I^2$.

La résistance R est exprimée en Ω (ohms), l'unité d'une intensité I est A (ampère), la puissance est exprimée en W (watt).

a. L'intensité augmente de 1 A et la résistance est de 20 Ω. De combien augmente la puissance reçue par la lampe ?

b. La résistance est de 10 Ω.

De combien augmente l'intensité pour que la puissance reçue, en W, augmente de $40I + 40$?

63 Trouver x pour que le triangle soit rectangle en H.

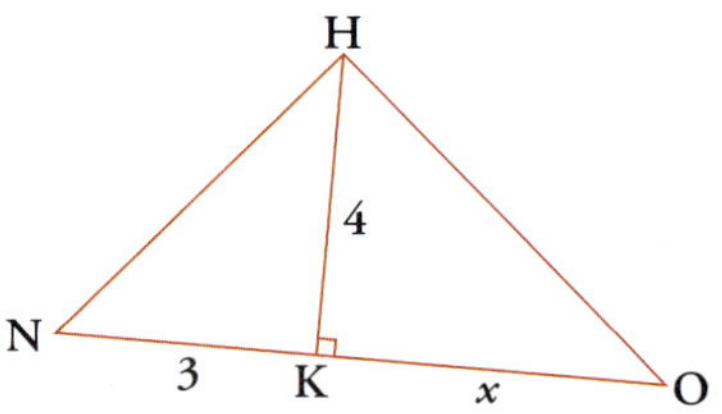

64 Laquelle de ces trois figures a $25 - (x + 3)^2$ comme aire de la partie blanche ?

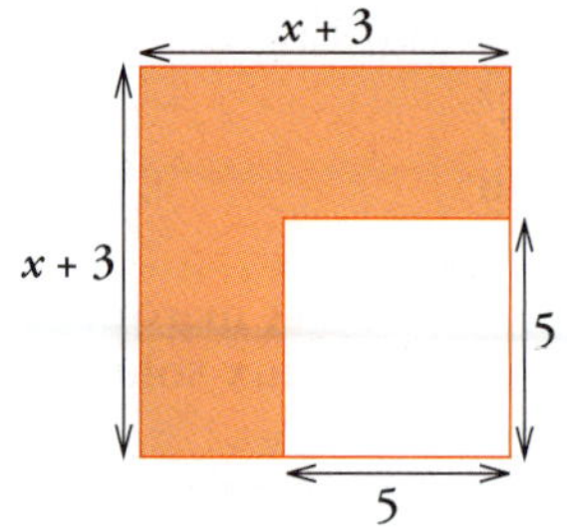

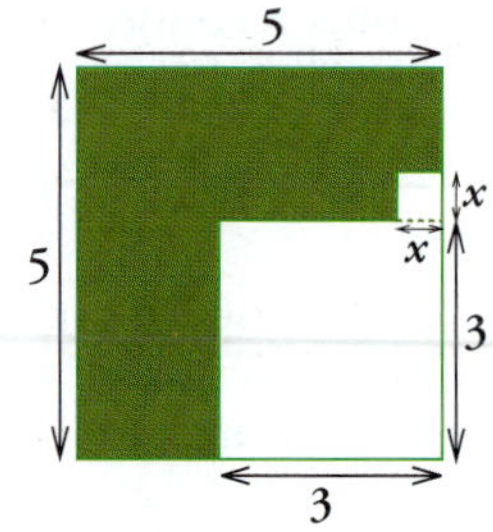

Dans le cas de figure que vous aurez déterminé, calculer l'aire de la partie blanche :

a. pour $x = 2$.

b. pour $x = \frac{5}{3}$.

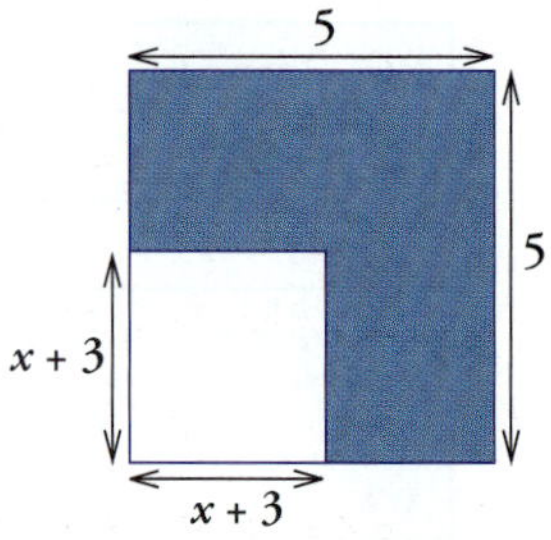

65 Pour obtenir la pièce de bois qui a la forme ci-après, on taille dans un rectangle selon la partie hachurée.

a. Calculer l'aire de la pièce de bois en fonction de x.

b. Donner les valeurs arrondies à 10^{-2} de l'aire pour $x = 4$ cm et pour $x = \frac{7}{3}$ cm.

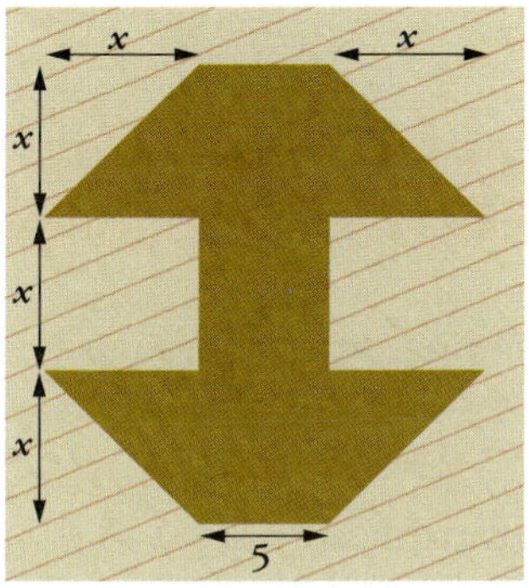

66 Un tableau de forme rectangulaire a pour dimensions x et $2x$.
On l'encadre par des baguettes de largeur 1 cm.

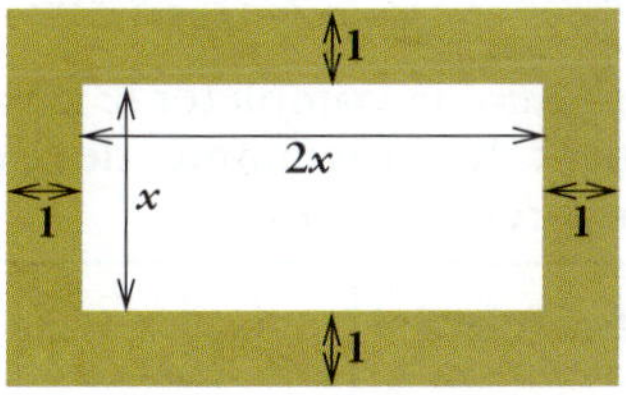

a. Exprimer l'aire des baguettes en fonction de x. Donner une forme développée.

b. Calculer la valeur de x pour laquelle l'aire est de 112 cm^2.

67 Le dessin ci-dessous représente un carré de côté x. À l'intérieur de celui-ci se situe un deuxième carré.

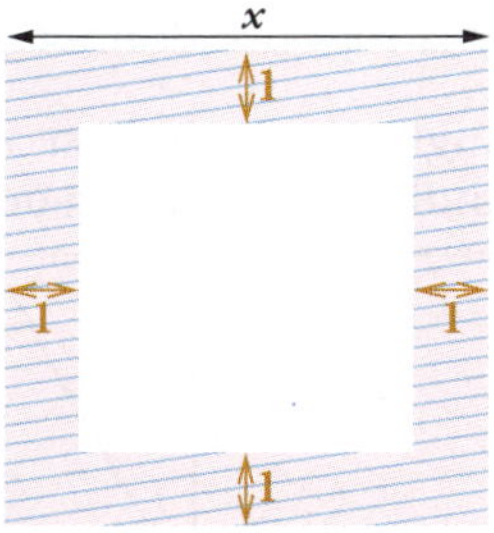

a. Quelle est l'aire $\mathscr{A}$ hachurée ?

b. Calculer x si $\mathscr{A} = 16$.

c. L'aire hachurée double-t-elle si x double ?

68 Deux carrés de côtés a sont emboîtés comme l'indique la figure ci-contre :

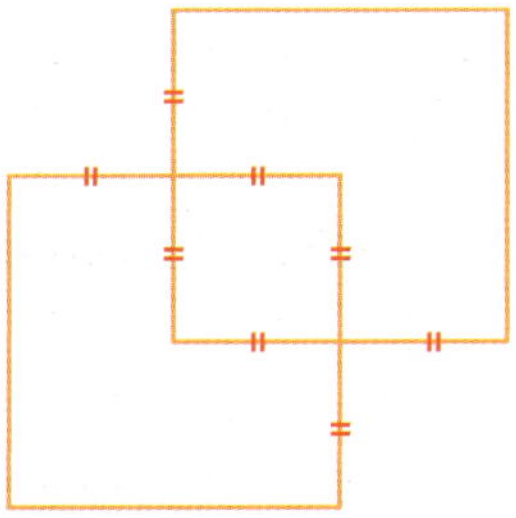

a. Calculer l'aire $\mathscr{A}$ de la figure totale.

b. Calculer l'aire $\mathscr{A}$ pour $a = 3,5$.

c. Calculer a pour $\mathscr{A} = 63$.

69 ABCD est un carré tel que AB = 20.
On construit un autre carré MNPQ de même centre tel que BI = x.

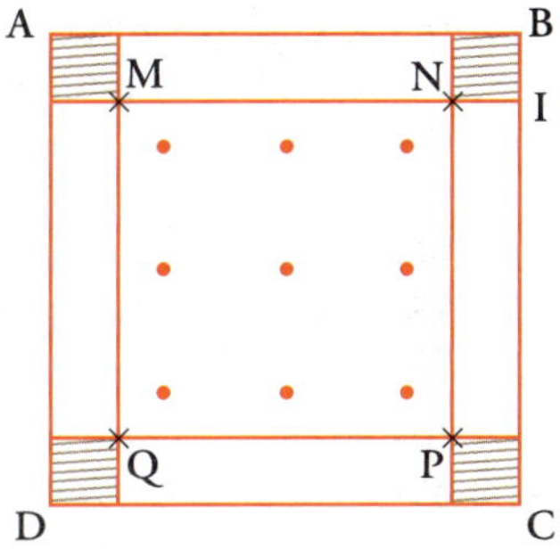

a. Exprimer l'aire $\mathscr{A}$ de MNPQ.

b. Déterminer x pour que l'aire $\mathscr{A}$ soit égale à la somme des aires des quatre carrés hachurés.

70 ABCD est un rectangle de 8 cm sur 4 cm.

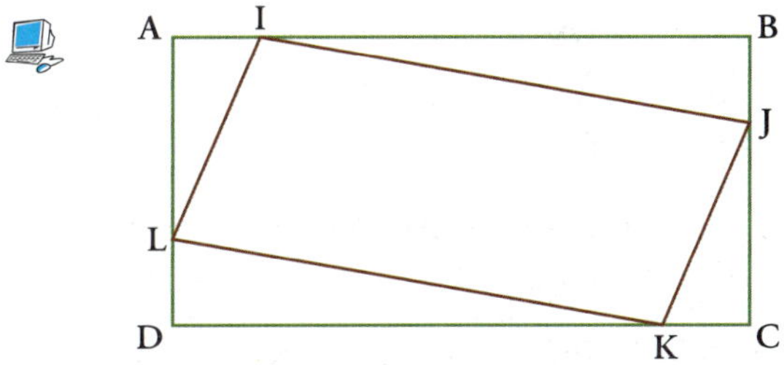

I, J, K, L sont placés sur les côtés du rectangle de telle façon que : AI = BJ = CK = DL = x.

a. Exprimer l'aire $\mathscr{A}$ du parallélogramme IJKL en fonction de x.

b. Choisir des valeurs pour x et calculer l'aire $\mathscr{A}$ à l'aide d'un tableur.

c. Représenter graphiquement $\mathscr{A}$ en fonction de x.
L'aire $\mathscr{A}$ semble avoir une valeur minimale, quelle est-elle ? Pour quelle valeur de x ?
Utiliser le graphique et les résultats obtenus avec le tableur pour répondre à cette question.

d. Cela peut se justifier en vérifiant que $\frac{\mathscr{A} - 14}{2}$ est le développement d'un carré, lequel ?

Ce que je dois savoir

➤ Connaître les identités remarquables :
- $(a+b)^2 = a^2 + 2ab + b^2$
- $(a-b)^2 = a^2 - 2ab + b^2$
- $(a+b)(a-b) = a^2 - b^2$

➤ Factoriser des expressions en utilisant les identités remarquables ou en repérant un facteur commun.

➤ Résoudre une équation de la forme A × B = 0.

Je m'évalue

Solutions page 297

71 Développer les expressions ci-dessous :

$A = (2x+3)^2$; $B = (3x-1)^2$

$C = (6-5x)(6+5x)$; $D = (4x-3)(x+7)$

72 Factoriser les expressions ci-dessous en choisissant la méthode la plus adaptée.

$E = 8xy - 4x$

$F = 4x^2 - 20x + 25$

$G = 100 - 9x^2$

$H = (3x-5)(x+3) - (3x-5)(2x+7)$

$K = (3x-1)^2 - 25$

$L = (x-4)^2 + (2x+3)(x-4)$

73 Résoudre les équations suivantes :

- $(5x+2)(2x-5) = 0$
- $4x(9-3x) = 0$
- $36x^2 - 12x = -1$
- $(2x+3)(x-4) = (2x+3)(3x-5)$

74 On donne l'expression :

$$I = (4x-1)(x+3) - (4x-1)^2$$

a. Développer I.

b. Factoriser I.

c. Résoudre l'équation $(4x-1)(-3x+4) = 0$.

75 **a.** Développer et réduire l'expression :

$$J = (x+2)^2 - (x-2)^2$$

b. En déduire, sans utiliser la calculatrice, le résultat de $100\,002^2 - 99\,998^2$.

76 **a.** Développer et réduire :

$D = (a+5)^2 - (a-5)^2$.

b. On pose : $D = 10\,005^2 - 9\,995^2$.

Sans utiliser la calculatrice, en se servant de la question **a.**, trouver la valeur de D. (Indiquer les étapes du calcul.)

77 Développer les expressions :

$M = (5-2x)^2 - (7x-8)^2$

$N = (5x-4)(5x+4) - (8x+3)(2x-5)$

78 **Programme de calcul**

- Choisir un nombre.
- Calculer son double.
- Soustraire 1.
- Calculer le carré du résultat obtenu.
- Soustraire 36.
- Noter le résultat final.

1. Reproduire et compléter le tableau suivant en appliquant le programme de calcul ci-dessus aux nombres indiqués :

Nombre choisi	4	0	$\frac{7}{2}$	x
Résultat final				

2. On considère l'expression $R = (2x-1)^2 - 36$.

a. Développer l'expression R.
Quelle est la valeur de R pour $x = 0$?

b. Factoriser l'expression R.

c. Résoudre l'équation $(2x+5)(2x-7) = 0$.

d. Quels nombres peut-on choisir pour obtenir un résultat final nul, lorsqu'on leur applique le programme de calcul de la question **1.** ? (Expliquer la réponse donnée.)

79 Un triangle équilatéral est associé à un carré comme l'indique la figure ci-dessous.

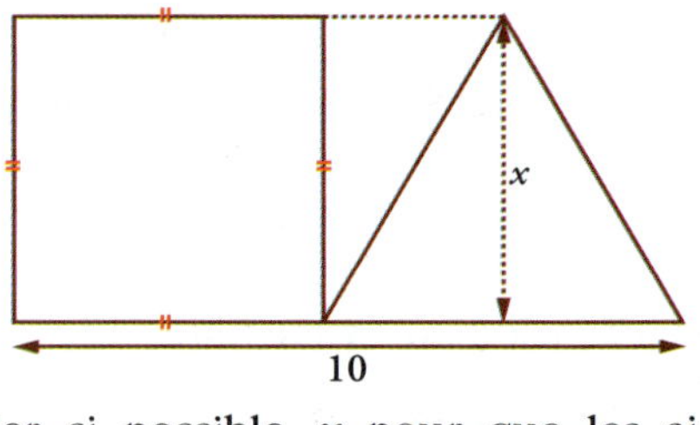

Calculer, si possible, x pour que les aires du carré et du triangle équilatéral soient égales.

UTILISER SES CONNAISSANCES

80 Développer les expressions suivantes :

a. $\left(x - \frac{3}{2}\right)\left(2x + \frac{2}{3}\right)$ **b.** $\left(\frac{3}{4}x + 1\right)^2$

c. $\left(\frac{x}{3} - \frac{3}{7}\right)\left(\frac{x}{3} + \frac{3}{7}\right)$ **d.** $\left(\frac{1}{2} - \frac{1}{4}x\right)^2$

81 Développer les expressions suivantes :

a. $(0{,}2x - 0{,}3)^2$

b. $(1{,}5 - 0{,}4x)(1{,}5 + 0{,}4x)$

c. $(1{,}2 + 2{,}5x)^2$

82 Développer les expressions suivantes :

a. $\left(x - \frac{6}{5}\right)\left(x + \frac{6}{5}\right) + \frac{x}{2}\left(2x - \frac{1}{3}\right)$

b. $\left(\frac{2x}{3} - 1\right)\left(3x + \frac{3}{4}\right) - \left(x - \frac{1}{3}\right)^2$

83 Calculer $15^2, 25^2, 35^2, 45^2, \ldots$
Écrire une conjecture.
La démontrer en calculant $(10n + 5)^2$.

84 Prouver que le double de la somme des carrés de deux nombres est égal au carré de leur somme augmenté du carré de leur différence. (Problème posé par François Viète au XVIe siècle.)

85 Deux carrés ont le même centre et délimite une bordure colorée.

L'aire de cette zone colorée est donnée par la formule $\mathcal{A} = x^2 - (x - 2)^2$.

a. Donner, en fonction de x, les dimensions des deux carrés.

b. Simplifier l'aire $\mathcal{A}$.

86 Un carré a pour côté x (en centimètres).

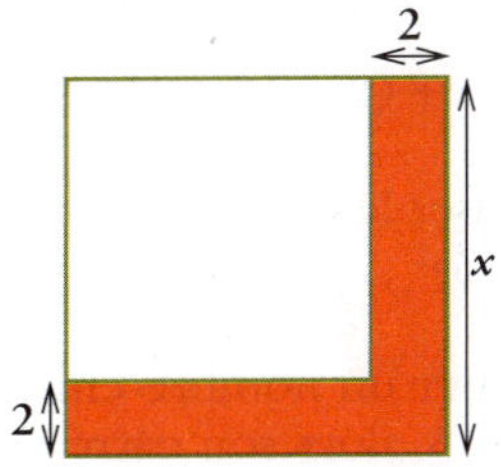

a. On diminue son côté de 2.
Parmi les expressions suivantes, laquelle exprime la diminution de l'aire ?
$(x + 2)^2 - x^2$; $x^2 - (x - 2)^2$; $(x - 2)^2 - x^2$

b. Démontrer que la diminution peut s'écrire $4(x - 1)$.

c. Calculer la diminution si $x = 16$.

d. Trouver x si la diminution vaut 16 cm².

87 Démontrer que le triangle CAR ci-dessous est rectangle.

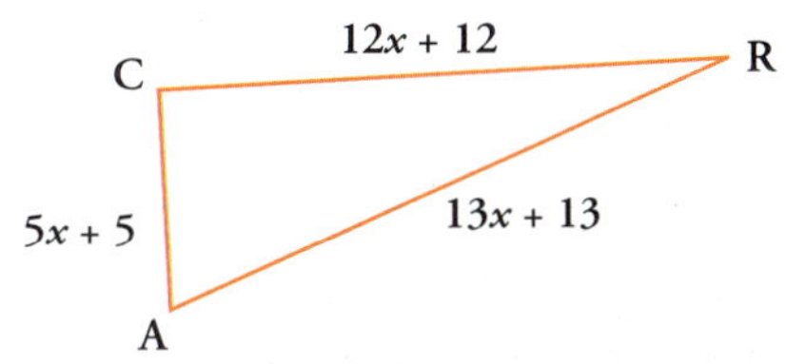

88 Factoriser les expressions suivantes :

$A = \frac{1}{9}x^2 + \frac{1}{3}x + \frac{1}{4}$; $B = \frac{49}{81}y^2 - \frac{25}{144}$

89 Factoriser les expressions suivantes :
$A = 0{,}25y^2 - 0{,}04$; $B = 0{,}09x^2 + 0{,}3x + 0{,}25$
$C = 0{,}01 - 0{,}16z$; $D = (x + 1)^2 - (x - 2)^2$

90 **a.** Factoriser l'expression $x^2 - 16$.

b. En déduire une factorisation de l'expression :
$(x - 4)(3x + 1) + x^2 - 16$

91 **a.** Factoriser l'expression $x^2 + 10x + 25$.

b. En déduire une factorisation de l'expression :
$A = x^2 + 10x + 25 - (2x - 3)(x + 5)$

92 Une pyramide est placée au-dessus d'un parallélépipède rectangle comme l'indique la figure ci-dessous.

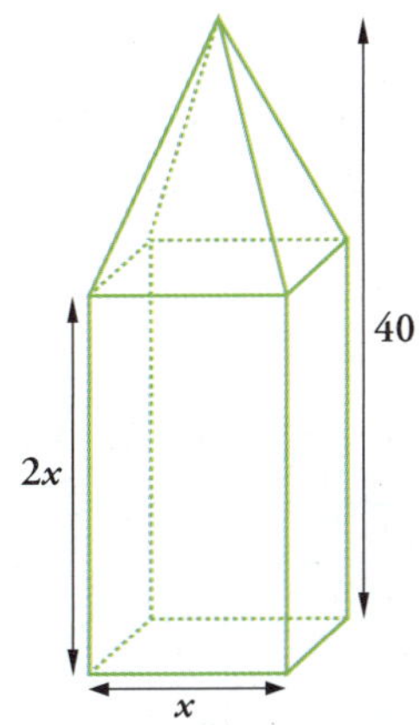

L'unité de longueur est le centimètre.

a. Exprimer le volume du solide en fonction de x.

b. Donner la forme développée et réduite du volume.

c. Donner la forme factorisée du volume.

d. Quelle est la forme la plus appropriée pour calculer le volume du solide lorsque x est égal à 5 ? Et à 18 ?

e. Est-il possible que ce solide ait le même volume qu'un cube d'arête $4x$?
Dans ce cas, donner la valeur de x.

93 En plaçant correctement les quatre pièces ci-dessous, on peut former un carré.

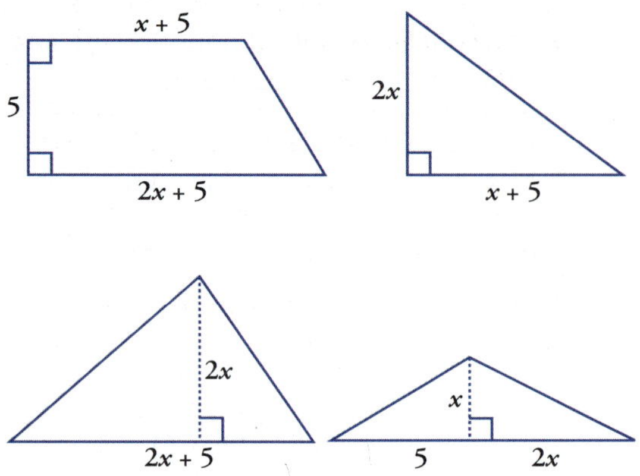

a. Déterminer en fonction de x le côté de ce carré.

Indication : déterminer l'aire du carré.

b. Dessiner le carré formé des quatre pièces.

94 Montrer que le volume du prisme ci-dessous est égal au volume d'un pavé de base carrée et de hauteur égale à 4.

Préciser la longueur du côté du carré.

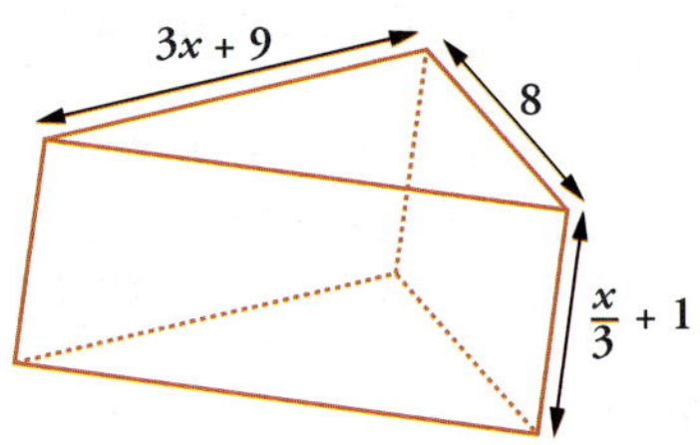

D'après *Suivi scientifique 3*^{e} IREM.

95 Les deux vases ci-dessous ont-ils le même volume ?

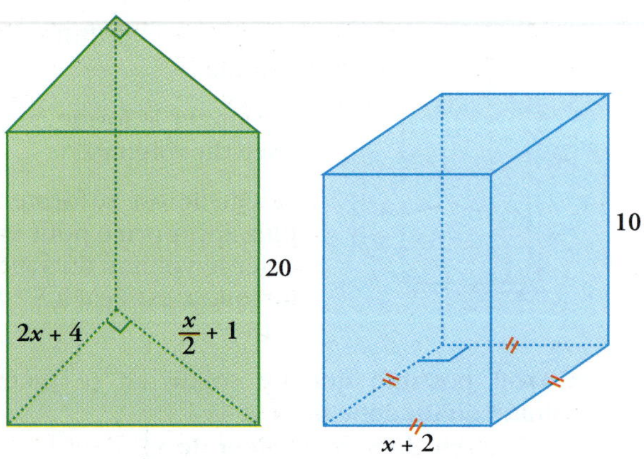

96 Le grand cercle a pour rayon 6.
Exprimer, en fonction de x, l'aire colorée.

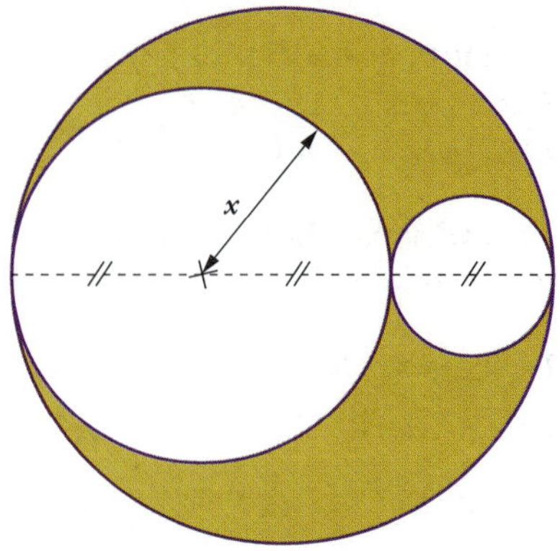

97 On considère les trapèzes ci-dessous.

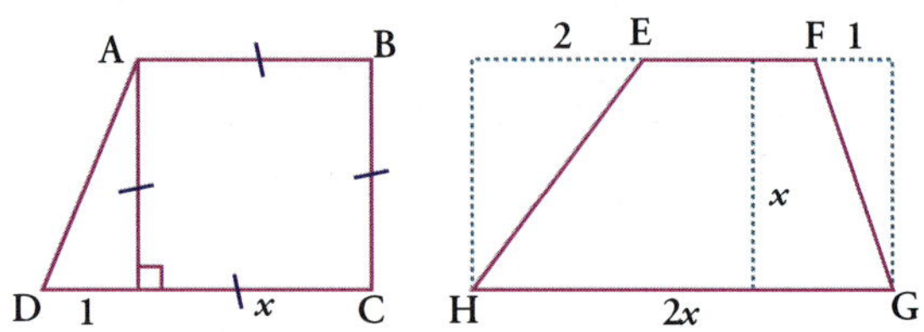

a. Associer AB^2 ; AC^2 ; DC^2 ; AD^2 ; BD^2 avec x^2 ; $x^2 + 1$; $(x + 1)^2 + x^2$; $2x^2$; $(x + 1)^2$.

b. Dans un trapèze, la somme des carrés des diagonales diminuée du double produit des bases est égale à la somme des carrés des deux côtés non parallèles.
Le vérifier pour les trapèzes ABCD et EFGH ci-dessus.

98 Résoudre les équations suivantes :
- $x^2 = 121$
- $9x^2 = (3 - 4x)^2$
- $(x - 4)^2 = (2x + 7)^2$
- $(x + 2)(3x - 4)(5x + 6) = 0$

99 Résoudre les équations suivantes :
- $(2x - 5)(x - 3) = 0$
- $2x - 5(x - 3) = 0$
- $(2x - 5)x - 3 = -3$

POUR ALLER PLUS LOIN

100 Factoriser les expressions suivantes :

a. $(3x + 2)(x + 5) - (x - 5)^2 + (x^2 - 25)$

b. $(49 - y^2) + (y - 7)^2 - (14 - 2y)$

101 Développer les expressions suivantes :
$A = (a^2 + 3)^2$; $B = (x^3 - 1)^2$; $C = (a^3 + a^2)^2$

102 Déterminer un nombre entier tel que si on le diminue de 3, alors son carré diminue de 117.

103 Le triangle dont les côtés mesurent $2x$, $x^2 - 1$ et $x^2 + 1$, est-il rectangle ?

104 Résoudre les équations :
- $(7x - 2)(5 - 3x) = 49x^2 - 4$
- $(3 - x)(x + 1) = 0$

105 Trouver une façon astucieuse pour calculer sans calculatrice $499\,999^2 + 999\,999$.

106 **a.** Montrer que : $4^2 + 4 = 5^2 - 5$;
$10^2 + 10 = 11^2 - 11$;
$15^2 + 15 = 16^2 - 16$.

b. Conjecturer un procédé général et le démontrer.

c. En déduire la valeur de $999^2 + 999$.

107 Démontrer que la somme de deux entiers consécutifs est égale à la différence de leurs carrés.

108 **Du géométrique au numérique**

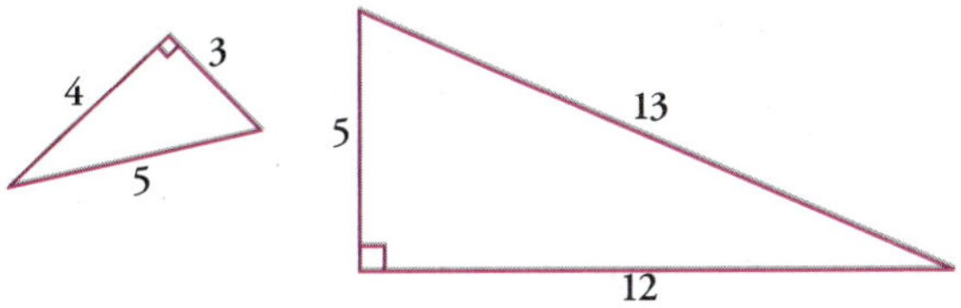

Observer les figures et écrire 25 sous la forme d'un carré, de la somme de deux carrés, de la différence de deux carrés, du carré d'une somme, du carré d'une différence, d'un produit.

109 **a.** Démontrer l'identité :
$$(x + y)^2 = (x - y)^2 + 4xy$$

b. Un rectangle a une aire égale à 420 m². Sa longueur x est plus grande que sa largeur y de 23 m.

Calculer les dimensions du rectangle.

110 **Lien géométrique**
ABCD est un rectangle de mesures a et b.
Sur [DC] on place M tel que CM = CB = b.
Le demi-cercle de diamètre [DM] et de centre O coupe la demi-droite [CB) en N.
On trace le carré CERN.

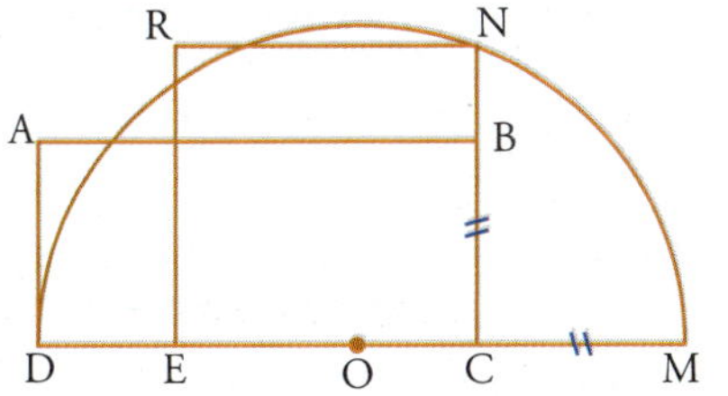

Démontrer que ce carré a la même aire que le rectangle ABCD .

111 Dans le *Livre des Abaques,* écrit par Léonard de Pise en 1202, on trouve l'exercice suivant, traduit du latin :
« *Deux tours, l'une haute de 30 pas et l'autre de 40, sont distantes de 50 pas. Entre les deux tours est une fontaine vers laquelle deux oiseaux, volant de chaque tour en descendant à la même vitesse, arrivent en même temps. Quelle est la distance de la fontaine à chaque tour ?* »
Utiliser une méthode algébrique pour répondre à la question.

112 On considère la figure codée ci-dessous où les longueurs sont exprimées en centimètres.

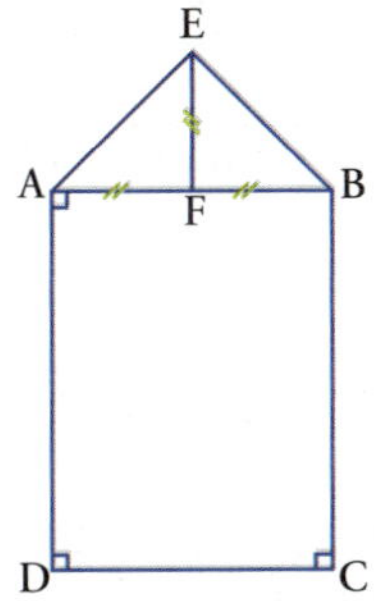

On sait que x est un nombre compris entre 0 et 6.
EF = AF = BF = x.
AD + EF = 6.

a. Exprimer AD en fonction de x.

b. Montrer que l'aire $\mathcal{A}$ de la figure ADCBE en fonction de x s'écrit :
$$\mathcal{A} = -x^2 + 12x$$

c. Démontrer que $\mathcal{A} = 36 - (x - 6)^2$.

d. L'aire de la figure ADCBE est égale à 20 cm². Écrire une équation pour trouver la valeur de EF. En déduire la valeur de EF en employant la forme de $\mathcal{A}$ la plus adaptée.

D'après *Évaluation 2nde* – M.E.N., 1999.

113 On considère des nombres triangulaires comme indiqué à l'exercice 83 page 157 du chapitre 7.

a. Remarquer que la somme des deuxième et troisième de ces nombres vérifie : $3 + 6 = 9 = 3^2$.

b. Établir une égalité de même forme pour la somme des troisième et quatrième de ces nombres, faire de même pour la somme des quatrième et cinquième.

c. Démontrer que la somme du n-ième et du $(n + 1)$-ième est égale à $(n + 1)^2$.

114 Viète est un mathématicien français du XVIe siècle. Son ouvrage *Les Zététiques* utilise pour les premières fois le langage littéral, mais il se sert encore beaucoup de phrases.

Démontrer que les affirmations suivantes, données par Viète, sont toujours vraies :

- « Le carré de la différence de deux nombres, ajouté à quatre fois leur produit, est égal au carré de leur somme. »
- « Le double de la somme des carrés de deux nombres, diminué du carré de la somme de ces deux nombres, est égal au carré de leur différence. »
- « Lorsqu'on divise la différence des carrés de deux nombres par la somme des nombres, on obtient leur différence. »

D'après *Le calcul littéral au collège* – IREM de Poitiers.

Cap sur le BREVET

EXERCICE RÉSOLU

Énoncé (Groupe Est, 2002)

On considère l'expression :

$$A = (2x - 3)^2 - (2x - 3)(x - 2)$$

a. *Développer* A.

b. *Factoriser* A.

c. *Résoudre l'équation* A = 0.

d. *Calculer* A *pour* $x = -2$.

Exemple de solution

a. On utilise l'identité remarquable :

$$(a - b)^2 = a^2 - 2ab + b^2$$

et on développe en donnant la priorité aux multiplications.

$A = (2x)^2 - 2 \times 2x \times 3 + 3^2$
$\quad - (2x \times x - 2 \times 2x - 3 \times x + 3 \times 2)$

On calcule et on tient compte du signe « moins » précédent la parenthèse.

$A = 4x^2 - 12x + 9 - 2x^2 + 4x + 3x - 6$

On réduit les termes semblables :

$A = 2x^2 - 5x + 3.$

La forme développée de A est $2x^2 - 5x + 3$.

b. Le facteur commun est $(2x - 3)$.

$A = (2x - 3)[(2x - 3) - (x - 2)]$

On simplifie dans la parenthèse.

$A = (2x - 3)(2x - 3 - x + 2)$

$A = (2x - 3)(x - 1)$

On vérifie en développant. On obtient :

$$2x \times x - 2x \times 1 - 3 \times x + 3 \times 1$$

soit $2x^2 - 5x + 3$.

La forme factorisée de A est $(2x - 3)(x - 1)$.

c. Pour résoudre l'équation A = 0, on utilise la forme factorisée de A.

A = 0 correspond à $(2x - 3)(x - 1) = 0$.

Or, si un produit est nul, alors l'un au moins de ses facteurs est nul.

A = 0 est vérifiée pour :

$$2x - 3 = 0 \quad \text{ou} \quad x - 1 = 0.$$

A = 0 est vérifiée pour $x = \frac{3}{2}$ ou $x = 1$.

Les solutions de l'équation sont $\frac{3}{2}$ et 1.

d. Pour calculer A avec $x = -2$, on peut utiliser soit la forme de départ, soit la forme factorisée, soit la forme développée.

Prenons la forme factorisée en remplaçant x par -2.

$A = (2 \times (-2) - 3)(-2 - 1)$;

$A = -7 \times (-3)$.

$A = 21$ pour $x = -2$.

115 Groupe Ouest, 2002

a. Développer et réduire l'expression :

$$P = (x + 12)(x + 2)$$

b. Factoriser l'expression : $Q = (x + 7)^2 - 25$.

c. ABC est un triangle rectangle en A ; x désigne un nombre positif :

$$BC = x + 7 \; ; \qquad AB = 5$$

Faire un schéma et montrer que :

$$AC^2 = x^2 + 14x + 24.$$

116 Centres étrangers, 2002

Recopier et compléter pour que chaque égalité soit vraie pour toutes les valeurs de x :

a. $(x + \ldots)^2 = \ldots.. + 6x + \ldots..$

b. $(\ldots.. - \ldots..)^2 = 4x^2 \ldots\ldots\ldots + 25$

c. $\ldots.. - 64 = (7x + \ldots..)(\ldots.. + \ldots..)$

117 Groupe Nord, 2001

$E = 4x^2 - 9 + (2x + 3)(x - 1)$

a. Factoriser $4x^2 - 9$.

Utiliser ce résultat pour factoriser E.

b. Développer et réduire E.

c. Résoudre l'équation $(2x + 3)(3x - 4) = 0$.

118 Inde, 2001

Dans la figure ci-après AEFG, AHIJ et ABCD sont des carrés.

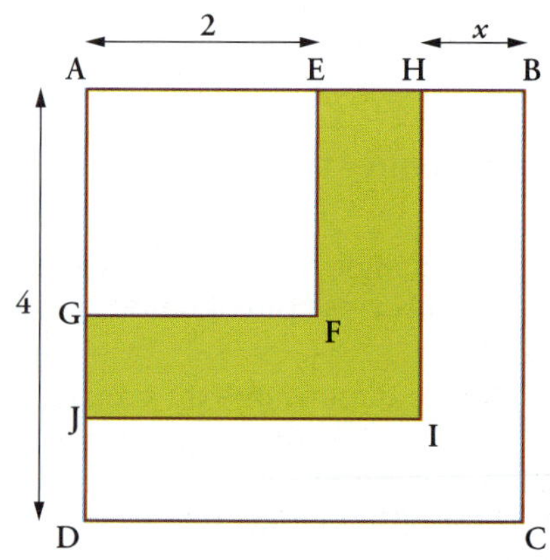

a. Calculer AH en fonction de x ; en déduire l'aire de AHIJ puis préciser, dans la liste ci-dessous, la (ou les) expression(s) algébrique(s) qui correspond(ent) à l'aire coloriée.

$M = (4 - x)^2 - 2^2$

$N = (4 - x - 2)^2$

$P = 4^2 - x^2 - 2^2$

b. Développer et réduire l'expression :

$$Q = (4 - x)^2 - 4$$

c. Factoriser Q.

d. Calculer Q pour $x = 2$.

Que traduit ce résultat pour la figure ?

119 Antilles - Guyane, 2000

On considère l'expression :

$$C = (2x + 1)^2 - 16.$$

a. Développer et réduire C.

b. Factoriser C.

c. Résoudre l'équation : $(2x - 3)(2x + 5) = 0$.

120 Bordeaux, 2000

1. On considère l'expression :

$$E = (x - 3)^2 - (x - 1)(x - 2)$$

a. Développer et réduire E.

b. Comment peut-on en déduire, sans calculatrice, le résultat de $99\,997^2 - 99\,999 \times 99\,998$?

2. a. Factoriser l'expression :

$$F = (4x + 1)^2 - (4x + 1)(7x - 6)$$

b. Résoudre l'équation : $(4x + 1)(7 - 3x) = 0$.

121 Rennes, 2000

1. Éric dit à Zoé :
« Choisis un nombre x ; ajoute 1 au triple de x ; calcule alors le carré du nombre obtenu et retranche-lui le nombre ».
Quel résultat trouvera Zoé si elle choisit $x = 5$?

2. Éric propose à Zoé quatre expressions dont l'une correspond au calcul qu'il lui a fait faire.
Voici ces quatre expressions :

$A = 3(x + 1)^2 - 4$; $B = 4 - (3x + 1)^2$

$C = (3x + 1)^2 - 4$; $D = (x + 3)^2 - 4$

Quelle expression Zoé doit-elle choisir ?

3. a. Factoriser : $C = (3x + 1)^2 - 4$.

b. Résoudre : $(3x - 1)(3x + 3) = 0$.

c. Zoé rejoue ; elle choisit un nombre négatif et elle trouve alors 0.

Quel nombre a-t-elle choisi ? Vérifier alors le calcul de Zoé.

122 Centres étrangers I, 1999

Soit l'expression :

$$G = (1 - 2x)^2 - 25x^2.$$

a. Développer et réduire G.

b. Factoriser G.

c. Résoudre l'équation $(1 - 7x)(3x + 1) = 0$.

d. Calculer les valeurs de G pour $x = 0$, pour $x = \frac{1}{7}$ et pour $x = 1$.

123 Inde, 1999

1. Résoudre l'inéquation $2x - 3 \geqslant x + 1$.

2. x désignant un nombre supérieur ou égal à 4, ABCD est un carré dont le côté mesure $2x - 3$.

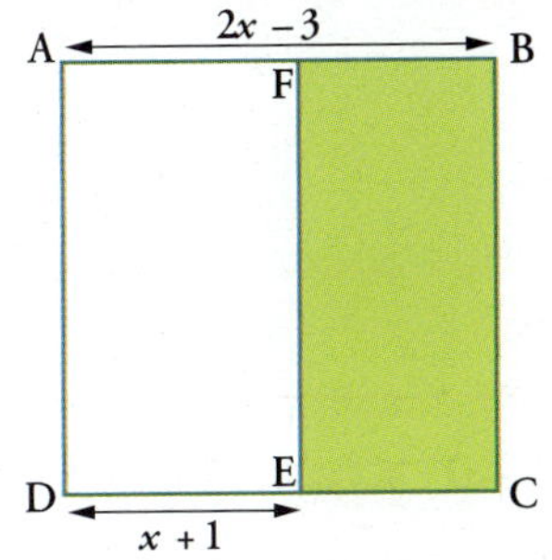

a. Montrer que l'aire du rectangle BCEF s'exprime par la formule :

$$A(x) = (2x - 3)^2 - (2x - 3)(x + 1)$$

b. Développer et réduire $A(x)$.

c. Factoriser $A(x)$.

d. Résoudre l'équation $(2x - 3)(x - 4) = 0$.

e. Pour quelle(s) valeur(s) de x l'aire de BCEF est-elle nulle ?

124 Bordeaux, 1998

1. a. Développer et réduire l'expression :

$$D = (2x + 5)(3x - 1)$$

b. Développer et réduire l'expression :

$$E = (x - 1)^2 + x^2 + (x + 1)^2$$

Application : Déterminer trois nombres entiers positifs consécutifs, $(x - 1)$, x et $(x + 1)$ dont la somme des carrés est 4 802.

2. a. Factoriser l'expression :

$$F = (x + 3)^2 - (2x + 1)(x + 3)$$

b. Factoriser l'expression : $G = 4x^2 - 100$.

Application : Déterminer un nombre positif dont le carré du double est égal à 100.

125 Poitiers, 1998

1. Factoriser :

a. $9 - 12x + 4x^2$

b. $(3 - 2x)^2 - 4$

2. En déduire une factorisation de

$$E = (9 - 12x + 4x^2) - 4$$

3. Résoudre l'équation $(1 - 2x)(5 - 2x) = 0$.

4. Montrer que, pour $x = \frac{3}{2}$, E est un entier.

126 Amérique du Nord, 1997

On donne $E = (4x - 1)(x + 5) - (4x - 1)^2$.

a. Montrer que E peut s'écrire $3(4x - 1)(-x + 2)$.

b. Calculer la valeur de E pour $x = \frac{1}{4}$ et pour $x = 0$.

c. Résoudre l'équation $E = 0$.

Inter-maths

Une équation historique

L'équation $x^2 + 10x = 39$ est la traduction moderne d'un très ancien problème comme l'explique la rubrique d'histoire page suivante.
Deux démarches de résolution sont présentées ici.

Un carré pour l'équation

Cette solution est basée sur une très astucieuse décomposition de $10x$ en deux fois $5x$.
Ainsi $x^2 + 10x$ devient $x^2 + 5x + 5x$.
x^2 est l'aire d'un carré de côté x,
$5x$ est l'aire d'un rectangle de mesures x et 5.
Avec ce carré et ces deux rectangles, on recouvre une partie d'un carré de côté $(x + 5)$.

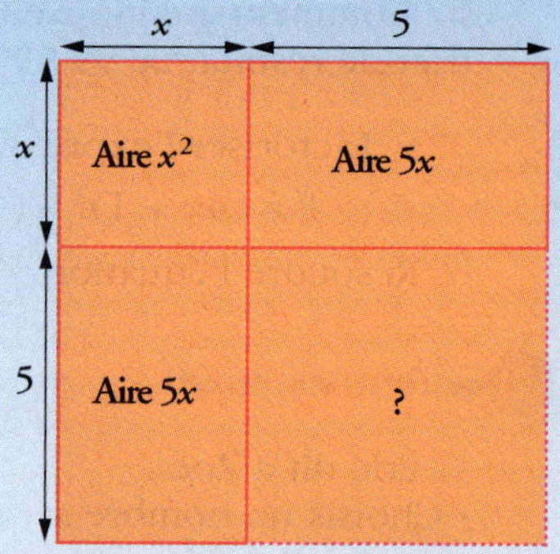

- Développer $(x + 5)^2$ et montrer que l'équation initiale peut s'écrire :
$$(x + 5)^2 = 64$$
- Résoudre l'équation $(x + 5)^2 = 64$ et trouver la mesure du côté du petit carré.

Une factorisation astucieuse

Cette deuxième démarche consiste à résoudre l'équation $(x - 3)(2x + 7) = (x - 3)(x - 6)$.

- En développant les deux membres de l'équation $(x - 3)(2x + 7) = (x - 3)(x - 6)$, montrer qu'on peut retrouver l'équation $x^2 + 10x = 39$.
- Factoriser l'expression $(x - 3)(2x + 7) - (x - 3)(x - 6)$ et résoudre l'équation.

Expression du second degré dans un repère

L'étude va porter sur l'expression
$E(x) = (x - 3)(x + 13)$.

Une série de calculs

Calculer les valeurs de $E(x)$ pour x compris entre -14 et 4.
Recopier et compléter le tableau suivant pour noter les résultats.

x	-14	$-13{,}5$	-13	-9	$-6{,}5$	-5	-2
$E(x)$							

x	0	1,5	2	3	3,5	4
$E(x)$			-15			

La notation E(x)

Avant de poursuivre, voici quelques explications sur la notation utilisée ci-contre : placer x entre parenthèses à côté de E indique que l'expression E change de valeur suivant les valeurs données à x.

Ainsi : $E(-1) = (-1 - 3)(-1 + 13)$,
$E(-1) = (-4) \times 12$
$E(-1) = -48$.
$E(5) = (5 - 3)(5 + 13)$
$E(5) = 2 \times 18$
$E(5) = 36$

(Ce type de notation sera repris au chapitre 12.)

Dans un repère

- Construire un repère orthogonal.
Prendre 1 cm comme unité sur l'axe des abscisses et 1 cm pour 5 unités sur l'axe des ordonnées.
Placer les points de coordonnées (x ; E(x)) dans le repère.

- Relier ces points.
Déterminer les coordonnées des points d'intersection de la courbe avec l'axe des abscisses.

- Résoudre l'équation E(x) = 0 et comparer avec les coordonnées précédemment relevées.

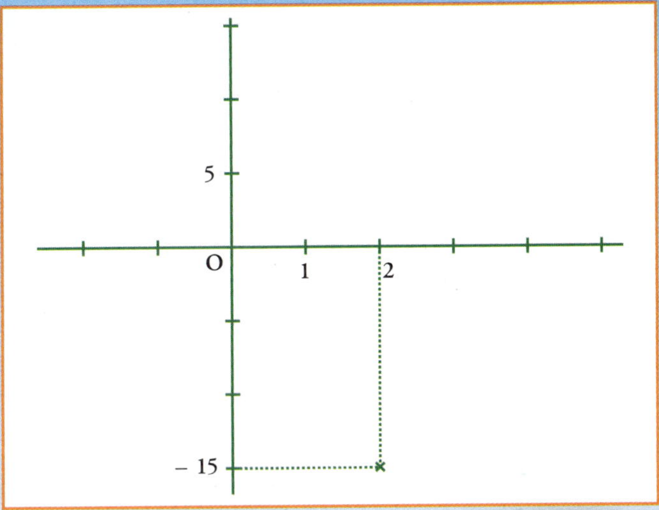

À travers l'histoire

Une école à Bagdad au XIIIe siècle.

« *Trouver un carré qui soit tel que, si on lui ajoute un rectangle de largeur égale au côté du carré et de longueur 10, la surface totale soit égale à 39* ».

Ce problème, que l'on peut traduire de nos jours par la résolution de l'équation $x^2 + 10x = 39$, a d'abord trouvé une solution géométrique – solution développée par les Grecs, puis les civilisations arabes jusqu'au IXe siècle. *Le livre du calcul par l'al-jabr et la muqabala* d'Al-Khwarizmi (788-850) marque la naissance de l'algèbre. Il traite des six équations auxquelles se ramènent tous les problèmes de la vie courante connus et en donne une méthode de résolution :

$$ax^2 = bx\ ;\quad ax^2 = c\ ;\quad bx = c\ ;\quad x^2 + bx = c\ ;$$
$$x^2 + c = bx\ ;\quad bx + c = x^2$$

a, b, c étant des nombres strictement positifs, les seuls admis à l'époque.

Mais d'autres problèmes sont plus complexes et ne se ramènent pas tous aux équations du second degré. Par exemple comment couper une sphère par un plan de telle sorte que les volumes des deux parties soient dans un rapport donné ?

Il faudra attendre longtemps pour trouver des méthodes qui expriment les solutions d'une équation de degré supérieur à 2. En Italie, pendant la Renaissance, vers 1538, Nicolas Tartaglia énonce la règle permettant de résoudre une équation du troisième degré, procédé complété par Cardan puis Bombelli. C'est ce dernier qui trouve la résolution d'une équation du quatrième degré.

Et pour les degrés supérieurs à 5 ? Les travaux n'ont pas manqué, mais Niels Abel, mathématicien norvégien, démontre en 1826 qu'en général cette résolution n'est pas possible. En 1831, le Français Évariste Galois a établi les conditions permettant d'indiquer si des solutions d'une équation existent ou non.

10 RACINES CARRÉES

Pour DÉMARRER

À savoir avant la 3^e

- Définition du carré d'un nombre. ⟶ Pour DÉMARRER 1 et 2
- Prendre l'arrondi et la troncature d'un nombre. ⟶ Pour DÉMARRER 3
- Usage des touches x^2 et $\sqrt{\ }$ de la calculatrice. ⟶ Pour DÉMARRER 4
- Propriété de Pythagore. ⟶ Pour DÉMARRER 5
- Règles de distributivité et double distributivité. ⟶ Pour DÉMARRER 6

« Il y a des racines de tout' les formes
Des pointues, des rond' et des difformes
Cell' de la guimauve est angélique
Et la mandragore est diabolique
Il y a un Racin' qu'est un classique
Mêm' s'il nous bassin' on n'y peut plus rien
Mais la racine que j'adore
Et qu'on extrait sans effort-eu
La racine carrée c'est ma pré-fé-rée.»

Boris Vian et José Christian, 1957

1 Vous avez dit carré ?

Retrouver la bonne réponse.

a. 25 est le carré de : 5 ; 625 ; 12,5 ; - 12,5 ; - 5 ; - 625

b. 4 a pour carré : 2 ; 8 ; 16 ; 4 ; - 16

• *Revoir le vocabulaire « carré d'un nombre ».*

Distinguer les expressions « avoir pour » et « être ».

2 Avoir ou être

Compléter les phrases suivantes :

4 a pour carré ...., donc .... est le carré de ....

.. .. a pour carré 25, donc .... est le carré de ....

0,09 est le carré de ...., donc .... a pour carré ....

Notion d'arrondis revue sur des nombres connus des élèves.

3 Arrondi et troncature

Donner l'arrondi et la troncature au dixième et au millième des nombres suivants :

$$\frac{5}{7}\ ;\quad 3\pi - 1\ ;\quad \frac{48}{37}$$

Revoir l'utilisation des touches x^2 et $\sqrt{\ }$.

4 Usage de la calculatrice

a. Compléter le tableau en utilisant, si nécessaire, la touche x^2 de la calculatrice.

x	1	3,5	6	17,2	10^3
x^2					

b. Compléter le tableau en utilisant, si nécessaire, la touche $\sqrt{\ }$ de la calculatrice (arrondir au centième si besoin).

x	25	100	0,49	5	10^8
$\sqrt{x}$					

Rappel de l'utilisation de la propriété de Pythagore amenant à l'utilisation de la touche $\sqrt{\ }$.

5 Le retour de .... ?

Calculer dans chaque cas la valeur manquante (arrondir à 0,1 près si nécessaire).

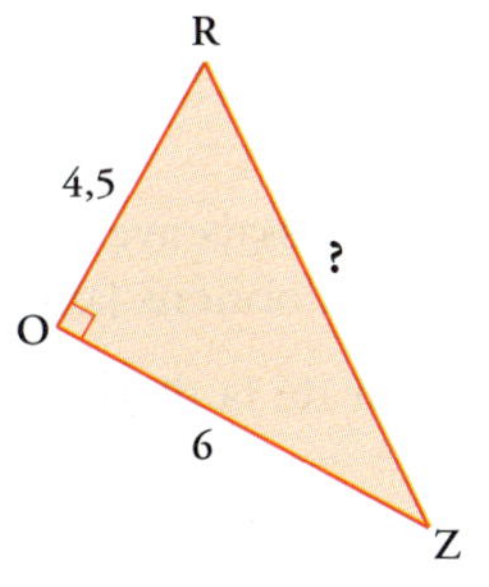

Figure 1

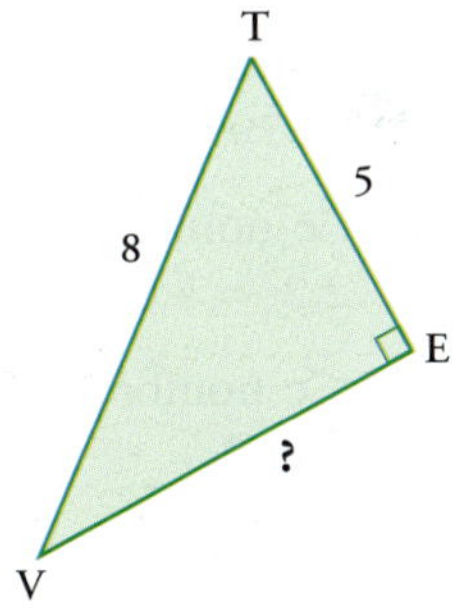

Figure 2

Le travail sur le calcul littéral facilitera les transformations sur les expressions du type : $5\sqrt{3} - 9\sqrt{3}$ et $6\sqrt{5}(3\sqrt{10} - 7)$

6 N'oublions pas le calcul littéral

a. Factoriser les expressions suivantes :

$A = 5x - 8x + x$;

$B = 15a - 20b$

$C = \frac{7}{2}t - \frac{11}{2}t + \frac{t}{2}$;

$D = \frac{4}{7}a + \frac{4}{7} \times \frac{b}{2} - \frac{4}{7}c^2$

$E = 5y^2 + 10y$;

$F = 16z - 2(7z - 1) + 4$

b. Développer puis réduire les expressions suivantes :

$A = -2x(7 - x)$;

$C = \left(4y - \frac{1}{2}\right)^2$

$B = (5t + 8)(3 - 2t)$;

$D = (6z - 11)(6z + 11)$

ACTIVITÉS

1 Problème historique

La civilisation babylonienne regroupe des peuples qui vécurent en Mésopotamie entre 5000 avant Jésus-Christ et le début du Christianisme.

Sur des tablettes babyloniennes, on trouve des questions telles que :

« Existe-t-il un carré d'aire double du carré d'aire 1 ? »

Et au XXIe siècle, comment répondre à ce problème en prenant comme unité le dm^2 ?

• Cette activité permet aux élèves de se poser la question de l'existence du nombre $\sqrt{2}$.

• Il est fortement recommandé de faire travailler les élèves en groupes.

• La consigne suggère une approche géométrique.

• Voir le Livre du Professeur pour d'autres consignes permettant de gérer l'hétérogénéité des élèves.

2 Nombre positif dont le carré est donné

a. Peut-on trouver un nombre positif dont le carré est 36 ?

b. Peut-on trouver un nombre positif dont le carré est -1 ?

c. Peut-on trouver un nombre positif dont le carré est 5 ?

Travail sur l'existence et l'irrationalité du nombre $\sqrt{5}$.

Voici les réponses de quatre élèves à cette question :

• **Roxane :** « Ce nombre n'existe pas car $2^2 = 4$ donc 2 est trop petit et $3^2 = 9$ donc 3 est trop grand. »

• **Étienne :** « En utilisant la touche $\boxed{\sqrt{\ }}$ de ma calculatrice, je trouve que ce nombre est égal à 2,236067977. »

• **Floriane :** « Ce nombre n'existe pas car j'ai fait des essais avec plusieurs nombres (par exemple : $2{,}2^2 = 4{,}84$ et $2{,}223^2 = 4{,}941729$) et je n'obtiens jamais 5. »

• **Corentin :** « Ce nombre existe car c'est la longueur de la diagonale d'un rectangle de dimensions 1 et 2. »

Que penser de chacune de ces réponses ?

3 Opérations sur les racines

Conjecturer un résultat en faisant des recherches par tâtonnement.

Utiliser la calculatrice pour calculer les expressions suivantes, puis regrouper les valeurs qui semblent égales.

$A = \sqrt{25} \times \sqrt{4}$; $B = \sqrt{441 \times 400}$; $C = \sqrt{25 \times 4}$; $D = \sqrt{\dfrac{25}{4}}$; $E = \sqrt{9} \times \sqrt{16}$

$F = \sqrt{9 \times 16}$; $G = \sqrt{144}$; $H = \sqrt{\dfrac{9}{16}}$; $I = \sqrt{36} + \sqrt{64}$; $J = \sqrt{4 \times 4}$

$K = \sqrt{441} \times \sqrt{400}$; $L = \sqrt{4} \times \sqrt{4}$; $M = \dfrac{\sqrt{9}}{\sqrt{16}}$; $R = \dfrac{\sqrt{25}}{\sqrt{4}}$; $T = \sqrt{25}$

$U = \sqrt{36 + 64}$; $V = \sqrt{5} \times \sqrt{5}$

4 Une preuve

• Utilisation des propriétés des puissances.

• Quels que soient les nombres a et b positifs, calculer les carrés des expressions suivantes en précisant quels nombres ne doivent pas être nuls :

$$\sqrt{a \times b}\ ; \quad \sqrt{a} \times \sqrt{b}\ ; \quad \sqrt{\frac{a}{b}}\ ; \quad \frac{\sqrt{a}}{\sqrt{b}}\ ; \quad \sqrt{a} + \sqrt{b}\ ; \quad \sqrt{a+b}$$

• On pourra admettre les résultats.

• On admet la propriété suivante :

> Quels que soient les nombres positifs a et b,
> si $a^2 = b^2$, alors $a = b$.

Démontrer alors des égalités pour les opérations précédentes avec des racines carrées.

5 Une approche géométrique

Utilisation de la réciproque du théorème de Pythagore et de la propriété « produit des racines carrées ».

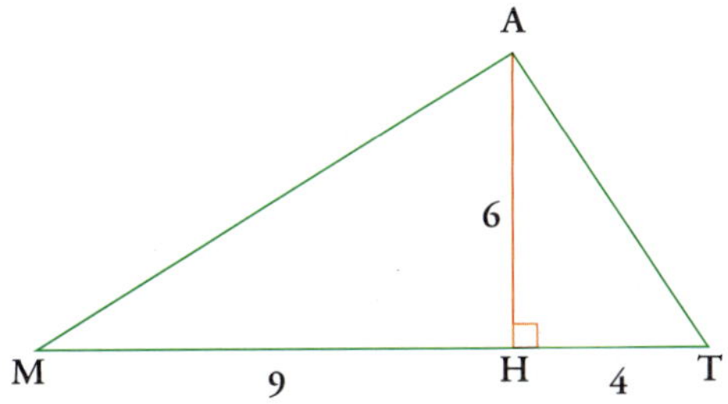

a. Le triangle MAT est-il rectangle ? Justifier le résultat.

b. Calculer l'aire de ce triangle de deux façons.

c. Comment s'applique la propriété démontrée au paragraphe précédent ?

6 En diagonale

• Utilisation du théorème de Pythagore.
• Rappels de trigonométrie.

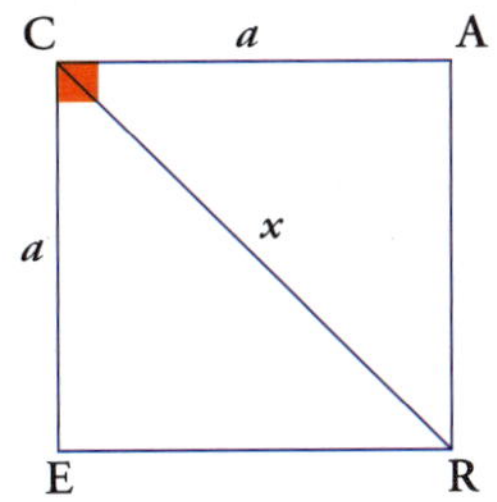

CARE est un carré.

a. Exprimer x en fonction de a.
Les nombres x et a sont-ils proportionnels ?

b. En utilisant le résultat de la question **a.**, donner la valeur exacte de cos 45°, sin 45° et tan 45°.

7 Une diagonale dans l'espace

• Vision dans l'espace et application du théorème de Pythagore.

• Rappel sur les notions d'arrondis.

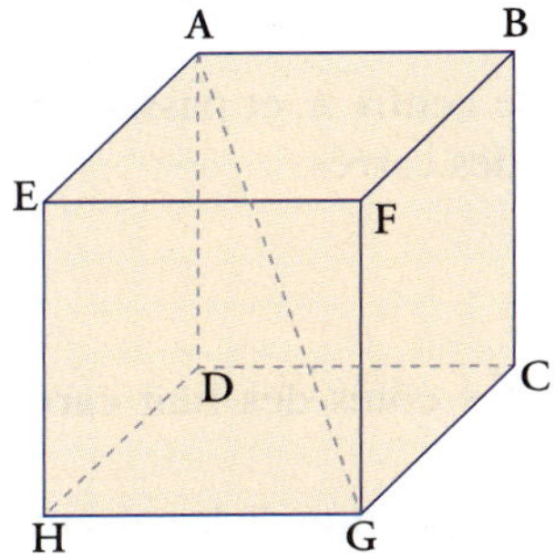

ABCDEFGH est un cube dont l'arête mesure x.
Calculer la longueur de la diagonale AG du cube en fonction de x.

Donner des arrondis au dixième de AG pour les valeurs de x suivantes :

$x = 3$; $x = 2{,}5$; $x = 5{,}41$; $x = 7$; $x = 11{,}2$

8 De la hauteur

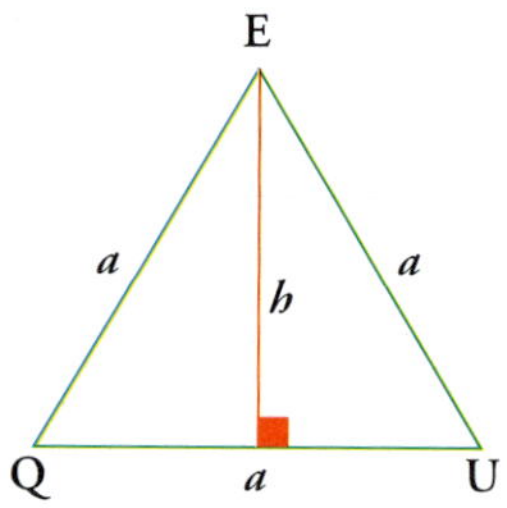

EQU est un triangle équilatéral.

a. Prouver que $h = \frac{\sqrt{3}}{2}a$.

b. Combien mesure le côté d'un triangle équilatéral de hauteur $\sqrt{12}$ cm ?

c. En utilisant l'égalité $h = \frac{\sqrt{3}}{2}a$, déterminer la valeur exacte de cos 60°, sin 60°, tan 60°, cos 30°, sin 30° et tan 30°.

• Utilisation du théorème de Pythagore.

• Résolution d'équation.

• Rappels de trigonométrie.

9 Quelques équations

a. Parmi les phrases et expressions ci-dessous, lesquelles sont fausses ? Justifier les réponses.

1. 4 et (– 4) ont le même carré.
2. $x^2 = (-4)$
3. 0 est le seul nombre ayant pour carré 0.
4. Deux nombres différents n'ont pas le même carré.
5. $x^2 + 7 = 0$
6. Les équations $x^2 - 9 = 0$ et $x^2 = 5$ admettent chacune deux solutions à préciser.

b. Résoudre si possible les équations suivantes et donner toutes les solutions :

$x^2 = 25$; $x^2 = 13$; $x^2 + 4 = 0$; $x^2 - 36 = 0$

Vers la résolution de $x^2 = a$.

10 À la calculatrice

Avec la calculatrice, indiquer les valeurs de :

$\sqrt{1}$; $\sqrt{121}$; $\sqrt{12\,321}$; $\sqrt{1\,234\,321}$

• Quel nombre suit logiquement cette liste ? Quelle en est sa valeur ?

• Faire des essais pour trouver la valeur de $\sqrt{12345678987654321}$.

Conjecturer un résultat en faisant des recherches par tâtonnement. La calculatrice ne permet pas de conclure.

11 Une curieuse famille

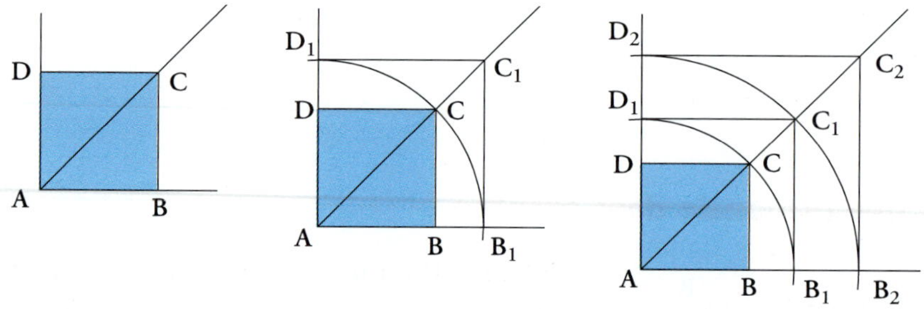

ABCD est un carré. On trace des arcs de cercles successifs de centre A, et passant par les points C, C_1, C_2, C_3. Les points C sont obtenus en traçant des carrés.

a. Construire quatre carrés de la famille ABCD.

b. ABCD a un côté de longueur égale à 1.
Calculer le rayon de huit cercles successifs, les longueurs des côtés des huit carrés correspondants et les aires des huit carrés.
Trouver des relations qui permettent de trouver une mesure en fonction de la suivante.

• Des constructions qui mettent en oeuvre le nombre $\sqrt{2}$.

• On pourra s'interroger sur l'irrationalité des valeurs trouvées.

12 De l'Antiquité au... tableur !

• On pourra demander aux élèves de rechercher les informations importantes. Faire les calculs d'abord avec les nombres écrits sous forme décimale ou fractionnaire.

Au premier siècle de notre ère, Héron d'Alexandrie expose dans son ouvrage *Les métriques*, un procédé pour obtenir une approximation de $\sqrt{2}$.

Voici en quoi consiste sa méthode :

Par définition, $\sqrt{2}$ est le nombre positif dont le carré est 2.
Obtenir une valeur approchée de $\sqrt{2}$ revient à déterminer une valeur approchée de la solution strictement positive de l'équation $x^2 = 2$ ou encore de l'équation $x = \dfrac{2}{x}$.

Comme 1 est une valeur approchée de $\sqrt{2}$, alors $\dfrac{2}{1}$ l'est aussi et la moyenne de ces deux nombres est une meilleure approximation :

$$\frac{1}{2} \times \left(1 + \frac{2}{1}\right) = \frac{1}{2} \times 3 = \frac{3}{2} = 1{,}5$$

Ce raisonnement est appliqué de nouveau avec le nombre 1,5.

La méthode du mathématicien Héron d'Alexandrie est généralisable.

• On pourra utiliser une calculatrice dans un premier temps afin de vérifier quelques-uns des résultats obtenus.

L'informatique et l'utilisation de tableurs permettent d'appliquer cette démarche très facilement.

Entrer le nombre dont on cherche la racine carrée

Entrer la première approximation du nombre cherché

	A	B	C	D	E	F
1	Nombre a	x	a/x	$x+a/x$	$0{,}5*(x+a/x)$	
2	2	1	2	3	1,5	
3		1,5	2	3,5	1,75	
4		1,75	1,142857143	2,892857143	1,44642857143	
5		1,44642857	1,382716049	2,829144621	1,41457231041	
6		1,41457231	1,413854905	2,828427216	1,41421360786	
7		1,41421361	1,414213517	2,828427125	1,41421356237	
8		1,41421356	1,414213562	2,828427125	1,41421356237	
9		1,41421356	1,414213562	2,828427125	1,41421356237	
10		1,41421356	1,414213562	2,828427125	1,41421356237	
11		1,41421356	1,414213562	2,828427125	1,41421356237	
12						
13						
14						

• Le tableur permet l'usage des grands nombres.

Entrer les quatre formules indiquées.

- Formule à entrer dans la case C2 : =A2/B2
- Formule à entrer dans la case D2 : =B2+C2
- Formule à entrer dans la case E2 : =0,5*D2
- Formule à entrer dans la case B3 : =E2

Utiliser la poignée de recopie pour compléter le tableau.

Appliquer ce programme pour déterminer des valeurs approchées de :

$$\sqrt{45}\ ;\quad \sqrt{575}\ ;\quad \sqrt{102030405060708090}$$

L'ESSENTIEL en deux pages

1 – Définition

> a désigne un nombre positif quelconque.
> $\sqrt{a}$ est le seul nombre positif dont le carré est a.

$\sqrt{a}$ se lit « **racine carrée de a** ».

Conséquences

> $a \geqslant 0$
> $(\sqrt{a})^2 = a$ ou $\sqrt{a} \times \sqrt{a} = a$
> $\sqrt{a} \geqslant 0$

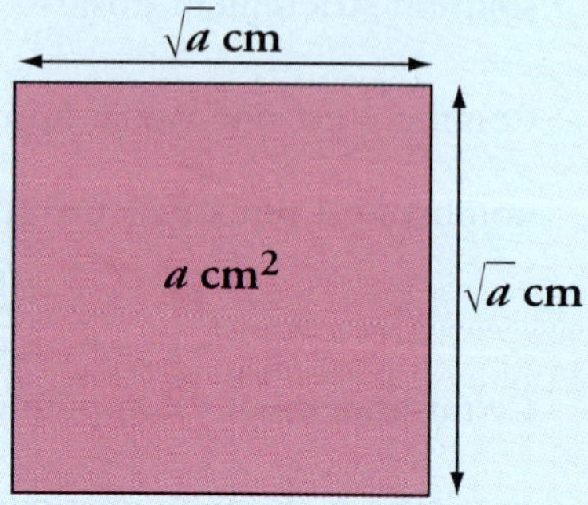

Exemples

- $\sqrt{0} = 0$
- $\sqrt{1} = 1$
- $\sqrt{25}$ est le seul nombre positif dont le carré est 25.

$(\sqrt{5})^2 = 5$; $\sqrt{25} = 5$

5 est la valeur exacte de $\sqrt{25}$.

- $\sqrt{3}$ est le seul nombre positif dont le carré est 3.

$(\sqrt{3})^2 = 3$; $\sqrt{3} \approx 1{,}732$

1,732 est un arrondi de $\sqrt{3}$.

- Parmi les nombres connus en classe de 3ᵉ, aucun nombre n'a pour carré – 9.

Écrire « racine carrée de (– 9) » n'a pas de sens.

⚠ L'écriture $\sqrt{a}$ n'a pas de sens si a est négatif.

2 – Utilisation de la calculatrice

La touche [√] de la calculatrice fournit soit la valeur exacte, soit une valeur approchée de la racine carrée d'un nombre.

Suite de touches selon la calculatrice		Affichage	Valeur exacte ou arrondi
[√] [2] [5]	[2] [5] [√]	5	valeur exacte
[√] [3]	[3] [√]	1,732050808	valeur approchée 1,732 est l'arrondi au millième
[√] [5] [,] [2] [9]	[5] [,] [2] [9] [√]	2,3	valeur exacte

3- Opérations et racines carrées

a. Produit

Pour tous les nombres a et b positifs :

$$\sqrt{a} \times \sqrt{b} = \sqrt{a \times b}$$

Le produit de deux racines carrées est égal à la racine carrée du produit.

Exemples

$A = \sqrt{3} \times \sqrt{12}$; $A = \sqrt{3 \times 12}$; $A = \sqrt{36}$; $A = 6$

$B = \sqrt{200}$; $B = \sqrt{100 \times 2}$; $B = \sqrt{100} \times \sqrt{2}$; $B = 10 \times \sqrt{2}$

Méthode page 218

b. Racine carrée d'un carré

Pout tout nombre a positif : $\sqrt{a^2} = a$

Exemples

$C = \sqrt{7^2}$; $C = 7$. $D = \sqrt{1{,}44}$; $D = \sqrt{1{,}2^2}$; $D = 1{,}2$

c. Quotient

Pour tous les nombres a et b positifs, avec b non nul :

$$\frac{\sqrt{a}}{\sqrt{b}} = \sqrt{\frac{a}{b}}$$

Le quotient de deux racines carrées est égal à la racine carrée du quotient.

Exemple

$E = \frac{\sqrt{21}}{\sqrt{27}}$; $E = \sqrt{\frac{21}{27}}$; $E = \sqrt{\frac{3 \times 7}{3 \times 9}}$; $E = \sqrt{\frac{7}{9}}$; $E = \frac{\sqrt{7}}{\sqrt{9}}$; $E = \frac{\sqrt{7}}{3}$

d. Somme

⚠ Pour tous nombres a et b positifs : $\sqrt{a} + \sqrt{b} \neq \sqrt{a + b}$

La somme de deux racines carrées n'est, en général, pas égale à la racine carrée de la somme.

Exemple

$\left.\begin{array}{l}\sqrt{16} + \sqrt{9} = 4 + 3 = 7 \\ \sqrt{16+9} = \sqrt{25} = 5\end{array}\right\}$ donc $\sqrt{16} + \sqrt{9} \neq \sqrt{16+9}$

4- Équation $x^2 = a$

a est un nombre donné.

Si $a < 0$, l'équation $x^2 = a$ n'admet aucune solution.

Si $a = 0$, l'équation $x^2 = 0$ admet une seule solution : le nombre 0.

Si $a > 0$, l'équation $x^2 = a$ admet deux solutions : les nombres opposés $-\sqrt{a}$ et $\sqrt{a}$.

Exemples

Résoudre $x^2 = 11$.

$11 > 0$.

L'équation $x^2 = 11$ a deux solutions : $-\sqrt{11}$ et $\sqrt{11}$.

Résoudre $x^2 = -4$.

$-4 < 0$

L'équation $x^2 = -4$ n'a aucune solution.

DÉMONTRER UNE ÉGALITÉ

Le problème

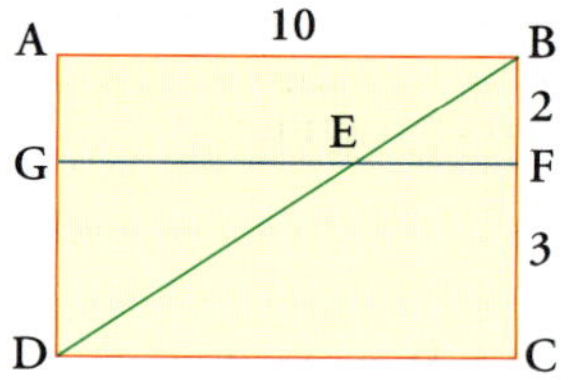

ABCD est un rectangle dont les côtés ont pour longueur 10 et 5. (FG) est parallèle à (AB).
En appliquant les propriétés de Thalès et de Pythagore dans le triangle BCD, on peut calculer la valeur exacte de ED.
On trouve différentes écritures :
$\sqrt{125} - \sqrt{20}$; $\sqrt{45}$; $\frac{3}{5}\sqrt{125}$; $\frac{3}{2}\sqrt{20}$

On démontre que tous ces nombres sont égaux. En particulier on va démontrer ci-dessous que $\sqrt{125} - \sqrt{20}$ et $\sqrt{45}$ sont égaux.

D'après IREM de Poitiers

→ Méthode directe

Transformer le premier membre de l'égalité jusqu'à obtenir le deuxième membre, ou le deuxième membre jusqu'à obtenir le premier.

A = ... =....... = ... = B

$\sqrt{125} - \sqrt{20} = \sqrt{25 \times 5} - \sqrt{4 \times 5} = 5\sqrt{5} - 2\sqrt{5} = 3\sqrt{5} = \sqrt{9 \times 5} = \sqrt{45}$

→ Méthode par résultat intermédiaire

Transformer le premier membre de l'égalité et le deuxième membre jusqu'à obtenir un même résultat.

A = ... =....... = C
B = ... =....... = C

$$\left.\begin{array}{l}\sqrt{125} - \sqrt{20} = 5\sqrt{5} - 2\sqrt{5} = 3\sqrt{5} \\ \sqrt{45} = 3\sqrt{5}\end{array}\right\} \rightarrow \sqrt{125} - \sqrt{20} = \sqrt{45}$$

→ Méthode par soustraction

Calculer la différence des deux membres de l'égalité jusqu'à obtenir 0.

A – B = 0 d'où A = B

$\sqrt{125} - \sqrt{20} - \sqrt{45} = 5\sqrt{5} - 2\sqrt{5} - 3\sqrt{5} = 0$

→ Méthode par égalité équivalente

Transformer l'égalité jusqu'à obtenir une autre égalité à démontrer.

A = B ... = ... = ... C = D

$(\sqrt{125} - \sqrt{20})^2 = 125 - 2\sqrt{2500} + 20 = 145 - 2 \times 50 = 45$; $(\sqrt{45})^2 = 45$

Les deux nombres sont positifs et ont le même carré, ils sont donc égaux.

DÉFINITION DE LA RACINE CARRÉE

1 Compléter avec les mots « carré » ou « racine carrée ».

9 est … de 81. 9 est … de 3.

16 a pour … 256. 16 a pour … 4.

16 est … de - 4.

2 Recopier et compléter les phrases ci-dessous.

- 9 a pour carré … ; donc … est le carré de …
- … a pour carré 5, donc … est la racine carrée de …
- $\sqrt{8}$ est la racine carrée de …, donc … est le carré de …

Pour les **exercices 3 à 15,** la calculatrice est interdite.

3 Compléter :

$\sqrt{9} = \ldots$; $9 = \sqrt{\ldots}$; $\sqrt{0} = \ldots$; $\sqrt{1} = \ldots$

$\sqrt{\ldots} = 5$; $\sqrt{25} = \ldots$; $\sqrt{100} = \ldots$; $\sqrt{\ldots} = 0,1$

$\sqrt{\frac{4}{121}} = \ldots$; $\frac{2}{7} = \sqrt{\ldots}$; $\sqrt{0,81} = \ldots$; $\sqrt{\ldots} = 0,6$

4 Sachant que $125^2 = 15\,625$, en déduire :

$12,5^2$; $12\,500^2$; $\sqrt{1,5625}$; $\sqrt{1562500}$.

5 Déterminer la valeur exacte des racines carrées des nombres suivants :

❶ 36 ❷ 900 ❸ 2 500 ❹ 0,04 ❺ 0,01

6 Déterminer la valeur exacte des racines carrées des nombres suivants :

a. ❶ $\frac{49}{16}$ ❷ $\frac{0,3}{7,5}$ ❸ $\frac{8}{50}$ ❹ $\frac{320}{5}$

b. ❶ 121 ❷ 0,36 ❸ $\frac{25}{4}$ ❹ $\sqrt{16}$

7 On donne : $13^2 = 169$; $14^2 = 196$;

$15^2 = 225$; $16^2 = 256$; $17^2 = 289$.

Donner la troncature à l'unité près de $\sqrt{201}$ et de $\sqrt{280}$.

8 Parmi ces écritures, lesquelles sont incorrectes ?

$\sqrt{5}$; $\sqrt{(-5)^2}$; $-\sqrt{5}$; $\sqrt{-5}$; $-\sqrt{5^2}$; $\sqrt{-5^2}$

9 Parmi ces nombres, lesquels sont négatifs ?

$\sqrt{3}$; $\sqrt{(-3)^2}$; $-\sqrt{3^2}$; $(-\sqrt{3})^2$

10 Compléter :

$(\sqrt{12})^2 = \ldots$; $(\sqrt{16})^2 = \ldots$; $(\sqrt{\ldots})^2 = 81$

$\sqrt{57} \times \sqrt{57} = \ldots$; $(2\sqrt{\ldots})^2 = 40$; $\left(\sqrt{\frac{3}{\ldots}}\right)^2 = \frac{\ldots}{2}$

11 Compléter :

$\sqrt{7^2} = \ldots$; $\sqrt{\left(\frac{3}{8}\right)^2} = \ldots$; $\sqrt{(\ldots)^2} = 25$; $\sqrt{(\ldots)^2} = 0,2$

12 Calculer, si possible :

❶ $(\sqrt{13})^2$ ❷ $(-\sqrt{5})^2$ ❸ $\sqrt{-16}$ ❹ $-\sqrt{49}$ ❺ $\sqrt{(-3)^2}$

13 Calculer, si possible :

❶ $\sqrt{196}$ ❷ $-\sqrt{121}$ ❸ $\sqrt{(5-12)^2}$

❹ $\sqrt{-0,25}$ ❺ $\sqrt{(-9)^2}$

14 Compléter, lorsque cela est possible, en donnant toute précision utile.

$16 = (\ldots)^2$; $(\ldots)^2 = 2$; $-100 = (\ldots)^2$

$4x^2 = (\ldots)^2$; $(\ldots)^2 = 9t$; $(\ldots)^2 = 3z$

15 Regrouper les nombres égaux.

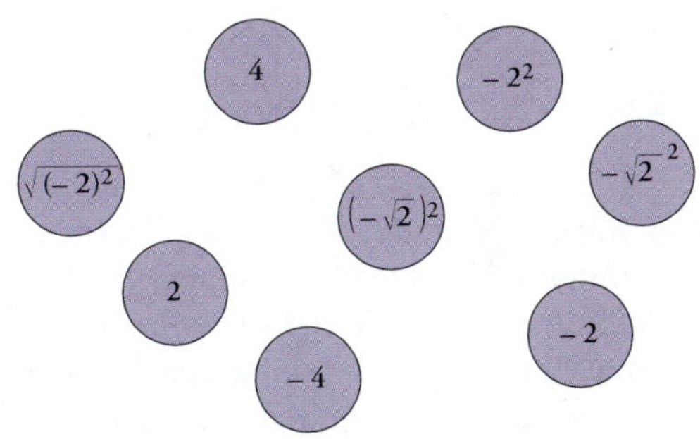

16 ABC est un triangle tel que :

$AB = 5\sqrt{3}$; $BC = 4\sqrt{2}$; $AC = \sqrt{107}$

Ce triangle est-il rectangle ?

17 Les longueurs sont exprimées en centimètre. Calculer la valeur exacte de l'aire de la couronne, puis donner la troncature au cm² de cette aire.

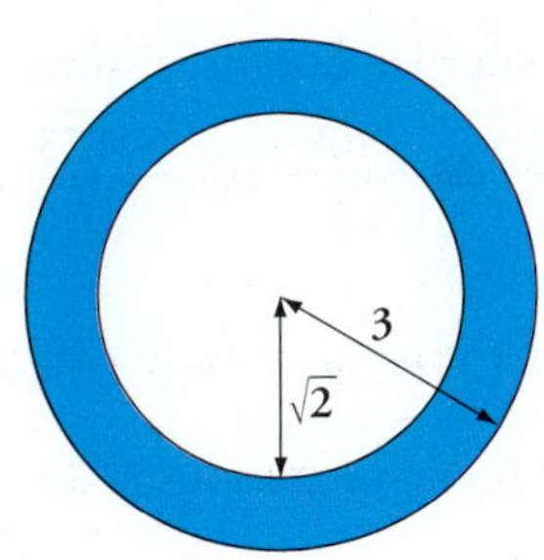

EXERCICES d'application

CALCULATRICE ET VALEURS APPROCHÉES

18 a. Donner l'arrondi à l'unité des nombres suivants :

① $\sqrt{10}$ ② $\sqrt{3{,}8}$ ③ $\sqrt{350}$ ④ $\sqrt{7}$ ⑤ $\sqrt{67{,}24}$

b. Donner l'arrondi au dixième et au centième des nombres suivants :

① $\sqrt{6}$ ② $\sqrt{5{,}2441}$ ③ $\sqrt{37}$ ④ $\sqrt{120}$

c. Donner l'arrondi au dixième des nombres suivants :

① $\frac{4}{7}$ ② $\sqrt{4{,}7}$ ③ 7^{-4} ④ $7{,}4 \times 10^{-1}$

19 En utilisant la calculatrice, donner un arrondi à 10^{-3} près des nombres :

① $\sqrt{7} - \sqrt{3}$ ② $5\sqrt{13}$ ③ $8\sqrt{2} - 3\sqrt{6}$

④ $\frac{5\sqrt{10}}{4}$ ⑤ $\sqrt{8 + \frac{1}{3}}$ ⑥ $\frac{\sqrt{5} - 1}{\sqrt{8} + 3}$

20 On sait que $1{,}732 < \sqrt{3} < 1{,}733$.

Donner un encadrement au millième de :

$2\sqrt{3}$; $-5\sqrt{3}$; $\sqrt{3} + 4$; $8 - \sqrt{3}$

21 Sachant que $2{,}23 < \sqrt{5} < 2{,}24$ et $2{,}82 < \sqrt{8} < 2{,}83$, encadrer $\frac{\sqrt{5} + \sqrt{8}}{2}$.

22 Karine a calculé $\sqrt{2}$ avec sa calculatrice et elle a obtenu 1,4142135. Ibrahima, en utilisant la définition présentée dans le cours de mathématiques, a multiplié ce nombre par lui-même. Il dit que la valeur donnée par Karine n'est pas correcte. Est-ce vrai ?

OPÉRATIONS ET RACINES CARRÉES

23 Calculer le plus simplement possible :

$A = \sqrt{3} \times \sqrt{12}$; $B = \sqrt{3} \times \sqrt{75}$

$C = 3\sqrt{5} \times \sqrt{5}$; $D = \sqrt{5} \times \sqrt{32}$

24 Simplifier les nombres suivants :

① $\frac{\sqrt{128}}{\sqrt{2}}$ ② $\frac{\sqrt{300}}{\sqrt{3}}$ ③ $\frac{6\sqrt{175}}{\sqrt{7}}$ ④ $\frac{\sqrt{80}}{\sqrt{45}}$

25 $a = 3\sqrt{12}$ et $b = -4\sqrt{3}$. Calculer ab, $\frac{a}{b}$ et b^2.

Donner les résultats sous la forme la plus simple possible.

26 Calculer mentalement les nombres suivants et indiquer la méthode employée.

① $\sqrt{5^2 \times 7^2}$ ② $\sqrt{4 \times 3^2}$ ③ $\sqrt{\frac{\pi^2}{4}}$ ④ $\sqrt{\frac{0{,}09}{25}}$

MÉTHODE

Écrire sous la forme $a\sqrt{b}$, avec a entier et b entier positif le plus petit possible

Énoncé

Écrire $\sqrt{108}$ sous la forme $a\sqrt{b}$, avec a entier et b entier positif le plus petit possible.

Exemple de solution

108 doit être décomposé en un produit de deux nombres dont l'un des deux est un « carré parfait », le plus grand possible.
Il est intéressant de connaître les premiers « carrés parfaits » :

4 ; 9 ; 16 ; 25 ; 36 ; 49 ; 64 ; 81
100 ; 121 ; 144 ; 169

$108 = 36 \times 3$

Donc $\sqrt{108} = \sqrt{36 \times 3}$

$\sqrt{108} = \sqrt{36} \times \sqrt{3}$ — En utilisant la propriété : $\sqrt{a \times b} = \sqrt{a} \times \sqrt{b}$

$\sqrt{108} = 6 \times \sqrt{3}$ car $\sqrt{36} = 6$

$\sqrt{108} = 6\sqrt{3}$.

● Voir exercices 27 à 36

27 Écrire les nombres ci-dessous sous la forme d'un produit d'un nombre entier par $\sqrt{2}$.

$\sqrt{8}$; $\sqrt{32}$; $\sqrt{200}$; $3\sqrt{50}$; $-2\sqrt{18}$

28 Écrire les nombres ci-dessous sous la forme d'un produit d'un nombre entier par $\sqrt{3}$.

$\sqrt{12}$; $\sqrt{75}$; $\sqrt{243}$; $2\sqrt{48}$; $-10\sqrt{27}$

29 Trouver trois autres écritures du nombre $\sqrt{72}$.

30 Écrire les nombres ci-dessous sous la forme $a\sqrt{b}$, avec a et b entiers et b positif le plus petit possible.

$\sqrt{27}$; $\sqrt{128}$; $\sqrt{24}$; $5\sqrt{126}$; $-3\sqrt{180}$

31 Écrire les nombres ci-dessous sous la forme $\sqrt{a}$.

$5\sqrt{2}$; $2\sqrt{13}$; 14 ; $10\sqrt{7{,}2}$; $36\sqrt{3}$

32 Chasser l'intrus :

❶ $\frac{\sqrt{18}}{\sqrt{2}}$ ❷ $\sqrt{10} - \sqrt{1}$ ❸ $\frac{2,4}{0,8}$ ❹ $2\sqrt{16} - 5$

❺ $\sqrt{(-3)^2}$ ❻ $\sqrt{4} + 1$

33 Recopier et compléter avec les symboles « = » ou « ≠ ».

a. $\sqrt{2} + \sqrt{3} \ldots \sqrt{5}$ b. $\sqrt{2} \times \sqrt{3} \ldots \sqrt{6}$

c. $\sqrt{64} + \sqrt{36} \ldots \sqrt{100}$ d. $\sqrt{25} - \sqrt{2} \ldots \sqrt{23}$

34 Écrire sous forme $a\sqrt{b}$, b étant un entier positif le plus petit possible.

❶ $\sqrt{32}$ ❷ $\sqrt{50} \times \sqrt{2}$ ❸ $\sqrt{2} + \sqrt{98}$

❹ $\sqrt{72} \times \sqrt{\frac{1}{2}}$ ❺ $\frac{\sqrt{45}}{\sqrt{20}}$ ❻ $2\sqrt{18} \times \sqrt{14} \times \sqrt{21}$

❼ $-2\sqrt{75} + 5\sqrt{12} - 3\sqrt{3}$

35 Réduire les écritures des nombres suivants :

$A = 9\sqrt{2} \times 7\sqrt{3} \times 2\sqrt{18}$; $B = \sqrt{4 + 36}$

$C = 5\sqrt{11} \times \left(-4\sqrt{22}\right)$; $D = \sqrt{18} - \sqrt{2}$

36 Chasser l'intrus :

❶ $\sqrt{4 + 36 + 81}$ ❷ $\sqrt{121}$ ❸ $\sqrt{2^2 + 6^2 + 9^2}$

❹ $2 + 6 + 9$ ❺ 11

MÉTHODE

Écrire un nombre sans radical au dénominateur

Énoncé

Donner une écriture de $\frac{5}{\sqrt{7}}$ sans radical au dénominateur.

Exemple de solution

On sait que $\sqrt{7} \times \sqrt{7} = 7$.

On écrit un quotient égal à $\frac{5}{\sqrt{7}}$ en multipliant par $\sqrt{7}$ le numérateur et le dénominateur :

$$\frac{5}{\sqrt{7}} = \frac{5 \times \sqrt{7}}{\sqrt{7} \times \sqrt{7}} \ ; \quad \frac{5}{\sqrt{7}} = \frac{5\sqrt{7}}{7}$$

● Voir exercices 37 et 38

37 Transformer les écritures ci-dessous pour obtenir un dénominateur entier.

$$\frac{5}{\sqrt{7}} \ ; \ \frac{-8}{\sqrt{13}} \ ; \ \frac{\sqrt{5}}{\sqrt{6}} \ ; \ \frac{4}{3\sqrt{3}} \ ; \ \frac{2 - \sqrt{2}}{\sqrt{2}}$$

38 Démontrer que $\frac{3}{\sqrt{12}}$ est égal à $\frac{\sqrt{3}}{2}$.

39 Les affirmations suivantes sont-elles vraies ou fausses ? Justifier.

a. La moitié de $\sqrt{18}$ est $\sqrt{9}$.

b. Le carré de $1 + \sqrt{2}$ est $3 + 2\sqrt{2}$.

c. Le triple de $\sqrt{5}$ est $\sqrt{45}$.

d. La différence de $\sqrt{32}$ et de $\sqrt{2}$ est $\sqrt{18}$.

e. $\sqrt{2} + \sqrt{8} = \sqrt{10}$.

f. L'inverse de $\sqrt{2} - 1$ est $\sqrt{2} + 1$.

40 Indiquer, parmi les énoncés ci-dessous, ceux qui sont faux. Expliquer la réponse le plus simplement possible.

a. $\sqrt{6}$ est la moitié de $\sqrt{12}$.

b. Le triple de $\sqrt{2}$ est $\sqrt{18}$.

c. Les nombres $\sqrt{12} - \sqrt{75}$ et $-\sqrt{27}$ sont égaux.

d. Les nombres $\left(2 - 5\sqrt{3}\right)^2$ et $\left(2 + 5\sqrt{3}\right)^2$ sont opposés.

41 Recopier et compléter le tableau suivant :

x	$3,2$	$-\sqrt{7,2}$	$-1,8$	$\frac{4}{\ }$	$\sqrt{2}$	$\sqrt{3}$
y	$4,5$	0	$-\sqrt{6,25}$	$\frac{7}{\ }$	$\sqrt{8}$	$\frac{\sqrt{3}}{\ }$
$x + y$						
$x \times y$						
Comparaison de $x + y$ et $x \times y$						

42 **Carrément magique !**

Compléter ce tableau de telle manière que le nombre du milieu de chaque colonne, de chaque ligne, et de chaque diagonale, soit égal à la racine carrée du produit des deux nombres qui l'encadrent.

4		0,0625
	2	

D'après *Rallye Mathématiques sans frontières*, 1998.

43 $A = (3x - 8)(x + 2) + 6x^2 - 16x$

a. Calculer A pour $x = \sqrt{2}$.

b. Sachant que $1,41 < \sqrt{2} < 1,42$, donner un encadrement du résultat précédent par deux entiers naturels consécutifs.

44 Compléter le tableau de proportionnalité suivant :

$\sqrt{18}$	$\sqrt{48}$	
$\sqrt{24}$		2

MÉTHODE

Réduire une somme contenant des racines carrées

Énoncé

Réduire l'expression $A = \sqrt{50} + 3\sqrt{2}$.

Exemple de solution

On commence par transformer l'écriture de $\sqrt{50}$ (Voir Méthode p. 218).

$A = \sqrt{25 \times 2} + 3\sqrt{2}$

$A = 5\sqrt{2} + 3\sqrt{2}$

$A = 5 \times \sqrt{2} + 3 \times \sqrt{2}$

$A = (5 + 3) \times \sqrt{2}$

$A = 8\sqrt{2}$

On utilise la règle de distributivité : $k \times a + k \times b = k \times (a + b)$

● Voir exercices 45 à 50

45 Réduire, si c'est possible, les expressions suivantes :

1. $5\sqrt{2} + 13\sqrt{2}$
2. $4\sqrt{7} - 9\sqrt{7}$
3. $2\sqrt{3} + 6\sqrt{5}$
4. $13\sqrt{2} + 2\sqrt{2} - 17\sqrt{2} + \sqrt{2}$
5. $-4\sqrt{3} + 2\sqrt{2} + 15\sqrt{3} + \sqrt{2}$

46 Réduire les sommes suivantes :

1. $5\sqrt{3} - \sqrt{12}$
2. $\sqrt{20} + 4\sqrt{5} - 8\sqrt{45}$
3. $-7\sqrt{24} + 2\sqrt{54} - \sqrt{150}$

47 Réduire l'écriture de A et B.

$A = 6\sqrt{32} - 5\sqrt{27} - 2\sqrt{72} + \sqrt{12} + \sqrt{200}$

$B = -2\sqrt{20} + 7\sqrt{45} - 5\sqrt{40} + \sqrt{500} - \sqrt{810}$

48 Simplifier au maximum les écritures ci-dessous.

1. $\sqrt{98}$
2. $\sqrt{9} \times \sqrt{27}$
3. $\left(\dfrac{2\sqrt{3}}{\sqrt{2}}\right)^2$
4. $7\sqrt{5} - \sqrt{5} - 6\sqrt{5}$
5. $\sqrt{75} + 3\sqrt{12} - 4\sqrt{3}$
6. $\sqrt{48} \times \sqrt{\dfrac{1}{3}}$

49 Simplifier les écritures suivantes :

1. $\sqrt{20} + \sqrt{45}$
2. $\sqrt{20} \times \sqrt{45}$
3. $\dfrac{\sqrt{20}}{\sqrt{45}}$
4. $\sqrt{20} - \sqrt{45}$
5. $\sqrt{50} + \sqrt{32}$
6. $\sqrt{50} \times \sqrt{32}$
7. $\dfrac{\sqrt{50}}{\sqrt{32}}$
8. $\sqrt{50} - \sqrt{32}$

50 Développer, puis réduire les expressions ci-dessous.

1. $6(\sqrt{7} - 2\sqrt{3})$
2. $\sqrt{2}(1 - \sqrt{6})$
3. $(\sqrt{5} - 1)(3 + \sqrt{2})$
4. $(-3\sqrt{15} + \sqrt{5})(\sqrt{3} - 2)$

EXERCICE RÉSOLU

Racines carrées et identités remarquables

Énoncé

Développer $A = (3\sqrt{11} - 2)^2$.

Exemple de solution

Attention à ne pas oublier les parenthèses

$A = (3\sqrt{11})^2 - 2 \times 3\sqrt{11} \times 2 + 2^2$

On utilise la règle : $(a \times b)^n = a^n \times b^n$

$A = 3^2 \times (\sqrt{11})^2 - 2 \times 3 \times 2 \times \sqrt{11} + 4$

$A = 9 \times 11 - 12 \times \sqrt{11} + 4$

$A = 99 + 4 - 12 \times \sqrt{11}$

$A = 103 - 12\sqrt{11}$

51 Développer, puis réduire les expressions suivantes :

1. $(8 - \sqrt{2})^2$
2. $(\sqrt{7} + 5)^2$
3. $(12 + \sqrt{13})(12 - \sqrt{13})$
4. $(2\sqrt{5} - 9)^2$

52 Développer, puis réduire les expressions suivantes :

1. $(5 + \sqrt{6})^2$
2. $(\sqrt{5} - \sqrt{3})^2$
3. $(2\sqrt{11} - 1)^2$
4. $(7 + \sqrt{10})(7 - \sqrt{10})$
5. $(4 - 3\sqrt{2})(4 + 3\sqrt{2})$

53 On donne $x = \sqrt{7} + 1$ et $y = \sqrt{7} - 1$.
Calculer x^2, y^2 et xy.

54 Simplifier les écritures suivantes :

1. $2 \times \sqrt{3} \times 5$
2. $5 \times \sqrt{31} \times 2 \times \sqrt{31}$
3. $(3\sqrt{5})^2$
4. $2 + \sqrt{3} + 5$
5. $5 \times \sqrt{31} + 2 \times \sqrt{31}$
6. $(3 + \sqrt{5})^2$

55 Calculer :
① $(9 - \sqrt{13}) + (9 + \sqrt{13})$ ② $(9 - \sqrt{13}) \times (9 + \sqrt{13})$

56 Calculer :
① $(-5)^2$ ② $\sqrt{5}^{\,2}$ ③ $(2\sqrt{5})^2$
④ $(2\sqrt{5} + 3)^2$ ⑤ $(2\sqrt{5} + 3)(2\sqrt{5} - 3)$

57 Montrer que $8\sqrt{15}\sqrt{\dfrac{3}{5}}$ est un nombre entier.

58 $a = \sqrt{3} + 3\sqrt{2}$ et $b = 3 - \sqrt{6}$.
- Calculer a^2, b^2 et $a^2 + b^2$.
- Montrer que $a^2 + b^2$ est un nombre entier.

59 Calculer l'expression $A = 3x^2 - 5x + 1$ pour $x = \sqrt{3}$ et $x = 1 - \sqrt{2}$ (voir exercice résolu p. 220).

60 Le nombre $\sqrt{2}$ est-il solution de l'équation $x^3 + 3x^2 - 2x = 6$?

61 L'égalité :
$5x^2 - 8\sqrt{2} - 7(x - \sqrt{2}) = 3(x + 8) - (\sqrt{2} + 10x) + 1$
est vraie pour l'une des trois valeurs suivantes de la lettre x :
$x = 0$; $x = 5$; $x = \sqrt{5}$
Quelle valeur convient-elle ?

ÉQUATIONS $x^2 = a$

62 Le nombre 1,414 est-il solution de l'équation $x^2 = 2$?

63 Dans son dernier contrôle, Nicolas avait à résoudre trois équations :
① $3x - 1 = 2x + 1$ ② $x^2 = 4$ ③ $-7x + 8 = -3x$
Pour chacune d'elles, il a conclu :
« L'équation a une solution : le nombre 2.»
A-t-il raison ?

64 Inventer trois équations qui aient le nombre $5\sqrt{3}$ comme solution.

65 Inventer trois équations qui aient les nombres $-\sqrt{7}$ et $\sqrt{7}$ comme solutions.

66 Quels sont les nombres dont le carré est :
1 ; 121 ; 15 ; - 8 ; 10^6 ?

67 **Où est l'erreur ?**
- Si $x = 4$, alors $x^2 = 16$.
- Si $x = -4$, alors $x^2 = 16$.
- Si $x = 16$, alors $x = 4$.

68 Résoudre les équations suivantes :
① $x^2 = 36$ ② $y^2 = -9$ ③ $z^2 + 16 = 0$
④ $t^2 - \dfrac{1}{80} = 0$ ⑤ $3u^2 - 39 = 0$

69 Résoudre les équations suivantes :
① $x^2 = 529$ ② $y^2 - 7 = 0$ ③ $f^2 = -4$
④ $t^2 + \pi = 0$ ⑤ $u^2 - \dfrac{16}{25} = 0$

70 Résoudre les équations suivantes :
① $x^2 = 100$ ② $y^2 = -49$ ③ $z^2 - \dfrac{64}{25} = 0$
④ $t^2 + 225 = 0$ ⑤ $5u^2 = 320$

71 $\mathscr{C}$ est un disque de centre O et de rayon 5 cm. $\mathscr{C}'$ est le disque de centre O et d'aire double de celle du disque $\mathscr{C}$.
Quelle est le rayon de $\mathscr{C}'$?

72 x est un nombre strictement positif.
Les droites rouges sont parallèles.
Trouver la valeur de x.

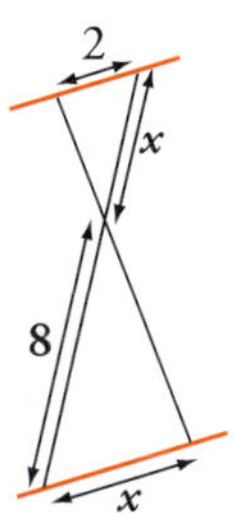

73 **EN PHYSIQUE**
La période T d'un pendule (temps séparant deux passages consécutifs à la même position lors des oscillations) est donnée par la formule : $T = 2\pi\sqrt{\dfrac{L}{g}}$ où T est en secondes, L est la longueur du pendule en mètres et g est une constante égale à 9,81 m.s^{-2}.
Calculer un arrondi au centième de la période d'un pendule de longueur 50 centimètres.

74 **EN PHYSIQUE**
La formule $P = 0{,}08 \times S \times V^2$ permet de calculer la vitesse limite V (en m/s) atteinte par un parachutiste lors de sa descente.
S représente la superficie du parachute exposée à la résistance de l'air (en m^2).
P est la masse du parachutiste (en kg).
On suppose que $S = 40$ m^2.
Calculer la vitesse limite atteinte par un parachutiste de 80 kg. On donnera une valeur exacte puis un arrondi au dixième.

EXERCICES d'application

Ce que je dois savoir

- Utiliser la touche $\boxed{\sqrt{\ }}$ de la calculatrice.
- Connaître et utiliser les égalités $(\sqrt{a})^2 = a$ et $\sqrt{a^2} = a$, avec a positif.
- Utiliser les règles de calcul :

$$\sqrt{a} \times \sqrt{b} = \sqrt{a \times b} \text{ et } \frac{\sqrt{a}}{\sqrt{b}} = \sqrt{\frac{a}{b}},$$

avec a et b positifs et b non nul.

- Résoudre les équations du type $x^2 = a$.

Je m'évalue

Solutions page 297

75 Compléter le tableau suivant, où x est un nombre positif :

x	4				10^2		
x^2		81	25				121
$\sqrt{x}$				6		$\sqrt{7}$	

76 En utilisant la calculatrice, compléter le tableau suivant :

Nombre	$\sqrt{5}$	$4\sqrt{3} + 1$	$\dfrac{1}{2\sqrt{2}}$	$\sqrt{7{,}3^2 - 5{,}1^2}$
Arrondi au dixième				
Arrondi au millième				

77 Parmi les écritures suivantes, dire lesquelles sont incorrectes en justifiant les réponses.

$\sqrt{16}$; $-\sqrt{81}$; $\sqrt{-36}$; $-\sqrt{(-5)^2}$; $\sqrt{-3^2}$

78 Chasser l'intrus :

$\dfrac{1}{\sqrt{2}}$; $\dfrac{\sqrt{32}}{8}$; $\dfrac{\sqrt{2^3}}{2^2}$; $\dfrac{2}{\sqrt{2}}$; $\dfrac{\sqrt{2}}{2}$

79 Écrire sous la forme $a\sqrt{b}$, où a et b sont des nombres entiers et b, positif, le plus petit possible.

$A = \sqrt{192}$; $B = \sqrt{396} + 2\sqrt{44} - \sqrt{99}$; $C = \dfrac{5\sqrt{6}}{\sqrt{2}}$

80 Développer et réduire les expressions suivantes :

$A = \sqrt{5}\left(3\sqrt{2} - \sqrt{5}\right)$; $B = \left(4 + 8\sqrt{3}\right) + \left(4 - 8\sqrt{3}\right)$

$C = \left(7 - 9\sqrt{2}\right)^2$; $D = \left(1 - 6\sqrt{10}\right) \times \left(1 + 6\sqrt{10}\right)$

$E = \left(\sqrt{3} - 2\sqrt{2}\right)\left(\sqrt{2} - 4\sqrt{3}\right)$

81 Résoudre les équations suivantes :

a. $x^2 = 16$; **b.** $x^2 - 1 = 7$
c. $-5x^2 = 15$ **d.** $2x^2 + 1 = 0$
e. $x^2 + \sqrt{36} = 6$ **f.** $5x^2 - 80 = x^2 + 1$

82 **a.** Existe-t-il un carré dont le périmètre est 18 cm ? Justifier la réponse.

b. Existe-t-il un carré dont l'aire est 8 cm^2 ? Justifier la réponse.

83 On veut construire un parking carré ABCD sur un terrain rectangulaire AEHG. L'aire du parking est 675 m^2.

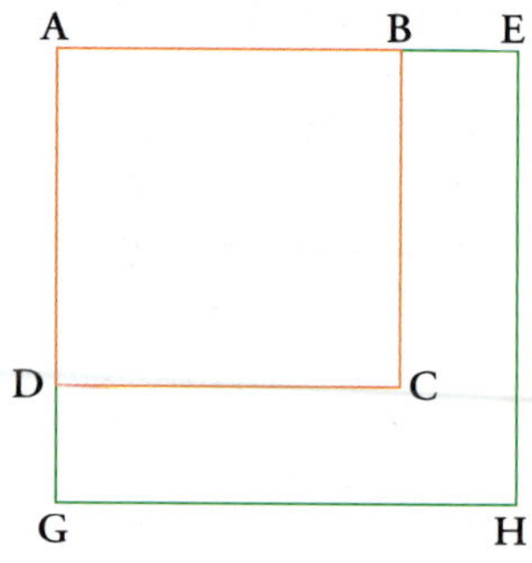

a. Montrer que $AB = 15\sqrt{3}$.

b. BE = 6 m et DG = 7 m.

Calculer le périmètre de AEHG ainsi que son aire, en donnant les résultats sous la forme $a + b\sqrt{3}$, où a et b sont des entiers positifs.

c. Donner les valeurs arrondies à l'unité du périmètre et de l'aire de AEHG.

UTILISER SES CONNAISSANCES

84 Carré magique

Un carré de nombres est magique si les sommes des nombres de chaque ligne, de chaque colonne et de chaque diagonale sont les mêmes.
Vérifier que ce carré est magique :

$\sqrt{2} \times \sqrt{16}$	$3\sqrt{2}$	$2\sqrt{32}$
$3\sqrt{18}$	$\sqrt{50}$	$\sqrt{2}$
$\sqrt{8}$	$7\sqrt{2}$	$3\sqrt{8}$

85 Compléter ce carré magique :

	$2\sqrt{3}$	$\sqrt{768}$	$3\sqrt{75}$
	$7\sqrt{12}$	$4\sqrt{3}$	$\sqrt{27}$
	$7\sqrt{3}$		
$2\sqrt{48}$			$\sqrt{300}$

86 Prouver que $\sqrt{2}$ est un nombre dont l'inverse est égal à sa moitié.

87 Prouver que l'inverse de $5 + 2\sqrt{6}$ est $5 - 2\sqrt{6}$.

88 Trouver deux nombres entiers a et b tels, que le double de leur produit soit $\sqrt{196}$.

89 Calculer A et donner le résultat sous la forme $k\sqrt{2}$, où k est un nombre entier.
$A = \sqrt{2} + \sqrt{2^3} + \sqrt{2^5}$

90 Montrer que $3\sqrt{27} - \sqrt{108} = 19 - (4 - \sqrt{3})^2$.

91 Sachant que $\sin 15° = \frac{1}{4}(\sqrt{6} - \sqrt{2})$, calculer la valeur exacte de $\cos 15°$.

92 Compléter avec les symboles « = » ou « < » ou « > ».

$\sqrt{2} + \sqrt{3} \ldots \sqrt{5}$; $\qquad \sqrt{2} \times \sqrt{3} \ldots \sqrt{6}$

$\sqrt{64} + \sqrt{36} \ldots \sqrt{100}$; $\qquad \sqrt{25} - \sqrt{2} \ldots \sqrt{23}$

93 Développement en fraction continue

Les Anciens ont établi plusieurs méthodes pour déterminer des approximations des racines carrées.
En 1572, Bombelli fait apparaître le *développement en fraction continue* de $\sqrt{2}$. Cette exercice permet d'exposer sa méthode.

a. Écrire les fractions suivantes sous la forme de fractions irréductibles :

$$f_1 = 1 + \frac{1}{2}, \qquad f_3 = 1 + \cfrac{1}{2 + \cfrac{1}{2 + \cfrac{1}{2}}}$$

$$f_2 = 1 + \cfrac{1}{2 + \cfrac{1}{2}} ; \qquad f_4 = 1 + \cfrac{1}{2 + \cfrac{1}{2 + \cfrac{1}{2 + \cfrac{1}{2}}}}$$

b. Comparer f_1, f_2, f_3 et f_4 avec $\sqrt{2}$.

c. En respectant la même loi de formation, écrire f_5.

d. À partir de quelle fraction avons-nous 5 décimales exactes de $\sqrt{2}$?

94 Segments de longueur $\sqrt{a}$

Sur chaque dessin, trouver un segment de longueur $\sqrt{2}$.

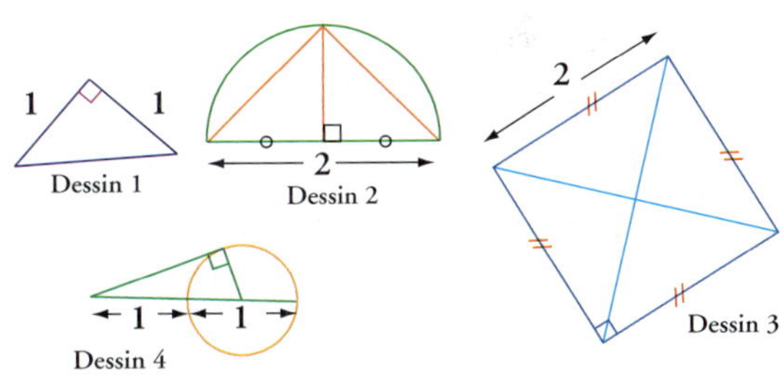

95 L'escargot de Pythagore

Réaliser la figure suivante.
Calculer une valeur exacte de OE.
Poursuivre les constructions afin d'obtenir un segment de longueur $\sqrt{7}$ cm.

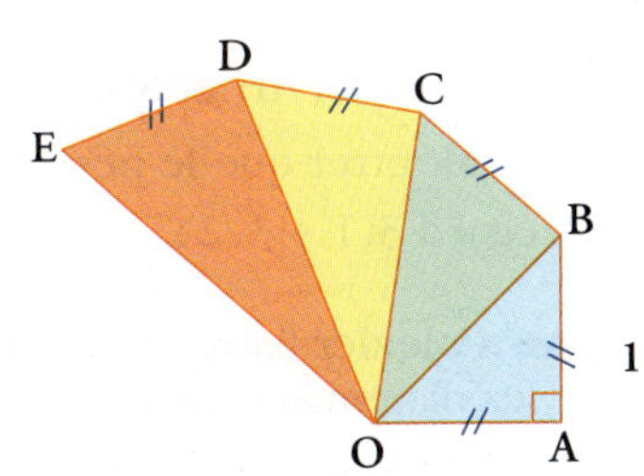

96 Existe-t-il un carré d'aire 18 cm² ?
Justifier la réponse et construire le carré si la réponse est affirmative.

97 Calculer les valeurs exactes de AC puis de AD.

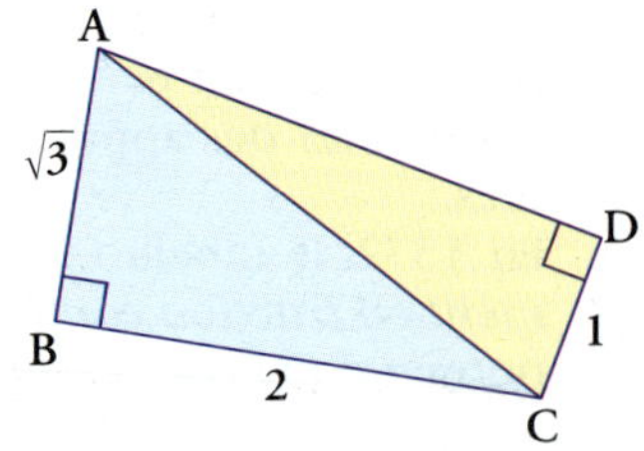

98 Benoît possède un champ rectangulaire de 40 m sur 90 m.
Franck possède un champ carré de même aire que celui de Benoît.
Franck est persuadé que la longueur de sa clôture est plus petite que celle de Benoît.
A-t-il raison ?

99 Quelle est la largeur d'un rectangle sachant que :
- sa longueur est de 6 cm ;
- la diagonale est le double de la largeur.

100 ABCD est un rectangle.
Quelle est la nature du triangle TID ?

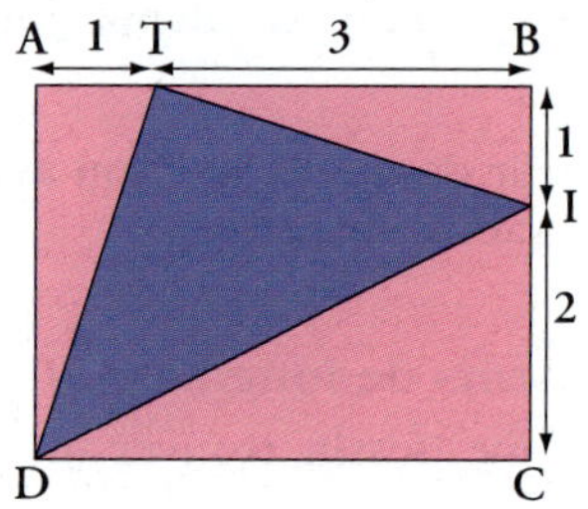

101 Les droites (SH) et (RG) sont parallèles.
On donne :

$AS = 3$; $AR = \sqrt{5}$; $AG = \sqrt{10}$; $RG = 2\sqrt{10}$

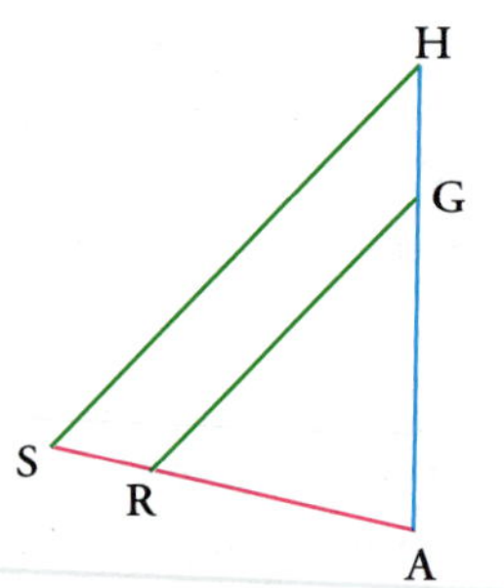

a. Calculer AH et SH.

b. Montrer que le périmètre du triangle ASH est égal à $3(1 + 3\sqrt{2})$.

102 Calculer l'aire et le périmètre d'un carré dont les diagonales mesurent 6 cm.

103 Comment découper un carré de côté a en deux carrés de même aire ?
Quelle est la longueur des côtés des deux petits carrés ?

104 CARE est un carré de côté 4 cm.
IJKLMNOP est un octogone tel que :
$CI = JA = AK = LR = RM = NE = EO = PC = x$

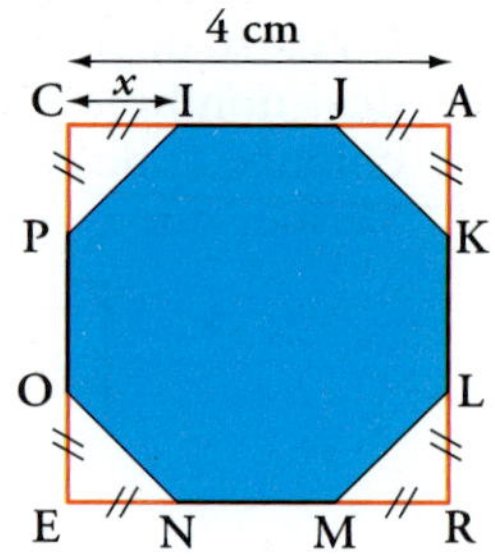

a. Montrer que tous les angles de l'octogone sont égaux.

b. Exprimer PI en fonction de x.

c. Déterminer x pour que l'octogone soit régulier (tous ses angles et tous ses côtés sont égaux).

d. Pour quelle valeur de x l'aire colorée représente-t-elle les $\frac{5}{6}$ de l'aire du carré CARE ?

105 ABCDEFGH est un cube d'arête 3 cm.
Calculer le périmètre du triangle ACH.

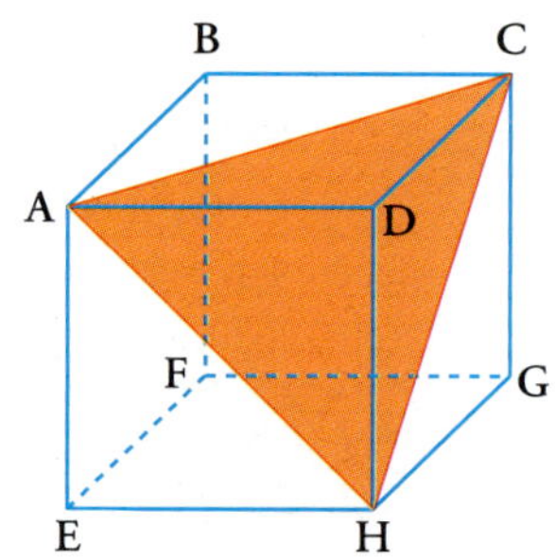

106 Calculer la longueur de la diagonale d'un pavé droit de dimensions 6 cm, 4 cm et 5 cm.

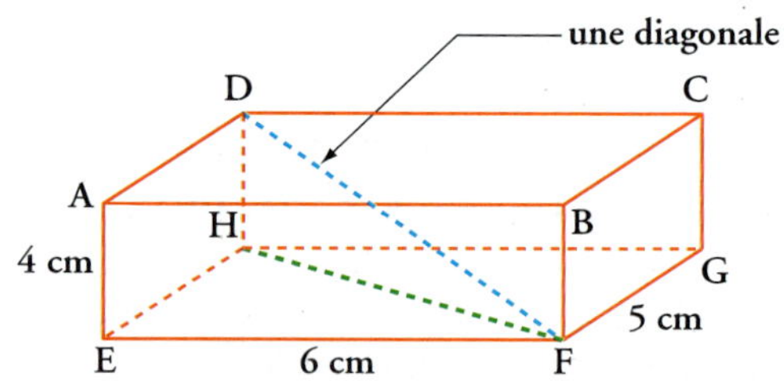

107 $\mathscr{C}$ est un demi-cercle de diamètre $RS = n$.
H est un point du segment [RS] tel que $RH = 1$.

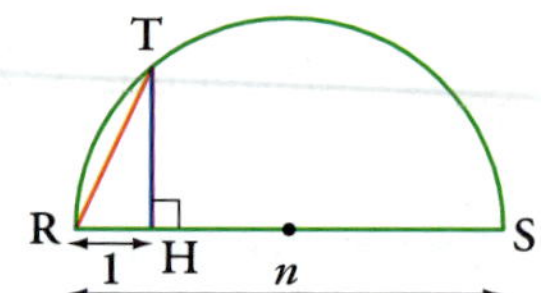

La perpendiculaire à (RS) passant par H coupe $\mathscr{C}$ en T.

a. En exprimant $\cos \widehat{R}$ de deux façons différentes, prouver que $RT = \sqrt{n}$.

b. Utiliser cette méthode pour construire un segment de longueur $\sqrt{8}$.

108 FER est un triangle rectangle.

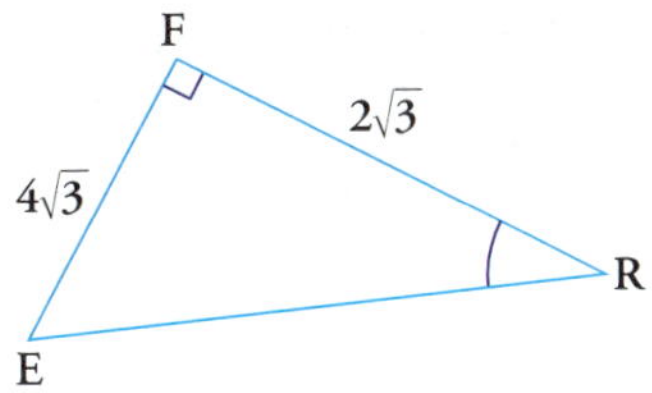

a. Calculer la valeur exacte de ER.

b. Montrer que $\cos \widehat{FRE} = \dfrac{1}{\sqrt{5}}$.

c. Donner un arrondi au degré de l'angle $\widehat{FRE}$.

109 ABC est un triangle rectangle en B tel que $AC = 4\sqrt{6}$.

On donne $\cos 30° = \dfrac{\sqrt{3}}{2}$.

Calculer la valeur exacte de BC.

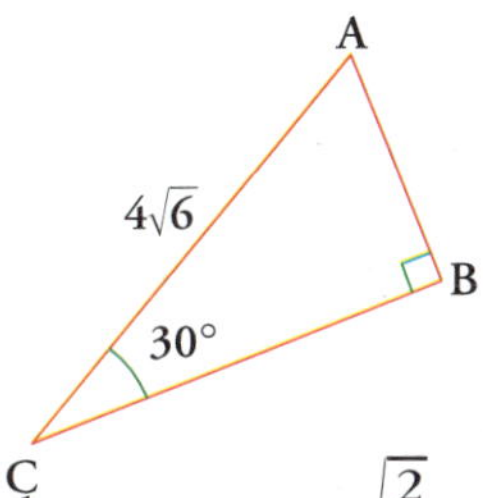

110 α est un angle aigu. On donne $\cos \alpha = \sqrt{\dfrac{2}{7}}$.

Calculer les valeurs exactes de $\sin \alpha$ et de $\tan \alpha$.

111 Expliquer pour quelle raison il est impossible de trouver un angle aigu a tel que $\cos a = \dfrac{1}{\sqrt{3}}$ et $\sin a = \dfrac{\sqrt{5}}{\sqrt{6}}$.

112 KRTS est un trapèze.

a. Calculer KS et RT.

b. Calculer le périmètre et l'aire du trapèze.

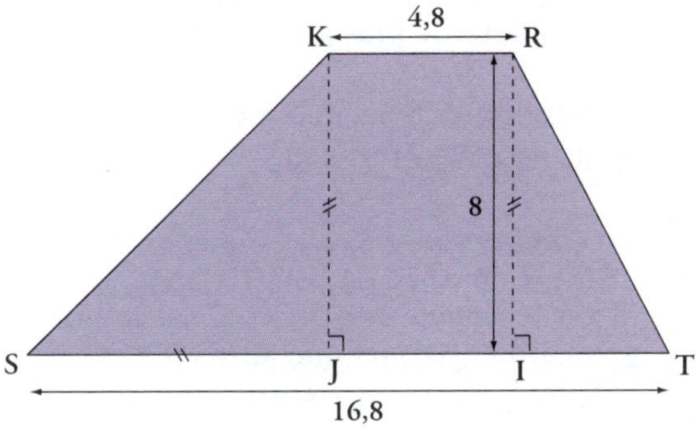

POUR ALLER PLUS LOIN

113 Compléter les cases pour que chaque nombre soit la somme des deux nombres situés au dessus de lui.

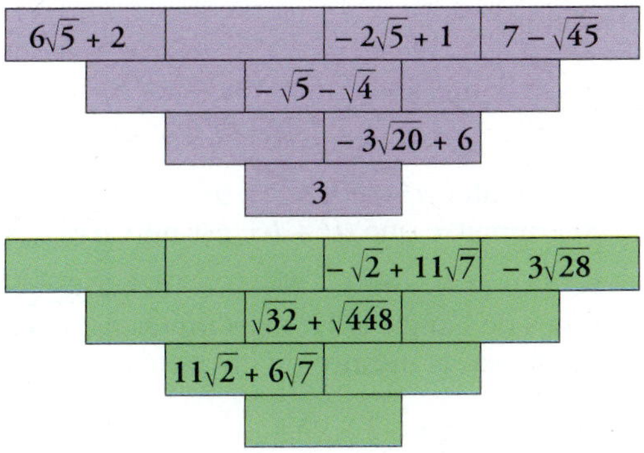

114 Compléter l'étoile de telle façon que, sur chaque alignement, le produit des nombres soit le même.

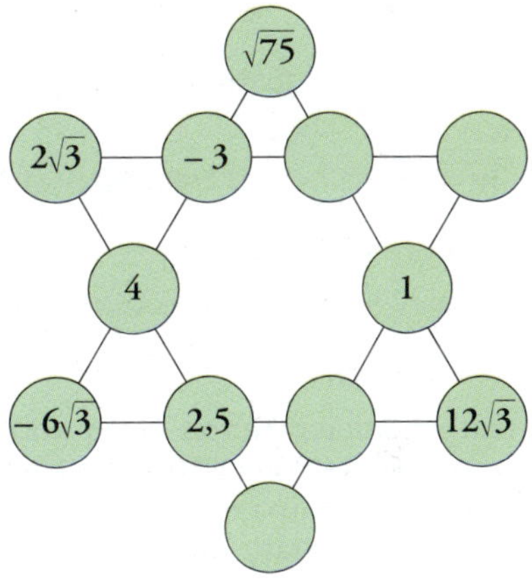

115 x et y sont deux nombres strictement positifs. Simplifier les écritures suivantes :

1. $\dfrac{\sqrt{x}}{\sqrt{y}} \times \sqrt{xy}$
2. $\sqrt{2x} \times \sqrt{18x}$
3. $(\sqrt{x} + \sqrt{y})(\sqrt{x} - \sqrt{y})$
4. $\sqrt{x} \times \sqrt{\dfrac{x}{y}} \times (\sqrt{y})^3$
5. $\sqrt{49x^3}$
6. $\sqrt{\dfrac{(x^2y)^3 \times y}{x^4}}$

116 **Démontrer une égalité**

a. Vérifier que ces trois égalités sont vraies :

$$\sqrt{4} + \sqrt{1} = 4 - 1 \,;\, \sqrt{9} + \sqrt{4} = 9 - 4 \,;$$
$$\sqrt{16} + \sqrt{9} = 16 - 9.$$

b. Écrire deux autres égalités du même type.

c. Pour tout entier naturel n, montrer que :

$$\sqrt{(n+1)^2} + \sqrt{n^2} = (n+1)^2 - n^2.$$

117 Voici un programme de calcul :
- choisir un nombre ;
- le multiplier par 2 ;
- retrancher $\sqrt{3}$;
- élever le tout au carré.

Quel(s) nombre(s) faut-il choisir au départ pour obtenir 3 ?

118 On donne les écritures de deux nombres a et b :

$$a = \sqrt{3}(1 + \sqrt{6}) \text{ et } b = 3 - \sqrt{6}$$

a. Calculer a^2 ; b^2 ; $a^2 + b^2$.
Reconnaître que $a^2 + b^2$ est un carré.

b. Si a et b sont les mesures des longueurs des côtés de l'angle droit dans un triangle rectangle, quelle est la mesure de l'hypoténuse ?

119 Développer $(3 - \sqrt{5})^2$.
En déduire une simplification d'écriture du nombre $\sqrt{14 - 6\sqrt{5}}$.

120 Résoudre les équations suivantes :
❶ $(4x - \sqrt{7})^2 = 9$ ❷ $(\sqrt{2}y + 11)^2 = 49$

121 Résoudre les équations suivantes :
❶ $5x + 4\sqrt{2} = -6\sqrt{2}$ ❷ $7a - \sqrt{3} = 5a + 3\sqrt{3}$
❸ $\sqrt{2}y = \sqrt{8}$ ❹ $\sqrt{5}b - \sqrt{10} = \sqrt{5}$

122 Résoudre l'équation :

$$x\sqrt{2} + (1 + \sqrt{3})x - \sqrt{3}x = \sqrt{6} + \sqrt{3}$$

123 **ANCIEN TEMPS**

Le mathématicien Héron d'Alexandrie qui vécu entre les années 75 et 150 après J.-C., décrit dans son principal ouvrage *Les métriques* une méthode permettant de calculer l'aire d'un triangle quelconque connaissant uniquement ses trois côtés. Son texte s'écrirait aujourd'hui au moyen de la formule suivante :

$$\mathcal{A} = \sqrt{s(s - a)(s - b)(s - c)}$$

où s est le demi-périmètre du triangle, a, b, c sont les longueurs des trois côtés du triangle.

a. En utilisant la formule de Héron, calculer l'aire du triangle dont les trois côtés mesurent 4 cm, 6 cm et 8 cm.

b. Démontrer que cette formule est vraie dans le cas du triangle REG.

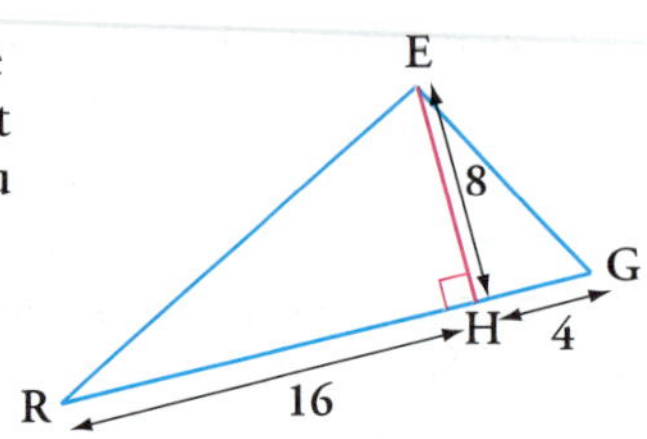

c. Calculer l'aire du quadrilatère TOME.

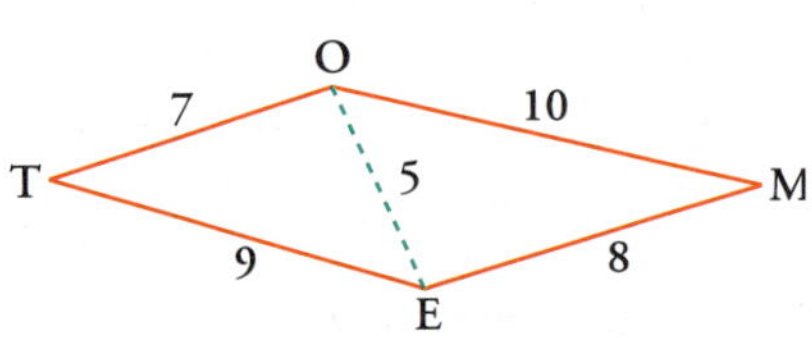

124 Déterminer le périmètre et l'aire de la figure ci-dessous en prenant $\sqrt{2} + \sqrt{3}$ comme valeur approchée de π.

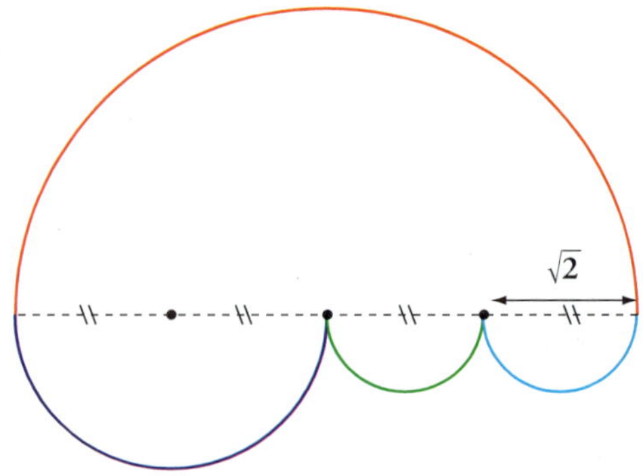

125 Tracer un segment [AB] de longueur 1.
En utilisant uniquement une règle non graduée et un compas, tracer un segment de longueur $\sqrt{2}$.
Aide : Médiatrice d'un segment.

126 **Le jeu d'échec**
Jimmy souhaite réaliser un plateau de jeu d'échec. Il dispose pour cela d'une plaque de contre-plaqué ayant la forme d'un triangle rectangle isocèle.

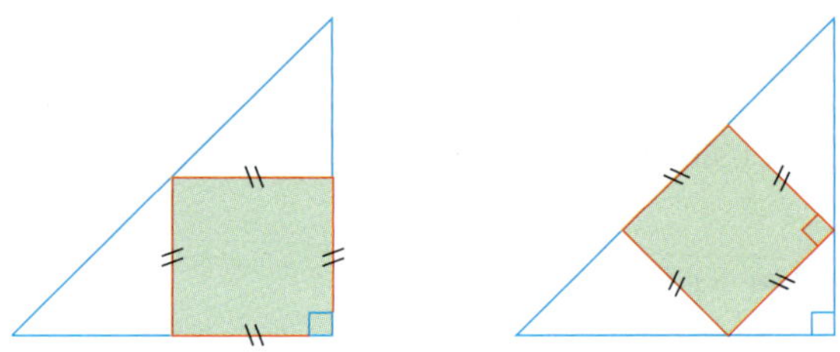

Position 1 Position 2

Dans quelle position doit-il effectuer la découpe pour obtenir le plus grand plateau ?

127 Déterminer la longueur du côté d'un triangle équilatéral d'aire $\sqrt{75}$ dm^2.

128 **Le rectangle d'Or**
AIJD est un carré de côté 10 cm.
M est le milieu de [DJ] et C est le point de la demi-droite [DJ) tel que MI = MC.
B est le point tel que ADCB soit un rectangle.

a. Quelle est la longueur du rectangle ADCB ?
Vérifier que le rapport entre la longueur et la largeur du rectangle ADCB est $\dfrac{1 + \sqrt{5}}{2}$ (voir Intermaths page 128). Un tel rectangle est appelé rectangle d'Or.

b. Démontrer que IBCJ est un rectangle d'Or.

Aide : $\dfrac{1}{\sqrt{5} - 1} = \dfrac{1 \times (\sqrt{5} + 1)}{(\sqrt{5} - 1) \times (\sqrt{5} + 1)}$

EXERCICE RÉSOLU

Énoncé (Clermont-Ferrand, juin 2000)

$D = (3x + 1)(6x - 9) - (2x - 3)^2$

1. *Développer et réduire* D.

2. *Calculer la valeur de* D *pour* $x = \sqrt{2}$. *Écrire le résultat sous la forme* $a + b\sqrt{2}$, *avec* a et b entiers.

Exemple de solution

1. Utilisons les propriétés de distributivité et d'identité $(a - b)^2 = a^2 - 2ab + b^2$:

$D = (3x + 1)(6x - 9) - (2x - 3)^2$

$D = [18x^2 - 27x + 6x - 9] - [4x^2 - 12x + 9]$

$D = 18x^2 - 21x - 9 - 4x^2 + 12x - 9$

Simplifions les termes semblables :

$D = 14x^2 - 9x - 18$

2. Remplaçons x par $\sqrt{2}$ dans l'expression précédente.

$D = 14 \times (\sqrt{2})^2 - 9 \times \sqrt{2} - 18$

$D = 14 \times 2 - 9\sqrt{2} - 18$

$D = 28 - 18 - 9\sqrt{2}$

$D = 10 - 9\sqrt{2}$

130 Groupement 1, 2001

$C = \sqrt{18} \times \sqrt{6}$ et $D = 5\sqrt{12} + 6\sqrt{3} - \sqrt{300}$.

Écrire C et D sous forme $a\sqrt{3}$, où a est un entier.

131 Bordeaux, 2002

En indiquant les calculs intermédiaires, écrire A sous la forme d'un nombre entier et B sous la forme $a\sqrt{3}$ (avec a entier).

$A = (3\sqrt{2} - 1)(\sqrt{2} + 1) - 2\sqrt{2}$ et $B = 5\sqrt{27} + \sqrt{75}$

132 Aix – Marseille, 2002

Soit $C = (x - 1)(2x + 3) + (x - 1)^2$.

1. Développer l'expression C et montrer qu'elle est égale à $3x^2 - x - 2$.

2. Calculer la valeur de C pour $x = \sqrt{2}$ et la mettre sous la forme $a - \sqrt{2}$, où a est un nombre entier.

133 Antilles – Guyane, 2001

$C = (3x - 1)^2 - 4x(3x - 1)$

- Développer et réduire C.
- Calculer C pour $x = \sqrt{2}$.

134 Asie du Sud-Est, 2001

Soit $D = 1 - (\sqrt{2\,001} + \sqrt{2\,000}) \times (\sqrt{2\,001} - \sqrt{2\,000})$.
Vérifier que D est égal à 0.

135 Centre étrangers, 2001

On considère l'expression T suivante :

$$T = (2x - 1)^2 - (2x - 1)(x + 5)$$

a. En développant et en réduisant, prouver que :

$$T = 2x^2 - 13x + 6$$

b. En utilisant l'expression obtenue au **a.**, calculer T pour $x = \sqrt{2} + 1$.

136 Amérique du Nord, 2001

Calculer la valeur exacte de l'aire du carré ABCD et l'aire du rectangle AEFD ci-contre sachant que :
$AB = \sqrt{13} - 1$
et $BE = 2$.

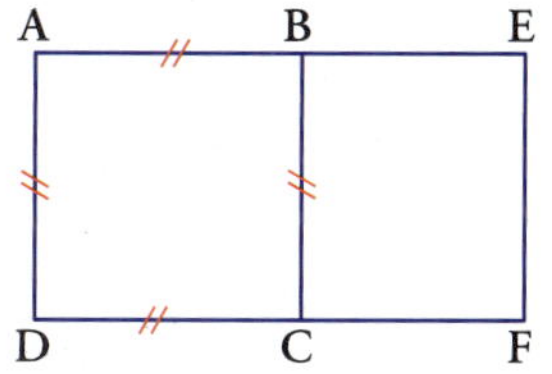

137 Europe de l'Est, 2000

ABCD est un rectangle tel que $AB = \sqrt{2\,000}$ et $BC = \sqrt{1\,000}$.

a. La longueur est-elle le double de la largeur ? Pourquoi ?

b. Exprimer $\sqrt{2\,000}$ sous la forme $a\sqrt{5}$ et $\sqrt{1\,000}$ sous la forme $b\sqrt{10}$, où a et b sont des entiers.

c. Exprimer l'aire du rectangle sous la forme $c\sqrt{2}$, où c est un entier.

Montrer que le périmètre du rectangle peut s'écrire sous la forme $20\sqrt{5}(2 + \sqrt{2})$.

138 Nancy – Metz, 2001

Sur la figure ci-contre (qui n'est pas en vraie grandeur), ABCD est un carré dont le côté a pour mesure (en centimètres) x, ECF est un triangle rectangle en C, le point E étant un point du segment [BC].
On donne FC = 4 cm.

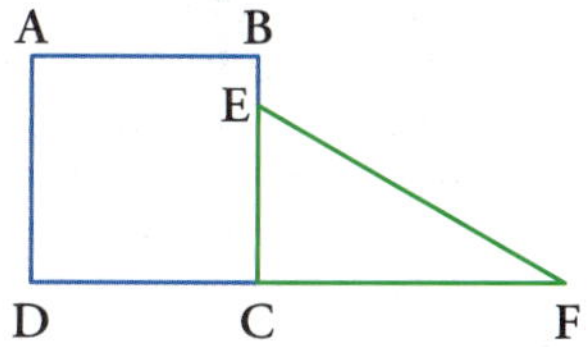

a. • Exprimer l'aire, notée $\mathcal{A}$, du carré ABCD en fonction de x.

• Calculer $\mathcal{A}$ pour $x = 2 + \sqrt{2}$ (on donnera le résultat sous la forme $a + b\sqrt{2}$, où a et b sont des nombres entiers).

b. On suppose que x est supérieur à 1.

• Sachant que la longueur BE est égale à 0,5 cm, calculer, en fonction de x, l'aire $\mathcal{A}'$ du triangle rectangle ECF.

• On note S la somme, en fonction de x, des deux aires $\mathcal{A}$ et $\mathcal{A}'$. Vérifier que :

$$S = x^2 + 2x - 1$$

c. Calculer S pour $x = 2 + \sqrt{2}$ (on donnera le résultat sous la forme $c + d\sqrt{2}$, où c et d sont des nombres entiers).

Inter-maths

Le Nombre d'Or

Le Nombre d'Or est le nombre $\frac{1+\sqrt{5}}{2}$, on désigne par la lettre grecque Φ (prononcer « phi »). Ce nombre est connu depuis l'Antiquité. Il possède plusieurs propriétés numériques, mais il est aussi reconnu comme permettant l'obtenir des proportions harmonieuses (architecture, peinture…).

Avec une calculatrice, on obtient 1,618 033 989 comme valeur approchée de Φ.

Quelques particularités du Nombre d'Or

• Suite de Fibonacci

Au XIIIe siècle, dans son traité mathématique *Liber Abaci*, le mathématicien Fibonacci pose le problème suivant :

« Combien de couples de lapins obtiendrons-nous à la fin de l'année si, commençant avec un couple, chacun des couples produisait chaque mois un nouveau couple lequel, deviendrait productif au second mois de son existence ? »

Les réponses constituent les nombres de la suite de Fibonacci :

1 - 1 - 2 - 3 - 5 - 8 - 13 - 21 - 34 - …….

Calculer les valeurs approchées des quotients de deux nombres successifs de la suite pour se rapprocher du Nombre d'Or :

$\frac{1}{1}$; $\frac{2}{1}$; $\frac{3}{2}$; $\frac{5}{3}$; $\frac{8}{5}$; etc. La suite des valeurs tend vers le Nombre d'Or.

• Fractions à tous les étages

a. Calculer la valeur exacte des quotients suivants :

$A = 1 + \frac{1}{2}$; $B = 1 + \cfrac{1}{1+\cfrac{1}{2}}$; $C = 1 + \cfrac{1}{1+\cfrac{1}{1+\cfrac{1}{2}}}$; $D = 1 + \cfrac{1}{1+\cfrac{1}{1+\cfrac{1}{1+\cfrac{1}{2}}}}$; $E = 1 + \cfrac{1}{1+\cfrac{1}{1+\cfrac{1}{1+\cfrac{1}{1+\cfrac{1}{2}}}}}$

b. Calculer une valeur approchée des résultats et comparer avec le Nombre d'Or.

• Quelques égalités concernant le Nombre d'Or

a. Montrer que Φ est une solution de l'équation $x^2 = x + 1$, c'est-à-dire qu'élever le Nombre d'Or au carré revient à lui ajouter 1.

b. Montrer que prendre l'inverse du Nombre d'Or revient à lui retrancher 1.

Le Nombre d'Or en géométrie

On retrouve le Nombre d'Or dans certaines constructions géométriques. L'exemple du rectangle d'or est présenté à l'exercice 128 page 226. La spirale et le pentagone en sont deux autres illustrations.

• La Spirale du Rectangle d'Or

a. Quelle doit être la longueur du rectangle ABCD de largeur AD = 6 cm pour qu'il soit un rectangle d'Or ? (Se reporter à l'exercice n° 128 page 226 pour la définition du rectangle d'Or).

b. Dessiner ce rectangle ABCD puis les carrés AIJD, IBKL, KCNM, JNOP.
Tracer le quart de cercle de centre J, de rayon JD ; le quart de cercle de centre L, de rayon LI ; le quart de cercle de centre M, de rayon MK ; le quart de cercle de centre O, de rayon ON. On obtient une spirale appelée Spirale du Rectangle d'Or. Montrer que la longueur de cette spirale est $3\sqrt{5}\pi$ cm.

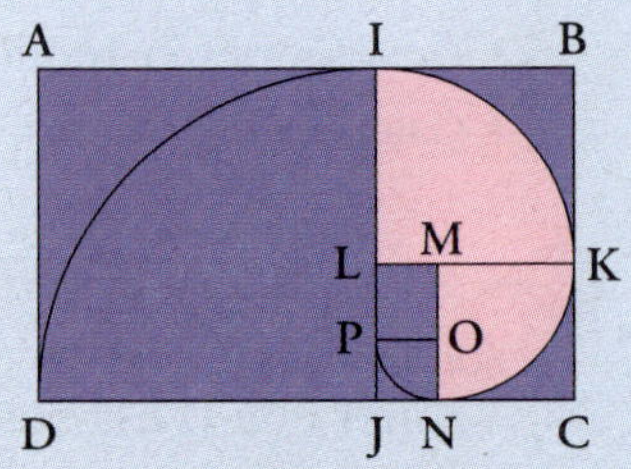

• **Le pentagone**

• Tracer un cercle de centre O et de diamètre [AB]. Placer M le milieu de [AO] et C sur le cercle tel que (CO) soit perpendiculaire à (AB).
• Le cercle de centre M et de rayon MC coupe [AB] en P.
• Relever la longueur CP et la reporter cinq fois sur le cercle à partir de C. On retombe sur C au cinquième tracé.
• Montrer que $\dfrac{AP}{AO} = \Phi$.

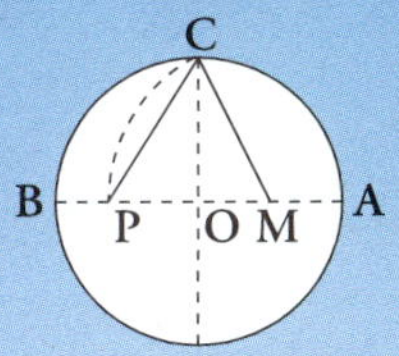

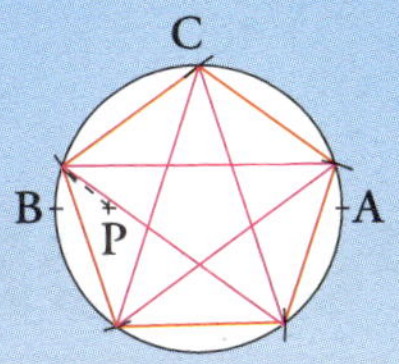

D'autres aspects du Nombre d'Or

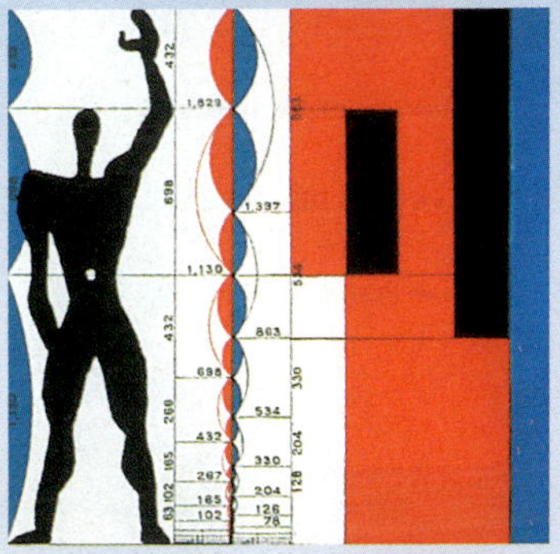

Le Nombre d'Or est souvent considéré comme un rapport de proportions harmonieux. En 1509, Luca Pacioli a publié un ouvrage où il le nomme « Divine Proportion ». Léonard de Vinci l'appelle « section d'Or ». On retrouve cette proportion dans le système de mesures de longueurs des bâtisseurs de cathédrales, dans des tableaux de Boticelli, Dürer, Seurat, Braque, Picasso… On le retrouverait aussi en botanique, en musique. L'architecte Le Corbusier l'a utilisé pour construire le *Modulor* (ci-contre), système de proportions architecturales (1945). Il met en évidence le Nombre d'Or dans les proportions du corps humain (voir ex n° 35 page 289 du chapitre « Statistiques »).

À travers l'histoire

La légende veut que, pour arrêter la peste qui sévissait à Délos vers le IVe siècle avant J.-C., l'oracle consulté ait demandé de doubler le volume d'un autel cubique consacré au dieu Apollon. Ce problème, à rapprocher de celui de la construction d'un carré d'aire double d'un autre carré, a suscité bien des passions, d'autant plus que les géomètres n'arrivaient pas à le résoudre avec la règle et le compas. Effectivement, on peut démontrer, en résolvant l'équation $x^3 = 2$, que la construction est impossible. Les diverses tentatives, qui mettent en œuvre des nombres proportionnels, la construction graphique de courbes autres que le cercle et la droite, la détermination des racines carrées d'un nombre, ont permis de faire progresser plusieurs domaines des mathématiques.

Sanctuaire d'Apollon à Délos.

D'abord géomètres, les Grecs de l'Antiquité ont développé une théorie des nombres liés à une représentation par des figures. Comparer des nombres revient alors à comparer des mesures de grandeurs, longueurs, aires, volumes.

L'échec dans la recherche d'une mesure commune entre le côté d'un carré, de mesure égale à 1, et de sa diagonale, de mesure $\sqrt{2}$, a conduit à une première remise en cause : «tous les nombres ne sont pas entiers ni rationnels, c'est-à-dire n'ont pas une écriture fractionnaire entre deux entiers» !

Plusieurs algorithmes (du nom du mathématicien perse Al-Khwarizmi) se sont succédés pour approcher $\sqrt{2}$, depuis Euclide, en passant par Héron d'Alexandrie, jusqu'à Newton et Euler.

11 PROPORTIONNALITÉ – GRANDEURS COMPOSÉES

Pour DÉMARRER

À savoir avant la 3e

➤ Construire et interpréter des représentations graphiques. → Pour DÉMARRER 1

➤ Reconnaître et utiliser une situation de proportionnalité. → Pour DÉMARRER 2, 3 et 4

➤ Mettre en œuvre la proportionnalité dans des situations simples. → Pour DÉMARRER 2 et 5

1 Sécurité routière

Le tableau ci-dessous présente les distances théoriques d'arrêt d'un véhicule en fonction de sa vitesse, dans des conditions normales de circulation et pour un conducteur en bonne santé.

Vocabulaire

La **distance d'arrêt** est la distance parcourue par un véhicule entre le moment où le conducteur perçoit un problème et le moment où la voiture s'immobilise.

Vitesse (en km/h)	40	60	80	100	120	140	160
Distance d'arrêt (en m)	18,6	35,7	57,7	85,4	118	152,2	197,6

a. Construire un graphique pour représenter la distance d'arrêt d'un véhicule en fonction de sa vitesse.

b. Utiliser ce graphique pour déterminer une valeur approchée de la distance d'arrêt pour les vitesses maximales autorisées en agglomération, sur route et sur autoroute.

c. Utiliser le graphique pour évaluer la distance d'arrêt pour une vitesse de 170 km/h.

• Les grandeurs à représenter sont fonctions l'une de l'autre.

• Préparation à l'épreuve de sécurité routière de la classe de 3e.

• En relation avec les SVT, l'accent peut être mis sur le ralentissement des réflexes lié à l'alcool ou la drogue.

2 Situation de proportionnalité

Lors d'une randonnée à vélo, un cycliste a parcouru 36 km en 1 h 20. Il roule à vitesse régulière. Reproduire et compléter le tableau suivant :

Temps de course (en min)		80		
Distance parcourue (en km)	18		54	70

Représenter graphiquement la distance parcourue par le cycliste en fonction du temps. Utiliser ce graphique pour déterminer :

a. la distance parcourue en 2 h 20 ; **b.** le temps mis pour parcourir 45 km.

• Dans les exercices ① et ②, les élèves doivent déterminer la mesure des unités sur les axes en fonction des données à reproduire.

3 Volume d'un cône

• Inciter les élèves à choisir aussi des valeurs décimales. Cette activité peut aussi être menée avec un tableur.

On désigne par a la hauteur d'un cône et par b le rayon de sa base.

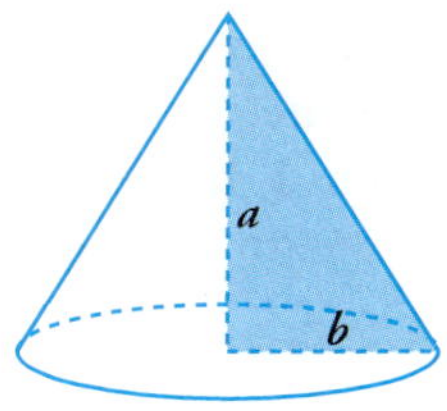

a. Indiquer la formule du volume de ce cône en fonction de a et de b.

b. On décide que le rayon de la base b est égal à 2 cm et que la hauteur a est comprise entre 0,5 cm et 6 cm.
Choisir cinq valeurs pour a et calculer le volume du cône correspondant (arrondir à l'unité).
Recopier et compléter le tableau suivant pour présenter les résultats :

Hauteur a du cône (en cm)					
Volume du cône (en cm^3)					

• Gestion de la classe : le travail de chacun sera utilisé pour construire les courbes point par point.

c. Représenter ces résultats sur un graphique : on prend 2 cm pour une unité sur l'axe des abscisses et on prend 1 cm pour 5 unités sur l'axe des ordonnées.
Le volume d'un cône est-il proportionnel à sa hauteur ?
Si oui, calculer la valeur exacte du coefficient de proportionnalité.

d. Dans cette question, on décide que la hauteur a est égale à 6 cm et que le rayon de la base b est compris entre 0,5 cm et 3,5 cm.
• Procéder comme à la question précédente : choisir cinq valeurs pour b, calculer le volume, tracer et compléter un tableau de valeurs et construire le graphique correspondant.
• Conclure quant à la proportionnalité entre le volume du cône et le rayon de sa base.

4 Grandeurs proportionnelles

• L'objectif est de faire émerger les représentations de la proportionnalité que se font les élèves.

On veut constituer des phrases rédigées de la façon suivante :
« .... est proportionnel(le) à .... » en utilisant les mots ci-dessous :

Sinus d'un angle ; Hauteur d'une pyramide ; Périmètre d'un cercle
Aire d'un rectangle ; Rayon ; Mesure d'un angle ; Volume ; Longueur

Écrire toutes les phrases vraies possibles.

5 Pourcentage

1. Réduction

• Ces trois solutions permettent à chaque élève de suivre une méthode adaptée.

Figurent ci-dessous les solutions proposées par trois élèves pour répondre au problème : « *Un sweat-shirt coûte 35 €. Son prix est réduit de 20 %. Quel est son nouveau prix ?* »

Paul	Medhi	Solène
Montant de la réduction : 35 × 20 : 100 = 7 Nouveau prix : 35 – 7 = 28 Le sweat-shirt coûte maintenant 28 €.	Il y a 20% de réduction donc il reste 80 % à payer. Prix à payer : 35 × 80 : 100 = 28 Le sweat-shirt coûte maintenant 28 €.	$80\ \% = \frac{80}{100} = 0{,}8$ Nouveau prix : 35 × 0,8 = 28 Le sweat-shirt coûte maintenant 28 €.

En utilisant l'une de ces méthodes, répondre aux deux questions suivantes :

a. En utilisant une photocopieuse, on réduit de 20 % les dimensions d'un document. Sur ce document figure un tableau de 12,5 cm de long et de 4 cm de large.
Calculer ses dimensions sur la photocopie.

• Ile-de-Ré : cas d'un pourcentage supérieur à 100 %.

b. L'Ile-de-Ré compte environ 10 300 habitants et la population augmente d'environ 1 350 % l'été. Évaluer le nombre de résidents sur cette île pendant l'été.

2. Calculer un pourcentage

Une classe de 3e compte 27 élèves. Aujourd'hui, 16 de ces élèves portent un jean. Calculer le pourcentage des élèves de la classe portant ce type de vêtement.

ACTIVITÉS

1 Interpréter un graphique

Un cycliste et un motocycliste sont partis en même temps sur la même route. Le premier parcourt 80 km en 1 h 20 et le second parcourt 35 km en 1 h10.

Vocabulaire

« Rouler à la vitesse moyenne de 80 km/h » signifie qu'on parcourt 80 km en 1 h, sans tenir compte des changements de rythme.

Utiliser un graphique pour déterminer :

a. l'avance en kilomètres du motocycliste par rapport au cycliste au bout de 2 h 30.

b. l'intervalle de temps qui les sépare au kilomètre 65.

• Construire un graphique représentant les variations de distance en fonction du temps.

• « Lire » des informations sur le graphique.

2 Vitesse moyenne

La vitesse est le quotient d'une distance par un temps : $v = \dfrac{d}{t}$

On en déduit les égalités : $t = \dfrac{d}{v}$ et $d = v \times t$

où v est la vitesse moyenne, d la distance parcourue et t la durée du parcours.

• Notion de vitesse moyenne.

a. Calculer la durée d'un parcours

Combien de temps faut-il pour parcourir 72 km à la vitesse de 80 km/h ?
Choisir la formule appropriée et vérifier la cohérence des unités.

b. Calculer la distance parcourue

À la vitesse de 80 km/h, combien de kilomètres parcourra-t-on en 1 h 40 min ?
Choisir la formule appropriée et vérifier la cohérence des unités.

c. Calcul d'une vitesse moyenne et conversion d'unité

En 1999, Maurice Greene a établi le record du monde de 9,79 s au 100 m.
Calculer sa vitesse moyenne en m/s, puis en km/h.

• Reprise des formules de 4e.

• Il faut inciter les élèves à vérifier la cohérence des unités : voir « Démarches pas à pas » page 238.

3 Graphiques et vitesse

Les graphiques représentent la distance qui sépare un véhicule de son point de départ en fonction du temps (① et ③), ou la vitesse du véhicule en fonction du temps (② et ④).

• Décrire le mouvement du véhicule dans chaque cas : distance parcourue, vitesse, durée du parcours observé.

• Déterminer éventuellement d'autres indices présentés par les graphiques.

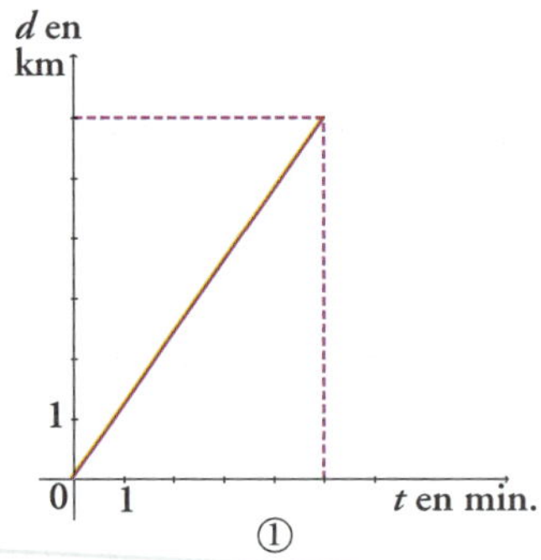

①

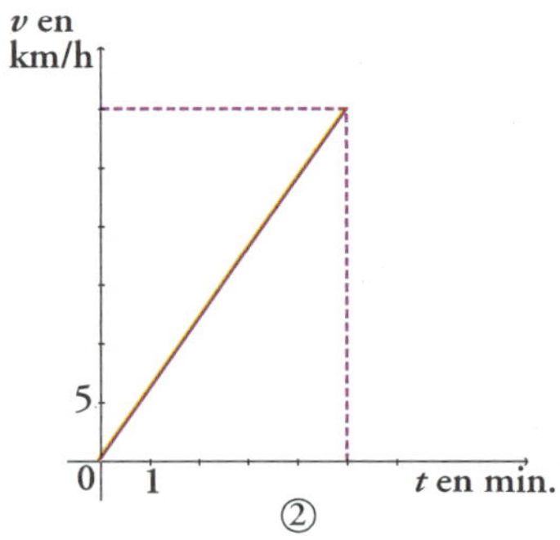

②

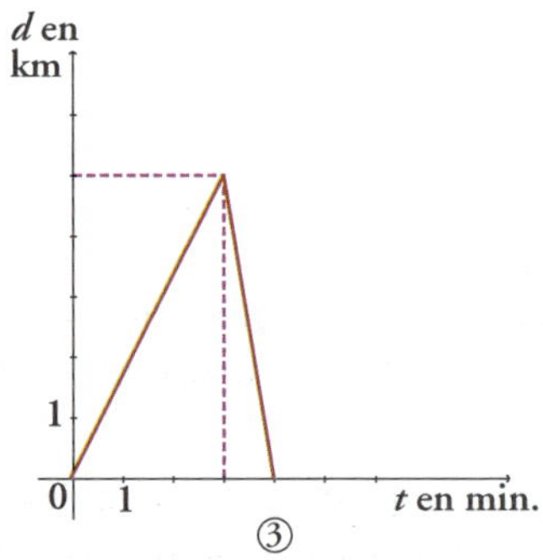

③

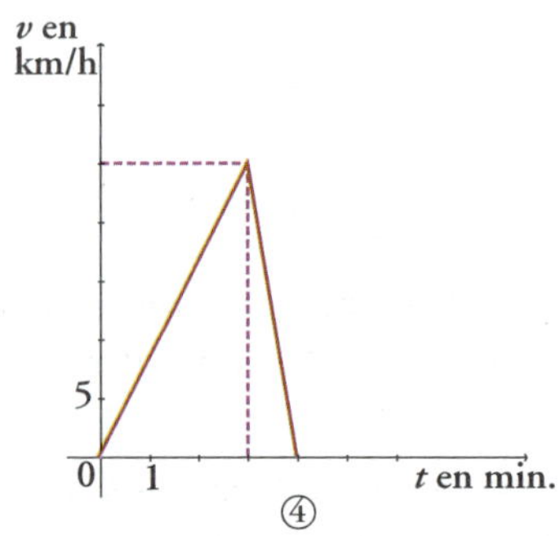

④

• L'interprétation de ces graphiques amène les élèves à faire la différence entre un mouvement uniforme et une vitesse qui varie uniformément.

Cette recherche documentaire permet aux élèves de s'approprier la notion de grandeurs composées dans leur environnement.

4 Une recherche documentaire

D'autres types de grandeurs composées concernent les débits, les mélanges… On opère parfois sur une seule grandeur : les aires et les échelles sont respectivement le produit et le quotient de deux longueurs.

- Relever des utilisations de grandeurs composées en mathématiques, dans d'autres disciplines, dans les médias…
- Déterminer leur signification et leur unité.

Vocabulaire

Le kilomètre est une unité de longueur, l'heure est une unité de temps.
La vitesse s'exprime en kilomètres par heure, c'est une **grandeur composée**.

On peut passer un peu de temps à comparer les données suivant les continents.

5 Comparaisons Nord-Sud

Le tableau présente cinq indicateurs sur la population de cinq grandes régions du Globe (H = homme, F = femme).

	Densité	Natalité	Mortalité infantile	Fécondité	Espérance de vie	
					H	F
Afrique	25,88	38	88	5,2	52	55
Amérique du Nord	15,76	14	7	2,0	74	80
Amérique du Sud	19,37	23	31	2,6	67	73
Asie	114,5	22	55	2,7	65	68
Europe	98,4	10	9	1,4	70	78

(Source Quid, 2002)

Retrouver la définition de chaque indicateur parmi les propositions suivantes :

① Nombre de naissances pour 1000 habitants.
② Nombre moyen d'enfants par femme.
③ Superficie.
④ Nombre d'habitants par km^2.
⑤ Âge moyen de décès.
⑥ Nombre de décès avant un an pour 1 000 naissances.

Signification de la grandeur produit dans un environnement quotidien des élèves.

6 Sortie scolaire

Deux classes doivent participer à une sortie scolaire. Le transport en car coûte 343 € pour l'ensemble des 49 élèves. Le car doit effectuer un parcours de 280 km.

a. Combien chaque élève va-t-il payer ?

b. Combien chaque participant paie-t-il pour parcourir 1 km ?
Cette somme est le montant du « passager × kilomètre », c'est-à-dire le prix que paie chaque passager pour parcourir 1 km.

• Présentation de l'aire et du volume comme des grandeurs produit.

• Rappeler qu'il est important d'exprimer les longueurs dans la même unité.

7 Grandeurs produit

a. Indiquer les formules permettant de calculer l'aire d'un triangle et l'aire d'un disque. Montrer en quoi ces grandeurs peuvent être exprimées sous la forme de grandeurs produit.

b. Indiquer les formules permettant de calculer le volume d'un cône et d'une boule. Montrer en quoi ces grandeurs peuvent être exprimées sous la forme de grandeurs produit.

8 Grandeurs quotient

Lorsqu'on calcule le quotient de deux grandeurs exprimées dans la même unité, on se trouve en présence d'un nombre sans unité.

a. Peut-on considérer que le cosinus de l'angle aigu d'un triangle rectangle est une grandeur quotient ? Quelle est son unité ?

b. New York comptait 10 millions d'habitants en 1960 et 17 millions d'habitants en 2001. Calculer le pourcentage d'augmentation de la population entre ces deux dates. Ce pourcentage est-il une grandeur composée ? Quelle est son unité ?

9 Échelle d'une carte

Déterminer la longueur du pont de Savines, sur le Lac de Serre-Ponçon.

• Carte à l'échelle $\dfrac{1}{25\ 000}$
• 1 cm représente 25 000 cm.
• 1 cm représente 250 m (l'unité est mieux adaptée !).
• Les mesures sur la carte sont 25 000 fois plus petites que la réalité.

• L'échelle d'une carte est un exemple de grandeur quotient sans unité.

• Utilisation de l'échelle d'une carte pour un usage fréquemment rencontré.

10 Vous avez dit « réduire » ?

• Réduire une figure signifie réduire les deux dimensions.

a. Sur la figure ci-contre, on associe le point M au point M′ tel que :
- son abscisse soit l'abscisse de M ;
- son ordonnée soit la moitié de celle de M.

Reproduire le repère et placer de la même façon les points A′, B′, C′, D′, E′ et N′ associés aux points A, B, C, D, E et N.

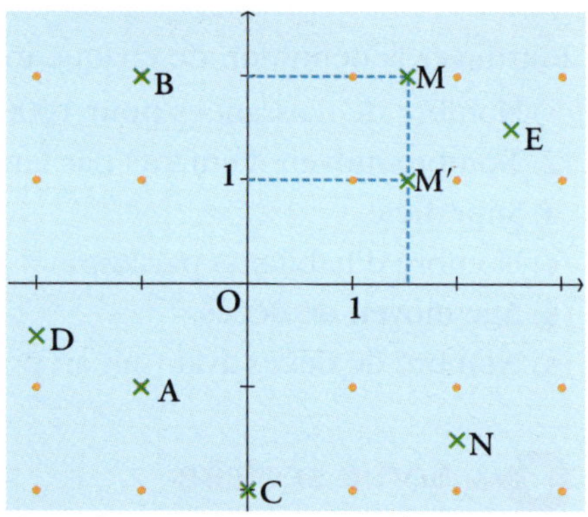

b. Tracer un repère orthonormé du plan en prenant comme unité de longueur le centimètre.
On applique au cercle de centre O et de rayon 2,5 cm la transformation définie au **a.**.

Marquer une douzaine de points du cercle et construire leurs transformés.
La nouvelle courbe, image du cercle, est-elle un cercle ?

11 Reproduction

• Les hauteurs se calculent en utilisant la trigonométrie.

• Dans le cas de la bonne production, on met en évidence les résultats sur les coefficients.

On a demandé à des élèves de 5e de faire un dessin du parallélogramme ci-contre à l'échelle 1/3.
Voici les dessins de quatre d'entre eux.

- Quelle est la bonne production ?
- Calculer le périmètre et l'aire de chacun des cinq parallélogrammes.

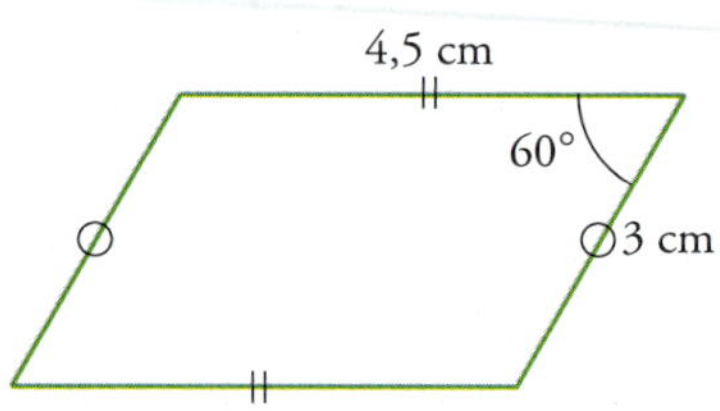

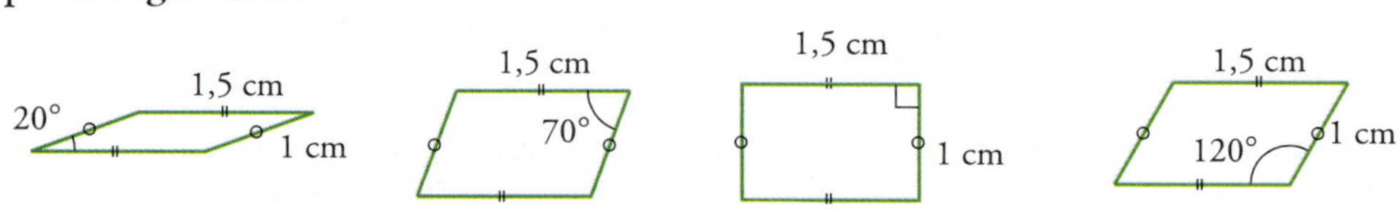

12 Agrandissement et réduction

Le petit cube ci-dessous a une arête de longueur 2 cm.

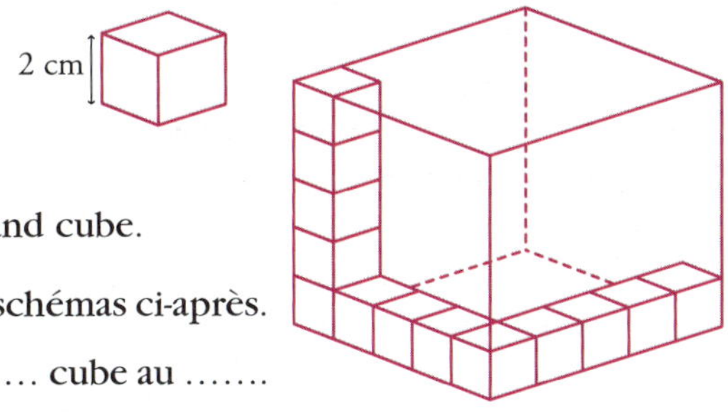

a. Déterminer la longueur de l'arête du grand cube.

b. Recopier et compléter les phrases et les schémas ci-après.

• « L'échelle de réduction pour passer du ...... cube au .... cube est .... »

• « L'échelle d'agrandissement pour passer du .... cube au ...... cube est .... »

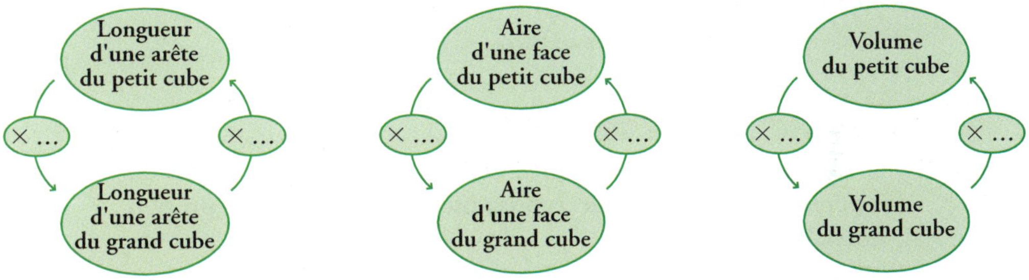

c. Si les longueurs sont multipliées par le coefficient k, par quel coefficient multiplie-t-on les aires et les volumes ?

Effet sur les angles.

d. Qu'en est-il des mesures d'angles lors d'un agrandissement ou d'une réduction ?

• Utiliser les coefficients.

13 Une pyramide réduite

Les faces CBA et CBD de la pyramide sont des triangles rectangles et la base est un triangle équilatéral.
CB = 4,8 cm et AB = 3,6 cm.

• Calculer les longueurs réduites et utiliser les formules d'aires et de volumes. La mise en commun permettra de comparer les méthodes de résolution.

a. Calculer :
- la mesure de l'angle $\widehat{ACB}$ arrondie au degré ;
- l'aire du triangle CBA ;
- le périmètre du triangle DAB.

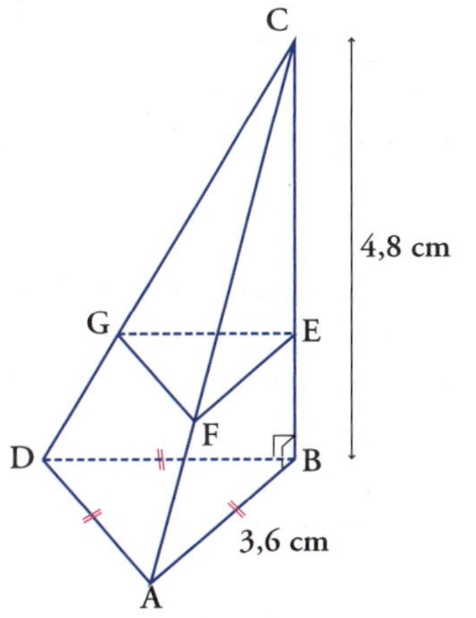

b. On coupe la pyramide par un plan parallèle à la base passant par le point E tel que EB = 1,8 cm.
La pyramide CGFE est une réduction de la pyramide CDAB.

Calculer :
• le coefficient de réduction ;
• l'aire du triangle CEF ;
• le périmètre du triangle GEF ;
• la mesure de l'angle $\widehat{FCE}$.

L'ESSENTIEL en deux pages

1 – Reconnaitre une situation de proportionnalité

Il y a plusieurs façons de reconnaître une situation de proportionnalité.

a. Utilisation d'un tableau de nombres

Un **tableau de nombres** représente une situation de proportionnalité si on peut passer de la première ligne à la deuxième ligne en multipliant par un même nombre.
Ce nombre est appelé **coefficient de proportionnalité**.

Exemple

x	2	3	5	1,5	- 2	- 3	0	1
y	7	10,5	17,5	5,25	- 7	- 10,5	0	3,5

$\times 3,5$

Calcul du coefficient : $\frac{7}{2} = \frac{10,5}{3} = \frac{17,5}{5} = \ldots. = 3,5$

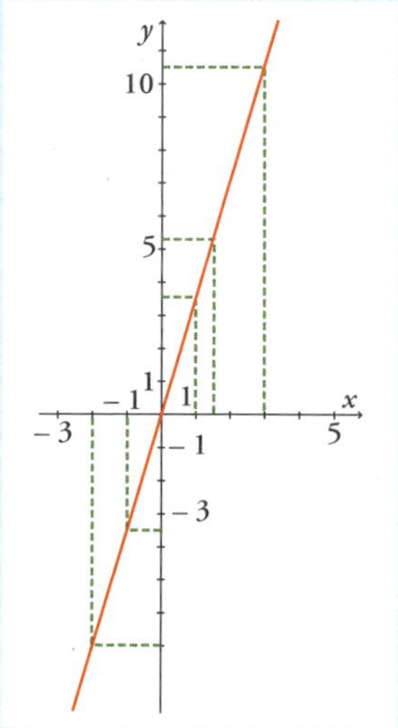

b. Représentation graphique

Si tous les points sont alignés entre eux et avec l'origine du repère, alors le graphique représente une situation de proportionnalité.

c. Écriture algébrique

S'il existe un nombre a pour lequel $y = a \times x$, alors les grandeurs x et y sont proportionnelles.
a est le coefficient de proportionnalité.

Pour l'exemple présenté plus haut, $y = 3,5\,x$.

2 – Propriétés

Il n'est pas toujours nécessaire de calculer le coefficient de proportionnalité pour trouver des valeurs proportionnelles.

- On peut utiliser l'addition.
Si $x_1 + x_2 = x_3$, alors $y_1 + y_2 = y_3$.

x	$x_1 = 2$	$x_2 = 3$	$x_1 + x_2 = 5$
y	$y_1 = 7$	$y_2 = 10,5$	$y_1 + y_2 = 17,5$

- On peut utiliser la multiplication.
Si $x_2 = -2 \times x_1$, alors $y_2 = -2 \times y_1$

$\times (-2)$

x	$x_1 = 1,5$	$x_2 = -3$
y	$y_1 = 5,25$	$y_2 = -10,5$

- Pour trouver une quatrième proportionnelle, on utilise l'égalité des quotients suivant les deux colonnes du tableau :

x	2	6,4
y	7	t

$\frac{7}{2} = \frac{t}{6,4}$

En mettant au même dénominateur, ceci revient à : $t \times 2 = 7 \times 6,4$; $t = 7 \times 6,4 \div 2$; $t = 22,4$

3– Grandeurs composées

a. Grandeurs simples

- Longueur, unités : m, mm…
- Temps, unités : seconde, heure…

b. Grandeurs produit

- Aire : cm × cm = cm^2
- km × passagers (voir activité 6 page 233)
- Personne × jour

c. Grandeurs quotient

- Masse volumique (c'est la masse d'un corps par unité de volume) : g/dm^3, kg/m^3
- Densité d'une population (nombre d'habitants au km^2) : hab/km^2
- Vitesse (distance parcourue pour un temps donné) : $km.h^{-1}$ (ou km/h), $m.s^{-1}$ (ou m/s)
- Consommation de carburant : miles par gallon (au Royaume-Uni)
- Dans le cas d'échelle ou de pourcentage, les grandeurs proportionnelles étant les mêmes, le coefficient n'a pas d'unité.

d. Un exemple de grandeur produit

Lors d'une enquête sur la consommation d'eau, des élèves ont relevé chez eux pendant quelques jours, ce qui avait été consommé pour la cuisine, l'hygiène, etc. La consommation totale n'est pas difficile à calculer.
Les nombres de jours d'observation et de personnes observées sont différents d'un élève à l'autre. Pour chaque élève, on multiplie le nombre de personnes par le nombre de jours.
En additionnant tous les résultats, on agit comme si on avait observé toutes ces personnes sur une seule journée.
La consommation moyenne est alors facile à calculer.

Un élève observe sa famille de cinq personnes pendant quatre jours. Nb. pers × Nb. jours = 20

5 personnes observées pendant 4 jours
↕
20 personnes observées pendant un jour

e. Conversions

Voir « Démarches pas à pas » page 238.

4– Agrandissement et réduction

- **Échelle d'agrandissement**
Les dimensions sont multipliées par k avec k supérieur à 1.
- **Échelle de réduction**
Les dimensions sont multipliées par $\frac{1}{k}$ avec k supérieur à 1.
- L'agrandissement et la réduction n'ont pas d'effet sur les angles.

Si les longueurs sont multipliées par le coefficient k, les aires sont multipliées par le coefficient k^2 et les volumes sont multipliés par le coefficient k^3.

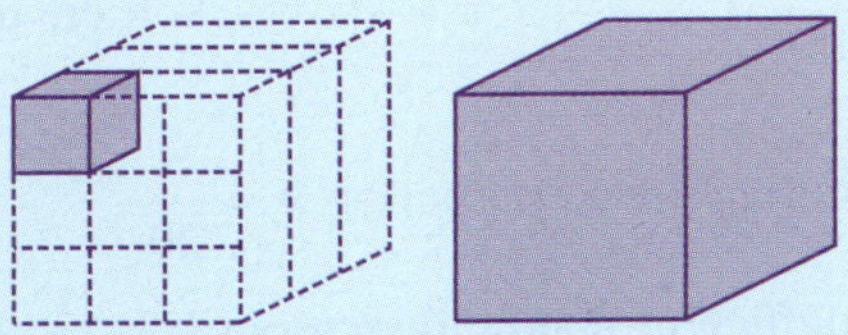

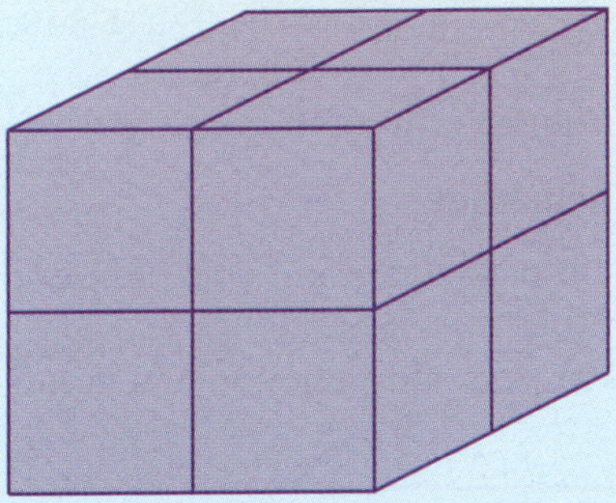

Voir « Démarches pas à pas » page 238.

CONVERTIR DES UNITÉS – RÉDUIRE OU AGRANDIR

Conversions d'unités pour les grandeurs composées

a. Énoncé

La consommation mondiale d'eau potable a atteint le niveau de 2 500 km^3/an *en l'an* 2000. *Convertir cette donnée en* m^3/s.

b. Exemple de solution

On convertit les volumes : 2 500 km^3 = 25 × 10^{11} m^3.
La consommation est donc d'environ 25 × 10^{11} m^3 /an.
Dans une année, il y a 365 × 24 × 3 600 secondes, soit environ 3 × 10^7 secondes.
La consommation est donc d'environ 25 × 10^{11} m^3 pour 3 × 10^7 secondes.

$$25 \times 10^{11} : (3 \times 10^7) \approx \mathbf{83\,000\ m^3\ /s}$$

Utiliser une formule et vérifier la cohérence des unités

a. Énoncé

Un coureur de fond amateur a noté qu'il se déplaçait à une vitesse moyenne de 11 km/h. *Combien de temps doit-il prévoir pour parcourir un marathon* (42 km) ?

b. Exemple de solution

- On note v la vitesse, d la distance et t le temps nécessaire pour parcourir cette distance.

Comme $v = \frac{d}{t}$, $t = \frac{d}{v}$, donc t = 42 (km) : 11 (km/h) ; $t \approx 3{,}82$ h

Le coureur doit prévoir un temps de course de 3,82 h (voir paragraphe suivant pour la conversion en heures minutes).

- On divise des *kilomètres* par des *kilomètres/heure* pour trouver une durée en *heures,* ce qu'on pourrait écrire et transformer de la façon suivante : $\dfrac{\text{km}}{\dfrac{\text{km}}{\text{h}}} = \text{km} \times \dfrac{\text{h}}{\text{km}} = \text{h}$.

L'unité du résultat est cohérente avec la question posée.

Convertir des heures décimales en « heures minutes »

Conversion de 3,82 h en heures minutes :

$$3{,}82\text{ h} = 3\text{ h} + 0{,}82\text{ h} \ ; \quad 3{,}82\text{ h} = 3\text{ h} + 0{,}82 \times 60\text{ min} \ ; \quad 3{,}82\text{ h} \approx \mathbf{3\ h + 49\ min}$$

Le coureur va prévoir de courir un peu moins de quatre heures.

Réduire (ou agrandir)

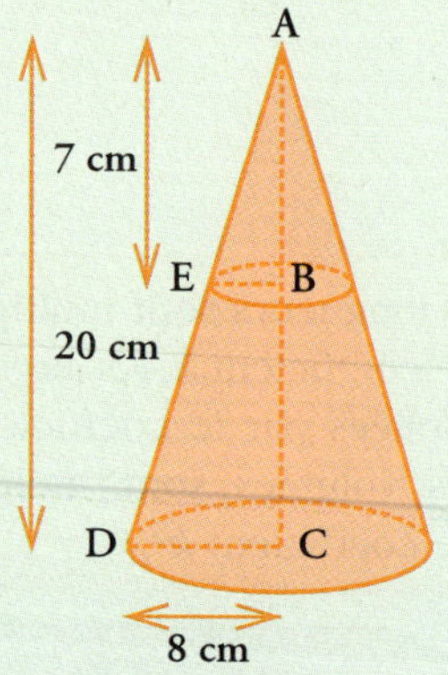

Le grand cône, de hauteur 20 cm, est coupé au point B, situé sur la hauteur, par un plan parallèle à la base. Le petit cône, de hauteur 7 cm, est une réduction du grand cône : leurs mesures sont proportionnelles (comme cela est présenté au chapitre 6).

- **Calcul du coefficient k de réduction :**

$$AC \times k = AB. \quad \text{Donc } k = \frac{AB}{AC} \ ; \ k = \frac{7}{20}$$

Si des longueurs sont multipliées par le coefficient k, alors les aires sont multipliées par k^2 et les volumes sont multipliés par k^3.

- **Calcul du volume du petit cône**

Volume du grand cône : $\mathcal{V} = \frac{1}{3} \times 8^2 \times \pi \times 20 = \frac{1\,280}{3}\pi$, soit environ 1 340,5 cm^3.

Volume v du petit cône : $v = \left(\frac{7}{20}\right)^3 \mathcal{V}$; $v = \left(\frac{7}{20}\right)^3 \times \frac{1\,280}{3} \times \pi \approx \frac{172{,}32}{3}$, soit environ 57,5 cm^3.

Remarques

On passe du grand cône au petit cône par le coefficient de réduction $k = \frac{7}{20}$.

On passe du petit cône au grand cône par le coefficient d'agrandissement $k' = \frac{1}{k}$, soit $k' = \frac{20}{7}$.

Ce que je dois savoir

- Savoir représenter graphiquement une situation de proportionnalité.
- Savoir lire et interpréter une représentation graphique.
- Comprendre la signification de quelques grandeurs composées.
- Procéder à des changements d'unités sur les grandeurs composées.
- Connaître et utiliser les effets d'un agrandissement ou d'une réduction sur les aires et les volumes.

Je m'évalue

Solutions page 297

35 On verse de l'eau dans un verre cylindrique de hauteur 10 cm et de diamètre 6 cm. On appelle h la hauteur du liquide.

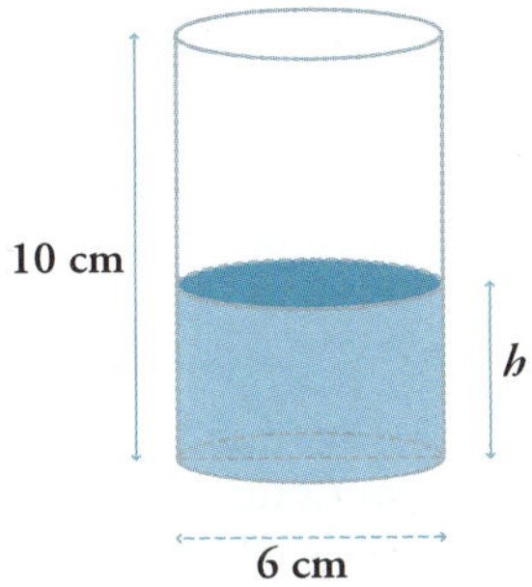

a. Exprimer le volume du liquide contenu dans le verre en fonction de h.
Calculer ce volume pour les valeurs suivantes de h :
1 cm ; 4 cm ; 10 cm

b. Représenter graphiquement le volume de l'eau en fonction de la hauteur.

c. Le volume de l'eau est-il proportionnel à sa hauteur ? Justifier la réponse.

d. On verse 20 cL de liquide dans le verre. Utiliser le graphique pour évaluer la hauteur atteinte par le niveau. Retrouver ce résultat par le calcul.

36 Associer chaque grandeur composée à son unité.

Grandeurs : production céréalière ; aire ; consommation d'eau ; vitesse ; fréquentation d'un musée ; coût de construction d'une autoroute.

Unités : tours / min ; t/ha ; €/km ; visiteurs / an ; m³/mois ; mm².

37 On considère que la Terre parcourt une trajectoire circulaire autour du Soleil. Le rayon de ce cercle mesure 150 millions de kilomètres.

Calculer la vitesse à laquelle la Terre avance sur sa trajectoire en km/an, puis en km/h et en m/s.

38 La pyramide de Kéops est régulière et mesure 148 m de haut. Sa base est un carré de 230 m de côté.
Des élèves construisent une maquette de cette pyramide.

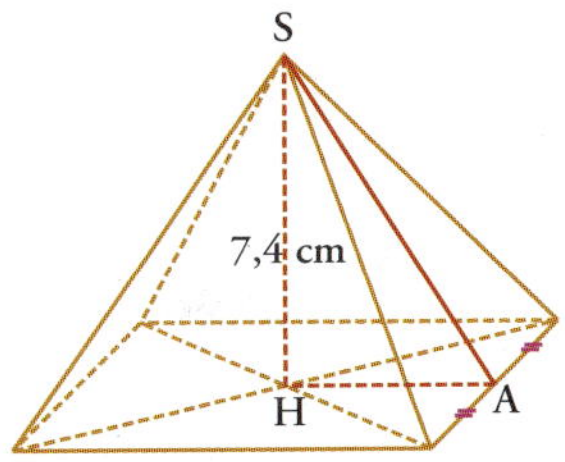

La hauteur de la maquette mesure 7,4 cm.

a. Quel est le coefficient de réduction ?
Calculer le volume de la pyramide et en déduire le volume de la maquette.

b. Calculer la mesure du côté de la base de la maquette.

c. Calculer la longueur SA et en déduire l'aire d'une face latérale de la maquette.
Quelle est l'aire d'une face de la pyramide de Kéops ?

d. Calculer la mesure de l'angle $\widehat{SAH}$ à 1 degré près.
En déduire la valeur de l'angle que forme une face de la pyramide avec l'horizontale.

e. Les élèves utilisent du carton étiqueté « 220 g/m² ».
- Quelle est la masse de la maquette ?
- Quelle serait la masse d'un agrandissement en carton de cette maquette aux dimensions de la pyramide de Kéops ?

39 Au Royaume-Uni, la consommation de carburant s'exprime en « miles par gallon » (mil/gal).

a. Expliquer la signification de cette unité.

b. En France, la consommation d'une voiture s'exprime en litres par kilomètre (L/km).
1 gallon britannique = 4,546 L ; 1 mile = 1 609 m.
Convertir une consommation de 10 mil/gal en L/km.

UTILISER SES CONNAISSANCES

40 Fraction d'aires

a. Deux côtés d'un carré sont partagés en leur milieu.

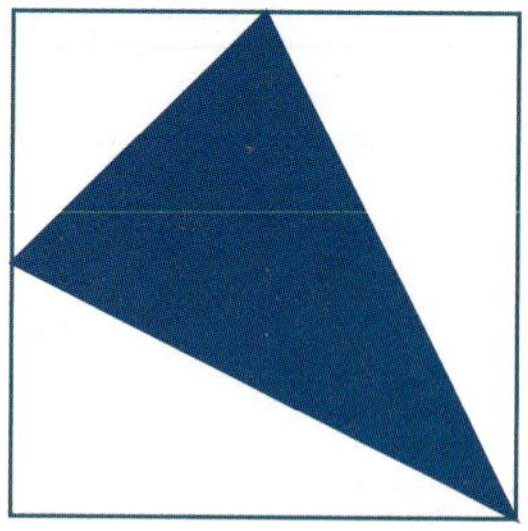

Évaluer le rapport entre l'aire du triangle bleu et l'aire du carré.

b. Les trois côtés d'un triangle sont partagés au quart.

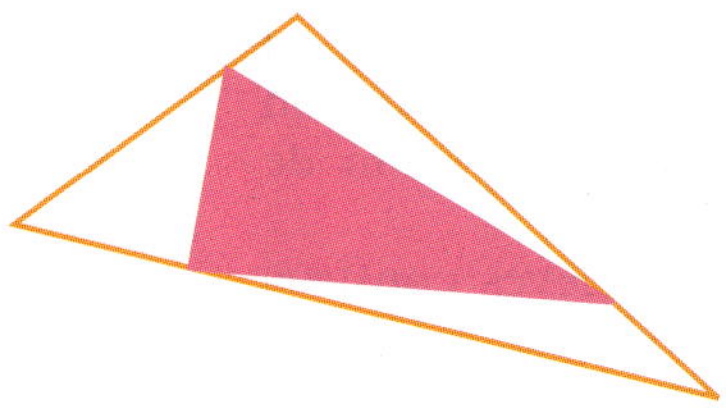

Évaluer le rapport entre l'aire du triangle rose et l'aire du grand triangle.

41 1 trait Danger, 2 traits Sécurité

Les bandes blanches mesurent 38 m et elles sont distantes de 14 m.
La *distance de freinage* d'un véhicule en fonction de sa vitesse est donnée par le tableau suivant :

Vitesse (en km/h)	30	50	80	90	100	110	130
Distance de freinage (en m)	6	15	42	54	70	90	113

La *distance de réaction* est la distance parcourue par le véhicule durant le *temps de réaction* du chauffeur. Ce temps est estimé à une seconde pour une personne en bonne santé. La distance d'arrêt est la somme de la distance de réaction et de la distance de freinage.

a. Vérifier qu'un espace de deux bandes blanches entre deux véhicules est un gage de sécurité sur l'autoroute, dans la limite de la vitesse autorisée.

b. La première cause d'accidents mortels sur l'autoroute est la baisse de vigilance des conducteurs. Calculer les distances d'arrêt pour des temps de réaction de 1,5 s, de 2 s, de 2,5 s.

42 PESANTEUR

En cours de Physique, la différence entre masse et poids d'un corps a été établie :
- la *masse* est la quantité de matière contenue dans ce corps, elle est invariable quel que soit le lieu.
- le *poids* est la force d'attraction, appelée *intensité de pesanteur*, exercée par la planète sur le corps. Le poids dépend ainsi de l'altitude, de la latitude – car la Terre n'est pas ronde – et de la masse de la planète.
- Sur Terre, l'intensité de pesanteur varie peu et on peut lui donner comme valeur 9,8 N/kg.
- Il a été établi la relation suivante :

$$P = m \times g$$

où P est le poids d'un corps, m sa masse et g l'intensité de pesanteur.

Sur le dessin ont été indiqués les poids d'une masse de 1 kg relevés à différents endroits du globe.

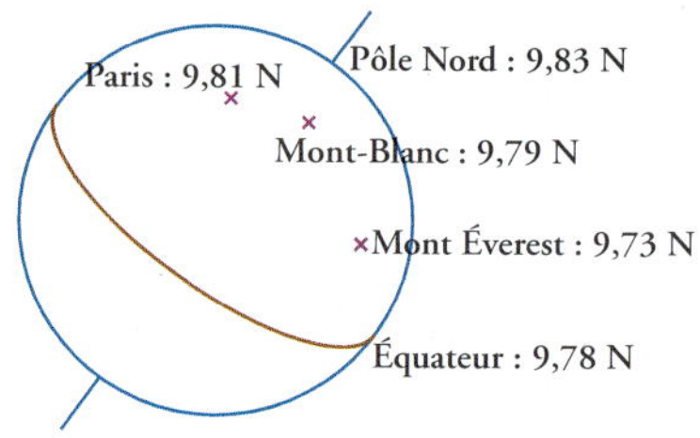

a. En quelles unités sont exprimées ces trois grandeurs ? Le poids d'un corps est-il proportionnel à sa masse ?

b. Sur la Lune, l'intensité de pesanteur est de 1,6 N/kg. Dans l'album de Tintin *"On a marché sur la Lune"*, les Dupont-Dupond s'amusent à faire des bonds gigantesques sans effort.
Si leur poids étaient de 75 N à la surface de la Terre, quel était-il sur la Lune ?

c. Quel serait leur poids s'ils pouvaient aller sur Jupiter, où l'intensité de pesanteur est de 25 N/kg ?

43 Statistiques – Internet

Les données ci-dessous concernent le nombre d'élèves par ordinateur connecté à Internet. Les effectifs sont exprimés en pourcentage par rapport à l'ensemble des élèves du secondaire de chaque pays.
- Quel pays offre le meilleur accès à Internet aux élèves ?
- Combien y a-t-il en moyenne d'ordinateurs pour 100 élèves dans ce pays ? Et en France ?

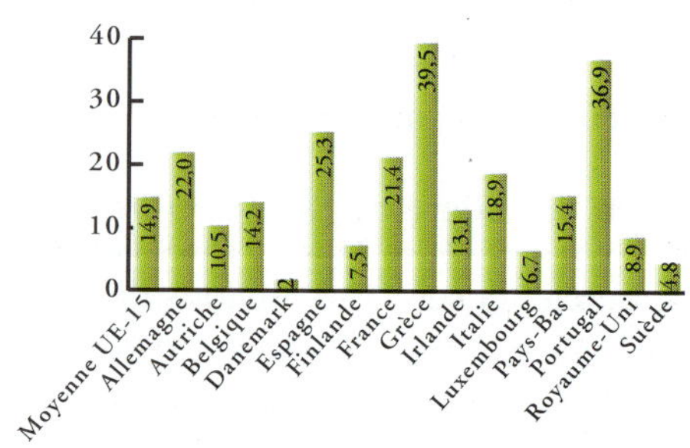

44 On a représenté un cône et son patron. Le rayon de la base est noté r et le rayon de la surface latérale est noté R.

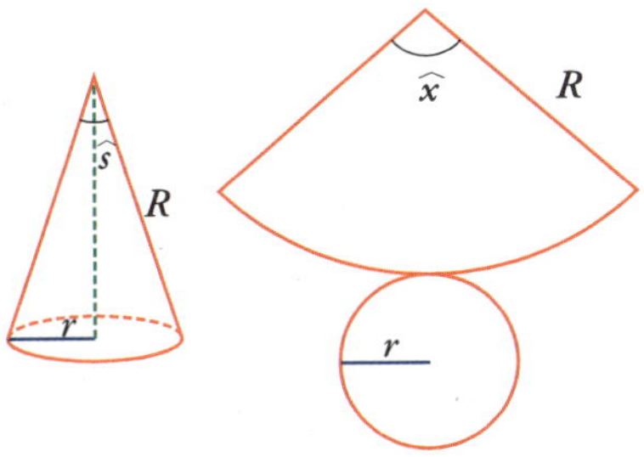

- Exprimer l'angle $\widehat{x}$ en fonction de r et R.
- Exprimer l'angle au sommet $\widehat{s}$ en fonction de r et R.

45 Sans utiliser de calculatrice ni de rapporteur, construire un point C tel que :

$\tan \widehat{ABC} = \frac{5}{3}$

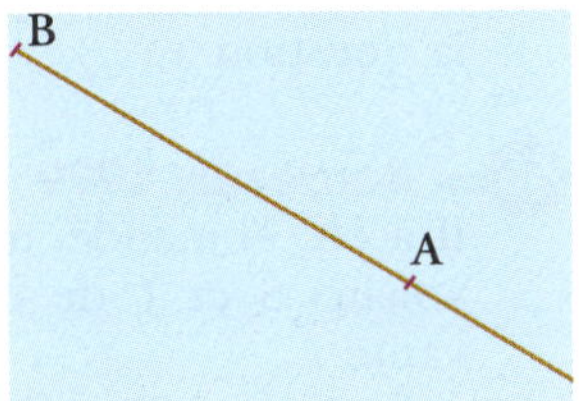

46 a, b et c sont les longueurs des trois côtés d'un triangle rectangle. Montrer que tout triangle dont les côtés sont proportionnels à ces trois nombres est un triangle rectangle.

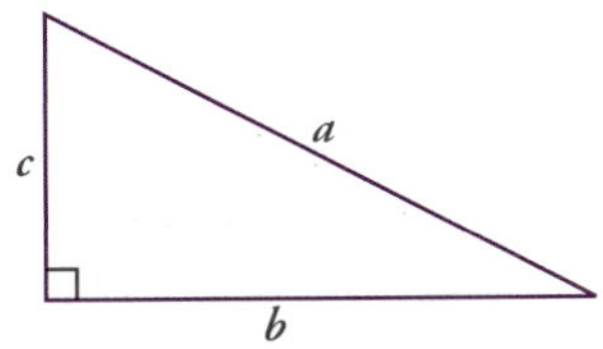

47 Les triangles ADB et CAB sont rectangles.
Calculer la valeur exacte de la longueur du segment [AC].

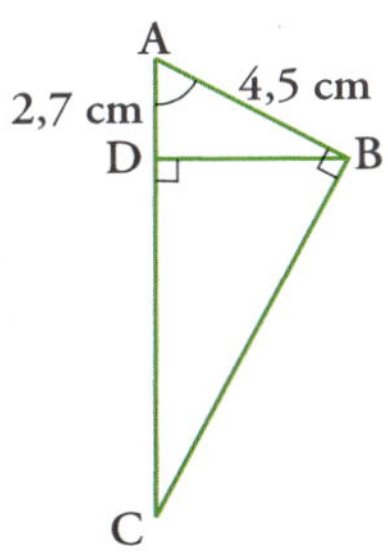

POUR ALLER PLUS LOIN

48 **Drôles de résultats**

a. Vérifier que $\frac{42}{54} = \frac{35}{45} = \frac{3 \times 42 + 5 \times 35}{3 \times 54 + 5 \times 45}$.

b. Plus généralement, démontrer que, si $\frac{a}{b} = \frac{c}{d}$,

alors $\frac{a}{b} = \frac{c}{d} = \frac{3 \times a + 5 \times c}{3 \times b + 5 \times d}$.

49 En 1958, on pouvait trouver ce genre de problème : « Partager 77 en trois parties proportionnelles à 4, – 2 et 5 ».
Résoudre le problème en posant :

$\frac{x}{4} = \frac{y}{-2} = \frac{z}{5} = t$ et $x + y + z = 77$.

50 Utiliser la méthode de l'exercice 49 pour partager la somme de 48 000 € en trois parties proportionnelles à 5, 11 et 14.

51 **Tarifs postaux**
Les tarifs suivants (décembre 2002) concernent des lettres ordinaires en acheminement rapide. Les prix en euros sont donnés en fonction du « poids » (voir ci-après).
Tarif 1 : Lettres, service rapide en France métropolitaine

« Poids » (en g)	Jusqu'à 20 g	Jusqu'à 50 g	Jusqu'à 100 g	Jusqu'à 250 g	Jusqu'à 500 g
Tarif (en euros)	0,46 €	0,69 €	1,02 €	1,75 €	2,13 €

Tarif 2 : Lettres, service rapide vers la Guadeloupe

« Poids » (en g)	Jusqu'à 20 g	Au-dessus de 20 g et jusqu'à 50 g	Au-dessus de 50 g et jusqu'à 100 g
Tarif (en euros)	0,46 €	0,84 € + 0,05 € par 10 g	1,32 € + 0,05 € par 10 g

Représenter graphiquement ces tarifs en fonction du « poids » de la lettre (faire les graphiques sur deux pages différentes).

52 **Degrés Celsius et degrés Fahrenheit**
Voici quelques conversions de températures exprimées dans les deux unités :

°C	– 50	– 40	– 30	– 20	– 10	0	10	20	30	40	50
°F	– 58	– 40	– 22	– 4	+14	32	50	68	86	104	122

a. Y a-t-il proportionnalité entre ces deux unités ? Justifier la réponse.

b. Pour une variation de température de 10 °C, quelle variation a-t-on en degrés Fahrenheit ? Et pour une variation de 20 °C ?
Semble-t-il y avoir proportionnalité entre les variations de températures exprimées en degrés Celsius et les variations de températures exprimées en degrés Fahrenheit ?

c. Si t_F est la température en degrés Fahrenheit et t_C la température en degrés Celsius, la formule suivante indique la relation entre ces deux unités :

$$t_F = \frac{9}{5} t_C + 32$$

d. En quoi cette formule montre-t-elle que la conversion n'est pas une relation de proportionnalité ? Exprimer t_C en fonction de t_F.

e. Pour comparer les variations, on va convertir en °F deux températures différentes exprimées en °C : t_C et $t_C + d$. Ces deux températures ont une différence de d °C.
Appeler T la mesure t_C convertie en °F et T' la mesure $t_C + d$ convertie en °F. Exprimer la différence $T' - T$ en fonction de d et montrer que les variations sont proportionnelles.

EXERCICE RÉSOLU

Énoncé (Texte supplémentaire, 1999)

Une cloche dont le volume est 0,1 m^3 est faite en bronze. Le bronze est un alliage de cuivre et d'étain. Pour que les cloches tintent, il faut qu'il y ait entre 20 % et 24 % d'étain.

Pour l'exercice, on suppose que la cloche se compose de 24 % d'étain. On sait que la masse volumique de l'étain est de 7,29 kg/dm^3 et celle du cuivre 8,9 kg/dm^3.

a. *Calculer le volume d'étain et le volume de cuivre contenus dans la cloche.*

b. *Quelle est la masse de la cloche ?*

Exemple de solution

a. Volume de l'étain :
$0{,}1 \times 24 : 100 = 0{,}024\ m^3 = 24\ dm^3$
Volume du cuivre :
$0{,}1 - 0{,}024 = 0{,}076\ m^3 = 76\ dm^3$
La cloche est composée de 24 dm^3 d'étain et de 76 dm^3 de cuivre.

b. 1 dm^3 d'étain pèse 7,29 kg et 1 dm^3 de cuivre pèse 8,9 kg.
Masse de l'étain : $24 \times 7{,}29 = 174{,}96$ kg
Masse du cuivre : $76 \times 8{,}9 = 676{,}4$ kg
Masse totale de la cloche :
$174{,}96 + 676{,}4 = 851{,}36$ kg

53 Groupe Sud (série professionnelle), 2001

La consommation en électricité (en Wh) est proportionnelle au temps de fonctionnement (en h).

Reproduire et compléter le tableau suivant en justifiant les calculs :

Temps en heures	0,5	3	…	1	…
Consommation en Wh	…	360	300	…	90

54 Groupe Est, 1998

La distance de freinage d'un véhicule jusqu'à l'arrêt total est donnée par la formule :

$$D = \frac{4V^2}{1\,000\,K}$$

où D désigne la distance de freinage (en m), V la vitesse du véhicule (en km/h), et K le coefficient d'adhérence de la route.

Calculer la distance de freinage pour qu'un véhicule roulant à la vitesse de 110 km/h sur une route dont le coefficient d'adhérence est de 0,25 puisse s'arrêter totalement.

55 Groupe Ouest, 2001

Le granit est une roche cristalline formée d'un mélange hétérogène de quatre éléments : quartz, feldspath, biotite et minéraux secondaires.

1. Un bloc de granit est composé de :
- 28 % de quartz ;
- 53 % de feldspath ;
- 11 % de biotite ;
- 19,2 dm^3 de minéraux secondaires.

Calculer le volume de ce bloc.

2. Un m^3 de ce granit a une masse de 2,6 tonnes.

Calculer la masse du bloc de granit considéré à la question **1.**.

56 Bordeaux, 1999

Il a été demandé aux familles de deux villages voisins S et T de répondre à la question suivante :

« Êtes-vous favorable à l'aménagement d'une piste cyclable entre les deux villages ? ».

1. Dans le village S, 60 % des 135 familles ont répondu « oui ».

Combien de familles sont-elles favorables à ce projet dans le village S ?

2. Dans le village T, il y a 182 réponses favorables sur les 416 familles consultées.

Quel est le pourcentage de « oui » dans le village T ?

3. La décision d'aménager la piste cyclable ne peut être prise qu'avec l'accord de la majorité des familles de l'ensemble des deux villages.

La piste cyclable sera-t-elle réalisée ?

57 Rennes, 1999

Le 7 novembre 1998, au retour du second voyage historique de John Glenn dans l'espace, la navette spatiale Discovery avait parcouru 5,8 millions de kilomètres. Cette mission avait duré 8 jours et 22 heures.

Calculer la vitesse moyenne de la navette en km/h. On donnera le résultat en écriture décimale arrondie au km/h, puis en écriture scientifique.

58 Limoges, 1999

1. Écrire sous la forme $a\sqrt{b}$, b entier le plus petit possible, les nombres $\sqrt{18}$ et $\sqrt{12}$.

2. Développer et simplifier :
$(10 + 4\sqrt{6})(\sqrt{3} - \sqrt{2})$.

3. Le tableau suivant est-il un tableau de proportionnalité ?

$\sqrt{3} + \sqrt{2}$	$10 + 4\sqrt{6}$
$\sqrt{3} - \sqrt{2}$	2

59 Rouen, 2000

Voici le plan d'un terrain d'entraînement de javelot (les dimensions ne sont pas respectées sur le schéma).

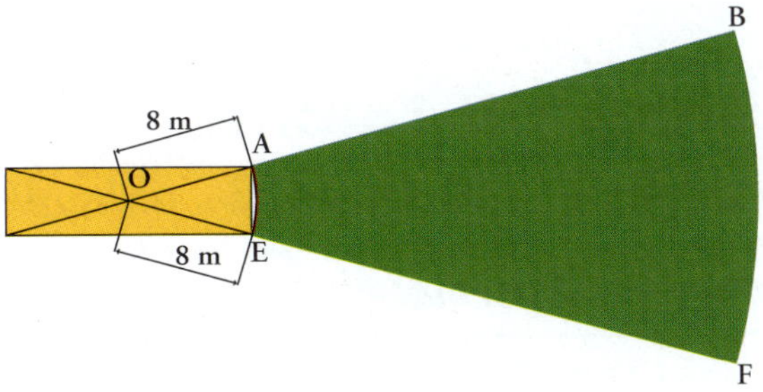

La piste d'élan se termine par l'arc de cercle $\overset{\frown}{AE}$ de centre O. Le javelot doit atterrir dans la zone de gazon délimitée par les arcs de cercles $\overset{\frown}{AE}$ et $\overset{\frown}{BF}$.

On donne : AO = 8 m ; OB = 90 m ; $\widehat{AOE} = 30°$

1. On remarque que l'aire de la portion de disque OAE est une fraction de l'aire du disque de centre O et de rayon OA.

a. Déterminer cette fraction et en déduire que l'aire de la portion OAE est égale à $\frac{16}{3}\pi$ m².

b. Montrer que l'aire de la zone en gazon est égale à $\frac{2\,009}{3}\pi$ m².

2. I est le milieu du segment [AE].

a. Donner la valeur de $\widehat{AOI}$.

b. Calculer AI à 1 cm près. En déduire AE.

60 Groupe Est, 2000

Partie 1

La partie supérieure d'un verre a la forme d'un cône de 6 cm de diamètre de base et de hauteur AS = 9 cm.

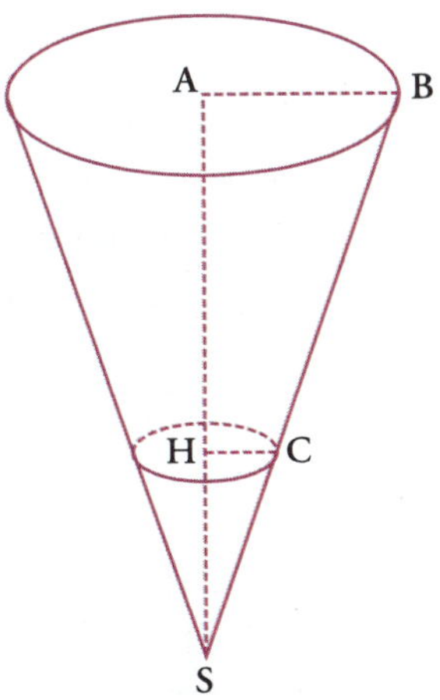

1. Montrer que le volume du cône est 27π cm³ .

2. On verse du liquide dans ce verre comme indiqué : le liquide arrive à la hauteur du point H.

a. On suppose que HS = 4,5 cm. La surface du liquide est un disque. Calculer le rayon HC de ce disque (on justifiera les calculs).

b. Exprimer en fonction de π le volume correspondant du liquide en cm³.

c. On pose maintenant HS = x (en centimètres).

• Montrer que le rayon HC de la surface du liquide est égal à $\frac{x}{3}$.

• Montrer alors, par le calcul, que le volume V de liquide est donné en fonction de x par la formule :

$V = \frac{\pi x^3}{27}$ (en cm³).

d. En utilisant la formule précédente, calculer le volume de liquide lorsque HS = 3 cm, puis lorsque HS = 6 cm.

Partie 2

On verse ensuite le liquide contenu dans ce cône dans un verre cylindrique de même section de 6 cm de diamètre et de même hauteur 9 cm.

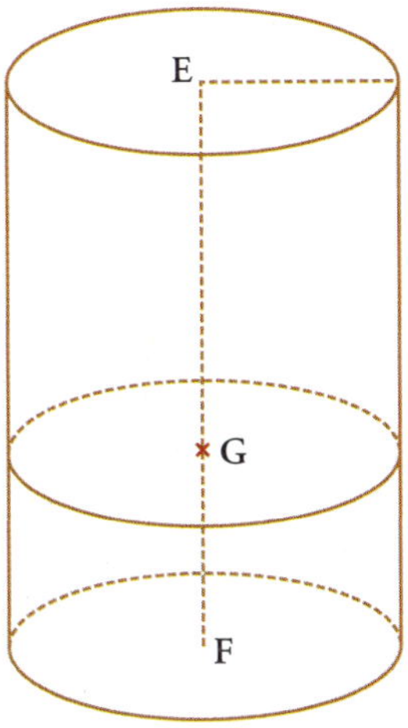

1. Montrer que le volume du cylindre est 81π cm³.

2. Combien de cônes remplis à ras bord faudrait-il ainsi vider pour remplir le cylindre ?

3. On désigne par y la hauteur en cm du liquide contenu dans le cylindre (y = GF sur le dessin).

a. Montrer que le volume, en cm³, du liquide contenu dans le cylindre est $9\pi y$.

b. Montrer que, lorsqu'on verse dans le cylindre le liquide contenu dans le cône (volume $V = \frac{\pi x^3}{27}$, en cm³), la hauteur y obtenue est reliée à x par la relation $x^3 = 243y$.

c. Recopier et compléter le tableau suivant, où x et y sont reliés par la relation précédente (on donnera les valeurs décimales approchées de y au millième de cm³ près) :

x	0	1	2	3	4	5	6	7
y								

d. Représenter graphiquement les huit points obtenus dans le tableau sur du papier millimétré. On prendra 1 cm comme unité sur l'axe des abscisses et 10 cm comme unité sur l'axe des ordonnées, l'origine du repère étant placé sur le bord inférieur gauche de la feuille.

Inter-maths

Remplissage accéléré ou ralenti

Pour apprendre à mesurer correctement le volume d'un liquide en utilisant le matériel de physique, des élèves ont procédé aux mesures présentées ci-dessous.
Compléter leur travail en tenant compte de toutes les informations.

• Compléter le tableau en lisant les informations sur la courbe.

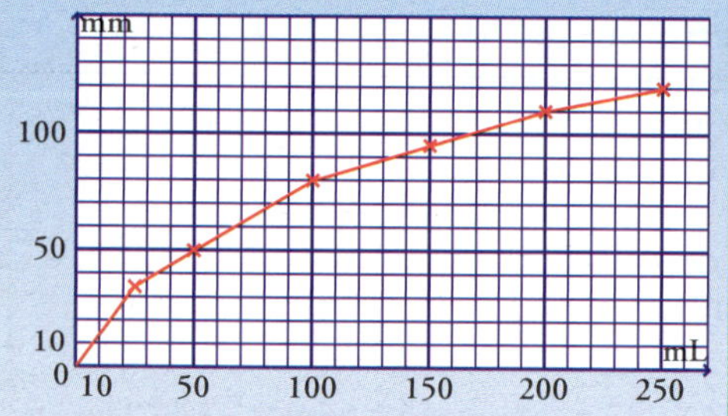

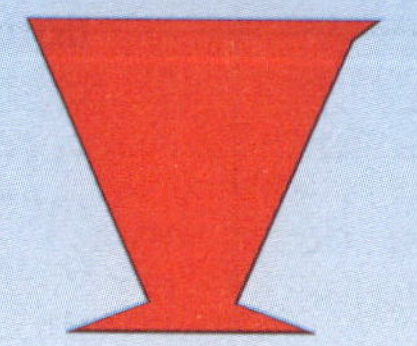

Verre à pied
Le niveau monte rapidement au début du remplissage, puis ralentit.

V en mL	25	50	100	150	200	250
h en mm						

• Construire la courbe à partir des données du tableau.

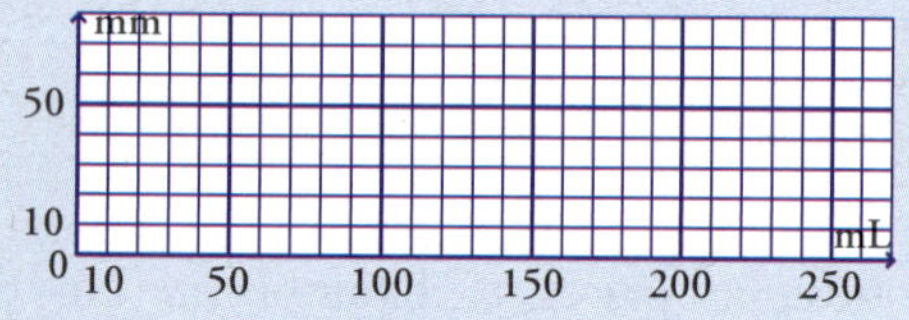

Erlenmeyer
Le niveau monte lentement au début du remplissage, puis accélère.

V en mL	50	100	150	200	250
h en mm	9	20	34	48	68

• Dessiner la forme approximative de la courbe de remplissage en s'aidant des formules de volume, du tableau et des exemples précédents.

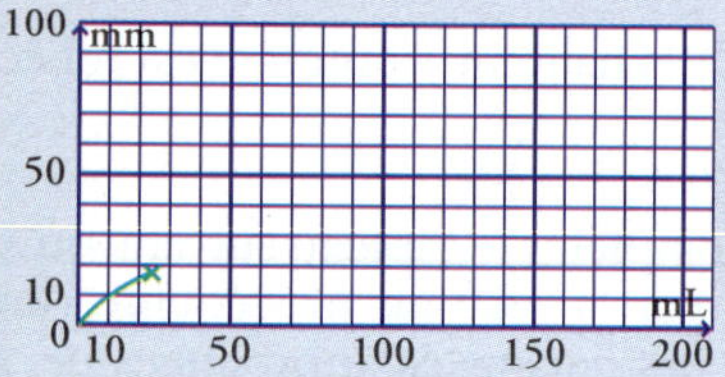

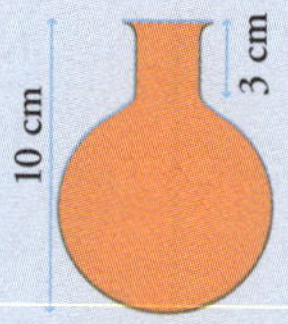

Ballon
La partie sphérique du ballon a un diamètre de 7 cm. La partie supérieure est un cylindre de 3 cm de haut et 2 cm de diamètre.
Compléter la courbe de remplissage.

V en mL	23	90			
h en mm	18	35		70	100

• Déterminer la forme approximative du récipient à partir de la courbe de remplissage.

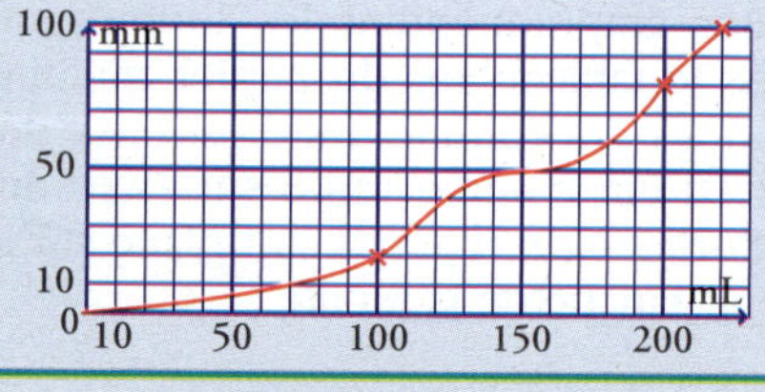

?

Quand on le regarde de face, la forme du récipient apparaît symétrique verticalement.

Quelle est la forme de ce dernier récipient ?

Ascension sportive

Un cycliste grimpe à un col, puis redescend de l'autre côté.
Le graphique suivant représente les variations de la vitesse du cycliste tout au long de son trajet.

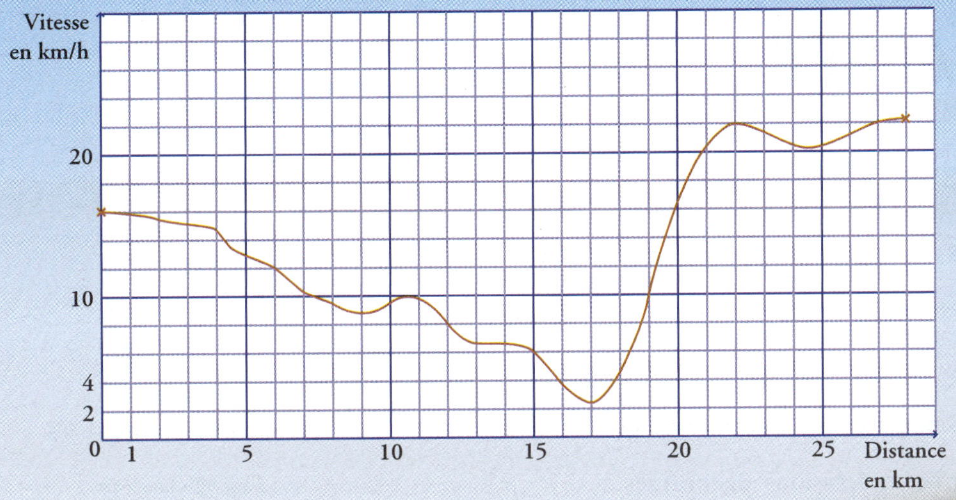

À partir de ce graphique, essayer **d'imaginer** une coupe transversale de la montagne au niveau de ce col (on suppose que le rythme du cycliste est régulier). Reproduire l'axe des abscisses et s'en servir comme repérage pour placer les altitudes.

À travers l'histoire

Portrait d'Euclide par Mocetto Girolamo d'Andrea (XVIe siècle)

La théorie des proportions remonte sans doute au temps des Pythagoriciens, soit au VIe siècle avant J.-C. On trouve dans le livre VII des *Éléments* d'Euclide de nombreuses propriétés relatives aux proportions. En géométrie, des mesures de toutes sortes, calculs d'aires, de volumes, sont liées à la proportionnalité.

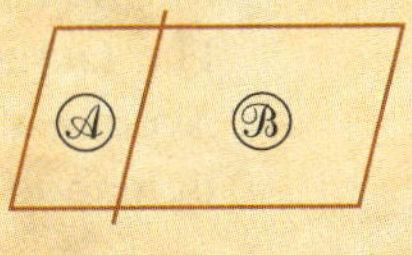

Un autre livre d'Euclide, *Liber divisionum*, montre comment partager une figure par une droite de telle sorte que les surfaces $\mathcal{A}$ et $\mathcal{B}$ des figures obtenues soient proportionnelles. La proportionnalité est une notion qui a des applications dans de très nombreux domaines. Ainsi en physique, dès Aristote, on sait que dans un mouvement uniforme la vitesse est proportionnelle à la force qui l'engendre. Vers 1360, Nicolas Oresme écrit le *De proportionibus proportionum* qui donne une base aux opérations sur les rapports et proportions qu'il applique à l'intensité des vitesses en fonction du temps. En 1604, Galilée indique que les distances parcourues sont proportionnelles aux carrés des temps.

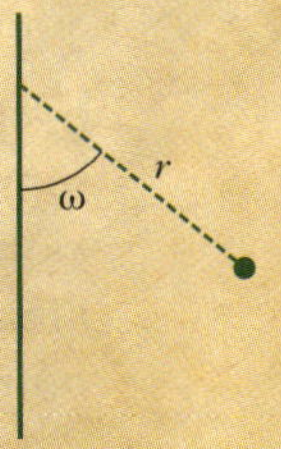

Descartes montre, en 1643, que la vitesse de l'eau qui jaillit d'un récipient est proportionnelle à la racine carrée de la hauteur de l'eau contenue dans ce récipient.

Jean-Baptiste Biot énonce en 1820 une loi indiquant qu'un fil conducteur exerce sur une particule une force proportionnelle à $\frac{\sin \omega}{r^2}$.

12 FONCTIONS LINÉAIRES ET AFFINES – SYSTÈMES

Pour DÉMARRER

À savoir avant la 3e

- Reconnaître une situation de proportionnalité. → Pour DÉMARRER 1
- Construire et lire un graphique. → Pour DÉMARRER 2
- Appliquer un programme de calculs. → Pour DÉMARRER 3
- Tester si des nombres vérifient une égalité. → Pour DÉMARRER 4 et 5
- Transformer des expressions algébriques. → Pour DÉMARRER 6

1 Proportionnelles ou non ?

Revoir diverses présentations de la proportionnalité.

Pour chacune des situations ci-après dire si elles relèvent ou non de la proportionnalité.

a.

5	7	104
15	22	312

6,2	- 13	2,7
25,42	- 53,3	- 11,07

2,5	7,1	- 5,04	10,3
- 27,5	- 78,1	55,55	- 113,3

b. Une entreprise rénove le toit d'une maison. Elle facture 48 € par m², pour son tarif Ⓐ. Avec son tarif Ⓑ, elle facture 30 € par m² et demande 1 820 € pour la location d'un échafaudage.

2 Repérage sur un plan

- *Revoir le placement de points sur un graphique.*
- *Savoir lire une représentation graphique.*

a. On place les points A (2 ; 5), B (- 4 ; - 10) et C (5 ; 12) dans un repère.
Sont-ils alignés sur une droite ?

b. Le parcours d'un cycliste conduit à la représentation graphique ci-contre.
Donner l'abscisse de A, l'ordonnée de B, l'image de 4, l'image de (- 4), le nombre qui a pour image (- 4).

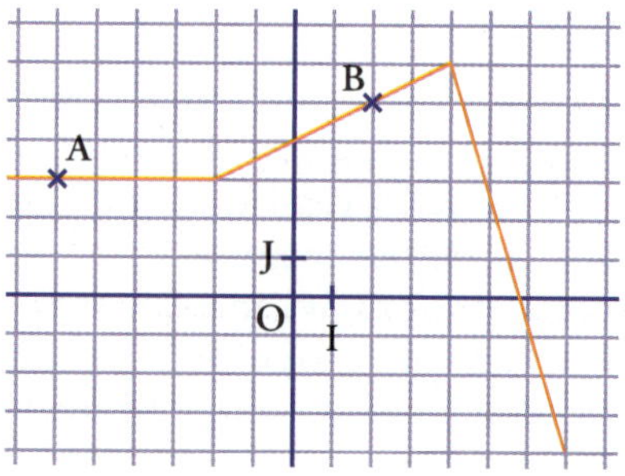

3 Programme de calcul

• Utiliser des programmes de calculs.

a. Appliquer le programme suivant aux nombres 1, (– 5) et $\frac{2}{3}$:

« Multiplier le nombre de départ par 4, soustraire 5 au résultat, puis diviser par 2 le nombre obtenu. »

• Poser et résoudre une équation du 1er degré.

b. Quel nombre a-t-on choisi au départ avec ce programme si le résultat final est $\frac{7}{3}$?

4 Divers tests

• Trouver l'une des valeurs inconnues connaissant l'autre.

a. Deux nombres n et m vérifient l'égalité $7m - 5n = 12$.

- Calculer n pour $m = 1$.
- Calculer m pour $n = 1$.
- Calculer n pour $m = 4$.
- Calculer m pour $n = 6$.

• Tester une égalité.

• Être attentif à l'ordre des lettres dans le test d'une égalité.

b. Les égalités ci-dessous sont-elles vraies si on remplace les nombres x et y l'un par 4 et l'autre par (– 3) ?

$3x - 4y = 24$; $3x - 2y = 20$; $3x - 4y = -25$

5 Transformations

Exprimer « en fonction de … ».

a. Dans chacune des expressions suivantes, écrire y en fonction de x :

$3x - y = 7$; $3x - 18y = 27$; $2x + 3y = -5$

b. Dans chacune des expressions suivantes, écrire x en fonction de y :

$5y + x = 12$; $2x + 6y = 16$; $4x - 7y = 11$

6 Mise en relation

Exprimer « en fonction de … ».

a. Voici une série de triangles équilatéraux. Le côté du premier triangle a une longueur égale à n. À chaque étape suivante, la longueur du côté du triangle augmente de 2.

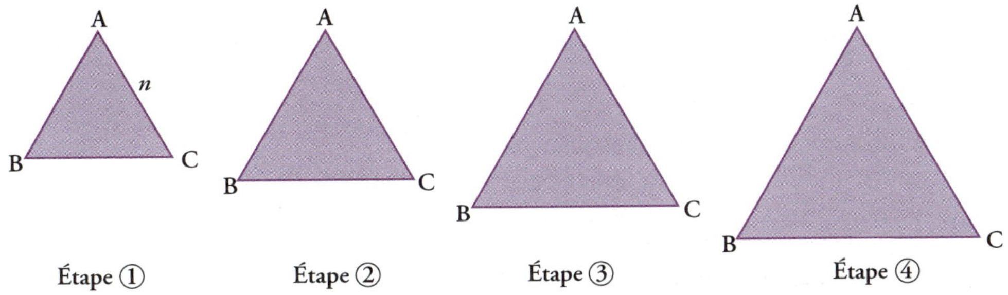

Exprimer le périmètre du quatrième triangle en fonction de n.

b. À chaque étape, la longueur d'un côté augmente de s.

Quelle est la nouvelle expression du périmètre du quatrième triangle en fonction de n et de s ?

1 Format

Un rectangle peut être caractérisé par son format, c'est-à-dire le rapport entre sa longueur et sa largeur.

a. On a indiqué dans le tableau suivant les dimensions de cinq familles de rectangles.

A	(2 ; 5)	(3 ; 7,5)	(4 ; 10)	(5 ; 14)	(8 ; 20)	(7 ; 17,5)
B	(2 ; 6)	(2,5 ; 7,5)	(8 ; 18)	(4,5 ; 13,5)	(5 ; 15)	(3 ; 9)
C	(3 ; 6)	(5 ; 11)	(4,5 ; 9)	(7 ; 14)	(8,5 ; 17)	(4 ; 8)
D	(2 ; 7)	(5 ; 17)	(4 ; 14)	(6 ; 21)	(7 ; 24,5)	(3 ; 10,5)
E	(1,5 ; 4,5)	(2 ; 6)	(3 ; 9)	(3,5 ; 10,5)	(4 ; 12)	(4,5 ; 14)

Chaque famille est constituée de six rectangles. Il y a un intrus dans chacune des familles. Découvrir quel est l'intrus et justifier la réponse.

b. Chaque rectangle intrus doit être remplacé par un rectangle de la même famille. Sans indiquer de dimensions, rédiger un message permettant de dessiner un rectangle de chaque famille.

• Approche des fonctions linéaires.

• La mise en commun permet d'introduire divers concepts : graphique, expression algébrique, programme.

2 Quelques situations « courantes »

Valentine choisit un club pour faire du sport. Trois propositions s'offrent à elle.

① Un club de sport ouvre sa salle pour un forfait annuel de 520 €.
② Un autre club de sport propose à sa clientèle de payer 12 € par séance.
③ Pour le troisième, on achète une carte coûtant 140 € et on paie 5 € par séance.

Valentine calcule les montants à payer pour chacune des trois propositions en faisant du sport une fois par semaine, puis deux séances par semaine toute l'année.
Une année comporte 52 semaines.

a. Aider Valentine à effectuer ses calculs.

b. On appelle x le nombre de séances suivies par une personne pendant un an.
On note $p(x)$ le prix à payer en euros avec la formule ① ; $t(x)$ le prix à payer avec la formule ② ; $s(x)$ le prix à payer avec la formule ③.
Exprimer les prix à payer $p(x)$, $t(x)$ et $s(x)$ en fonction de x.

c. Expliquer ce qui distingue chaque formule trouvée.
Parmi les trois propositions y en a-t-il une qui correspond à une situation de proportionnalité ?

• Distinguer des fonctions linéaires, affines et constantes.

• Approche des expressions algébriques des images.

3 Programmes de calcul

a. Appliquer les programmes de calcul ① et ② ci-après aux nombres :

1 ; (-27) ; $2{,}75$; $\frac{2}{3}$; $\sqrt{5}$

① « Prendre un nombre et le multiplier par 3. »
② « Prendre un nombre, le multiplier par 7 et lui ajouter 5. »

b. Quelles expressions littérales écrire pour appliquer les programmes au nombre x ?

Un programme qui utilise le schéma :
[......] → [............] correspond à une **fonction linéaire**.
Un programme qui utilise le schéma :
[......] → [............] → [............] correspond à une **fonction affine**.

c. Rechercher parmi les situations présentées sur ces deux pages celles qui correspondent à des fonctions affines et celles qui correspondent à des fonctions linéaires.

• Introduction des définitions des fonctions affines et linéaires.

• Expression $ax + b$ et ax.

• Introduction de notations $f(x)$.

4 Calculs d'images

• Utilisation de l'expression ax + b et de la notation f(x).

• Calculs et recherche d'images.

• On pourra faire construire les représentations graphiques des deux fonctions.

Deux fonctions affines sont définies par leurs expressions $f(x)$ et $g(x)$:

$$f(x) = \frac{4+x}{25} \; ; \qquad g(x) = \frac{7+x}{30}$$

a. Écrire les expressions de $f(x)$ et $g(x)$ en faisant apparaître une écriture de la forme $ax + b$.

b. On veut calculer les valeurs de $\frac{4+x}{25}$ et de $\frac{7+x}{30}$ pour x entier variant de 1 à 13.

Utiliser un tableur ou une calculatrice pour présenter au complet un tableau comme ci-contre.

	A	B	C	D
1	x	(4+x):25	(7+x):30	
2	1	0,2	0,26666667	
3	2	0,24	0,3	
4	3	0,28	0,33333333	
5	4	0,32	0,36666667	
6	5	0,36	0,4	
7				
8				
9				

c. Utiliser les valeurs trouvées dans le tableau pour donner $f(3)$, $g(3)$, $f(7)$, $g(11)$, $g(7)$.

Les réponses sont-elles exactes ?

d. Pour quelles valeurs de x obtient-on $f(x) = 0{,}4$ et $g(x) = 0{,}5$?

5 Alignement

Conjecture sur l'alignement des points de la représentation graphique d'une fonction linéaire.

a. Une fonction linéaire f est définie par $f(x) = 2{,}5\,x$.
Cette fonction linéaire se note $f : x \mapsto 2{,}5\,x$.
Recopier et compléter le tableau de valeurs suivant :

x	- 3	0	1	3	5
$f(x)$					

b. Tracer un repère orthogonal et placer les points correspondants en prenant comme abscisse x et comme ordonnée $f(x)$.
Quelle particularité présente ce graphique ?

c. Construire les représentations graphiques de deux autres fonctions linéaires définies par $g : x \mapsto -3x$ et $h : x \mapsto 7x$.
La conclusion de la question précédente est-elle encore vraie ?

6 Une preuve d'alignement

Démonstration de la conjecture précédente.

Soit f la fonction linéaire telle que $f : x \mapsto ax$.
Dans un repère orthonormé, d'origine O, on a placé un point A (1 ; a).

a. Les points O et A sont-ils des points de la représentation graphique de f ?

b. Soit M un point de la droite (OA) de coordonnées $(x ; y)$.

• Considérer la figure ci-contre et démontrer que $y = ax$.

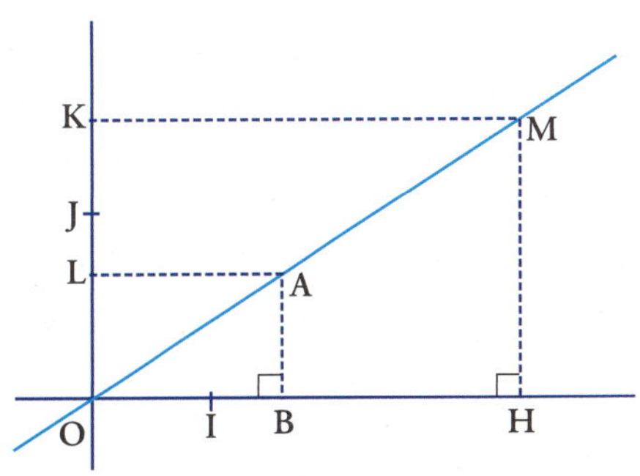

Aide : Utiliser la propriété de Thalès dans les triangles AOB et MOH.

• En déduire que tout point de (OA) est un point de la représentation graphique de f.

• On admet que tout point de la représentation graphique de f est sur la droite (OA).

7 Affichage d'aires

Une figure est constituée de deux triangles ABM et DCM rectangles respectivement en B et C.
On donne, en centimètres :

BC = 10 ; BM = x ; AB = 8 ; DC = 6

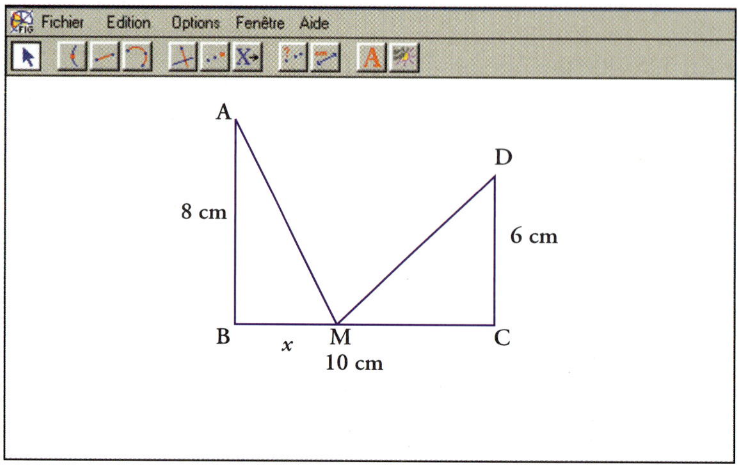

• La même activité se traite dans différents registres numériques, avec usage ou non de logiciel ou tableur.

a. Le point M peut varier entre B et C sur le segment [BC].
Utiliser un logiciel de constructions géométriques pour afficher la longueur BM, ainsi que l'aire des triangles ABM et DMC.

Recopier et compléter le tableau suivant pour plusieurs relevés de BM lorsque le point M change de place.

• Approche de la notion de système et recherche d'une solution par tâtonnement.

BM = x	1							
Aire de ABM								
Aire de DMC								

b. Existe-t-il une valeur de x pour laquelle les deux aires semblent égales ?

8 Aires égales

Reprendre la figure de l'activité précédente.

1. Avec un graphique

• Utilisation des expressions algébriques des fonctions pour rechercher graphiquement une solution.

a. Exprimer l'aire de ABM et de DMC en fonction de x.

b. Les deux fonctions associant x avec chacune des deux aires sont-elles linéaires ou affines ?

c. Remplacer x par des valeurs et calculer les aires.

d. Construire un graphique pour chacune des deux fonctions, sur le même repère orthonormé.

e. Lire sur le graphique les coordonnées du point d'intersection.
Comparer avec la valeur trouvée dans l'activité précédente.

2. Avec un calcul

• Résolution par calcul du problème.

a. Expliquer pour quelle raison la valeur trouvée au **1.** n'est pas exacte.

b. Calculer la valeur de x qui rend le résultat exact et donner la valeur des aires correspondantes dans ce cas.

9 Proportionnalité des accroissements

a. Compléter le tableau suivant pour la fonction affine définie par :

$$f : x \mapsto -2x + 7$$

x_1					
x_2					
$f(x_1)$					
$f(x_2)$					
$x_2 - x_1$					
$f(x_2) - f(x_1)$					
$\dfrac{f(x_2) - f(x_1)}{x_2 - x_1}$					

b. Y a-t-il proportionnalité entre les nombres de la ligne 5 et de la ligne 6 ? Que semble représenter le calcul de la ligne 7 ?

10 Encore une histoire d'aires

Un triangle ABC rectangle en B est tel que :

AB = 4 cm et BC = 8 cm

Une fourmi, indiquée par le point F, se déplace sur [AC] sans atteindre ni A ni C. À partir de F, on trace le rectangle FRBS, R et S étant sur les côtés [AB] et [BC] comme l'indique la figure ci-contre.

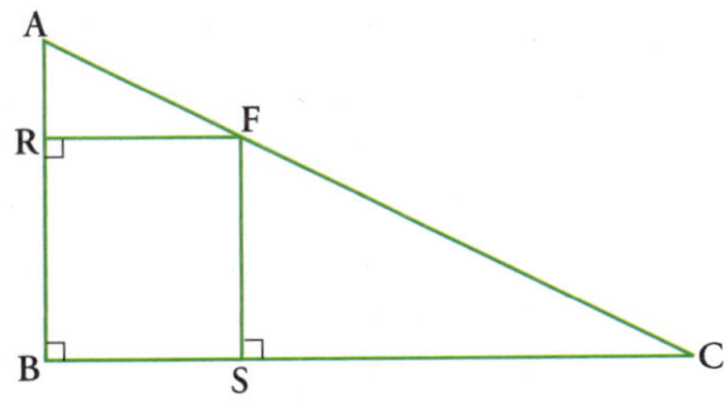

• Faire tracer quelques figures pour s'approprier le texte et les réponses aux questions.

• Approche de la notion de fonction, toute fonction n'étant pas linéaire ou affine.

• Utilisation de la propriété de Thalès.

• Application d'une formule à des calculs.

a. La longueur AR est égale à x. Démontrer que : RF = $2x$.

b. Démontrer que l'aire du rectangle FRBS est égale à $2x(4 - x)$.

c. On a relevé quelques mesures, en faisant varier la valeur de x.

Recopier et compléter le tableau suivant :

AR	0,25	0,5	1			3	3,8
BR	3,75			2	2,25		
FR							
Aire de FRBS	1,875						

• Faire un tracé point par point.

d. Utiliser les valeurs trouvées précédemment pour tracer une représentation graphique des variations de la longueur FR, de la longueur BR, de l'aire du rectangle FRBS, en fonction de AR.

Faire trois figures séparées avec des repères orthonormés.

Quelle représentation graphique correspond à une fonction linéaire ? Et à une fonction affine ? Justifier les réponses.

• Relation entre une expression algébrique et une représentation graphique.

• Approche de fonction autre que linéaire et affine.

• Utilisation de graphiques.

e. Donner les expressions algébriques des fonctions qui à x font correspondre RF, BR et l'aire de FRBS.

f. Utiliser les questions précédentes pour indiquer la valeur de x pour laquelle le rectangle FRBS semble avoir la plus grande aire.

L'ESSENTIEL en deux pages

1 Fonction linéaire

Une **fonction linéaire** f est une relation qui à un nombre x fait correspondre le nombre $a \times x$ (le coefficient a étant un nombre constant).

On écrit $f : x \mapsto a \times x$

On dit que :
- f est définie par $f(x) = ax$;
- $f(x)$ est **l'image** de x par la fonction f ;
- x a pour image $f(x)$ par la fonction f.

Notation

« $f(x) = ax$ » : ici, la parenthèse n'a pas le sens habituel, elle indique que le résultat dépend de la valeur donnée à x. $f(x)$ se prononce « f de x ».

Une fonction linéaire traduit une relation de proportionnalité.
Pour passer d'un nombre à son image, on multiplie ce nombre par le coefficient a.

Exemple

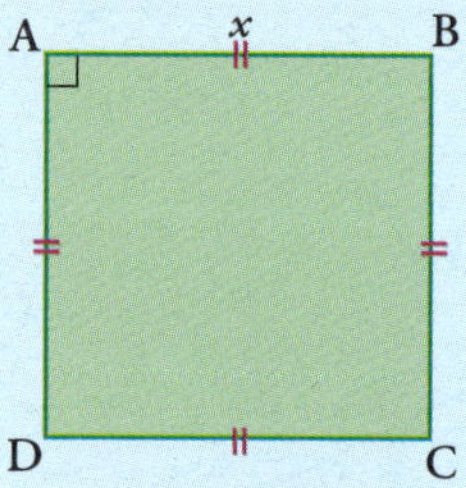

AB = x.
Le périmètre est égal à $4x$.
La fonction linéaire associée se définit par :
$p : x \mapsto 4x$

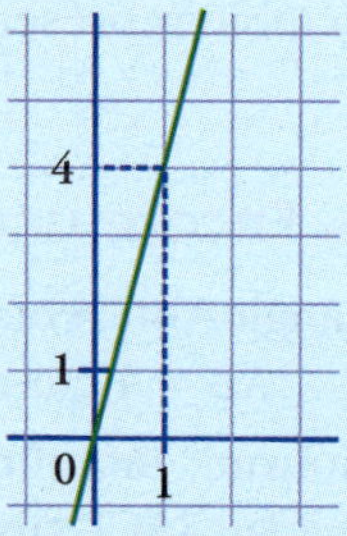

La **représentation graphique** d'une fonction linéaire est une droite passant par l'origine.

- Une fonction linéaire peut se déterminer par la donnée d'un nombre et de son image.

2 Fonction affine

Une **fonction affine** g est une relation qui à un nombre x fait correspondre le nombre $a \times x + b$ (les coefficients a et b étant des nombres constants).

On peut écrire $g : x \mapsto a \times x + b$. On dit que g est définie par $g(x) = ax + b$.

Exemple

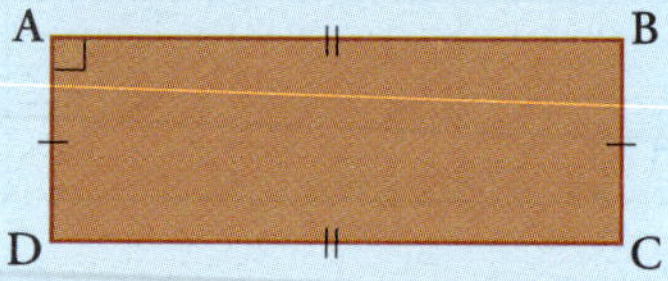

AB = x ; AD = 3
Le périmètre est égal à $2x + 6$.
La fonction affine associée se définit par $p : x \mapsto 2x + 6$.

Cas particuliers des fonctions affines

Si $b = 0$, $x \mapsto ax + 0$
$x \mapsto ax$
On reconnaît la forme des fonctions linéaires.

Si $a = 0$, $x \mapsto 0x + b$
$x \mapsto 0 \ + b$
$x \mapsto b$
(b nombre constant)
On obtient une fonction constante.

Exemple
L'abonnement à des spectacles coûte 42 €.
Quel que soit le nombre x de spectacles, on paie toujours 42 €.

- Une fonction affine peut se déterminer par la donnée de deux nombres et de leurs images.

Méthode page 260

3 – Représentation graphique d'une fonction affine

a. Propriété et définitions

La représentation graphique d'une fonction affine est une droite.

La fonction affine g telle que $g(x) = ax + b$ a pour **représentation graphique** la droite d'équation $y = ax + b$.
Le coefficient a est le **coefficient directeur** de la droite.
Le coefficient b est **l'ordonnée à l'origine.**

Exemple

Fonction affine h définie par h : $x \mapsto -\frac{1}{2}x + 4$.

La fonction h est représentée graphiquement par la droite (d) d'équation $y = -\frac{1}{2}x + 4$.

Pour tracer (d), on détermine les coordonnées de deux points de la droite, par exemple : A(0 ; 4) ; B(4 ; 2)

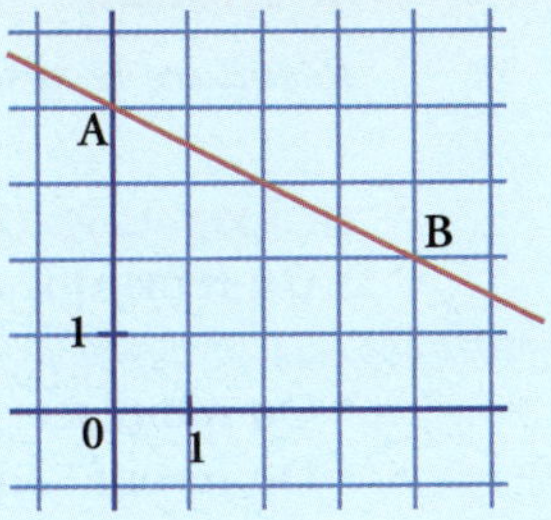

Méthode page 262

b. Proportionnalité des accroissements

Pour une fonction affine f définie par $f(x) = ax + b$, on admet qu'il y a proportionnalité entre les accroissements de x et les accroissements de $f(x)$.
Lorsque x augmente ou diminue d'un nombre k alors son image $f(x)$ augmente ou diminue du nombre ak.

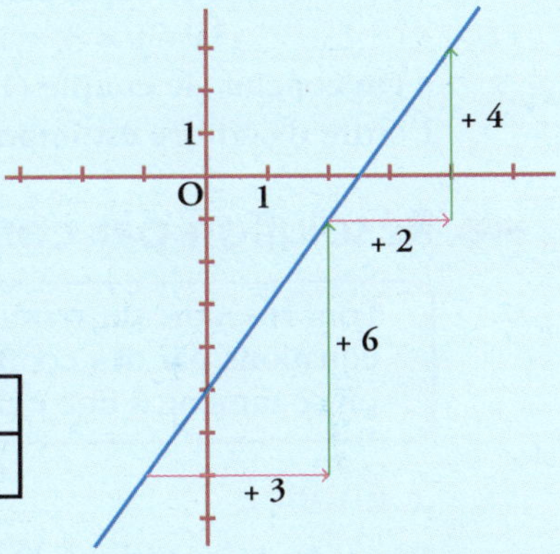

Exemple

g est la fonction qui à x associe $2x - 5$.

(+ 3) (+ 2)

x	– 1	2	4
$g(x)$	– 7	– 1	3

(+ 6) (+ 4)

c. Sens de variation

- Si a est positif, alors la fonction est croissante.

C'est-à-dire : si $x_1 \leqslant x_2$ et $a > 0$, alors $f(x_1) \leqslant f(x_2)$.

- Si a est négatif, alors la fonction est décroissante.

C'est-à-dire : si $x_1 \leqslant x_2$ et $a < 0$, alors $f(x_1) \geqslant f(x_2)$.

2 – Système de deux équations à deux inconnues

Le système suivant est un système de deux équations à deux inconnues :

$$\begin{cases} 3x - y = 1 \\ 2x + 3y = 19 \end{cases}$$

Résoudre un système, c'est trouver le couple solution de ce système. Ce couple $(x\ ;\ y)$ vérifie les deux équations en même temps.

- On résout un système par des méthodes algébriques : voir « Démarches pas à pas » page 258.

L'ensemble des solutions de chaque équation est représenté par une droite.

Le couple solution du système correspond aux coordonnées du point d'intersection des deux droites.

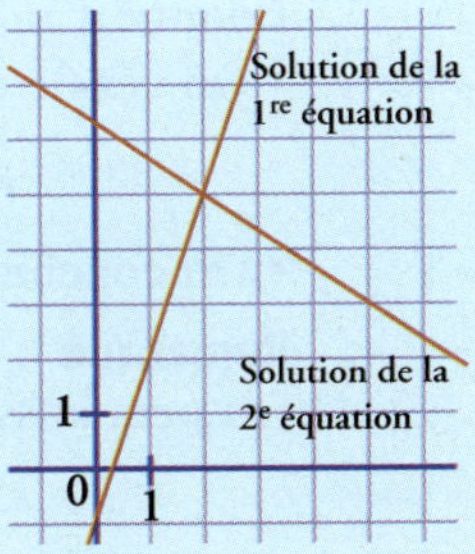

- Le système précédent a pour solution (2 ; 5).

RÉSOUDRE UN SYSTÈME DE DEUX ÉQUATIONS À DEUX INCONNUES

Résolution par substitution

Pour résoudre un système par substitution, on remplace une des inconnues par son expression en fonction de l'autre inconnue.
On se ramène alors à la résolution d'une équation à une seule inconnue.

a. Énoncé

Résoudre le système $\begin{cases} 3x - \ \ y = 5 & (1) \\ 7x + 4y = -1 & (2) \end{cases}$

Vocabulaire

Substituer veut dire « mettre à la place de ».

b. Exemple de solution

- On remarque que, dans l'équation (1), y peut s'exprimer plus facilement en fonction de x :

$$y = 3x - 5$$

- On remplace y par $3x - 5$ dans l'équation (2) : $7x + 4(3x - 5) = -1$
- On résout l'équation : $7x + 12x - 20 = -1$

$$19x = 19, \quad \text{d'où } x = 1.$$

- On remplace x par 1 dans l'égalité $y = 3x - 5$, d'où $y = 3 \times 1 - 5$ et $y = -2$.
- On vérifie en remplaçant x et y par les valeurs 1 et -2 dans les deux équations :

$$3x - y = 3 \times 1 - (-2) = 3 + 2 = 5 \ ; \quad 7x + 4y = 7 \times 1 + 4 \times (-2) = (-1)$$

- On conclut : le couple $(1 \ ; -2)$ est la seule solution du système.

L'ordre d'écriture est importante, d'abord x puis ensuite y.

Résolution par combinaison linéaire

Pour résoudre un système par combinaison linéaire, on multiplie d'abord les deux membres des équations par des coefficients. Ensuite, en additionnant ou en soustrayant membre à membre, on se ramène à une équation à une inconnue.

a. Énoncé

Résoudre le système $\begin{cases} 3x + 4y = 25 & (1) \\ 5x + 9y = 51 & (2) \end{cases}$

b. Exemple de solution

- On multiplie l'équation (1) par 9 et l'équation (2) par 4. On obtient :

$$\begin{cases} 27x + 36y = 225 \\ 20x + 36y = 204 \end{cases}$$

En soustrayant membre à membre, on obtient : $7x = 21$, d'où $x = 3$.

- Ayant obtenu la valeur numérique de x, on peut la reporter dans l'une des équations (1) ou (2) pour obtenir la valeur manquante.

Comme $x = 3$ alors, en reportant dans (1) : $3 \times 3 + 4y = 25$, d'où $4y = 16$ et $y = 4$.
Comme $x = 3$ alors, en reportant dans (2) : $5 \times 3 + 9y = 51$, d'où $9y = 36$ et $y = 4$.

- On vérifie en remplaçant x et y par les valeurs 3 et 4 dans les deux équations :

$$3x + 4y = 3 \times 3 + 4 \times 4 = 25$$
$$5x + 9y = 5 \times 3 + 9 \times 4 = 51$$

- On conclut : le couple $(3 \ ; 4)$ est la seule solution du système.

Remarque

On peut aussi se ramener à une équation où l'inconnue est y, en obtenant le système :

$$\begin{cases} 15x + 20y = 125 \\ 15x + 27y = 153 \end{cases}$$

Puis, on résout de la même façon que précédemment.

FONCTION LINÉAIRE

1 Deux fonctions sont associées aux tableaux de valeurs ci-dessous.
Sont-elles des fonctions linéaires ?

- 4	2	3	4
- 6	3	4,5	6

- 4	0	2	4
0	2	3	4

2 Une taxe douanière est appliquée aux prix des marchandises comme l'indique le tableau suivant.

Prix sans la taxe	18	30	45	65
Prix avec la taxe	21,24	35,4	53,1	76,7

a. Les prix avec la taxe et sans la taxe sont-ils proportionnels ? Pourquoi ?

b. Déterminer la fonction linéaire associée à ces prix.

3 f est la fonction linéaire qui à x associe $-6x$.

Calculer les images par f des nombres 2 , $\left(-\frac{3}{4}\right)$, (-3), et $\frac{5}{2}$.

4 f est la fonction linéaire qui à x fait correspondre $-8x$.

Calculer les images par f de 3 et de $\left(-\frac{5}{4}\right)$.

5 Calculer les nombres qui ont pour image 6, (-7), et $\frac{5}{8}$ par les fonctions linéaires f et g suivantes :

$$f : x \mapsto -3x \; ; \qquad g : x \mapsto \frac{3}{4}x$$

6 Déterminer les coefficients des fonctions linéaires telles que :

$f(8) = 6$; $g(-4) = 32$; $h(9) = 6$

7 Déterminer les coefficients de trois fonctions linéaires telles que :

$g(7) = -3$; $h\left(-\frac{2}{3}\right) = \frac{4}{21}$; $f(-50) = 400$

8 Un rectangle a un côté fixe de 3 cm. Étudier, en fonction du deuxième côté de dimension x, les variations du périmètre et de l'aire.
Les fonctions associées sont-elles linéaires ?

9 Au 1er janvier 2003, un timbre pour une lettre au tarif rapide coûtait 0,46 €. Il était prévu une augmentation qui porterait le prix à 0,50 €.

En nommant p le pourcentage de cette augmentation, écrire une équation permettant de déterminer p et résoudre l'équation.

10 À la suite de la construction de nombreuses maisons particulières, la population d'un bourg périurbain a augmenté de 7 % en 5 ans pour atteindre le niveau de 3 650 habitants.

Combien de nouveaux habitants se sont installés dans ce bourg en 5 ans ?

11 Un commerçant consent une remise de 5 % à ses clients sur présentation de leur carte de fidélité. Par quel nombre faut-il multiplier le prix « normal » pour obtenir le prix « fidélité » ?

12 Un objet coûte 200 €.
Si les prix augmentent de 2,3 % par an, combien le paiera-t-on dans deux ans ? Dans 5 ans ?

13 Une personne a 1 500 € d'économie. Elle les place pour une partie notée x à 4 % par an et le reste à 7 % par an.

Exprimer le revenu annuel y en fonction de x.

14 Dans une entreprise, les salaires ont augmenté de 2 % le 1er juin, puis de 1 % le 1er novembre.

a. Si x est le salaire de mai, exprimer le salaire y du mois de juin en fonction de x.

b. Si t est le salaire du mois de décembre, exprimer le salaire t en fonction de x.

15 On laisse tomber un objet depuis le haut d'une falaise. La distance parcourue par l'objet à partir du début de la chute est donnée par la formule $d = 5{,}2t^2$, où d est la distance en mètres et t la durée en secondes.
La vitesse atteinte en fin de chute est $v = 36t$, v étant exprimée en $km.h^{-1}$.

a. Les deux expressions sont-elles associées à des fonctions linéaires ?

b. Calculer v et d après 9 s de chute.

c. Calculer la distance parcourue avec une vitesse de 6 $km.h^{-1}$.

FONCTION AFFINE

16 Les expressions suivantes définissent des fonctions affines qui à x associent $ax + b$.
Donner la valeur de a et la valeur de b.

$-3x + 6$; $8x - 4$; $\frac{5}{8}x + 7$; $\frac{2}{3}(4x + 6)$

$x - 9$; $2x + 7 - 5x + 8$

$-6(x - 5) - (4 + x)$; $x^2 - (x + 4)^2$

17 Parmi les fonctions ci-dessous, indiquer celles qui sont des fonctions affines et celles qui ne le sont pas.

- $f : x \mapsto 5x + 2$
- $g : x \mapsto 6x$
- $h : x \mapsto 4x^2 + 5$
- $j : x \mapsto \frac{5}{8}x - \frac{2}{3}$
- $k : x \mapsto \frac{8}{x}$

EXERCICES d'application

18 h est la fonction affine qui à x associe $2x + 5$.
Calculer les images de 6, de 0 et de (-4).

19 g est la fonction affine $x \mapsto \frac{4}{9}x + 7$.
Calculer les images de (-11), de 0, de 6.

21 g est la fonction affine qui à x associe $-2x + 7$.

a. Quelles sont les images de 2 et de 7 par la fonction affine g ?

b. Quels nombres ont pour image 2 et 7 ?

MÉTHODE

Déterminer l'expression algébrique d'une fonction affine

1 Avec les coefficients

Énoncé

f est une fonction affine telle que $f(4) = -8$ et $f(-1) = 7$.
Déterminer l'expression algébrique de la fonction f.

Exemple de solution

• f est une fonction affine, donc tout nombre x a une image de la forme $f(x) = ax + b$.

En remplaçant x et $f(x)$ par les valeurs numériques données, on obtient :

$\begin{cases} f(4) = -8 \\ f(-1) = 7 \end{cases}$ donc $\begin{cases} 4a + b = -8 \\ -a + b = 7 \end{cases}$

On en déduit que $\begin{cases} b = -8 - 4a \\ b = 7 + a \end{cases}$

• La valeur de b étant la même dans les deux expressions, on obtient :

$7 + a = -8 - 4a$
d'où $5a = -15$
et $a = -3$.

En reportant cette valeur dans l'une ou l'autre des expressions donnant b, on trouve :
$b = 7 + a$; $b = 7 + (-3)$ donc $b = 4$.

• L'expression algébrique de la fonction f est celle qui à x fait correspondre $-3x + 4$.

On écrit que :
$f : x \mapsto -3x + 4$
ou $f(x) = -3x + 4$

● Voir exercices 22 à 26

2 Avec les accroissements

Énoncé

f est une fonction affine telle que $f(-4) = 6$ et $f(4) = 2$.
Déterminer l'expression algébrique de la fonction f.

Exemple de solution

• f est une fonction affine, donc tout nombre x a une image de la forme $f(x) = ax + b$.
• f est une fonction affine, donc les accroissements de $f(x)$ sont proportionnels aux accroissements de x.
Comme on sait que $f(-4) = 6$ et $f(4) = 2$ alors on peut établir le tableau d'accroissement suivant :

+ 8

x	-4	4
$f(x)$	6	2

– 4

D'après une propriété, si on ajoute 8 à x alors, on ajoute $8a$ à $f(x)$.

D'où $8a = -4$ et $a = -\frac{1}{\ }$

• L'expression algébrique de f est donc de la forme $f(x) = -\frac{1}{\ }x + b$

Comme on sait que $f(4) = 2$,
alors $-\frac{1}{\ } \times 4 + b = 2$ et $b = 4$.

• L'expression algébrique de la fonction f est celle qui à x fait correspondre $-\frac{1}{\ }x + 4$.

20 La fonction affine f est telle que $f(x) = 3x + 4$.

a. Calculer les images de 0, de 5, de (-4).

b. Quels nombres ont pour image 2, (-13) et 0 ?

22 f est une fonction affine telle que $f(3) = -1$ et $f(-3) = 5$.
Donner l'expression qui définit l'image de x par la fonction f.

23 Déterminer une fonction affine f telle que $f(2) = 4$ et $f(7) = 21$.

24 Examiner les accroissements de x et de $f(x)$ et dire si le tableau de valeurs ci-dessous correspond à une fonction affine.

x	1	6	7,5	10	32
$f(x)$	3	28	35,5	48	158

Établir dans ce cas l'expression de f.

25 En utilisant la proportionnalité des accroissements, déterminer l'expression algébrique des deux fonctions affines vérifiant les tableaux de valeurs suivants :

x	2	6
$f(x)$	7	15

x	7	10
$g(x)$	36	12

26 Sur son site de Limoges, une usine confectionne un type de moteurs électriques. En 1995, elle produisait 7 000 moteurs. Les besoins des consommateurs réclament d'augmenter la production de 400 moteurs par an.

a. Calculer la production en 1996, en 1997 et en 2002.

b. Si l'on augmente toujours sur le même rythme, combien de moteurs seront confectionnés dans 10 ans ? Dans 20 ans ? Dans x années ?

REPRÉSENTATION GRAPHIQUE

27 Tracer dans un repère orthonormé d'unité 1 cm les représentations graphiques des fonctions linéaires suivantes :

- $x \mapsto -3x$
- $x \mapsto 4{,}5x$
- $x \mapsto -\frac{3}{2}x$
- $x \mapsto -x$

28 Associer chacune des fonctions linéaires avec sa représentation graphique.

- $x \mapsto 2x$
- $x \mapsto -x$
- $x \mapsto -\frac{3}{2}x$
- $x \mapsto \frac{1}{4}x$

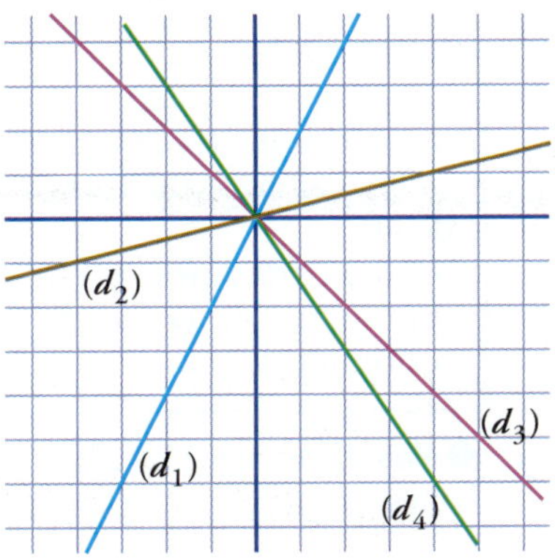

29 Lire sur les graphiques les coefficients directeurs de chacune des droites tracées ci-dessous.

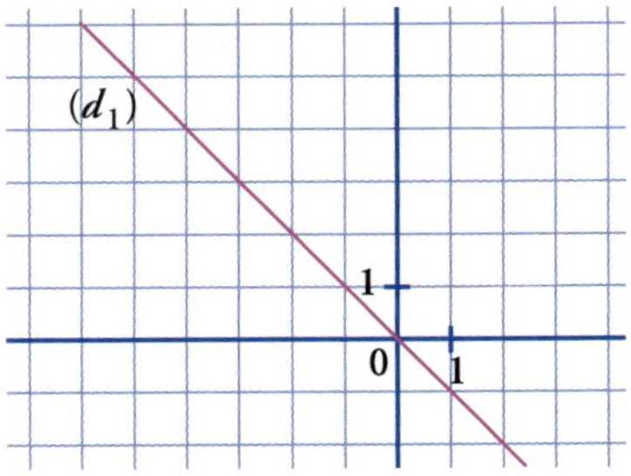

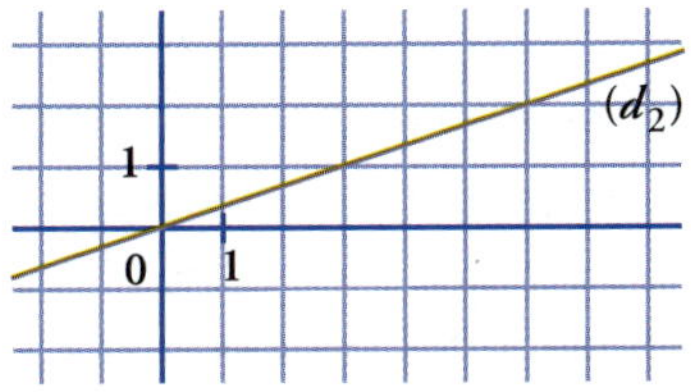

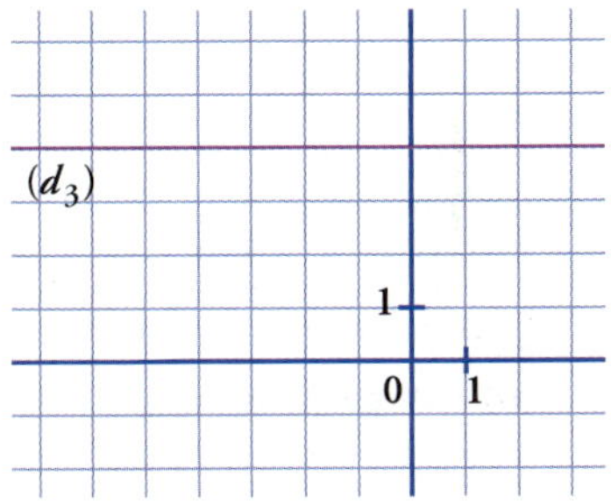

30 Lire sur les graphiques les coefficients directeurs de chacune des droites tracées ci-dessous.

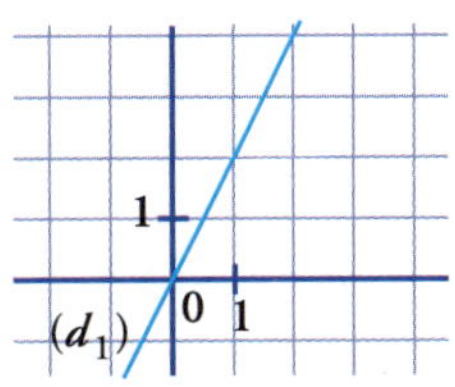

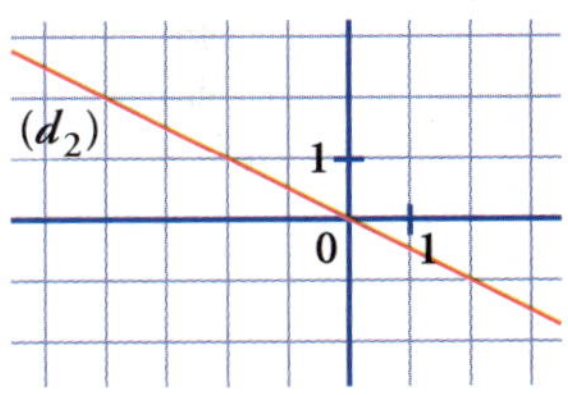

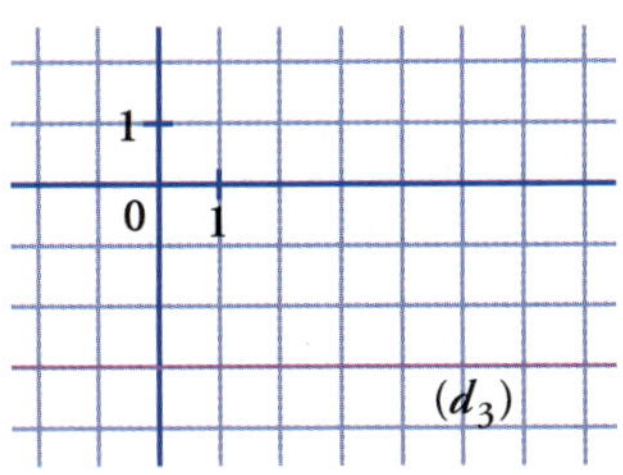

31 Un marcheur se déplace à vitesse constante.

Déterminer l'expression algébrique de la fonction linéaire représentant son déplacement et exprimer sa vitesse en km/h.

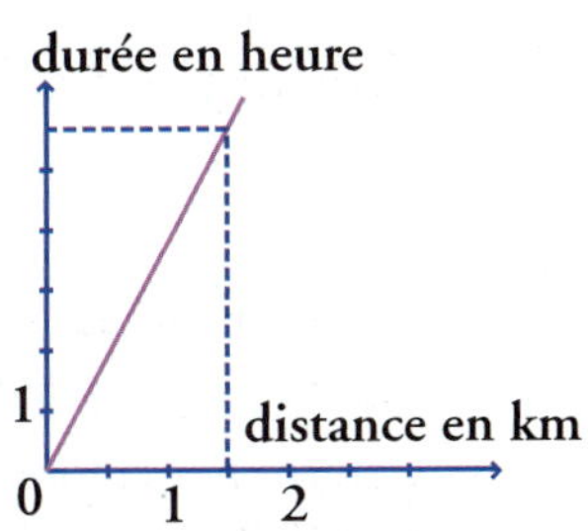

32 Dans un restaurant d'entreprise, le chef cuisinier utilise un tableau pour passer ses commandes. Il indique le nombre de personnes qu'il peut servir en fonction de la quantité d'aliments disponibles.

Aliments	Quantité (en kg)	Nombre de personnes
Fromages	6	120
Salades	16	200
Terrines	12	90
Pommes de terre	20	70

a. Donner l'expression algébrique de la fonction linéaire associée à chaque aliment.

b. Tracer les représentations graphiques de chacune de ces fonctions linéaires.

c. Indiquer si les fonctions sont croissantes ou décroissantes.

33 Une voiture consomme 7,5 litres d'essence aux 100 km.

a. Exprimer le nombre y de litres consommés sur une distance de x km.

b. Représenter la fonction linéaire associée.

c. Déterminer graphiquement le nombre de litres d'essence consommés pour parcourir 250 km, puis vérifier par le calcul.

d. Déterminer graphiquement la distance parcourue avec 30 litres d'essence, puis vérifier par le calcul.

34 **a.** Représenter graphiquement dans un même repère chacune des fonctions affines suivantes. Prendre 1 cm comme unité.

$f : x \mapsto 2x - 1$; $g : x \mapsto -2x + 1$

b. Dire si les fonctions sont croissantes ou décroissantes.

35 Représenter graphiquement dans un même repère chacune des fonctions affines suivantes. Prendre 1 cm comme unité.

- $f : x \mapsto \frac{1}{2}x + 2$
- $g : x \mapsto -\frac{1}{2}x + 2$

36 **a.** Construire, dans un repère où l'unité est le centimètre, la droite de coefficient directeur 3 et passant par le point A de coordonnées (– 2 ; – 1).

b. Déterminer la fonction affine associée à cette représentation graphique.

37 **a.** Construire, dans un repère où le centimètre est l'unité, la droite de coefficient directeur (– 2) et passant par le point A de coordonnées (– 2 ;– 1).

b. Déterminer la fonction affine associée à cette représentation graphique.

MÉTHODE

Tracer la représentation graphique d'une fonction affine

Énoncé

Construire la représentation graphique de la fonction $h : x \mapsto -2x + 3$.

Exemple de solution

- La fonction h est une fonction affine, donc la représentation graphique de cette fonction est une droite.
- Pour construire la droite, il suffit de déterminer les coordonnées de deux points, c'est-à-dire des couples de nombres que cette fonction met en relation .
- Par la fonction h, le nombre x a pour image $h(x) = -2x + 3$

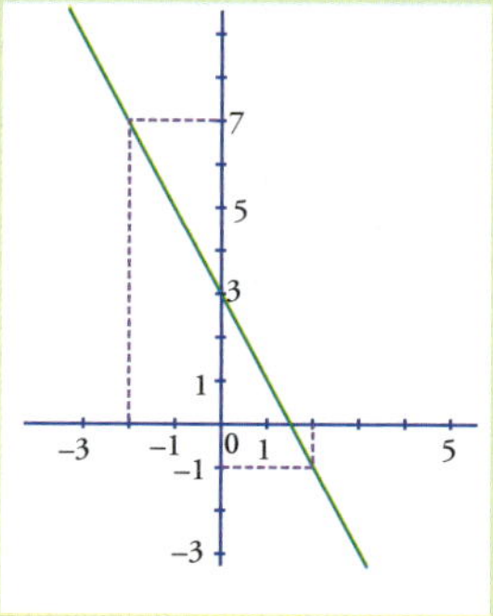

La relation numérique qui lie les coordonnées $(x ; y)$ des points de la droite est donc : $y = -2x + 3$.

Si $x = 2$, $h(2) = -2 \times 2 + 3$,
$h(2) = -4 + 3$,
$h(2) = -1$ (– 1 est l'image de 2 par la fonction h).

Si $x = -2$,
$h(-2) = -2 \times (-2) + 3$,
$h(-2) = 4 + 3$,
$h(-2) = 7$

On obtient le **tableau de valeurs :**

Abscisse x	2	– 2
Ordonnée y	– 1	7

On obtient deux points A (2 ; – 1) et B (– 2 ; 7). La droite représentant la fonction h est la droite (AB).

Remarques

On dit que $y = -2x + 3$ est **une équation de la droite** représentant la fonction h.
(– 2) est le **coefficient directeur** de la droite.
3 est l'**ordonnée à l'origine** (l'ordonnée du point où la droite coupe l'axe des ordonnées).

● Voir exercices 34 à 39

38 a. Tracer la droite (d), représentation graphique de la fonction affine $f : x \mapsto 3x - 1$.

b. Quel est le coefficient directeur de (d) et quelle est son ordonnée à l'origine ?

c. Le point S (18 ; 53) appartient-il à la droite (d) ?

39 a. Représenter graphiquement la fonction affine définie par :

$$f(x) = 2x - 5$$

b. Les points A (3 ; 1) et B (– 7 ; – 20) appartiennent-ils à la représentation graphique de la fonction f ?

40 Parmi les quatre droites tracées sur le graphique ci-contre, quelle est celle qui représente la fonction affine qui à x associe $-4x + 3$?

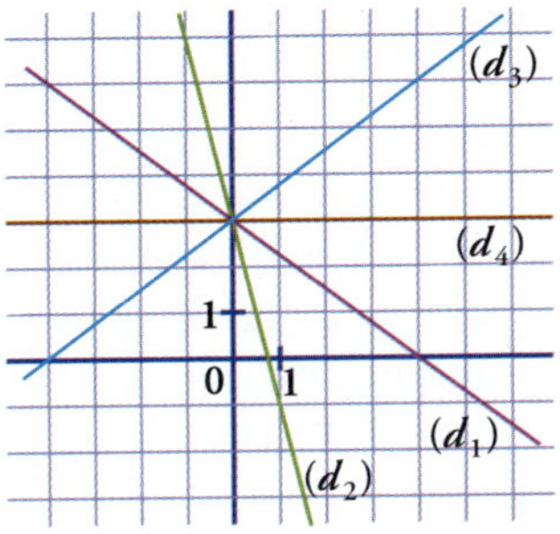

41 Les droites (d) et (d') ci-dessous sont les représentations graphiques de fonctions affines.

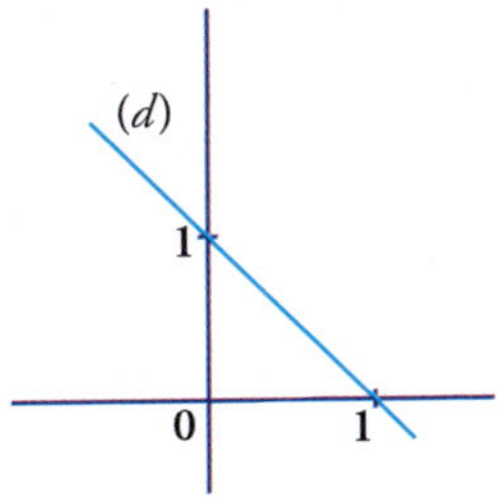

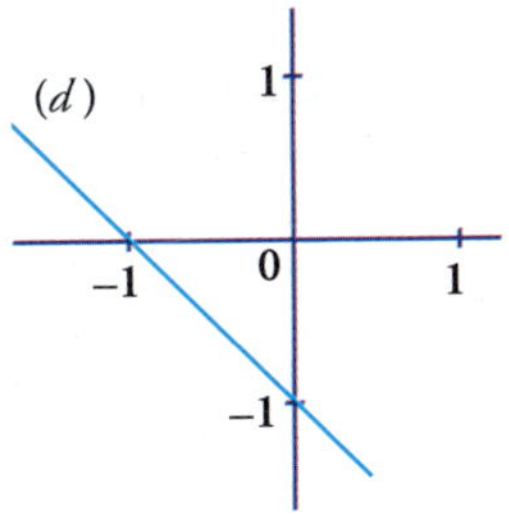

Parmi les données ci-dessous, quelles sont celles qui correspondent aux fonctions associées aux droites tracées ?

$f : x \mapsto x$; $g : x \mapsto x - 1$; $h : x \mapsto x + 1$

$i : x \mapsto -x$; $j : x \mapsto -x - 1$; $k : x \mapsto -x + 1$

42 Les points suivants A (2 ; 3) , B (1 ; – 1) et C (3 ; 5) sont-ils sur la droite d'équation $y = 3x - 4$?

43 Un motard roule à une vitesse de 4 m/s.

a. Donner l'expression de la distance parcourue d, en mètres, en fonction du temps t, en secondes.

b. Tracer une représentation graphique de la fonction obtenue. On prendra, en abscisses 2 cm pour représenter 1 seconde et 1 cm en ordonnée pour représenter 2 mètres.

c. Déterminer graphiquement la distance parcourue pendant 5,5 secondes et le temps mis pour parcourir 17 mètres.

SYSTÈMES DE DEUX ÉQUATIONS

44 Transformer chaque égalité pour exprimer x en fonction de y, puis y en fonction de x.

a. $2x + 5y = 4$ b. $6x + y = 5$ c. $3x - 7y = 21$

45 Transformer chaque égalité pour exprimer x en fonction de y, puis y en fonction de x.

a. $-2x + 9y = -4{,}8$ b. $5{,}4x + 2y = 7$

c. $\frac{x}{2} - 5y = 8$

46 y est donné sous la forme d'un quotient. Écrire y sous la forme d'une somme de deux termes.

a. $y = \frac{2x + 8}{7}$ b. $y = \frac{4a - 2}{5}$ c. $y = \frac{-1{,}2x + 6}{3}$

47 y est donné sous la forme d'un quotient. Écrire y sous la forme d'une somme de deux termes.

a. $y = \frac{6 - x}{2}$ b. $y = \frac{7 - 4x}{-5}$ c. $y = \frac{-0{,}7x + 5{,}6}{2{,}8}$

48 Les couples (1 ; 3) , (5 ; 25) et (– 2 ; – 12) sont-ils solutions de l'équation $-5x + y = -2$?

49 Les couples (– 1 ; 1) , (– 0,8 ; 1,3) et (2 ; 6) sont-ils solutions de l'équation $3x - 2y = -5$?

50 Chercher les nombres manquants pour que les couples soient solutions de l'équation $2{,}4x + 3y = -4$.

Couples à compléter :

(– 2 ; ……) ; (…… ; – 1,2) ; $\left(\ldots\ldots ; \frac{5}{6}\right)$

51 Déterminer trois couples solutions de l'équation $6x - 1{,}2 = 4{,}5y$.

52 Le couple (2 ; 4) est-il solution du système $\begin{cases} 6x - 2y = 4 \\ x - y = -2 \end{cases}$?

53 Les valeurs suivantes sont-elles solutions du système $\begin{cases} 5x - 2y = 1 \\ 3x + y = 5 \end{cases}$?

- $x = 3$ et $y = 7$
- $x = 2$ et $y = 4$
- $x = 1$ et $y = 2$

54 Résoudre les systèmes :

$\begin{cases} x - 3y = 2 \\ 5x + y = 26 \end{cases}$ $\begin{cases} 2x - 3y = -31 \\ x + 2y = 37 \end{cases}$ $\begin{cases} x + 5y = 8 \\ -x + 3y = 10 \end{cases}$

55 Trouver deux nombres x et y tels que :

a. $\begin{cases} x + y = 36 \\ \frac{x}{y} = \frac{5}{7} \end{cases}$ b. $\begin{cases} -5x + y = 10 \\ x + 3y = -18 \end{cases}$

MÉTHODE

Résolution graphique d'un système

Pour résoudre un système graphiquement, on trace les deux droites, représentations graphiques des deux fonctions affines associées à chacune des équations. Le couple de coordonnées du point d'intersection est le couple solution du système.

Énoncé

Résoudre graphiquement $\begin{cases} y + 2x = 6 & (1) \\ x - 2y = -7 & (2) \end{cases}$

Exemple de solution

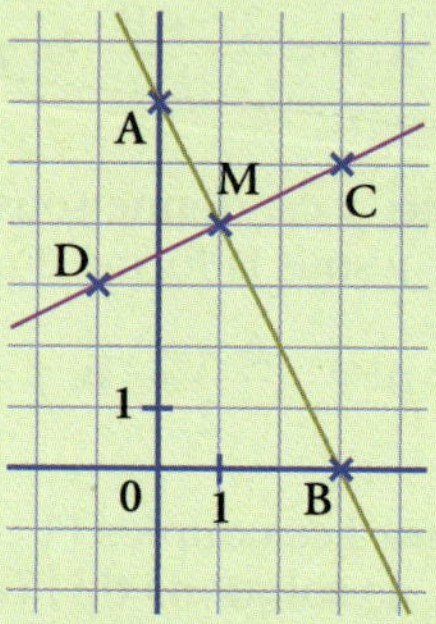

• Exprimer y en fonction de x dans chacune des équations (1) et (2).
L'équation (1) est équivalente à $y = 6 - 2x$.
L'équation (2) est équivalente à $y = \frac{1}{}x + \frac{7}{}$.

• On trace la droite *(d)* d'équation $y = 6 - 2x$.
Pour cela, on calcule les coordonnées de deux points A et B en choisissant des abscisses, par exemple 0 et 3.
Pour $x = 0$, alors $y = 6 - 2 \times 0$, donc $y = 6$.
A(0 ; 6)
Pour $x = 3$, alors $y = 6 - 2 \times 3$, donc $y = 0$.
B (3 ; 0).

• On trace la droite *(d')* d'équation :

$$y = \frac{1}{}x + \frac{7}{}.$$

Pour cela, on calcule les coordonnées de deux points C et D en choisissant des abscisses, par exemple 3 et (– 1).

Pour $x = 3$, alors $y = \frac{1}{} \times 3 + \frac{7}{}$,

donc $y = 5$ et C (3 ; 5).

Pour $x = (-1)$, alors $y = \frac{1}{} \times (-1) + \frac{7}{}$,

donc $y = 3$ et D (– 1 ; 3).

• On lit les coordonnées (1 ; 4) du point M d'intersection et on vérifie que les valeurs rendent vraies les deux équations.
$y + 2x = 4 + 2 \times 1 = 6$
$x - 2y = 1 - 2 \times 4 = -7$

• On conclut le couple (1 ; 4) est la seule solution du système.

● Voir exercices 56 à 58

56 Résoudre graphiquement les systèmes suivants :

$\begin{cases} 3x - y = 9 \\ -x + 4y = -14 \end{cases}$ $\begin{cases} y + 2x = 6 \\ x - 2y = -7 \end{cases}$ $\begin{cases} x + y = 4 \\ x - 2y = 6 \end{cases}$

57 Deux droites ont pour équations $y = -7x + 4$ et $y = 4x - 1$.

a. Construire les deux droites associées à deux fonctions affines.

b. Calculer les coordonnées du point d'intersection des deux droites.

58 Deux droites ont pour équations $y = -3x + 2$ et $y = 5x + 3$.

a. Construire les deux droites associées à deux fonctions affines.

b. Calculer les coordonnées du point d'intersection des deux droites.

59 La représentation graphique d'une fonction affine f passe par les points A(– 1 ; 3) et B(2 ; – 1).
Établir par le calcul la forme algébrique de $f(x)$.

60 La somme de deux nombres est 134, leur différence est 126.
Calculer quels sont les deux nombres.

61 Deux ouvriers gagnent ensemble 122 € par jour. En un mois, le premier a travaillé 24 jours et le second 20 jours. L'entreprise où ils travaillent leur a versé en tout 2 696 €.
Quel est le prix du salaire journalier de chacun ?

62 Le périmètre d'un rectangle de longueur x et de largeur y est 140 mm. En doublant la largeur initiale et en retranchant 7 mm à la longueur initiale, on obtient un nouveau rectangle dont le périmètre est égal à 176 mm.
Quelles sont les dimensions x et y du rectangle initial ?

63 Mathieu et Sébastien discutent :
« Si je doublais mon nombre de CD, j'en aurais 7 de plus que toi » dit Sébastien.
« Si nous en achetions encore 2 chacun, nous en aurions 24 au total » lui répond Mathieu.
Quel est le nombre de CD que chacun des garçons possède ?

64 Un groupe de 24 adolescents fait un stage de deux jours au bord de mer. Ils pratiquent deux activités : la planche à voile ou le voilier. Le 1er jour, 10 jeunes choisissent la planche à voile et les autres le voilier. La facture s'élève à 340 €. Le 2e jour, 12 d'entre eux choisissent la planche à voile et les autres naviguent sur les voiliers. La facture de ce jour est de 324 €.

• Quel est le prix par personne d'une journée de planche à voile ?

• Quel est le prix par personne d'une journée de voilier ?

Ce que je dois savoir

- Représenter graphiquement une fonction linéaire ou affine.
- Lire sur la représentation graphique d'une fonction affine l'image d'un nombre donné et le nombre ayant une image donnée.
- Utiliser les notations $x \mapsto ax$ et $x \mapsto ax + b$ pour des valeurs numériques de a et b fixées.
- Déterminer l'expression algébrique d'une fonction linéaire connaissant un nombre non nul et son image.
- Déterminer l'expression algébrique d'une fonction affine connaissant deux nombres et leurs images.
- Résoudre un système de deux équations à deux inconnues.

Je m'évalue

Solutions page 298

65 **a.** Parmi les représentations graphiques suivantes, lesquelles correspondent à des fonctions linéaires ? À des fonctions affines ?

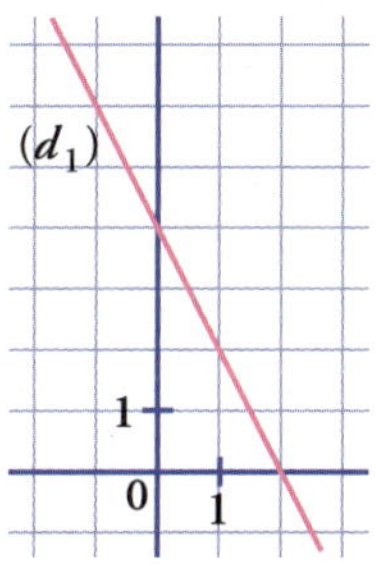

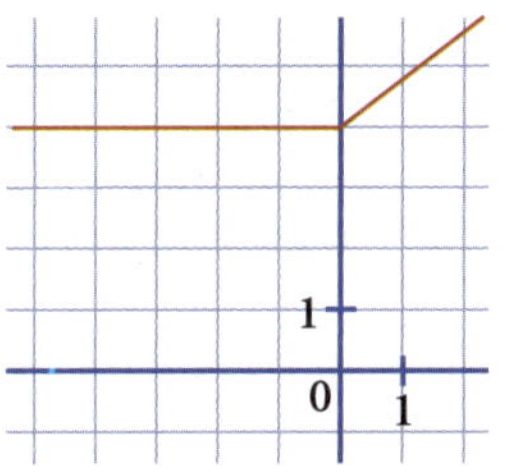

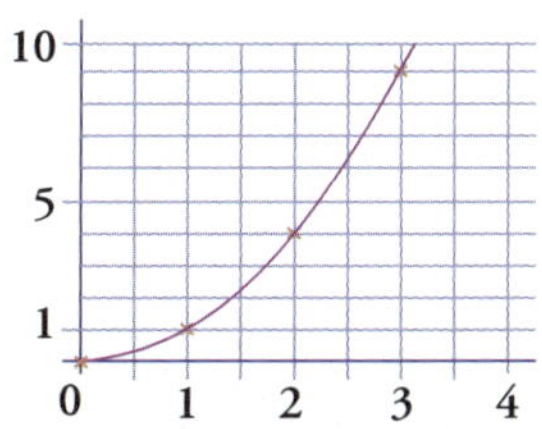

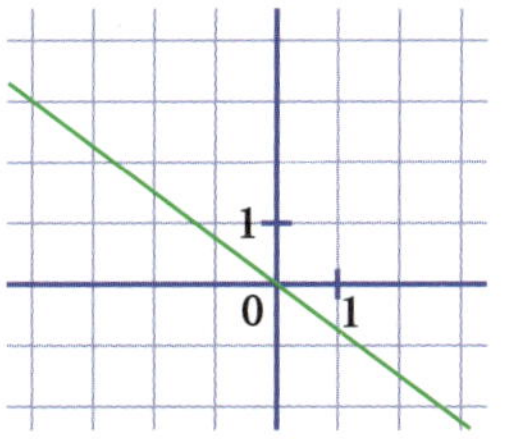

b. Dans le cas d'une fonction linéaire, lire sur le graphique l'image de (– 4).

Dans le cas d'une fonction affine, lire l'image de 1 et le nombre qui a pour image (– 1).

66 Deux fonctions f et g sont définies par :

$$f : x \mapsto -8x \quad \text{et} \quad g : x \mapsto 2x - 7$$

a. Les fonctions f et g sont-elles des fonctions linéaires ou affines ?

b. Calculer les images de 3 et de (– 7) par les fonctions f et g.

c. Quels nombres ont pour images 24 et 10 par les fonctions f et g ?

67 **a.** La fonction linéaire h est une fonction telle que l'image de 4 soit égale à – 5.

Déterminer l'expression algébrique de la fonction h.

b. La fonction affine g est une fonction telle que $g(-5) = 6$ et $g(4) = -3$.

Déterminer l'expression algébrique de la fonction g.

68 Résoudre le système : $\begin{cases} 4x - 3y = -10 \\ 2x + 5y = 8 \end{cases}$

69 ABCD est un rectangle tel que AB = 8 et AD = 5. Le point M est sur [DC] et on note x la longueur DM.

a. Exprimer en fonction de x l'aire du triangle ADM.

b. Représenter graphiquement la fonction associée à l'aire de ADM.

c. Utiliser le graphique pour préciser la position de M sur [DC] pour que l'aire de ADM soit égale à 20. Vérifier par le calcul.

70 Rémi achète des BD et des CD pour compléter la bibliothèque du collège.
Lors d'une première commande, il achète 12 BD et 7 CD, cela lui coûte 109 €.
À la deuxième commande, il achète 8 BD et 14 CD, il paie 138 €.
Calculer le prix d'une BD et d'un CD.

71 Aujourd'hui, l'âge de Myriam est le double de l'âge de Hanane. Dans deux ans, elles auront à elles deux 40 ans.

Quels sont les âges actuels de Myriam et de Hanane ?

UTILISER SES CONNAISSANCES

72 Résoudre le système et représenter l'ensemble des solutions sur une droite graduée :

$$\begin{cases} 9(x-1) \geqslant 4x+3 \\ 3(5-x) \leqslant 4+3x \end{cases}$$

73 **a.** Résoudre les inéquations et représenter graphiquement les solutions.

- $9+3x \geqslant 13$
- $-3x+7 > x+2$

b. Résoudre le système suivant et en donner une représentation graphique :

$$\begin{cases} 0 \leqslant 2x+8 \\ 2x+1 < 5 \end{cases}$$

74 Résoudre les systèmes suivants :

$$\begin{cases} 3x+7y=3 \\ 5x+6y=-12 \end{cases} \quad \begin{cases} 3x-4y=25 \\ 5x-9y=51 \end{cases} \quad \begin{cases} 2x+2y=8 \\ -6x+5y=9 \end{cases}$$

75 Résoudre les systèmes suivants :

$$\begin{cases} 5x+3y=20{,}5 \\ 4x+4y=22 \end{cases} \quad \begin{cases} \dfrac{x}{2}+\dfrac{y}{3}=1 \\ \dfrac{x}{3}+\dfrac{y}{2}=-1 \end{cases}$$

76 Déterminer la fonction affine dont la représentation graphique passe par les points de coordonnées $A\left(0\,;-\dfrac{1}{4}\right)$ et $B\left(-6\,;-\dfrac{9}{4}\right)$.

77 **a.** La fonction définie par $h(x)=\dfrac{x+3}{4}$ est-elle une fonction affine ?

b. Les points $A(1\,;1)$, $B\left(0\,;\dfrac{3}{4}\right)$ et $C(-3\,;0)$ sont-ils alignés ? Pourquoi ?

78 Calculer les coordonnées du point d'intersection des droites représentant les fonctions affines définies par $f(x)=2x+8$ et $g(x)=-\dfrac{1}{3}x-6$.

79 Une agence de voyage propose les deux tarifs suivants :

- *Tarif A* : 0,08 euro par kilomètre.
- *Tarif B* : une carte d'abonnement de 4,2 euros et 0,045 euro par kilomètre.

a. Calculer, pour les deux tarifs, le prix à payer pour parcourir 100 km, puis 250 km.

b. Écrire le prix payé, pour les deux tarifs, en fonction du nombre x de kilomètres parcourus.

c. Déterminer le nombre de kilomètres parcourus pour lequel les deux tarifs sont égaux. Quel est alors le tarif commun ?

d. Pour quel nombre de kilomètres le tarif B est-il le plus avantageux ?

80 Dans un laboratoire, un observateur étudie l'évaporation de deux liquides A et B. Pour cela, il note chaque jour la hauteur des liquides dans leurs tubes à essais respectifs.

a. Le tableau ci-dessous indique les relevés pour le liquide A.

x temps écoulé en jours	0	1	2	3	4
h_A hauteur en cm	6,4	6	5,6	5,2	4,8

- Représenter les données du tableau sur un graphique en prenant 1 cm pour un jour et 1 cm pour une hauteur de liquide de 1 cm.
- On admet que la hauteur est une fonction affine du temps écoulé x qui s'exprime par $ax+b$.
Trouver a et b.
- Calculer la hauteur de liquide restant au bout de 8 jours.
- Au bout de combien de jours ne restera-t-il plus de liquide ?

b. Pour le liquide B, l'observateur a déduit de ses relevés que la hauteur $h_B(x)=-\dfrac{2}{3}x+8$.

- Quelle hauteur de liquide B y avait-il au départ ?
- Au bout de combien de jours cette formule n'est-elle plus valable ? Pourquoi ?
- Au bout de combien de jours les hauteurs h_A et h_B sont-elles égales ?

81 On considère la figure suivante formée d'un triangle AMC rectangle en A et d'un rectangle MEDB. Les points A, M et B sont alignés.

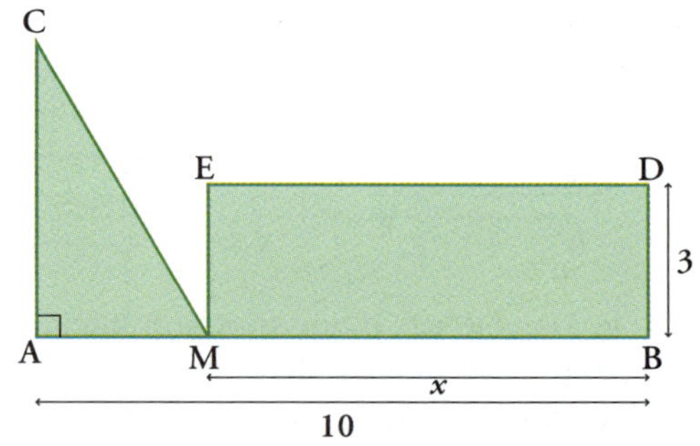

La longueur AC est égale à 5 et la longueur MB est égale à x.

a. Entre quelles valeurs le nombre x peut-il varier ?

b. Exprimer, en fonction de x, les aires du triangle AMC et du rectangle MEDB.

c. Représenter graphiquement, dans un repère orthonormé où l'unité est le centimètre, les deux variations d'aires en fonction de x.
Expliquer la construction et interpréter le graphique.

d. Trouver par le calcul la valeur de x pour laquelle les deux aires sont égales.

82 Aire ou périmètre

Le rectangle ABCD a pour dimensions 14 cm et 7 cm.
Un point N est situé sur le segment [AB] tel que AN = x (en centimètres).
Le point K est situé sur le segment [AD] tel que AK = $\frac{x}{2}$.

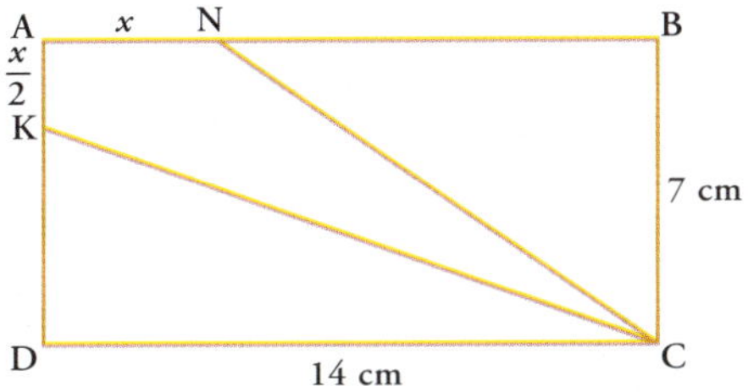

a. Calculer l'aire $\mathscr{A}(x)$ du triangle NBC en fonction de x.
La fonction obtenue est-elle linéaire ou affine ?

b. Calculer l'aire $\mathscr{B}(x)$ du quadrilatère ANCK en fonction de x.
La fonction obtenue est-elle linéaire ou affine ?

c. On note $p(x)$ le périmètre du quadrilatère ANCK.
Calculer $p(0)$, $p(7)$, $p(12)$ en arrondissant à 0,01.
L'application qui associe un nombre x au périmètre $p(x)$ est-elle affine ?

83

Un triangle ABC rectangle en B est tel que AB = 5 m et BC = 4 m. Un point M appartient au segment [AB], on note x sa longueur MB (en mètres). On trace la droite passant par M et parallèle à (BC), elle coupe [AC] en N.

a. Construire une représentation de la figure à l'échelle 1/100.

b. Calculer MN en fonction de x. Expliquer pourquoi la fonction $f : x \mapsto$ MN est une fonction affine.

c. On construit un prisme droit ABCDEF de hauteur [CF] tel que CF = 10 m.
Calculer le volume du prisme ABCDEF.

d. On coupe le prisme par un plan parallèle à la face (BCFE), on obtient alors la figure ci-contre.
On construit une piscine qui a la forme du prisme MBCNSEFR.

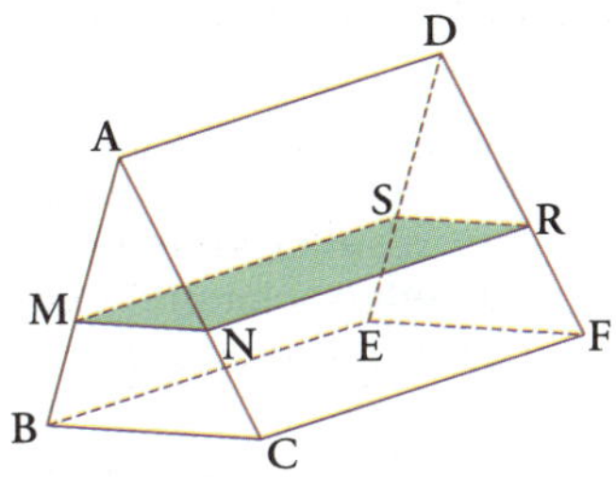

• Calculer, en fonction de x, le volume de la piscine.

• La fonction qui à x associe le volume est-elle une fonction affine ?

84

Construire un triangle ARD isocèle et rectangle en A tel que AD = AR = 6 cm.
Placer un point G sur le segment [RD] et construire le rectangle MANG avec M sur [AD] et N sur [AR].

a. Faire plusieurs dessins ou utiliser un logiciel de constructions géométriques et compléter le tableau ci-dessous. On note la longueur AM par x, le périmètre de MANG par p et son aire par $\mathscr{A}$.

AM = x (en cm)	1	1,5	2	2,5	3	3,5	4
p (périmètre)							
$\mathscr{A}$ (aire)							

b. Exprimer en fonction de x la longueur AN, le périmètre p de MANG et l'aire $\mathscr{A}$ de MANG.

c. On considère l'expression $A(x) = 9 - (3 - x)^2$.
Développer $A(x)$.

d. Quelle est la valeur maximale de l'aire du rectangle MANG ?
Pour quelles valeurs de x l'obtient-on ?
Pour quelle position du point M ?

e. Représenter sur un repère orthogonal les variations du périmètre en fonction de x.

f. Représenter dans un nouveau repère orthogonal les variations de l'aire en fonction de x.

85 Aire triple

Un rectangle a pour dimensions 4 cm sur 6 cm. On cherche à tripler son aire en ajoutant une pièce comme indiqué sur la figure ci-contre.

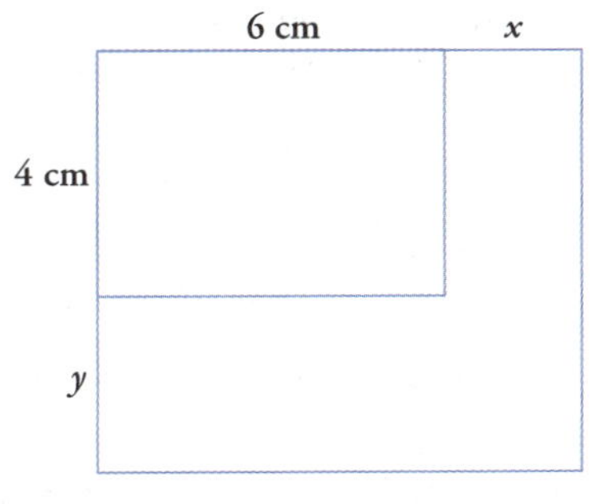

a. Écrire une égalité exprimant la condition demandée.

b. Calculer les valeurs de y en remplaçant, dans l'égalité, x par toutes les valeurs entières de 2 à 7.

c. Représenter graphiquement la relation qui à x associe y. Est-ce la représentation d'une fonction affine ?

d. Existe-t-il une valeur de x pour laquelle x et y sont égaux ?

D'après IREM de Poitiers.

86 **a.** ABCD est un rectangle de périmètre égal à 48 cm.

• Dessiner quelques-uns des rectangles possibles.

• Exprimer AD, notée y, en fonction de AB, notée x.

• Tracer un repère orthonormé. Représenter chaque rectangle par un point M de coordonnées $(x\ ;y)$. Pourquoi les points M sont-ils alignés ?

b. ABCD est un rectangle d'aire égale à 36 cm^2.

• Dessiner quelques-uns des rectangles possibles.

• Exprimer AD, notée y, en fonction de AB, notée x.

• Sur le même repère, représenter chaque rectangle par un point N de coordonnées $(x\ ;y)$.

Les points N sont-ils alignés ?

• Existe-t-il des rectangles qui ont pour périmètre 48 cm et pour aire à 36 cm^2 ?

87 **Maçonnerie**

Un maçon prépare un enduit en mélangeant un volume y d'eau proportionnellement à une masse x de plâtre.

a. Quelle est la relation entre y et x si le maçon mélange le contenu d'un sac de 40 kg de plâtre avec 45 L d'eau ?

b. La fonction f qui à x associe y est-elle linéaire ou affine ?

Représenter graphiquement la fonction f. On prendra 1 cm en abscisse pour représenter 20 kilogrammes et 1 cm en ordonnée pour représenter 15 L.

c. Déterminer graphiquement, puis par le calcul, la masse de plâtre à mélanger à 90 L d'eau.

Faire de même pour un volume d'eau à mélanger avec 120 kg de plâtre.

d. On veut connaître avec précision la masse de plâtre à ajouter à 100 L d'eau. Quelle est la méthode la plus précise, le graphique ou le calcul ?

e. Avec 25 kg de plâtre, on enduit une surface de 6 m^2.

Quelle masse de plâtre est nécessaire pour enduire un mur de 18 m^2 ?

Combien de sacs de 40 kg faut-il prévoir ?

88 Peut-on construire un triangle ABC de périmètre égal à 21,5 cm et vérifiant les conditions suivantes ?

• La longueur BC est égale à 11 cm.

• Le point M est un point de [AB] tel que AM = 2 cm.

• Le point N est un point de [AC] tel que AN = 5 cm.

• Les droites (MN) et (BC) sont parallèles.

89 Si deux cercles sont tangents intérieurement, la distance de leurs centres est alors 4 cm. S'ils sont tangents extérieurement, la distance est 15 cm. Faire une figure exacte.

90 Mélinda économise pour s'offrir un lecteur de CD. Si elle met 20 euros dans sa cagnotte, chaque mois, il lui manque 12 euros. Si elle met 25 euros, elle a 18 euros de trop.

Calculer le prix du lecteur de CD et le nombre de mois pendant lesquels Mélinda a économisé.

91 Un marchand de meubles affiche à 3 600 euros le prix de vente de trois tables et quatre fauteuils.

Un autre marchand augmente de 20 % le prix d'une même table et diminue de 10 % le prix d'un même fauteuil, il obtient le même total.

Quel est le prix d'une table et celui d'un fauteuil ?

92 Une bouteille de soda et son bouchon pèse 110 g. Le bouchon pèse 100 g de moins que la bouteille.

Combien pèse la bouteille ? Combien pèse le bouchon ?

93 Dans un concours hippique, un cavalier est pénalisé quand le cheval refuse de sauter un obstacle et quand le cheval fait tomber la barre.

Le cheval de Mehdi a fait deux refus et a fait tomber trois barres pour un total de 18 points de pénalité.

Le cheval de Yasmine a fait un refus et a fait tomber quatre barres pour un total de 19 points de pénalité.

Combien de points coûte un refus et combien de points coûte la chute d'une barre ?

POUR ALLER PLUS LOIN

94 Trouver la fraction de deux nombres entiers telle que :

• si on ajoute 3 au numérateur et 9 au dénominateur, on trouve $\frac{1}{2}$;

• si on retranche 3 de son numérateur et 4 de son dénominateur, on trouve 1.

95 Lors du grand prix de course automobile, les deux équipes d'organisation ont utilisé au total 6 460 pneus pour les barrières de protection. La première équipe a placé un tiers de son lot de pneus dans le premier virage.

La deuxième équipe a placé un quart de son lot de pneus dans la dernière portion du circuit. Ils leur reste en tout 4 610 pneus.

Combien chaque équipe avait-elle de pneus dans son lot au départ ?

96 Jean-Michel et Richard ont chacun un jardin. L'aire du jardin de Jean-Michel est les trois quarts de l'aire du jardin de Richard. Les deux frères possèdent en tout 1 470 m^2.

Quelles sont les aires des jardins de Jean-Michel et de Richard ?

97 Un bassin de 202,1 litres est alimenté par deux fontaines A et B.
Une première fois, on laisse couler A pendant quatre heures et B pendant deux heures. Les deux fontaines ont débité 64 litres en tout.
Une deuxième fois, on laisse couler A pendant trois heures et B pendant quatre heures. Les deux fontaines ont versé 62 litres.

a. Quel est le débit de chaque fontaine ?

b. Combien faudrait-il de temps pour remplir le bassin si les deux fontaines coulaient ensemble ?

98 **Marqueterie**
Un ébéniste fabrique une table ronde sur laquelle figure une marqueterie de la forme d'un hexagone régulier.

a. Démontrer que le triangle OAB est équilatéral.

b. Sachant que OA est égal à 0,4 m, calculer l'aire du triangle OAB, puis celle de l'hexagone. Donner des arrondis à 0,1.

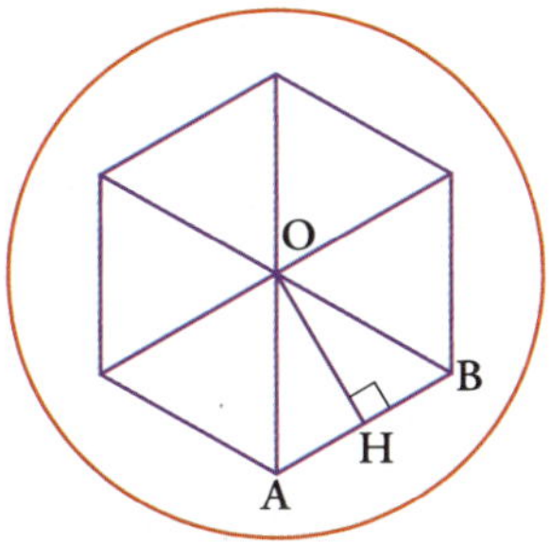

c. Exprimer l'aire y de l'hexagone en fonction de la mesure x du côté [AB]. Donner la valeur exacte du résultat.
Vérifier la valeur trouvée à la question **b.**.

d. On appelle f la fonction définie par $f(x) = y$.
La fonction f est-elle une fonction affine ?

99 Un segment [AB] a pour longueur 18 cm. Le point T est mobile sur [AB], on pose AT = x.
On construit un rectangle TREC de la façon suivante :

a. Tracer trois rectangles en prenant $x < 9$ et calculer leurs périmètres.

b. Tracer trois rectangles en prenant $x > 9$ et calculer leurs périmètres.

c. Exprimer le périmètre en fonction de x pour $x < 9$, puis pour $x > 9$.

d. Représenter sur la même représentation graphique les variations des périmètres en fonction de x.

e. Quels rectangles ont un périmètre maximum ?

f. Calculer les aires des rectangles en fonction de x.

g. Utiliser une calculatrice ou un tableur pour approcher la valeur de x qui donne l'aire maximum.

100 **De la hauteur**
Deux tiges métalliques sont placées entre deux parois verticales comme indiqué sur le dessin ci-contre.
Une tige arrive à 6 m de haut et l'autre à 4 m de hauteur. La largeur entre les deux parois est inconnue et sera notée L.
À quelle hauteur les deux tiges se croisent-elles ?

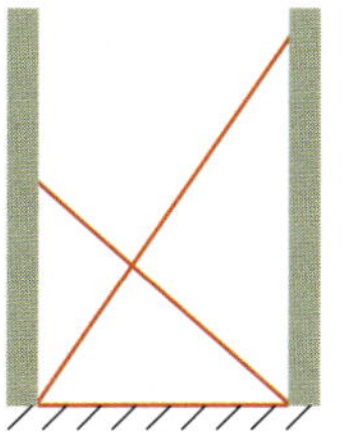

101 **Problème d'Archimède**
À Syracuse, au IIIe siècle avant J.-C., le roi Hiéron a confronté Archimède au problème suivant :
Une couronne, à l'air libre, a une masse de 4 180 g, plongée dans l'eau, sa masse est 3 836 g. La couronne est-elle en or (densité 19,5) ? En argent (densité 10,5) ? Ou, sinon, en un mélange dont on déterminera les masses de chaque métal.

Aide : on rappelle que la densité de l'eau est de 1 et que, dans ce cas, le volume, en cm^3, d'eau déplacé par le corps a la même valeur numérique que la différence des poids en grammes.

102 M. Robert souhaite acquérir un téléphone mobile. Il pense téléphoner deux heures par mois. Pour cela, deux options s'offrent à lui :

Option ① : carte rechargeable : 0,41 € par minute de communication.

Option ② : abonnement : forfait de 11,50 € par mois et 0,25 € par minute de communication.

a. Pour chacune des options, calculer le prix de revient, en euros, pour une durée de communication de 15 min, 60 min, puis de 90 min.

b. Exprimer, pour chaque option, la fonction linéaire ou affine qui associe le prix de revient à la durée de communication x.

c. Représenter graphiquement les deux fonctions. Un centimètre en abscisse représente 10 min et un centimètre en ordonnée représente 4 €.

d. Les représentations graphiques se coupent au point A.

Placer ce point, puis noter ses coordonnées.

e. Quelle sera l'option la plus intéressante pour M. Robert s'il utilise deux heures de communication ?

f. Pour quelles durées de communication l'option 1 est-elle plus intéressante ?
Vérifier graphiquement la réponse.

EXERCICE RÉSOLU

Énoncé (Groupe Sud, 2001)

1. *Résoudre le système de deux équations à deux inconnues suivant :*

$$\begin{cases} x + y = 15 \\ 2x + y = 21 \end{cases}$$

2. *Pour financer une partie de leur voyage de fin d'année, les élèves de troisième vendent les gâteaux qu'ils ont eux-mêmes confectionnés.*
Dans une même journée, ils ont vendu 15 tartes, les unes aux myrtilles et les autres aux pommes. Une tarte aux myrtilles est vendue 4 euros et une tarte aux pommes 2 euros. La somme encaissée ce jour-là est 42 euros.
Après avoir mis le problème en équation, déterminer combien ils ont vendu de tartes de chaque sorte.

Exemple de solution

1. On résout le système par la méthode des combinaisons linéaires (voir « Démarches pas à pas »).
On soustrait la première équation de la seconde. Le système devient alors :

$$\begin{cases} x = 6 \\ x + y = 15 \end{cases} \text{ soit } \begin{cases} x = 6 \\ y = 15 - 6 \end{cases} \text{ soit } \begin{cases} x = 6 \\ y = 9 \end{cases}$$

La solution du système est le couple (6 ; 9).

2. Soit x le nombre de tartes aux myrtilles et soit y le nombre de tartes aux pommes vendues dans la journée.

L'énoncé se traduit par le système : $\begin{cases} x + y = 15 \\ 4x + 2y = 42 \end{cases}$

En simplifiant par 2 la deuxième équation, on retrouve le système de la première question.
La solution du système est le couple (6 ; 9).
Dans la journée, les élèves de troisième ont vendu 6 tartes aux myrtilles et 9 tartes aux pommes.

103 Groupe Ouest, 2002

Sur la couverture d'un livre de géométrie sont dessinées des figures ; celles-ci sont des triangles ou des rectangles qui n'ont aucun sommet commun.

a. Combien de sommets compterait-on s'il y avait quatre triangles et six rectangles, soit dix figures en tout ?

b. En fait, 18 figures sont dessinées et on peut compter 65 sommets en tout.
Combien y a-t-il de triangles et de rectangles sur cette couverture de livre ?

104 D'après Bordeaux, 1996

a. Résoudre le système suivant d'inconnues x et y :

$$\begin{cases} x + y = 35 \\ 8x + 7y = 260 \end{cases}$$

Si x désigne le prix d'un article, exprimer en fonction de x le prix de cet article après une baisse de 20 %.

b. Pour l'achat d'un livre et d'un stylo, la dépense est de 35 €. Après une réduction de 20 % sur le prix du livre et 30 % sur le prix du stylo, la dépense n'est que de 26 €.
Calculer le prix d'un livre et celui d'un stylo avant la réduction.

105 D'après Centres Étrangers, 1999

1. Résoudre le système :

$$\begin{cases} 7a + b = 2{,}7 \\ 4{,}5a + b = 2 \end{cases}$$

2. Le tarif d'une communication téléphonique locale est calculé de la manière suivante : un coût fixe b pour les trois premières minutes et un coût a pour chaque minute suivante (a et b sont exprimés en €).

Thomas extrait les renseignements suivants de sa facture de téléphone :

	Durée	Coût
Communications	10 min.	2,7 €
	7 min 30 s	2 €

a. En utilisant ces renseignements, expliquer pourquoi a et b vérifient le système de la question **1.**.

b. Quel serait le coût d'une communication de 17 min ?

106 Centres Étrangers - Groupe 1, 2001

On considère une pyramide régulière SABCD de base carrée. On note [SH] sa hauteur et on donne AB = 6 cm et SH = 8 cm.

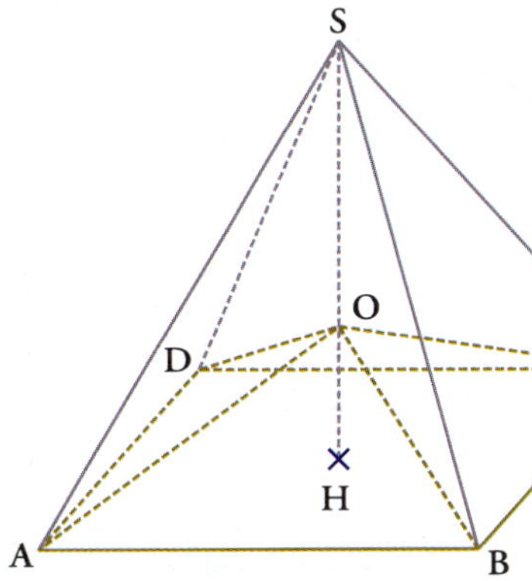

Première partie

a. Montrer que AH = $3\sqrt{2}$ cm et calculer AS.

b. Calculer le volume de la pyramide SABCD.

c. Soit O le point de [SH] tel que SO = 6 cm. On crée ainsi une deuxième pyramide régulière OABCD de base carrée.

Calculer le volume de la partie comprise entre les deux pyramides SABCD et OABCD.

Deuxième partie

Dans cette partie, la longueur OH sera notée x.

1. a. Entre quelles valeurs peut-on faire varier x ?

b. Exprimer en fonction de x le volume de la pyramide OABCD.

c. Exprimer en fonction de x le volume $\mathcal{V}$ de la partie comprise entre les deux pyramides.

2. On considère la fonction affine :

$$f : x \mapsto 96 - 12x$$

a. Calculer $f(0)$, $f(8)$ et $f(1,5)$.

b. Quel est le nombre qui a 66 pour image par f ?

c. Tracer la représentation graphique (d) de la fonction affine f.

(On choisira 1 cm pour 1 unité sur l'axe des abscisses et 1 cm pour 10 cm^3 sur l'axe des ordonnées.)

d. Par lecture graphique, donner la valeur de x telle que le volume $\mathcal{V}$ soit égal à la moitié du volume de la pyramide SABCD. Expliquer. Retrouver ce résultat par le calcul.

107 D'après Centres Étrangers - Groupe Est, 2002

Toutes les lectures graphiques doivent être justifiées par des tracés en pointillé.

Première partie

Nicolas désire louer des cassettes vidéo chez Vidéomaths qui lui propose les deux possibilités suivantes pour une location à la journée :

- *Option A* : Tarif à 3 € par cassette louée.
- *Option B* : une carte d'abonnement de 15 € pour 6 mois avec un tarif de 1,5 € par cassette louée.

1. a. Reproduire et compléter le tableau suivant :

Nombre de cassettes louées en 6 mois / Prix payé en € suivant l'option choisie	4	8	10	12
Option A				
Option B				

b. Préciser, dans chaque cas, l'option la plus avantageuse.

2. On appelle x le nombre de cassettes louées par Nicolas pendant six mois.

a. Exprimer en fonction de x la somme A(x) payée avec l'option A.

b. Exprimer en fonction de x la somme B(x) payée avec l'option B.

Deuxième partie

On considère les fonctions définies par :

$$f(x) = 3x \quad \text{et} \quad g(x) = 1,5x + 15.$$

Dans toute la suite du problème, on admettra que la fonction f est associée à l'option *A* et que la fonction g est associée à l'option *B* .

1. Sur une feuille de papier millimétré, construire un repère orthogonal en plaçant l'origine en bas à gauche. Les unités seront les suivantes :

- sur l'axe des abscisses, 1 cm pour une unité ;
- sur l'axe des ordonnées, 1 cm pour 2 unités .

Construire les représentations graphiques des fonctions f et g.

2. Les représentations graphiques des fonctions f et g se coupent en E.

a. Lire les coordonnées de E sur le graphique.

b. Que représentent les coordonnées de E pour les options *A* et *B* ? Retrouver ces résultats par le calcul.

3. Lire sur le graphique la somme dépensée par Nicolas s'il loue 11 cassettes avec l'option *A*.

4. Nicolas dispose de 24 €.
Lire sur le graphique le nombre de cassettes qu'il peut louer en 6 mois avec l'option *B*.

5. Déterminer par le calcul à partir de combien de cassettes louées en 6 mois l'option *B* est plus avantageuse que l'option *A*.

Inter-maths

Dessin mystérieux

Un dessin apparaît en construisant les huit portions de courbes présentées ci-dessous.

Pour tracer chaque courbe, établir un tableau de valeurs : choisir des valeurs de x et calculer les valeurs de y correspondantes.

Reproduire le repère (prendre un centimètre comme unité sur les deux axes) et construire ensuite les courbes. $(\mathscr{C}_6)$, $(\mathscr{C}_7)$ et $(\mathscr{C}_8)$ seront construites point par point.

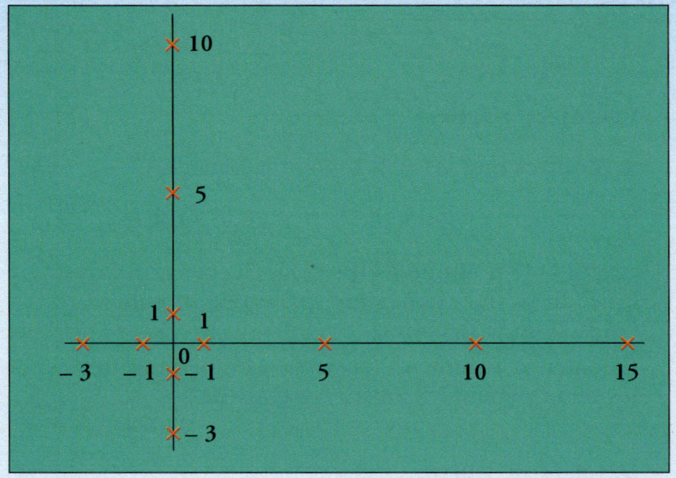

- $(\mathscr{C}_1)$: tous les points d'abscisse 7 et d'ordonnée y telle que $-2 \leqslant y \leqslant 2$.
- $(\mathscr{C}_2)$: la partie de la droite d'équation $y = 1{,}5x - 8{,}5$, pour $6 \leqslant x \leqslant 7$.
- $(\mathscr{C}_3)$: la partie de la droite d'équation $y = -1{,}5\,x + 8{,}5$, pour $6 \leqslant x \leqslant 7$.
- $(\mathscr{C}_4)$: la partie de la droite d'équation $y = -\dfrac{x}{4} + 2$, pour $0 \leqslant x \leqslant 6$.
- $(\mathscr{C}_5)$: la partie de droite d'équation $y = \dfrac{x}{4} - 2$, pour $0 \leqslant x \leqslant 6$.
- $(\mathscr{C}_6)$: la courbe d'équation $x^2 + y^2 = 4$, pour $-2 \leqslant x \leqslant 0$.

Pour placer des points de $(\mathscr{C}_6)$, on va choisir des valeurs de x comprises entre -2 et 0, et calculer les valeurs correspondantes de y. Par exemple : $x = -1{,}3$

$$x^2 + y^2 = 4$$
$$(-1{,}3)^2 + y^2 = 4$$
$$y^2 = 4 - 1{,}69$$
$$y^2 = 2{,}31$$

On obtient deux possibilités : $y = \sqrt{2{,}31}$ ou $y = -\sqrt{2{,}31}$

$y \approx 1{,}5$ ou $y \approx -1{,}5$

- $(\mathscr{C}_7)$: la courbe d'équation $y = 8 + \cos(45 \times x)$, pour x variant de -3 à 13 par demie unité.

x	– 3	– 2,5	–2	– 1,5	– 1	– 0,3	0	0,5	1	1,5	2	2,5	3	3,5	4	4,5	
$45 \times x$																	
cos $(45x)$																	
$y = 8 + \cos(45x)$																	

- $(\mathscr{C}_8)$: la courbe d'équation $y = \tan(45 \times x)$, pour $10{,}5 \leqslant x \leqslant 13{,}8$.

x	10,5	11	11,5	12	12,5	13	13,5	13,8
$45 \times x$								
tan $(45x)$								

À la recherche des moyennes inconnues

- Voici un tableau contenant quatre nombres inconnus :

	8	1	
5	x	y	3
7	z	t	1
	2	4	

- Les quatre nombres x, y, z et t sont la moyenne des quatre cases qui les entourent (un côté en commun).

Exprimer x comme étant la moyenne des quatre nombres 8, 5, y et z.

	8	
5	x	y
	z	

- Utiliser cette expression de x et une expression analogue de t, puis celles de z et de y pour écrire l'ensemble des égalités que doivent vérifier ces quatre nombres. Pas de panique, observer les équations : le système peut être scindé en deux sous-systèmes. Bonne résolution.

À travers l'histoire

Giuseppe Bezzuoli (1784-1855), *Expérience de Galilée.*

Tables de calculs astronomiques de Ptolémée, lois acoustiques de Pythagore, spirale d'Archimède : mettre des quantités en relation est une idée que l'on trouve déjà dans l'Antiquité.

Au XIVe siècle, on cherche à comprendre le fonctionnement des phénomènes naturels grâce aux mathématiques. En particulier, le Français Nicole Oresme (1320-1382) démontre la propriété liant le temps, la vitesse moyenne et la distance dans un mouvement uniforme. Pour cela, il utilise une des premières représentations graphiques.

Ce n'est que plus tard, au XVIIe siècle, que les fonctions seront traduites par des formules : en témoigne le symbolisme de Viète et l'étude des mouvements et de la loi de la chute des corps par Galilée. Puis Descartes, Newton et Euler ont, chacun en leurs temps, fait faire des avancées de compréhension au concept de fonction : dépendance fonctionnelle entre des quantités variables, idée d'équation, représentations par des courbes, utilisation du calcul infinitésimal (de quantités infiniment petites). C'est Jean Bernoulli, en 1718, qui propose la notation $\Phi\, x$.

De la traduction par des équations de mouvements liés à la physique (déplacement d'un corps, propagation de la chaleur) à l'étude de problèmes de variations (aire maximale, continuité), toutes les recherches ont permis un développement considérable de la notion de fonction. À partir du XIXe siècle, avec la théorie de Riemann qui concerne la mesure d'un ensemble de points, d'autres évolutions vont encore élargir le champ des fonctions jusqu'à les manipuler comme des objets mathématiques en soi. Ce sera un sujet d'étude au lycée.

13 STATISTIQUES

Pour DÉMARRER

À savoir avant la 3e

- Lire et interpréter des tableaux et des diagrammes. → Pour DÉMARRER 1
- Présenter une série statistique sous différentes formes. → Pour DÉMARRER 1, 2 et 3
- Calculer des fréquences, des effectifs et des fréquences cumulés. → Pour DÉMARRER 2
- Calculer des moyennes et des moyennes pondérées. → Pour DÉMARRER 1
- Regrouper des données en classes et calculer une valeur approchée de la moyenne. → Pour DÉMARRER 3

1 Téléphones mobiles

Les deux documents ci-dessous présentent différents aspects de l'évolution des ventes de téléphones mobiles.

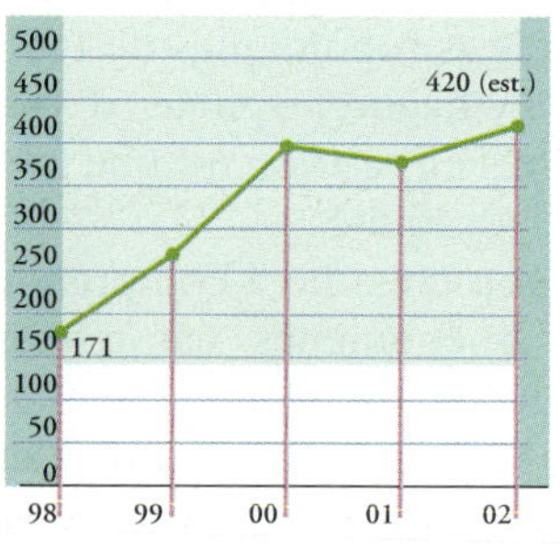

Document 1
Ventes mondiales de téléphones mobiles (en millions)

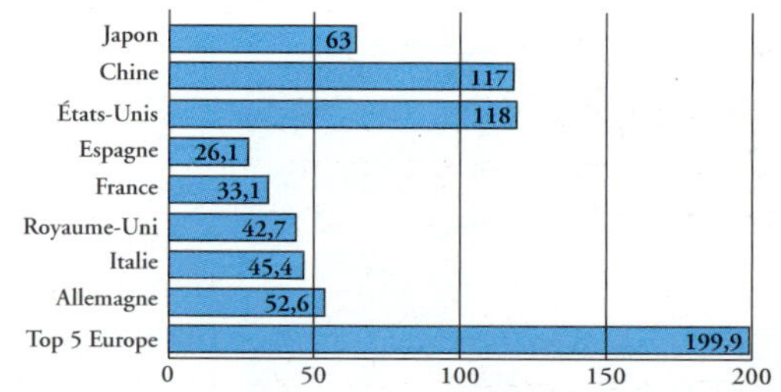

« Top 5 Europe » : Espagne, France, Royaume-Uni, Italie et Allemagne.

Document 2
Nombre d'abonnés en juin 2001 (en millions)
Source : Bilan du Monde Junior 2002-2003, Milan-Le Monde.

a. Utiliser l'un ou l'autre des documents pour répondre aux questions suivantes :
- Quel est le nombre total d'abonnés sur les cinq pays européens cités ?
- Combien de téléphones mobiles ont été vendus de 1998 à l'an 2000 ?
- En 2002, le Japon comptait 126,9 millions d'habitants, les USA 275,6 millions d'habitants et le Top 5 Européen 298,6 millions d'habitants. Calculer le pourcentage d'abonnés par rapport à la population de ces trois zones du Globe.

• Relever des informations sur des documents (compétence transversale du collège).

b. Décrire la forme de la courbe du document 1 et chercher une explication.

c. Représenter la répartition des abonnés entre la Chine, le Japon, les États-Unis et le Top 5 Européen par un diagramme circulaire.

• Utilisation de la proportionnalité pour la construction du diagramme circulaire.

d. Calculer le nombre moyen d'abonnés sur les cinq pays européens.

2 Densité de la population des 52 pays d'Afrique

Vocabulaire

Densité de population : nombre d'habitants par kilomètre carré.

Le tableau ci-dessous présente la répartition des 52 pays d'Afrique suivant la densité de leur population.
Retrouver la légende du diagramme circulaire ci-contre en utilisant les données du tableau.

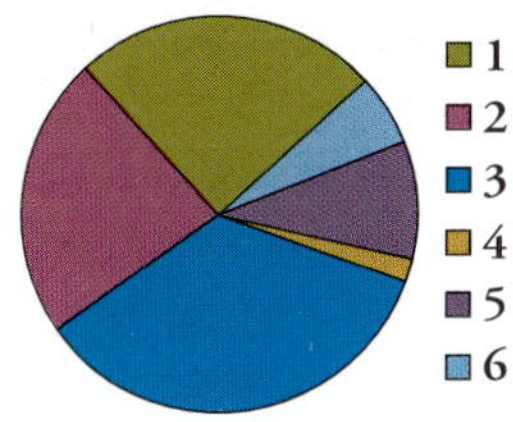

Densité en hab/km²	[0 ; 25[	[25 ; 50[	[50 ; 100[	[100 ; 150[	[150 ; 200[	Plus de 200	Total
Nombre de pays	18	12	13	3	1	5	52
Fréquence en %	34,6						100

• Il faut porter un soin particulier à la formulation des têtes de colonne concernant les fréquences cumulées.

Densité en hab/km²						
Fréquences cumulées croissantes						100
Densité en hab/km²						
Fréquences cumulées décroissantes	100					

a. Calculer les fréquences en pourcentage et les fréquences cumulées. Attention à formuler correctement les lignes de densités.

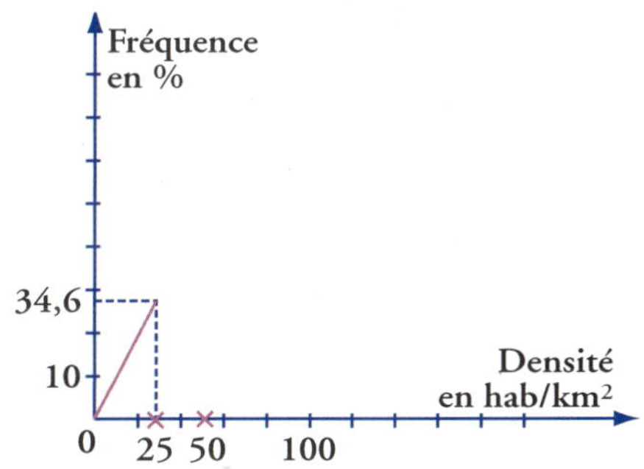

• Lire des informations dans un tableau.

b. Répondre aux questions en indiquant la ligne utilisée.

• Quel est le pourcentage des pays dont la densité est supérieure à 100 hab/km² ?
(Par comparaison, la densité de la France est de 107 hab/km².)

• La densité des USA est de 29,5 hab/km².
Quel est le pourcentage des pays d'Afrique qui sont dans la classe correspondant à cette densité ?

• Le graphique sert ensuite à déterminer la médiane (suite du chapitre).

c. Construire le graphique des fréquences cumulées croissantes.
Sur l'axe des abscisses, 1 cm représente 20 unités et sur l'axe des ordonnées 1 cm représente 10 unités.

3 « Médiamétrie » dans une classe de 3e

Répartition en classes d'amplitudes différentes et observation des graphiques correspondants pour préparer la comparaison de séries.

Les vingt-sept élèves d'une classe de 3e ont relevé le temps qu'ils ont passé devant la télévision la veille d'un cours de Mathématiques. Le lendemain, les résultats en minutes ont été relevés dans un tableau :

158	174	166	75	134	125	75	27	35	152	128	64	125	61
123	17	61	130	30	148	128	69	125	30	140	0	80	

a. Regrouper ces durées en trois classes d'amplitude 60 minutes : [0 ; 60[, [60, 120[et [120, 180[.
Déterminer le centre des classes et calculer une valeur approchée de la durée moyenne du temps passé la veille devant la télévision.

b. Regrouper ces données en six classes d'amplitude 30 minutes.
Á partir de cette répartition, calculer une valeur approchée de la moyenne des durées. Comparer avec le résultat obtenu précédemment.

c. Représenter ces répartitions par des diagrammes en barres.
Comparer les deux diagrammes. Rédiger un petit commentaire.

1 Athlétisme

L'heptathlon est l'épreuve combinée d'athlétisme pour les athlètes féminines (100 m haies, saut en hauteur, poids, 200 m, saut en longueur, javelot, 800 m). Le classement s'effectue par l'addition des points obtenus à chaque épreuve.

Vocabulaire

Dans le cadre d'un traitement statistique, ces différents résultats se nomment des « **valeurs** ».

Les résultats ci-dessous concernent l'épreuve d'heptathlon des championnats d'Europe 2002, à Munich, remportée par l'athlète suédoise Carolina Kluft (19 ans).

Rang	1	2	3	4	5	6	7	8	9	10	11	12	13	14	15
Points	6 542	6 434	6 341	6 275	6 150	6 106	6 032	5 996	5 973	5 966	5 960	5 953	5 865	5 858	5 830

• Introduction des caractéristiques sur un exemple simple.

a. Quelle est la particularité du classement de la 8e athlète ? Quel est son score ?

b. Quel est le score moyen des athlètes sur cette compétition ?

c. Calculer la différence de points entre le score de la championne et le score de la dernière de ce classement.

d. Voici la définition de trois caractéristiques d'une série statistique.
Quelle a été la caractéristique calculée à chacune des questions précédentes ?

L'**étendue** est la différence entre les valeurs extrêmes d'une série statistique.

La **moyenne** est le quotient de la somme de toutes les valeurs de la série statistique par l'effectif total.

La **médiane** est une valeur qui partage les valeurs d'une série statistique en deux parties de même effectif.

• Les nouvelles notions sont introduites par leur fonction dans le traitement statistique d'une série.

2 Avec trois dés

Pour entraîner ses élèves de cinquième à utiliser l'inégalité triangulaire, un professeur a utilisé trois dés. À chaque lancer, les élèves devaient déterminer s'il était possible ou non de tracer un triangle dont les côtés avaient pour mesure (en centimètre) les trois nombres indiqués par les dés. Voici les tirages :

• Cette activité peut être réalisée à partir de lancers de dés devant la classe.

2 - 3 - 2	4 - 2 - 1	3 - 2 - 4	3 - 4 - 3
1 - 6 - 5	4 - 4 - 4	4 - 1 - 1	4 - 3 - 5
1 - 5 - 5	5 - 6 - 2	3 - 2 - 3	6 - 6 - 5

Le tableau n'est pas effacé quand, en début d'heure suivante, des élèves de 3e rentrent et commentent l'activité de leurs jeunes camarades. Le professeur leur pose alors les questions suivantes :

- Calculer le pourcentage des tirages qui peuvent donner lieu à la construction d'un triangle.
- Calculer la somme des trois nombres affichés à chaque lancer.

Ordonner ces douze nombres dans l'ordre croissant.
Déterminer l'étendue et la valeur de la médiane de cette série de sommes.

• Cas d'un effectif pair et d'une médiane située entre deux valeurs : 10 et 11.

Répondre aux questions posées. Pour la dernière question, se reporter aux définitions indiquées à l'activité 1.

3 Accueil des élèves

Voici la répartition des 244 établissements publics du second degré de l'académie de Rouen suivant le nombre d'élèves accueillis (rentrée 2000).

Nombre d'établissements suivant leur capacité d'accueil

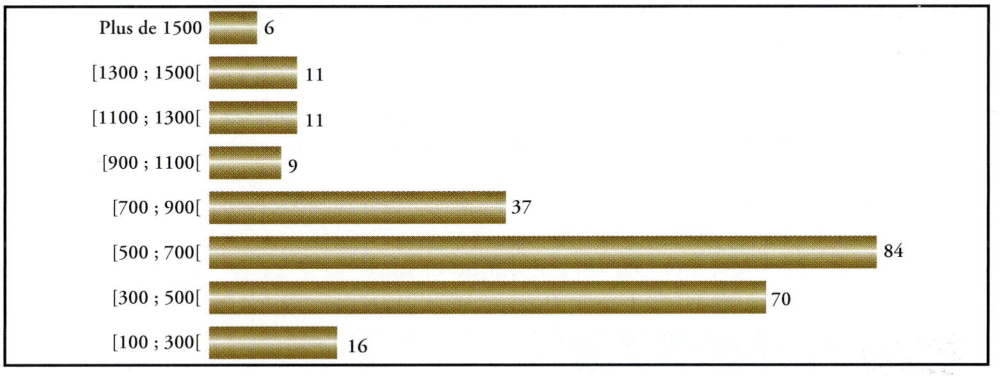

a. Calculer la fréquence de chaque classe.

b. Reproduire et compléter le tableau des fréquences cumulées croissantes.

Capacité d'accueil	Moins de 300 élèves	Moins de 500 élèves	Moins de 700 élèves	Moins de 900 élèves	Moins de 1100 élèves	Moins de 1300 élèves	Moins de 1500 élèves	Ensemble
Fréquences cumulées croissantes	6,56 %	35,25 %						100 %

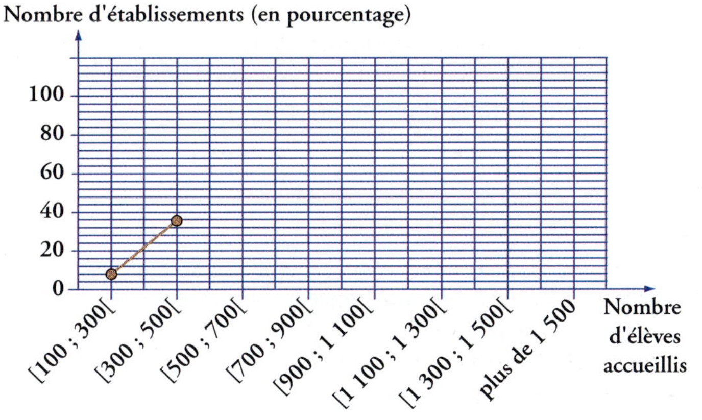

c. Reproduire et compléter le graphique représentant les fréquences cumulées croissantes.

d. Quel pourcentage représente la moitié de l'effectif total ?
Placer ce pourcentage sur l'axe des ordonnées et déterminer la valeur correspondante par lecture graphique.

Que représente cette valeur pour la série statistique ?

Détermination graphique de la médiane.

4 Bulletin trimestriel

Sur certains modèles de bulletins trimestriels figurent des informations concernant l'ensemble de la classe. Voici l'extrait du bulletin trimestriel d'un élève :

Matières	Moyenne élève	Classe Moy	Classe Maxi	Classe Mini	Appréciations
Anglais	10,1	10,9	16,6	5,5	
Français	9,8	9,8	15,1	4,6	
Mathématiques	12,5	10,5	16,6	4,7	

a. Que signifient les informations portées sur le bulletin ?
Quelles appréciations peut-on écrire quant au niveau de l'élève par rapport à sa classe ?

b. Illustrer cet extrait de bulletin par un graphique faisant apparaître toutes les informations.

• Exemple de l'étendue d'une série.

• Le choix du graphique est laissé libre, mais la production doit rendre compte des liens entre les informations.

ACTIVITÉS

5 Moyenne, médiane et étendue

• Comparaison de deux séries.

En 1999 a été réalisée une enquête sur l'usage de la bicyclette dans 23 pays (Europe de l'Ouest et centrale, Égypte, USA et Australie). Les pays ont été notés suivant la fréquence d'utilisation de ce moyen de transport.
Les notes vont de 1 (utilisation très faible) à 5 (usage fréquent).

1er tableau : les déplacements quotidiens

Notes	1	2	3	4	5	Total
Nombre de pays	6	7	2	7	1*	23

(Il s'agit des Pays Bas.)*

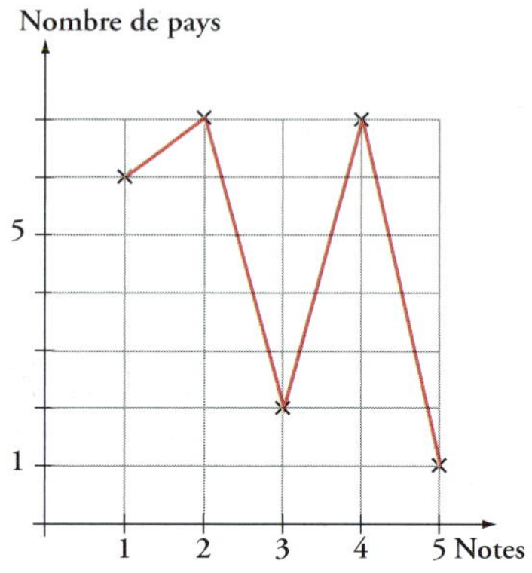

• Usage de la proportionnalité pour la construction du graphique en bande.

Cette série est représentée par un graphique et un diagramme rectangulaire en bande (longueur 8 cm).

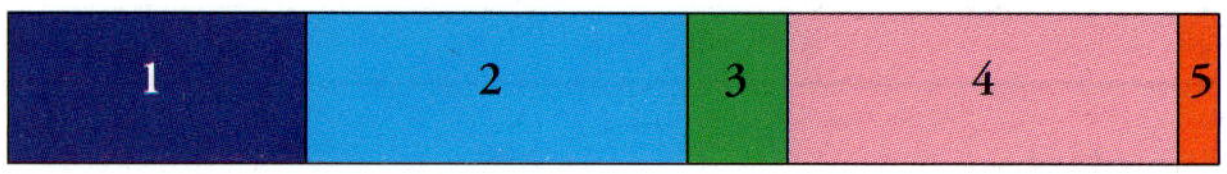

2e tableau : les déplacements pour les loisirs

Notes	1	2	3	4	5	Total
Nombres de pays	0	2	10	7	4	23

a. Représenter cette deuxième série par des diagrammes de mêmes types.

b. Calculer la moyenne et la médiane de chaque série.

c. Comparer les graphiques et associer ces observations aux caractéristiques calculées à la question précédente.
En quoi le calcul de l'étendue permet-il d'affiner l'observation ?

• La lecture de la médiane peut se faire par un partage vertical en deux parties égales du diagramme rectangulaire.

6 Valeurs extrêmes

Les courbes de tailles et de poids sont extraites d'un carnet de santé. Les études morphologiques, c'est-à-dire concernant l'aspect général du corps humain, ont permis d'établir une certaine « normalité ».
Entre la courbe inférieure et la courbe supérieure se situent la taille et le poids de 95 % de la population.

• Combien d'individus représentent 95 % d'une classe de 28 élèves ?

• Procéder à un relevé des tailles et poids des élèves de la classe et positionner ces mesures sur les courbes.

Vérifier si l'échantillon que représente ce groupe d'adolescents est conforme à la répartition générale.

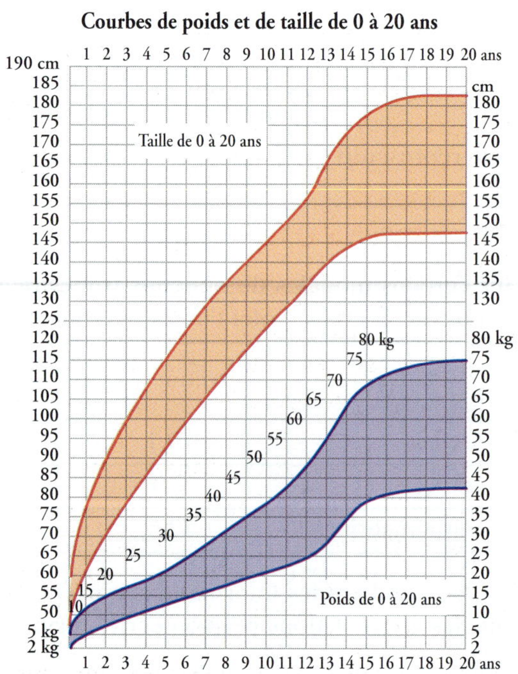

• Application d'un traitement statistique de la population.

• Cette activité permet de relier l'étendue d'une série au vécu des élèves.

• La notion de valeurs extrêmes prend du sens par le dépistage d'anomalies « cliniques » qu'elles induisent.

7 Avec un tableur

Comparer l'âge des élèves d'une classe à l'entrée en 3e (septembre).

Données pour la classe de 3e A

Âge	13 ans	14 ans	15 ans	16 ans	Total
Effectifs	7	13	5	1	27

• L'utilisation du tableur est traitée en Technologie et peut faire l'objet d'un travail interdisciplinaire.

• La rapidité d'exécution des commandes avec un tableur permet de procéder à divers essais.

Trier (ordonner) les valeurs : utiliser la fonction « **trier** » dans l'outil « **données** ».

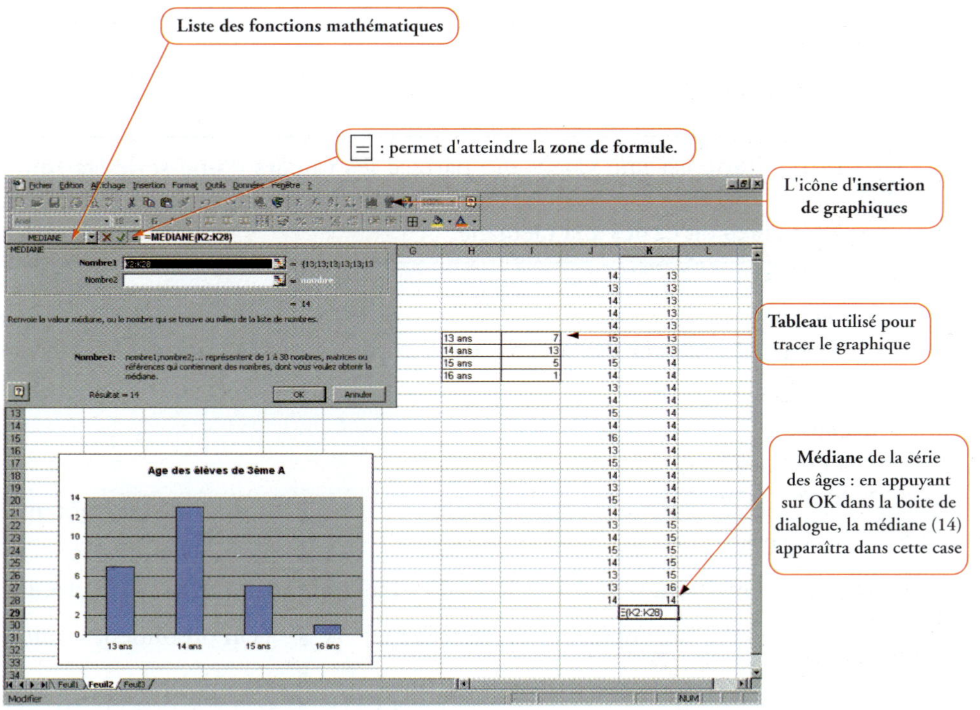

Liste des fonctions mathématiques

Pour atteindre la liste des fonctions mathématiques, il suffit de sélectionner « autres fonctions ». Dans cette liste figurent **MEDIANE, MOYENNE, FREQUENCES**. Une fonction **MAX** et une fonction **MIN** permettent de trouver rapidement l'étendue d'une série.

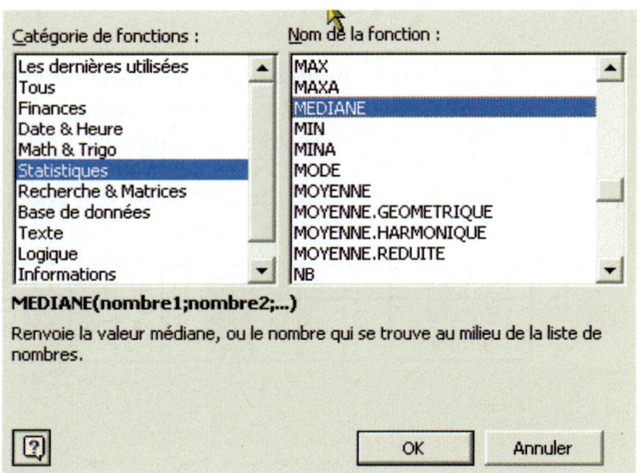

Questions

a. Dresser la liste des âges des élèves de la classe. Utiliser la commande de tri pour les ordonner et déterminer la médiane.

- Vérifier avec la fonction **MEDIANE.**
- Déterminer la moyenne et l'étendue.

b. Reproduire le tableau ci-dessous et le compléter avec les données de la classe.

Âge	13 ans	14 ans	15 ans	16 ans	Total
Effectifs					

Utiliser un tableur pour représenter graphiquement la répartition des âges.

L'ESSENTIEL en deux pages

1 – Série statistique

Les études statistiques peuvent porter sur différents sujets comme par exemple des séries de notes, des scores, des sujets d'actualité, des centres d'intérêts culturels…

En statistique, ces sujets s'appellent des **caractères.** Une **série statistique** est composée de l'ensemble des **valeurs** que prend le caractère et des **effectifs** de chaque valeur.

2 – Médiane d'une série statistique

La **médiane** est une valeur qui partage les valeurs d'une série statistique en deux parties de même effectif : il y a autant de valeurs supérieures ou égales à la médiane que de valeurs inférieures ou égales à la médiane.

Remarque

Ordonner les valeurs de la série dans l'ordre croissant permet de déterminer plus facilement la médiane.

Exemples

Voici deux séries de notes.

Notes obtenues à un contrôle par les treize garçons d'une classe

11; 7; 8; 14; 14; 10; 9; 15; 10; 7; 10; 13; 14

• On ordonne les notes pour déterminer la médiane :

7; 7; 8; 9; 10; 10; **10**; 11; 13; 14; 14; 14; 15

6 notes ⇓ 6 notes

Valeur centrale : 10

• **10 est la note médiane** de la série des notes des garçons de la classe : il y a 6 notes supérieures ou égales à 10 et 6 notes inférieures ou égales à 10.

• On lit la médiane sur le graphique des effectifs cumulés au niveau de la 7e note.

Notes	7	8	9	10	11	12	13	14	15
Effectifs cumulés	2	3	4	7	8	8	9	12	13

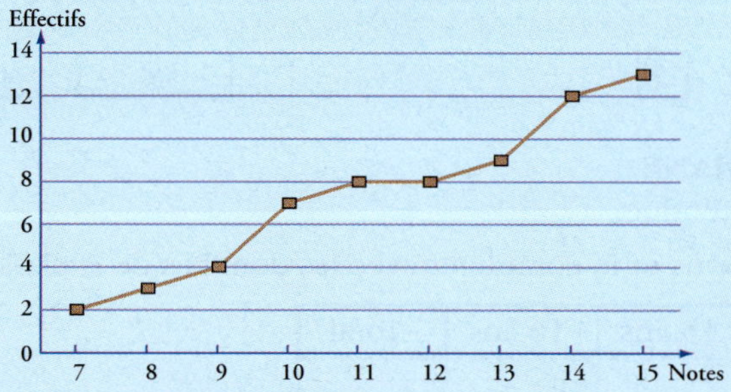

Graphique des effectifs cumulés

Notes obtenues à ce contrôle par les seize filles de cette classe

8; 10; 12; 7; 11; 7; 13; 10; 11; 5; 16; 9; 9; 11; 11; 14

• On ordonne les notes :

5; 7; 7; 8; 9; 9; 10; 10; 11; 11; 11; 11; 12; 13; 14; 16

8 notes ⇓ 8 notes

Valeur centrale entre 10 et 11

• **Il y a un nombre pair de valeurs. On détermine la médiane en choisissant arbitrairement une valeur comprise entre 10 et 11. On choisit en général la valeur intermédiaire 10,5.**

Sur le diagramme semi-circulaire représentant la répartition des notes, la médiane est matérialisée par le trait épais qui partage l'effectif total, dont les valeurs sont ordonnées, en deux parties de même effectif.

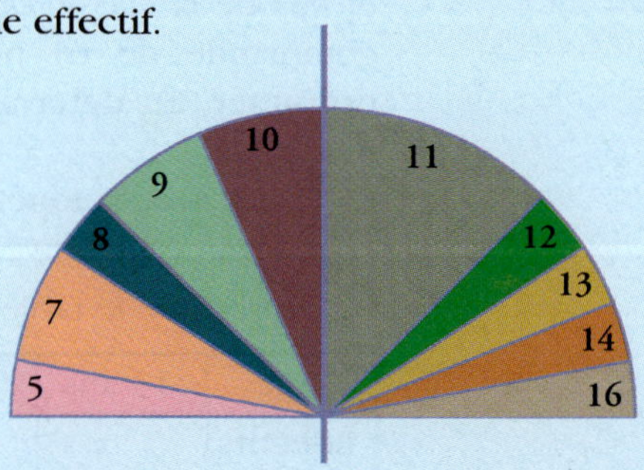

Diagramme semi-circulaire des effectifs

3- Étendue d'une série statistique

L'**étendue** est la différence entre la plus grande et la plus petite valeur d'une série statistique.

Exemples

On reprend les données précédentes.

Étendue de la série des notes des garçons :

15 – 7 = 8

Les notes des garçons s'échelonnent sur 8 points.

Étendue de la série des notes des filles :

16 – 5 = 11

Les notes des filles s'échelonnent sur 11 points.

4- Comparaison de séries statistiques

La médiane et la moyenne sont des **caractéristiques de position** de la série statistique.
Les autres valeurs se répartissent de part et d'autre, mais elles ne donnent pas d'autres indications sur cette répartition.

L'étendue est une **caractéristique de dispersion** de la série statistique.
Elle donne une indication sur la façon dont les valeurs sont resserrées ou non de part et d'autre des caractéristiques de position.

L'analyse d'une série statistique doit se fonder sur l'étude de plusieurs paramètres tels que la moyenne, la médiane et l'étendue.

Dans le cas présent, les courbes bleue et rouge présentent des formes différentes. La série des notes des filles est plus étendue que celle des garçons. La moyenne des notes des garçons se retrouve dans le décalage de la courbe vers la droite.

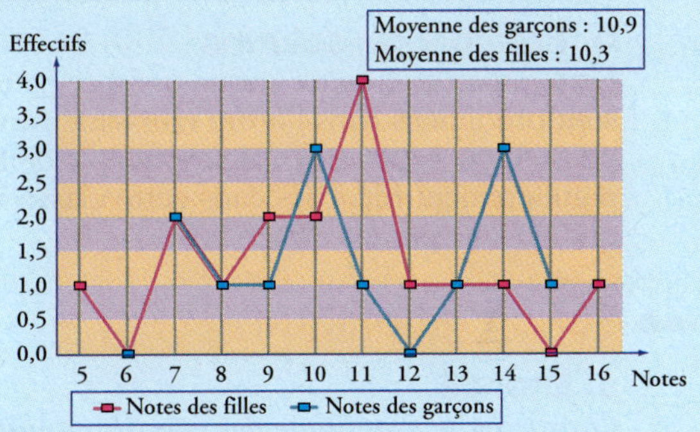

Une autre comparaison

Voici une série de 29 notes concernant une deuxième classe :

5 ; 6 ; 6 ; 7 ; 7 ; 8 ; 8 ; 9 ; 9 ; 9 ; 9 ; 10 ; 10 ; 10 ; 10 ; 10 ; 11 ; 11 ; 11 ;
12 ; 12 ; 12 ; 13 ; 13 ; 14 ; 15 ; 15 ; 16 ; 16

	Notes de la 1re classe	Notes de la 2e classe
Médiane	10	10
Moyenne	10,48	10,48
Étendue	11	11

Malgré les trois caractéristiques identiques, ces courbes sont différentes. D'autres paramètres seront étudiés dans les années futures qui permettront d'affiner les comparaisons des séries statistiques.

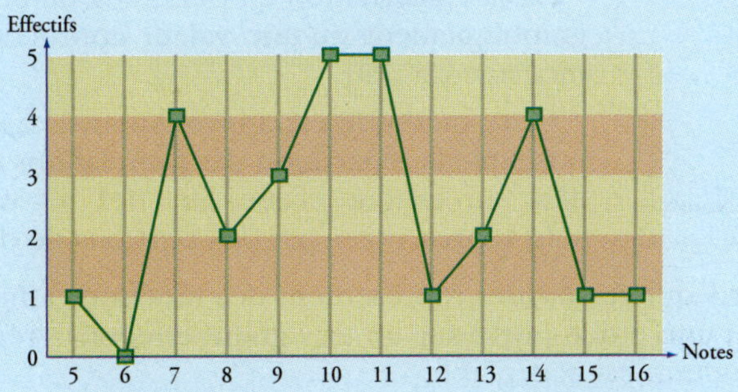

Notes de la première classe

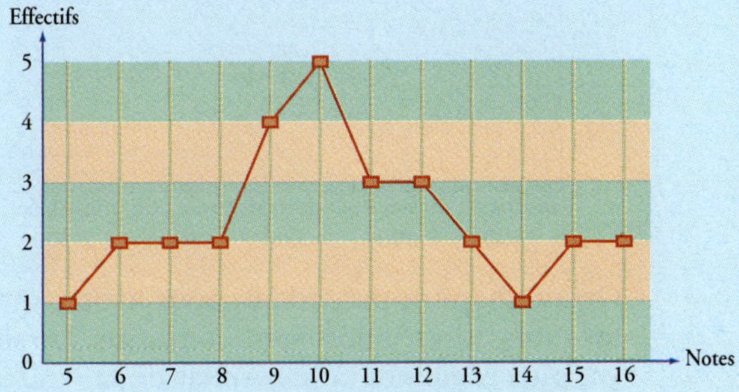

Notes de la deuxième classe

DÉTERMINER LA VALEUR MÉDIANE D'UNE SÉRIE STATISTIQUE

Liste de données

a. Énoncé

Déterminer la valeur médiane de la série statistique constituée par la longueur des fleuves français :
Garonne : 647 km ; *Loire* : 1 012 km ; *Rhône* : 812 km ; *Meuse* : 938 km ; *Seine* : 776 km.

b. Exemple de solution

On classe d'abord les données dans l'ordre croissant : 647, 776, **812**, 938, 1 012 (on pourrait aussi utiliser l'ordre décroissant).

Il y a un nombre impair de données, la médiane est la 3e valeur de la série, c'est-à-dire **812 km** correspondant à la longueur du Rhône. Deux fleuves sont plus courts et deux fleuves sont plus longs.

Tableau de données

a. Énoncé

On considère la répartition de 26 communes rurales affiliées à un service des eaux suivant le nombre de leurs habitants. Déterminer la classe où se situe la médiane de la série de population.

Population	[0 ; 200[	[200 ; 400[	[400 ; 600[	[600 ; 800[	[800 ; 1 000[
Effectifs	8	7	4	5	2

b. Exemple de solution

Cette répartition porte sur un nombre pair de communes. Tel que le tableau est donné, les populations sont ordonnées dans l'ordre croissant. La valeur médiane se situe entre la 13e et la 14e valeur, dans la classe [200 ; 400[. Une valeur possible de la médiane est 300. Mais en supposant que les données sont régulièrement réparties dans cette classe, on peut considérer que la médiane est plus proche de 400 que de 200, par exemple 350.

Sur un graphique

a. Énoncé

Construire le graphique des effectifs cumulés croissants de la série des populations de l'exemple précédent et déterminer graphiquement une valeur approchée de la médiane de la série des populations.

b. Exemple de solution

On calcule les effectifs cumulés croissants :

Population	Moins de 200 hab.	Moins de 400 hab.	Moins de 600 hab.	Moins de 800 hab.	Moins de 1 000 hab.
Effectifs cumulés croissants	8	15	19	24	26

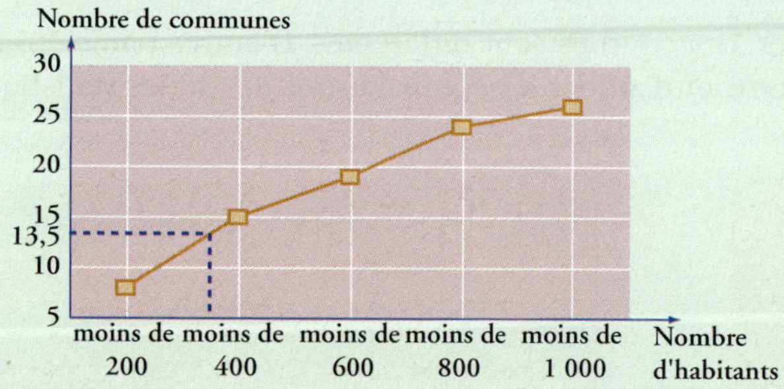

- Sur l'axe des ordonnées (effectifs), on place le nombre 13,5 (entre 13 et 14).
- Par la construction en pointillés, on détermine graphiquement qu'une valeur approchée de la médiane est 350.
- Cette méthode est approximative car on suppose que la répartition des populations est régulière sur chaque classe. En effet, les variations sont représentées par des portions de droites.

Or, au chapitre précédent, nous avons appris que les droites représentent des fonctions affines dont les taux de variation sont constants. Lorsqu'une étude porte sur un très grand effectif, la répartition est plus régulière et le résultat de la construction est acceptable.

SÉRIES STATISTIQUES

1 Contrôle qualité

Un atelier de fabrication effectue périodiquement un contrôle de qualité en vérifiant les masses d'un lot de 250 pièces.

Les résultats de ce contrôle sont donnés par la représentation suivante :

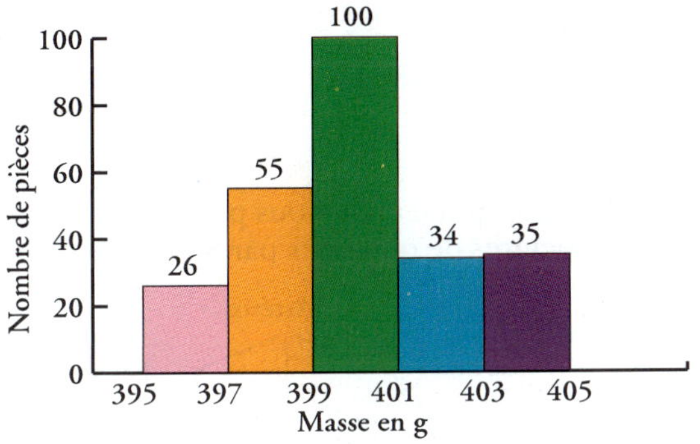

a. Quelles sont les valeurs et quels sont les effectifs de cette série statistique ?

b. Calculer la masse moyenne du lot des 250 pièces, en arrondissant à 0,1 gramme.

c. Un lot de pièces est retenu si sa masse moyenne est comprise entre 399,5 g et 400,5 g. Peut-on retenir ce lot ?

d. Calculer les fréquences en pourcentage.

e. Représenter les résultats du contrôle par un diagramme semi-circulaire.

MÉTHODE

Calculer une moyenne pondérée

Énoncé

À un examen, la note de l'écrit a pour coefficient 4, la note d'oral a pour coefficient 3 et le compte rendu de stage a pour coefficient 6. Il faut obtenir 12 de moyenne pour être reçu.
Damien a obtenu 9,5 à l'écrit, 12 à l'oral et 14 au compte rendu de stage.

a. *Calculer sa moyenne si les notes avaient le même coefficient.*
Serait-il reçu ?

b. *Calculer sa moyenne en tenant compte des coefficients.*
Est-il reçu à son examen ?

Exemple de solution

a. Si les notes ont le même coefficient, on additionne les notes et on divise par 3 :
$9,5 + 12 + 14 = 35,5$; $35,5 : 3 \approx 11,83$
Damien ne serait pas reçu.

b. Les coefficients multiplient le nombre des notes. Le calcul de moyenne s'effectue comme si Damien avait obtenu 13 notes :
9,5 ; 9,5 ; 9,5 ; 9,5 ; 12 ; 12 ; 12 ;
14 ; 14 ; 14 ; 14 ; 14 ; 14

On calcule donc :
$(9,5 \times 4 + 12 \times 3 + 14 \times 6) : 13 \approx 12,15$
Damien est donc reçu.

● Voir exercices 3 et 4

2

Calculer les moyennes de chacune des trois séries de données concernant les planètes du système solaire.

Planètes	Diamètre (en km)	Distance entre le Soleil et la planète (en km)	Durée de la rotation sur elle-même
Mercure	5 000	60 000 000	58 jours 14 h
Vénus	12 000	108 000 000	243 jours
Terre	13 000	150 000 000	1 jour
Mars	7 000	230 000 000	1 jour $\frac{1}{2}$ h
Jupiter	143 000	780 000 000	10 h
Saturne	121 000	1 430 000 000	10 h
Uranus	52 000	2 870 000 000	16 h en moyenne
Neptune	45 000	5 500 000 000	16 h
Pluton	3 000	6 000 000 000	6 jours 9 h

3

Lors du test d'admission à un stage, un élève doit subir une épreuve de français, de mathématiques et d'anglais. Ces épreuves ont respectivement comme coefficient 5, 4 et 2.

a. Un élève obtient 9 en français, 15 en maths et 11 en anglais.
Quelle est sa moyenne ?

b. Si un élève obtient 8 en maths et 14 en anglais, quelle doit être sa note de français pour que sa moyenne soit 10 ?

4

Dans une classe de 26 élèves, les notes à un contrôle se répartissent de la façon suivante :

Notes	6	7	8	9	10	11	12	13	15	17
Effectifs	2	1	2	7	3	1	3	3	2	2

Calculer la moyenne de cette évaluation.

MÉDIANE ET ÉTENDUE

5 Plusieurs années de suite, un sondage a été réalisé sur la confiance des français envers les informations données dans les médias. Voici l'évolution, en pourcentage, des réponses apportées à la question :

« *À quel média faites-vous le plus confiance pour expliquer en détail une nouvelle importante (affaire politique, guerre...) ?* »

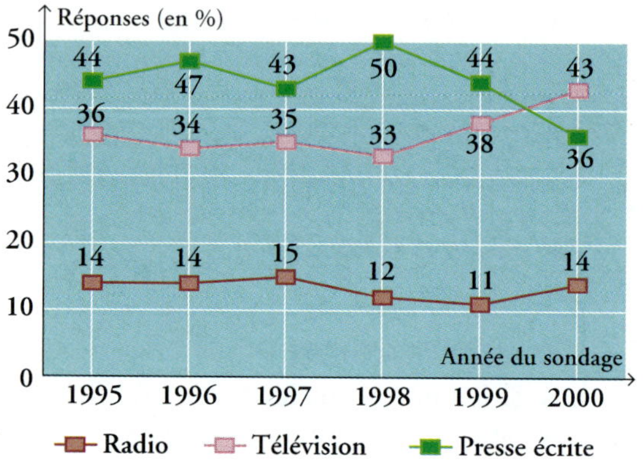

a. Relever la série des pourcentages de réponses en faveur de la télévision sur ces six années.

Déterminer une valeur médiane de cette série, sa moyenne et son étendue.

b. Procéder de même pour les deux autres médias.

6 **Diplômes**

760 mille jeunes ont mis fin à leurs études en 2000. Ils se répartissaient de la façon suivante en fonction du, diplôme obtenu :

	Effectifs (en milliers)
Aucun diplôme ou certificat d'étude	94
Brevet seul	67
CAP, BEP ou équivalent	148
Bac général	89
Bac technologique, professionnel et assimilé	88
BTS, DUT et équivalents	91
DEUG, paramédical et social	32
Licence, maîtrise	69
DEA, DESS, Doctorats	43
Écoles supérieures	39

a. Déterminer la médiane de cette série d'effectifs et donner sa signification.

b. Calculer l'étendue de cette série.

7 **Électroménager**

À la suite d'un test concernant la durée de vie moyenne de neuf appareils électroménagers les plus vendus dans son magasin, un revendeur a obtenu les données suivantes :

Appareils	A	B	C	D	E	F	G	H	I
Durées de vie (en heures)	310	501	657	205	912	405	152	785	572

a. Déterminer la médiane de la série des durées de vie et l'appareil correspondant.

b. Calculer l'étendue et la moyenne de cette série.

8 Le graphique ci-dessous présente la superficie en hectares de quelques parcs de loisirs français.

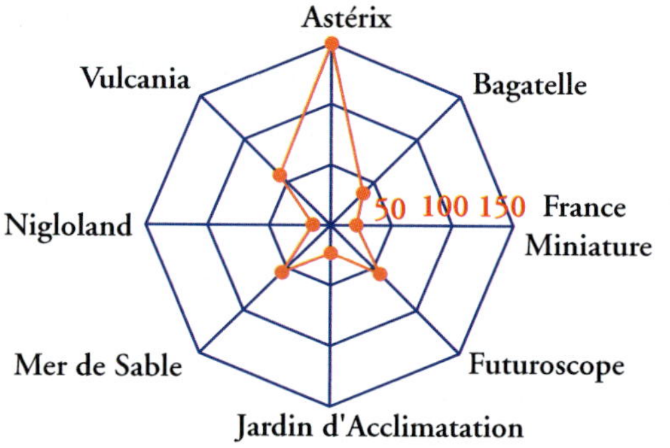

Déterminer une valeur approchée de la médiane de la série des superficies, puis de la moyenne et de l'étendue de cette série.

9 On a mesuré et répertorié la hauteur des arbres (en centimètres) d'une plantation.

131	0	139	9	147	5	155	0	163	2
132	1	140	4	148	2	156	3	164	2
133	1	141	4	149	3	157	2	165	3
134	1	142	5	150	0	158	1	166	4
135	4	143	9	151	0	159	3	167	2
136	1	144	5	152	2	160	2	168	1
137	0	145	6	153	2	161	1	169	3
138	6	146	0	154	0	162	1	170	0

a. Combien d'arbres a-t-on répertorié ?

b. Regrouper les données en classe de 5 cm : la première est la classe]130 ; 135].

c. Calculer les effectifs cumulés croissants.

Construire le graphique de ces effectifs et déterminer graphiquement une valeur approchée de la médiane de la série des tailles.

Exprimer ce que signifie cette valeur.

10 Lors du recensement de 1999, il a été procédé au décompte du nombre d'enfants par famille. Voici les résultats de la répartition en pourcentage des familles d'une commune suivant leur nombre d'enfants :

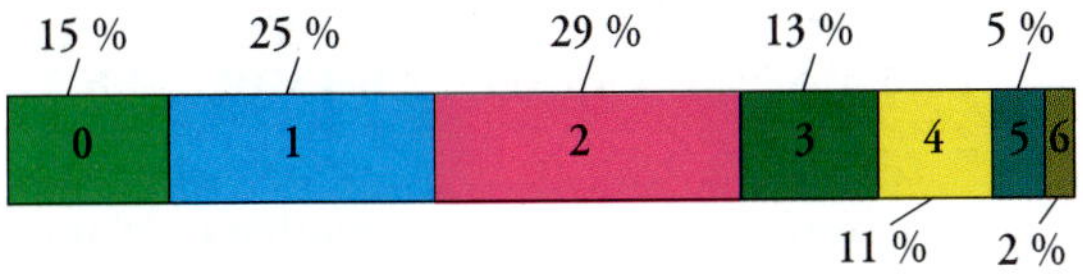

a. Déterminer la valeur médiane de la série du nombre d'enfants.
Comment peut-on la lire sur le diagramme ?

b. Calculer le nombre moyen d'enfants par famille de cette commune.

11 Les appels à un standard téléphonique ont été classés en fonction de leur durée. 171 appels ont été enregistrés.

Durée (en min)	0 à 5	5 à 10	10 à 15	15 à 20	20 à 25
Effectif	37	52	44	28	10

• Déterminer la médiane de la série des durées d'appels et en donner la signification.
• Calculer la durée moyenne d'un appel à ce standard.

12 Voici quelques indicateurs d'une usine de traitement de déchets. L'incinération de ces déchets produit de l'électricité qui est ensuite revendue à EDF. La vapeur d'eau est condensée en eau déminéralisée.

Jours (Mars 2002)	Ordures ménagères réceptionnées (en t)	Quantité incinérée (en t)	Eau déminéralisée produite (en m³)	Mégawatts produits
1	249,38	345	47	64,73
2	119,16	269	52	65,20
3	6,02	300	46	66,96
4	291,72	344	47	69,00
5	168,36	410	44	84,53
6	144,04	292	39	87,43
7	92,40	327	41	100,83
8	256,56	337	51	102,86
9	136,28	352	39	105,16
10	1,64	354	40	96,95
11	315,68	365	47	99,33
12	176,98	224	33	42,10
13	148,96	176	45	41,93
14	110,92	275	28	75,68
15	257,56	325	36	66,23

• Déterminer la médiane et l'étendue de chaque indicateur.
• Dans la deuxième colonne du tableau, des données paraissent très éloignées de toutes les autres. Quelle en est l'explication et comment la prendre en compte ?

COMPARAISON DE SÉRIES STATISTIQUES

13 Comparer les trois séries d'équipement vidéo de chambres d'enfants (en pourcentage des chambres d'enfants de chaque pays).

	France	Royaume-Uni	Pays-Bas	Espagne	Allemagne	Danemark
TV	28	63	30	31	41	60
Console	25	34	17	34	20	23
Ordinateur	18	14	14	19	20	38

14 **a.** Relever sur les graphiques les températures et la hauteur des précipitations pour chaque mois de l'année.

b. Déterminer la médiane de chaque série et le ou les mois de l'année correspondants.

Cette donnée permet-elle de différencier les graphiques ?

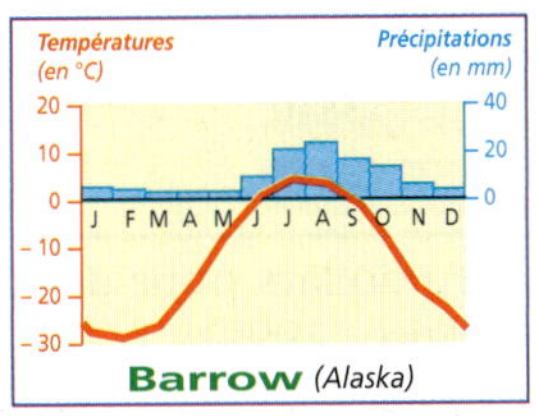

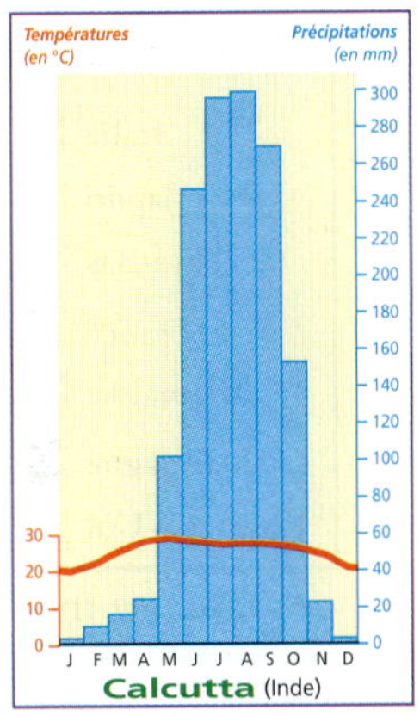

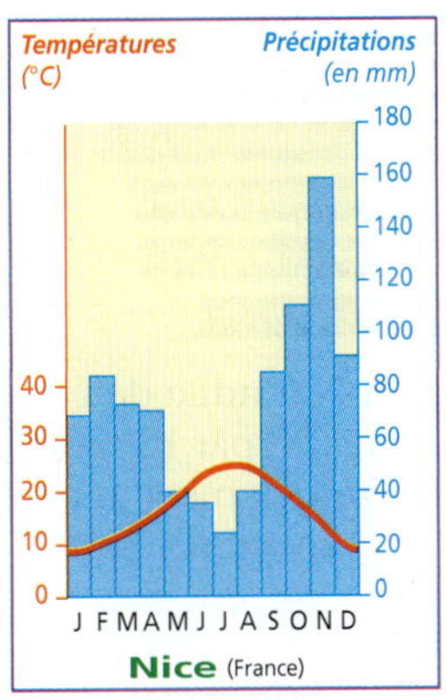

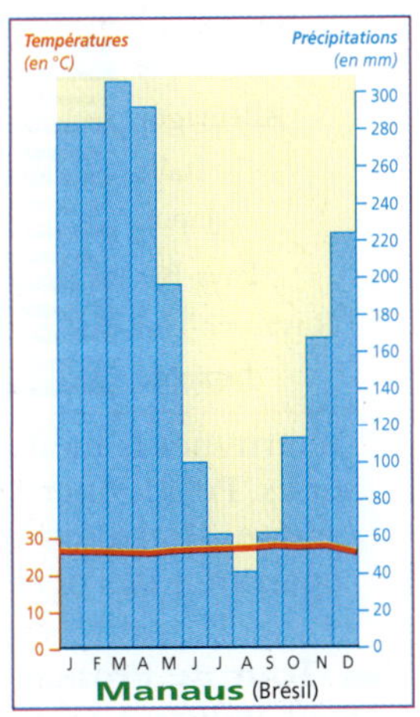

c. Calculer l'étendue de chaque série.

Cette donnée permet-elle de différencier les graphiques ?

15 Le tableau présente la répartition des logements suivant le nombre des pièces qui les composent, en 1961 et en 1999. Les pourcentages sont calculés par rapport à l'ensemble des logements.

Nombres de pièces	1 pièce	2 pièces	3 pièces	4 pièces	5 pièces et plus
en 1961	15 %	23 %	26 %	19 %	15 %
en 1999	8 %	12 %	22 %	28 %	31 %

a. Déterminer la valeur médiane du nombre de pièces à ces deux dates.
Que signifient ces deux valeurs ?

b. Construire dans un même repère les graphiques représentant ces deux répartitions. Prendre 2 cm pour représenter 1 unité sur l'axe des abscisses et 1 cm pour représenter 5 unités sur l'axe des ordonnées. Compléter la comparaison des deux répartitions.

16 **Dépenses pour l'école**

• Dépense moyenne en dollars pour un élève du primaire (1999)

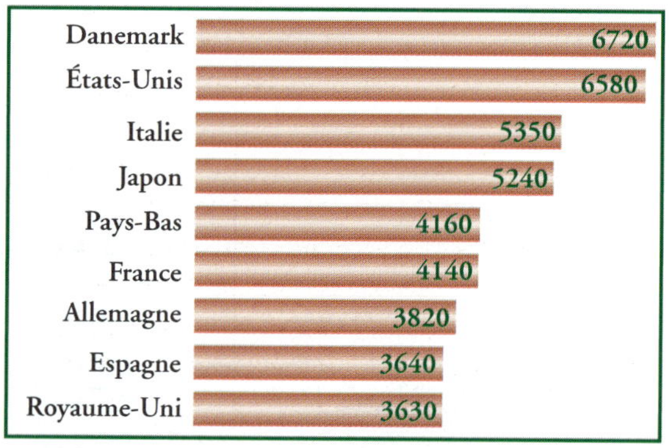

• Dépense moyenne en dollars pour un élève du secondaire (1999)

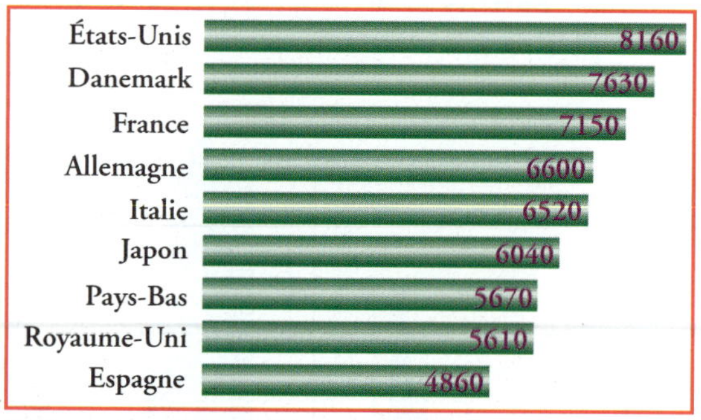

Déterminer la médiane et l'étendue de ces deux séries. Positionner la médiane par rapport à l'étendue. Mettre en relation ces résultats avec la répartition des dépenses suivant les pays.

17 **Tour de France 2002**

Sont indiqués ci-après les différences de temps qui séparent le vainqueur des autres coureurs : par exemple, le premier de l'équipe ONCE a mis 7 minutes et 17 secondes de plus que le premier (qui appartenait à l'équipe US Postal).

Équipe ONCE : 7' 17" ; 13' 54" ; 15' 44" ; 56' 05" ; 1 h 00' 52" ; 1 h 13' 27" ; 2 h 07' 00" ; 2 h 08' 25".

Équipe US Postal : 0' 00"(le vainqueur) ; 17' 12" ; 36' 43" ; 1 h 45' 51" ; 1 h 47' 35" ; 1 h 48' 31" ; 2 h 03' 10" ; 2 h 05' 24".

Équipe Banesto : 16' 05" ; 30' 17" ; 43' 04" ; 1 h 26' 57" ; 1 h 45' 09" ; 2 h 13' 01" ; 2 h 21' 31" ; 2 h 22' 11".

a. Déterminer une valeur médiane, la moyenne et l'étendue des trois séries de durées.

b. Représenter les temps de ces coureurs sur une demi-droite graduée en utilisant une couleur pour chaque équipe. L'origine représente le temps du vainqueur. 1 centimètre représente 10 min.

Comparer les caractéristiques trouvées à la première question avec la répartition des coureurs sur la demi-droite.

18 **Deux régions françaises**

Midi-Pyrénées	Superficie (en km²)	Population 1999 (en milliers)
Ariège	4 890	137
Aveyron	8 735	264
Gers	6 309	172
Haute-Garonne	6 257	1 046
Hautes-Pyrénées	4 464	160
Lot	5 217	222
Tarn	5 758	343
Tarn et Garonne	3 718	206

Rhône-Alpes	Superficie en km²	Population 1999 (en milliers)
Ain	5 762	515
Ardèche	5 529	286
Drôme	6 530	438
Haute-Savoie	4 388	632
Isère	7 431	1 094
Loire	4 781	729
Rhône	3 249	1 579
Savoie	6 028	373

a. Calculer la superficie et la population totales de ces deux régions.

b. Déterminer une valeur médiane, la moyenne et l'étendue des deux séries de superficies et de populations. Mettre en évidence des différences entre ces deux régions.

19 Voici les notes de quatre élèves :

Élève ① : 11, 11, 10, 9, 11, 12, 13, 11, 9, 13, 11
Élève ② : 9, 19, 10, 5, 11, 13, 17, 3, 15, 7, 12
Élève ③ : 2, 3, 7, 8, 10, 11, 12, 15, 16, 18, 19
Élève ④ : 20, 19, 17, 15, 13, 11, 9, 7, 5, 3, 2

Pour chacun de ces élèves, imaginer une appréciation, puis calculer la moyenne, la médiane et l'étendue de leur série de notes.

Ce que je dois savoir

- Proposer une valeur médiane d'une série statistique et en donner la signification.
- Déterminer l'étendue d'une série statistique.
- Comparer deux séries en calculant quelques caractéristiques et en interprétant des représentations.

Je m'évalue

Solutions page 298

20 Traitement de déchets ménagers

Voici, en millions de tonnes, la quantité de déchets ménagers traités en une année par sept usines de retraitement :

66,5 ; 200 ; 109 ; 33 ; 40 ; 31 ; 64

Déterminer la médiane, la moyenne et l'étendue de cette série statistique.

21 Albums de bandes dessinées

Les données concernent les résultats des ventes d'albums pendant l'année 2000.

	Vente en milliers
Largo Winch	306
Les Bidochons	220
Titeuf	370
Blake & Mortimer	446
XIII	467
Lucky Luke	206
Le Chat	197
Lanfeust de Troyes	185
La Débauche	247
Le Petit Spirou	325

(Source : Ipsos, 2001)

Déterminer la médiane, la moyenne et l'étendue de cette série statistique.

22 Relais 4 × 100 m

Les temps en secondes des équipes participant à deux demi-finales d'un relais 4 × 100 m sont présentés ci-dessous.

1re demi-finale : 43,05 ; 43,57 ; 43,74 ; 43,97 ; 44,45 ; 45,20 ; 45,20.

2e demi-finale : 43,52 ; 43,55 ; 43,57 ; 43,69 ; 44,04 ; 44,33 ; 45,05.

a. Déterminer la médiane, la moyenne et l'étendue de chaque série de performances.

b. Pour représenter les résultats de chaque équipe, tracer deux segments de 12 cm, chaque centimètre représentera 0,2 seconde. Sur le premier segment, placer les résultats enregistrés pendant la première demi-finale et sur le deuxième segment, les résultats de la deuxième demi-finale.

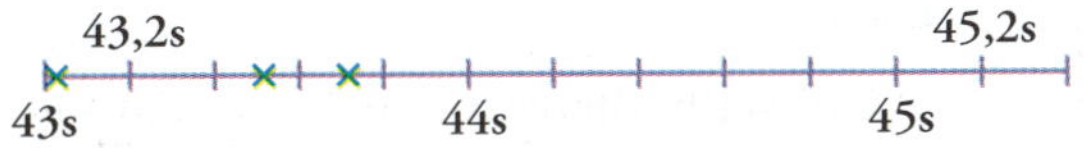

c. Placer la valeur de la médiane et la valeur de la moyenne sur chaque segment. Représenter l'étendue. Établir les liens entre la répartition des points et ces caractéristiques.

23 Tailles

Il a été procédé à un relevé des tailles d'un échantillon de 184 collégiens de 6e. Ces tailles sont regroupées en classes et exprimées en centimètres.

Taille	[145 ;150[	[150 ;155[	[155 ;160[	[160 ; 165[	[165 ;170[
Effectifs	3	43	46	74	18

a. Calculer la fréquence en pourcentage de chaque catégorie de taille.

b. Construire un diagramme semi-circulaire pour représenter cette répartition.

c. Déterminer le centre des classes et calculer une valeur approchée de la moyenne.

d. Le tableau suivant permet de calculer les effectifs cumulés. Le reproduire et le compléter.

Taille (en cm)	moins de 150	moins de 155			
Effectifs cumulés croissants	3				

- Compléter le diagramme des effectifs cumulés.

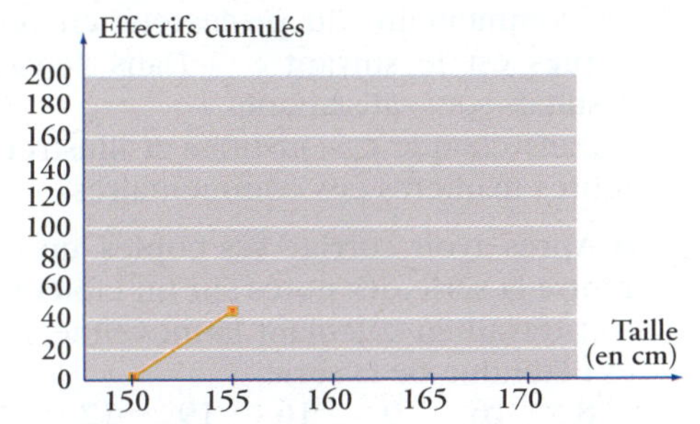

- Déterminer graphiquement la position de la médiane. Vérifier en utilisant les effectifs.
- Que représente la médiane par rapport à l'échantillon des enfants ?

e. Représenter la médiane sur le diagramme semi-circulaire de la 2e question.

Quelle relation peut-on établir entre la forme du diagramme et la position de la moyenne et de la médiane ?

UTILISER SES CONNAISSANCES

24 Construire trois séries statistiques, de sept valeurs chacune, telles que :
- la moyenne de la première est 12 ;
- la médiane de la seconde est 158 ;
- l'étendue de la troisième est 27.

(Donner une unité aux valeurs de chaque série.)

25 Construire trois séries statistiques, de huit valeurs chacune, telles que :
- la moyenne de la première est 31 ;
- la médiane de la seconde est 41 ;
- l'étendue de la troisième est 5.

(Donner une unité aux valeurs de chaque série.)

26 On a roulé une heure à vélo sur une distance de 20 km en montée, puis on est descendu sur une distance de 32 km que l'on a également parcourue en une heure. Quelle a été la vitesse moyenne sur l'ensemble du parcours ?

27 Il y a 60 % de demi-pensionnaires parmi les 25 élèves de 3e A et 40 % de demi-pensionnaires parmi les 28 élèves de 3e B.
Quel est le pourcentage de demi-pensionnaires sur l'ensemble de ces deux classes ?

28 • Un professeur a corrigé 31 copies d'une classe. Il a obtenu les notes suivantes :

8	16	9	16	19	12	7	9
8	9	11	9	15	9	8	8
7	8	14	18	6	19	7	15
16	17	10	18	17	20	18	

Le commentaire du professeur en rendant les copies est le suivant : « Dans l'ensemble, les résultats ne sont pas satisfaisants. »

• Ce professeur a corrigé 31 autres copies. Il a obtenu les notes suivantes :

3	11	12	14	11	12	19	15
12	13	15	4	13	16	13	14
13	10	12	14	9	12	12	10
13	15	15	12	15	11	13	

Le commentaire du professeur en rendant les copies est le suivant : « Dans l'ensemble, les résultats sont satisfaisants. »

• Dans chaque cas, justifier et illustrer de différentes manières ces commentaires.

29 Après avoir corrigé ses copies, un professeur rentre la série des notes sur un tableur et vérifie son travail en calculant la moyenne, la médiane et l'étendue de la série.

8	16	9	16	19	12	7	9
8	15	11	9	15	9	7	8
7	8	14	15	6	19	7	**15**
16	14	10	18	17	20	18	

a. Effectuer ces trois calculs.

b. Le professeur a fait une fausse manœuvre et a tapé **145** à la place du **15** situé dans la partie droite du tableau. Quel est l'impact de cette erreur sur les trois caractéristiques précédentes ? Vérifier la réponse en effectuant les calculs avec cette donnée erronée.

30 **Médiane et effectifs cumulés**

Le relevé des sommes déposées dans une agence bancaire est présenté dans le tableau suivant :

Montants des dépôts en euros	Nombre des dépôts
[0 ; 100[	35
[100 ; 200[	105
[200 ; 300[	73
[300 ; 400[	69
[400 ; 500[	41
[500 ; 600[	28
[600 ; 700[	23
[700 ;800[	9

a. Calculer les effectifs cumulés croissants et les effectifs cumulés décroissants.

b. Construire la courbe des effectifs cumulés croissants et décroissants sur le même graphique. Que représente le point à l'intersection des deux courbes ?

31 **Médiane et propriété de Thalès**

Voici une série de 14 notes :
6 ; 8 ; 8,5 ; 9 ; 9 ; 9,5 ; 10 ; 11 ; 11 ; 12,5 ; 13 ; 13 ; 14 ; 14

La médiane est située entre 10 et 11. Le but de cet exercice est de calculer la médiane à partir du graphique des effectifs cumulés croissants.

a. On regroupe ces notes en trois classes : [6 ; 9[, [9 ; 12[et [12 ; 15[.
La médiane est située dans la classe [9 ; 12[.
Vérifier que le graphique est bien celui des effectifs cumulés croissants.

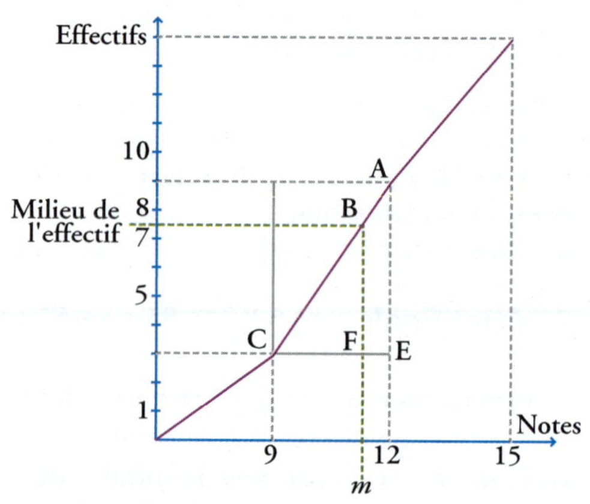

b. Soit m la valeur de la médiane. Exprimer CF en fonction de m.
Déterminer les longueurs BF et AE.
Montrer que les droites (BF) et (AE) sont parallèles.

c. Utiliser le théorème de Thalès dans le triangle ACE pour déterminer la valeur de m.

POUR ALLER PLUS LOIN

32 Pour aller de Paris à Rouen, on a roulé par l'autoroute à 120 km/h de moyenne. Au retour, on est passé par la nationale et on a roulé à 80 km/h de moyenne.

Quelle est la vitesse moyenne sur le trajet total ?

33 Les graphiques concernent les variations des parts de capital de deux banques, entre le 10 février et le 14 février. Reproduire le graphique de la Société Générale et reporter le graphique du Crédit Lyonnais en tenant compte des graduations. Les commentaires du journal semblent-ils conformes aux variations enregistrées ?

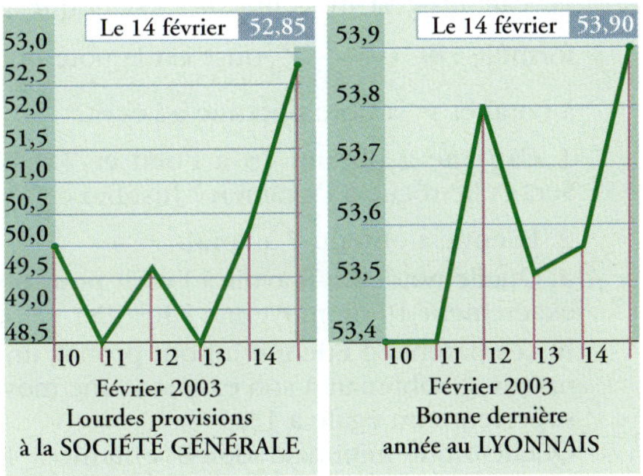

34 **Graphique triangulaire**

Dans une journée, le temps consacré aux études se décompose en trois parties : le temps en cours, le temps de récréation et de trajet, et le temps de travail personnel.

a. Justine a assisté aujourd'hui à quatre heures de cours. Elle évalue ses trajets et son temps libre au collège à 45 minutes. Elle a passé deux heures à travailler à la maison.

Reproduire et compléter le tableau qui lui donne la répartition de son temps en pourcentage de la durée totale du temps consacré à ses études.

	Cours	Trajet et temps libre au collège	Travail personnel	Total
Durée en minutes	240	45	120	405
Pourcentage de la durée totale				100 %

b. Observer le triangle ci-après et déterminer comment la position de Justine a été déterminée à partir de la répartition de son temps de travail.

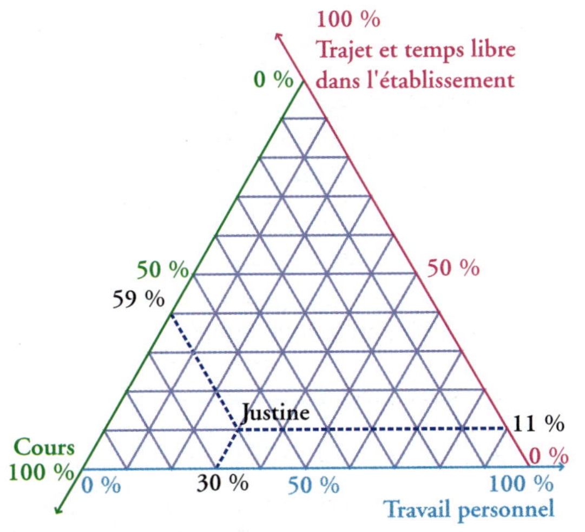

c. Aurélien a passé quatre heures en cours, une heure et quart en transport et une heure à travailler à la maison.

Calculer les pourcentages qui permettront de le situer dans le repère.

d. Blaise n'a eu que deux heures de cours ce matin. Il est rentré très vite chez lui pour avancer sa recherche de SVT.

Dans quelle zone du triangle sera-t-il positionné ?

35 L'architecte Le Corbusier a voulu mettre en évidence le Nombre d'Or dans les proportions du corps humain en inventant Le *Modulor.* C'est un système de proportions architecturales dont les rapports de mesures sont proches du nombre d'Or $\frac{1+\sqrt{5}}{2}$

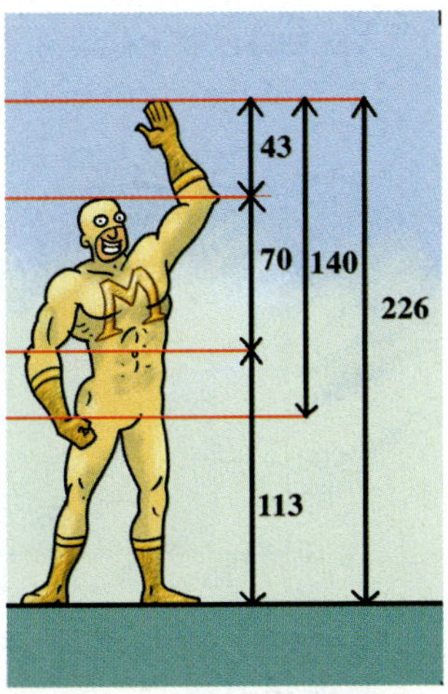

(la calculatrice permet d'obtenir 1,618 033 989 comme valeur approchée de ce quotient).

a. Vérifier que les rapports $\frac{113}{70}$, $\frac{70}{43}$ et $\frac{226}{140}$ sont proches du nombre d'Or.

b. On peut vérifier ces proportions en procédant à des relevés sur plusieurs personnes, par exemple tous les élèves de la classe. Dans ce cas, on calcule les rapports à partir des moyennes des relevés.

Quel est l'intérêt de la moyenne pour une telle expérience ?

EXERCICE RÉSOLU

Énoncé (Grenoble, 2000)

À la sortie d'une agglomération, on a relevé, un certain jour, la répartition par tranches horaires des 6 400 véhicules quittant la ville entre 16 heures et 22 heures. Les résultats sont donnés dans le tableau ci-dessous.

Tranche horaire	*Nombre de véhicules*
16 *h* - 17 *h*	1 100
17 *h* - 18 *h*	2 000
18 *h* - 19 *h*	1 600
19 *h* - 20 *h*	900
20 *h* - 21 *h*	450
21 *h* - 22 *h*	350

1. *Représenter le diagramme en barres des effectifs de cette série statistique.*

2. *Calculer la fréquence de la tranche horaire 19 h - 20 h. (On donnera le résultat arrondi à 0,01, puis le pourcentage correspondant.)*

3. *Calculer le pourcentage de véhicules quittant la ville entre 16 h et 20 h.*

Exemple de solution

1. Diagramme en barres des effectifs

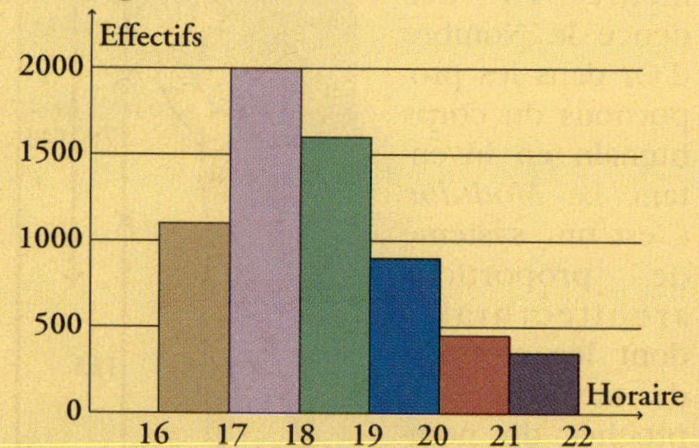

2. Entre 19 h et 20 h, 900 véhicules quittent la ville.

- Fréquence de cette tranche horaire : 900 : 6 400 ≈ 0,14
- Fréquence en pourcentage de cette tranche horaire : 0,14 × 100, soit 14 %.

14 % des véhicules quittent la ville entre 19 h et 20 h.

3. Nombre total de véhicules quittant la ville entre 16 h et 20 h :

1 100 + 2 000 + 1 600 + 900 = 5 600

- Fréquence en pourcentage de la tranche 16 h - 20 h : 5 600 : 6 400 × 100 = 87,5

87,5 % des véhicules quittent la ville entre 16 h et 20 h.

36 Créteil - Paris - Versailles, 1999

Dans un centre d'examen, après avoir corrigé 432 copies, on fait le bilan suivant :

- 168 copies ont une note strictement inférieure à 10 ;
- 264 copies ont une note strictement supérieure ou égale à 10.

Représenter ce bilan par un diagramme semi-circulaire. (On prendra un rayon de 4 cm.)

37 Centres étrangers, 2002

Un examen comporte les deux épreuves suivantes :

- une épreuve orale (coefficient 4) ;
- une épreuve écrite (coefficient 6).

Chacune des épreuves est notée de 0 à 20.

Un candidat, pour être reçu à l'examen, doit obtenir au minimum 10 de moyenne.

Le calcul de la moyenne m est donné par la formule : $m = \frac{4x + 6y}{10}$, où x est la note obtenue à l'oral et y la note obtenue à l'écrit.

1. Caroline a obtenu 13 à l'oral et 7 à l'écrit. Sera-t-elle reçue à l'examen ? Justifier.

2. Étienne a obtenu 7 à l'oral.

a. Quelle note doit-il avoir à l'écrit pour obtenir exactement 10 de moyenne ? Justifier.

b. Les parents d'Étienne lui ont promis un ordinateur s'il obtenait à son examen une moyenne supérieure ou égale à 13.

Quelle note minimale doit-il obtenir à l'écrit pour avoir son ordinateur ? Justifier.

38 D'après Grenoble, 1999

Les employés d'une petite entreprise sont classés en quatre catégories A, B, C et D.

Pour chaque catégorie, le salaire mensuel en euros de chaque employé, ainsi que le nombre d'employés, sont donnés dans un tableau.

Voici le tableau pour les mois de janvier et février :

	Catégorie A	Catégorie B	Catégorie C	Catégorie D
Salaire mensuel en euros	1 100	1 400	1 500	1 900
Nombre d'employés en janvier	3	4	8	5
Nombre d'employés en février	6	x	y	7

1. Calculer le salaire mensuel moyen des employés de cette entreprise en janvier.

2. On sait qu'en février, il y a quatre fois plus d'employés dans la catégorie C que dans la catégorie B et que le montant total des salaires est de 421 000 €.

a. Exprimer y en fonction de x.

b. Calculer x et y.

39 Groupe Sud, 2002

Au cours d'une enquête réalisée dans un magasin de proximité, on a relevé le montant des achats de 150 clients. Les résultats sont présentés dans le graphique suivant :

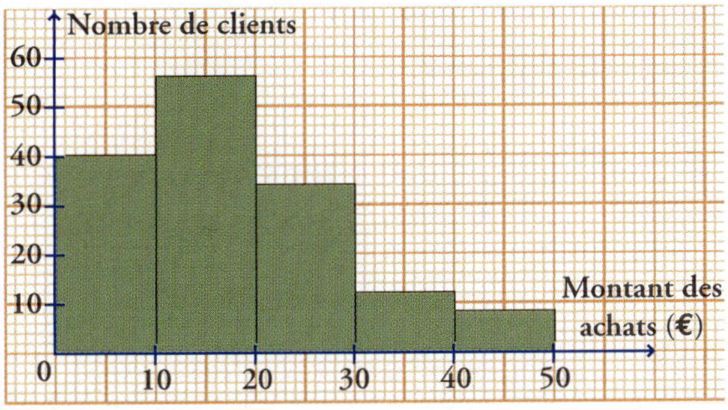

a. Quel est le caractère statistique étudié dans cette enquête ?

b. Comment s'appelle cette représentation graphique ?

c. Combien de clients ont dépensé entre 10 € (compris) et 20 € (exclus) ?

d. Compléter les 4 dernières lignes du tableau suivant en utilisant la représentation graphique et en effectuant des calculs.

Montants dépensés (€)	Nombres de clients n_i	Effectifs cumulés croissants	Centres des classes x_i	Produits $x_i \times n_i$
[0 ; 10[	40	40	5	200
[10 ; 20[	56	96	15	840
Totaux				

e. Calculer le montant moyen des achats effectués par les clients.

f. Combien de clients ont dépensé moins de 30 € ?

40 Groupe Est, 2002

Voici le diagramme représentant la répartition des notes obtenues par les élèves d'une classe de troisième lors d'un contrôle de français.

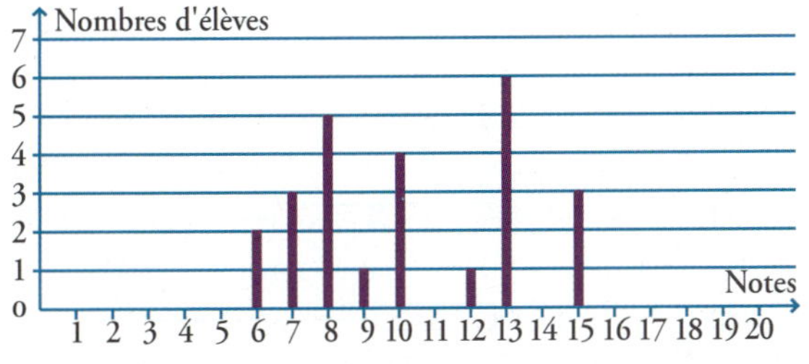

a. Quel est l'effectif de cette classe de troisième ?

b. Calculer la moyenne des notes obtenues en donnant le résultat sous sa forme décimale exacte.

c. Calculer le pourcentage d'élèves ayant obtenu une note supérieure à 10.

41 Guadeloupe, 2002

En 2001, une entreprise a dépensé en tout 14 400 € pour l'entretien de ses voitures.

a. Recopier et compléter le tableau ci-dessous :

Marque de voitures	A	B	C	D	E
Nombre de voitures	2	3	3	4	8
Somme dépensée par voiture	300 €	1 000 €		1 350 €	450 €
Dépenses totales					

b. Calculer la dépense moyenne pour l'entretien d'une voiture.

c. Les dépenses totales d'entretien ont été représentées dans le diagramme circulaire ci-dessous, mais la légende a été effacée. Rétablir cette légende.

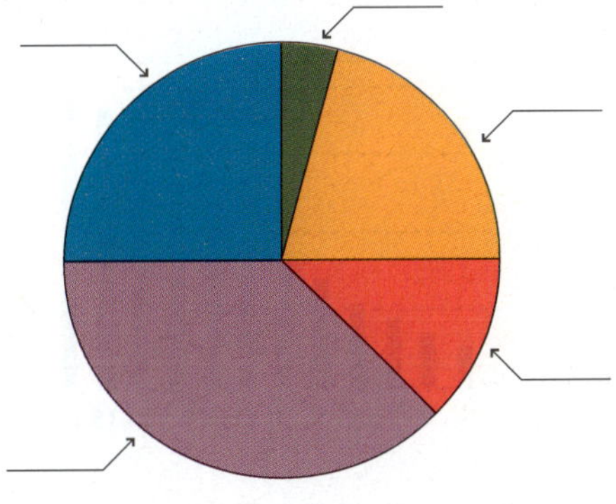

42 Centres étrangers, 1999

Un parc forestier compte 14 400 arbres. Le diagramme circulaire ci-dessous indique la répartition des sept variétés d'arbres plantés dans ce parc.

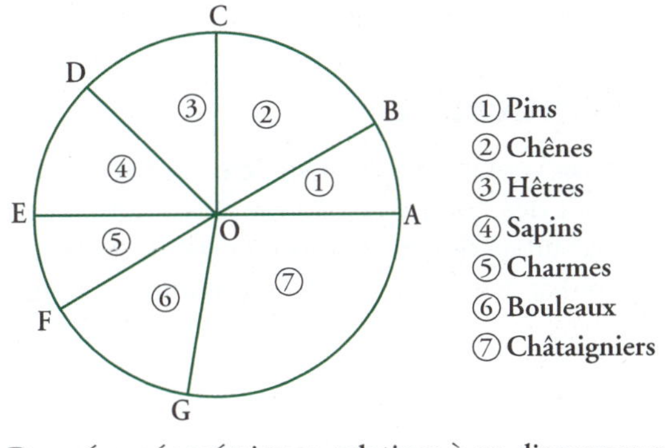

Données géométriques relatives à ce diagramme :
- [AE] et [BF] sont deux diamètres du cercle ;
- (CO) et (AE) sont perpendiculaires ;
- l'angle $\widehat{AOB}$ mesure 30 degrés ;
- (OD) est la bissectrice de l'angle $\widehat{COE}$;
- la mesure de l'angle $\widehat{FOG}$ est la moitié de la mesure de l'angle $\widehat{GOA}$.

a. Calculer les mesures des angles $\widehat{BOC}$, $\widehat{COD}$, $\widehat{DOE}$, $\widehat{EOF}$, $\widehat{FOG}$ et $\widehat{GOA}$.

b. En déduire le nombre d'arbres de chaque variété plantés dans le parc forestier.

Inter-maths

Boîte à moustaches

Cette représentation de séries statistiques est très utilisée dans les pays anglo-saxons sous le nom de «box-plot». En français, on la nomme aussi « graphique en boites ».

Éléments d'une boîte à moustaches

Sur la boite à moustache figurent la moyenne, l'étendue et les « quartiles » situés à chaque quart de l'effectif total. La médiane est le deuxième quartile. Le premier est à 25 % de l'effectif et le troisième à 75 % de l'effectif. On peut aussi les définir comme étant les médianes de deux demi-effectifs.

Exemple

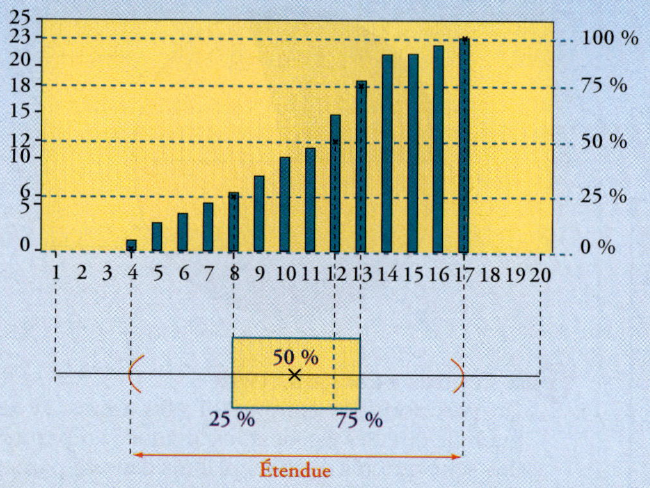

Voici une série de 23 notes et le diagramme en barres des effectifs cumulés :

4, 5, 5, 6, 7, **8**, 8, 9, 10, 10, 11, **12**, 12, 12, 12, 13, 13, **13**, 13, 14, 14, 16, 17

12 est la médiane de cette série. **8** est la « médiane » de la première moitié et **13** est la « médiane » de la deuxième moitié. Le diagramme en barres permet de comprendre les codages de la boite à moustache.

Retrouver sur la boîte à moustache les caractéristiques citées en introduction. La moyenne (10,6) est calculée à part.

Application

La représentation très visuelle des séries statistiques permet des comparaisons rapides, comme celles des résultats de l'évaluation de début de cinquième, sur plusieurs classes d'un établissement scolaire.

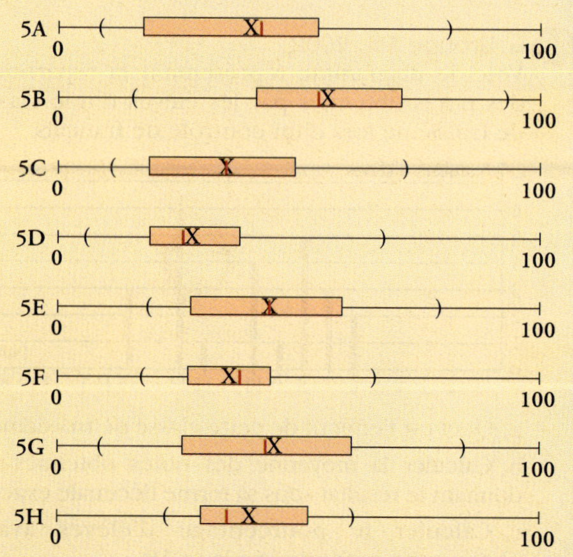

Légende :

X : moyenne

| : médiane

8. Équations et inéquations : problèmes du 1er degré

47 **a.** $x = -\frac{3}{20}$; **b.** $x = \frac{4}{5}$; **c.** $x = 0$

48 $4x + 8 = 4 \times (2x - 3)$, d'où $x = 5$.

49 Faux / Faux / Vrai / Vrai

50 **a.** -2 et $\frac{4}{7}$ sont solutions, mais 3 n'est pas solution.

b. $x \leqslant \frac{4}{7}$ (représentation sur une droite graduée :]$-\infty$; $\frac{4}{7}$], crochet en $\frac{4}{7}$)

51 **a.**

Nombre d'entrées au parc dans l'année	2	4	7
PLEIN TARIF	60 €	120 €	210 €
TARIF ABONNÉ	98 €	136 €	193 €

Le plein tarif est plus avantageux pour 2 et 4 entrées dans l'année, le tarif abonné est plus avantageux pour 7 entrées dans l'année.

b. On note x le nombre d'entrées par an.
Plein tarif : $30x$, tarif abonné : $60 + 19x$

$60 + 19x < 30x$; $x > \frac{60}{11}$

L'abonnement revient moins cher si on prend au moins 6 entrées au parc dans l'année.

9. Calcul littéral – Équation – produit

71 $A = (2x + 3)^2 = (2x)^2 + 2 \times 2x \times 3 + 3^2 = 4x^2 + 12x + 9$
$B = (3x - 1)^2 = (3x)^2 - 2 \times 3x \times 1 + 1^2 = 9x^2 - 6x + 1$
$C = (6 - 5x)(6 + 5x) = 6^2 - (5x)^2 = 36 - 25x^2$
$D = (4x - 3)(x + 7) = 4x^2 + 28x - 3x - 21 = 4x^2 + 25x - 21$

72 $E = 8xy - 4x = 4x \times 2y - 4x \times 1 = 4x(2y - 1)$
$F = 4x^2 - 20x + 25 = (2x)^2 - 2 \times 2x \times 5 + 5^2 = (2x - 5)^2$
$G = 100 - 9x^2 = 10^2 - (3x)^2 = (10 - 3x)(10 + 3x)$
$H = (x - 4)^2 + (2x + 3)(x - 4) = (x - 4)[(x - 4) + (2x + 3)]$
$= (x - 4)(3x - 1)$

$K = (3x - 6)(3x + 4)$
$L = (x - 4)(3x - 1)$

73 **a.** $(5x + 2)(2x - 5) = 0$; $x = -\frac{2}{5}$, $x = \frac{5}{2}$.

b. $4x(9 - 3x) = 0$; $x = 0$, $x = 3$.

c. $(6x - 1)^2 = 0$; $x = \frac{1}{6}$

d. $(2x + 3)(-2x + 1) = 0$; $x = -\frac{3}{2}$ et $x = \frac{1}{2}$

74 **a.** $I = 4x^2 + 12x - x - 3 - (16x^2 - 8x + 1) = -12x^2 + 19x - 4$

b. $I = (4x - 1)[(x + 3) - (4x - 1)] = (4x - 1)(-3x + 4)$

c. $(4x - 1)(-3x + 4) = 0$; Les solutions sont $x = \frac{1}{4}$ et $x = \frac{4}{3}$.

75 **a.** $J = x^2 + 4x + 4 - (x^2 - 4x + 4) = 8x$

b. $100\,002^2 - 99\,998^2 = (100\,000 + 2)^2 - (100\,000 - 2)^2 = 8 \times 100\,000$
$= 800\,000$

76 **a.** $D = a^2 + 10a + 25 - a^2 + 10a - 25$; $D = 20a$

b. $D = (10\,000 + 5)^2 - (10\,000 - 5)^2$; $D = 20 \times 5$; $D = 100$.

77 $M = -45x^2 + 92x - 39$; $N = 9x^2 + 34x - 1$

78 **1.**

Nombre choisi	4	0	$\frac{7}{2}$	x
Résultat final	13	-35	0	$(2x - 1)^2 - 36$

2. a. $R = 4x^2 - 4x + 1 - 36$; $R = 4x^2 - 4x - 35$; Si $x = 0$ alors $R = -35$

b. $R = (2x - 1 - 6)(2x - 1 + 6)$; $R = (2x - 7)(2x + 5)$

c. Trouver un résultat nul revient à résoudre l'équation $R = 0$.
Si un produit de facteurs est nul alors l'un au moins des facteurs est nul : $2x - 7 = 0$ ou $2x + 5 = 0$, on obtient $x = \frac{7}{2}$ ou $x = -\frac{5}{2}$

79 **a.** $x^2 = \frac{1}{2}x(10 - x)$ d'où $x = 0$ ou $x = \frac{10}{3}$.

10. Racines carrées

75

x	4	9	5	16	10^2	7	11
x^2	16	81	25	256	10^4	49	121
$\sqrt{x}$	2	3	$\sqrt{5}$	6	10	$\sqrt{7}$	$\sqrt{11}$

76

Nombre	$\sqrt{5}$	$4\sqrt{3} + 1$	$\frac{1}{2\sqrt{2}}$	$\sqrt{7{,}3^2 - 5{,}1^2}$
Arrondi au dixième	3,2	7,9	0,4	5,2
Arrondi au millième	3,162	7,928	0,354	5,223

77 Les écritures incorrectes sont $\sqrt{-36}$; $\sqrt{-3^2}$ car l'écriture $\sqrt{a}$ n'a de sens que si a est positif.

78 L'intrus est $\frac{2}{\sqrt{2}}$. Tous les autres nombres sont égaux à $\frac{\sqrt{2}}{2}$.

79
- $A = \sqrt{192}$
- $A = \sqrt{64 \times 3}$
- $A = 8\sqrt{3}$

- $B = \sqrt{396} + 2\sqrt{44} - \sqrt{99}$
- $B = \sqrt{36 \times 11} + 2 \times \sqrt{4 \times 11} - \sqrt{9 \times 11}$
- $B = 6\sqrt{11} + 4\sqrt{11} - 3\sqrt{11}$
- $B = 7\sqrt{11}$

- $C = \frac{5\sqrt{6}}{\sqrt{2}}$
- $C = 5\sqrt{\frac{6}{2}}$
- $C = 5\sqrt{3}$

80 $A = 3\sqrt{10} - 5$; $B = 8$; $C = 211 - 126\sqrt{2}$;
$D = -359$; $E = 9\sqrt{6} - 16$;

81 On ramène les équations à une équation du type $x^2 = a$.

a. $x^2 = 16$, deux solutions : -4 et 4.

b. $x^2 = 8$, deux solutions : $-2\sqrt{2}$ et $2\sqrt{2}$.

c. $x^2 = -3$, aucune solution.

d. $x^2 = \frac{-1}{2}$, aucune solution.

e. $x^2 = 0$, une solution : 0.

f. $x^2 = \frac{81}{4}$, deux solutions : $-\frac{9}{2}$ et $\frac{9}{2}$.

82 **a.** Il existe un carré dont le périmètre est 18 cm. Son côté est :
$18 : 4 = 4{,}5$ cm.

b. Il existe un carré dont l'aire est 8 cm². Son côté est :
$\sqrt{8} = 2\sqrt{2}$ cm.

83 **a.** ABCD est un carré d'aire 675 m². Son côté est :
$\sqrt{675} = \sqrt{225 \times 3} = 15\sqrt{3}$

b. $AE = AB + BE$ car $B \in [AE]$, d'où $AE = 15\sqrt{3} + 6$.
$AG = AD + DG$ car $D \in [AG]$, d'où $AG = 15\sqrt{3} + 7$.
$\mathscr{P}_{AEHG} = 2 \times (AE + AG) = 2 \times (15\sqrt{3} + 6 + 15\sqrt{3} + 7) = 60\sqrt{3} + 26$
$\mathscr{A}_{AEHG} = AE \times AG = (15\sqrt{3} + 6)(15\sqrt{3} + 7) = 195\sqrt{3} + 717$

c. $\mathscr{P}_{AEHG} \approx 130$ m et $\mathscr{A}_{AEHG} \approx 1\,055$ m².

11. Proportionnalité – Grandeurs composées

35 **a.** $\mathscr{V} = 9\pi h$ (cm³)
Si $h = 1$ cm, $\mathscr{V} = 9\pi \approx 28{,}3$ cm³.
Si $h = 4$ cm, $\mathscr{V} = 36\pi \approx 113{,}1$ cm³.
Si $h = 10$ cm, $\mathscr{V} = 90\pi \approx 282{,}7$ cm³ (verre plein).

b. Graphique :

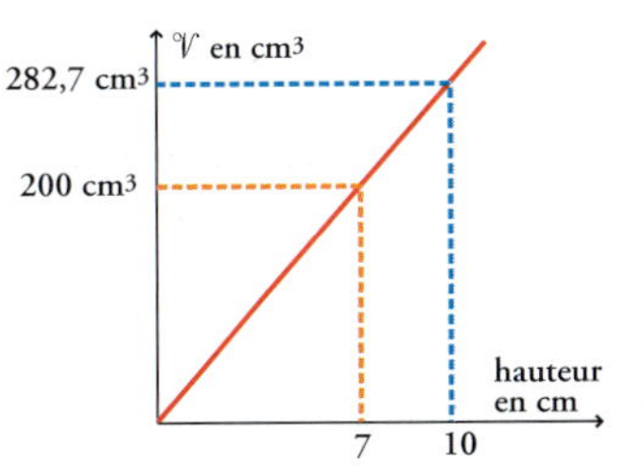

c. Le volume de l'eau est proportionnel à la hauteur : la représentation graphique est une droite, et l'expression algébrique est de la forme $\mathscr{V}$ = coefficient $\times h$

d. 20 cL = 200 cm³, la hauteur correspondante est environ de 7 cm soit $\frac{200}{9\pi}$ cm.

36 Production céréalières : t/ha ; aire : mm² ; Consommation d'eau : m³/mois ; vitesse : tours/min ; Fréquentation d'un musée : visiteurs/an ; Coût de construction d'une autoroute : €/km.

37 Longueur de la trajectoire : $2 \times \pi \times 15 \times 10^7 \approx 9{,}4 \times 10^8$ km
Vitesse de progression de la Terre : $9{,}4 \times 10^8$ km/an
1 an = 8 760 h, donc vitesse $\approx (9{,}5 \times 10^8) : 8\,760 \approx 107\,000$ km/h
1 h = 3 600 s donc vitesse $\approx 107\,000 : 3\,600 \approx 30$ m/s

38 **a.** 148 m = 14 800 cm, 14 800 : 7,4 = 2000 ; le coefficient de réduction est 2000. Volume de la pyramide de Kéops :
$\frac{1}{3} \times 230^2 \times 148 = 2\,609\,733$ m³ $= 2\,609\,733 \times 10^6$ cm³
Volume de la maquette : $2\,609\,733 \times 10^6 : 2\,000^3 \approx 326$ cm³

b. Côté de la base de la maquette :
230 m = 23 000 cm, 23 000 : 2 000 = 11,5 cm

c. Le triangle SHA est rectangle en H ([SH] est vertical et [HA] est horizontal).
HA = côté : 2 = 5,75 cm. On utilise le théorème de Pythagore, SA ≈ 9,37 cm
Aire de la face latérale de la maquette : SA × 5,75 : 2 ≈ 26,94 cm²
l'aire d'une face de la pyramide de Kéops :
26,94 × 2000² ≈ 11 760 000 cm², soit 1 176 m².

d. Dans le triangle SHA rectangle en H, tan $\widehat{SAH}$ = 7,4 : 5,75 ; soit $\widehat{SAH}$ ≈ 52°
Cette mesure est valable pour la Pyramide de Kéops, puisque l'agrandissement n'a pas d'effet sur les angles.

e. 220 g/m² = 0,022g/cm², masse de la maquette :
0,022 × (26,94 × 4 + 5,75²) ≈ 3 g
Masse de l'agrandissement : (1 176 × 4 + 230²) × 220 ≈ 12,7 tonnes.

39 **a.** On consomme 1 gallon quand on parcourt 1 mile.
b. 0,262 km.

12. Fonctions linéaires et affines-Systèmes

65 **a.** La ① est une droite ne passant pas par l'origine, c'est la représentation graphique d'une fonction affine. La ② n'est pas une seule droite, donc ce n'est pas une représentation de fonction affine. La ③ est une ligne courbe, donc ce n'est pas une représentation de fonction affine. La ④ est une droite passant par l'origine, donc c'est la représentation graphique d'une fonction linéaire.

b. Dans le cas ④, d'une fonction linéaire, l'image de (– 4) est 3. Dans le cas ①, d'une fonction affine, l'image de 1 est 2, le nombre qui a pour image (– 1) est 2,5.

66 **c.** La fonction f a une expression algébrique de la forme $x \mapsto ax$ donc f est une fonction linéaire. L'expression algébrique de la fonction g est de la forme $x \mapsto a\,x + b$ donc g est une fonction affine. **b.**
$f(3) = -8 \times 3$; $f(3) = -24$; $f(-7) = -8 \times (-7)$; $f(-7) = 56$
$g(3) = 2 \times 3 - 7$; $g(3) = -1$; $g(-7) = 2 \times (-7) - 7$; $g(-7) = -21$

c. Chercher les nombres qui ont pour image 24 et 10 revient à chercher les nombres qui vérifient :
$f(x) = 24$; $-8x = 24$; $x = -3$
et $g(x) = 24$; $2x - 7 = 24$; $2x = 31$; $x = \frac{31}{2}$
$f(x) = 10$; $-8x = 10$; $x = -\frac{5}{4}$;
et $g(x) = 10$; $2x - 7 = 10$; $2x = 17$; $x = \frac{17}{2}$

67 **a.** La fonction h est une fonction linéaire donc son expression algébrique est de la forme $h(x) = ax$.
$h(4) = -5$, donc $a \times 4 = -5$ et $a = -\frac{5}{4}$. On obtient une fonction h telle que $h : x \mapsto -\frac{5}{4}x$.

b. La fonction g est affine donc son expression algébrique est de la forme $g(x) = a\,x + b$.
$g(-5) = 6$, donc $a \times (-5) + b = 6$ et $g(4) = -3$, donc $a \times 4 + b = -3$.
On est conduit à résoudre le système $\begin{cases} -5a + b = 6 \\ 4a + b = -3 \end{cases}$
En soustrayant membre à membre, on obtient : $-9a = 9$, soit $a = -1$ et en reportant dans la première équation, on calcule $-5 \times (-1) + b = 6$, soit $b = 1$. On obtient une fonction g telle que $g(x) = -x + 1$.

68 $\begin{cases} 4x - 3y = -10 \\ 2x + 5y = 8 \end{cases}$ $\begin{cases} 4x - 3y = -10 \\ 4x + 10y = 16 \end{cases}$ $13y = 26$ $\begin{cases} y = 2 \\ x = -1 \end{cases}$

69 **a.** L'aire du triangle ADM est $\frac{5}{2}x$.

b. La fonction associée est linéaire, donc représentée par une droite passant par l'origine. On cherche les coordonnées d'un deuxième point A (2 ; 5).

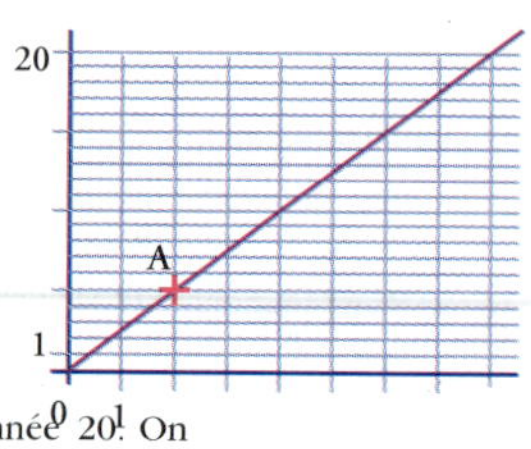

c. L'aire est égale à 20, on cherche l'abscisse du point siué sur la droite et qui a pour ordonnée 20. On trouve $x = 8$.
Par le calcul cela revient à résoudre l'équation
$\frac{5}{2}x = 20$, soit $x = 8$.

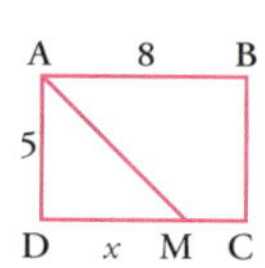

70 Soit x le prix d'une BD et y le prix d'un CD.
Résoudre le problème revient à résoudre le système :
$\begin{cases} 12x + 7y = 109 \\ 8x + 14y = 138 \end{cases}$
On multiplie par 2 la première équation, le système devient :
$\begin{cases} 24x + 14y = 218 \\ 8x + 14y = 138 \end{cases}$ en soustrayant on obtient $\begin{cases} 16x = 80 \\ 12x + 7y = 109 \end{cases}$
soit $\begin{cases} x = 5 \\ 7y = 109 - 12 \times 5 \end{cases}$
Les solutions du système sont $x = 5$ et $y = 7$.
Le prix d'une BD est 5 € et le prix d'un CD est 7 €.

71 Soit a l'âge de Myriam et soit b l'âge de Hanane.
$a = 2b$ et $(a + 2) + (b + 2) = 40$; $2b + 2 + b + 2 = 40$; $b = 24$; $a = 12$
Myriam a 24 ans et Hanane a 12 ans.

13. Statistiques

20 Sept valeurs ordonnées (en millions de tonnes par an) :
31 ; 33 ; 40 ; 64 ; 66,5 ; 109 ; 200.
Médiane : 64 millions de tonnes par an.
Moyenne : 77,64 millions de tonnes par an.
Étendue : 169 millions de tonnes par an.

21 Dix valeurs ordonnées (en milliers d'exemplaires) :
185 ; 197 ; 206 ; 220 ; 247 ; 306 ; 325 ; 370 ; 446 ; 467.
Médiane : entre 247 000 et 306 000, la valeur centrale est 276 000.
Moyenne : 296 900 exemplaires.
Étendue : 282 000 exemplaires.

22

	Moyenne	Médiane	Étendue
1re demi-finale	44,17	43,97	2,15
2e demi-finale	43,96	43,69	1,53

1re demi-finale

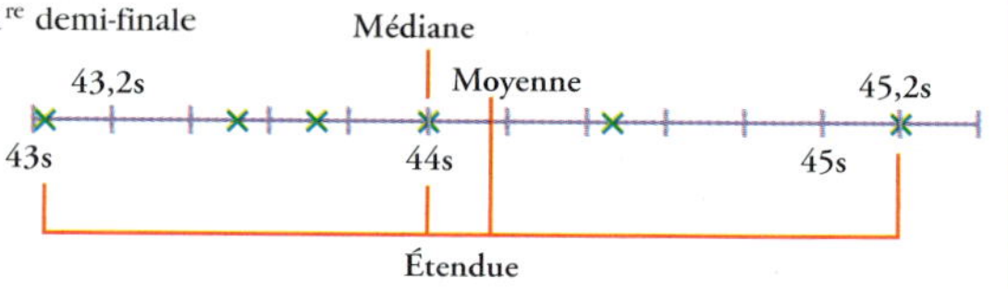

2e demi-finale

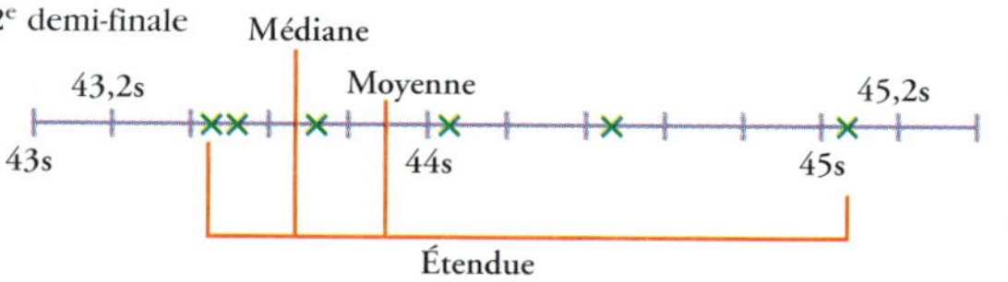

Quelques commentaires possibles
Étendue : temps qui sépare le premier arrivé du dernier.
Médiane : l'arrivée presque simultanée de quatre équipe dans la deuxième demi-finale se retrouve dans la position décalée de la médiane.
Moyenne : proche malgré les deux répartition. Elle ne donne qu'une indication générale des performances des coureurs lors de cette rencontre.

23 **a.** et **b.**

Tailles	[145,150[	[150,155[	[155,160[	[160,165[	[165,170[	Total
Fréquence (en %)	1,6	23,4	25	40,2	9,8	100
Correspondance (en °)	3	42	45	72	18	180

c. Centre des classes : 147,5 ; 152,5 : 157,5 ; 162,5 ; 167,5.
Une valeur approchée de la moyenne 159,2 cm
(calcul : (3 × 147,5 + 43 × 152,5 …) : 184)

d.

Tailles	moins de 150	moins de 155	moins de 160	moins de 165	moins de 170
Effectifs cumulés croissants	3	46	92	166	184

La médiane est la taille de l'enfant situé à la moitié de l'effectif : il y a autant d'élèves plus petits que cette taille que d'élèves plus grands. Il y a un nombre pair d'enfants donc la médiane est située entre la taille du 62e et celle du 63e. Le 62e élève est le dernier de la classe [155 ; 160[. Le 63e est le premier de la classe [160 ; 165[. On peut considérer que la médiane est la taille 160 cm.

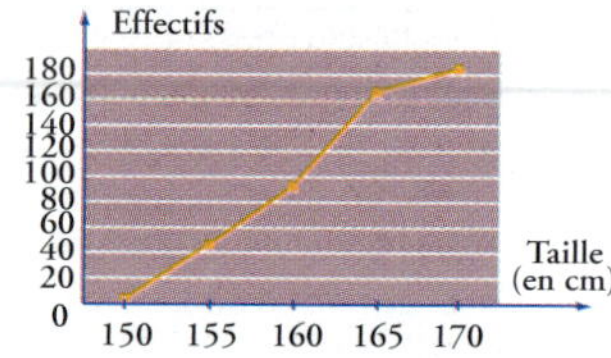

e. La répartition n'est pas symétrique, les valeurs des tailles sont plus étendues à gauche pour le même effectif. Cette répartition a un impact sur la moyenne et sur la position de la médiane sur le segment représentant l'étendue.

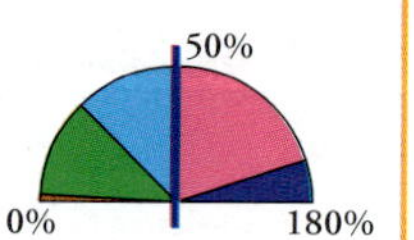

Propriétés utiles en numérique

▶ Calculs avec des fractions

• Simplification de fractions

Quels que soient le nombre a et le nombre b non nul :

$$\frac{ka}{kb} = \frac{a}{b}$$

$$\frac{14}{35} = \frac{7 \times 2}{7 \times 5} = \frac{2}{5}$$

• Addition et soustraction de fractions

On réduit les fractions au même dénominateur et on applique la règle suivante.
Quels que soient les nombres a et b et le nombre c non nul :

$$\frac{a}{c} + \frac{b}{c} = \frac{a+b}{c}$$

$$\frac{1}{4} + \frac{7}{4} = \frac{8}{4} = 2$$

$$\frac{2}{5} - \frac{6}{7} = \frac{14}{35} - \frac{30}{35} = \frac{14-30}{35} = -\frac{16}{35}$$

• Multiplication de fractions

Quels que soient les nombres a et c et les nombres b et d non nuls :

$$\frac{a}{b} \times \frac{c}{d} = \frac{ac}{bd}$$

$$\frac{4}{7} \times \frac{3}{5} = \frac{4 \times 3}{7 \times 5} = \frac{12}{35}$$

$$\frac{5}{17} \times \frac{34}{15} = \frac{5 \times 34}{17 \times 15} = \frac{5 \times 2 \times 17}{17 \times 3 \times 5} = \frac{2}{3}$$

• Division de fractions

Pour diviser par une fraction, on multiplie par son inverse.
Quels que soient les nombres a et les nombres b, c et d non nuls :

$$\frac{a}{b} : \frac{c}{d} = \frac{a}{b} \times \frac{d}{c} = \frac{ad}{bc}$$

$$\frac{4}{5} : \frac{7}{3} = \frac{4}{5} \times \frac{3}{7} = \frac{12}{35}$$

$$4 : \frac{3}{17} = 4 \times \frac{17}{3} = \frac{4 \times 17}{3} = \frac{68}{3}$$

▶ Puissance d'un nombre

n est un entier relatif non nul et a est un nombre quelconque

- $a^n = a \times a \times \ldots \times a$ (produit de n facteurs égaux à a)
- $a^{-n} = \frac{1}{a^n}$ (avec a non nul)
- **Cas particuliers :** $a^1 = a$; $a^{-1} = \frac{1}{a}$
- a^2 se lit " a au carré " ; a^3 se lit « a au cube ».
- **Convention :** $a^0 = 1$, quelle que soit la valeur de a.
- $a^n \times a^p = a^{n+p}$
- $\frac{a^n}{a^p} = a^{n-p}$
- $(a \times b)^n = a^n \times b^n$
- $(a^n)^p = a^{n \times p}$

$3^4 = 3 \times 3 \times 3 \times 3 = 81$; $(-2)^3 = (-2) \times (-2) \times (-2) = -8$

$3^{-4} = \frac{1}{3^4} = \frac{1}{81}$; $5^{-3} = \frac{1}{5^3} = \frac{1}{125} = 0{,}008$

$5^1 = 5$; $7^{-1} = \frac{1}{7}$; $(-9{,}51)^1 = -9{,}51$; $(31{,}4)^0 = 1$

$7{,}1^2 \times 7{,}1^3 = 7{,}1^5$

$\frac{5{,}3^2}{5{,}3^7} = 5{,}3^{2-7} = 5{,}3^{-5} = \frac{1}{5{,}3^5}$

$(3 \times 7)^2 = 3^2 \times 7^2$

$(7^2)^3 = 7^{2 \times 3} = 7^6 = 117\,649$

▶ Calculs avec des racines carrées

Voir exemples chapitre 10

▶ Priorités des calculs

- On effectue les calculs entre parenthèses.
- On effectue les calculs sur les puissances.
- On effectue les multiplications.
- On transforme les soustractions en additions.
- On calcule les sommes.

$A = 7 - 3^2 \times (-4)^3$
$A = 7 - 9 \times (-64)$
$A = 7 - (-576)$
$A = 7 + 576$
$A = 583$

$B = (3 + 5)^2 \times (3^2 + 5^2)$
$B = 8^2 \times (9 + 25)$
$B = 64 \times 34$
$B = 2\,176$

▶ Notation scientifique des nombres décimaux

On écrit le nombre sous la forme $a \times 10^n$, où a est un nombre décimal supérieur ou égal à 1 et inférieur à 10 et n un entier relatif.

$105{,}73 = 1{,}0573 \times 10^2$
$0{,}000706 = 7{,}06 \times 10^{-4}$; $0{,}005 = 5 \times 10^{-3}$
$-28{,}9 = -2{,}89 \times 10^1$

▶ Développement – Factorisation

Quels que soient les nombres a, b, c, d et k :
$k(a + b) = ka + kb$; $k(a - b) = ka - kb$
$(a + b)(c + d) = ac + ad + bc + bd$

Voir exemples chapitres 8 et 9

▶ Identités remarquables

Voir exemples chapitre 9

Propriétés utiles en géométrie

Les propriétés ont été classées selon leur conclusion, apparaissant en vert dans les sous-titres (sauf pour la n° 16). Les données nécessaires pour utiliser ces propriétés figurent en rouge.

Parallélogramme

1 Si les diagonales d'un quadrilatère ont le même milieu, alors c'est un parallélogramme.

2 Si un quadrilatère non croisé a ses côtés opposés de même longueur, alors c'est un parallélogramme.

3 Si un quadrilatère non croisé a deux côtés opposés parallèles et de même longueur, alors c'est un parallélogramme.

4 Si le point M a pour image le point R par la translation de vecteur $\overrightarrow{AB}$, alors le quadrilatère ABRM est un parallélogramme.

Rectangle

5 Si un parallélogramme a un angle droit, alors c'est un rectangle.

6 Si un parallélogramme a ses diagonales de même longueur, alors c'est un rectangle.

7 Si les diagonales d'un quadrilatère ont le même milieu et sont de même longueur, alors c'est un rectangle.

8 Si un quadrilatère a trois angles droits, alors c'est un rectangle.

Losange

9 Si un parallélogramme a deux côtés consécutifs de même longueur, alors c'est un losange.

10 Si un parallélogramme a ses diagonales perpendiculaires, alors c'est un losange.

11 Si les diagonales d'un quadrilatère ont le même milieu et sont perpendiculaires, alors c'est un losange.

12 Si un quadrilatère a ses côtés de même mesure, alors c'est un losange.

Carré

13 Si les diagonales d'un quadrilatère ont le même milieu, ont même longueur et sont perpendiculaires, alors c'est un carré.

14 Si un parallélogramme a ses diagonales perpendiculaires et de même longueur, alors c'est un carré.

15 Si un quadrilatère est un losange et un rectangle, alors c'est un carré.

16 Si un quadrilatère est un carré, alors c'est un losange et un rectangle.

Triangle rectangle

17 Si dans un triangle le carré d'un côté est égal à la somme des carrés des deux autres côtés, alors le triangle est rectangle.

18 Si dans un triangle le cercle circonscrit a pour diamètre un côté du triangle, alors le triangle est rectangle.

19 Si dans un triangle la longueur d'une médiane est égale à la moitié de la longueur du côté auquel elle est relative, alors le triangle est rectangle.

20 Si dans un triangle le carré du côté le plus grand n'est pas égal à la somme des carrés des deux autres côtés, alors ce triangle n'est pas rectangle.

Droites parallèles

21 Si un quadrilatère est un parallélogramme, alors ses côtés opposés sont parallèles .

22 Si une droite est l'image d'une autre droite par une symétrie centrale ou une translation, alors ces droites sont parallèles.

23 Si deux droites sont perpendiculaires à une même troisième, alors ces droites sont parallèles.

24 Si deux droites sont parallèles à une même troisième, alors ces droites sont parallèles.

25 Si deux droites coupées par une sécante forment des angles alternes internes ou correspondants égaux, alors elles sont parallèles.

26 Si dans un triangle une droite passe par les milieux de deux côtés, alors elle est parallèle au troisième côté.

27 Soient deux droites (d) et (d') sécantes en A.
Soient B et M deux points de (d), distincts de A.
Soient C et N deux points de (d'), distincts de A.
Si les points A, B, M et A, C, N sont alignés dans le même ordre et $\frac{AM}{AB} = \frac{AN}{AC}$, alors les droites (MN) et (BC) sont parallèles.

Droites perpendiculaires

28 Si deux droites sont parallèles et qu'une troisième est perpendiculaire à la première, alors la troisième est perpendiculaire à la deuxième.

29 Si une droite est tangente à un cercle, alors cette droite est perpendiculaire au rayon passant par ce point.

30 Si un quadrilatère est un rectangle, alors ses côtés consécutifs sont perpendiculaires.

31 Si un quadrilatère est un losange, alors ses diagonales sont perpendiculaires.

Milieu d'un segment

32 Si un quadrilatère est un parallélogramme, alors ses diagonales ont le même milieu.

33 Si dans un triangle une droite passe par le milieu d'un côté et est parallèle à un deuxième côté, alors elle passe par le milieu du troisième côté.

34 Si A est le symétrique du point B par rapport à un point I, alors I est le milieu de [AB].

35 Si un point est sur un segment et à égale distance des extrémités du segment, alors ce point est le milieu du segment.

36 Si un triangle est rectangle, alors le centre de son cercle circonscrit est le milieu de l'hypoténuse.

Longueurs égales

37 Si un segment est l'image d'un autre segment par unesymétrie, une translation ou une rotation,
alors ces segments sont de même longueur.

38 Si un quadrilatère est un parallélogramme,
alors ses côtés opposés sont de même longueur.

39 Si un quadrilatère est un losange,
alors ses côtés sont de même longueur.

40 Si un quadrilatère est un rectangle,
alors ses diagonales ont la même longueur.

41 Si un cercle est l'image d'un autre cercle par une symétrie, une translation ou une rotation,
alors ces cercles ont même rayon.

42 Si un triangle est rectangle,
alors son hypoténuse est un diamètre du cercle circonscrit.

43 Si un point est situé sur la bissectrice d'un angle,
alors il est équidistant des côtés de l'angle.

44 Si un point est situé sur la médiatrice d'un segment,
alors il est équidistant des extrémités du segment.

45 Si dans un triangle un segment joint les milieux de deux côtés,
alors sa longueur est la moitié de la longueur du troisième côté.

46 Si un triangle est rectangle,
alors la longueur de la médiane issue de l'angle droit est égale à la moitié de la longueur de son hypoténuse.

Angles

47 Si un quadrilatère est un parallélogramme,
alors ses angles opposés ont la même mesure.

48 Si un quadrilatère est un parallélogramme,
alors ses angles consécutifs sont supplémentaires.

49 Si un angle est l'image d'un autre angle par une symétrie, une translation ou une rotation,
alors ces angles sont de même mesure.

50 Si, dans un cercle, un angle inscrit et un angle au centre interceptent le même arc,
alors la mesure de l'angle inscrit est la moitié de de celle de l'angle au centre.

51 Si deux angles inscrits dans un cercle interceptent le même arc,
alors ils ont la même mesure.

52 Si deux angles sont opposés par le sommet,
alors ils ont la même mesure.

53 Si deux droites coupées par une sécante sont parallèles,
alors les angles correspondants ou alternes internes qu'elles forment sont de même mesure.

57 Si un triangle est isocèle,
alors deux de ses angles ont la même mesure.

58 Si un triangle est équilatéral,
alors ses angles mesurent 60°.

Transformations

56 Si le quadrilatère ABRM est un parallélogramme,
alors le point M a pour image le point R par la translation de vecteur $\overrightarrow{AB}$.

57 Si un triangle est isocèle,
alors la hauteur issue du sommet principal est l'axe de symétrie du triangle.

58 Si un quadrilatère est un parallélogramme,
alors il a un centre de symétrie.

Égalités

59 Soient deux droites (d) et (d') sécantes en A.
Soient B et M deux points de (d), distincts de A.
Soient N et C deux points de (d'), distincts de A.
Si les droites (MN) et (BC) sont parallèles,
alors on a l'égalité des quotients :

$$\frac{AM}{AB} = \frac{AN}{AC} = \frac{MN}{BC}$$

60 Si un triangle est rectangle,
alors le carré de l'hypoténuse est égal à la somme des carrés des deux autres côtés.

61 Si un polygone est un triangle,
alors la somme de ses angles est égale à 180°.

62 Si un point est le centre de gravité d'un triangle,
alors il est situé au deux tiers de chaque médiane à partir des sommets.

Droites remarquables

63 Si dans un triangle une droite passe par un sommet et est perpendiculaire au côté opposé,
alors elle est une hauteur du triangle.

64 Si dans un triangle une droite passe par un sommet et par l'orthocentre du triangle,
alors elle est une hauteur du triangle.

65 Si dans un triangle une droite passe par un sommet et par le milieu du côté opposé,
alors cette droite est une médiane du triangle.

66 Si dans un triangle une droite passe par un sommet et par le centre de gravité du triangle,
alors cette droite est une médiane du triangle.

67 Si deux points sont symétriques par rapport à une droite,
alors cette droite est la médiatrice du segment dont les extrémités sont ces deux points.

68 Si une droite passe par deux points équidistants des extrémités d'un segment,
alors cette droite est la médiatrice du segment.

69 Si un point est équidistant des extrémités d'un segment,
alors il est situé sur la médiatrice de ce segment.

70 Si une demi droite partage un angle en deux angles égaux,
alors cette demi-droite est la bissectrice de l'angle.

71 Si une droite passe par le milieu d'un segment et est perpendiculaire à ce segment,
alors cette droite est la médiatrice de ce segment.

72 Si dans un triangle une demi-droite a pour origine un sommet et passe par le centre du cercle inscrit,
alors cette demi-droite est une bissectrice du triangle.

73 Si un point est équidistant des côtés d'un angle,
alors il est situé sur la bissectrice de l'angle.

Index des noms propres

Index Général

Les mots en gras renvoient au formulaire de collège situé en fin d'ouvrage.

Vocabulaire

Les numéros en couleurs indiquent la page où le mot est rencontré pour la première fois dans le manuel.

Couverture et conception maquette : Mattika
Composition / réalisation des schémas : Laser Graphie
Édition : Thomas Blasselle
Iconographie : Maryvonne Bouraoui
Illustrations : Didier Éberlé et Michaël Monnin
Infographie : Franck Foucaud
Gravure : Ordiflash

Les auteurs et toute l'équipe remercient vivement Ariane Champeau, élève de 3e, pour sa relecture attentive.

Crédits photographiques

P. 29 : © AKG Paris. **P. 42 :** © Gail Mooney / Corbis. **P. 51 :** © Royalty-Free / Corbis. **P. 74 :** en haut © Nicolas Tavernier / REA, en bas à gauche © Nik Wheeler / Corbis, en bas au milieu © Nicolas Tavernier / REA, en bas à droite © Richard Bickel / Corbis. **P. 75 :** © W. Forman / AKG Paris. **P. 97 :** © Klaft T / Bios. **P. 117** © Arvhivio Iconografico, S.A. / Corbis. **P. 141 :** © Royalty-Free / Corbis. **P. 160 :** © Arvhivio Iconografico, S.A. / Corbis. **P. 161 :** © AFP / Corbis. **P. 174 :** © Gunter Marx Photography / Corbis. **P. 183 :** © AKG Paris. **P. 207 :** AKG Paris. **P. 210 :** © Erich Lessing / AKG Paris. **P. 221 :** © Gunter Marx Photography / Corbis. **P. 229 :** en haut © FLC, en bas © Erich Lessing / AKG Paris. **P. 241 :** © Joseph Sohm ; ChromoSohm / Inc. / Corbis. **P. 249 :** © Photo Josse. **P. 264 :** © Neil Rabinowitz / Corbis. **P. 273 :** © Leemage. **P. 294 :** © Digital Art / Corbis.

Dépôt légal : avril 2003
N° éditeur : 2003/251
Achevé d'imprimer par
Vincenzo Bona - Turin - Italie

Au collège

Notations

Segment : [AB]
Droite : (AB)
Demi-droite : [AB)
Droite : (AB)
Angle : $\widehat{ABC}$

Symboles

$//$: **droites parallèles**
$\perp$: **droites perpendiculaires**
$\in$: **appartient**
$\notin$: **n'appartient pas**

Angles

(Des propriétés concernant les angles figurent à la page 301.)

Angle aigu et angle obtus

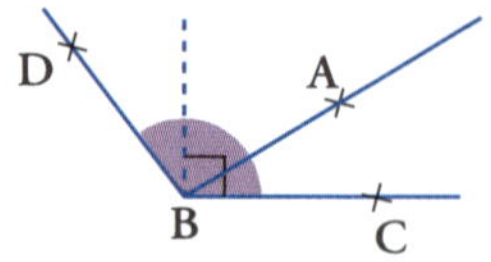

L'angle $\widehat{ABC}$ est aigu, sa mesure est inférieure à 90°. L'angle $\widehat{DBC}$ est obtus, sa mesure est comprise entre 90° et 180°.

Angles adjacents

Les deux angles ont un sommet commun et sont situés de part et d'autre d'un côté commun.

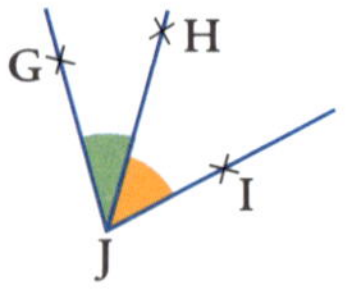

Angles opposés par le sommet

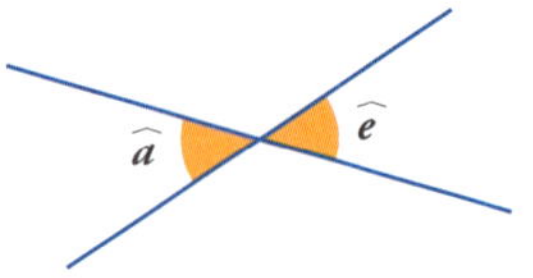

Angle au centre et angle inscrit

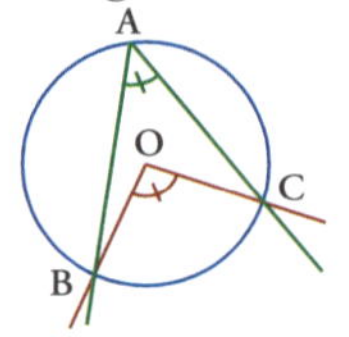

$\widehat{BAC}$ est un angle inscrit dans le cercle et $\widehat{BOC}$ est un angle au centre. Ils interceptent l'arc $\overset{\frown}{BC}$.

Angles alternes-internes

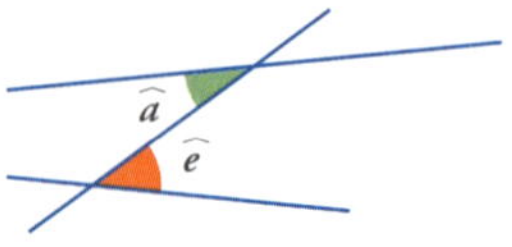

Angles correspondants

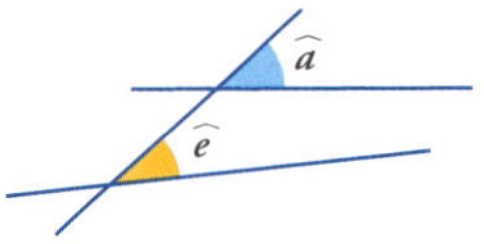

Angles complémentaires

Des angles complémentaires sont des angles dont la somme est égale à 90°.

Angles supplémentaires

Des angles supplémentaires sont des angles dont la somme est égale à 180°.

Transformations

(Des propriétés concernant les transformations figurent à la page 301.)

Symétrie par rapport à une droite

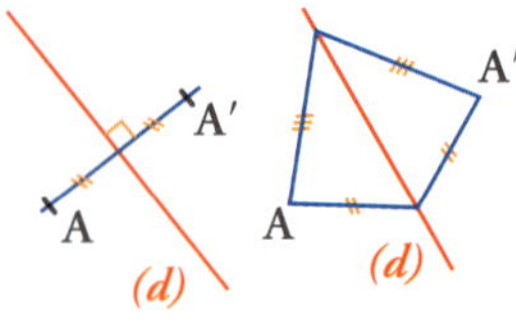

La droite (*d*) est la médiatrice du segment [AA′].

Axe de symétrie

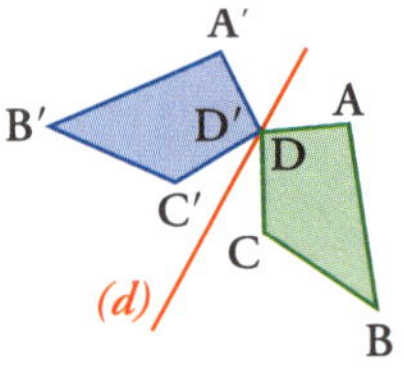

Les deux parties de la figure se superposent par pliage le long de l'axe .

Symétrie par rapport à un point

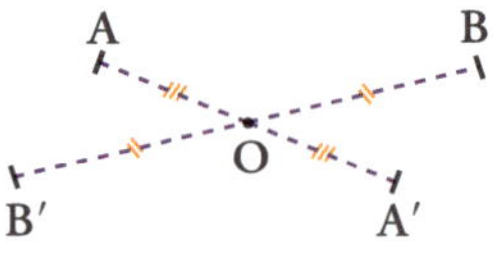

Le point O est le milieu du segment [AA′].

Centre de symétrie

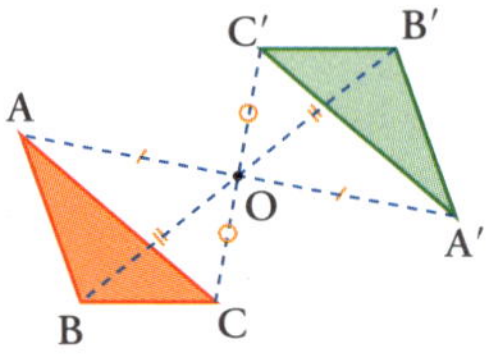

Le centre de symétrie est le milieu de tous les segments joignant deux points symétriques.

Translation

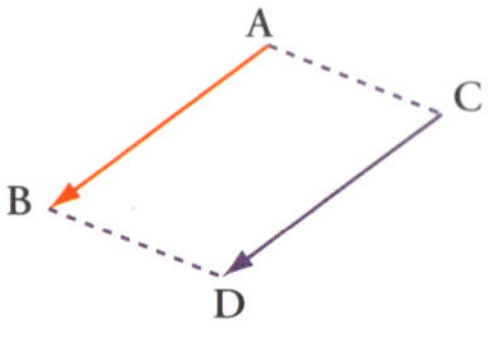

- D est l'image de C par la translation de vecteur $\overrightarrow{AB}$.
- ABDC est un parallélogramme.
- Les vecteurs $\overrightarrow{AB}$ et $\overrightarrow{CD}$ sont égaux.

Rotation

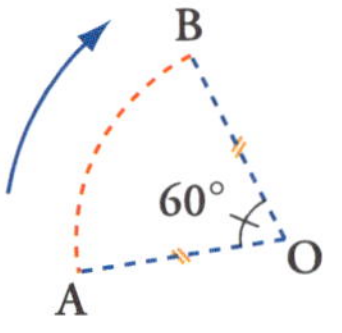

- B est l'image de A par la rotation de centre O et d'angle 60° dans le sens des aiguilles d'une montre :
- $\widehat{AOB} = 60°$
- OA = OB

Polygones

(Des propriétés concernant les polygones figurent à la page 300.)

Triangle rectangle

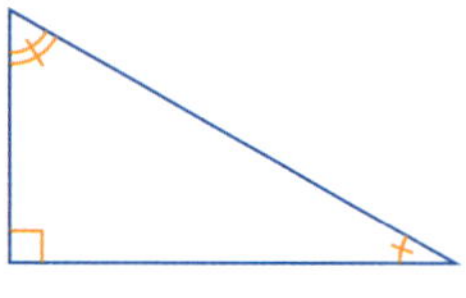

Un angle est droit et deux angles aigus complémentaires.

Triangle isocèle

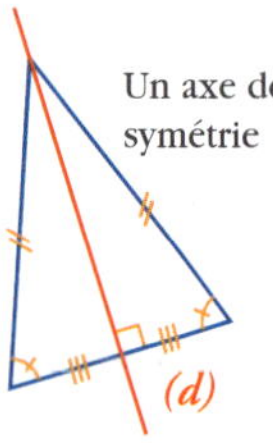

Triangle équilatéral

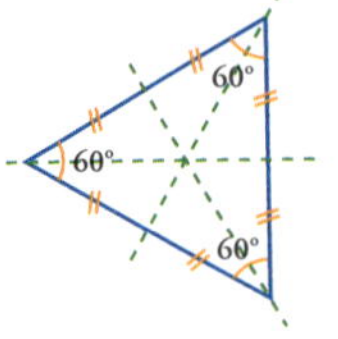

Trois axes de symétrie

- Hauteur = Côté × $\frac{\sqrt{3}}{2}$

Quadrilatère croisé

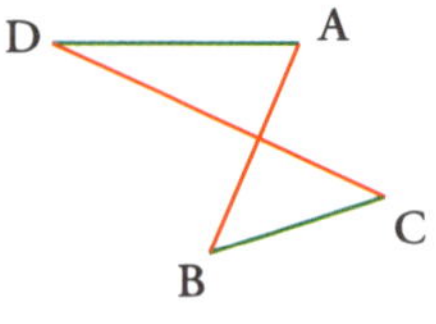

Trapèze

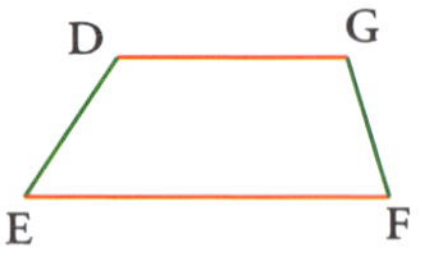

Quadrilatère dont deux côtés sont parallèles.

Rectangle

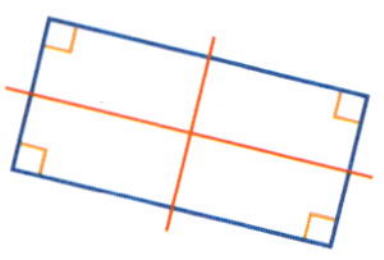

Deux axes et un centre de symétrie

Losange

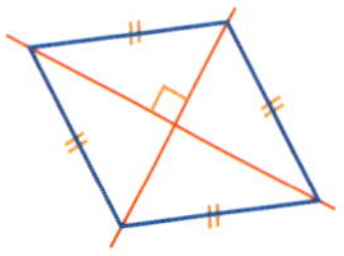

Deux axes et un centre de symétrie

Carré

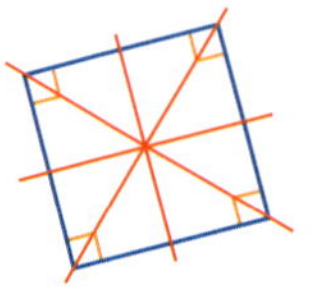

- Quatre axes et un centre de symétrie
- Diagonale = Côté × $\sqrt{2}$

Dans un triangle

Inégalité triangulaire

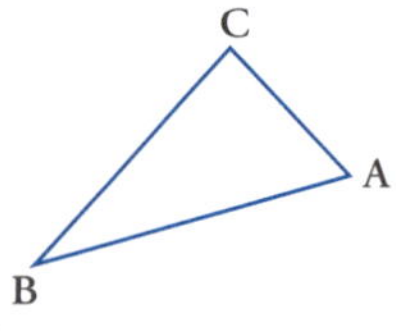

Dans un triangle, la longueur de chaque côté est inférieure à la somme des longueurs des deux autres côtés :

$AB < AC + CB$; $AC < AB + BC$; $BC < BA + AC$

Somme des angles d'un triangle

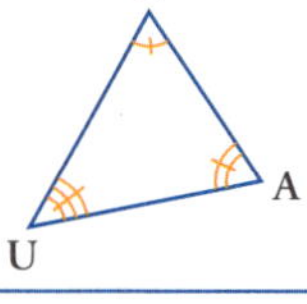

La somme des angles d'un triangle est égale à 180°.

$\widehat{A} + \widehat{E} + \widehat{U} = 180°$